国家出版基金项目

土 动 力 学

Soil Dynamics

张克绪　谢君斐　著

地震出版社

图书在版编目（CIP）数据

土动力学 / 张克绪，谢君斐著 . — 2 版 . —北京：地震出版社，2022. 6
ISBN 978-7-5028-5394-5

Ⅰ. ①土… Ⅱ. ①张… ②谢… Ⅲ. ①土动力学 Ⅳ. ①TU435

中国版本图书馆 CIP 数据核字（2022）第 075006 号

地震版 XM4882/TU（6266）

土动力学
Soil Dynamics

张克绪 谢君斐 著
责任编辑：王 伟
责任校对：凌 樱

出版发行：地震出版社
北京市海淀区民族大学南路 9 号   邮编：100081
销售中心：68423031   68467991   传真：68467991
总 编 办：68462709   68423029
编辑二部（原专业部）：68721991
http://seismologicalpress.com
E-mail：68721991@ sina. com
经销：全国各地新华书店
印刷：北京广达印刷有限公司

版（印）次：2022 年 6 月第二版   2022 年 6 月第 2 次印刷
开本：710×1000   1/16
字数：663 千字
印张：32
书号：ISBN 978-7-5028-5394-5
定价：160. 00 元

再 版 前 言

《土动力学》这本书，是我在中国地震局工程力学研究所任职时与谢君斐教授合作，为岩土工程和地震工程专业研究生讲授土动力学课程而编写的，于1989年由地震出版社出版。从出版至今已30多年，在图书市场早已不见。

根据30多年从事教学和研究工作的实践，作者认为该书所建立的架构和讲述的内容大体上是适宜的，在土动力学的研究和教学工作中发挥了所期待的作用。另一方面，由于作者对土动力学这门学科理解的加深，也感到有许多不足之处，应做必要的修改，这次再版为这样的修改提供了一个机会。但因为是再版修订，因此原版的架构和讲述的内容基本保持不变。

这次再版所做的主要修改如下：

（1）将第二章设为"土动力试验"，将第三章设为"动荷载作用下土的动力性能"，将原版中的第五章"土对地震应力作用的反应"取消，该章的主要内容纳入再版中的第三章。

（2）原版有些章节的内容做了适度增减，个别的还进行了重写。

感谢中国地震局及所属的工程力学研究所和地震出版社为本书提供了一个修订再版的机会。

最后，本书的第二作者谢君斐教授早已辞世。请允许我借此机会对谢君斐教授表示深切的怀念。

张克绪　于哈尔滨

2020 年 10 月 1 日

前　　言

从 20 世纪 60 年代开始,土动力学取得了长足的进展,成为土力学的一个独立分支。在许多高等院校和科研单位,土动力学已被列为攻读与土木工程类有关的专业硕士研究生的必修或选修课程。作者在为本单位(国家地震局工程力学研究所)硕士研究生讲授土动力学时,写成了一本讲义初稿。自初稿在本单位印制后,不断有人索取,使作者萌生了一个想法:如果将初稿进一步加工提高正式出版也许是为我国土动力学的教学和研究做一件有益的工作。这个想法得到了地震出版社的支持。

在将这个想法付诸实施时,考虑了如下两个方面因素:

1. 土动力学的研究课题

土动力学是一门研究在各种动荷载作用下土的力学性能、地基和土工结构物性状的分析方法,及其在工程设计中应用的工程力学。在动荷载作用下土的力学性能是一个大的试验研究课题,在土动力学中占有非常重要的位置。这一点正是土力学,包括土动力学不同于其他工程力学的一个重要标志。在动荷载作用下地基和土工结构物性状的分析包括应力、变形和稳定性的分析,对饱和非粘性土还包括孔隙水压力的分析。像其他应用力学一样,在做这些分析时常常要引进一些直观的假设;而且,在土动力学中这种做法要更多一些。由于土动力学发展较晚,土体的应力、变形、稳定性以及孔隙水压力的分析方法在 20 世纪 70 年代末 80 年代初才形成一个初步的体系。然而,这正是土动力学发展成为土力学一个独立分支的重要标志。在土动力学中,它与在动荷载作用下土的力学性能研究具有同等重要的位置。和其他应用力学相比,土力学,包括土动力学的工程实用性更强。在将上述两方面研究成果用于工程设计时，必须与工程经验相结合。工程师基于经验的判断是工程决策不可缺少的一部分。因此，在土动力学中有关其工程应用的知识也是不可少的组成部分。不仅讲述在动荷载作用下土的性能，还较全面地系统地讲述地基和土工结构物性状的分析方法，及其在工程中的应用是作者希望这本书所具有的一个特点。

2. 土动力学的发展及本书内容的选取

土动力学主要是由于机器基础动力设计、防护工程和地震工程这三方面的需要发展起来的一门学科。机器基础动力设计是土动力学的最早研究领域，大约始于 20 世纪 30 年代。由于各国学者的努力，在 60 年代达到较成熟的阶段。这方面的成果反映在各国现行的机器基础动力设计规范和有关的著作中。在我国已翻译出版的 E. F. 小理查特、R. D. 伍兹、J. R. 小霍尔著的《土与基础的振动》，S. 普拉卡什著的《土动力学》中均有讲述。另外，在土力学教科书中机器基础动力设计通常被列为其中的一章。考虑到这种情况，在本书中没有对机器基础动力设计做专题叙述。这样，可以有更多的篇幅讲述广大读者更为陌生的问题。如果读者在这方面有兴趣请参看上述参考书。防护工程也是土动力学一个重要研究领域，大约始于 20 世纪 40 年代末。这方面的研究已取得了重大的进展。但是，由于这是一项与军事工程有关的研究，其成果很少见诸于公开的刊物。显然，在缺乏必要的资料情况下在本书中专题叙述这方面的研究成果是不适宜的。与机器基础动力设计和防护工程相比，地震工程领域中土动力学的研究开始较晚，较为系统的具有一定规模的研究大约始于 20 世纪 60 年代初。然而，在短短的 20 多年内却在多方面取得重大的进展。现在，说土动力学已发展成为土力学的一个独立分支，作者以为似乎主要是针对在地震工程领域内取得的一系列重大成就而言的。鉴于目前土动力学的发展状态，作者很自然地把这本书讲述内容的重点放在从 60 年代开始在地震工程领域内土动力学的发展上。另外，在确定本书的内容时对于一些正在研究的具有重大意义的课题也予以应有的注意，即使现在的研究成果还不那么成熟。

　　鉴于以上考虑，确定了本书的内容。在读过本书后，如果对土动力学的体系能有一个较为全面了解，那正是作者所要达到的目的。由于土动力学发展很快，作者感到在深度和广度上把握住这门学科并非容易，现在写入本书的内容难免会有不当或错误之处，恳请各位专家、学者和广大读者指正。

作者

于哈尔滨

目　　录

第一章 绪 论

1.1 土动力学及其研究课题

建筑物地基和土工结构中的土体除了受到静荷载，例如自重、渗透力、结构通过接触面传递给土体的静荷载等作用外，还可能受到例如地震、爆炸、机械振动、风浪等引起的动荷载的作用。这些动荷载附加于静荷载之上作用于土体。大量工程事例表明，动荷载的附加作用可能导致地基和土工结构中的土体发生破坏。因此，必须对在附加动荷载作用下土体的变形和稳定性进行研究。

众所周知，在静荷载作用下土体的变形和稳定性分析需要"土力学"的知识。"土力学"主要是研究在静荷载作用下土的物理力学性能，以及土体变形和稳定性的一门工程力学。与此相似，在附加动荷载作用下土体的变形和稳定性分析则需要"土动力学"的知识。"土动力学"是研究在各种动荷载作用下，土的力学性能，以及土体变形和稳定性的土力学的一个独立分支。

从上述可见，土动力学的研究内容应包括在动荷载作用下土的力学性能，以及土体变形和稳定性分析两部分，前者简称土的动力性能，后者是简称土体动力分析。在此应指出，土的动力性能除了变形、孔隙水压力和强度特性外，还应包括在动荷作用下土的耗能特性。

另外，动荷载是附加于静荷载之上的。相对于动荷载，静荷载是初始载荷。下面，将静荷载作用下土体产生的应力称为初始应力，将动力荷载作用下土体产生的动应力称为附加动应力。土的动力性能和土体的变形及稳定性不仅取决于所受的附加动应力还取决于所受的初始静应力。因此，在动力性能和动力分析研究中必须恰当地模拟土所受的初始静应力和附加动应力条件。

1.2 动荷载

如果一个荷载的数值随时间变化则称该荷载为动荷载。地震、爆炸、机械振动、风浪作用等产生的荷载都是动荷载。因此，动荷载的数值 p 是时间 t 的函数，可用 $p(t)$ 表示。

1.2.1 动荷载的特点

众所周知，静力作用有数值、作用点、作用方向三个要素。动力作用除作用点和作用方向外，还有如下三个要素：

（1）最大幅值。

（2）频率含量。

（3）作用持续时间，或作用次数。

下面，将 $p(t)$ 随时间 t 的变化称为动荷载的时程。如果 $p(t)$ 随时间 t 仅有数值大小的变化，而没有正负，即作用方向的改变，则称 $p(t)$ 为非往返动荷载；如果 $p(t)$ 随时间 t 不仅有数值大小的变化，还有正负，即作用方向的改变，则称 $p(t)$ 为往返荷载，或循环荷载。

1.2.2　动荷载的类型

根据动荷载的时程曲线，可将其划分成如下类型：

1. 一次冲击荷载

爆炸荷载就是一种典型的一次冲击荷载，其时程曲线如图 1.1 所示。从图 1.1 可见，一次冲击荷载只有数值大小的变化而没正负的改变，为非往返荷载。一次冲击荷载可分为如下两个阶段：

（1）升压阶段，在该阶段，$p(t)$ 从零单调增加到 p_{max}。

（2）降压阶段，在该阶段，$p(t)$ 从 p_{max} 单调减小到零。

相对而言，在升压阶段荷载的变化速率很大，而在降压阶段荷载的变化速率相对较低。

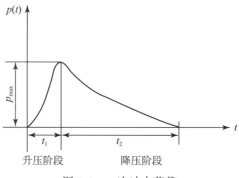

图 1.1　一次冲击荷载

2. 无限多作用次数的常幅荷载

有些动荷载的幅值为常数，而且作用次数又非常大，例如机械运行由于质量分布不均匀产生的动荷载。这种动荷载称为无限多作用次数的常幅荷载，如图 1.2 所示。从图 1.2 可见，这种动荷载是一种最简单动荷载，它的频率和幅值均不随作用次数而改变。这种动荷载可用如下简谐函数表示：

$$p(t) = p_0 \sin\omega_p t \tag{1.1}$$

式中，p_0 为幅值；ω_p 为圆频率，

$$\omega_{p} = \frac{2\pi}{T} \tag{1.2}$$

其中，T 为周期。

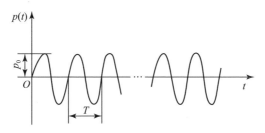

图 1.2　无限多作用次数的常幅值荷载

3. 有限作用次数的变幅荷载

这类动荷载的频率和幅值均随作用次数变化，如果频率和幅值随作用次数的变化是随机的，则称其为随机变化的动荷载，如图 1.3 所示。因为这类动荷载作用持续的时间是有限的，相应的作用次数也是有限的。地震就是这类动荷载的典型，如图 1.3 所示。由地震学而知，一次地震所持续的时间一般从十几秒至几十秒，相应的作用次数则为几次至几十次，在数学上，可认为变幅荷载 $p(t)$ 是由一系列的谐波函数选加而成的，则

$$p(t) = \sum_{i=1}^{n} p_{0,i} \sin(\omega_{p,i} t + \delta_{i}) \tag{1.3}$$

式中，$p_{0,i}$、$\omega_{p,i}$ 及 δ_{i} 分别为第 i 个谐波的幅值、圆频率及相位角。

图 1.3　有限作用次数的变幅荷载

4. 有限作用次数的常幅荷载

车辆行驶和波浪引起的动荷载通常被简化成有限作用次数的常幅荷载。其中，车辆行驶引起的动荷载随时间仅有数值大小的变化，没有正负，即方向的改变，如图 1.4 所示。按图 1.4，在数学上，车辆行驶引起的常幅动荷载可表示如下形式：

$$p(t) = p_{0} \left[1 + \sin\left(\omega_{p} t - \frac{\pi}{2} \right) \right] \tag{1.4}$$

从式（1.4）可见，$p(t)$ 的取值总是正的。但是波浪荷载随时间不仅有数值大小的变化，还有正负，即方向的改变，并可以式（1.1）来表示，但作用次数是有限的。

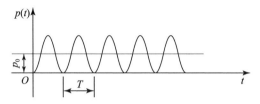

图 1.4　有限作用次数常幅值无作用方向改变的动荷载

1.3　动载作用的速率效应和疲劳效应

与静荷作用相比较，动荷作用有如下三点不同：

（1）动荷载的加载速率，即 $\mathrm{d}p(t)/\mathrm{d}t$ 通常很高。

（2）除一次性冲击荷载外，在动荷载作用过程中包括多次重复作用。

（3）动荷载的数值不仅随时间变化，许多动荷载还会有正负，即作用方向的改变。

试验资料显示，在动荷作用下土的性能与静荷作用下的有明显差别，其根本原因就在于由这三点不同所引起的速率效应和疲劳效应。

1.3.1　速率效应

试验资料表明，土的模量和强度随荷载速率的增高而增高。下面，把这种现象称为速率效应。那么，土为什么会具有速率效应呢？这与土的组成和变形机制有关。众所周知，土是由按一定方式排列的土颗粒组成的，土颗粒之间在接触点存在一定物理或化学连接，但是这种连接是较弱的。在力的作用下土的变形是伴随土颗粒排列方式调整而发生的。当荷载速率高时，在施加荷载 Δp 的时段 Δt 内，土颗粒排列方式的调整不能充分完成，相应的变形也不能充分的发展。因此，在同样的 Δp 作用下，荷载速率高时，其引起的变形则较小。根据模量的定义，则荷载速率高时，其模量则高。另外，土的强度通常定义为达到指定的破坏应变时所要求施加的力。因为荷载速率高时，应力作用引起的应变小，要达指定的破坏应变数值则必须施加更大的应力。这样，土强度也将随荷载速率的增高而增高。

1.3.2　疲劳效应

试验研究发现，土的模量和强度随动荷载作用次数的增加而降低。下面，把这种现象称为疲劳效应。疲劳效应也与土的结构，即土颗粒的排列和连接的破坏有关。实际上，动荷载每作用一次，土的结构都将发生一定的破坏。因此，随荷载作用次数的增加，土的结构破坏逐次累积，其对变形的抵抗能力也随之逐次降低，则土的模量和强度随作用次数而降低。

在此应指出，土的速率效应与疲劳效应与土的类型与状态有关，如果土处于较密实状态，土颗粒之间连接较强，当受力作用时土颗粒排列的调整就更不能充分完成，则会表现出较明显的速率效应。如果土处于较疏松的状态，土颗粒之间的连接较弱，每一次荷载作用对土结构的破坏较大，则会表现出较明显的疲劳效应。

1.4 在动荷载作用下两大类土及划分

由于土的类型和状态不同，在动荷载作用下土的动力性能是不同。因此，可以根据在动荷载作用下土的动力性能对土进行大的分类。如果在动荷作用下，土会发生显著的孔隙水压力升高，土的抗剪强度大部分丧失或完全丧失，或会发生大的永久变形，则将这些土类称为对动力作用敏感的土；除此之外，其他土称为对动力作用不敏感的土。

将土划分为对动力作用敏感和不敏感的土的主要根据如下：

（1）如前所述，在动荷作用下，任何一种土都会表现出速率和疲劳这两种效应，但是这两种效应对土的动力性能的影响是相反的。土实际表现出来的动力性能是这两种效应的综合影响结果。由于这两种效应取决于土的类型和状态，可以想象，有些土其疲劳效应会明显地大于速率效应，则可能显现出对动力作用敏感土的动力性能；另一些土其速率效应会明显地大于疲劳效应，则可能显现出对动力作用不敏感土的动力性能。但是，哪些土属于对动力作用敏感的土类，哪些土属于对动力作用不敏感的土类，则应根据宏观现场调查资料和试验室试验资料来确定。

（2）宏观现场调查资料。

这里的宏观现场调查资料主要是指地震宏观现场调查资料。国内外历次大地震的宏观现场调查资料显示，凡是发生严重地面破坏，例如喷砂冒水、地面开裂、下沉等现象的场地，发生显著下沉或失效的建筑物地基，以及发生严重的滑裂或滑坡的堤坝等，在其土体中一定会包含有饱和的松至中下密状态的砂土、软粘土，特别是淤泥质粘土和淤泥、含砾量小于 70% 左右的饱和砂砾石之类的土。除此之外，场地地面、建筑物地基、堤坝等很少发生明显的震害。

（3）试验室试验资料。

土的动力性能试验，例如动三轴试验表明，如果试验的土样是由饱和的松至中下密砂制备的，则会测得显著的孔隙水压力升高，并使其对剪切变形的抵抗能力大部分丧失或完全丧失；如果试验的土样是由软粘土，特别是由淤泥质软粘和淤泥制备的，则会测得明显的永久变形，并可达到指定的破坏变形数值；另外，如果土样是由含砾量小于 70%左右的砂砾石制备的，则可测到与饱和松至中下密状态砂土相似的结果。但是，如果土样是由干砂、密实的饱和砂土制备的，则不会出现对剪切变形的抵抗能力大部分丧失的现象；如果土样是由压密的饱和粘性土制备的，虽可能产生一定的永久变形，但通常不可能导致破坏。

综上所述，文献［1］认为饱和的松至中下密状态的砂土、软粘土，包括淤泥质土和淤泥、含砾量小于 70%左右饱和砂砾石属于对动力作用敏感的土类，而认为干砂、饱和的密实砂土、压密的饱和粘性土、含砾量大于 70%的饱和砂砾石属于对动力作用不敏感的土类。

根据上述可判断，如果在岩土工程的土体中不包含对动力作用敏感的土，则在地震作用下岩土工程通常只会发生一些较轻震害；而如果在岩土工程的土体中包含对动力作用敏感的土，则在地震作用下岩土工程则可能发生破坏性的震害。因此，对这种情况应予以特别关注，进行详细研究。

参 考 文 献

［1］ Makdisi F I, Seed H B, Simplified Procedure for Estimating Dam and Embankment Earthquake Induced Deformations, Journal Geotechnical Engineering Division, 1972, 104 (7): 849-867

第二章　土动力试验

2.1　概述

2.1.1　试验目的及测试内容

作为一种力学介质和工程材料，土在动荷作用下要发生变形，甚至可能发生破坏。为了解土在动荷作用下的变形和强度等性能必须进行动力试验，由土动力试验测得的资料是定性和定量描写土动力性能的基础。

和其他力学介质和工程材料一样，土的动力性能主要包括：

(1) 变形特性。

(2) 强度特性。

(3) 耗能特性。

除此之外，与其他力学介质和工程材料不同的，土在动荷作用下可能会发生孔隙水压力升高。孔隙水压力升高对土的变形和强度特性具有重要的影响。因此，孔隙水压力特性是土的一个重要的动力性能。

由于土的特殊结构，土是一种变形大强度低的力学介质和工程材料。像土的静力性能试验一样，土的动力性能试验必须在特制的土动力试验设备上进行。

2.1.2　试验应考虑的主要影响因素

与其他力学介质和工程材料相比，影响土动力性能的因素更多，土的动力性能也更为复杂。为定性和定量了解这些因素对土动力性能的影响，在试验中这些因素必须予以恰当的考虑。为了考虑这些因素的影响，土动力试验设备应满足一些特殊要求。另外，由于影响因素较多，动力试验的组合较多，相应的试验工作量较大。

根据经验，除了土类之外，影响土动力性能的主要因素如下：

1. 土的状态

这里的所谓土的状态，砂性土是指密实程度，通常以孔隙比、相对密度等指标表示；粘性土是指软硬程度，通常以含水量或液性指数表示。对于同一种土，土的状态是影响土动力性能的重要因素。特别应指出，对于实际工程问题，试验的土的状态必须与其天然埋藏密度或填筑所控制的密度相同。

2. 初始静应力

如前述，在土动力学研究中，通常把土所受的静应力称为初始静应力，并认为土体在静荷作用之下变形已经完成，任何一点土所受的静应力已完全由土骨架承受。土体中一点的静应力可以分解成球应力和偏应力分量两部分。根据土力学常识可判断，土所受到的静有效球应力越高，其动力性能应越好。另外，像后面将要看到的那样，土的静偏应力对土的动力性能也有重要影响。

3. 动荷载特性

在前面曾指出，动荷载的特性应包括幅值、频率成分、及作用时间或作用次数。动荷载的幅值是决定土所受到的动力作用水平的重要指标，处于不同动力作用水平的土，其动力性能是不一样的。因此，动荷载幅值是必须考虑的一个重要因素。从土动力试验而言，施加的动荷载频率主要影响加荷速率，而由于速率效应动荷载频率将对土动力性能产生一定影响。动荷载作用时间或次数对土的动力性能的影响主要是由于疲劳效应引起的。特别对有限作用次数类型的动荷载，作用次数是一个影响土动力性能的重要因素，在动力试验中必须予以考虑。

4. 排水条件

土动力试验的排水条件是指在施加动荷载过程中是否允许土试样排水。如果允许土试样排水则称为排水条件下的试验；否则，称为不排水条件下的试验。排水条件对饱和土动力性能影响特别大。在排水条件下的试验，在动荷载作用过程中土试样会发生压密，减少了土试样的偏斜变形及孔隙水压力，与不排水条件下的试验相比，土要呈现出较好的动力性能。

2.1.3 土动力性能试验的基本资料

在动力试验中，施加给土试样的动荷载是一个时间过程。相应的，在动荷载作用下土试样产生的变形、孔隙水压力等量也是一个时间过程。在土动力试验过程中必须测试的主要资料如下：

（1）土试样的动应力与时间关系线。

（2）土试样的变形与时间关系线。

（3）土试样产生孔隙水压力与时间关系线。

通常土动力试验设备为应力式的，土试样所受的动荷载是预先指定的，相应的动应力是已知的。如果土动力试验设备是应变式的，土试样所受的动变形是指定的，相应的动应变是已知的。

一般说，只有饱和土动力试验才测孔隙水压力，特别是饱和砂土。在此应指出，由于粘性土孔隙水压力测量的滞后效应，由动力试验测得的粘性土孔隙水压力与时间的关系线是不准确的，甚至没有价值。

由试验测得的上述三条过程线是土动力性能试验的最基本试验资料。根据这三条过程线可研究土的动力应力应变关系、土的动强度特性、耗能特性以及孔隙水压力特性。因此，这三条过程线对研究土的动力性能至为重要，土的动力试验设备必须保证所测得的这三条过程线具有足够的精确性。

2.2　土的动力试验设备的组成及要求

2.2.1　土动力试验应模拟的条件

根据上一节表述的影响土动力性能的因素，在土动力性能试验中应恰当地模拟如下条件：

（1）土的密度状态。

（2）土的饱和度或含水量。

（3）土的结构。

（4）土所受的初始静应力状态及数值。

（5）土所受的动应力状态及数值。

（6）动荷载作用过程中土的排水条件。

前三个模拟条件可由土试样的制取来实现。在此应指出，为获得原状土试样在取样、运输、制样过程中应尽量避免扰动，一旦土的结构受到破坏，在短期内难以恢复。由于土结构的影响，重新制备土样的动力试验结果不能代表密度状态、含水量相同的原状土的动力试验结果。为了从土层取出原状土样，有时必须采取特殊的技术措施，例如冻结法等。

后三个条件的模拟必须依靠动力试验设备来实现。毫无疑问，土所受的静应力状态及数值的模拟以及动应力状态及数值的模拟，应分别依靠动力试验设备的静力荷载系统和动力荷载系统来实现。动荷载作用过程中排水条件的模拟，应依靠动力试验设备的排水控制系统来实现的。在此应指出如下几点：

（1）现在，存在不同类型的土动力试验设备。像下面将看到那样，任何一种类型的动力试验设备通常只能使土试样受到特定的一种静应力状态和动应力状态，其试验结果是土在该特定的静应力状态和动应力状态下显示的动力性能。

（2）前面已经指出，土所受的初始静应力包括球应力和偏应力两部分。为能考虑这两部分初始静应力对土动力性能的影响，静荷系统施加于土试样的球应力及偏应力必须能够在一定范围变化。

（3）由于技术上的原因，动荷系统施加给土试样的动力作用水平只能在一定范围变化，例如从小变形到中等变形范围内或从中等到大变形范围内变化。因此，每种土动力实验设备通常只适用于研究在一定动力作用水平下土的动力性能。

（4）土的动力试验是在排水条件或在不排水条件下进行，主要取决于动荷载作用的持续时间或作用次数。如果动荷载作用的持续时间很短或作用次数很少，在动荷载作用时段内土来不及排水，则动力试验可在不排水条件下进行。因此，像爆炸、地震等动荷载，土动力试验在不排水条件下进行是适宜的。

2.2.2 土动力试验设备组成

从功能而言，无论哪种土的动力试验设备必须包括如下几部分：

1. 土试样盒或土试样室

土试样盒或土试样室的功能是安置土试样，同时也是给土试样施加静荷载或者动荷载所不可缺少的部分。

2. 静荷载系统

静荷载系统的功能是给土试样施加静荷载，使土试样在受动荷载之前就承受静应力作用。为了使土试样承受的静球应力和偏应力分量能够变化，静荷载系统通常包括侧向静荷载和竖向静荷载两部分，它们分别在侧向和竖向给土试样施静荷载。在侧向和竖向静荷载作用下，土试样分别承受侧向静应力和竖向静应力，通常以 σ_3 和 σ_1 表示。如前所述，认为土所受的初始静应力是有效应力，土试样应在侧向应力和竖向应力作用下固结，并将 σ_3 和 σ_1 称为固结应力。如令

$$K_c = \frac{\sigma_1}{\sigma_3} \tag{2.1}$$

则称 K_c 为固结比。当 $K_c = 1$，$\sigma_1 = \sigma_3$，则称为各向均等固结。当 $K_c > 1$，$\sigma_1 > \sigma_3$，则称为非均等固结。从上可见，在均等固结时，土试样只承受静球应力作用；在非均等固结时，土试样不仅承受静球应力作用还承受偏应力作用。当侧向应力保持不变时，所承受的偏应力随固结比 K_c 的增大而增大。这样，借助静荷载系统改变所施加的侧向静荷载和竖向静荷截，就可改变其所受的静球应力和静偏应力数值。

另外，像下面将看到的那样，有的动力试验仪器的土试样盒是一个侧壁为刚性的盒，静荷载在竖向施加于放置盒中的土试样。在竖向施加的静荷作用下，土试样承受静竖向应力 σ_v。由于试样盒的侧壁是刚性的，土试样在竖向荷载作用下不能发生侧向变形，土试样承受的静水平应力 σ_h 应为

$$\sigma_h = K_0 \sigma_v \tag{2.2}$$

式中，K_0 为静止土压力系数。如果土试样处于这样的静力条件，则称为 K_0 条件。显然，土试样在这样条件下应属于非均等固结，其固结比 K_c 为

$$K_c = 1/K_0 \tag{2.3}$$

3. 动荷载系统

动荷载系统是给土试样施加一个动荷载。土试样在动荷载作用下承受动应力。大多数动力试验设备是应力式的，施加给土试样的是个动力时程。但是，也有的动力试验设备是应变式的，施加给土试样的是动变形时程。另外，有的动力试验设备将动荷载沿土试样轴向方向施加于土试样，在土试样中产生轴向动应力；有的动力试验设备将动荷载沿水平方向施加于土试样，在土试样中产生水平

的动剪应力。

为了考虑动荷载特性对土动力性能的影响，动荷载系统应具备如下功能：

（1）动荷载的幅值是可调的。

（2）动荷载的频率是可调的。

（3）至少能产生等幅正弦波形的动荷载，如还能产生变幅波形的荷载则更好。

（4）作用的持续时间或作用次数是可控的。

动荷载系统是动力试验设备的关键组成部分。由于篇幅的限制，在此不对动荷系统做进一步介绍。

4. 测示及记录系统

土动力试验的测示及记录系统的功能是将在试验过程中土试样所受的动应力、动变形及孔隙水压力随时间的变化测量、记录并显示出来。测示及记录系统的组成部分如下：

1）测量部分

测量部分的功能将土试样的动应力、动变形及孔隙水压力测出来。测量部分的关键部件是传感器，测动应力的传感器称为应力传感器，测动变形的传感器称位移传感器，测孔隙水压力的传感器称为孔隙水压力传感器，它们分别将动应力、动变形及孔隙水压力等物理量转变成相应的模拟电量输出出来。在布置上，应力传感器应与土试样串联，位移传感器应与土试样并联，孔隙水压力传感器应经管路与土试样中的孔隙水相通

2）放大器

由传感器输出的模拟电信号非常微弱，放大器将微弱的电信号放大，然后再输出出来。

3）记录和显示部分

记录和显示部分的功能是将放大后的电信号记录和显示出来。现在，这部分是由计算机控制的数字采集装置及绘图仪或打印机组成。数字采集装置接收由放大器输出的电信号，并把接收到的连续电信号按一定的采样频率或时间间隔采集下来，并把它变成数字信号输入给计算机存储起来。绘图仪或打印机是显示装置，也是由计算机控制工作的。计算机把存储器存储的数字信号输入到绘图仪或打印机，并以图形的形式显示出来或按采集的时间间隔打印出来。

5. 排水控制及孔隙水压力测试系统

排水控制系统是由排水阀门、与土试样孔隙相通的管路，以及量水管组成的。此外，在连结排水阀门与土试样的管路上设置孔隙水压力传感器及一个控制阀门。排水控制及孔隙水压力测试系统的布置如图 2.1 所示。

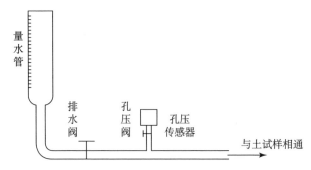

图 2.1 排水控制及孔隙水压力测试系统

这个系统的功能如下：

（1）在静荷载施加后，打开排水阀门，土试样可以排水完成固结，将作用于土试样上的静应力完全转变成有效应力。

（2）在动荷载施加后，如果打开排水阀门，则土试样在动荷载作用过程中可以排水，动力试验在排水条件下进行；如果关闭排水阀门，则土试样在动荷载作用过程中不能排水，动力试验在不排水条件下进行。

（3）在动荷载施加过程中关闭排水阀，打开孔压阀门则可测量动荷载作用在土试样中引起的孔隙水压力。

2.3 土动三轴试验

2.3.1 土动三轴仪压力室的组成

土动三轴试验是在土动三轴试验仪上完成的，土动三轴试验仪在 1960 年代就已研究出来了，是最早开发出来的土动力试验设备，现已作为一种常规土动力试验仪器装备在岩土工程试验室中。

土动三轴仪作为一种土动力试验仪器，和其他土动力试验设备一样，也是由前述的几个部分组成的。为了说明土动三轴试验的特点，下面只对土动三轴仪压力室及土试样等做必要的表述。

土动三轴仪压力室由底座、顶盖及有机玻璃筒组成的，如图 2.2 所示。它的主要功能如下：

（1）安置土试样。

（2）配合静荷载系统给土试样施加静荷载。

（3）配合动荷载系统给土试样施加动荷载。

（4）配合排水系统控制试验的排水条件。

（5）配合孔隙水压力测试系统测试土试样的孔隙水压力。

从图 2.2 可见，圆柱形土试样安置在三轴压力室底座上，在土试样与底座之

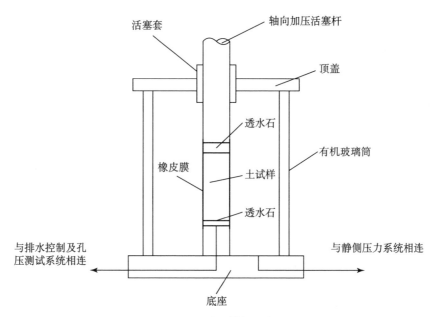

图 2.2 土动三轴仪压力室

间放置透水板，便于土试样排水。土试样的上端与轴向加压活塞杆相连接。土试样外包橡皮膜，使土试样与三轴压力室内的流体相隔绝。

三轴压力室底座上开有两个孔道。一个孔道与静侧荷载装置相连，通过这个孔道将压力流体注入三轴压力室，使土试样承受静侧压力 σ_3 作用。另一个孔道与图 2.1 所示的排水控制及孔隙水压力测量装置相连。这样，可控制土试样在试验时所处的排水条件，并为测量土试样中的孔隙水压力提供了可能。

由于土试样上端与轴向加压杆相连，轴向静荷载系统及轴向动荷载系统可通过轴向加压杆施加于土试样，使土试样承受轴向静压力 σ_1 和轴向动应力 σ_{ad} 作用。

在三轴压力室顶盖上有一个活塞套，它要与轴向加压活塞杆相匹配以减少两者之间的摩擦，使施加于活塞杆上的轴向静荷载和动荷载有效地作用于土试样。另一方面，还可减少三轴压力室中有压的流体从两者缝隙之间渗出，以保证三轴压力室内压力的稳定。

2.3.2 动三轴试验土试样的受力特点

按上述，在动三轴试验中土试样承受的静应力和动应力状态均为轴对称应力状态，如图 2.3 所示。图 2.3a 所示的是静应力状态，图 2.3b 所示的是动应力状态，图 2.3c 所示的是静动合成应力状态。

在动三轴试验中，在均等固结和非均等固结两种情况下土试样的受力特点如下：

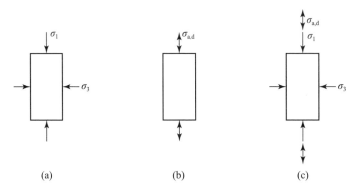

图 2.3　动三轴试验土试样的受力状态

1. 均等固结情况

在均匀固结情况下，轴向静应力 σ_1 等于侧向静应力 σ_3。轴向动应力叠加在轴向静应力之后，合成的侧向应力仍为 σ_3，而合成的轴向应力为 $\sigma_1 \pm \sigma_{a,d}$。如果以压为正，当轴向动力为正时，合成的轴向应力为 $\sigma_1 + \sigma_{a,d}$，大于 σ_3。这表明轴向为合成应力的最大主应力方向，侧向为合成应力的最小主应力方向。当轴向动应力为负时，合成的轴向应力为 $\sigma_1 - \sigma_{a,d}$，小于 σ_3。这表明轴向为合成应力的最小主应力方向，侧向成为合成应力的最大主应力方向。因此，当轴向动应力发生正负转变时，土试样的主应力方向突然发生 90° 转动。

这个特点可用土试样 45° 面上的应力分量的变化进一步说明，如图 2.4 所示。在均等固结情况下，45° 面上的静正应力等于 σ_3，静剪应力为零。轴向应力叠加上之后，当轴向动应力为正时，45° 面上合成正应力为 $\sigma_3 + \sigma_{a,d}/2$，剪应力为 $+\sigma_{a,d}/2$，"+" 表示沿 45° 面向下作用；当轴向动应力为负时，45° 面上的合成正应力 $\sigma_3 - \sigma_{a,d}/2$，剪应力为 $-\sigma_{a,d}/2$，"−" 表示沿 45° 面向上作用。这表明，当轴向动力应力发生正负转变时，土试样 45° 面上的合成剪力作用方向将发生突然地转变。因此，在均等固结情况下，在轴向动荷载作用时，土试样 45° 面上的合成剪应力不仅有大小的变化，还有方向上的突然变化。另外，当轴动应力为负时，合成应力的最小主应力为 $\sigma_3 - \sigma_{a,d}$。由于合成应力的最小主应力不能为负，因此施加的轴向动应力 $\sigma_{a,d}$ 不能大于 σ_3，如果 $\sigma_{a,d}$ 大于 σ_3，则 $\sigma_{a,d} - \sigma_3$ 部分不能施于土试样之上。

2. 非均等固结情况

在非均等固结情况下，轴向静应力大于侧向静应力，并且 $\sigma_1 = K_c \sigma_3$。轴向动应力叠加在轴向静应力之后，合成的侧向应力仍为 σ_3，而合成的轴向应力为 $\sigma_1 \pm \sigma_{a,d}$，即 $K_c \sigma_3 \pm \sigma_{a,d}$。当轴向动应力为正时，合成轴向应力为 $\sigma_1 + \sigma_{a,d}$，轴向仍为最大主应力方向，侧向仍为最小主应力方向。当轴向动应力为负时，合成轴向应力为 $\sigma_1 - \sigma_{a,d}$，这时可能有两种情况：

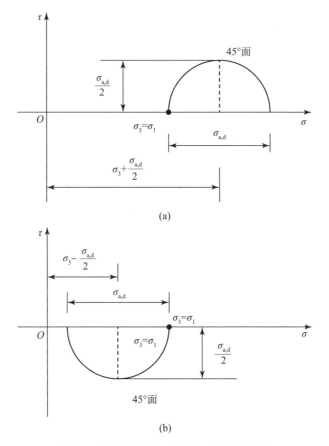

图 2.4　均等固结时 45°面上合成应力分量

（a）轴向动应力为正；（b）轴向动应力为负

（1）当 $\sigma_1-\sigma_{a,d}>\sigma_3$，即 $\sigma_{a,d}<\sigma_1-\sigma_3$ 或 $\sigma_{a,d}<（K_c-1）\sigma_3$ 时，合成轴向应力仍大于 σ_3，轴向仍为最大主应力方向，侧向仍为最小主应力方向。

（2）当 $\sigma_1-\sigma_{a,d}<\sigma_3$，即 $\sigma_{a,d}>\sigma_1-\sigma_3$ 或 $\sigma_{a,d}>（K_c-1）\sigma_3$ 时，合成轴向应力则小于 σ_3，轴向变成最小主应力方向，侧向变成最大主应力方向。

从上述可见，当从 $\sigma_1-\sigma_{a,d}>\sigma_3$ 变成 $\sigma_1-\sigma_{a,d}<\sigma_3$ 时，土试样的主应力应力方向突然发生 90°转动。

同样，这个特点也可用土试样 45°面上的应力分量的变化进一步解说，如图 2.5 所示。在非均等固结情况下，45°面上的静正应力等于 $\dfrac{\sigma_1+\sigma_3}{2}$，即 $\dfrac{（1+K_c）\sigma_3}{2}$，静剪应力等于 $\dfrac{\sigma_1-\sigma_3}{2}$，即 $\dfrac{（K_c-1）\sigma_3}{2}$。当轴向动应力为正时，45°面上合成正应力

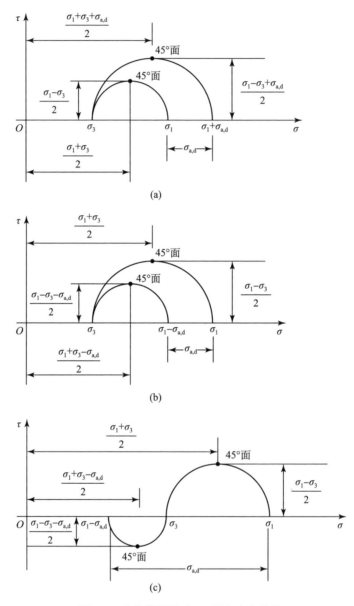

图 2.5　非均等固结时 45°面上应力分量

（a）轴向动应力为正时；（b）轴向动应力为负，$\sigma_{a,d} < \sigma_1 - \sigma_3$；

（c）轴向动应力为负，$\sigma_{a,d} > \sigma_1 - \sigma_3$

等于 $\dfrac{\sigma_1+\sigma_3+\sigma_{a,d}}{2}$，即 $\dfrac{(1+K_c)\sigma_3}{2}+\dfrac{\sigma_{a,d}}{2}$，合成剪应力等于 $\dfrac{\sigma_1-\sigma_3+\sigma_{a,d}}{2}$，即

$\dfrac{(K_c-1)\sigma_3}{2}+\dfrac{\sigma_{a,d}}{2}$，沿 45° 面向下作用，如图 2.5a 所示。当轴向动应力为负时，

45° 面上合成正应力等于 $\dfrac{\sigma_1+\sigma_3-\sigma_{a,d}}{2}$，即 $\dfrac{(1+K_c)\sigma_3}{2}-\dfrac{\sigma_{a,d}}{2}$，合成剪应力等于

$\dfrac{\sigma_1-\sigma_3-\sigma_{a,d}}{2}$，即 $\dfrac{(K_c-1)\sigma_3}{2}-\dfrac{\sigma_{a,d}}{2}$。这时有两种情况：

①当 $\sigma_{a,d}<\sigma_1-\sigma_3$，即 $\sigma_{a,d}<(K_c-1)\sigma_3$ 时，45° 面上的合成剪应力为正，即仍沿 45° 面向下作用，剪应力作用方向没有变化，如图 2.5b 所示。

②当 $\sigma_{a,d}>\sigma_1-\sigma_3$，即 $\sigma_{a,d}>(K_c-1)\sigma_3$ 时，45° 面上的合成剪应力为负，即沿 45° 面向上作用，剪应力作用方向发生变化，如图 2.5c 所示。

综上所述，在均等固结情况下，施加的轴向动荷载不仅使土试样 45° 度面上的剪应力发生大小的变化，还使土试样剪应力的作用方向发生突然地变化。在非均等固结情况下，如果 $\sigma_{a,d}<\sigma_1-\sigma_3$ 时，施加的轴向动荷载仅使土试样 45° 度面上的合成剪应力发生大小的变化；如果 $\sigma_{a,d}>\sigma_1-\sigma_3$ 时，施加的轴向动荷载还会使土试样 45° 度面上的合成剪应力作用方向发生突然地变化。试验表明，在均等固结和非均等固结情况下同一种土的动三轴试验结果不同，其原因与上述土试样的受力特点有关。

2.3.3　动三轴试验土试样的受力水平

前面已指出，由于技术的原因，每种土动力试验设备只能使土试样所受的动力作用水平处于某一定的范围。在此指出，在动三轴试验中，土试样所受的动力作用水平通常在剪应变幅值 10^{-5} 至 10^{-2} 范围。在这样的动力作用水平下，土处于中等变形至大变形阶段。因此，动三轴试验适用于研究处于中等变形至大变形阶段时的土的动力性能。如欲研究在小变形阶段土的动力性能，不宜采用动三轴试验。

2.3.4　动三轴试验的测试项目

动三轴试验可测试如下项目：

（1）土的动强度性能，包括饱和砂土抗液化的性能。

（2）当动力作用水平大于屈服剪应变时土的变形特性，即应变幅值及单向累积永久应变随作用次数增加的发展规律。

（3）当动力作用水平大于屈服剪应变时，饱和土特别饱和砂土的残余孔隙水压力随作用次数增加的发展规律。

（4）测试土的屈服应变。

关于土的屈服剪应的概念将在后面表述。

2.4 土动简切试验

土动简切试验是在土动简切仪上进行的。土动简切仪的研制开发晚于土动三轴仪。虽然，土动简切仪还不是一种土动力试验的常规仪器，但是它在土动力学发展中起了重要作用。像下面将看到的那样，在土动简切仪中土试样所受的静应力和动应力状态不同于土动三轴仪，但是很接近在水平自由场地下土层所受的静应力状态和地震时的动应力状态。这样，如果能在这两种试验结果之间建立起定量的关系，就可将常规的土动三轴试验结果用于评估水平自由场地下土层的动力性能。土动简切仪分为应力式和应变式两种。相应地，土动简切试验也分为应力式和应变式两种试验方法。

2.4.1 应力式土动简切试验中土样的受力状态

在应力式土动简切试验中，将外面用橡胶膜包裹的圆形断面的土试样放置在一个特制的侧壁为刚性的土试样盒中。土试样顶端放置一个底面粗糙的加载板。土试样盒的底座有通道与排水控制及孔隙水压力测量系统相连接。静荷载系统将竖向荷载施加于加载板上，在土试样中产生竖向应力 σ_v。由于土试样盒侧壁是刚性的，在竖向荷载作用下土试样不能发生侧向变形，则土试样承受的水平向静应力 σ_h 等于静止土压力，即

$$\sigma_h = K_0 \sigma_v \qquad (2.4)$$

因此，土动简切试验中土试样的静应力状态为 K_0 状态，如图 2.6a 所示，并在所承受的静应力下固结。动荷载系统将一个动水平荷载作用于土试样顶端的加载板上，并靠加载板底面与土试样顶面之间的摩擦力作用于土试样。在动水平荷载作用下，土试样在水平方向上受简切作用，并在水平面上产生动水平剪应力 $\tau_{hv,d}$。这样，在土动简切试验中土试样的动应力状态为简切应力状态，如图 2.6b 所示。在土动简切试验中，土试样所受的静动合成应力状态如图 2.6c 所示。

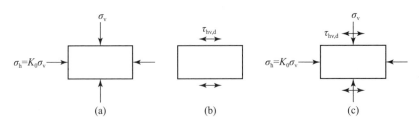

图 2.6 在土动剪切仪中土试样的受力状态

(a) 静应力；(b) 动应力；(c) 合成应力

从上述可见，在土动简切试验中只在水平面上施动水平荷载，因此称之为简切。虽然沿竖向面也会伴有动剪应力作用，但并不能像纯剪那样与水平面上的动

剪应力相等。

在土动简切试验中，一般不在水平面上施加静水平荷载。因此，水平面上的静剪应力为零，水平面和侧面分别为静应力的最大主应力和最小主应力面，静应力莫尔圆如图 2.7a 所示。

动荷载施加后，当水平面上的动剪应力为正时，合成应力莫尔圆如图 2.7b 所示。由图 2.7b 可见，合成应力的最大主应力方向相对最大静主应力方向顺时针转动了 α 角；当水平面上的动剪应力为负时，合成应力莫尔圆如图 2.7c 所示，合成应力的最大主应力方向相对最大静主应力方向逆时针转动了 α 角。设 $\tau_{hv,d}$ 为水平面上动剪应力的最大值，α 为主应力的最大转动角，由图 2.7 可得：

$$\tan 2\alpha = \frac{2\tau_{hv,d}}{(1 - K_0)\sigma_v} \qquad (2.5)$$

综上所述，在土动简切试验中，施加水平动荷载使土试样的主应力方向在 $\pm\alpha$ 之间连续变化。

由于在应力式土动简切试验中施加的动荷载是已知的，试验要测量的量只是土试样顶面的位移。如果假定水平剪切应变是均匀的，则动剪应变可按下式确定：

$$\gamma_d = \frac{u}{H} \qquad (2.6)$$

式中，u 为试样顶面的水平位移；H 为土试样高度。此外，如果需要的话，还要测量非饱和土试样的竖向变形，即体积变形，或饱和土的孔隙水压力。

2.4.2 应变式土动简切试验中土样的受力状态

应变式土动简切试验也是将外包裹橡皮膜的土试样放置于特制的侧壁为刚性的土试样盒内。与应力式土动简切仪不同之处，应变式土动简切仪的动荷载系统使土试样盒的两侧壁按指定形式发生转动。这样，放置在土试样盒中的土试样按指定形式产生剪应变，因此是已知的。在应变式简切试验中，要测试的量是土试样承受的水平动剪应力，如果必要时，还要测量非饱和土试样的竖向变形，即体积变形，或饱和土试样的孔隙水压力。

在应变式土动简切试验中，土试样的静应力状态、动应力状态，以及合成应力状态与应力式土动简切试验中的相同。

2.4.3 土动简切试验土试样的受力水平及适用条件

在土动简切试验中土试样的受力水平与土动三轴试验中土试样的受力水平大致相同，处于中等变形和大变形阶段，将呈现出非线性弹性或弹塑性性能，甚至发生流动或破坏。

按上述，土动简切试验所适用的测试项目与土动三轴试验基本相同。

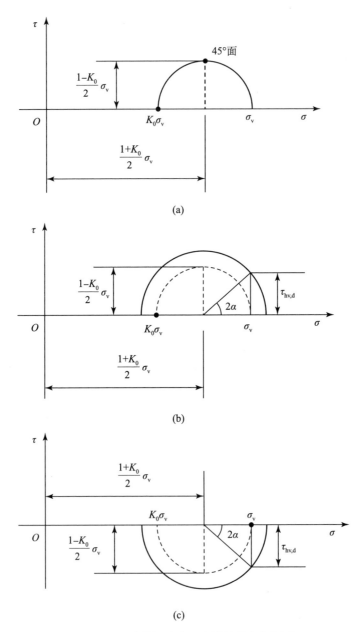

图 2.7 土动剪切试验土试样的应力莫尔圆

（a）静应力莫尔圆；（b）合成应力莫尔圆，$\tau_{hv,d}$ 为正时；（c）合成应力莫尔圆，$\tau_{hv,d}$ 为负时

2.5　土动力试验方法

2.5.1　土动力试验步骤

无论采用动三轴仪还是动简切仪进行试验，其试验步骤基本相同，都包括如下几个步骤：

(1) 调试好试验设备，使其处于正常工作状态。

(2) 制备土试样，测量土试样尺寸及重力密度。

(3) 安装土试样。

(4) 施加静荷载。

(5) 土试样在静荷载下完成固结，测量土试样体积变化。

(6) 在排水或不排水条件下施加动荷载。

(7) 测量在动荷载作用过程中土试样的应力、变形，以及在排水条件下试验时测量土试样的体积变形，或在不排水条件下试验时测量土试样的孔隙水压力。

(8) 停止施加动荷载、卸掉静荷载。

(9) 卸下土试样，测量土试样的重力密度。

2.5.2　静荷载的施加方式

如果土试样在均等压力状态或 K_0 状态下固结，可将静荷载一次施加于土试样。在这种情况下，在静荷载作用下土试样只发生压密变形，而不产生剪切变形。如果土试样在不均等压力下固结，那么首先应施加与侧向压力相等的各向均等压力，待土试样在各向均等压力下固结完成后，再分级增加轴向静应力，使其达到指定的轴向静应力的数值。当分级增加轴向静应力时，应待土试样在上一级轴向应力作用下完成固结后再增加下一级轴向应力。采取这样的加载方式可避免土试样在非均等固结期间产生过大的剪切变形。

2.5.3　动荷载的施加方式

在土动力试验中，动荷载施加方式与动力试验要测试的项目有关，土常规动力试验的测试项目分为动模量阻尼测试和动强度测试。下面，按这两种测试项目分别表述其动荷载施加方式。

1. 动模量阻尼试验的动荷载施加方式

动模量阻尼试验采用逐级施加动荷载的方式，即按动荷载幅值由小至大分几级施加给土试样，每级的作用次数是指定的，并测量在每级动荷载作用下土的变形及孔隙水压力。关于施加动荷载时需要确定三个参数：

1) 施加的动荷载级数

通常，施加的级数为 8~10 级。级数太少，不能获得足够数量的试验资料；

级数太多，不仅试验工作量增加，而且前后两级荷载不易拉开档次。

2）荷载的级差

如果级数确定了，级差原则上取决于土承受动荷载的能力，进一步说，取决于土的类型及土试样所能承受的动应力。比较密实的土或比较硬的土级差可大些，当土试样所能承载的动应力较大时，级差也可大些。但是，级差的具体数值则往往根据经验确定，如果缺乏经验则应由预先试验来确定。

3）每级荷载下作用次数

每级荷载下的作用次数由动荷载的类型确定，对于地震这种有限次数的动荷载通常取作用次数为 20 次。

在此指出，采用逐级施加动荷载的方式存在一个问题，那就是前几级施加的动荷载对在本级动荷载作用下土的动力性能的影响问题。显然指定了每级动荷载的作用次数，但由于前几级动荷载作用的影响，土所受的作用次数并不只是每级荷载的作用次数。根据疲劳效应前几级动荷载的作用一定会对本级动荷作用土的土动力性能有影响。但是，如果土所受的动力作用水平低于其屈服剪应变，则作用次数对土的动力性能没有显著影响，在这种情况下可忽略前几级动荷载作用的影响。因此，逐级施加动荷载方式对于研究动力作用水平低于屈服剪应变时土的动力性能是适宜的。如果在某一级荷载作用下土发生了明显的累积变形或累积孔隙水压力，则应停止施加下一级动荷载而结束试验。

如果采用逐级施加动荷载方式，则土动力试验可在一个土试样上完成。这样，不仅减小了土动力试验所需的土试样个数，还可减小由于土试样之间的不均匀性而引起的试验结果的离散。

2. 动强度试验的动荷载施加方式

动强度试验采用的加载方式是将指定幅值的动荷载施加于土试样，直到土试样发生破坏为止，并记录下土试样发生破坏时动荷载的作用次数，以 N_f 表示。对这种加荷方式有如下三个问题需要确定：

1）土试样破坏标准

通常，土试样的破坏按如下两种标准确定：

（1）如果土动试验能够正确地测定孔隙水压，例如饱和砂土动力试验，则认为在动三轴试验或动简切试验中当动荷作用引起的孔隙水压力分别升高到侧向固结压力或竖向固结压力时土试样则发生了破坏。但是，试验资料表明，此时土试样的变形较小，通常仅为 1%～2%。

（2）更为一般的破坏标准，认为动荷作用引起的土试样变形达到指定数值时土试样则发生了破坏，通常取最大应变达到 5%。

从上可见，无论采用哪种标准都必须根据土动力试验的测试资料来判断土试样何时发生破坏。实际上，土试样的破坏是一个发展过程，当发展到某种程度时就可认为发生了破坏。因此，不同的破坏标准相应于不同的破坏程度。

2）选择动荷载幅值的个数

选择的动荷载幅值个数不应少于 5 个，但不宜大于 10 个。如果个数太少，则试验资料不充足，如果太多，则试验的工作量太大。

3）幅值的范围和分布

幅值的范围取决于土类及土的密实或软硬程度。但是，具体的幅值范围往往由经验确定。如果缺乏经验，则可由预先试验来确定。

2.6 土动模量阻尼试验及基本结果

2.6.1 动模量

由动模量阻尼试验，以动三轴试验为例，可以测得在等幅轴向动应力 $\sigma_{a,d}$ 作用下土样产生的轴向动应变 $\varepsilon_{a,d}$。当轴向动应力幅值 $\bar{\sigma}_{a,d}$ 小于某个数值时，所测得的轴向动应变的幅值 $\bar{\varepsilon}_{a,d}$ 为常数，即不随轴向动应力作用次数而增大。这样，由动阻尼模量试验，可以获得一组与施加的动应力幅值相应的动应变幅值。由此可绘出如图 2.8 所示的关系线。该关系线通常可用如下双曲线方程式来拟合[1]：

$$\bar{\sigma}_{a,d} = \frac{\bar{\varepsilon}_{a,d}}{a + b\bar{\varepsilon}_{a,d}} \qquad (2.7)$$

式中，a、b 为双曲线方程式的两个参数。令

$$E_{d,s} = \frac{\bar{\sigma}_{a,d}}{\bar{\varepsilon}_{a,d}} \qquad (2.8)$$

式中，$E_{d,s}$ 为动割线模量，如图 2.8 所示。由式（2.7）和式（2.8）得

$$1/E_{d,s} = a + b\bar{\varepsilon}_{a,d} \qquad (2.9)$$

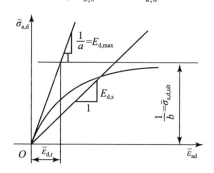

图 2.8 $\bar{\sigma}_{a,d}$-$\bar{\varepsilon}_{a,d}$ 关系线及双曲线方程式，σ_3 一定

根据试验资料可绘出 $1/E_{d,s}$-$\bar{\varepsilon}_{a,d}$ 关系线，如图 2.9 所示。从图 2.9 可见，$1/E_{d,s}$-$\bar{\varepsilon}_{a,d}$ 关系线为直线，a、b 分别为其截距和斜率。下面，来说明 a、b 的力

学意义。令 $\bar{\varepsilon}_{a,d}=0$，由式（2.9）得

$$a = 1/E_{d,s}$$

从图 2.8 可见，当 $\bar{\varepsilon}_{a,d}=0$ 时，$E_{d,s}$ 为最大，称为初始模量，以 $E_{d,max}$ 表示，则

$$E_{d,max} = 1/a \qquad (2.10)$$

令 $\bar{\varepsilon}_{a,d}\rightarrow\infty$，由式（2.7）得

$$b = 1/\bar{\varepsilon}_{a,d}$$

从图 2.8 可见，当 $\bar{\varepsilon}_{a,d}\rightarrow\infty$ 时，$\bar{\varepsilon}_{a,d}$ 为最大，称为最终强度，以 $\bar{\sigma}_{a,d,ult}$ 表示，则

$$\bar{\sigma}_{a,d,ult} = 1/b \qquad (2.11)$$

将式（2.10）和式（2.11）代入式（2.7），得

$$\bar{\sigma}_{a,d} = E_{d,max} \frac{\bar{\varepsilon}_{a,d}}{\left(1 + \dfrac{E_{d,max}}{\bar{\sigma}_{a,d,ult}}\bar{\varepsilon}_{a,d}\right)} \qquad (2.12)$$

令

$$\bar{\varepsilon}_{a,d,r} = \frac{\bar{\sigma}_{a,d,ult}}{E_{d,max}} \qquad (2.13)$$

将其代入式（2.12），得

$$\bar{\sigma}_{a,d} = E_{d,max} \frac{\bar{\varepsilon}_{a,d}}{(1 + \bar{\varepsilon}_{a,d}/\bar{\varepsilon}_{a,d,r})} \qquad (2.14)$$

式中，$\bar{\varepsilon}_{a,d,r}$ 称为参考应变，其意义如图 2.8 所示。将式（2.8）代入式（2.13），得

$$E_{d,s} = E_{d,max} \frac{1}{1 + \bar{\varepsilon}_{a,d}/\bar{\varepsilon}_{a,d,r}} \qquad (2.15a)$$

$$E_{d,s}/E_{d,max} = \frac{1}{1 + \bar{\varepsilon}_{a,d}/\bar{\varepsilon}_{a,d,r}} \qquad (2.15b)$$

在下一节，将表述土的滞回曲线形式的动弹塑性模型，在该模型中式（2.14）所示的关系线被称为骨架曲线。

在此应指出，由图 2.9 确定出来的参数 $E_{d,max}$ 数值是与指定的固结压力 σ_3 相应的。如果指定另一个固结压力 σ_3，按上述同样方法可确定与其相应的 $E_{d,max}$ 和 $\bar{\varepsilon}_{a,d,r}$ 值。为了确定参数 $E_{d,max}$、$\bar{\varepsilon}_{a,d,r}$ 值与固结压力 σ_3 的关系，至少应指定三个固结压力 σ_3 值进行试验，并确定出相应的 $E_{d,max}$ 和 $\bar{\varepsilon}_{a,d,r}$ 值。这样，就可绘出 $E_{d,max}$-σ_3 关系线及 $\bar{\varepsilon}_{a,d,r}$-$\sigma_3$ 关系线，并对这两条关系线进行拟合。通常，以下两式分别拟合这两条关系线：

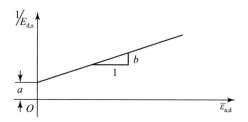

图 2.9　$1/E_{d,s}-\bar{\varepsilon}_{a,d}$ 关系线

$$E_{d,max} = k_e p_a \left(\frac{\sigma_3}{p_a}\right)^{n_e} \qquad (2.16)$$

$$\bar{\varepsilon}_{a,d,r} = k_\varepsilon \left(\frac{\sigma_3}{p_a}\right)^{n_\varepsilon} \qquad (2.17)$$

式中，k_e、n_e 为 $E_{d,max}$ 表达式的两个参数；k_ε、n_ε 为 $\bar{\varepsilon}_{a,d,r}$ 表达式的两个参数；p_a 为大气压力。按式（2.16），将试验确定的与指定 σ_3 相应的 $E_{d,max}$ 绘于双对数坐标 $\lg(E_{d,max}/p_a)$、$\lg(\sigma_3/p_a)$ 中，则得如图 2.10 所示的直线，并可按图 2.10 所示确定 $\lg k_e$ 及 n_e。同样，按式（2.17），将试验确定的与指定 σ_3 相应的 $\bar{\varepsilon}_{a,d,r}$ 绘于双对数坐标 $\lg\bar{\varepsilon}_{a,d,r}$、$\lg(\sigma_3/p_a)$ 中，则得如图 2.11 所示的直线，并可按图 2.11 所示确定出 $\lg k_\varepsilon$ 及 n_ε。

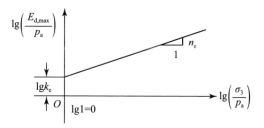

图 2.10　$\lg(E_{d,max}/p_a)-\lg(\sigma_3/p_a)$ 关系线

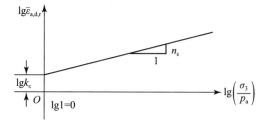

图 2.11　$\lg\bar{\varepsilon}_{a,d,r}-\lg(\sigma_3/p_a)$ 关系线

2.6.2 能量耗损及阻尼比

如果从在指定的固结压 σ_3 下的动模量阻尼试验测得第 i 级荷载的应力时程和应变时程曲线中，将第 j 次作用时段中的应力 $\sigma_{a,d}(t)$ 和应变 $\varepsilon_{a,d}(t)$ 截取出来，则如图 2.12 所示。图 2.12 中，1、3、5、7、9 点分别为在一个周期内动应力 $\sigma_{a,d}(t)$ 的零值点、峰值点、零值点、负峰值点、零值。将应力 $\sigma_{a,d}(t)$ 的零值点和峰值点的时间与应变 $\varepsilon_{a,d}(t)$ 的相比较，发现应变 $\varepsilon_{a,d}(t)$ 滞后了 Δt 时段，如图 2.12 所示。因此，应力 $\sigma_{a,d}(t)$ 的零值点与应变 $\varepsilon_{a,d}(t)$ 的不发生在相同时刻。如果绘制第 j 次作用时段内的应力应变关系线，则如图 2.13 所示，即为一闭合的环形曲线。下面，将这条闭合的环形曲线称为滞回曲线。在此应指出，如前所述，在第 i 级荷载作用期间，动应力幅值、动应变幅值、周期 T，以及波形不变，任何一次作用的滞回曲线相同，即第 $j+1$ 次作用的滞回曲线与第 j 次的完全相重合。

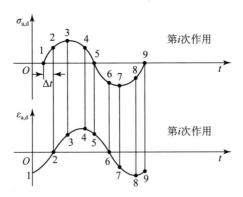

图 2.12　第 i 级荷载第 j 次作用的 $\sigma_{a,d}$ 和 $\varepsilon_{a,d}$-t 关系线

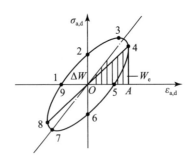

图 2.13　第 i 荷载第 j 次作用的滞回曲线

根据变形能的知识，滞回曲线所围成的面积等于第 j 次荷载作用所耗损的能量，令以 ΔW 表示，则

$$\Delta W = \oint_L \sigma_{a,d} \mathrm{d}\varepsilon_{a,d} \tag{2.18}$$

式中，L 代表闭合的滞回曲线。在动荷载作用下土耗损的能量有如下两种机制：

（1）粘性耗损。

（2）塑性耗损。

实际上，由实测的滞回曲线面积计算得到的耗损能量，既包括粘性耗损又包括塑性耗损。但是，如果将其认为全部为粘性耗损，按后面将表述的粘弹模型，阻尼比 λ 可按下式计算：

$$\lambda = \frac{1}{4\pi} \frac{\Delta W}{W_e} \qquad (2.19)$$

式中，W_e 为最大弹性应变能，如图 2.13 所示的 $\triangle OA4$ 的面积。如令

$$\eta = \frac{\Delta W}{W_e} \qquad (2.20)$$

式中，η 为耗能系数，后面将证明

$$\lambda = \frac{1}{4\pi} \eta \qquad (2.21)$$

由于在第 i 级荷载作用下，每次作用的滞回曲线均相同，则每一次作用的耗能系数 η 以及阻尼比 λ 均相同，在第 i 级荷载作用期间 η、λ 保持不变。但是，由于在不同级动荷载作用下的滞回曲线是不相同，则相邻两级动荷载作用下的耗能系数 η 和阻尼比 λ 是不同的，并且

$$\eta_{i+1} > \eta_i \qquad \lambda_{i+1} > \lambda_i$$

式中，η_{i+1}、η_i、λ_{i+1}、λ_i 分别为第 $i+1$ 级动荷载和第 i 级动荷载的耗能系数和阻尼比。上式表明，阻尼比 λ 随受力水平的提高而增加。另外，按前述，动模量比 $E_{d,s}/E_{d,max}$ 随受力水平的提高而降低。因此，可根据试验资料建立 λ 与 $1-E_{d,s}/E_{d,max}$ 关系线，其关系式如下：

$$\lambda = \lambda_{max}(1 - E_{d,s}/E_{d,max})^{n_\lambda} \qquad (2.22)$$

式中，λ_{max} 为最大阻尼比；n_λ 为一个参数。从式（2.22）可见，当受力水平非常低时，$E_{d,s} \rightarrow E_{d,max}$，则 $\lambda = 0$；当受力水平非常高时，则 $\lambda \rightarrow \lambda_{max}$。按式（2.22），在双对数坐标中两者应为直线关系，如图 2.14 所示。由于

$$\lg\lambda = \lg\lambda_{max} + n_\lambda \lg(1 - E_{d,s}/E_{d,max})$$

则由图 2.14 可确定出 $\lg\lambda_{max}$ 及 n_λ。

根据上述的结果，在此应指出如下几点：

（1）从后面将表述的土动力学模型可以指出，土的动模量 $E_{d,s}$ 和阻尼比 λ 这两个概念只适用土的粘弹性动力学模型。

（2）当土的受力水平低于某一限度，例如屈服应变时，在每级荷载作用时段内土的动模量 $E_{d,s}$ 和阻尼比 λ 为常数，不随作用次数而变化。但是土的动模量 $E_{d,s}$ 和阻尼比 λ 则随加载级数而变化。

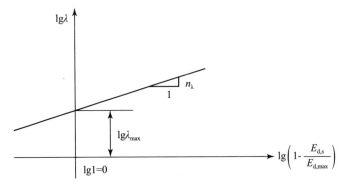

图 2.14 式 (2.22) 中参数 λ_{max}、n_{λ} 的确定

（3）确定土的动模量和阻尼比，必须至少在三个指定固结压力 σ_3 下进行试验。在每个指定的固结压力 σ_3 下，进行逐级加载试验，但加载级数应不少于 8~10 级。

2.7 土的动强度试验基本结果

2.7.1 动三轴强度试验结果

动三轴强度试验的基本资料：

动三轴强度试验通常要指定三个固结比 K_c，每个固结比下指定三个固结压力 σ_3，每个固结压力下指定 8~10 个轴向动应力 $\sigma_{a,d}$ 进行试验。在试验中，记录在 $\sigma_{a,d}$ 作用下的轴向变形，对于饱和砂土还应测孔隙水压力。由于所施加的 $\sigma_{a,d}$ 比较大，所测得的轴

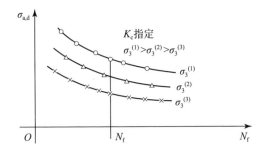

图 2.15 指定固结比 K_c 下的动三轴强度试验基本资料

向变形和孔隙水压力随轴向动应力 $\sigma_{a,d}$ 作用次数而增加。这样，可以根据指定的破坏标准，确定出达到破坏标准时相应的作用次数，下面以 N_f 表示。由一个指定的固结比 K_c 和一个指定的固结压力 σ_3 下的动三轴试验结果，可以获得一条 $\sigma_{a,d}$-N_f 关系线。由一个指定固结比 K_c 的动三轴试验结果，可绘制出三条与指定固结压力 σ_3 相应的 $\sigma_{a,d}$-N_f 关系线，如图 2.15 所示。应指出，图 2.15 中的纵坐标 $\sigma_{a,d}$ 应为轴向应力幅值 $\overline{\sigma}_{a,d}$。在此，为书写简便以 $\sigma_{a,d}$ 代替 $\overline{\sigma}_{a,d}$。由三个指定的固结比 K_c 的动三轴试验，可绘制出三组如图 2.15 所示的结果。这三组图就是

动三轴试验的基本资料。

2.7.2　动简切强度试验结果

动简切强度试验资料:

如前所述,动简切试验土试样是在 K_0 状态下固结的,固结完成后将水平动剪应力 $\tau_{hv,d}$ 施加于土样上,并测量土样发生的水平变形 u 或孔隙水压力 p。相应的剪应变 γ 可按下式确定:

$$\gamma = \frac{u}{H}$$

由于施加的水平动剪应力比较大,剪应变 γ 及孔隙水压力随水平动剪应力作用次数的增大而增大。当作用次数达到一定时,剪应变或孔隙水压力将达到破坏标准相应的数值。如前述,这个作用次数称为破坏作用次数,以 N_f 表示。动简切强度试验通常要指定三个竖向固结压力 σ_v,在每个竖向固结下指定 8~10 个动水平剪应力 $\tau_{hv,d}$。这样,由一个指定竖向固结压力 σ_v 的试验结果可绘制出一条 $\tau_{hv,d}$-N_f 关系线,而由三个指定的竖向固结压力 σ_v 的试验结果则可绘出三条 $\tau_{hv,d}$-N_f 关系线,如图 2.16 所示。

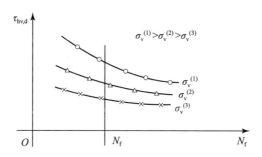

图 2.16　动简切强度试验的基本资料

图 2.15 和图 2.16 分别为由动三轴强度试验和动简切强度试验获得的基本资料。关于如何应用这两种动强度试验结果确定土的动强度及其指标将在后面表述。

2.8　土共振柱试验

2.8.1　共振柱试验仪

土共振柱试验是在土共振柱试验仪上完成的。现在土共振柱试验仪也作为一种常规的土动力试验仪器装备在岩土工程试验室中。

同样,土共振试验仪也是由上述的几个部分组成的,下面只对土共振柱试验仪的压力室、土试样及扭转振动驱动的装置做必要的表述。

土共振柱试验仪的压力室与动三轴压力室几乎相同，也是由底座、顶盖及有机玻璃筒组成，不同之处如下：

（1）由于在压力室内要放置扭转振动驱动器，土共振柱试验仪的压力室尺寸比较大。

（2）由于扭转振动驱动器在压力室内部并放置在土试样的顶端，直接将扭矩施加于土试样上，因此压力室顶盖是一块完整的钢板，其上没有活塞套。但是，为了将按指定波形变化的电流输送给设置在压力室中的驱动器线圈，及将设置在土试样顶帽上的振动传感器测得的扭转振动信号从压力室中输送出来，在压力室顶盖设有密封的导线孔。

（3）在压力室内对称地设置两个扭转振动驱动器的线圈支架。支架一般是用有机玻璃制作的，其底固定在压力室底座上。

共振柱试验所用的土试样与动三轴试验的土试样相同，也是圆柱形的，放置在底座上并用橡皮包裹起来，不同之处如下：

（1）在放置土试样的底座上设置许多尖齿，刺入土试样的底面，以保证在扭矩作用时将试样固定在底座上。

（2）土试样的顶端放置扭转振动驱动器。在驱动器底面上也设置许多尖齿，刺入土试样的顶面，以保证驱动器将扭矩有效地作用于土试样。

扭转振动驱动器是一个电磁式装置，驱动器设置在土试样顶部，如图2.17所示。这个电磁装置有两块磁铁，固定在土样帽上，每块上外套两个线圈。线圈通入按指定波形变化的电流可使两块磁铁绕其轴发生扭转，并将扭矩施加于土试样顶端。在磁铁外的线圈固定在压力室中的线圈支架上。

为了使土试样在静荷载作用下固结及控制动荷载作用过程中土试样的排水条件，在压力室底座上也设置排水通道，与排水系统相连。由于在共振柱试样中土试样所受的动力作用水平通常低于屈服剪应变，动荷作用不会使土样产生超孔隙水压力。因此，土共振柱试验中一般不测孔隙水压力。

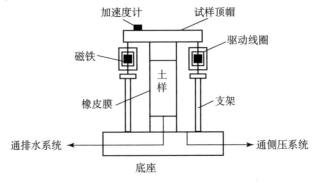

图 2.17 土共振柱试验仪驱动器及试样

2.8.2　土共振柱试验土试样的受力状态及受力水平

土共振柱试验仪一般没有单独的轴向静力加载系统，因此土试样承受的轴向静应力与侧向静应力相等，即 $\sigma_1 = \sigma_3$，$K_c = 1$。这样，土共振柱试验一般只能在均等固结条件下进行，固结时土试样只受静球应力分量作用，静偏应力等于零，如图 2.18a 所示，图 2.18 为从圆柱形土样取出的一个微元体。当动扭矩作用于土试样时，只在试样的水平面上和以切向为法向的侧面上产生动剪应力，如图 2.18b 所示，以 $\tau_{hv,d}$ 表示。从图 2.18 可见，在动荷作用下土试样处于纯剪应力状态。

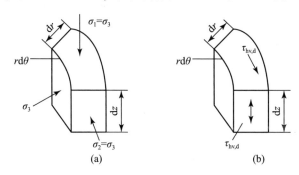

图 2.18　共振柱试验土试样的受力状态
（a）静应力；（b）动应力

共振柱试验土试样的受力水平通常在剪应变幅值从 10^{-6} 至 10^{-4} 范围，土处于小变形至中等变形开始阶段，土呈现线粘弹性性能和一定的非线性粘弹性性能。但是，在同一级动水平剪应力作用下土的变形幅值不随作用次数的增大而增大，也不会产生残余孔隙水压力。

2.8.3　共振柱试验原理

如果将土视为非线性粘弹性介质，共振柱试验主要用来测定土的剪应变幅值 10^{-6} 至 10^{-4} 范围土的动剪切模量 G 随剪应变幅值大增而减小，以及阻尼比 λ 随剪应变幅值增大而增大的规律。土共振柱试验原理是以圆形土柱扭转振动为基础的[2,3]。圆柱形土柱的扭转振动方程如下：

$$\frac{\partial^2 \theta}{\partial t^2} = V_s \frac{\partial^2 \theta}{\partial z^2} \tag{2.23}$$

式中，θ 为高度为 z 的断面绕 z 轴的扭转角；V_s 为土的剪切波速。下面，来确定圆柱形土柱扭转振动的边界条件：

（1）底端固定

$$z = 0 \qquad \theta = 0 \tag{2.24a}$$

（2）顶端

由于在共振柱试验中土试样的顶端设置一个扭转振动驱动器。相对土试样而言，扭转驱动器的刚度很大，可假定为一个刚体，如图 2.19 所示。令其极惯性矩为 I_0，为已知。放置于土试样顶端的刚块也要发生扭转振动，并且由于它与土试样顶面之间有尖齿嵌固，可认为刚块的扭转振动角与土试样顶面相等，刚块的扭转振动产生一个惯性扭转力矩作用于刚块上。另外，在扭转振动过程中土试样顶面对刚块也作用一个扭转力矩。由刚块的动力平衡，得土试样顶端的边界条件如下：

$$z = L \qquad M_{\mathrm{L}} = - I_0 \frac{\partial^2 \theta}{\partial t^2} \tag{2.24b}$$

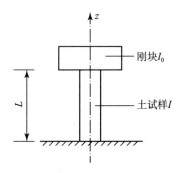

图 2.19　土试样与驱动器体系的简化

下面，采用分离变量法来解扭转振动方程式（2.23），令
$$\theta(z,\ t) = Z(z)T(t) \tag{2.25}$$
式中，Z、T 分别仅为坐标 z 和时间 t 的函数，将式（2.25）代入式（2.23）得：
$$\left.\begin{array}{l} \ddot{Z} + A^2 Z = 0 \\ \ddot{T} + A^2 V_{\mathrm{s}}^2 T = 0 \end{array}\right\} \tag{2.26}$$
式（2.26）第一式的解为：
$$Z = a\sin Az + b\cos Az$$
由底端边界条件式（2.24a），得
$$b = 0$$
则
$$Z = a\sin Az \tag{2.27}$$
式中，A 为待定的参数。式（2.26）第二式的解为：
$$T = c\sin(\omega t + \delta) \tag{2.28}$$
式中，c 为待定的参数；δ 为相位差；ω 为圆柱形土试样与刚块体系的无阻尼扭转振动的自振圆频率，为待定的参数。并且，由式（2.26）第二式得
$$\omega = AV_{\mathrm{s}} \tag{2.29}$$
这样，由式（2.25）得：

$$\theta = d\sin\frac{\omega}{V_s}z\sin(\omega t + \delta) \tag{2.30}$$

式中，d 为待定的参数。将式（2.30）代入顶端边界条件式（2.24b），经过推导及简化得：

$$\frac{I}{I_0} = \frac{\omega L}{V_s}\tan\frac{\omega L}{V_s} \tag{2.31}$$

式中，I 为圆柱形土试样对 z 轴转动的极惯性矩，为已知。令

$$\beta = \frac{\omega L}{V_s} \tag{2.32}$$

则得

$$I/I_0 = \beta\tan\beta \tag{2.33}$$

式（2.33）中，I/I_0 为已知，由此式可以确定出待求参数 β 值。这是一个超越方程，可用迭代法求解。由迭代法求得的 β-I/I_0 关系线如图 2.20 所示。

当 β 求解出来之后，将 $V_s = \sqrt{G/\rho}$ 代入式（2.32）则得

$$G = \rho\left(\frac{\omega L}{\beta}\right)^2 \tag{2.34}$$

由于 $\omega = 2\pi f$，式中 f 为土试样与刚块体系的自振频率，则得：

$$G = \rho\left(\frac{2\pi fL}{\beta}\right)^2 \tag{2.35}$$

由于，土的质量密度 ρ、土试样长度 L、参数 β 值均为已知，只要由共振柱试验测出土试样与刚块体系的自振频率 f 或自振周期 T 就可由式（2.35）确定出土的动剪切模量。

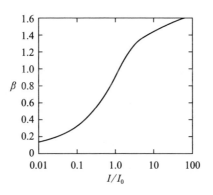

图 2.20 β-I/I_0 关系线

2.8.4 测试土试样与刚块体系自振频率或周期的方法

在土共振柱试验中，在驱动器上设置一个加速度传感器来测量该点的加速度，如图2.17所示。由于该点与中心轴的距离是已知的，则测得的加速度除以该点距中心轴的距离即可求得相应的角加速度，并且等于土试样顶面的角加速度。

由土共振柱试验确定土试样与刚块体系的自振频率可采用强迫振动和自由振动两种方法，由于自由振动方法较简便，现通常采用自由振动方法。下面，仅表述自由振动方法。

自由振动法是由驱动器给土试样施加一个扭矩，然后突然释放使土试样及刚块体系产生自由振动。设置在驱动器上的加速度传感器可以测量出体系的自由振动时程，如图2.21所示。这样，由图2.21就可确定出自由振动的周期及相应的频率，将其代入式（2.35）就可确定出土的动剪切模量 G。此外，还可由图2.21确定出同一侧相邻的两个幅值的比值，并按下式计算出土的阻尼比 λ：

$$\lambda = \frac{1}{2\pi} \ln \frac{A_i}{A_{i+1}} \tag{2.36}$$

式中，A_i 及 A_{i+1} 分别为第 i 个波与第 $i+1$ 个波的幅值。$\ln \dfrac{A_i}{A_{i+1}}$ 称为对数衰减率，通常以 Δ 表示。后面将给出式（2.36）的推导。

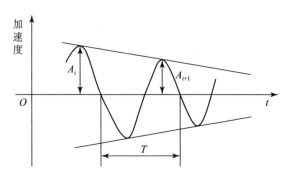

图 2.21　土试样及刚块体系的自由振动曲线

2.8.5 土试样所受到的剪应变幅值的确定

按上述的圆形土柱扭转振动，其土柱中一点的剪应变 γ 按下式确定：

$$\gamma = r \frac{\partial \theta}{\partial z} \tag{2.37}$$

式中，r 为该点距扭转轴的半径。由式（2.37）可知，土柱中每一点的剪应变 γ 应随该点的 r 值和 z 而变化的。但是可求出土柱的平均剪应变 γ，并以平均剪应变做为土柱剪应变的代表值。

参 考 文 献

［1］ Hardin B O and Drnevich V P, Shear Modulus and Damping in Soils Design Equations and Curves, J. Soil Mech. Found. Div. , Asce, Vol. 98, No. SM7, 1972.

［2］ 铁木辛柯，机制振动学，北京，中国工业出版社，1958。

［3］ 小理查德 F E，伍兹 R D，小霍尔 J R，土与基础的振动，北京，中国建筑工业出版社，1976。

第三章　动荷载作用下土的动力性能

前言曾指出，土的动力性能包括土动变形性能，动强度性能、耗能性能，以及孔隙水压力性能。土的这些动力性能应根据土动力试验获得的基本测试资料进行研究。由于动三轴仪是常规的土动力试验设备，为研究土的动力性能通常要进行动三轴试验。

上面曾指出，由土动力试验获得的基本测试资料，以动三轴试验为例，为如下三条时程曲线：

（1）土试样承受的轴向动应力时程曲线 $\sigma_{a,d}(t)$。

（2）在 $\sigma_{a,d}(t)$ 作用下土试样产生的轴向动应变时程曲线 $\varepsilon_{a,d}(t)$。

（3）在 $\sigma_{a,d}(t)$ 作用下土试样产生的孔隙水压力时程曲线 $u(t)$。

下面，分别表述如何根据这三条时程曲线来研究土的动变形性能、动强度性能、耗能性能，以及孔隙水压力性能。

3.1　土的动变形性能

3.1.1　变形的发展阶段

在一个常幅值的动应力 $\sigma_{a,d}(t)$ 作用下，由动三轴试验测得的轴向动应变时程曲线 $\varepsilon_{a,d}(t)$ 如图 3.1 所示。从图 3.1 可见，轴向动应变随动应力作用次数的发展可分为如下两个阶段：

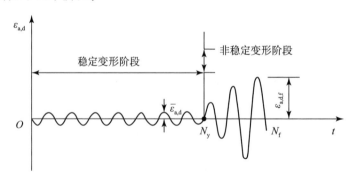

图 3.1　在常幅动应力作用下土的变形

（1）第一阶段，动应变幅值 $\bar{\varepsilon}_{a,d}$ 为常数，不随动应力作用次数 N 而增大。因此，将这个变形阶段称为稳定变形阶段。

（2）第二阶段，当动应力作用次数 N 达到一定次数后，动应变幅值开始随作用次数 N 而增大。因此，将这个变形阶段称为非稳定变形阶段。

下面，将从稳定变形阶段变化到非稳定变形阶段所需要的作用次数称为与稳定变形阶段应变幅值 $\bar{\varepsilon}_{a,d}$ 相应的屈服作用次数，并以 N_y 表示。由于在非稳定变形阶段应变幅值 $\bar{\varepsilon}_{a,d}$ 随作用次数而增大，则应变幅值会达到指定的破坏值，相应的作用次数称为破坏作用次数，以 N_f 表示。从非稳定变形阶段开始达到破坏所需的作用次数为 $N_f - N_y$，将其称为附加的破坏作用次数，以 $\Delta N_{y,f}$ 表示。显然 $\Delta N_{y,f}$ 可以做为表示在非稳定变形阶段变形发展快慢的一个指标。

这样，在常幅应力 $\sigma_{a,d}(t)$ 作用下土的变形发展特点可以稳定变形阶段的应变幅值 $\bar{\varepsilon}_{a,d}$，屈服作用次数 N_y 和附加的破坏作用次数 $\Delta N_{y,f}$ 这三个量来表示。下面，表述一下所施加的动应力幅值 $\bar{\sigma}_{a,d}$ 对这三个量的影响，以及它们之间的关系。

1. 稳定变形阶段的应变幅值 $\bar{\varepsilon}_{a,d}$

在其他条件相同的情况下，稳定变形阶段的应变幅值 $\bar{\varepsilon}_{a,d}$ 随所施加的动应力幅值 $\bar{\sigma}_{a,d}$ 的增大而增大。但是，两者并不是线性关系，而应是如式（2.7）所示的非线性关系。

2. 屈服作用次数 N_y

在其他条件相同的情况下，屈服作用次数 N_y 随稳定变形阶段应变幅值 $\bar{\varepsilon}_{a,d}$ 的增大而减小，或说随所施加的动应力幅值 $\bar{\sigma}_{a,d}$ 的增大而减小。

3. 附加的破坏作用次数 $\Delta N_{y,f}$

附加的破坏作用次数 $\Delta N_{y,f}$ 随稳定变形阶段应变幅值 $\bar{\varepsilon}_{a,d}$ 的增大而减小，或说随所施加的动应力幅值 $\bar{\sigma}_{a,d}$ 的增大而减小。

4. 密度对土在常幅动应力作用下的变形发展的影响

密度对土，特别是饱和砂土，在常幅动应力作用下的变形发展有重要的影响。图 3.2 给出了密度对饱和砂土变形发展的影响。为了清晰，在图 3.2 中没画稳定变形阶段的动应变幅，只标出松砂、中密砂和密砂的屈服作用次数，以及在非稳定变形阶段动应变幅值随作用次数的变化。从图 3.2 可见，屈服作用次数 N_y 随密度的增大而增大，附加的破坏作用次数 $\Delta N_{y,f}$ 也随密度的增大而增大。这表明，进入非稳定变形之后，密度低的饱和砂土很快就会发生破坏，而密度大的饱和砂土则需要较多的附加作用次数才会发生破坏，甚至还可能不发生破坏，变形幅值稳定下来。

3.1.2　常幅动应力作用下土的塑性变形

1. 动应力作用下土的塑性变形

与土的静应变一样，土的动应变也是由可恢复的弹性应变和不可恢复的塑性

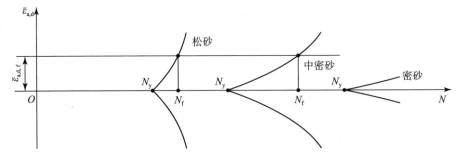

图 3.2 密度对饱和砂土在往返荷载作用下变形的影响

应变两部分组成的。令图 3.3 中的 $A-B$ 为前述滞回曲线中的一段，如果从其上的 1 点卸荷至动应力为零，则其卸荷的应力应变途径如 1-1′所示。1 点的总应变为 $\varepsilon_{a,d}^1$、弹性应变 $\varepsilon_{a,d,e}^1$ 和塑性应变 $\varepsilon_{a,d,p}^1$ 如图 3.3 所示，则

$$\varepsilon_{a,d}^1 = \varepsilon_{a,d,e}^1 + \varepsilon_{a,d,p}^1$$

如果卸荷是 AB 线上 2 点开始卸荷至动应力为零，则其卸荷的应力应变途径如 2-2′所示。同样，可确定出 2 点的总应变 $\varepsilon_{a,d}^2$、弹性应变 $\varepsilon_{a,d,e}^2$ 和塑性应变 $\varepsilon_{a,d,p}^2$。由于 2 点的动应力 $\sigma_{a,d}^2 < \sigma_{a,d}^1$，则总应变 $\varepsilon_{a,d}^2 < \varepsilon_{a,d}^1$，弹性应变 $\varepsilon_{a,d,e}^2 < \varepsilon_{a,d,e}^1$，塑性应变 $\varepsilon_{a,d,p}^2 < \varepsilon_{a,d,p}^1$。由此可见，动应力作用引起的塑性应变 $\varepsilon_{a,d,p}$ 与退荷点有关。

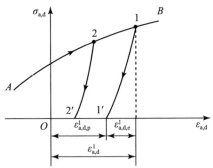

图 3.3 动荷载作用引起的土的塑性变形

2. 在常幅动应力作用下土的塑性变形发展

前面曾指出，在常幅动应力作用下土的变形分稳定变形和非稳定变形两个阶段。因此，在常幅动应力作用下塑性变形的发展也应按稳定变形和非稳定变形两个阶段分别表达。

1）稳定变形阶段塑性变形发展

首先指出，前述土的滞回曲线就是在一次加卸荷过程中土的应力应变关系曲线。如图 3.3 所示，从应力应变关系曲线上 1 点卸荷至动应力等于零的 1′点，则该点的应变即为卸荷点的塑性应变。因此，从滞回曲线端点卸荷，即应力最大点卸荷，所产生的塑性应变值最大，如图 3.4a 所示。由于在稳定变形阶段应变幅值不变，则每一次加卸荷的滞回曲线，即应力应变关系曲线是相同。因此，前后两次加卸荷的最大塑性应变增量为零，则与稳定变形阶段的最大塑性应变为常数，与作用次数无关。因此，当 $N \leqslant N_y$ 时，

$$\varepsilon_{\mathrm{a,d,p,max}} = C \qquad\qquad (3.1)$$

式中，$\varepsilon_{\mathrm{a,d,p,max}}$ 为稳定变形阶段的最大塑性应变值；C 为常数。

2）非稳定变形阶段塑性变形发展

前面曾指出，在非稳定变形阶段应变幅值随作用次数增大。因此，在这一变形阶段的滞回曲线则随作用次数逐次向两侧扩展，前后两次加卸荷的最大塑性应变不相等，每次加卸荷都将产生一个最大塑性应变增量，如图 3.4b 所示。在非稳定变形阶段，第 i 次加卸荷相应的最大塑性变形 $\varepsilon_{\mathrm{a,d,p,max}}^{i}$ 可表示成如下形式：

$$\varepsilon_{\mathrm{a,d,p,max}}^{i} = C + \sum_{k=N_{\mathrm{y}}}^{i} \Delta\varepsilon_{\mathrm{a,d,p,max}}^{k} \qquad\qquad (3.2)$$

式中，$\Delta\varepsilon_{\mathrm{a,d,p,max}}^{k}$ 为在非稳定变形阶段第 k 次加卸荷作用产生的最大塑性应变增量。

应指出，最大塑性应变增量 $\Delta\varepsilon_{\mathrm{a,d,p,max}}$ 随加卸荷次数而变化，并取决定土密度。从图 3.2 可见，对于松砂、中密砂，$\Delta\varepsilon_{\mathrm{a,d,p,max}}$ 随次数而增大，对密实砂则可能随作用次数而降低。

根据式（3.1）和式（3.2），可以做出如下结论：在稳定变形阶段，不会产生逐次迭加的塑性变形，而在非稳定变形阶段，则会产生逐次迭加的塑性变形。前面定义的屈服次数 N_{y} 中的屈服含义是指变形由稳定变阶段进入到非稳定变形阶段。

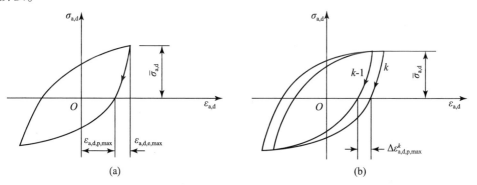

图 3.4　在稳定变形和非稳定变形阶段的最大塑性应变

（a）稳定变形阶段最大塑性应变 $\varepsilon_{\mathrm{a,d,p,max}}$；（b）非稳定变形阶段最大塑性应变增量 $\Delta\varepsilon_{\mathrm{a,d,p,max}}^{k}$

3.1.3　界限剪应变

下面，引进土的两个界限剪应变概念[1]。

1. 弹性限 γ_{e}

如果动剪应变幅值小于弹性限时，则土不发生塑性变形，其变形是完全可恢复的弹性变形，土处于弹性工作状态，通常认为土的弹性限 γ_{e} 等于 10^{-6} 或 10^{7}。

与上述小变形阶段与中等变形阶段的界限剪应变幅值 10^{-5} 相比，弹性限更小。也就是说，当土所受的动剪应变幅值大于弹性限时，即使处于小变形阶段也会有某些塑性变形发生。这就是前面只说在小变形阶段土基本处于弹性工作状态，而不说处于线弹性工作状态的原因。

2. 屈服限 γ_y

如果动剪应变幅值小于土的屈服限 γ_y 时，土的结构没有受到显著的破坏，土不会在动荷载作用下发展到破坏。也就是说，只有当动剪应变幅值大于屈服限 γ_y 时，土在动荷作用下才有可能发生破坏。实际上，土的破坏是一个变形发展过程，只有当变形从稳定变形阶段进入非稳定变形阶段在常幅动荷载作用下土才可能发生破坏。按前述，当稳定变形阶段的应变幅值为 $\bar{\varepsilon}_{a,d}$ 时，只有当作用次数 N 大于其屈服次数 N_y 时才能进入非稳定变形阶段。显然，一个指定的应变幅值 $\bar{\varepsilon}_{a,d}$ 相应一个屈服次数 N_y。反过来也可以说，一个指定的作用次数 N 相应一个屈服应变幅值 $\bar{\varepsilon}_{a,d,y}$。下面为了简便，将 $\bar{\varepsilon}_{a,d}$ 写成 $\varepsilon_{a,d,y}$。但是，在文献［1］定义屈服剪应变时，并没有明确指定作用次数。实际上，暗含指定的作用次数是非常大的。

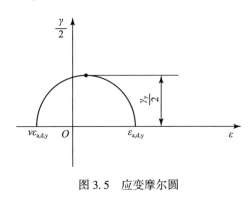

图 3.5 应变摩尔圆

轴向屈服应变 $\varepsilon_{a,d,y}$ 可以由动三轴试验确定。假如轴向屈服应变已确定出来，则相应的屈服剪应变 γ_y 可由图 3.5 所示的应变摩尔圆确定：

$$\gamma_y = (1 + \nu)\varepsilon_{a,d,y} \qquad (3.3)$$

式中，ν 为泊松比。

文献［1］认为，土的类型、密度状态、固结压力等因素对土的屈服剪应变数值影响不大，其典型数值为 2×10^{-4}。

3.2 土的耗能性能

在一次加卸荷过程中，土耗损的能量为滞回曲线的面积，可按式（2.18）确定。从滞回曲线可看出，当应力为零时，应变不为零，如图 3.6 的 A、A' 两点；而当应变为零时，应力不为零，如图 3.6 的 B、B' 两点。如果土只具线弹性性能，则应力为零相应的应变也为零，应力为零相应的应变也为零，则耗损的能量为零。因此，土的耗能一定来自其他的变形机制。

通常，假定土的耗能来自粘性变形或塑性变形。由粘性变形产生的耗能称为粘性耗能，而由塑性变形产生的耗能称为塑性耗能。

3.2.1　粘性耗能

像下一章表述的线粘弹模型那样，如果认为土对变形的抵抗力是由弹性力和粘性力提供的，则土的动应变随时间的变化在相位上滞后于动应力一个 δ 角。由于动应力与动应变的相位不一致，则发生了在滞回曲线上应力为零的点应变不为零，以及应变为零的点应力不为零。在此应指出，式（2.19）及式（2.21）只是在线性粘弹性模型框架内才是成立的。

3.2.2　塑性耗能

像下一章表达的弹塑性模型那样，如果认为土的动应变是由弹性应变和塑性应变组成的，则由于塑性变形在卸荷时土的应力应变所遵循的途径与加荷时所遵循的途径不一样，因此发生了在滞回曲线上应力为零的点应变不为零，以及应变为零的点应力不为零。对于滞回曲线上动应力为零的点动应变不为零很好理解。因为虽然动应力为零但还残留

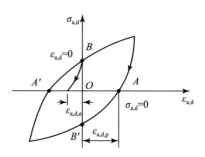

图 3.6　塑性耗能的滞回曲线

有塑性应变，即 $\varepsilon_{a,d} = \varepsilon_{a,d,p}$，$\varepsilon_{a,d,e} = 0$。但是，对滞回曲线上动应变为零的点动应力不为零则不那么直观。实际上，虽然在滞回曲线上一点的动应变为零，但与其相应的弹性应变和塑性应变分量并不为零，如图 3.6 所示。由于

$$\varepsilon_{a,d} = \varepsilon_{a,d,e} + \varepsilon_{a,d,p} \tag{3.4}$$

式中，$\varepsilon_{a,d,e}$ 和 $\varepsilon_{a,d,p}$ 分别为 $\varepsilon_{a,d}$ 的弹性变形和塑性变形分量。令 $\varepsilon_{a,d} = 0$，代入式（3.4）得

$$\varepsilon_{a,d,e} = -\varepsilon_{a,d,p}$$

由于在 $\varepsilon_{a,d} = 0$ 时，$\varepsilon_{a,d,e} \neq 0$，则此时的动应力 $\sigma_{a,d}$ 为：

$$\sigma_{a,d} = E\varepsilon_{a,d,e} \tag{3.5}$$

由于塑性耗能量是因加荷与卸荷的应力应变所遵循的途径不同而产生的，通常又将塑性耗能称为历程耗能。

3.3　土的动强度性能

3.3.1　土的动强度定义

通常认为，土的破坏是剪切破坏，则土的强度主要是指其抗剪强度。与土的静抗剪强度相似，土的动抗剪强度定义如下：土在附加的动应力作用下发生破坏时，破坏面所承受的动剪应力 $\tau_{d,f}$ 或静剪应力与动剪应力之和 $(\tau_s + \tau_d)_f$ 称为土的动抗剪强度。因此，为确定土的动抗剪强度必须确定土破坏时破坏面的位置，以及破坏面上的应力分量。文献［2］给出了根据动三轴强度试验资料或动简切

强度试验资料确定破坏面位置及其应力分量的方法。

在此应指出，下面所说的土的动抗剪强度是与指定的破坏作用次数 N_f 相应的动抗剪强度。因此，在确定土动抗剪强度之前，应指定一个破坏作用次数。

3.3.2 由动三轴强度试验结果确定土的动抗剪强度

按文献［2］提出的方法，由动三轴强度试验结果图 2.15 确定土动抗剪强度的步骤如下：

（1）根据指定的固结比 k_c 和指定的固结压力 σ_3，确定出土样承受的静应力 σ_3 及 $\sigma_1 = k_c\sigma_3$。

（2）根据 σ_3、σ_1 绘制土样承受的静应力摩尔圆 O_s，如图 3.7 所示。

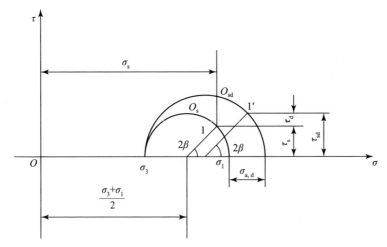

图 3.7　动三轴强度试验土试样破坏面的确定

（3）根据指定的破坏作用次数 N_f，从图 2.15 中截取与固结压力 σ_3 相应的轴向动应力 $\sigma_{a,d}$。

（4）将 $\sigma_{a,d}$ 迭加在 $\sigma_1 = k_c\sigma_3$ 之上绘出土样的静动应力合成摩尔圆 O_{sd}，如图 3.7 所示。从图 3.7 可见，合成的静动应力的主应力方向与静应力的主应力方向相同。即在动三轴试验中，附加动应力的作用没有使主应力方向发生转动。

（5）设 1 点为静应力摩尔圆上一点，其相应的面与静最大主应力 σ_1 的作用面夹角为 β。设 1′点为静动合成应力圆上与静应力摩尔圆上的 1 点相应的点。由于迭加上动轴向应力 $\sigma_{a,d}$ 后主应力方向不发生变化，则 1′点相应的面与合成应力的最大主应力 $\sigma_1 + \sigma_{a,d}$ 的作用面夹角也应为 β，如图 3.7 所示。

（6）按上述，静应力摩尔圆上的 1 点与合成应力摩尔圆上的 1′点相应于同一个面。如图 3.7 所示，该面上的静正应力 σ_s、静剪应力 τ_s、静动合成剪应力 τ_{sd}，以及动剪应力 τ_d，可分别按下式确定：

$$\sigma_s = \frac{\sigma_3 + \sigma_1}{2} + \frac{\sigma_1 - \sigma_3}{2}\cos 2\beta$$

$$\tau_s = \frac{\sigma_1 - \sigma_3}{2}\sin 2\beta$$

$$\tau_{sd} = \left(\frac{\sigma_1 - \sigma_3}{2} + \frac{\sigma_{a,d}}{2}\right)\sin 2\beta \qquad (3.6)$$

$$\tau_d = \tau_{sd} - \tau_s = \frac{\sigma_{a,d}}{2}\sin 2\beta$$

令

$$\alpha_d = \frac{\tau_d}{\sigma_s} \qquad (3.7)$$

式中，α_d 称为动剪应力比，则

$$\alpha_d = \frac{\sigma_{a,d}\sin 2\beta}{(\sigma_1 + \sigma_3) + (\sigma_1 - \sigma_3)\cos 2\beta} \qquad (3.8)$$

从式 (3.7) 可见，α_d 随 β 角而变化。当

$$\frac{\mathrm{d}\alpha_d}{\mathrm{d}\beta} = 0 \qquad (3.9)$$

时，α_d 值最大。下面，将 α_d 值最大的面称为最大动剪切作用面。显然，在附加动应力 $\sigma_{a,d}$ 作用下，该面应首先发生破坏，则最大动剪切作用面为破坏面。由式 (3.9) 条件可以确定出最大动剪切作用面相应的 β 角。将式 (3.8) 代入式 (3.9)，求得满足式 (3.9) 的 β 角如下：

$$\cos 2\beta = -\frac{\sigma_1 - \sigma_3}{\sigma_1 + \sigma_3} = -\frac{k_c - 1}{k_c + 1} \qquad (3.10)$$

将式 (3.10) 代入式 (3.6)，最大动剪切作用面上的静正应力 σ_s、静剪应力 τ_s、静动合成剪应力 τ_{sd}，以及动剪应力 τ_d 如下：

$$\sigma_s = \frac{2\sigma_1\sigma_3}{\sigma_1 + \sigma_3}$$

$$\tau_s = \frac{\sigma_1 - \sigma_3}{\sigma_1 + \sigma_3}\sqrt{\sigma_1\sigma_3}$$

$$\tau_{sd} = \frac{(\sigma_1 - \sigma_3) + \sigma_{a,d}}{\sigma_1 + \sigma_3}\sqrt{\sigma_1\sigma_3} \qquad (3.11)$$

$$\tau_d = \frac{\sigma_{a,d}}{\sigma_1 + \sigma_3}\sqrt{\sigma_1\sigma_3}$$

令

$$\alpha_s = \tau_s / \sigma_s \tag{3.12}$$

式中，α_s 为静剪应力比。由式（3.11），最大动剪切作用面上的静剪应力比 α_s、静剪应力 τ_s、动剪应力比 α_d、动剪应力 τ_d 如下：

$$\left.\begin{array}{l} \alpha_s = \dfrac{\sigma_1 - \sigma_3}{2\sqrt{\sigma_1 \sigma_3}} = \dfrac{k_c - 1}{2\sqrt{k_c}} \\[4mm] \tau_s = \dfrac{\sigma_1 - \sigma_3}{k_c + 1}\sqrt{k_c} \\[4mm] \alpha_d = \dfrac{\sigma_{a,d}}{2\sqrt{\sigma_1 \sigma_3}} = \dfrac{\sigma_{a,d}}{2\sigma_3\sqrt{k_c}} \\[4mm] \tau_d = \dfrac{\sigma_{a,d}}{k_c + 1}\sqrt{k_c} \end{array}\right\} \tag{3.13}$$

当固结比 $k_c = 1$ 时

$$\left.\begin{array}{l} \alpha_s = 0 \\[2mm] \tau_s = 0 \\[2mm] \alpha_d = \dfrac{\sigma_{a,d}}{2\sigma_3} \\[4mm] \tau_d = \dfrac{\sigma_{a,d}}{2} \end{array}\right\} \tag{3.14}$$

从式（3.10）可见，在动三轴试验土试样的应力状态下破坏面的位置只与固结比有关，而与附加的动轴向应力 $\sigma_{a,d}$ 无关。同时，由式（3.13）第一式可见，破坏面上的静剪应力比 α_s，则也只取决于固结比，而与固结压力无关。

根据式（3.10），可按下述方法确定破坏面及其上的静正应力 σ_s、静剪应力 τ_s、静动合成剪应力 τ_{sd}，和动剪应力 τ_d。当绘出静应力摩尔图 O_s 和合成应力摩尔圆后，由坐标原点引静应力摩尔圆 O_s 的切线，其切点 C 即为破坏面在静应力摩尔圆上的位置。将静应力摩尔圆上（σ_3，0）点与切点 C 连线，该线与合成应力摩尔圆 O_{sd} 的交点 E 则为破坏面在合成应力摩尔圆的位置，如图 3.8 所示。

（7）动抗剪强度及其指标。

按上述方法对一个指定固结比 k_c，可按式（3.13）确定一个相应的破坏面上的静剪应力比 α_s，而对于其下的三个指定固结压力 σ_3，则可确定出相应破坏面上的三组静正应力 σ_s、动剪应力 τ_d、静动剪应力之和 $\tau_s + \tau_d$ 数值。然后，可绘制出 τ_d 与 σ_s 和（$\tau_s + \tau_d$）与 σ_s 关系线，如图 3.9 所示。按前述，图 3.9 是根据一个指定固结 k_c 的试验结果绘制的，其破坏面上的静剪比 α_s 为一定。图 3.9 中分别给出了在指定的作用次数 N_f 下，土发生破坏时破坏面上的动剪应力 τ_d 和静动

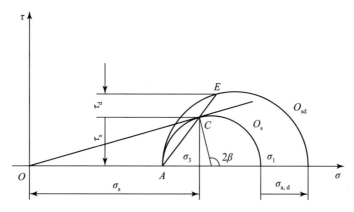

图 3.8 在动三轴试验条件下最大动剪切作用面的确定

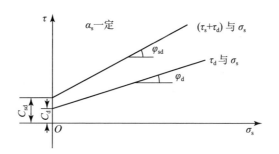

图 3.9 τ_d 与 σ_s 和（$\tau_s + \tau_d$）与 σ_s 关系线

剪应力之和（$\tau_s + \tau_d$）与该面上静正应力 σ_s 的关系线。试验发现，这两条关系线类似库伦关系线，可用直线表示。与库伦抗剪强度公式相似，将这两条直线的截距和倾角分别定义为粘结力 C_d、C_{sd} 和摩擦角 φ_d、φ_{sd}，如图 3.9 所示。显然，图 3.9 所示的 C_d、C_{sd} 和 φ_d、φ_{sd} 值是与其静剪应力比 α_s 或固结比 k_c 相应的。

按前述，动三轴强度试验通常应在三个指定的固结比 k_c 下进行。三个指定的固结比 k_c 数值通常选取为 1.0、1.5 和 2.0。因此，按上述方法可确定出三组静剪应力比 α_s、C_d 和 C_{sd}、φ_d 和 φ_{sd}。显然，C_d、φ_d 和 C_{sd}、φ_{sd} 是随 α_s 而变化的。

3.3.3 由动简切强度试验结果确定土的动抗剪强度

与前述的动三轴试验相似，由动简切强度试验结果确定土的动抗剪强度方法如下：

（1）在动简切强度试验中，土试样的最大静主应力 $\sigma_1 = \sigma_v$，最小静主应力 $\sigma_3 = k_0\sigma_v$。由此，可绘出静应力摩尔圆 O_s，如图 3.10 所示。

（2）由动简切强度试验结果图 2.16 中，截取与指定破坏次数 N_f 相应动水平剪应力 $\tau_{hv,d}$，将其附加于静应力之上，可绘出静动合成应力摩尔圆 O_{sd}，如图

3.10 所示。从图 3.10 可见，附加作用动水平剪应力 $\tau_{hv,d}$ 之后，最大静主应力面转动了 θ_{sd} 角，

$$\tan2\theta_{sd} = \frac{2\tau_{hv,d}}{\sigma_1 - \sigma_3} \tag{3.15}$$

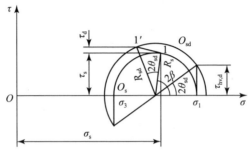

图 3.10　动荷载简切试验条件下最大动剪切作用面的确定

（3）确定最大动剪切作用面及其上应力分量。

令 β 为任意面与最大静主应力面的夹角，该面在静摩尔圆上相应于 1 点，在静动合成应力摩尔圆上相应于 1′点。设 R_s、R_{sd} 分别为静应力圆和合成应力圆的半径，该面上的静正应力 σ_s、静剪应力 τ_s 和合成动剪应力 τ_{sd} 分别为

$$\left.\begin{array}{l} \sigma_s = \sigma_0 + R_s\cos2\beta \\ \tau_s = R_s\sin2\beta \\ \tau_{sd} = R_{sd}\sin2(\theta_{sd} + \beta) \end{array}\right\} \tag{3.16}$$

式中

$$\sigma_0 = \frac{1 + k_0}{2}\sigma_v \tag{3.17}$$

该面上的动剪应力幅值

$$\tau_d = R_{sd}\sin2(\theta_{sd} + \beta) - R_s\sin2\beta \tag{3.18}$$

该面上的动剪应力比

$$\alpha_d = \frac{R_{sd}\sin2(\theta_{sd} + \beta) - R_s\sin2\beta}{\sigma_0 + R_s\cos2\beta} \tag{3.19}$$

将式（3.19）代入式（3.9），得确定最大动剪切作用面的条件为：

$$\frac{d\left[\dfrac{R_{sd}\sin2(\theta_{sd} + \beta) - R_s\sin2\beta}{\sigma_0 + R_s\cos2\beta}\right]}{d\beta} = 0 \tag{3.20}$$

运算后得

$$\sigma_0 \left[R_{sd} \cos2(\theta_{sd} + \beta) - R_s \cos2\beta \right] + R_s R_{sd} \cos2\theta_{sd} - R_s^2 = 0 \qquad (3.21)$$

由于

$$R_s R_{sd} \cos2\theta_{sd} = R_s^2$$

将其代入式（3.21）后得

$$R_{sd} \cos2(\theta_{sd} + \beta) - R_s \cos2\beta = 0 \qquad (3.22)$$

又由于

$$R_{sd} \cos2(\theta_{sd} + \beta) = \frac{1 - k_0}{2} \sigma_v \cos2\beta - \tau_{hv,d} \sin2\beta$$

$$R_s \cos2\beta = \frac{1 - k_0}{2} \sigma_v \cos2\beta$$

代入式（3.22）得

$$\left. \begin{aligned} \sin2\beta &= 0 \\ \cos2\beta &= -1 \end{aligned} \right\} \qquad (3.23)$$

将式（3.23）代入计算最大动剪切作用面上各应力分量的公式，得

$$\left. \begin{aligned} \sigma_s &= k_0 \sigma_v \\ \tau_s &= 0 \\ \tau_d &= \tau_{hv,d} \end{aligned} \right\} \qquad (3.24)$$

相应的初始剪应力比和动剪应力比

$$\left. \begin{aligned} \alpha_s &= 0 \\ \alpha_d &= \frac{\tau_{hv,d}}{k_0 \sigma_v} \end{aligned} \right\} \qquad (3.25)$$

与动三轴强度试验的相似，也可以绘破坏面上的动剪应力 τ_d 与该面上静正应力 σ_s 关系线，得到相应的动粘结力 C_d 和动摩擦角 φ_d，以及 C_{sd}、φ_{sd}。应指出，在动简切强度试验中土试样破坏面上的静剪应力比 $\alpha_s = 0$，因此由动简切强度试验结果确定的 C_d、φ_d 和 C_{sd}、φ_{sd} 相当于 $\alpha_s = 0$ 条件下的值。

3.3.4 动三轴强度试验结果与动简切强度试验结果的比较

按文献［2］提出的确定土破坏面及其上应力分量的方法，这两种动强度试验结果的比较应在土破坏面上的静剪应力比 α_s 以及动剪应力比相等的条件进行。由于动简切试验下土破坏面上的静剪应比 $\alpha_s = 0$，则与其相比的动三轴试验条件下土破坏面静剪应比 α_s 也应为零。由此，得

$$\alpha_s = \frac{k_c - 1}{2\sqrt{k_c}} = 0$$

$$k_c = 1$$

该条件表明，只有固结比 $k_c = 1$，即均等固结的动三轴强度试验结果才能与动简

切强度试验结果相比较。

另外，由破坏面动剪应力比 α_d 相等的条件得

$$\frac{\sigma_{a,d}}{2\sigma_3 \sqrt{k_c}} = \frac{\tau_{hv,d}}{k_0 \sigma_v}$$

将 $k_c = 1$ 代入上式，得

$$\frac{\sigma_{a,d}}{2\sigma_3} = \frac{\tau_{hv,d}}{k_0 \sigma_v}$$

改写上式，得

$$\frac{\tau_{hv,d}}{\sigma_v} = k_0 \frac{\sigma_{a,d}}{2\sigma_3} \tag{3.26}$$

式中，k_0 为静止土压力系数，通常按下式确定：

$$k_0 = 1 - \sin\varphi' \tag{3.27}$$

式中，φ' 为土的静有效摩擦角。

在文献 [3] 中，令

$$\frac{\tau_{hv,d}}{\sigma_v} = C_r \frac{\sigma_{a,d}}{2\sigma_3} \tag{3.28}$$

式中，C_r 为动剪应力比转化系数，并根据动三轴强度试验与动简切强度试验结果的比较，得到 C_r 的取值范围为 $0.4 \sim 0.6$。

比较式 (3.26) 和式 (3.28) 得

$$C_r = k_0 \tag{3.29}$$

通常认为，砂的有效摩擦角 φ' 的代表值为 $30°$。将其代入式 (3.27) 得

$$C_r = k_0 = 0.5$$

由此可见，由式 (3.29) 确定的 C_r 值处于上述的 C_r 取值范围。

3.3.5 影响土动强度的因素

这里主要表述影响饱和砂土动强度的因素。

1. 饱和砂物理性质的影响

饱和砂物理性质的影响包括许多方面，其中有颗粒级配、密度、饱和度和结构的影响。首先，试验研究表明，不均匀系数和颗粒形状的影响不大，可以忽视不计；颗粒的粒径有一定的影响[4]。通常，取平均粒径 d_{50} 做为颗粒粒径的代表指标。根据均等固结动三轴试验结果，在指定往返作用次数下引起液化所需要的动应力比 $\frac{\sigma_{a,d}}{2\sigma_3}$ 与平均粒径 d_{50} 的关系如图 3.11 所示。可以看到，当平均粒径大约为 $0.07 \sim 0.08$mm 时最容易液化；当平均粒径大于或小于这个数值时，引起液化所需要的应力比都要增加。平均粒径小于这个数值时液化应力比反而增加，可能

是由于在饱和砂土中包括了某些粘土颗粒。由于粘土颗粒的电化学作用，在动荷载作用下饱和砂土结构的破坏更为困难。

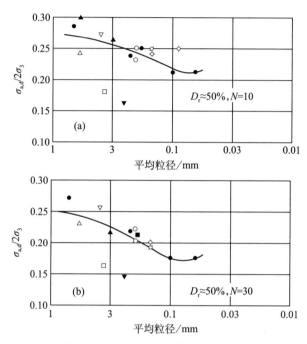

图 3.11　饱和砂土的平均粒径的影响

密度是影响饱和砂土液化的一个重要因素。通常用相对密度做为饱和砂土密度的代表指标。根据均等固结动三轴试验结果，在指定作用次数下引起液化所需要的动剪应力比与相对密度之间的关系如图 3.12 所示。可以看出，液化应力比与相对密度之间的关系随选用的液化标准而不同。首先，当相对密度小于 50%时，不论选用哪种液化标准，两者都是同一线性关系。当相对密度大于 50%时，如果选用孔隙水压力升高达到侧向压力做为液化标准，那么液化应力比与相对密度之间线性关系能保持到相对密度到 80%。然而，如果选用应变达到 5%或更高的数值做为液化标准，那么液化应力比与相对密度之间非线性关系范围更大，而变成向上翘的曲线。正因为饱和砂土密度对引起液化所需要的动剪应力比有重要的影响，确定砂土的天然密度或设计密度是非常重要的。

饱和度也是影响砂土液化的因素之一。在欠饱和的情况下，含有气泡的水具有一定的压缩性。如令 k_w 表示含气水的体积压缩模量，n 为砂土的孔隙度，孔隙水的体积压缩模量是饱和度 S_r 的函数。两者之间的关系可用下述简化公式表示[5]

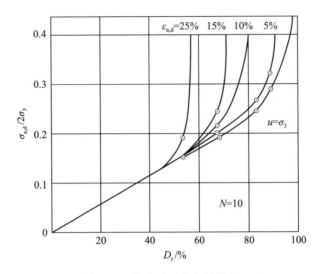

图 3.12　饱和砂土密度的影响

$$\frac{1}{k_\mathrm{w}} = \frac{S_\mathrm{r}}{k_\mathrm{w0}} + \frac{1 - S_\mathrm{r}}{u}$$

式中，k_w0 为不含气水的体积压缩模量。由于孔隙水具有一定的压缩性将减缓孔隙水压力升高。因此，砂土将表现出较高动强度。不同饱和度的砂土的抗破坏应力比与作用次数之间的关系如图 3.13 所示。可以看到，饱和度稍有减小液化应力比就会明显地增大。

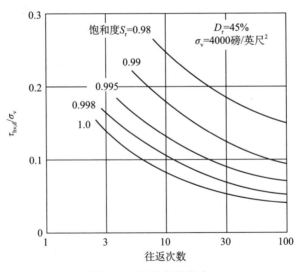

图 3.13　饱和度的影响

在试验中，饱和度通常用孔隙水压力系数 B 间接衡量。孔隙水压力系数 B 与饱和度 S_r 之间的关系如图 3.14 所示。从图 3.13 和图 3.14 可见，只有当孔隙水压力系数 B 达到 0.96 以上时，试验结果才能代表完全饱和砂土的液化性能。

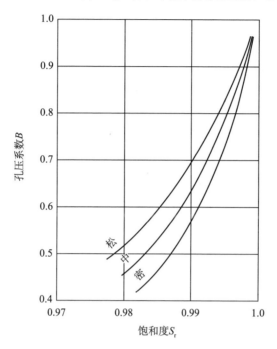

图 3.14　饱和度和孔隙水压力系统 B 的关系

饱和砂土结构的影响包括许多方面，例如原状饱和砂土的扰动、重新制备饱和砂土样成型方法和静应力作用持续时间的影响。下面只对饱和砂土样重新制备后静应力作用持续时间的影响做一简要讨论。为了确定重新制备后静应力作用持续时间的影响进行了试验研究[6]。在试验中将相对密度 50% 的重新制备的砂样在 $\sigma_0 = 22$ 磅/英寸^2 下分别固结 20 分钟、1 天、10 天和 100 天，然后进行动三轴剪切。取孔隙水压力升高到侧向固结压力作为液化标准。这样，可以确定出在不同持续时间下的试样液化应力比与持续时间为 20 分钟的试样的液化应力比的比值。这个比值与持续时间的关系如图 3.15 所示。此外，还用不同沉积年代的原状砂样和相应的重新制备的砂样进行了比较试验。这些结果与图 3.15 的结果一起绘在图 3.16 中。图 3.16 中还包括奥洛维尔坝密实砂砾石的试验结果[7]。砂砾石的最大粒径为 1/2 英寸，相对密度为 87%，试验的侧向固结压力为 14 公斤/厘米^2。从图 3.16 可见，尽管材料的类型、相对密度和固结压力不同，试验结果显示出了相同的倾向性。与固结 20 分钟的试验结果相比较，持续时间为 100 天的试验结果大约增加 25%，沉积年代很久的（55～2500 年）原状砂样的试验结果大约增加 50%~100%，平均 75%。造成这种情况的原因可能是天然砂层在沉积时由于有比较大的侧向运动形成了更为稳定的结构，以及在上覆压力的长期作用过程中土颗粒接触点形成了某种胶结作用。

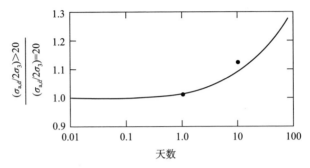

图 3.15　重新成型后静应力作用持续时间的影响

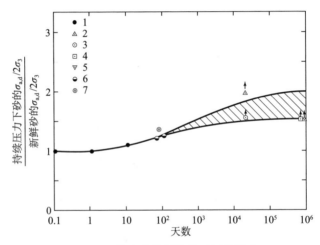

图 3.16　静应力作用持续时间的影响

1. No. 0 Monterey 砂；2. Lower San Fernando 坝水力冲填砂；3. Upper San Fernando 坝水力冲填砂；
4. South Texas 砂；5. San Mateo 砂；6. 紧密砂砾石 $u=\sigma_3$；7. 紧密砂砾石 $\varepsilon_{a,d}=\pm 5\%$

2. 动应力的影响

图 2.19 给出了由动三轴强度试验测得的动应力比 $\dfrac{\sigma_{a,d}}{2\sigma_3}$ 与引起破坏需要的作用次数关系。可以看到，随往返作用次数的增加引起破坏所需的动剪应力比变小。这种表达试验结果的方式与材料疲劳试验结果相同。然而，地震荷载是变幅的动荷载。要将等幅动荷载的试验结果应用于地震荷载需要在两者之间建立一个等价关系。换句话说，要将实际的地震应力时程转变成等价的等幅动应力，确定

出变幅往返应力的等价幅值和往返作用次数。最早，Seed[3]认为等价的应力幅值等于 0.65 倍地震应力最大幅值，等价的作用次数与震级有关：

震　　　级	7	7.5	8
等价往返作用次数	10	20	30

　　然而，等价的应力幅值和作用次数与地震应力时程曲线的特点有关。地震应力时程曲线可分为冲击型和往返型两类。为进一步研究这个问题，采用上述两种类型的地震应力时程曲线进行了变幅往返荷载试验[8,9]。试验结果表明，冲击型的试验结果高于往返型的，即需要更大的动应力幅值才能产生破坏，如图 3.17。图 3.17 中，$\tau_{d,max}$ 为地震剪应力的最大峰值。此外，动荷载三轴试验结果表明，当最大峰值在轴向压缩一侧时比在拉伸一侧时的结果高，即需要更大的动应力幅值才能产生液化，如表 3.1 所示。表中 $\sigma_{a,d,max}$ 是变幅轴向往返应力的最大峰值。然而，动扭剪试验结果则与最大峰值在哪一侧无关，但是最终的变形总是与最大峰值在同一侧。如果将等价作用次数取成 20 次，由试验结果得到等价幅值与地震应力的最大幅值之比如表 3.2 所示。可以看出，对于冲击型的地震应力时程，比值为 0.53~0.63，平均为 0.55；对于往返型的地震应力时程，比值为 0.68~0.71，平均为 0.70。

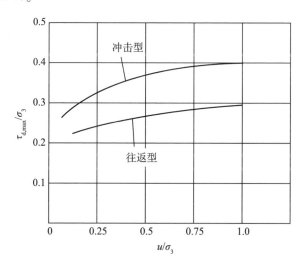

图 3.17　冲击型和往返型地震应力时程的试验结果比较

表 3.1　变幅往返荷载三轴试验结果

地震记录	记录编号	波的类型	$\sigma_{a,d,max}/\sigma_0$			
			南 北 方 向		东 西 方 向	
			大峰值在压力方向	大峰值在拉力方向	大峰值在压力方向	大峰值在拉力方向
青森	S235	冲击	0.34	0.30	0.36	0.28
	S264	往返	0.28	0.25	0.26	0.29
室兰	S234	冲击	0.37	0.28	0.25	0.25
	S241	冲击	0.31	0.30	0.29	0.29
八户	S250	冲击	0.39	0.31	0.28	0.26
	S310	往返	0.29	0.30	0.25	0.26

表 3.2　变幅往返荷载试验确定出的等价幅值与地震应力最大幅值之比

波的类型	地 点	最大加速度（Gal）	方 向	比 值	
				测定值	平均值
冲击型	新潟①	155	NS	0.54	0.55
		159	EW	0.53	
	室兰②	95	NS	0.63	
	八户③	235	NS	0.50	
往返型	青森②	56	NS	0.71	0.70
		86	EW	0.71	
	八户②	30	EW	0.63	

注：①十胜冲地震（1963），主震；②十胜冲地震（1963），余震；③新潟地震（1964），主震。

实际的地震应力时程与等幅动应力的等价关系除进行了试验研究外还进行了理论上的探讨[10]。为了在理论上探讨这个问题，首先需要定义等价的概念。图3.18给出了产生同一指定应变所要求的动剪应力和作用次数之间的关系线。在这个关系线上的任意两点都是等价的，因为他们产生了相同的破坏效果，即同样大小的应变。另外，做出了如下两点假定。第一，每一次应力作用对土单元的破坏作用正比于应力幅值。第二，每一次应力作用对土单元的破坏作用与施加的动应力的先后次序无关。这样，变幅的往返应力时程的等价次数可按如下方法确定。首先，指定出等价的应力幅值，设为 τ_{eq}。假如在变幅往返应力时程中等于

τ_i 的动应力幅值的作用次数为 N_i。它们对土单元的破坏作用为 $\mathrm{æ}N_i\tau_i$，其中 $\mathrm{æ}$ 是比例常数。如令它们的等价作用次数为 X_i，则有

$$\mathrm{æ}N_i\tau_i = \mathrm{æ}X_i\tau_{\mathrm{eq}}$$

由此，

$$X_i = N_i\frac{\tau_i}{\tau_{\mathrm{eq}}} \qquad (3.30)$$

另外，由图 3.18 可得

$$\frac{N_{\mathrm{e}}}{N_{i,\mathrm{f}}} = \frac{\tau_i}{\tau_{\mathrm{eq}}}$$

式中，N_{e}、$N_{i,\mathrm{f}}$ 分别为在幅值为 τ_{eq} 和 τ_i 的动应力作用下产生指定应变所要求的往返作用次数。将这个关系式代入式（3.30）中，得

$$X_i = N_{\mathrm{e}}\frac{N_i}{N_{i,\mathrm{f}}} \qquad (3.31)$$

在变幅的动应力时程中还含有其他大小的动应力幅值。按上述方法同样可以求出相应的等价作用次数。这样，整个变幅的动应力时程的等价作用次数

$$N_{\mathrm{eq}} = \sum X_i = N_{\mathrm{e}}\sum\frac{N_i}{N_{i,\mathrm{f}}} \qquad (3.32)$$

由上述可知，一个变幅动应力时程的等价作用次数取决于预先指定的等价应力幅值，或等价应力幅值与变幅应力的最大幅值之比。因为这个比值可任意选择，相应的等价作用次数也将有无穷多个。

为了确定式（3.32）的正确性，进行了验证试验。在试验中，将指定形状的变幅往返应力反复施加于试件上直到达到指定的破坏标准。然后，对最终的荷载形状确定等价作用次数。如前所述，可以任意指定几个等价应力幅值。相应的等价作用次数可由式（3.32）算出。式中的 N_{e}、$N_{i,\mathrm{f}}$ 由图 3.18 所示的曲线求出。显然，这条关

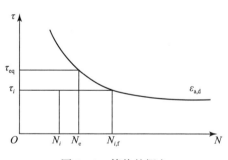

图 3.18　等价的概念

系线与土的类型有关，它可由等幅动荷载试验确定。对于松砂，验证试验的结果如图 3.19 所示，图中实线为等幅动荷载试验的结果，⊙为按上述方法确定出来的等价应力幅值和相应的等价作用次数的结果。可以看到，两者是相当一致的。

Seed 利用上述方法对一些大地震记录计算了等价的往返作用次数[11]，在计算中取等价往返应力幅值等于 0.65 倍的地震应力的最大幅值。所得的结果如图 3.20 所示。他认为，图 3.20 证明了他最早提出的结果，并建议了如下数值：

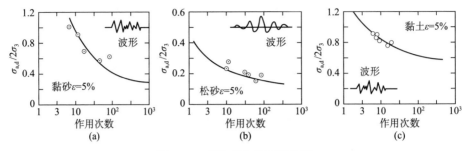

图 3.19　等价概念的试验验证

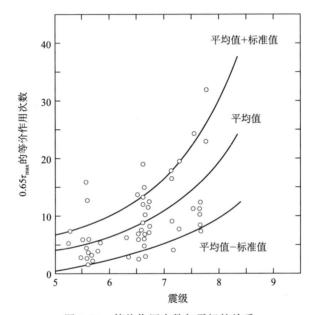

图 3.20　等价作用次数与震级的关系

震级 M	5.5~6	6.5	7.0	7.5	8.0
等价往返作用次数 N_{eq}	5	8	12	20	30

　　现有的动荷载试验仪器通常只能在一个方向施加动应力。然而，在一个面上的地震剪应力通常有两个分量，并且它们的幅值和相位可有不同的组合。为了确定在两个方向施加往返剪应力以及它们的幅值、相位不同组合的影响，石原等用多向动简切仪和动荷载真三轴仪进行了试验研究[12,13]。多向动荷载简切仪和动荷载真三轴仪可分别在水平面和八面体面上的相互垂直的两个方向施加幅值和相位不同的动剪应力。在研究中应用两种加荷方式。一种是旋转加荷方式，另一种是交替加荷方式。在旋转加荷方式和交替加荷方式中，两个剪应力分量的轨迹线分别如图 3.21a、b 所示。以多向动简切仪为例，旋转加荷方式和交替加荷方式

的两个剪应力分量的时程曲线分别如图 3.22a、b 所示。由多向动荷载简切仪求得的旋转加荷方式和交替加荷方式的试验结果分别如图 3.23 和图 3.24 所示。在这两个图中，$\tau_{hv,d,l}$ 和 $\tau_{hv,d,s}$ 分别表示两个剪应力分量中大的和小的幅值。可以看出，随比值 $\tau_{hv,d,s}/\tau_{hv,d,l}$ 的增加达到指定应变所需要的往返应力比 $\tau_{hv,d,l}/\sigma_v$ 减小，即第二个动剪应力的作用使饱和砂土更容易液化。

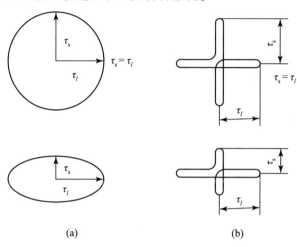

(a)　　　　　　　　　　(b)

图 3.21　旋转加荷方式和交替加荷方式的应力轨迹线

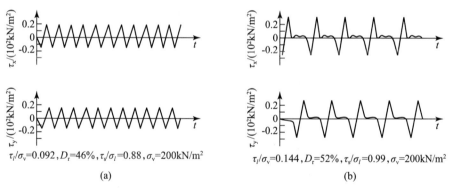

$\tau_l/\sigma_v=0.092, D_r=46\%, \tau_s/\sigma_l=0.88, \sigma_v=200\text{kN/m}^2$

$\tau_l/\sigma_v=0.144, D_r=52\%, \tau_s/\sigma_l=0.99, \sigma_v=200\text{kN/m}^2$

(a)　　　　　　　　　　(b)

图 3.22　旋转加荷方式和交替加荷方式的剪应力时程

根据图 3.23 和图 3.24 可以求出在这两种加荷方式下双向动剪切与单向动剪切达到指定应变所需要的往返剪应力比 $\tau_{hv,d,l}/\sigma_v$ 的值。两者的比值与 $\tau_{hv,d,l}/\tau_{hv,d,s}$ 的关系如图 3.25 所示。在图 3.25 中还给出了由动真三轴试验确定出的旋转加荷方式的试验结果。Seed 等曾研究过双向动剪切的影响[14]。可以看出，在双向动剪切情况下，当比值 $\tau_{hv,d,l}/\tau_{hv,d,s}=1$ 时引起指定应变所需要的往返应力比 $\tau_{hv,d,l}/\sigma_v$ 要减少 25%~35%，但这个减少数值要比 Seed 等给出的结果大。

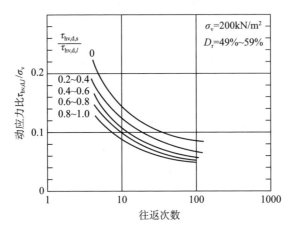

图 3.23 旋转加荷方式的试验结果

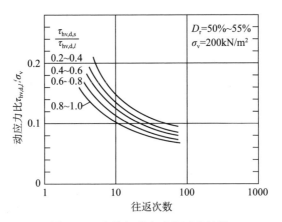

图 3.24 交替加荷方式的试验结果

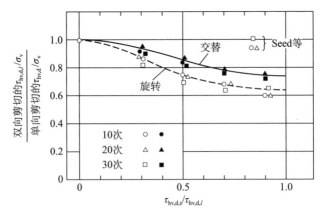

图 3.25 双向动剪切的影响

3. 静应力的影响

震害调查表明，当饱和砂层埋藏较深时它就不易破坏。均等固结动三轴试验证明了这个事实[15]。试验结果表明，固结应力越大引起破坏所需的动应力幅值或作用次数越大。然而，这个影响规律与饱和砂的密度和选用的破坏标准有关，如图 3.26 和图 3.27 所示。如果采用孔隙水压力升高到侧向固结压力为破坏标准，引起破坏所需的应力幅值只与固结压力成线性关系，与饱和砂的密度无关。如果采用应变达到指定的数值，例如 20% 为破坏标准，只有当相对密度低于 80% 时两者之间才是线性关系；当砂的密度增大到 80% 时，两者的关系逐渐变平。但是，当侧向固结压力小于 5kg/cm² 时，不管那种情况可将两者关系近似看

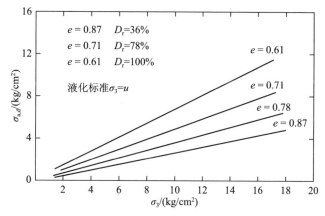

图 3.26　固结压力对破坏需要的应力的影响
（采用孔隙水压力等于侧向固结压力做为破坏标准时）

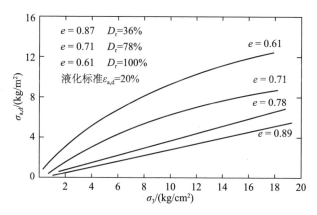

图 3.27　固结压力对破坏需要的应力的影响
（采用应变等于 20% 做为破坏标准时）

成直线。这样，引起破坏所需要的动应力比 $\sigma_{a,d}/2\sigma_3$ 与作用次数 N_l 之间的关系与固结压力 σ_3 无关。正是利用这一特点，通常只选用一个固结压力进行饱和砂土动强度试验。

非均等固结动三轴试验表明，固结比越大引起破坏所需要的动剪应力比 $\sigma_{a,d}/2\sigma_3$ 越大，如图 3.28 所示。如前所述，可以用破坏面或最大往返剪切作用面上的应力分量表示破坏的应力条件。可以证明，对于动三轴试验的应力状态，这个面上的静正应力与侧向固结压力 σ_3 成正比，而静剪应力比与固结比 k_c 成正比。这样，可以说，引起破坏所需要作用于破坏面上的动剪应力幅值与其上的静正应力成正比，并且还随其上的静剪应力比的增加而增加。

静应力的另一个影响因素是超固结比的影响。Finn 引用 Bhatia 用常体积动简切仪进行的研究结果，如图 3.29 所示[16]。可以看到，引起液体所需的往返剪应力比随超固结比的增加而增加。Finn 认为随超固结比的增加往返剪应力比增加是由于侧压力系数 k_0 的增加。如果以动剪应力幅值与平均静正应力 $\sigma_0 = \sigma_v(1+2k_0)/3$ 之比做为动剪应力比，图 3.29 中的关系线会缩在一个较窄的带内。计算平均静正应力时采用的 k_0 值是实侧值，在图 3.31 中给出。这样得到的动剪应力比 $\tau_{hv,d}/\sigma_0$ 与作用次数作 N_l 的关系线如图 3.30 所示。可以看出，不同超固结比的关系线之间的差别还是明显的。这说明 $\tau_{hv,d}/\sigma_0$ 不是一个表示往返剪应力比的最好指标。根据上述文献［2］，动剪应力比应以 $\tau_{hv,d}/k_0\sigma_v$ 表示，它与作用次数 N_l 的关系线如图 3.31 所示。可以看到，不同超固结比的结果完全集中在一条线上，超固结比的影响完全消除。这也表明，文献［2］所提出的方法是适用的。

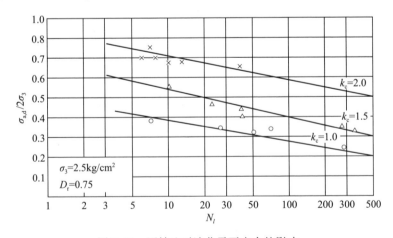

图 3.28　固结比对液化需要应力的影响

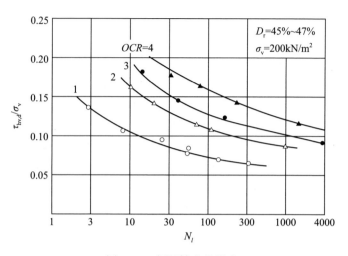

图 3.29　超固结比的影响

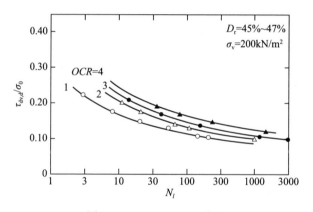

图 3.30　$\tau_{hv,d}/\sigma_o - N_l$ 关系

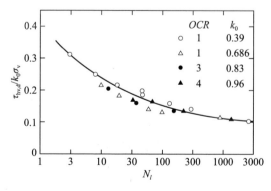

图 3.31　超固结饱和砂 $\tau_{hv,d}/k_0\sigma_v - N_l$

4. 预剪的影响

所谓预剪是在进行正式动强度试验之前，使土试样在不排水条件下受到指定大小的动剪切作用，然后排水，当孔隙水压力消散后再在不排水条件下进行动强度试验。这样做的目的是为了模拟历史地震和前震对饱和砂土破坏的影响。研究显示[17]，当预剪的动剪应变变小时，预剪使破坏应力比增大，当预剪的动剪应变大于某一界限值时，预剪使破坏应力比减少。这个界限应变值大约为1%。图3.32给出了振动台式动简切试验的结果。可以看到，小的预剪使破坏应力比明显提高。

衡量预剪作用大小的另一指标是预剪引起的孔隙水压力升高。研究表明[18]，如果预剪所引起的孔隙水压力小于侧向固结压力的60%，预剪将使液化应力比提高。实际上，对于一些砂土当孔隙水压力升高到这个数值后应变要迅速增加。

小的预剪作用使液化应力比增大的原因可能是由于在预剪的作用下侧压力系数 k_0 增大，以及由于颗粒接触有小的变动使砂土的结构更趋于稳定。

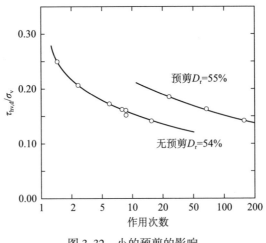

图 3.32　小的预剪的影响

3.4　在动应力作用下干砂的体积变形

本节所表述的动应力作用下干砂体积变形的内容取自文献［19］和［20］。震害调查表明，干砂在地震应力的作用下要产生永久体积变形。在1971年圣菲尔南多地震中，一个厚40英尺的砂层所产生的永久体积变形使建筑在其上的具有扩大基础的建筑物沉降了4~6英寸。

试验表明，将动正应力施加于初始相对密度为0.6并且不允许有侧向变形的砂样，当往返的正应力幅值为初始上覆压力的50%时，100次作用后测得的永久体积应变小于0.4%，而当动正应力幅值为初始上覆压力的20%时，实际上没有永久体积应变产生。Whitman 和 Ortigosa 根据类似的研究认为，当动正应力幅值与初始上覆压力相比较小时，干砂不会产生显著的永久体积应变；地震垂直加速度分量可能引起的永久体积应变是轻微的。这样，地震时干砂的永久体积应变主要是由地震水平加速度分量引起的。在地震水平加速度分量的作用下，在土体中产生动水平剪应力。因此，可以认为干砂的永久体积应变主要是由水平地震剪应力引起的。

Seed 和 Silver 将指定幅值的动剪应变施加于不允许产生侧向变形的土样，并测定所引起的体应变。试验结果表明，当砂的密度和作用次数一定时，体应变与竖向静正应力无关，只取决于动剪应变幅值，如图 3.33 所示。从图 3.33 可见，体应变与动剪应变成正比。当动剪应变幅值一定时，体积应变随作用次数的增加而增加，如图 3.34 所示。

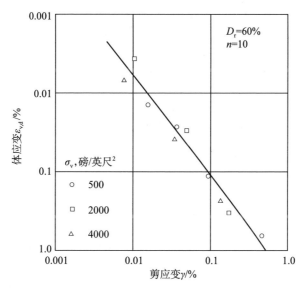

图 3.33　体应变与剪应变幅值的关系

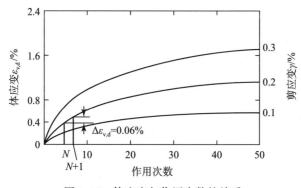

图 3.34　体应变与作用次数的关系

从图 3.34 可见，当剪应变幅值一定时，每一次作用引起的体应变增量取决于已产生的永久体应变数值，并随它的增加而减小。另外，还可看出，当已产生的永久体应变数值为一定时，体应变增量取决于剪应变数值，并随之增大而增大。这样，可认为第 N 次作用引起的体应变增量取决于第 N 次作用以前已产生的永久体应变的数值和第 N 次作用的剪应变幅值。其中，第 N 次作用以前已产生的永久体应变表示在第 N 次作用以前动剪切作用历史的影响。由图 3.34 可以绘出图 3.35。图 3.35 给出当已产生的永久应变为常数时永久体应变增量与剪应变幅值之间的关系。从图 3.35 可见，每条关系线与表示剪应变幅值的横坐标轴有一个交点。这些交点相应的横坐标值可视为界限剪应变幅值。例如，在第 N 次作用之前永久体应变为 $\varepsilon_{v,d}$，与此相应的关系线与横轴交战的横坐标为 γ_{cr}，如果第 N 次剪应变幅值小于或等于 γ_{cr} 时，则永久体应变增量为零，即不会进一步产生体应变。

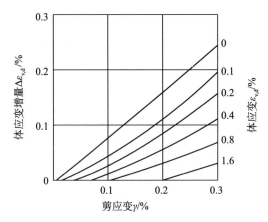

图 3.35　体应变增量与动剪应变幅值之间的关系

图 3.35 中的关系线可以表示成如下关系式：

$$\Delta\varepsilon_{v,d} = c_1(\gamma - c_2\varepsilon_{v,d}) + \frac{c_3\varepsilon_{v,d}^2}{\gamma + c_4\varepsilon_{v,d}} \tag{3.33}$$

式中，$\Delta\varepsilon_{v,d}$ 为第 N 次作用所产生的永久体应变增量；γ 为第 N 次剪应变幅值；$\varepsilon_{v,d}$ 为第 N 次作用以前已产生的永久体应变；c_1、c_2、c_3 和 c_4 为四个参数，由试验测定。其中 c_1 为 $\varepsilon_{v,d}=0$ 时 $\Delta\varepsilon_{v,d}$-γ 关系线的斜率。其他三个参数可用下述方法确定。令 $\Delta\varepsilon_{v,d}=0$，由式（3.33）可得

$$\frac{\gamma_{cr}}{\varepsilon_{v,d}} = \frac{1}{c_2 - c_4}\left(\frac{\gamma_{cr}}{\varepsilon_{v,d}}\right)^2 + \frac{c_3 - c_1c_2c_4}{c_1(c_2 - c_4)} \tag{3.34}$$

式中，$\varepsilon_{v,d}$ 为永久体应变数值，可由图 3.35 中各条关系线与横坐标的交点确定。

这样，可绘制出 $\gamma_{cr}/\varepsilon_{v,d}-(\gamma_{cr}/\varepsilon_{v,d})^2$ 关系线。由式（3.34）可知，这条直线，其斜率

$$a = \frac{1}{c_2 - c_4} \tag{3.35}$$

截距

$$b = \frac{c_3 - c_1 c_2 c_4}{c_1(c_2 - c_4)} \tag{3.36}$$

另外，对 γ 微分式（3.33）得

$$\frac{\mathrm{d}(\Delta\varepsilon_{v,d})}{\mathrm{d}\gamma} = c_1 - \frac{c_3 \varepsilon_{v,d}^2}{(\gamma + c_4 \varepsilon_{v,d})^2}$$

将 γ_{cr} 代入上式，得图 3.35 中各关系线在 $\gamma = \gamma_{cr}$ 处的斜率

$$(\Delta\dot{\varepsilon}_{v,d})_{\gamma = \gamma_{cr}} = c_1 - \frac{c_3 \varepsilon_{v,d}^2}{(\gamma_{cr} + c_4 \varepsilon_{v,d})^2}$$

改写上式得

$$\frac{1}{\sqrt{c_1 - (\Delta\dot{\varepsilon}_{v,d})_{\gamma = \gamma_{cr}}}} = \frac{1}{\sqrt{c_3}} \frac{\gamma_{cr}}{\varepsilon_{v,d}} + \frac{c_4}{\sqrt{c_3}} \tag{3.37}$$

绘制 $\dfrac{1}{\sqrt{c_1 - (\Delta\dot{\varepsilon}_{v,d})_{\gamma = \gamma_{cr}}}}$ 与 $\dfrac{\gamma_{cr}}{\varepsilon_{v,d}}$ 关系线，由式（3.37）可知为直线。这条直线的斜率

$$a_1 = \frac{1}{\sqrt{c_3}} \tag{3.38}$$

截距

$$b_1 = \frac{c_4}{\sqrt{c_3}} \tag{3.39}$$

这样，由式（3.35）、式（3.38）和式（3.39）就可以确定出参数 c_2、c_3 和 c_4 来。

式（3.33）是根据等幅剪应变试验结果建立的。为了验证这个关系式对变幅动剪应变的适用性，进行了变幅应变试验。图 3.36a 给出剪应变幅值随作用次数的变化。图 3.36b 给出了实测的（点线）和按式（3.33）计算的（实线）永久体应变的结果，两者吻合得很好。此外，还可看到，在大幅值剪应变之后小幅值剪应变的作用对永久体应变的增长几乎不起作用。

式（3.33）给出在动剪应变作用下干砂产生的永久体应变的计算公式。然而，由土体地震反应分析求得的是土所承受的动剪应力。这样，用式（3.33）计算土的永久体应变时，需要先确定与动应力幅值相应的动剪应变幅值。干砂动

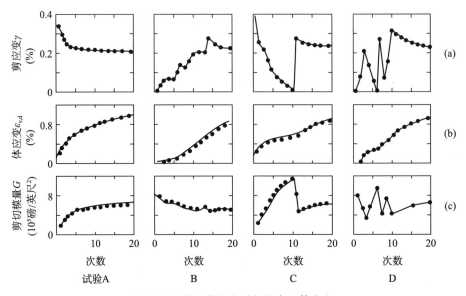

图 3.36 变幅剪应变引起的永久体应变

剪切试验表明，动剪应力与动剪应变幅值之间的关系与土所受的作用历史有关。象上述那样，可用已发生的永久体应变表示土所受的动作用历史。对指定的永久体应变，剪应力与剪应变之间的关系如图 3.37 所示。图 3.37 中的每条关系线可以写成下列的双曲线型式：

$$\tau_{\mathrm{hv,d}} = (\sigma_{\mathrm{v}})^{\frac{1}{2}} \frac{\gamma}{a + b\gamma} \tag{3.40}$$

式中，σ_{v} 为土所受的竖向静正应力；a、b 为两个参数，由试验测定。由上述可知，参数 a、b 应是永久体应变的函数。对图 3.37 中的每条关系线可由式 (3.40) 确定出 a、b 之值。绘制 a、b 与永久体应变 $\varepsilon_{\mathrm{v,d}}$ 的关系，发现

$$\left. \begin{array}{l} a = A_1 - \dfrac{\varepsilon_{\mathrm{v,d}}}{A_2 + A_3 \varepsilon_{\mathrm{v,d}}} \\[3mm] b = B_1 - \dfrac{\varepsilon_{\mathrm{v,d}}}{B_2 + B_3 \varepsilon_{\mathrm{v,d}}} \end{array} \right\} \tag{3.41}$$

式中，A_1、B_1 分别为 $\varepsilon_{\mathrm{v,d}} = 0$ 时的 a、b 之值。改写式 (3.41) 得

$$\frac{A_1 - a}{\varepsilon_{\mathrm{v,d}}} = A_2 + A_3 \varepsilon_{\mathrm{v,d}}$$

$$\frac{B_1 - b}{\varepsilon_{\mathrm{v,d}}} = B_2 + B_3 \varepsilon_{\mathrm{v,d}}$$

这样，绘制 $\dfrac{A_1 - a}{\varepsilon_{\mathrm{v,d}}} - \varepsilon_{\mathrm{v,d}}$ 和 $\dfrac{B_1 - b}{\varepsilon_{\mathrm{v,d}}} - \varepsilon_{\mathrm{v,d}}$ 关系线就可确定出 A_2、A_3、B_2、B_3 之值。由

式（3.40）可得剪切模量 G 的表达式

$$G = (\sigma_v)^{\frac{1}{2}} \frac{1}{a + b\gamma}$$

图 3.36c 给出实测值与按上式计算数值之间的关系，可见两者是很吻合的。这样，当往返剪应力幅值已知时，可按下式确定相应的剪应变幅值。

$$\gamma = \frac{\dfrac{a}{(\sigma_v)^{\frac{1}{2}}} \tau_{hv,d}}{1 - \dfrac{b}{(\sigma_v)^{\frac{1}{2}}}} \tag{3.42}$$

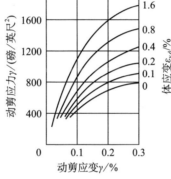

图 3.37 动剪应力幅值与动剪应变幅值关系

应指出，本节给出的计算干砂永久体应变的公式只适用于静力上处于 k_0 压缩状态、动力上处于简切或纯剪应力状态的土体。

3.5 在动应力作用下饱和砂土产生的孔隙水压力

震害调查表明，喷砂冒水是地震引起的最常见的地表破坏现象。这个现象说明，在地震时地面下饱和砂层中的孔隙水压力发生了显著的升高。石原[21]测到了地震时地面下饱和砂层中的孔隙水压力。地震时饱和砂土孔隙水压力升高的原因可做如下的说明[20]。首先，饱和砂土像干砂那样，在动剪切作用下要发生永久体积压密变形。对于饱和土，产生体积压密变形则要从土孔隙中排出相同体积的水。然而，水的排出速度取决于土的渗透系数和渗径的长短。当土的渗透系数较小时，动剪切作用引起的永久体积压密变形的速率大于孔隙水排出速率，孔隙水处于受阻状态，孔隙水压力要产生升高。在动剪切作用下，总的正应力没有变化，孔隙水压力的升高只能由土的静有效正应力的相应降低来平衡。由此，

$$\Delta u = - \Delta \sigma \tag{3.43}$$

式中，Δu、$\Delta\sigma$ 为每次动剪切作用引起的孔隙水压力和土的有效静正应力的变化。

下面介绍几种确定孔隙水压力升高的方法。

3.5.1 Martin 等建议的方法[20]

Martin 等根据在地震时土体积变化的相容条件建立了一个确定孔隙水压力增量的基本方程式。因为土承受的有效静正应力的降低要引起土体积的回弹。这样，动剪切作用引起的永久体积压缩、孔隙水的排出和静有效正应力降低引起的体积回弹这三种体积变化之间应满足相容条件。设体积变化以压缩为正，孔隙水体积变化以排出为正，则

$$\Delta\varepsilon_{v,d} + \Delta\varepsilon_{v,r} = \Delta\varepsilon_{v,f} \qquad (3.44)$$

式中，$\Delta\varepsilon_{v,d}$、$\Delta\varepsilon_{v,f}$ 和 $\Delta\varepsilon_{v,r}$ 分别为每次剪切作用引起的压密体积、排出水的体积和静有效正应力变化引起的土体积变化。饱和砂土的渗透系数通常为 $10^{-2} \sim 10^{-4}$cm/s，在几十秒地震的历时内可以认为不发生排水。这样，$\Delta\varepsilon_{v,f} = 0$。式（3.44）可写成

$$\Delta\varepsilon_{v,d} = -\Delta\varepsilon_{v,r} \qquad (3.45)$$

设 E_r 为砂土的退荷模量，则有

$$\Delta\varepsilon_{v,r} = \frac{\Delta\sigma}{E_r} = \frac{-\Delta u}{E_r} \qquad (3.46)$$

将式（3.46）代入式（3.45）中得

$$\Delta u = E_r\Delta\varepsilon_{v,d} \qquad (3.47)$$

式中，$\Delta\varepsilon_{v,d}$ 可由式（3.33）确定。只要能正确地确定卸荷模量 E_r，就可根据式（3.47）估算出孔隙水压力增量 Δu。

砂土的退荷模量 E_r 可由单轴压缩卸载试验资料确定。如果以 $\sigma_{v,0}$ 表示卸荷开始时的竖向正应力，$\varepsilon_{v,r,0}$ 表示 $\sigma_{v,0}$ 完全卸掉后总的回弹体积，则可绘出 $\sigma_{v,0}$-$\varepsilon_{v,r,0}$ 关系线，如图3.38中的虚线所示。这条曲线可用下式表示：

$$\varepsilon_{v,r,0} = k_2(\sigma_{v,0})^n \qquad (3.48)$$

式中，k_2、n 为两个参量，由试验测定。然而，这条曲线并不是卸荷过程线。与指定的卸荷开始压力 $\sigma_{v,0}$ 相应的卸荷过程线如图3.38中的实线所示。该线上任意点的纵坐标表示剩余压力 σ_v，横坐标表示剩余压力 σ_v 完全卸掉后的回弹体积。这条关系线可表示成如下形式：

$$\varepsilon_{v,r} = k_1(\sigma_v)^m \qquad (3.49)$$

式中，k_1、m 为两个参量，由试验测定，k_1 与卸荷开始压力 $\sigma_{v,0}$ 有关。很明显，当 $\sigma_v = \sigma_{v,0}$ 时 $\varepsilon_{v,r} = \varepsilon_{v,r,0}$。由这个条件得

$$k_1(\sigma_{v,0})^m = k_2(\sigma_{v,0})^n$$

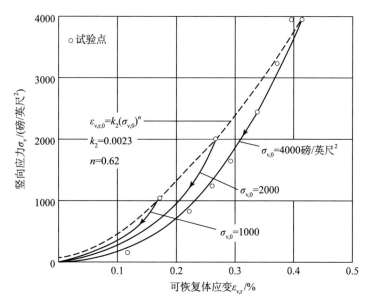

图 3.38　卸荷时体积回弹曲线

改写上式得

$$k_1 = k_2(\sigma_{v,0})^{n-m}$$

将此式代入式（3.49）得

$$\varepsilon_{v,r} = k_2(\sigma_{v,0})^{n-m}(\sigma_v)^m \tag{3.50}$$

按切线模量定义

$$E_r = \frac{\mathrm{d}\sigma_v}{\mathrm{d}\varepsilon_{v,r}}$$

将式（3.50）代入上式得

$$E_r = \frac{(\sigma_v)^{1-m}}{mk_2(\sigma_{v,0})^{n-m}} \tag{3.51}$$

这样，如果给定某一次动剪应力的幅值 $\tau_{hv,d}$，确定它所引起的孔隙水压力增量的步骤如下：

（1）确定求解的初始条件。这些初始条件包括已达到的孔隙水压力 u、体积应变 $\varepsilon_{v,d}$ 和剩余的竖向正应力 σ_v。显然，

$$\sigma_v = \sigma_{v,0} - u \tag{3.52}$$

（2）由给定的动剪应力幅值按式（3.42）确定相应的动剪应变幅值。

（3）按式（3.33）计算体积压缩增量 $\Delta\varepsilon_{v,d}$，并将它送加于初始的 $\varepsilon_{v,d}$ 之上得到新的 $\varepsilon_{v,d}$ 之值。

（4）按式（3.51）确定卸荷模量 E_r。

（5）按式（3.47）确定孔隙水压力增量 Δu，并将它迭加于初始的 u 之上得到新的 u 值。

按上述步骤对等幅动剪应力作用下计算得的孔隙水压力如图 3.39a 所示，图中纵坐标为孔隙水压力比 $u/\sigma_{v,0}$，横坐标为作用次数，图中的 $\tau_{hv,d}/\sigma_{v,0}$ 为往返剪应力比。可以看出，达到指定数值的孔隙水压力比 $u/\sigma_{v,0}$ 所需要的作用次数随动剪应力比的增大而减小。图 3.39b 给出了在等幅动剪应力作用下剪应变幅值随往返作用次数的变化。还可以看出，当往返作用达一定次数时应变幅值迅速增大，这与实验结果是很相似的。按上述步骤对变幅动剪应力作用算得的孔隙水压力如图 3.40a 所示。图 3.40a 给出了在图 3.40b 所示的三种不同动剪应力时程作用下引起的孔隙水压力。这三种动剪应力时程是将 20 个按指数规律变化的剪应力幅值按不同的方式排列组成的。从图 3.40 可见，大幅值剪应力之后小幅值剪应力的作用对孔隙水压力的升高几乎没有影响。

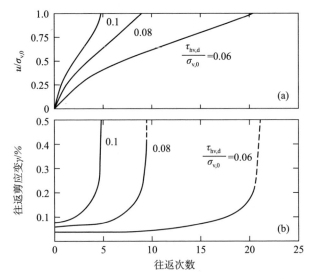

图 3.39　对等幅动剪应力作用下计算的孔隙水压力及剪应变幅值

应指出，本节给出的计算饱和砂土孔隙水压力升高的方法和上节给出的计算干砂永久体应变方法一样，只适用于在静力上处于 k_0 压缩状态、在动力上处于简切或纯切状态的土体。

3.5.2　石原等建议的方法[22~24]

石原等根据饱和砂土静剪切试验结果和土的塑性屈服条件提出了另一个确定在动荷载作用下孔隙水压力升高的方法。这个方法的基本出发点是：

（1）只要饱和砂土发生塑性屈服，就将产生残余孔隙水压力。

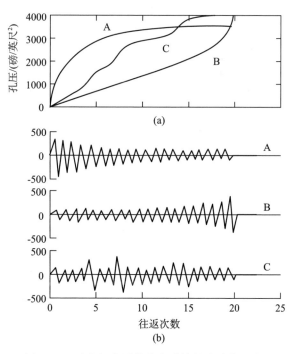

图 3.40 对变幅往返剪应力计算的孔隙水压力

（2）控制残余孔隙水压力发生的主要因素是应力途径，应力作用的速率在一定范围内影响很小。因此，静力试验结果可用来确定动荷载引起的残余孔隙水压力。

按上述两点，首先应该确定饱和砂土发生塑性屈服与施加的应力途径的关系。为此，在排水和不排水条件下进行了多种三轴压缩和拉伸剪切试验。令 p' 为有效平均主应力，q 为差应力，

$$\left.\begin{array}{l} p' = \dfrac{1}{3}(\sigma_1 + 2\sigma_3) - u \\[2mm] q = \sigma_1 - \sigma_3 \end{array}\right\} \tag{3.53}$$

及令 v 为体应变，γ 为剪应变，

$$\left.\begin{array}{l} v = \varepsilon_1 + 2\varepsilon_3 \\[2mm] \gamma = \varepsilon_1 - \varepsilon_3 \end{array}\right\} \tag{3.54}$$

在式（3.53）和式（3.54）中，σ_1、ε_1 分别为轴向应力和应变；σ_3、ε_3 分别为径向应力和应变。其中的一种试验为平均主应力不变的排水剪切试验。很明显，在这个试验中测得的体应变是由剪应力 q 引起的，即剪膨性质的体积变形。对于松砂和密实砂剪膨性质的体积变形与剪应力比 q/p' 的关系分别如图 3.41a、b 所

示。可以看出，无论是压缩剪切试验还是拉伸剪切试验，随q/p'绝对值的增大剪切首先产生体积压缩应变，当增大到一定数值之后才产生体积膨胀应变。对于压缩剪切试验，这个界限剪应力比数值大约为$1.25 \sim 1.50$；对于拉伸剪切试验大约为-1.0，而与密度的关系不大。这表明，当剪应力比q/p'的绝对值小于一定数值时，在排水条件下剪切将产生体积压缩应变；在不排水条件下剪切将引起孔隙水压力升高。此外，还可看到，剪切产生的体积变形不仅与剪应力比q/p'有关，还与有效平均主应力p'有关。当剪应力比q/p'小于界限剪应力比时，p'越大剪切引起的体积压缩应变也越大。显然，在不排水条件下，p'越大剪切引起的孔隙水压力升高也将越大。

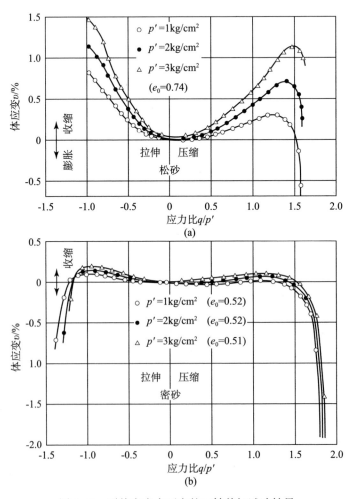

图 3.41　平均主应力不变的三轴剪切试验结果

其中另外一种试验为体积不变的三轴不排水剪切试验。在这种试验中，土样固结完成后密度达到一定数值。这样，一定的密度与一定的固结压力相应。固结完成后进行不排水剪切并测量孔隙水压力 u。绘制不排水剪切过程中每一时刻的剪应力 q 和有效平均主应力 p' 的关系线，如图 3.42 所示。可以看到，无论是压缩剪切还是拉伸剪切随剪应力 q 绝对值的增加有效平均主应力 p' 首先减少，而当剪应力 q 达到某一数值后，有效平均主应力则要增加。因此，在有效应力途径上有个反弯点。随剪应力 q 增加，在反弯点以前孔隙水压力 u 增加，在反弯点以后孔隙水压力 u 减少。因此，把连接反弯点的线叫相转换线。图 3.42 是松砂的试验结果，密实砂试验也可得到相似结果。这样，在等体积下不排水剪切引起的孔隙水压力变化与在等平均主应力下排水剪切引起的体积变化是相应的。由这种试验可得到如下结果：

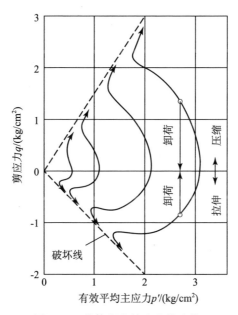

图 3.42　等体积有效应力轨迹线

（1）不排水剪切条件下的等体积有效应力轨迹线。下面把图 3.42 所示的关系线叫做不排水剪切条件下的等体积有效应力轨迹线。对于指定的密度可得到一簇这样的轨迹线。轨迹线与横坐标的交点表示固结应力。q 等于正值表示压缩剪切，负值表示拉伸剪切。在这两种剪切状态下，等体积有效应力轨迹线的形状稍有不同。像前面指出的那样，随剪应力 q 的绝对值的增加，有效平均主应力 p' 首先减少然后增加，在等体积有效应力轨迹线上有一个反弯点。做反弯点以后等体积有效应力轨迹线的包线，对压缩剪切和拉伸剪切状态分别得到一条直线，并把这条直线叫做破坏线。可以看出，压缩剪切的破坏线与横轴的夹角要比拉伸剪切的破坏线与横坐标的夹角大。

因为 $\Delta u = -\Delta p'$，按等体积有效应力轨迹线的定义，它给出了在等体积不排水剪切条件下孔隙水压力 u 随剪应力 q 的变化。根据实测的等体积有效应力轨迹线的形状，最初石原等以圆弧近似地表示它，并且忽视压缩剪切与拉伸剪切的等体积有效应力轨迹线的不同。这样，等体积有效应力轨迹线是一簇圆。每个圆的半径 R 是其圆心的横坐标值 p^* 的函数。从图 3.43 可见，$p^* = p'_1 - R$，则有

$$R = F(p^*) = F(p'_1 - R) \tag{3.55}$$

式中，p'_1 为圆与横坐标交点的横坐标值。后来，用椭圆代替圆表示等体积有效应力轨迹线。

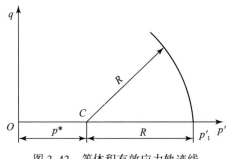

图 3.43　等体积有效应力轨迹线

（2）不排水剪切条件下等剪应变轨迹线。将等体积有效应力轨迹线簇上剪应变相同的点连成线，就得到一簇等剪应变轨迹线，如图 3.44 所示。可以看出，这是从原点发出的一簇射线。这簇射线可以足够精确地以从原点发出的一簇直线表示。这样，在等剪应变轨迹线上有效剪应力比 q/p' 为常值。假如，现存的应力状态以 A 点表示，过 A 点的等体积剪应变轨迹线为 OA，有效剪应力比为 $(q/p')_A$。当应力状态发生变化时，由 A 点变化到 B 点。过 B 点的等体积剪应变轨迹线为 OB，有效剪应力比为 $(q/p')_B$。如图 3.45 所示，从 A 点到 B 点应力状态的变化有三种可能性：

①$(q/p')_B > (q/p')_A$，OB 线相应的剪应变 γ_B 大于 OA 线相应的剪应变 γ_A，应力状态由 A 点变化到 B 点产生附加的剪应变为 $\gamma_B - \gamma_A$，其中一部分为塑性剪应变。由于产生了附加的塑性剪应变，土必须进一步屈服。下面把这种情况叫加荷状态。

②$(q/p')_B = (q/p')_A$，从 A 点到 B 点沿等剪应变轨迹线 OA 变化。在这种情况下，没有附加剪应变产生，土没有进一步屈服。下面把这种情况叫中性荷载状态。

③$(q/p')_B < (q/p')_A$，在这种情况下，土只发生回弹剪应变不发生附加塑

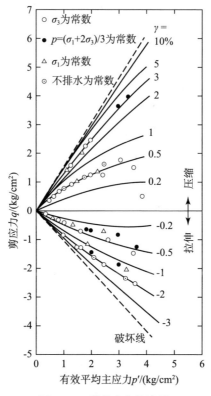

图 3.44 等剪应变轨迹线

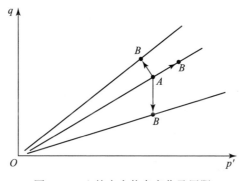

图 3.45 土的应力状态变化及屈服

性剪应变。下面把这种情况叫卸荷状态。

这样，过现存应力状态 A 点的等剪应变轨迹线是一个屈服面。它将 $q-p'$ 平面分成两部分。当应力状态从这个屈服面向上变化时，土将发生进一步屈服，产生附加的塑性剪应变；当应力状态在这个屈服面或从这个屈服面向下变化时土不发生进一步屈服，只产生回弹剪应变。显然，它随着加荷屈服面在扩展。因此，可能出现如图 3.46 所示的情况。在图 3.46 中，C 点的有效剪应力比 $(q/p')_C$ 是土曾达到过的最大数值，现存应力状态以 A 点表示，并且 $(q/p')_A < (q/p')_C$。那么现存的屈服面应为过 C 点的等剪应变轨迹线而不是过 A 点的等应变轨迹线。因此，当应力状态由 A 点变到 B 点，即使 B 点在 OA 线之上土也不会进一步屈服产生附加塑性剪应变。这样，如果以 $(q/p')_{max}$ 表示饱和砂土曾受过的有效剪应力比，以 q/p' 表示新达到的有效剪应力比，屈服条件可表示成

$$\frac{q}{p'} > \left(\frac{q}{p'}\right)_{max} \tag{3.56}$$

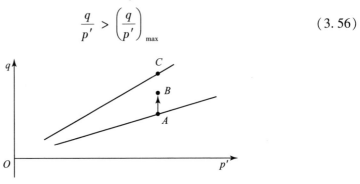

图 3.46　土的应力历史对屈服面的影响

对于往返荷载，只有屈服条件式（3.56）是不够的，引进屈服条件的独立倾向性是必要的。屈服条件的独立倾向性是指无论在三轴压缩还是三轴拉伸剪切状态下，屈服条件与曾受过的反方向的应力历史无关。即是说，在三轴压缩剪切状态下土的屈服条件与曾受过的三轴拉伸剪切历史无关，而在三轴拉伸剪切状态下土的屈服条件与曾受过的三轴压缩剪切历史无关。假如，$(q/p')_{c,max}$、$(q/p')_c$ 分别表示在三轴压缩剪切状态下曾达到过的最大有效剪应力比和新达到的有效剪应力比，$(q/p')_{t,max}$、$(q/p')_t$ 分别表示在三轴拉伸剪切状态下曾达到过的绝对值最大的有效剪应力比和新达到的有效剪应力比，在三轴压缩剪切状态下，屈服条件为

$$\left(\frac{q}{p'}\right)_c > \left(\frac{q}{p'}\right)_{c,\,max} \tag{3.57}$$

在三轴拉伸剪切状态下，屈服条件为

$$\left|\frac{q}{p'}\right|_t > \left|\frac{q}{p'}\right|_{t,\,max} \tag{3.58}$$

这样，在三轴压缩剪切状态下只要式（3.57）成立，而在三轴拉伸剪切状态下只要式（3.58）成立，就将引起孔隙水压力的增长。孔隙水压力的增长量 $\Delta u = -\Delta p'$，$\Delta p'$ 可由等体积有效应力轨迹线取得。否则，不产生孔隙水压力的增长。按这个原则，可以确定出在动荷载下孔隙水压力的升高。

设土样所受的初始有效平均压力为
p_1'，然后受到如图 3.47 所示的动剪应力
的作用。确定在这个动剪应力作用下孔
隙水压力升高的方法如图 3.48 所示。
图 3.48a、b 分别给出在动剪应力作用
下的有效应力途径和孔隙水压的升高。
图中，1 点相应于图 3.47 中的 1 点。这
点的有效平均主应力为 p_1'，剪应力 $q=0$，
孔隙水压力 $u=0$，$(q/p')_{c,max}=0$；2 点
相应于图 3.47 中的 2 点。由 1 点变到 2
点，剪应力 q 增加，2 点的有效剪应力
比 $(q/p')_{c,2}$ 大于 $(q/p')_{c,max}$，土样将

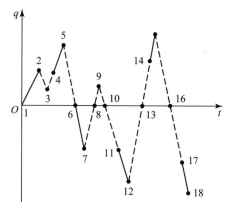

图 3.47　往返剪应力时程

发生屈服，产生塑性变形，处于加荷状态。从 1 点到 2 点有效应力途径沿过 1 点
的等体积有效应力轨迹线变化。假如等体积有效应力轨迹线是圆则沿过 1 点的圆
变化。令 p_2' 表示 2 点的有效平均主应力，从 1 点到 2 点孔隙水压力升高
$\Delta u_{1,2}=p_1'-p^2$。在 2 点 $(q/p')_{c,max}=(q/p')_{c,2}$，屈服面为 02。由 2 点到 3 点和由
3 点到 4 点，应力变化均在屈服面 02 之下，只发生弹性变形，不产生孔隙水压
力升高，有效平均主应力 p' 及孔隙水压力 u 保持不变。因此，在图 3.48a 中，3
点和 4 点在过 2 点的铅垂线上。从 4 点开始应力变化在屈服面 02 之上，又产生
塑性变形，处于加荷状态。从 4 点到 5 点有效应力途径沿过 4 点的圆弧变化。
令，p_4'、p_5' 分别表示 4 点和 5 点的有效平均主应力，则 $p_4'=p_2'$ 相应的孔隙水压力
升高 $\Delta u_{4,5}=p_4'-p_5'$。在 5 点，$(q/p')_{c,max}=(q/p')_{c,5}$，屈服面为 05。从 5 点到 6
点，应力变化在屈服面 06 之下，只发生弹性变形，不产生孔隙水压力升高，有
效平均主应力 p' 及孔隙水压力 u 保持不变。从 6 点开始土样处于拉伸剪切状态。
在 6 点，$q=0$，$(q/p')_{t,max}=0$。从 6 点到 7 点，剪应力的绝对值 $|q|$ 增加，7 点的
有效剪应力比的绝对值 $|q/p'|_{t,7}>|q/p'|_{t,max}$，土样在拉伸剪切状态下屈服，产生
塑性变形，处于加荷状态。从 6 点到 7 点有效应力途径沿过 6 点的圆弧变化。令
p_6'、p_7' 分别表示 6 点和 7 点的有效平均主应力，则 $p_6'=p_5'$，相应的孔隙水压力升
高 $\Delta u_{6,7}=p_5'-p_7'$。在 7 点，$|q/p'|_{t,max}=|q/p'|_{t,7}$，屈服面为 07。从 7 点到 8 点，
应力变化在屈服面 07 之上；从 8 点开始土样又处于压缩剪切状态，但从 8 点到 9
点和从 9 点到 10 点，应力变化在屈服面 05 之下；从 10 点开始土样又处于拉伸
剪切状态，但从 10 点到 11 点，应力变化在屈服面 07 之上。因此，在这些阶段
只发生弹性变形，不产生孔隙水压力升高，有效平均主应力 p' 和孔隙水压力 u 保
持不变。从 11 点开始，应力变化在屈服面 07 之下，产生塑性变形，处于加荷状
态。从 11 点到 12 点，有效应力途径沿过 11 点的圆弧变化。令 p_{11}'、p_{12}' 分别为 11

点和 *12* 点的有效平均主应力，则 $p'_{11}=p'_7$，相应的孔隙水压力升高 $\Delta u_{11,12}=p'_7-p'_{12}$。在点 12，$|q/p'|_{t,max}=|q/p'|_{t,12}$，屈服面为 012。同理，可以确定出由点 12 到点 13，由点 13 到点 14 有效平均主应力 p' 和孔隙水压力 u 保持不变。从点 14 到点 15，孔隙水压力升高 $\Delta u_{14,15}=p'_{12}-p'_{15}$。在点 15，$(q/p')_{c,max}=(q/p')_{t,15}$，屈服面为 015。从点 15 到点 16，从点 16 到点 17 有效平均主应力 p' 和孔隙水压力 u 保持不变。从点 17 到点 18，孔隙水压力升高 $\Delta u_{17,18}=p'_{15}-p'_{18}$。在点 18，$|q/p'|_{t,max}=|q/p'|_{t,18}$，屈服面为 018。

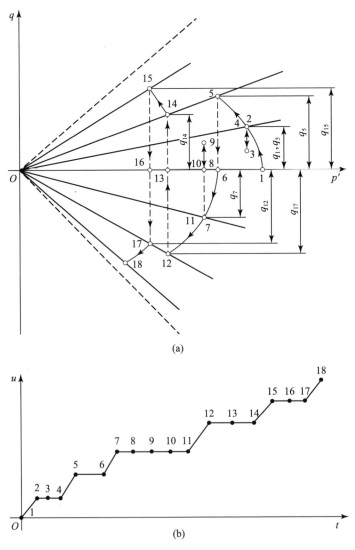

图 3.48　往返剪应力引起的孔隙水压力升高

在上述的计算中，如果土样处于加荷状态，例如从点 14 到点 15，有效应力途径应沿过点 14 的等体积有效应力轨迹线变化。当将等体积有效应力轨迹线取为圆时，则沿过点 14 的圆变化。因此，需要确定过点 14 的圆弧的圆心在横坐标上的位置，即 p^* 及其半径 R。这两个量可由下述方法确定。首先，R、p^* 应满足式（3.55）关系。另外，根据简单的几何关系得

$$R^2 = q_{14}^2 + (p'_{14} - p^*)^2 \tag{3.59}$$

这样，由式（3.55）和式（3.59）就可确定出过点 14 的圆弧的 p^* 和 R 值。当等体积有效应力轨迹线取为椭圆时，也可按相似的方法确定相应椭圆的几何参数。

按上述方法计算孔隙水压力一直可以到有效应力途径达到相转换线。在有效应力途径没达到相转换线前，孔隙水压力随剪应力的增加而增加。当有效应力途径超过相转换线时，动剪切作用引起的孔隙水压力的变化是一个需进一步研究的问题。

上述这两种确定孔隙水压力升高的方法对理解在往返荷载作用下孔隙水压力升高的机制是很有益的。然而对于许多实用目的，可以不管孔隙水压力升高的机制，直接由不排水动剪切试验测得的资料经验地确定孔隙水压力增长规律。下面给出一些典型的结果。

3.5.3 柴田彻建议的方法[25]

由不排水动三轴剪切试验可以测得孔隙水压力随作用次数的增长过程。设测得的孔隙水压力是由动八面体正应力 $\sigma_{oct,d}$ 和剪应力 $\tau_{oct,d}$ 的作用引起的。这两个应力分量与动三轴试验的动轴向应力的关系如下：

$$\left. \begin{array}{l} \sigma_{oct,d}(t) = \dfrac{\sigma_{a,d}(t)}{3} \\[2mm] \tau_{oct,d}(t) = \dfrac{\sqrt{2}}{3}\sigma_{a,d}(t) \end{array} \right\} \tag{3.60}$$

对饱和砂土，八面体正应力引起的孔隙水压力与八面体正应力相等。令 $u(t)$ 为测得的孔隙水压力，$u_\tau(t)$ 为往返八面体剪应力引起的孔隙水压力，则

$$u_\tau(t) = u(t) - \sigma_{oct,d}(t) \tag{3.61}$$

这样，往返八面体剪应力作用引起的孔隙水压力 $u_\tau(t)$ 可由式（3.61）确定。可以发现，$u_\tau(t)$ 随时间波动增长，当增长到一定数值后，速度突然加快。这就是所谓的孔隙水压力飞跃现象。对于松砂，这个现象尤为明显。可以指出，这个现象大致发生在有效应力途径达到相转换线时刻。如果以 $u_{\tau,J}$ 表示发生孔隙水压力飞跃时动八面体剪应力作用引起的孔隙水压力数值，N_J 表示相应的作用次数，$\Delta \bar{u}_{\tau,J}$ 表示出现孔隙水压力飞跃以前一次往返作用引起孔隙水压力增量的平均

值，则

$$\Delta \bar{u}_{\tau,J} = \frac{u_{\tau,J}}{N_J}$$

这样，$\Delta \bar{u}_{\tau,J}$ 之值可由试验测得的 $u_{\tau,J}$ 和 N_J 之值按上式求出。显然，对于给定的饱和砂土，$\Delta \bar{u}_{\tau,J}$ 是静八面体正应力 $\sigma_{oct,s}$ 和往返八面体剪应力幅值 $\tau_{oct,d}$ 的函数。绘制 $\dfrac{\Delta \bar{u}_{\tau,J}}{\tau_{oct,d}}$ 与 $\dfrac{\tau_{oct,d}}{\sigma_{oct,s}}$ 的关系，均等固结往返荷载三轴剪切试验结果如图 3.49，两者为直线关系。因此，可得到

$$\Delta \bar{u}_{\tau,J} = \left[a \left(\frac{\tau_{oct,d}}{\sigma_{oct,s}} \right) + b \right] \tau_{oct,d} \qquad (3.62)$$

式中，a、b 为两个参数，由试验确定，它们是密度的函数。另外还可指出，它们还将随固结比或八面体静剪应力 $\tau_{oct,s}$ 而变化。

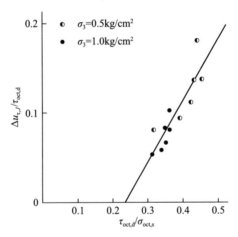

图 3.49　$\Delta \bar{u}_{\tau,J} / \tau_{oct,d}$ 与 $\tau_{oct,d}/\sigma_{oct,s}$ 关系

3.5.4　Seed 等建议的方法[26]

由动剪切试验测得的孔隙水压力时程曲线，可以确定出孔隙水压力达到固结压力时的作用次数 N_l。对于动三轴剪切试验，固结压力取侧向固结压力 σ_3，对动简切试验，固结压力取竖向固结压力 σ_v。令 u_N 为第 N 次时的孔隙水压力，α_u、α_N 分别为孔隙水压力比和作用次数比，则

$$\left. \begin{aligned} \alpha_u &= \frac{u_N}{\sigma_3} \\ 或 \quad \alpha_u &= \frac{u_N}{\sigma_v} \end{aligned} \right\} \qquad (3.63)$$

$$\alpha_N = \frac{N}{N_l} \tag{3.64}$$

绘制 $\alpha_u - \alpha_N$ 关系线发现，各种砂的动三轴试验结果如图 3.50 所示，各种砂的动简切试验结果如图 3.51 所示。从图 3.50 和图 3.51 可见，各种砂的试验结果集中于较窄的条带内。由于这两个图是许多种砂的试验结果，因此可假定其他砂的孔隙水压力发展也可用这两个图表示。由于动简切试验更接近以水平动剪切为主的水平场地情况，因此，采用图 3.51 更合适。图 3.51 中的虚线表示 $\alpha_u - \alpha_N$ 的平均结果，该线可用下式近似地表示

$$\alpha_N = \left[\frac{1}{2} (1 - \cos \pi \alpha_u) \right]^a \tag{3.65}$$

式中，a 为一个参数，可取成 0.7。改写成式（3.65）得

$$\alpha_u = \frac{1}{2} + \frac{1}{\pi} \sin^{-1} (2\alpha_N^{1/a} - 1) \tag{3.66}$$

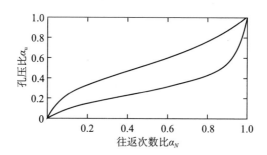

图 3.50　由动荷载三轴试验测得的 $\alpha_u - \alpha_N$ 关系线

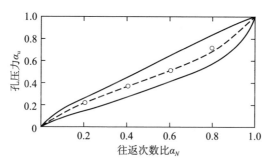

图 3.51　由动荷载简切试验测得的 $\alpha_u - \alpha_N$ 关系线

　　图 3.50 给出的是均等固结动三轴试验的结果。在这种情况下，土样所受的静剪应力为零。同样，图 3.51 给出的也是水平面上静剪应力为零时动简切试验的结果。为了研究初始剪应力对孔隙水压力发展的影响，进行了不均等固结动三轴试验[27]，在不均等固结条件下，孔隙水压力有时不能达到侧向固结压力 σ_3 的

数值。只有当轴向动应力迭加于固结压力之上能产生拉伸剪切状态，即合成剪应力不仅有大小的变化，还有方向的变化的情况，孔隙水压力才能达到侧向固结压力。这样，有时就不能够确定出孔隙水压力达到侧向固结压力时的作用次数 N_l。因此，在非均等固结条件下以孔隙水压力达到侧向固结压力一半时的往返作用次数 N_{50} 代替 N_l，并按下式定义往返作用次数比

$$\alpha_N = \frac{N}{N_{50}} \tag{3.67}$$

这样，对于不均等固结动三轴试验，得到了与式（3.66）相似的结果，

$$\alpha_u = \frac{1}{2} + \frac{1}{\pi} \sin^{-1}(\alpha_N^{1/a} - 1) \tag{3.68}$$

式中，a 为一个参数，

$$a = a_1 k_c + a_2 \tag{3.69}$$

其中，k_c 为不均等固结比，等于 σ_1/σ_3；a_1、a_2 为两个参数，由试验测定。对于相对密度 $D_r = 50\%$ 的尾矿砂，测得 $a_1 = 3$，$a_2 = -2$。对于相对密度 $35\% \sim 63\%$ 这个范围，同样可以给出令人满意的结果。图 3.52 给出当 $k_c = 1.2$ 时计算结果与实测结果的比较，可见两者是非常吻合的（试验的砂的平均相对密度为 54%）。应指出，虽然在不均等固结条件下，孔隙水压力数值有时不能达到侧向固结压力数值，然而按式（3.68）计算出的孔隙水压力却可以达到侧向固结压力数值。

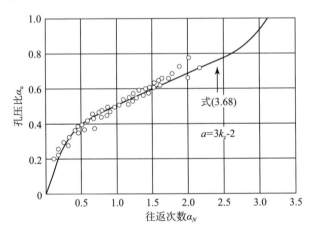

图 3.52　不均等固结动三轴试验的孔隙水压力

3.5.5　石桥和 Sherif 建议的方法

　　石桥和 Sherif 根据均等固结动扭剪试验的结果研究了孔隙压力增长与作用次数的关系[28,29]。在他们的研究中采用了下述孔隙水压力增量比和动剪应力比的概念。设侧向固结压力为 σ_3，水平剪应力幅值为 $\tau_{hv,d}$，$N-1$ 次作用后的孔隙水

压力为 u_{N-1}，第 N 次作用引起的孔隙水压力增量为 Δu_N，相应的有效侧向应力

$$\sigma'_{3,N-1} = \sigma_3 - u_{N-1} \tag{3.70}$$

第 N 次作用引起的孙隙水压力增量比 $\Delta\alpha'_{u,N}$ 定义如下：

$$\Delta\alpha'_{u,N} = \frac{\Delta u_N}{\sigma'_{3,N-1}} = \frac{\Delta u_N}{\sigma_3 - u_{N-1}} \tag{3.71}$$

相应的动剪应力比 $\alpha'_{\tau,N}$ 定义如下：

$$\alpha'_{\tau,N} = \frac{\tau_{hv,d}}{\sigma'_{3,N-1}} = \frac{\tau_{hv,d}}{\sigma_3 - u_{N-1}} \tag{3.72}$$

根据试验结果，可以确定出 $\Delta\alpha'_{u,N}$ 和 $\alpha'_{\tau,N}$ 之值，并在双对数坐标中绘出这两个量的关系，如图 3.53a、图 3.54a 和图 3.55a 所示，它们分别给出了松砂、中密砂和密实砂的试验结果。由这三张图可见，在双对数坐标中，对指定的作用次数 N，$\Delta\alpha'_{u,N}$ 与 $\alpha'_{\tau,N}$ 的关系为直线，并且对于指定的密度，$\Delta\alpha'_{u,N}$ 与 $\alpha'_{\tau,N}$ 关系线的斜率与作用次数 N 无关。因此，$\Delta\alpha'_{u,N}$ 与 $\alpha'_{\tau,N}$ 关系可表示成

$$\Delta\alpha'_{u,N} = b(N)(\alpha'_{\tau,N})^a \tag{3.73}$$

式中，a、$b(N)$ 分别为在双对数坐标中 $\Delta\alpha'_{u,N}$-$\alpha'_{\tau,N}$ 关系线的斜率和它们与 $\alpha'_{\tau,N} = 1$ 竖向直线交点的纵坐标。a 与密度有关，而 $b(N)$ 不仅与密度还与作用次数有关。$b(N)$ 与 N 的关系可按下法确定。改写式（3.73）得

$$b(N) = \frac{\Delta\alpha'_{u,N}}{(\alpha'_{\tau,N})^a} \tag{3.74}$$

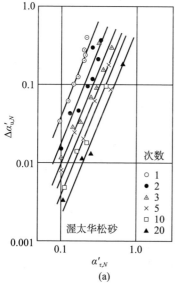 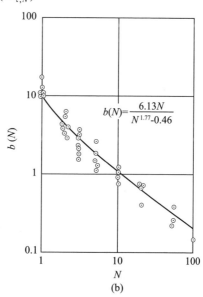

图 3.53　松砂的 $\Delta\alpha'_{u,N}$（纵坐标）和 $\alpha'_{\tau,N}$（横坐标）的关系

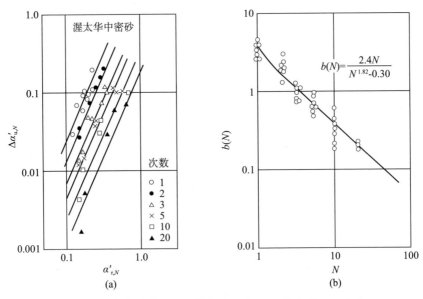

图 3.54 中密砂的 $\Delta\alpha'_{u,N}$(纵坐标) 和 $\alpha'_{\tau,N}$(横坐标) 的关系

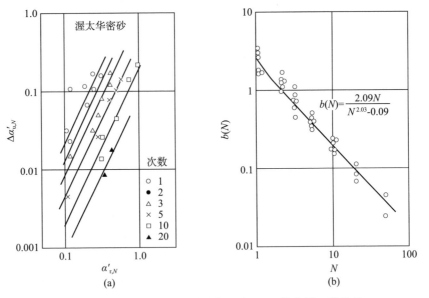

图 3.55 密实砂的 $\Delta\alpha'_{u,N}$(纵坐标) 和 $\alpha'_{\tau,N}$(横坐标) 的关系

指定作用次数 N, 按式 (3.74) 计算出 $b(N)$ 并绘制 $b(N) - N$ 关系线, 对松砂、中密砂和密实砂的结果分别如图 3.53b、图 3.54b 和图 3.55b 所示。由这些图可求得

$$b(N) = \frac{c_1 N}{N^{c_2} - c_3} \tag{3.75}$$

式中，c_1、c_2、c_3 为三个参数，与密度有关。将式（3.71）、式（3.72）和式（3.75）代入式（3.73）中得

$$\frac{\Delta u_N}{\sigma_3 - u_{N-1}} = \frac{c_1 N}{N^{c_2} - c_3}\left(\frac{\tau_{hv,d}}{\sigma_3 - u_{N-1}}\right)^a$$

改写上式

$$\Delta u_N = (\sigma_3 - u_{N-1})\frac{c_1 N}{N^{c_2} - c_3}\left(\frac{\tau_{hv,d}}{\sigma_3 - u_{N-1}}\right)^a \tag{3.76}$$

由于

$$\left.\begin{array}{c} \Delta\alpha_{u,N} = \dfrac{\Delta u_N}{\sigma_3} \\[3mm] \alpha_{u,N-1} = \dfrac{u_{N-1}}{\sigma_3} \end{array}\right\} \tag{3.77}$$

则得

$$\Delta\alpha_{u,N} = (1 - \alpha_{u,N-1})\frac{c_1 N}{N^{c_2} - c_3}\left(\frac{\tau_{hv,d}}{\sigma_3 - u_{N-1}}\right)^a \tag{3.78}$$

$$\alpha_{u,N} = \alpha_{u,N-1} + \Delta\alpha_{u,N} \tag{3.79}$$

3.6　在动应力作用下饱和砂土的液化和循环流动性

震害调查表明，修建在饱和砂土地基上的建筑物可能发生沉陷、倾斜、甚至倒覆，同时周围地面常常伴随有喷砂冒水现象。建筑物发生沉陷、倾斜和倒覆说明地震时饱和砂土对剪切变形的抵抗能力发生了降低或完全丧失。显然，这些现象与地震时饱和砂土孔隙水压力升高有关。前面曾指出，饱和砂土样在动荷载作用下的变形可分为两个阶段。在第一阶段，变形幅值很小，基本上保持不变，随往返作用次数没有明显的增加。当往返作用达到一定次数后，变形幅值的增长加快，变形进入第二个发展阶段。从第一个变形阶段过渡到第二个变形阶段所需要的作用次数和在第二个变形阶段变形发展的加快程度与砂的密度有关。像图3.56 和图 3.57 所示那样，虽然在动荷载作用下松砂和密实砂的孔隙水压力均能达到侧向固结压力，但是当孔隙水压力达到侧向固结压力后松砂和密实砂变形的发展却是不同的。对于松砂，因在第二个变形阶段变形发展迅速，由孔隙水压力等于侧向固结压力发展到变形达到破坏的数值所需的附加作用次数很少，破坏具有突然性。对于密实砂，因在第二个变形阶段变形发展缓慢甚至会稳定下来，由孔隙水压力等于侧向固结压力发展到变形达到破坏的数值所需的附加作用次数要很多，甚至变形不能达到破坏的数值。图 3.56 和图 3.57 分别给出在均等固结动三轴试验中测得的松砂和密实砂的孔隙水压力随作用次数的增长。可以看出，在

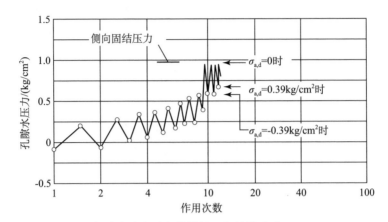

图 3.56　松砂孔隙水压力的增长（初始孔隙比 $\varepsilon_0 = 38.2\%$）

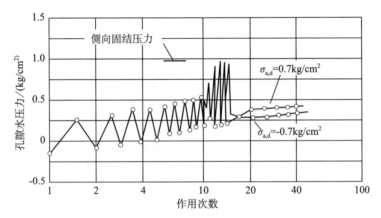

图 3.57　密砂孔隙水压力的增长（初始孔隙比 $\varepsilon_0 = 71\%$）

第一个变形阶段中，孔隙水压力的峰值与往返轴向应力峰值相应，孔隙水压力的谷值与往返轴向应力谷值相应；在第二个变形阶段中，孔隙水压力的峰值与往返轴向应力零值相应，孔隙水压力的谷值与往返轴向应力的峰值和谷值相应。在变形的第二个阶段中，由于剪应力增加时产生比较大的剪切变形要土表现出较大的剪胀性。因此，在两个变形阶段内孔隙水压力与动剪应力的对应关系产生上述变化可能是由于砂的剪胀作用引起的。还可以看到，松砂的孔隙水压力的谷值比密砂要高得多。这是由于密砂比松砂具有更大的剪胀性。正是由于这个原因，在第二个变形阶段松砂的变形增长速率要比密砂的快得多。上面的讨论表明，在动荷载作用下孔隙水压力升高到侧向固结压力与剪切变形达到破坏的数值是不同的两回事。孔隙水压力升高到侧向固结压力只是产生破坏剪切变形的一个必要条件，但是能否达到破坏所需的剪切变形还取决于砂的密度。

按上述，在动荷载作用下，饱和砂土孔隙水压力会升高，其抗剪强度或对剪切变形的抵抗能力会发生降低或完全丧失。通常，把这种现象称做饱和砂土液化。然而，只有松砂或中密饱和砂土的抗剪强度或对剪切变形的抵抗能力才会产生大幅度的降低或完全丧失，即只有松砂或中密饱和砂土才会产生典型的液化现象。如前所述，密实砂在孔隙水压力升高到侧向固结压力后，在动荷载作用下主要继续产生一定大小的变形，但变形发展得很缓慢或者会停止发展。为了将这个现象与上述的液化现象相区别，把它称之为"循环流动性"（Cyclic Mobility）。此外，在讨论液化现象时，通常引用饱和砂土的有效抗剪强度公式

$$\tau = (\sigma - u) \tan\varphi' \tag{3.80}$$

来解释发生液化的饱和砂土丧失稳定性的原因。对于松砂和中密砂，这似乎是可以的。因为按式（3.80），当 $u = \sigma$ 时抗剪强度变成零，饱和砂土对剪切丧失抵抗能力，只能像液体那样承受静水压力。然而，对于密实砂，在孔隙水压力等于侧向固结压力后对剪切变形还有相当的抵抗能力，显然式（3.80）是不适用的。

上面给出了饱和砂土液化的定性说明。然而，在液化的研究中还需要饱和砂土液化的定量定义。例如，在饱和砂土液化的试验研究中就需要确定液化的定量标准。显然，按式（3.80），可将液化标准取成

$$u = \sigma \tag{3.81}$$

式中 σ 在动三轴和动扭剪试验中取侧向固结压力 σ_3，在动简切试验中取竖向固结压力 σ_v。如前所述，式（3.81）的满足只表明饱和砂土达到了在动荷载条件下丧失稳定性的一个必要条件，是否会丧失稳定性还取决于饱和砂土的密度。因此，现在通常把式（3.81）叫做初始液化标准。饱和砂土的动三轴试验表明，土样呈塑性破坏形式。从工程实用观点，以变形定义液化标准更为可取。这就是达到指定应变的液化标准。特别是对于饱和密实砂，采用达到指定应变做为液化标准比式（3.81）更为适宜。

当液化标准确定之后，可根据动力试验结果确定出动应力幅值与在它的作用下达到液化标准所需要的作用次数之间的关系。以均等固结动荷载三轴试验为例，这个关系如图 3.58 所示。图中，纵坐标为 $\sigma_{a,d}/2\sigma_3$，它表示 45° 面上的动剪应力幅值 $\sigma_{a,d}/2$ 与该面上的静正应力 σ_3 之比，叫做动剪应力比；横坐标为 N_l，它表示在返剪应力作用下达到液化标准所需要的往返作用次数。类似图 3.58 的关系线是液化试验的基本结果。

应该指出，当采用达到指定的应变做为液化标准时，图 3.58 给出了达到指定应变所需要的应力条件。当实际承受的应力条件高于这个条件，即动应力比不变但作用次数增多或作用次数不变动应力比增大，则土样产生的应变将大于指定的应变。对于松砂，当应力条件高出时，土样就可能丧失稳定性，而对于密实砂土，当应力条件高出时，土样可能只产生大一些的有限的应变。因此，当采用指

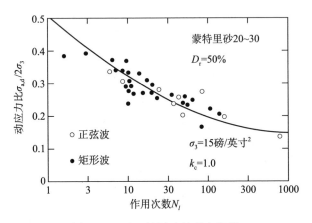

图 3.58　动三轴试验的基本结果

定应变为液化标准时，图 3.58 中的关系线对达到指定应变之后变形的进一步发展没有提供任何指示。如前所述，此后的变形发展与砂的密度密切相关。这一点是非常重要的，它关系到变形达到指定的应变后砂的潜在稳定性。比如说，松砂和密实砂都达到了相同的指定应变，但松砂的潜在稳定性比密砂要低得多。显然，一旦松砂达到液化标准，其潜在的危险性是相当严重的。

3.7 砂砾石的动力性能

前面曾指出，当平均粒径大于 0.07mm 时，砂土的破坏应力比将要增加。然而，其中的一部分可能是由于橡皮膜嵌入的影响[30]。橡皮膜嵌入是指在土样侧表面土颗粒与橡皮膜之间空隙中的水在固结阶段排出橡皮膜压入的现象。在不排水往返剪切阶段压入的橡皮膜恢复平整。土颗粒和橡皮膜之间的空隙又重新充满水。这个现象破坏了土样在剪切时不发生排水的条件。发生排水的结果是延缓了孔隙水压力的升高，提高了液化应力比。很显然，这个影响随土颗粒粒径的增大而增大，随试样尺寸的增大而减小，而与密度无关。图 3.59 给出了橡皮膜嵌入对液化应力比的影响。利用图 3.59 可以校正实测的液化应力比。图 3.60 给出了用直径 2.8 英寸的试样和直径 12 英寸的试样确定出来的饱和砂砾石的液化应力比。对直径 2.8 英寸试样的试验结果利用图 3.59 校正橡皮膜嵌入的影响得到图 3.60 中的虚线。可以看到，直径 12 英寸试样的试验结果与校正后的虚线很接近，并且液化应力比并不随砂的平均粒径的增加而明显地增加。

前面曾指出，孔隙水压力升高到侧向固结压力是发生液化的必要条件。显然，孔隙水压力的升高取决于在动荷载作用下孔隙水压力增长和消散两种相反的作用。只有当增长大于消散时，孔隙水压力才能逐渐升高。孔隙水压力消散的速率首先取决于土的渗透性，即渗透系数 k。一般说，含砾量高的砂砾石具有好的

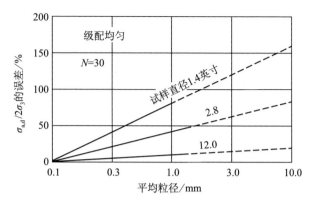

图 3.59　橡皮膜嵌入对液化应力比的影响

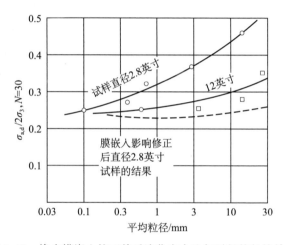

图 3.60　橡皮模嵌入校正前后液化应力比与平径粒径的关系

渗透性能。为了研究含砾量的影响，进行了振动台试验。在试验中，将指定含砾量的砂砾石按一定的密度装入一个固定在振动台上的容器中，并通水饱和，之后进行振动，并在容器的底部测量孔隙水压力。随振动的次数增量孔隙水压力逐渐升高，最后达到一个稳定的数值 u_{ult}。同时，还测定容器中砂砾石的渗透系数 k。如果以 σ_v 表示在容器底部由于砂砾石自重产生的竖向静应力，则稳定孔隙水压力比为 u_{ult}/σ_v。根据试验结果绘出的当填筑密度和振动强度一定时稳定孔隙水压力比和渗透系数随含砾量的变化如图 3.61 所示，图 3.61a 是密云水库白河主坝斜墙保护层中砂砾石的试验结果[1]，3.61b 是设计中的黄河小浪底水库土坝坝基砂砾石的试验结果[2]。可以看出，当含砾量小于某个数值时稳定孔隙水压力比保

[1]　试验由水电部水利科学研究院完成。
[2]　试验由黄委会水利科学研究所完成。

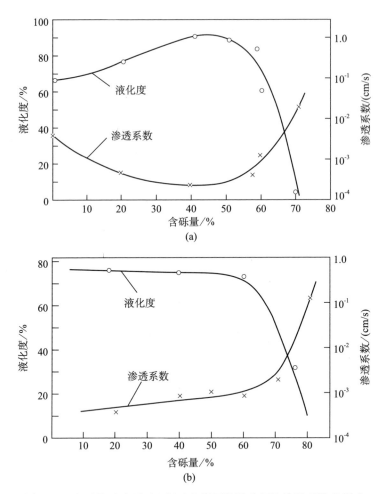

图 3.61　含砾量对砂砾石在振动作用下孔隙水压比渗透系数的影响

持很高的数值而渗透系数保持很低的数值，而且不随含砾量的增加呈明显变化；当含砾量大于这个数值时稳定孔隙水压力比迅速降低而渗透系数迅速增大。这个界限含砾量大约为70%。这个试验结果表明，只有当砂砾石的含砾量大于界限含砾量时，在地震时才会具有良好的性能。在我国，密云水库白河主坝斜墙保护层和辽宁汤河水库土坝斜墙保护层分别在唐山地震和海城地震时发生滑落。这两个保护层都是用砂砾石修建的，含砾量分别为61.3%和44%~47%，均小于界限含砾量。实际上，当含砾量小于界限含砾量时砾料不能形成骨架，砂砾石的渗透性能主要是由砂砾石中砂料决定的。在这种情况下，砂砾石的液化性能应与其中包含的砂料相近。因此，其中砂料的不排水动剪切试验结果能够较好地反应它在地震时的性能。然而，对于含砾量大于界限含砾量的砂砾石，如果利用其中砂料的不排水动荷载剪切试验结果将低估了它在地震时的性能。在这种情况下，同时考虑地震时饱和砂砾石的孔隙水压力增长和消散两种作用是必要的。

试验研究表明[31]，在不排水动剪切试验中，砂砾石的孔隙水压力增长规律与前述的砂土不同，见图 3.62。这种差别的原因在于砂砾石具有较大的剪胀性。当剪切变形增加时每次作用产生的孔隙水压力增长非常小，所以图 3.62 中关系线的开始一段的坡度也要随之变陡。在均等固结不排水往返剪切作用下，级配良好的、相对密度≥84%、非常密实的砂砾石的孔隙水压力比 α_u 与往返作用次数比 α_N 的关系为

$$\alpha_u = a + b\alpha_N - c\alpha_N^2 \tag{3.82}$$

式中，$a = 0.07$；$b = 2.263$；$c = 1.378$。对于松到中密的砂砾石，

$$\alpha_u = \sqrt{\alpha_N} \tag{3.83}$$

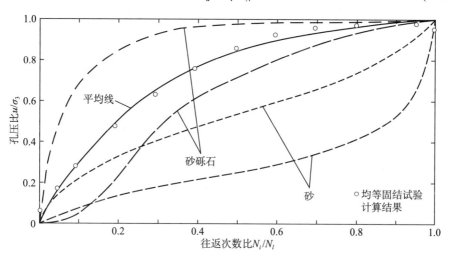

图 3.62　在均等固结不排水动剪切下砂砾石孔隙水压力的增长

在非均等固结不排水动剪切情况下，$\alpha_u - \alpha_N$ 关系线开始一段的坡度要比均等固结的陡一些。然而，在非均等固结条件下，极限残余孔隙水压力比 $\alpha_{u,r}$ 比上述瞬时最大孔隙水压力比可能更为重要。极限残余孔隙水压力比是指在不排水剪切作用下孔隙水压力达到稳定后停止动剪切作用测得的孔隙水压力数值。在不均等固结情况下，极限残余孔隙水压力不能够达到侧向固结压力，如图 3.63 所示。极限残余孔隙水压力比随固结比的增大而降低。虽然，当固结比 $k_c = 1.5$ 时极限残余孔隙水压力比不随侧向固结压力变化，但当 k_c 大于 2 时极限残余孔隙水压力比却随侧向固结压力而降低。

各向均等固结的试样，在动荷载作用下，孔隙水压力升高到等于侧向固结压力或轴向应变达到指定数值所要求的动应力比与作用次数的关系如图 3.64 所示。

试验研究表明，在各向均等固结不排水动剪切情况下，轴向应变要趋向一个稳定的数值，下面把这个数值叫做极限轴向应变。极限轴向应变与侧向固结压力的关系，如图 3.65 所示。可以看出极限轴向应变随侧向固结压力增大而增大。在图 3.65 中还给出了由静力固结排水剪切试验确定的饱和砂砾石试样破坏时的轴向应变。试样的破坏定义为主应力比达到峰值。可以看出，在动剪切情况下极限轴向应变与静力剪切情况下破坏时轴向应变有一定的内在关系。

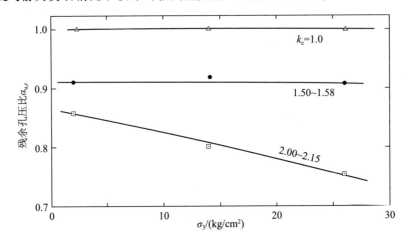

图 3.63　在不均等固结不排水动剪切下砂砾石的极限残余孔隙水压比

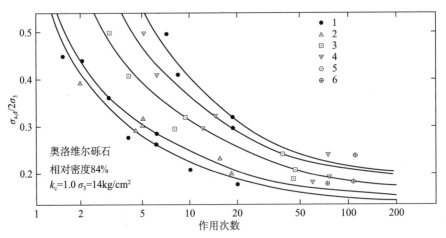

图 3.64　在往返剪切作用下饱和砂砾石的试验结果

1. 最大孔隙水压力比为 100%；2. $\varepsilon_a = \pm 2.5\%$；3. $\varepsilon_a = \pm 5\%$；

4. $\varepsilon_a = \pm 7.5\%$；5. $\varepsilon_a = \pm 10.0\%$；6. $\varepsilon_a = \pm 10.0\%$（外插）

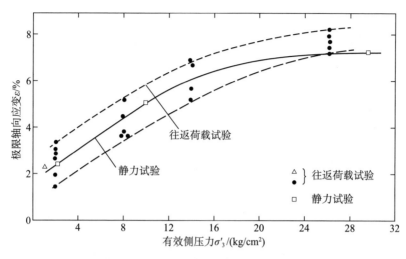

图 3.65　极限轴向应变与侧向固结压力关系

3.8　在动荷载作用下粘性土的强度

为了确定在动荷载作用下粘性土的强度及与静强度相比较，用动三轴仪进行了试验研究[32,33]。试验中，首先使土样固结，之后在不排水条件下施加静轴向荷载，其数值等于土静强度的一个指定百分数，待变形稳定后施加轴向动荷载，其幅值也等于静强度的一个指定百分数。随作用次数的增加，轴向变形也增加，直到达到破坏标准。

根据在不排水剪切阶段施加于土样上的静轴向荷载 $\sigma_{a,s}$ 和轴向动荷载幅值 $\sigma_{a,d}$ 大小的关系，可分为只有大小变化的动剪切和同时具方向变化的动剪切两种情况。在各向均等固结情况下，如图 3.66 所示，当 $\sigma_{a,d} \leqslant \sigma_{a,s}$ 时在土样 45°面上剪应力只有大小的变化没有方向的变化，当 $\sigma_{a,d} > \sigma_{a,s}$ 时在土样 45°面上剪应力不仅有大小的变化还有方向的变化。

图 3.67 是在各向均等固结条件下的试验结果，给出了在 $\sigma_{a,s}$ 和 $\sigma_{a,d}$ 的作用下土产生的总变形。在图 3.67 中，初始安全系数定义为静强度 $\sigma_{a,s,f}$ 与 $\sigma_{a,s}$ 之比。这样，当破坏标准选定后，例如轴向变形达 25%，就可由图 3.67 确定出在 $\sigma_{a,s}$ 和 $\sigma_{a,d}$ 的作用下达到破坏标准所需要的作用次数。如果将 $\sigma_{a,s}$ 和 $\sigma_{a,d}$ 以静强度 $\sigma_{a,s,f}$ 的百分比表示，那么 $\sigma_{a,d}$ 与引起破坏所要求的作用次数的关系如图 3.68 所示。由图 3.68 可绘出在指定次数作用下产生破坏需要的静偏应力和动偏应力的关系，如图 3.69 所示。显然，在倾角为 45°的点划线的右下部分土样 45°面上的剪应力只有大小的变化而无方向的变化，但在左上部分不仅有大小的变化而且还有方向的变化。图 3.69a 和 b 分别给出三种土在 1 次和 30 次作用下产生破坏需

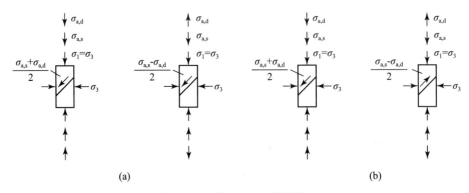

图 3.66 土样 45°面上的剪应力

（a）$\sigma_{a,s} \geqslant \sigma_{a,d}$ 单向剪切；（b）$\sigma_{a,s} < \sigma_{a,d}$ 双向剪切

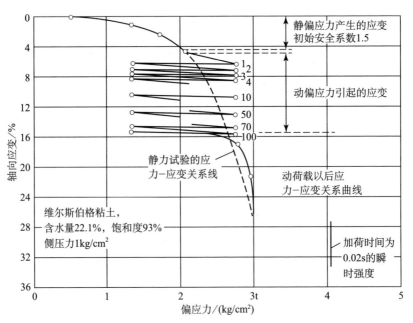

图 3.67 在 $\sigma_{a,s}$ 和 $\sigma_{a,d}$ 的作用下土样的变形

要的静偏应力和往返偏应力的组合。可以看到，土的动强度与作用次数的关系和土类有关。在 1 次作用下，这三种土发生破坏所需要的总应力均大于静强度，但灵敏性的不扰动的粉质粘土显示出了更高的相对强度数值。在 30 次往返作用下灵敏性的不扰动的粉质粘土显示出了较低的相对强度数值，约为静强度的 80%。

在实际问题中，土是在非均等应力下固结的。因此，应使土样在固结阶段就受到一定的静剪应力作用。固结完成后再加往返轴向应力，使土样达到破坏标准。这样的试验结果表明，非均等固结对于某些类型的土可能有比较大的影响，

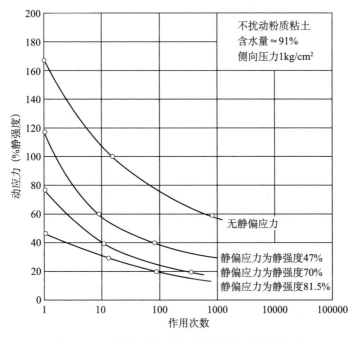

图 3.68　动偏应力与引起破坏需要的次数的关系

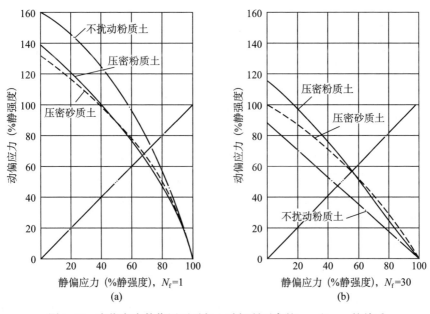

图 3.69　在指定次数作用下引起土破坏所要求的 $\sigma_{a,s}$ 和 $\sigma_{a,d}$ 的关系

但对压密的粘性土这个影响是小的，如图 3.70 所示（图中纵坐标为引起破坏所需要的总的轴向应力）。

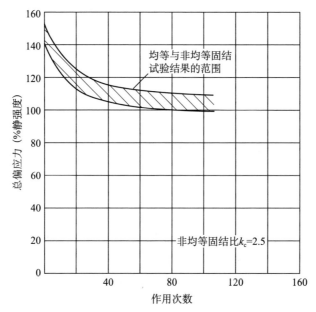

图 3.70　非均等固结对在往返荷载作用下土的强度的影响

　　根据比较试验研究结果，Seed 做出了如下结论。对于压密的粘土，在地震荷载作用下引起破坏所要求的总应力为其静力强度的 100%～120%；对于灵敏的粘土，引起破坏所要求的总应力为其静力强度的 80%～100%。这样，在设计中，如果静力安全系数对于压密粘土和灵敏粘土分别在 1.0 和 1.15 以上，就可避免地震时发生破坏，但可能产生较大的变形。

　　在天然地基、边坡或土工结构的地震稳定性分析中，需要将土在动荷载作用下的强度表示成便于应用的曲线或关系式。像饱和砂土液化那样，在动荷载作用下土的破坏条件可以用破坏面或最大往返剪切作用面上的应力分量表示。在确定强度关系曲线或表达式时，通常认为引起破坏需要在破坏面或最大动剪切作用面施加的动剪应力幅值与荷载作用前该面上的静有效正应力及其静剪应力比有关。在往返三轴试验条件下，破坏面和其上的应力分量可分别按文献 [2] 的方法确定。这样，就可绘制出在指定作用次数下引起破坏在破坏面或最大往返剪切作用面上施加的总的剪应力与其上静有效正应力的关系，如图 3.71 所示。在图中，每条线对应于一个静剪应力比的数值。为了确定出不同初始剪应力比的曲线，要在不同固结比下进行非均等固结动荷载三轴试验。这样，只要破坏面面上的静有效正应力和静剪应力比给出，就可由图 3.71 求出给定作用次数下引起破坏需在

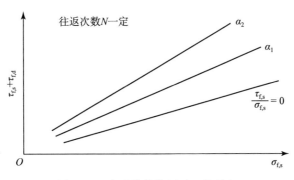

图 3.71 在动荷载作用下土的强度

破坏面或最大往返剪切作用面上施加的总的剪应力，即土在动荷载作用下的强度。显然，这种表示土在动荷载作用下强度的方法是总应力方法，它没有考虑由于动剪切作用引起的孔隙水压力升高及其破坏面上的静有效正应力相应的减小。这种强度的一个特点是不仅与动荷载作用前破坏面或最大往返剪切作用面上的静有效正应力有关，还与该面上的静剪应力比以及作用次数有关。

3.9 震后强度

下面来研究一下幅值一定的动荷载作用一定次数对土的静强度的影响。为此，使土样在固结后先在不排水条件受一定大小的动荷载作用到一定次数，然后再单调地增加荷载使其破坏。主要的研究结果如下[34]。如图 3.72 所示，当动应力幅值等于不排水静强度 80% 时，往返应力作用 100 次土样只产生非常小的永久变形，基本上表现弹性性能；当幅值等于不排水静强度 95% 时，往返应力作用 10 次土样则产生了大的永久变形。这表明，动剪切的影响与动剪切荷载的大小有关，动剪切荷载越大其影响也愈大。

研究发现，一些土在受一定大小的动荷载作用后单调地加荷至破坏仍保着原来的不排水强度。这些土包括粘土、干或部分饱和的非粘性土和密实的饱和的非粘性土。这些土在往返荷载作用下孔隙水压力只有小的增加。然而，对于某些土动荷载作用对其不排水剪切强度有较大的影响。Sangrey 等用液限为 28、塑限为 10 的原状粘土样进行了试验，发现动荷载作用后的不排水强度为其不排水静强度的 60%。Rahman 用液限为 91、塑限为 49 的重塑粉质粘土样进行了试验，发现动荷载作用后的不排水静强度是初始有效侧限压力的函数。在实际的有效压力范围内，它是不排水静强度的 80%~95%。Andersen 用德拉姆曼粘土和北海粘土进行了试验。发现只要动剪应变小于 3% 甚至往返作用 1000 次，德拉姆曼粘土不排水强度的减小量也不大于 25%，而北海粘土的减小量则达 40%。这些表明，动剪切对土的不排水强度的影响与土的类型有关。

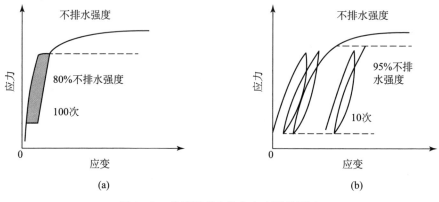

图 3.72 动剪切对土的永久变形的影响

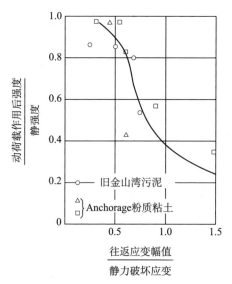

图 3.73 动剪切对土的不排水强度的影响

Thiers 和 Seed 用不同粘土的原状和重塑土样进行了试验。试验是用应变式动简切仪完成的。首先，在一定幅值的动剪应变下使土样受 200 次剪切作用，然后以每分钟 3% 的应变速率单调地加荷至破坏。发现，动剪切后的不排水强度与不排水静强度之比是往返剪应变的幅值与静力破坏应变之比的函数，如图 3.73 所示。可以看出，如果幅值小于静力破坏应变一半，往返剪切作用 200 次，土仍可保持它原来不排水静强度的 90%。

为了将这样确定出来的强度与本节开始讨论的在动荷载作用下土的强度区分开，下面把它叫做动剪切后土的强度或震后强度。有时还把它叫做土的屈服强度。如图 3.72 所示，当荷载小于这个强度时，土在动剪切过程中发生的永久变形很小，可以认为土具有弹性性能；当荷载大于这个强度时，土在动剪切过程中会发生大的永久变形。

参 考 文 献

［1］ Vucetic M, Cyclic Threshold shear strains in Soils. Journal of Geotechnical Engineering Division, 1994, 120（12）：2208－2228.

［2］ 张克绪，饱和砂的液化应力条件，地震工程和工程振动，1984，（1）：99－109.

［3］ Seed H B , Idriss I M , Simplified Procedure for Evaluating Soil Liquefaction Potentions Division, 971, 97（9）：1249－1273.

［4］ Lee K L and Fitton J A, Factors Affecting the Dynamic Strength of Soil, American Society for Testing and Materials, STP450, Vibration Effects on Soils and Foundations.

［5］ Koning H L, Some Observations on the Modulus of Compressibility of Water, Proceedings, European Cong. on Soil Mechanics and Foundation Engineering, Vol. 1, 1963.

［6］ Mulilis J P, Mori K, Seed H B and Chan C K, Resistance to Liquefaction due to Sustained Pressure, Journal of the Geotechnical Division, ASCE, vol. 103, No. GT7, 1977.

［7］ Banerjee N G, Seed H B and Chan C K, Cyclic Behavior of Dense Coarse-Grained Materials in Relation to the Seismic Stability of Dams, Report No. UCB/EERC-79/13, College of Engineering, University of California, Berkely, 1979.

［8］ Ishihara K and Yasuda S, Sand Liquefaction in Hollow Cylinder Torsion under Irregular Excitation, Soils and Foundations, vol. 15, No. 1, 1975.

［9］ Ishihara K and Yasuda S, Sand Liquefaction under Random Earthquake Loading Condition, Proceedings of the 5th World Conference on Earthquake Engineering, Rome, 1973.

［10］ Annaki M and Lee K L, Experimental Verification of the Equevalent Uniform Cycle Concept for Soil, Paper Submitted to the ASCE National Convention, Philadelphia Session on Soil Dynamics, 1976.

［11］ Seed H B, Idriss I M, Makdisi F and Banerjee, Representation of Irregular Stress Time Histories by Equvalent Uniform Stress Series in Liquefaction Analysis, Report No. EERC72－29, University of California, Berkely, 1975.

［12］ Ishihara K and Yamazaki F, Cyclic Simple Shear Tests on Saturated Sand in Multi-Directional Loading, Soil and Foundations, vol. 20, No. 1, 1980.

［13］ Ishihara K and Yamada Y, Liquefaction Tests Using a True Triaxial Apparatus, Proceedings of the Tenth International Conference on Soil Mechanics and Foundation Engineering.

［14］ Seed H B, Pyke R M and Martin G R, Effect of Multi-Directional Shaking on Pore Pressure Development in Sands, Journal of the Geotechnical Engineering Division, ASCE, vol. 104, No. GT1, 1978.

［15］ Lee K L and Seed H B, Cyclic Stress Conditions Causing Liquefaction of Sand, Journal of the Soil Mechanics and Foundation Division, ASCE, vol. 93, No. SM1, 1976.

［16］ Finn W D L, Liquefaction Potential：Developments since 1976, International Conference on Recent Advances in Geotechnical Earthquake Engineering and Soil Dynamics.

［17］ Finn W D L, Bransby L and Pickering D J, Effect of Strain History on Liquefaction of Sand,

Jour. of the Soil Mech. and Found. Div. ASCE, Vol. 96, No. SM6, 1970.

[18] Singh S, Donovan N C and Park F, A Re-Examination of the Effect of Prior Loadings on the Liquefaction of Sands, Proceedings, 7th World Conf. on Earthquake Engineering, Vol. 3, 1980.

[19] Seed H B, Silver M L, Settlement of Dry Sands During Earthquakes, J. Soil Mech. Found. Div., ASCE, vol. 98, No. SM4, 1972.

[20] Martin G R, Lian W D and Seed H B, Foundamentals of Liquefaction under Cyclic Loading, Journal of the Geotechnical Engineering division, ASCE, vol. 101, No. GT5, 1975.

[21] Ishihara K, Measurements of In-Situ Pore Water Pressures during Earthquakes, International Conference on Recent Advances in Geotechnical Earthquake Engineering and Soil Dynamics, 1981.

[22] Ishihara K, Tatsuoka F and Yasudo S, Undrained Deformation and Liquefaction of Sand under Cycilc Stresses, Soils and Foundations, vol. 15, No. 1, 1975.

[23] Tatsuoka F and Ishihara K, Stress Path and Dilatancy of Sand, Proc. of the 8th International Conference on Soil Mechanics and Foundution Engineering, vol, 1, 1973.

[24] Ishihara K, Lysmer J, Yasudo S and Hirao H, Prediction of Liquefaction in Sand Deposits during Earthquake, Soils and Foundations, vol. 16, No. 1, 1976.

[25] 柴田彻、行友浩，饱和砂の繰リ返ヲ載荷にょる液化现象，土木学会论文报告集，No. 180, 1970.

[26] Seed H B, Martina G R and Lysmer J, Pore-Water Pressure Changes during Soil Liquefaction, Journal of the Geotechnical Engineering Division, ASCE, vol. 102. No. GT1, 1976.

[27] Finn W D L, Lee K W, Martman C H and Lo R, Cyclic Pore Pressures under Anisotropic Conditions, Conf. on Earthquake Engineering and Soil Dynamics, 1978.

[28] Ishibashi I, Sherif M A and Tsuchiya C, Pore-Pressure Rise Mechanism and Soil Liquefaction, Soils and Foundations, vol. 17, No. 2, 1977.

[29] Sherif M A, Ishibashi I and Tsuchiya C, Pore-Pressure Prediction during Earthquake Loading, Soils and Foundations, vol. 18, No. 4, 1978.

[30] Wong R. I, Seed H B and Chan C K, Cyclic Loading Liquefaction of Gravelly Soils, Journal of the Geotech. Eng. ASCE, vol. 101, No. GT6, 1975.

[31] Banerjee N G, Seed H B and Chan C K, Cyclic Behavior of Dense Coarse Grained Materials in Relation of the Seismic Stability of Dams, Report No. UCB/EERC-79/13, College Engineering. university of California, Berkely. 1979.

[32] Seed H B, Soil Strength during Earthquakes, Proc. Second World Conf. Earthquake Engi., vol. 1, 1966.

[33] Seed H B and Chen C K, Clay Strength under Earthquake Loading Conditions, Journal of Soil Mechanics and Foundation Division, ASCE, vol. 92, No. SM2, 1966.

[34] Makdisi F I and Seed H B, Simplified Procedure for Estimating Dam and Embankment Earthquake-Induced Deformations, Journal of the Geotechnical Engineering Division, ASCE, Vol. 104, No. GT7. 1978.

第四章　土动力学计算模型

4.1　土的动力作用水平及其变形阶段和工作状态

　　动力作用水平指的是土所受到的动力作用的大小。由土力学可知，土是由土颗粒形成的骨架、孔隙中的水和空气组成的。由于土颗粒之间的连结很弱，在动荷载作用下，土的结构容易受到某种程度的破坏，土颗粒发生某种程度的重新排列，使土骨架发生不可恢复的变形。在动力作用下，土在微观上发生结构破坏，在宏观上则表现为发生塑性变形。很显然，土受到的动力作用水平越高，土的结构所受到的破坏程度越大，所引起的塑性变形也越大，当动力作用水平达到某种程度时，就发生流动或破坏。因此，动力作用水平是评估土在动荷载作用下土的结构破坏程度及动力特性的一个重要的指标。

　　既然动力作用水平是评估土在动荷作用下土的结构破坏程度及动力性能的一个重要指标，那么就有必要引进一个量将其作为度量土所受到的动力作用水平的定量指标。由于土一般是在剪切作用下发生流动或破坏的，因此所选取的土的动力作用水平的定量指标应该是与剪切作用有关的指标。

　　通常，以动剪应变幅值或等价幅值作为动力作用水平的定量指标。在动剪应力作用下土的动剪应变幅值与土的类型、状态和固结压力等因素有关，因此采用剪应变幅值表示动力作用水平可以消除或部分消除土的类型、状态及固结压力的影响。

　　根据动剪应变幅值的大小，通常将土的变形划分成如下三个阶段：

（1）小变形阶段。

（2）中等变形阶段。

（3）大变形阶段。

　　每个变形阶段对应一定的动剪应变幅值范围，如图 4.1 所示[1]。从图可见，如果动剪应变幅值小于或等于 10^{-5}，则土处于小变形阶段；如果动剪应变幅值大于 10^{-5} 小于或等于 10^{-3}、则土处于中等变形阶段；如果动剪应变幅值大于 10^{-3}，则土处于大变形阶段。由于土的结构破坏程度取决于动剪应变幅值的大小，那么处于不同变形阶段的土其结构破坏程度也不同。定性上讲，在小变形阶段，土的结构只发生很轻微的破坏；在中等变形阶段，土的结构受到较明显的破坏；而在大变形阶段土的结构受到严重的破坏，甚至崩落。土的结构破坏将引起塑性变形，甚至流动或破坏。在小变形阶段，土的变形基本上是弹性的，土基本处于弹性工作状态；在中等变形阶段，土将发生较明显的塑性变形，土处于非线性弹性或弹塑性工作状态；在大变形阶段，土将发生非常大的塑性变形，土处于流动或破坏工作状态。图4.1还给出了土的工作状态与动剪应变幅或其所处的变形阶段的对应关系。此外，还给出了在地震荷载作用下土所处的变形阶段及相应的工作状态[2]。从图4.1可见，在地震荷载下土处于中等变形或大变形阶段，其工作状态为弹塑性工作状态或流动或破坏工作状态。

这些结果对于评价在不同类型动荷载作用下土的动力性能，建立或选用相应的动力学模型具有指导意义。

应指出，图4.1给出的划分土变形阶段及工作状态的动剪应变的数值只是一个大约的数值。

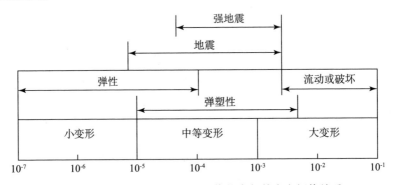

图4.1　土的变形阶段及所处工作状态与剪应变幅值关系

4.2　土动力学模型概述

首先应了解什么是土的动力学模型。土的动力学模型是指根据动力试验土所呈现出来的性能，将在动荷载作用下的土假定为某种理想的力学介质，建立相应的应力-应变关系，及确定关系式中所包含的参数，即模型参数。与土动力学模型有关的一个概念是土的动力本构关系。土的动力本构关系是指为建立某个动力学模型的应力-应变关系所必要的一组物理力学关系式。由土动力学模型建立起来的土动应力-应变关系是土体动力分析不可缺少的基本关系式。

按上述，关于土的动力学模型可做如下进一步说明：

（1）建立土的动力学模型必须以土的动力性能试验资料为依据。

（2）由于土的实际动力性能很复杂，因此必须忽略某些相对次要的影响因素进行简化，把土视为某种理想的力学介质，以建立一个确定土的动应力-应变关系的理论框架。

（3）当按所建立理论框架确定土动应力-应变关系时，必须与土动力试验资料相结合，以确定动应力-应变关系式中的参数。

（4）建立土的动力学模型应包括两项同等重要的工作，即确定土的动应力-应变关系的数学表达式及正确地确定表达式中的参数。如上述，土的动应力-应变关系中的参数应该根据土的动力试验资料确定，如果不能由土的动力试验资料适当地确定出这些参数，那么所建立的土的动应力-应变关系则没有实际应用的价值。

在此特别强调，在土的动力学模型中必须包括在动荷载作用下土的耗能性能。

在此还应指出，有许多因素影响土动力性能。在所建立的土动力学模型中必须能够考虑其中的重要影响因素的影响。一般说，这些因素的影响表现在如下两方面：

（1）影响由动力学模型建立起来的动应力-应变关系的数学表达式形式。

（2）影响土动应力-应变关系的数学表达式中的参数值。

像下面将看到那样，土动力学模型都是根据等幅动荷载的试验结果建立起来的。当把土动力学模型用于变幅动荷载作用下土体动力分析时，必须要做一些特殊的处理。这是有关土动力学模型应用的一个重要问题。

由于土动力分析的需要，从1970年代开始土动力学模型受到了人们的重视，在理论和试验方面对土动力学模型进行了深入的研究，建立了一些具有理论和工程应用价值的土动为学模型。这些模型可归纳为如下三种类型：

（1）线性粘弹模型。

（2）等效线性化模型。

（3）弹塑性模型。

土的动力学计算模型的研究及参数的测定的重要性，在于只有当土的动力学计算模型及其参数确定之后才能进行地基、天然土坡和土工结构物的动力分析。

在选择土的力学计算模型时要注意如下两点要求：

（1）选择的模型必须能比较好地表示土的实际性能。

（2）比较简单实用。

按第一点要求，在地震工程中应选用弹-塑性或非线性等价粘-弹性模型，线性粘-弹性模型不适用。由于等价粘-弹模型更简便，因此在地震工程中的应用比弹-塑性模型更普遍些。但是，为了阐明一些重要的概念以及考虑到等价粘-弹性模型与线性粘-弹性模型有密切的关系，首先对线性粘-弹性模型做必要的表述。

4.3　线性粘-弹性模型

线性粘-弹性模型是由线性的粘性元件和弹性元件并联而成的，如图4.2所示。弹性元件表示土对变形的抵抗，弹性元件的系数代表土的模量；粘性元件表示土对变形速率的抵抗，粘性元件的系数代表土的粘性系数。两个元件并联表示土的应力 σ 是由弹性恢复力 σ_e 和粘性阻尼力 σ_c 共同承受的，即

$$\sigma = \sigma_e + \sigma_c \qquad (4.1)$$

设土的弹性模量为 E，粘性系数为 c，则有

$$\left.\begin{array}{c} \sigma_e = E\varepsilon \\ \sigma_c = c\dot{\varepsilon} \end{array}\right\} \qquad (4.2)$$

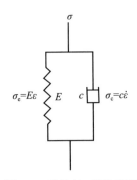

图 4.2　线性粘-弹性模型

式中，ε、$\dot{\varepsilon}$ 分别为土的应变和应变速率。将式（4.2）代入式（4.1）得

$$\sigma = E\varepsilon + c\dot{\varepsilon} \qquad (4.3)$$

为了说明线性粘-弹性模型的性质，首先来说明线性弹性元件的性质。假如一个线性弹性元件受到一周往返应力作用，可以测得如图 4.3a 所示的应变随时间的变化。由于线性弹性元件满足式（4.2）中第一式的关系，其应力-应变轨迹为两条重合的直线，如图 4.3b 所示。由此可得线性弹性元件的应力-应变轨迹线的特点如下：

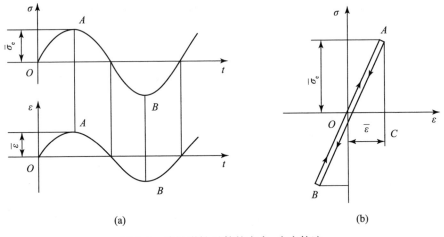

(a)

(b)

图 4.3　线性弹性元件的应力-应变轨迹

（1）线性弹性元件的应力-应变轨迹线是两条重合的直线，直线的斜率等于土的弹性模量，即

$$E = \frac{\overline{\sigma}_e}{\overline{\varepsilon}} \qquad (4.4)$$

式中，$\overline{\sigma}_e$、$\overline{\varepsilon}$ 分别为应力的应变的幅值。

（2）线性弹性元件应力-应变轨迹线所围成的面积为零。由变形能原理可得，在一周往返应力作用下，耗损的能量 ΔW 按下式计算：

$$\Delta W = \oint \sigma d\varepsilon \qquad (4.5)$$

它等于应力-应变轨迹线所围成的面积。因此，在一周往返应力作用期间线性弹性元件所耗损的能量 ΔW 为零。如果以 W 表示最大弹性能，即图 4.3b 中三角形 OAC 的面积，则在一周往返应力作用期间能量耗损系数 η 的定义如下：

$$\eta = \frac{\Delta W}{W} \qquad (4.6)$$

由式（4.6）可见，线性弹性元件的能量耗损系数 η 为零。

（3）应力和应变之间没有相位差，也就是说当应力为零时应变也为零，应力达到最大值时应变也达到最大。

下面再来说明线性粘性元件的性质。假如一个线性粘性元件受到一周往返应力作用，其应变可由式（4.2）的第二式求得，

$$\varepsilon = \frac{1}{c}\int \sigma_c dt + b$$

式中，b 为积分常数。设应力随时间按正弦变化，即

$$\sigma_c = \overline{\sigma}_c \sin pt \qquad (4.7)$$

式中，p 为应力 σ_c 的圆频率，则得

$$\varepsilon = -\frac{\overline{\sigma}_c}{cp}\cos pt + b$$

为了消去常数 b，设满足如下的初始条件：

$$\varepsilon_{t=0} = -\frac{\overline{\sigma}_c}{cp} \qquad (4.8)$$

这样，应变的表达式为

$$\varepsilon = -\frac{\overline{\sigma}_c}{cp}\cos pt \qquad (4.9)$$

改写式（4.7）和式（4.9）成如下形式：

$$\left.\begin{array}{l} \dfrac{\sigma_c}{\overline{\sigma}_c} = \sin pt \\[4mm] \dfrac{\varepsilon}{\overline{\sigma}_c/cp} = -\cos pt \end{array}\right\} \qquad (4.10)$$

将式（4.10）两端平方，再将两式相加，则得

$$\left(\frac{\sigma_c}{\overline{\sigma}_c}\right)^2 + \left(\frac{\varepsilon}{\overline{\sigma}_c/cp}\right)^2 = 1 \qquad (4.11)$$

式（4.11）表明，在一周往返荷载作用下粘性元件的应力-应变轨迹为一椭圆，两个轴长分别为 $\bar{\sigma}_c$ 和 $\bar{\sigma}_c/cp$，如图 4.4b 所示。

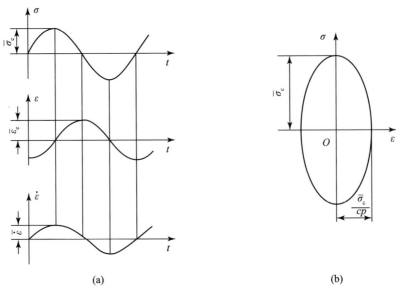

(a)   (b)

图 4.4　线性粘性元件的应力-应变轨迹

显然，在一周往返荷载作用下粘性元件耗损的能量 ΔW 等于图 4.4 中的椭圆面积。下面来计算 ΔW 的数值，

$$\Delta W = \oint \frac{\bar{\sigma}_c^2}{c}\sin^2 pt\mathrm{d}t$$

由于荷载周期 $T=2\pi/p$，则上式可写成

$$\Delta W = \int_0^{\frac{2\pi}{p}} \frac{\bar{\sigma}_c^2}{c}\sin^2 pt\mathrm{d}t$$

完成积分运算得到

$$\left.\begin{array}{l} \Delta W = \dfrac{\pi\bar{\sigma}_c^2}{cp} \\[4mm] \qquad\qquad \Delta W = \dfrac{\bar{\sigma}_c^2 T}{2c} \end{array}\right\} \qquad (4.12)$$

另外，将式（4.9）改写成如下形式：

$$\varepsilon = \frac{\bar{\sigma}_c}{cp}\sin\left(pt - \frac{\pi}{2}\right) \qquad (4.13)$$

比较式（4.7）和式（4.13）可见，粘性元件的应力和应变之间有一个相位差 $\pi/2$。这样，当应力等于零时应变取得峰值，而当应力等于峰值时应变等于零，

如图 4.4a 所示。

现在说明线性粘-弹性模型的性质。假如图 4.2 所示的线性粘-弹性模型受到按正弦变化的动荷载作用，由式（4.3）则得

$$c\dot{\varepsilon} + E\varepsilon = \overline{\sigma}\sin pt \tag{4.14}$$

根据常微分方程理论，非齐次方程式（4.14）的解等于齐次方程式

$$c\dot{\varepsilon} + E\varepsilon = 0 \tag{4.15}$$

的通解加上非齐次方程式（4.14）的一个特解。求解式（4.15）得其通解为

$$\varepsilon = be^{-\frac{E}{c}t} \tag{4.16}$$

式中，b 为待定常数。非齐次方程式（4.14）的特解可取如下形式：

$$\varepsilon = d\sin pt + f\cos pt \tag{4.17}$$

式中，d、f 为两个待定常数。为了确定 d、f 的数值，将式（4.17）代入式（4.14）。这样，得到 d、f 的表达式如下：

$$\left.\begin{array}{l} d = \dfrac{E}{(cp)^2 + E^2}\overline{\sigma} \\[3mm] f = \dfrac{-cp}{(cp)^2 + E^2}\overline{\sigma} \end{array}\right\} \tag{4.18}$$

由此，得非齐次方程式（4.14）的解 ε 为

$$\varepsilon = be^{-\frac{E}{c}t} + \frac{E}{(cp)^2 + E^2}\overline{\sigma}\sin pt - \frac{cp}{(cp)^2 + E^2}\overline{\sigma}\cos pt \tag{4.19}$$

设初始条件为

$$\varepsilon_{t=0} = 0$$

将式（4.19）代入得

$$b = \frac{cp}{(cp)^2 + E^2}\overline{\sigma} \tag{4.20}$$

将式（4.20）代入式（4.19）得

$$\varepsilon = \frac{\overline{\sigma}}{(cp)^2 + E^2}(cpe^{-\frac{E}{c}t} + E\sin\beta t - cp\cos\beta t) \tag{4.21}$$

上式中的第一项很快衰减掉，因此，稳定状态的解为

$$\varepsilon = \frac{\overline{\sigma}}{(cp)^2 + E^2}(E\sin pt - cp\cos pt)$$

改写上式得

$$\left.\begin{array}{l} \varepsilon = \dfrac{\overline{\sigma}}{\sqrt{(cp)^2 + E^2}}\sin(pt - \delta) \\[3mm] \tan\delta = \dfrac{cp}{E} \end{array}\right\} \tag{4.22}$$

由式 (4.22) 的第一式可知, 应变的最大幅值 $\bar{\varepsilon}$ 为

$$\bar{\varepsilon} = \frac{\bar{\sigma}}{\sqrt{(cp)^2 + E^2}}$$

此外, 应力和应变的相角差为 δ, 其值由式 (4.22) 的第二式确定。不难看出, δ 值取决于粘性系数与弹性模量之比 c/E, 当 c/E 之值增大时的相位差角 δ 也增大。

由式 (4.7) 和式 (4.22) 可得

$$\left(\frac{\sigma}{\bar{\sigma}}\right)^2 + \left(\frac{\varepsilon}{\bar{\varepsilon}}\right)^2 = \sin^2 pt + \sin^2(pt - \delta)$$

由于

$$\sin^2(pt - \delta) = \sin^2\delta - \sin^2 pt + 2\sin^2 pt\cos^2\delta - 2\sin pt\cos pt\sin\delta\cos\delta$$

得到

$$\sin^2 pt + \sin^2(pt - \delta) = \sin^2\delta + 2\cos\delta\sin pt\sin(pt - \delta)$$
$$= \sin^2\delta + 2\cos\delta\left(\frac{\sigma}{\bar{\sigma}}\right)\left(\frac{\varepsilon}{\bar{\varepsilon}}\right)$$

由此, 得到

$$\left(\frac{\sigma}{\bar{\sigma}}\right)^2 - 2\cos\sigma\left(\frac{\sigma}{\bar{\sigma}}\right)\left(\frac{\varepsilon}{\bar{\varepsilon}}\right) + \left(\frac{\varepsilon}{\bar{\varepsilon}}\right)^2 = \sin^2\delta \qquad (4.23)$$

式 (4.23) 是一个椭圆方程式, 采用图 4.5 所示的坐标变换

$$\left. \begin{array}{l} \varepsilon = \varepsilon'\cos\alpha - \sigma'\sin\alpha \\ \sigma = \varepsilon'\sin\alpha + \sigma'\cos\alpha \end{array} \right\} \qquad (4.24)$$

可以在 $\varepsilon' - \sigma'$ 坐标中得到椭圆的标准方程式, 如图 4.6 所示。下面对图 4.6 所示的线性粘-弹性的应力-应变轨迹做一简要的讨论。

(1) 设 M、N 两点的应变值等于应变的最大幅值 $\bar{\varepsilon}$。由式 (4.22) 可知, M、N 两点的应变速率等于零, 如图 4.6a 所示。这样, 在 M、N 两点粘性元件承受的应力为零, 这两点的应力完全由弹性元件承受, 并且等于弹性元件所承受的应力的最大幅值 $\bar{\sigma}_e$。根据弹性模量的定义得

$$E = \frac{\bar{\sigma}_e}{\bar{\varepsilon}} \qquad (4.25)$$

(2) 设 S、T 两点的应变值等于零, 由式 (4.22) 可知, S、T 两点的应变速率等于应变速率的最大幅值 $\dot{\bar{\varepsilon}}$, 如图 4.6a 所示。由于在 S、T 两点弹性元件承受的力等于零, 这两点的应力完全由粘性元件承受, 并且等于粘性元件所承受的应力的最大幅值 $\bar{\sigma}_c$。根据粘性系数的定义得

$$c = \frac{\bar{\sigma}_c}{\dot{\bar{\varepsilon}}} \qquad (4.26)$$

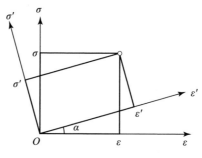

图 4.5　坐标的旋转

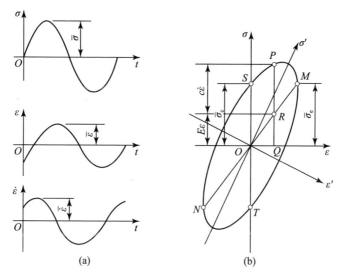

图 4.6　线性粘-弹性模型的应力-应变轨迹线

（3）设 P 为应力-应变轨迹线上的任意一点。P 点的应力是由弹性元件和粘性元件共同承受的。如果弹性元件和粘性元件承受的力分别以 QR 和 RP 表示，由式（4.2）得

$$QR = E\varepsilon$$

$$RP = c\dot{\varepsilon}$$

（4）应力-应变轨迹线所围成的面积等于一周往返荷载作用期间所耗损的能量。由于弹性元件耗损的能量等于零，所以这个面积就等于粘性元件耗损的能量。根据式（4.5），线性粘弹模型耗损的能量 ΔW 为

$$\Delta W = \int_{\frac{\delta}{p}}^{\frac{\delta}{p}+\frac{2\pi}{p}} \sigma \mathrm{d}\varepsilon$$

积分限中的 δ/p 由下式确定，即 $\sin(pt-\delta)=0$

将式（4.7）和式（4.22）代入 ΔW 式中得

$$
\left.\begin{array}{l}
\Delta W = \dfrac{\pi\bar{\sigma}^2}{\sqrt{(cp)^2 + E^2}}\sin\delta \\[4mm]
\text{或} \qquad \Delta W = \dfrac{\pi\bar{\sigma}^2}{(cp)^2 + E^2}cp
\end{array}\right\} \tag{4.27}
$$

另外，弹性能 W 按下式计算

$$
W = \int_{\frac{\sigma}{p}}^{\frac{\sigma}{p}+t} E\varepsilon\,\mathrm{d}\varepsilon = \frac{1}{2}E\left[\varepsilon^2\left(\frac{\delta}{p} + t\right) - \varepsilon^2\left(\frac{\delta}{p}\right)\right]
$$

将式（4.22）代入得

$$
W = \frac{1}{2}E\frac{\bar{\sigma}^2}{(cp)^2 + E^2}\sin^2 pt
$$

由此，得最大弹性能为

$$
W = \frac{1}{2}E\frac{\bar{\sigma}^2}{(cp)^2 + E^2} \tag{4.28}
$$

这样，线性粘-弹性模型的能量耗损系数

$$
\left.\begin{array}{l}
\eta = 2\pi\dfrac{cp}{E} \\[4mm]
\text{或} \qquad \eta = 2\pi\tan\delta
\end{array}\right\} \tag{4.29}
$$

（5）由式（4.1）、式（4.2）及式（4.22）得

$$
\sigma = \left[E\frac{\bar{\sigma}}{\sqrt{(cp)^2 + E^2}}\sin(pt - \delta) + cp\frac{\bar{\sigma}}{\sqrt{(cp)^2 + E^2}}\cos(pt - \delta)\right]
$$

由于正弦与余弦相位差为 $\pi/2$，因此 σ 可在复平面上表示。以实轴表示弹性元件承受的力，以虚轴表示粘性元件承受的力，则有

$$
\sigma = E\varepsilon + \mathrm{i}cp\varepsilon = (E + \mathrm{i}cp)\varepsilon \tag{4.30}
$$

由此得

$$
\frac{\sigma}{\varepsilon} = E + \mathrm{i}cp
$$

将 σ/ε 定义为复模量，以 E^* 表示，则有

$$
E^* = E + \mathrm{i}cp \tag{4.31}
$$

由式（4.31）可算得复模量的模

$$
|E^*| = \sqrt{E^2 + (cp)^2} \tag{4.32}
$$

将式（4.32）代入式（4.22），则得

$$
\varepsilon = \frac{\bar{\sigma}}{|E^*|}\sin(pt - \delta) \tag{4.33}
$$

从式（4.30）可见，如果以复模量表示线性粘-弹性模型时，粘性元件所承受的力以虚轴表示，它的数值与应变成线性关系。

4.4　由动力试验测定线性粘-弹性模型参数

本节的目的在于讲述土线性粘-弹性模型的参数测定及引进下面将要应用的一些重要概念。图 4.7a 所示的断面为 S，高为 h 的圆柱形土样可近似地简化成图 4.7b 所示的粘-弹性单质点体系。土样的刚度以体系中的弹簧系数 k 表示，因此

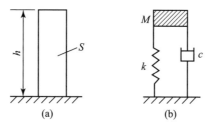

图 4.7　线性粘-弹性单质点体系

$$k = \frac{S}{h}E \tag{4.34}$$

土样的粘性系数以体系中的粘性元件的粘性系数 c 表示。粘性元件的粘性系数 c 由下式确定：

$$c = Sc_s \tag{4.35}$$

式中，c_s 为土的粘性系数。

土样的质量集中于体系中的质点 M 之上，因此

$$M = \rho Sh \tag{4.36}$$

线性粘-弹性单质点体系的自由振动方程式为

$$M\frac{d^2u}{dt^2} + c\frac{du}{dt} + ku = 0 \tag{4.37}$$

令

$$\left.\begin{array}{l} \omega^2 = \dfrac{k}{M} \\[2mm] 2\lambda\omega = \dfrac{c}{M} \end{array}\right\} \tag{4.38}$$

则得

$$\frac{d^2u}{dt^2} + 2\lambda\omega\frac{du}{dt} + \omega^2 u = 0 \tag{4.39}$$

式（4.39）的解为

$$u = Ae^{-\lambda\omega t}\sin(\omega_1 t + \delta) \tag{4.40}$$

式中,

$$\omega_1 = \sqrt{1 - \lambda^2}\,\omega \tag{4.41}$$

通常, λ 值较小, 则有

$$\omega_1 \approx \omega \tag{4.42}$$

而 A、σ 为两个待定的常数, 取决于初始条件。由式 (4.40) 可见, ω 的意义是无阻尼单质点自由振动的圆频率。由式 (4.41) 可见, 当 $\lambda = 1$ 时, $\omega_1 = 0$, 这时式 (4.40) 变成为

$$u = A\sin\delta\,e^{-\lambda\omega t}$$

式 (4.39) 的解不再是周期变化的, 而是单调递减的, 如图 4.8 所示。因此, 把 $\lambda = 1$ 时的粘性系数叫做单质点体系的临界粘性系数, 以 c_r 表示。由式 (4.38) 可得

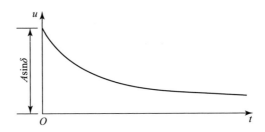

图 4.8 $\lambda = 1$ 时方程式 (4.39) 的解的形式

$$c_r = 2\sqrt{kM} \tag{4.43}$$

并且还可得到

$$\lambda = \frac{c}{2\sqrt{kM}} = \frac{c}{c_r} \tag{4.44}$$

由式 (4.44) 可见, λ 的物理意义是粘性系数与临界粘性系数之比, 下面把它定义为体系的阻尼比。另外, 由式 (4.34) 和式 (4.36) 得

$$c_r = S \cdot 2\sqrt{E\rho}$$

令

$$c_{r,s} = 2\sqrt{\rho E} \tag{4.45}$$

得

$$c_r = Sc_{r,s} \tag{4.46}$$

式中, $c_{r,s}$ 为土的临界粘性系数。将式 (4.35) 和式 (4.46) 代入式 (4.44) 得到

$$\lambda = \frac{c_s}{c_{r,s}} = \frac{c_s}{2\sqrt{\rho E}} \qquad (4.47)$$

令

$$\lambda_s = \frac{c_s}{2\sqrt{\rho E}} \qquad (4.48)$$

得

$$\lambda = \lambda_s \qquad (4.49)$$

式中，λ_s 为土的阻尼比。式（4.49）表示单质点体系的阻尼比等于土的阻尼比。土的阻尼比是一个非常重要的量，它比土的粘性系数 c_s 应用得更为普遍。

图 4.9 给出了 $\lambda<1$ 时式（4.40）解的曲线。在同一侧相继两个振幅的时间时隔为运动的周期，以 T 表示，则有

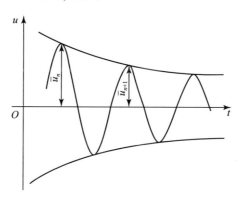

图 4.9　$\lambda<1$ 时方程式（4.39）的解的形式

$$T = \frac{2\pi}{\omega_1}$$

设前一个振幅是在 t_0 时刻出现的，下一个振幅应在 $t_0+(2\pi/\omega_1)$ 时刻出现。由式（4.40）得相继两个振幅之比

$$\frac{\bar{u}_n}{\bar{u}_{n+1}} = e^{\lambda\omega T}$$

将 T 的表达式代入上式，注意到 $\omega\approx\omega_1$ 则得

$$\frac{\bar{u}_n}{\bar{u}_{n+1}} = e^{2\pi\lambda}$$

两侧取自然对数得

$$\lambda = \frac{1}{2\pi}\ln\frac{\bar{u}_n}{\bar{u}_{n+1}}$$

式中，$\ln\dfrac{\bar{u}_n}{\bar{u}_{n+1}}$ 叫对数衰减率，以 Δ 表示，则有

$$\Delta = \ln\frac{\bar{u}_n}{\bar{u}_{n+1}} \tag{4.50}$$

$$\lambda = \frac{1}{2\pi}\Delta \tag{4.51}$$

在自由振动过程中，振幅的逐渐衰减表示每往返一次耗损了一部分应变能。这部分能量耗损用于克服粘性阻力做功之上。如果以 ΔW 表示一次作用耗损的能量，则得

$$\Delta W = \frac{k(\bar{u}_n^2 - \bar{u}_{n+1}^2)}{2} \tag{4.52}$$

另外，弹性能 W 为

$$W = \frac{k\bar{u}_{n+1}^2}{2} \tag{4.53}$$

因此，得能量耗损系数 η 为

$$\eta = \frac{\bar{u}_n^2 - \bar{u}_{n+1}^2}{\bar{u}_{n+1}^2}$$

简化上式得

$$\eta = -2\left(1 - \frac{\bar{u}_n}{\bar{u}_{n+1}}\right) \tag{4.54}$$

由级数

$$\ln x = (x-1) - \frac{1}{2}(x-1)^2 + \frac{1}{3}(x-1)^3 - \cdots$$

取右边的第一项得

$$x - 1 \approx \ln x$$

将其代入式 (4.54) 得

$$\eta = 2\ln\frac{\bar{u}_n}{\bar{u}_{n+1}} = 2\Delta \tag{4.55}$$

将式 (4.51) 代入式 (4.55) 得

$$\left.\begin{array}{l}\lambda = \dfrac{1}{4\pi}\eta \\[2mm] \text{或}\qquad \lambda = \dfrac{1}{4\pi}\dfrac{\Delta W}{W}\end{array}\right\} \tag{4.56}$$

线性粘–弹性单质点体系的强迫振动方程式为

$$M \frac{\mathrm{d}^2 u}{\mathrm{d}t^2} + c \frac{\mathrm{d}u}{\mathrm{d}t} + ku = Q_0 \sin pt \tag{4.57}$$

改写式 (4.57) 得

$$\frac{\mathrm{d}^2 u}{\mathrm{d}t^2} + 2\lambda\omega \frac{\mathrm{d}u}{\mathrm{d}t} + \omega^2 u = \frac{Q_0}{M} \sin pt \tag{4.58}$$

解式 (4.58) 得平稳状态时的解为

$$\left.\begin{array}{l} u = \dfrac{Q_0}{M} \dfrac{1}{\sqrt{(\omega^2 - p^2)^2 + 4\omega^2\lambda^2 p^2}} \sin(pt - \delta) \\[4mm] \text{或} \qquad u = \dfrac{Q_0}{k} \dfrac{1}{\sqrt{[1 - p^2/\omega^2]^2 + (4\lambda^2 p^2/\omega^2)}} \sin(pt - \delta) \end{array}\right\} \tag{4.59}$$

$$\tan\delta = \frac{2\omega\lambda p}{\omega^2 - p^2} \tag{4.60}$$

从式 (4.59) 可见, 平稳状态时位移的幅值是强迫力的频率与自振频率之比 p/ω 的函数。位移幅值取最大值的条件, 即共振的条件为

$$\frac{\mathrm{d}\left\{[1 - (p/\omega)^2]^2 + 4\lambda^2 \left(\dfrac{p}{\omega}\right)^2\right\}}{\mathrm{d}(p/\omega)} = 0$$

完成上式的微分计算得

$$(p/\omega)^2 = 1 - 2\lambda^2$$

由此得

$$p = \omega\sqrt{1 - 2\lambda^2} \tag{4.61}$$

由式 (4.61) 可见, 共振时外荷的频率略小于自振频率 ω 和 ω_1, 但相差很小。因此, 仍可取成 $p = \omega$。这样, 最大位移幅值 $\bar{u}_{\max}$ 为

$$\bar{u}_{\max} = \frac{Q_0}{2\lambda k} \tag{4.62}$$

设位移幅值等于最大位移幅值的一半, 与其相应的频率可由下式确定:

$$\frac{Q_0}{k} \frac{1}{\sqrt{[1 - (p^2/\omega^2)]^2 + (4\lambda^2 p^2/\omega^2)}} = \frac{Q_0}{4\lambda k}$$

简化此式得

$$(p/\omega)^4 - 2(1 - 2\lambda^2)(p/\omega)^2 + (1 - 16\lambda^2) = 0 \tag{4.63}$$

解式 (4.63) 得到相应的频率有两个值 p_1、p_2, 它们分别为

$$p_1 = \omega(1 + 2\sqrt{3}\lambda)^{\frac{1}{2}}$$

$$p_2 = \omega (1 - 2\sqrt{3}\lambda)^{\frac{1}{2}}$$

由于

$$(1 \pm 2\sqrt{3}\lambda)^{\frac{1}{2}} \approx 1 \pm \frac{1}{2}(2\sqrt{3}\lambda)$$

由此得

$$\lambda = \frac{1}{2\sqrt{3}} \frac{p_1 - p_2}{\omega} \qquad (4.64)$$

式中，$(p_1-p_2)/\omega$ 叫做频率宽度比。

另外，考尔茨基指出[3]，在强迫振动情况下式（4.56）仍然成立。将式（4.59）代入式（4.5）中算得的耗损能量 ΔW 为

$$\Delta W = \frac{\pi Q_0^2}{k} \frac{2\lambda p/\omega}{[1 - (p/\omega)^2]^2 + 2\lambda^2 (p/\omega)^2} \qquad (4.65)$$

而最大弹性能 W 为

$$W = \frac{Q_0^2}{k} \frac{1}{[1 - (p/\omega)^2]^2 + 2\lambda^2 (p/\omega)^2} \qquad (4.66)$$

由此可求得能量耗损系数 η 为

$$\eta = \frac{\Delta W}{W} = \frac{2\pi p c}{k}$$

在强迫振动情况下，振动的频率为 p，以 p 代替自由振动频率，得自振频率为 p 时临界阻尼为

$$c_r = 2\frac{k}{p}$$

将其代入 $\Delta W/W$ 表达式中，得

$$\frac{\Delta W}{W} = 4\pi\lambda$$

由此即得到式（4.56）。也就是说，在强迫振动情况下，由于在平稳振动阶段振幅保持不变，最大弹性能保持不变。那么，在一次往返期间所耗损的能量由外力做功补偿。由于强迫振动的频率为 p，因此在计算临界阻尼时不应再用自振频率而用强迫力频率。如果认为阻尼比与频率有关时，由强迫振动按式（4.56）求得的阻尼比是与强迫力的频率相应的阻尼比，而不是与自振频率相应的阻尼比。

4.5 等价线性化模型

等价线性化模型在本质上也是一个粘弹性模型。它与前述的线性粘弹模型的相同点，是在一个动力作用过程中，例如地震，土的动模量 G 和阻尼比 λ 是常值。而与线性粘弹模型的不同点是，线性粘弹模型中动模量 E 或 G 以及阻尼比 λ

与动力作用过程中土的受力水平无关，而等价线性化模型中的动模量 E 或 G，以及阻尼比 λ 则取决于动力作用过程中土的动力作用水平。按前述，在动力作用过程中，土的动力作用水平通常以剪应变幅值表示。因此，等价线性模型的关键问题是确定动模量 E 或 G，以及阻尼比 λ 与剪应变幅值关系。

前面表述了动模量和阻尼试验的方法和结果。按前述，在土动模量和阻尼比试验中动荷载是分级施加的，以动三轴试验为例。由每级动荷载试验结果可以确定出如下三个量 E、λ、$\bar{\varepsilon}_{a,d}$，其中 $\bar{\varepsilon}_{a,d}$ 为动应变幅值，本节为简便将 $\bar{\varepsilon}_{a,d}$ 写成 $\varepsilon_{a,d}$。因此，可由动模量阻尼试验结果来研究动模量 E 或 G，以及 λ 与土受力水平 $\varepsilon_{a,d}$ 关系。

由动三轴试验得到的动模量 E 阻尼比 λ 与轴向动应变幅值 $\varepsilon_{a,d}$ 的关系有如下两种表示方法：

4.5.1　解析式表示法

1. E 的解析表示式

式（2.15）给出了动模量 E 与轴向应变幅值 $\varepsilon_{a,d}$ 的关系，现重写如下：

$$E = E_{max} \frac{1}{1 + \varepsilon_{a,d}/\varepsilon_{a,d,r}}$$

为简便，将式（2.15）中 E_d 和 $E_{d,max}$ 中的下标 d 省略。如令

$$\alpha_E = \frac{E}{E_{max}} \qquad (4.67)$$

则得

$$\alpha_E = \frac{1}{1 + \varepsilon_{a,d}/\varepsilon_{a,d,r}} \qquad (4.68)$$

另外，如令

$$\alpha_G = \frac{G}{G_{max}} \qquad (4.69)$$

则

$$\left. \begin{array}{l} \alpha_G = \alpha_E \\ \gamma/\gamma_r = \varepsilon_{a,d}/\varepsilon_{a,d,r} \end{array} \right\} \qquad (4.70)$$

这样，由式（4.68）得

$$\alpha_G = \frac{1}{1 + \gamma/\gamma_r} \qquad (4.71)$$

式中，参考剪应变 γ_r 与轴向参考应变 $\varepsilon_{a,d,r}$ 关系如下：

$$\gamma_r = (1 + \nu)\varepsilon_{a,d,r} \qquad (4.72)$$

式（4.67）中 E_{max} 和式（4.72）中的式 $\varepsilon_{a,d,r}$ 可分别按式（2.16）和式

（2.17）确定。

2. 阻尼比 λ 的解析表达式

式（2.22）给出阻尼比 λ 与模量比 α_E 的关系。将式（4.68）代入式（2.22）可进一步得阻尼比 λ 与轴向动应变幅值 $\varepsilon_{a,d}$ 的关系：

$$\left.\begin{array}{c} \lambda = \lambda_{\max}\left(\dfrac{\varepsilon_{a,d}}{\varepsilon_{a,d,r} + \varepsilon_{a,d}}\right)^{n_\lambda} \\[4mm] \text{或} \qquad \lambda = \lambda_{\max}\left(\dfrac{\gamma}{\gamma_r + \gamma}\right)^{n_\lambda} \end{array}\right\} \tag{4.73}$$

4.5.2 插值曲线表示法

为了给出模量比 α_G 和阻尼比 λ 与剪应变幅值 γ 之间的插值曲线，进行了大量试验研究，所得到的如下研究结果可供参考使用[2]。

1. 砂土的插值曲线

砂土的剪切模量与静力平均正应力之间的关系可以表示为

$$G = 1000 k_2 (\sigma_0)^{\frac{1}{2}} \tag{4.74}$$

式中，k_2 为参数，与剪应变幅值有关。G 的单位为磅/英尺²。图4.10至图4.13分别给出砂的有效摩擦角 φ'、静竖向压力 σ_v（单位为磅/英尺²）、静止侧压力系数 k_0 和孔隙比 e 对 k_2 与剪应变幅值 γ 关系的影响。可以看出，静竖向压力 σ_v 对两者的关系只有轻微影响，而有效摩擦角 φ' 和侧压力系数 k_0 对两者的关系影响更为轻微。然而，孔隙比 e 对两者关系的影响是显著的，特别是在小应变和中等应变状态下。这样，可认为 k_2 主要取决于剪应变幅值和密度。

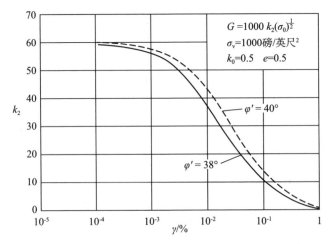

图 4.10 有效摩擦角 φ' 对 k_2 的影响

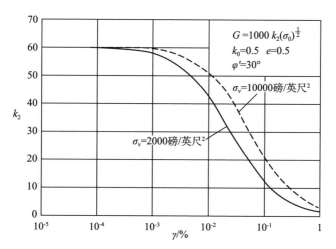

图 4.11　静竖向压力 σ_v 对 k_2 的影响

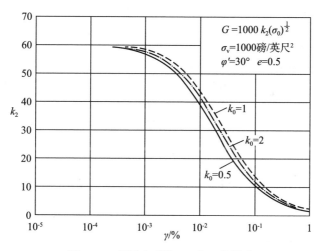

图 4.12　侧压力系数 k_0 对 k_2 的影响

　　图 4.14 和图 4.15 分别给出相对密度 $D_r = 75\%$ 和 40% 时 k_2 随剪应变幅值 γ 变化的试验资料。根据这些试验资料，图中对这两个密度分别确定了 $k_2 - \gamma$ 的平均关系线。以这两个密度下的 $k_2 - \gamma$ 线为基础，通过内插或外推给出了不同的相对密度下的 $k_2 - \gamma$ 关系线，如图 4.16 所示。同样，给出了不同孔隙比 e 下的 $k_2 - \gamma$ 关系线，如图 4.17 所示。从式（4.74）可见，剪切模量比为

$$\alpha_G = \frac{k_2}{k_{2,\,max}}$$

式中，$k_{2,max}$ 为 k_2 的最大值，相应于剪应变为 $10^{-4}\%$ 时 k_2 的取值。这样，由图

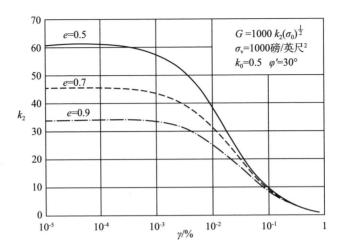

图 4.13　孔隙比 e 对 k_2 的影响

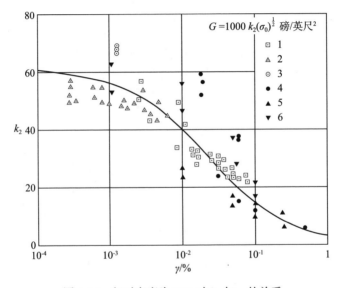

图 4.14　相对密度为 75% 时 k_2 与 γ 的关系

1. Weissman and Hart（1961）；2. Richart, Hall and Lysmer（1962）；3. Drnevich, Hall and Richart（1966）；4. Seed（1968a）；5. Silver and Seed（1969）；6. Hardin and Drnerich（1970）

4.16 或图 4.17 中的每条线均可得出相应的 $\alpha_G - \gamma$ 关系线。这些关系线均处于图 4.18 所示的范围内。由图 4.18 可见，这个范围是一个窄狭的带。由这个带可确定出一条平均曲线做为砂的模量比 α_G 与剪应变 γ 的关系线。

对砂的阻尼试验研究发现，砂的有效摩擦角 φ'、孔隙比 e、侧压力系数 k_0 和饱和度对阻尼比 λ 与剪应变 γ 关系的影响是较小的。静竖向压力 σ_v（磅/英

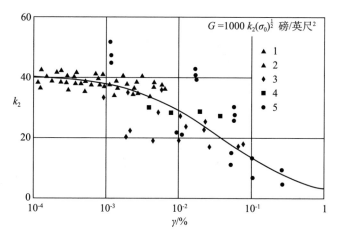

图 4.15　相对密度为 40% 时 k_2 与 γ 的关系

1. Richart, Hall and Lysmer (1962); 2. Drnevich, Hall and Richart (1966);

3. Donovan (1968); 4. Donovan (1969); 5. Silver and Seed (1969)

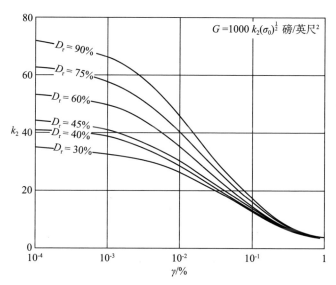

图 4.16　在各种相对密度下 k_2 与 γ 的关系

尺²）对阻尼比 λ 与剪应变 γ 值关系的影响如图 4.19 所示。从图 4.19 可见，当静竖向压力 σ_v 小于 500 磅/英尺² 时，它的影响是明显的；但是，当它大于 500 磅/英尺² 时，它的影响较小。对很多实际目的，由静竖向压力 2000～3000 磅/英尺²确定出来的阻尼比与剪应变幅值之间的关系是适用的。图 4.20 给出了阻尼比与剪应变幅值关系的试验资料。图 4.20 中的虚线给出了阻尼比与剪

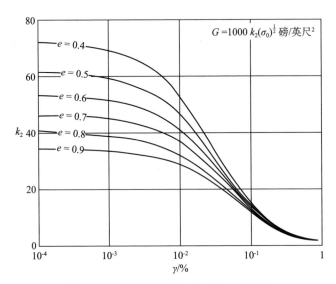

图 4.17　在各种孔隙比下 k_2 与 γ 的关系

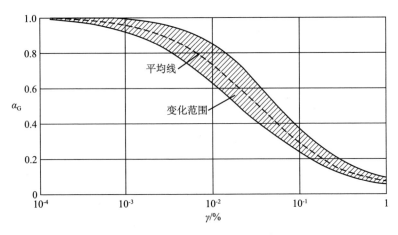

图 4.18　砂的模量比 α_G 与剪应变幅值 γ 的关系

应变幅值关系的变化范围，实线是平均关系线。这个平均关系线可作为砂的阻尼比 λ 与剪应变幅值 γ 的关系线。

2. 粘土的研究结果

在一般情况下，刚度随土的强度增加而增加。在静力条件下，各种饱和粘性土的静剪切模量与不排水剪切强度的比值变化不大。这样，以动剪切模量 G 与不排水剪切强度 S_u 之比随剪应变幅值 γ 的变化表示粘性土的非线性能是合适的。图 4.21 给出了粘性土的 G/S_u 与剪应变幅值 γ 关系的试验资料。由图可见，虽然

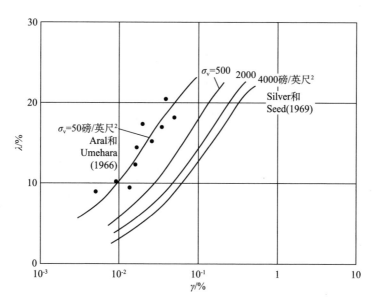

图 4.19　静竖向压力 σ_v 对阻尼比 λ 的影响

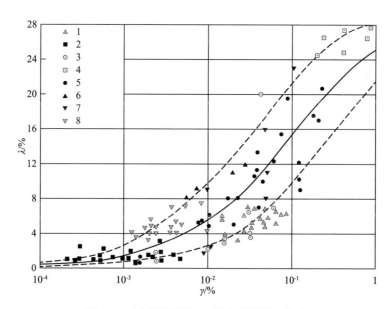

图 4.20　砂的阻尼比 λ -剪应变幅值 γ 关系

1. Weissman and Hart（1961）；2. Hardin（1965）；3. Drnevich，Hall and Richart（1966）；

4. Matsushita，kishida and Kyo（1967）；5. Silver and Seed（1966）；6. Donovan（1969）；

7. Hardinl and Drnevich（1970）；8. Kishida and Takano（1970）

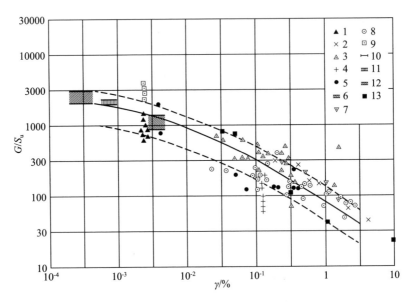

图 4.21 饱和粘性土的 $G/S_u - \gamma$ 关系

1. Wilson 和 Dietrich（1960）；2. Thiers（1965）；3. Idriss（1966）；4. Zeevaert（1967）；

5. Shannon 和 Wilson（1967）；6. Shannon 和 Wilson（1969）；7. THiers 和 Seed（1968a）；

8. Kovacs（1968）；9. Hardin 和 Black（1968）；10. Aisiks 和 Tarshansky（1966）；

11. Seed 和 Idriss（1970a）；12. Tsai 和 Housner（1970）；13. Arango（1971）

资料点较分散，但大多数结果都落在图中虚线所构成的带内。图中的实线是平均线，可做为饱和粘性土 $G/S_u - \gamma$ 的曲线。由这条实线可以求出当剪应变幅值为任意数值时和为 $3 \times 10^{-4}\%$ 时的 G/S_u 值。显然，两者的比值即是模量比 α_G。由此求得的 $\alpha_G - \gamma$ 关系线如图 4.22 所示。这条曲线可以作为饱和粘性土的 $\alpha_G - \gamma$ 关系线。

饱和粘性土阻尼比随剪应变幅值的变化试验资料如图 4.23 所示，图中虚线给出变化范围，实线给出平均结果。对于实用目的，这个平均关系可做为饱和粘性土的阻尼比 λ 与剪应变幅值 γ 的关系线。

3. 砂砾石的研究结果

可能由于要求的试样尺寸大的原因，砂砾石的动剪切模量和阻尼的试验室研究几乎没有进行。由现场剪切波速法测定的砂砾石剪切模量的有限资料汇总于表 4.1。从表 4.1 可看出，在小应变时砂砾石的剪切模量大约是密实砂的 1.25 ~ 2.5 倍。

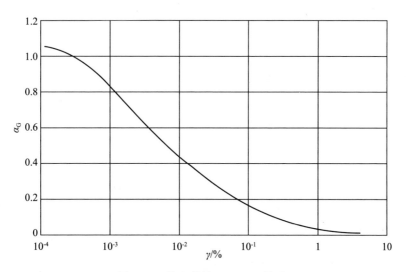

图 4.22 饱和粘性土 $\alpha_G - \gamma$ 关系

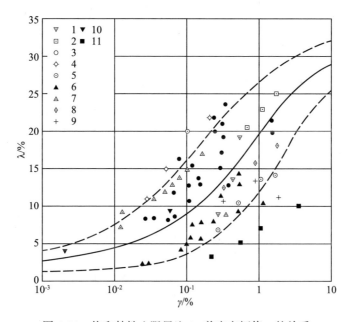

图 4.23 饱和粘性土阻尼比 λ -剪应变幅值 γ 的关系

1. Taylor 和 Menzies (1963)；2. Taylor 和 Hughes (1965)；3. Idriss (1966)；4. Krizek 和 Franklin (1967)；

5. Thiers 和 Seed (1968a)；6. Kovacs (1968)；7. Donovan (1969)；8. Taylor 和 Bacchus (1969)；

9. Taylor 和 Bacchus (1969)；10. Hardin 和 Drnevich (1970)；11. Arango (1971)

表 4.1　现场剪切波速法测定的砂砾石的剪切模量

土	地　址	深度（英尺）	k_2	土	地　址	深度（英尺）	k_2
砂砾石和带少量粘土的鹅卵石密实砂和砾石	加拉加斯华盛顿	200 150	90 122	砂砾石和带少量粘土的鹅卵石密实砂和砂砾石	加拉加斯南加里福尼亚	255 175	123 188

　　砂砾石剪切模量比随剪应变幅值的变化可认为像砂那样变化，即图 4.18 也适用于砂砾石。此外，可近似地认为砂砾石的阻尼比具有与砂相同的数值，图 4.20 也适用于砂砾石。

　　关于等价线性化模型的应用，在此指出如下两点：

　　（1）上面表述了等价线性化模型的概念及表示方法。从上面表述中可见，等价线性模型是基于等幅动应力的试验结果建立的。上述关系式及插值曲线的剪应变幅值也是等幅剪应变幅值。因此，当将等价线性模型用于变幅动荷载，例如地震荷载时，则应将变幅动荷载作用引起的变幅动剪应变转化成等价的等幅动剪应变。按文献［4］，等价的等幅动剪应变幅值等于变幅的最大动剪应变 0.65 倍。

　　（2）按上述等价线性化模型，动模量和阻尼比都是取决于剪应变幅值。但是，在动力反应分析之前，土体中各点的剪应变幅值是未知的。因此，必须预先指定一个初值，然后确定出与指定的初值相应的动模量和阻尼比。对于地震荷载，剪应变幅值的初值可取 10^{-4}。

4.6　弹塑性模型

　　以等幅动剪应力为例，动剪应力首先从零增加到最大值，如图 4.24a 中 01 段曲线所示。下面，将 01 段称为初始加荷阶段。然后，动剪应力从 1 点开始降低，至 2 点剪应力为零，从 2 点开始剪应力反向增加达到最大值 3 点，如图 4.24a 所示。相对初始加荷阶段，123 段称为后继载荷阶段。相似地，从 3 点退至 4 点剪应力为零，从 4 点再增加至 5 点剪应力达到最大值，如图 4.24a 所示，则 345 段也称后继载荷阶段。

　　根据试验资料可以绘出初始载荷阶段的应力应变关系，如图 4.24b 中 01 所示。下面，将 01 段应力应变关系称为初始载荷曲线。相似地，可以绘出后继载荷阶段 123 和 345 的应力应变关系，如图 4.24b 所示。下面，将 123 段和 345 段应力应变关系称为后继载荷曲线。显然，123 段与 345 段是关于原点的对称曲线，但两者走向相反。

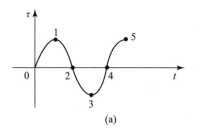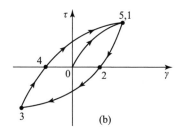

图 4.24　初始载荷阶段和后继载荷阶段

按上述，如果把初始载荷曲线和后继载荷曲线确定出来，则弹塑性模型的应力应变关系就确定了。由于 123 段曲线与 345 段曲线构成了一个滞回曲线，其所围成的面积就是一次加卸荷所耗损的能量，则自然而然地考虑了能量耗损。

4.6.1　初始载荷曲线的确定

试验研究表明，双曲线能较好地表示土的应力-应变关系[5]。文献［6］引用双曲线表示初始载荷曲线，其方程式如下：

$$\tau = \frac{\gamma}{a + b\gamma} \tag{4.75}$$

式中，a、b 为两个由试验确定的参数。不难看出，$1/a$ 是初始载荷曲线在原点的斜率。如以 G 表示割线剪切模量，则

$$G = \frac{1}{a + b\gamma} \tag{4.76}$$

由式（4.76）可知，$1/a$ 等于剪切模量的最大值 G_{max}，即

$$G_{max} = 1/a \tag{4.77}$$

显然，G_{max} 是 $\gamma=0$ 时 G 的取值。$1/b$ 是初始载荷曲线的水平渐近线在纵轴上的截距，等于剪应力的最大值 τ_{ult}。另外，由于初始加载的动剪应力可以是正的也可以是负的。因此，初始载荷曲线有 ON 和 OM 两个分支。ON 分支在第一象限，OM 分支在第三象限，如图 4.25 所示。显然，它们的 $1/b$ 数值相等符号相反。改写式（4.75）得

$$\tau = \frac{G_{max}\gamma}{1 + \gamma/\gamma_r} \tag{4.78}$$

式中，γ_r 叫参考剪应变，

$$\left. \begin{array}{l} \gamma_r = \dfrac{\tau_{ult}}{G_{max}} \\[2mm] 或 \quad \gamma_r = \dfrac{a}{b} \end{array} \right\} \tag{4.79}$$

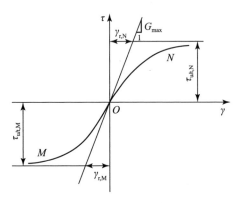

图 4.25　初始载荷曲线

这样，ON分支和OM分支的参考剪应变γ_r的数值相等符号相反。按上述，初始载荷曲线只需两个参数G_{max}和γ_r就可定义出来。

4.6.2　后继载荷曲线的确定

后继载荷曲线可以由初始载荷曲线平移放大来构成。平移放大初始载荷曲线的方法如图 4.26 所示。

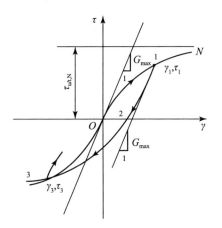

图 4.26　后继载荷曲线

（1）将原点平移到点 1。

（2）卸荷和反向加荷载的应力-应变轨迹线在点 1 的斜率与初始加荷曲线在点 O 的斜率相等，即等于 G_{max}。

（3）与走向相同的初始加荷曲线 OM 在点 3 相交，点 3 是点 1 关于原点 O 的对称点。

根据前两点原则可写出卸荷和反向加荷的应力-应变轨迹线为

$$\tau = \tau_1 + \frac{G_{\max}(\gamma - \gamma_1)}{1 + \dfrac{\gamma - \gamma_1}{\gamma_r'}} \tag{4.80}$$

而根据第三个原则，由上式可得

$$\gamma_r' = 2\gamma_{r,M} \tag{4.81}$$

式中，$\gamma_{r,M}$ 是 OM 分支的参考应变。式（4.81）表明，后继载荷阶段的应力-应变曲线的水平渐近线的截距是走向相同的初始载荷曲线的二倍。将式（4.81）代入式（4.80），得后继荷阶段的应力-应变曲线为

$$\tau = \tau_1 + \frac{G_{\max}(\gamma - \gamma_1)}{1 + \dfrac{\gamma - \gamma_1}{2\gamma_{r,M}}} \tag{4.82}$$

式中，τ_1、γ_1 分别为点 1，即卸荷开始点的剪应力和剪应变。这样，从点 1 以后经过点 2 到剪应力的最大值点 3，应力-应变轨迹线将遵循式（4.82）定义的曲线变化。在点 3 以后，反向荷载开始下降，在点 4 下降到零之后又开始正向加荷。按照上述同样的原则，这个荷载阶段的应力-应变轨迹线由下式定义：

$$\tau = \tau_3 + \frac{G_{\max}(\gamma - \gamma_3)}{1 + \dfrac{\gamma - \gamma_3}{2\gamma_{r,N}}} \tag{4.83}$$

式中，$\gamma_{r,N}$ 是主干线 ON 分支的参考应变；τ_3、γ_3 为点 3，即反向卸荷开始点的剪应力和剪应变。

应该指出，如果卸荷开始例如 3 点不在主干线上，在这种情况下，式（4.82）仍然成立，只需将式中的 τ_3、γ_3 分别以实际卸荷点坐标代替。

4.6.3　弹-塑性模型的一般构成方法

前面讨论了双曲线弹-塑性模型。下面，在此基础上对弹-塑性模型做一概括的说明。

1. 初始载荷曲线的确定

确定初始载荷曲线是构成弹-塑性模型的最重要的步骤。初始载荷曲线不仅规定了初始加荷阶段的应力-应变轨迹，而且后继荷载阶段的应力-应变轨迹可以通过其平移和放大确定出来。在初始加荷曲线的表达式中，所包含的参数叫做相应模型的力学参数。在确定初始载荷曲线时，首先应使它较好地表示从零连续加荷到破坏的应力-应变轨迹的形状；其次，它所包含的力学参数要少和便于测定。

2. 后继荷载阶段的应力-应变轨迹线的确定

初始加荷到最大应力之后，卸荷和反向加荷阶段开始。由于土的塑性变形，

退荷和反向加荷的应力–应变关系不能沿初始载荷曲线返回。因此，卸荷和反向加荷阶段的应力–应变关系线需要另外规定。通常的办法是假定这个阶段的应力–应变关系线与初始载荷阶段的应力应变曲线具有相同的函数形式，但参数不相同。然而，这阶段的力学参数与初始加荷阶段的有一定关系。

确定后继载荷曲线的第一步是将走向相同初始载荷曲线平移至卸荷点，然后再将其放大。放大的方法通常按曼辛准则：

（1）卸荷反向加荷阶段的应力–应变轨迹线在卸荷开始点的斜率与在原点初始载荷阶段的相等。

（2）在往返荷载对称的情况下，如果卸荷点的坐标为 τ_1、γ_1，那么卸荷反向加荷阶段的应力–应变轨迹线与走向相同的初始载荷曲线交点的坐标应为 $-\tau_1$、$-\gamma_1$。由此条件得，后继载荷曲线的最终强度为走向相同的初始载荷曲线的最终强度的 2 倍。但要明确，后继载荷曲线的最终强度是从卸荷点开始计算的。

按上述后继载荷曲线的构成方法会产生这样一个问题，即按后继载荷曲线一直走下去，其应力将超过走向相同的初始载荷曲线的最终强度，这样土就发生破坏了。从计算结果而言，这样将高估应力值低估应变值。因此，必须对后继载荷曲线加限制，使土不发生破坏。根据卸荷点的位置不同分别做出如下两点限制：

（1）如果卸荷点是位于初始卸荷曲线上的一点，例如 1 点，如果卸荷至 2 点，从 2 点又开始加荷，如图 4.27a 所示，则从 2 点开始的后继载荷曲线与走向相同的初始载荷曲线相交后，从交点 3 开始应脱离后继载荷曲线，而依循初始载荷曲线变化。

（2）如果卸荷点位于后继载荷曲线上的一点，例如 1 点，如果卸荷至 2 点，从 2 点开始反向加荷，如图 4.27b 所示。图中曲线 AA' 为历史上最大的后继载荷曲线。在这种情况下，从 2 点开始的后继载荷曲线与历史上最大后继载荷曲线相交后，从交点 3 开始脱离后继载荷曲线，而依循走向相同的历史上最大后继载荷曲线变化。设 A' 点为其与初始载荷曲线的交点，当达到 A' 点后则依循走向相同的初始载荷曲线变化。

4.6.4 Pyke 模型

为了达到上述相同的目的，Pyke 采用了另外一个途径[7]。以双曲线模型为例说明如下。设式（4.80）是后继的应力–应变轨迹线表达式。令式中的

$$\gamma_r' = n\gamma_{r,M}$$

式中，n 为待定的参数。在 1 点卸荷的后继载荷曲线方程可写成如下形式：

$$\tau = \tau_1 + \frac{n\gamma_r G_{\max}(\gamma - \gamma_1)}{n\gamma_r + (\gamma - \gamma_1)} \tag{4.84}$$

如果后继载荷曲线的水平渐近与其走向相同的初始载荷曲线的水平渐近线相

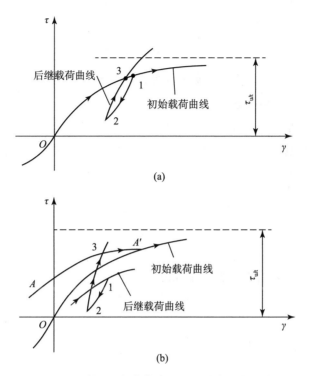

$$(a)$$

$$(b)$$

图 4.27 限制后继载荷曲线不超过最终强度 τ_{ult} 方法

同，则土不会发生破坏。如图 4.26 所示，在点 1 转向的后继载荷曲线走向与第三象限的初始载荷曲线走向相同，当 $\gamma \to -\infty$ 时 $\tau \to G_{\max} \gamma_{r,M}$，将此条件代入式（4.84），得

$$G_{\max} \gamma_{r,M} = \tau_1 + n G_{\max} \gamma_{r,M}$$

由此得

$$n = 1 - \frac{\tau_1}{\tau_{ult,M}} \qquad (4.85a)$$

相似地，在 3 点卸荷的后继载荷曲线与第一象限初始载荷曲线走向相同，当 $\gamma \to \infty$ 时 $\tau \to G_{\max} \gamma_{r,N}$，则得

$$G_{\max} \gamma_{r,N} = \tau_3 + n G_{\max} \gamma_{r,N}$$

由此得

$$n = 1 - \frac{\tau_3}{\tau_{ult,N}} \qquad (4.85b)$$

这样，将由式（4.85b）确定的 n 代入式（4.84）得

$$\tau = \tau_1 + \frac{G_{max}(\gamma - \gamma_1)}{1 + \dfrac{\gamma - \gamma_1}{n\gamma_r}} \tag{4.86}$$

相似地，可以确定由 3 点开始的后继载荷曲线方程式。

4.6.5 Ramberg-Osgood 曲线

前面，以双曲线为例表述了弹塑性模型。除了将初始载荷曲线取为双曲线外，也可取为其他曲线形式，例如 Ramberg-Osgood 曲线。按弹塑理论，土的剪应变 γ 是由弹性剪应变 γ_e 和塑性剪应变 γ_p 组成的，即

$$\gamma = \gamma_e + \gamma_p \tag{4.87}$$

令

$$\alpha_{\gamma_p} = \frac{\gamma_p}{\gamma_e} \tag{4.88}$$

式中，α_{γ_p} 称塑性应变比，应随 τ/τ_f 的增大而增大。令

$$\alpha_{\gamma_p} = \alpha\left(\frac{\tau}{\tau_f}\right)^R$$

将其代入式（4.88），则由式（4.87）得

$$\gamma = \gamma_e\left[1 + \alpha\left(\frac{\tau}{\tau_f}\right)^R\right]$$

由于

$$\gamma_e = \frac{\tau}{G_{max}}$$

则得

$$\gamma = \frac{\tau}{G_{max}}\left[1 + \alpha\left(\frac{\tau}{\tau_f}\right)^R\right] \tag{4.89}$$

式（4.89）所描写的曲线称 Ramberg-Osgood 曲线。该曲线包括三个参数，即 G_{max}、α、R。这些参数可试验确定。

按上述相似的方法，可建立以 Ramberg-Osgood 曲线为初始载荷曲线的弹塑性模型

4.6.6 增量剪切模量

如果采用弹塑性模型进行土体动力反应分析，则应按增量法进行，在分析中应采用切线模量。根据切线模量的定义，切线剪切模量 G_t 按下式确定：

$$G_t = \frac{d\tau}{d\gamma} \tag{4.90}$$

当按式（4.90）确定切线剪切模量 G_t 时，应分工作点（τ，γ）是在初始载荷曲

线上还是在后继载荷曲线上计算。

4.7 逐渐破损模型

为了表述逐渐破损模型，首先来研究一下图 4.28a 所示的由一个弹性元件和塑性元件串连组成的基本力学单元。设弹性元件的弹性剪切模量为 G，塑性元件的屈服剪应变为 γ_y，如图 4.28a 所示，当剪应变 $\gamma < \gamma_y$ 时，

$$\tau = G\gamma \tag{4.91a}$$

当剪应变 $\gamma > \gamma_y$ 时

$$\tau = G\gamma_y \tag{4.91b}$$

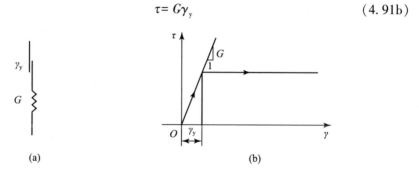

图 4.28　弹塑性基本单元及其应力应变关系

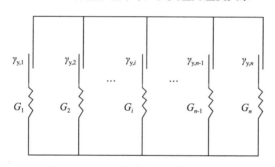

图 4.29　n 个弹塑性基本单元的组合

按式 (4.91a) 和式 (4.9b)，弹塑性基本单元的应力应变关系线如图 4.28b 所示。然而，实际的应力应变关系线是一条曲线。为了将实际的应力应变关系线分段线性化，可将 n 个弹塑性基本单元并联起来[8]。设其中第 i 个基本单元的剪切模量为 G_i、屈服剪应变为 $\gamma_{y,i}$，并且 $\gamma_{y,i-1} < \gamma_{y,i}$，$G_{i-1} > G_i$，如图 4.29 所示。设第 i 个弹塑性基本单元承受的剪应力为 τ_i，相应的应变为 γ_i，由于这些基本单元是并联，则

$$\tau = \sum_{i=1}^{n} \tau_i \qquad \gamma_1 = \gamma_2 = \cdots = \gamma \tag{4.92}$$

式中，τ 和 γ 分别为土承受的剪应力和相应的剪应变。由于土的剪应变是逐渐增

大的，则随剪应变的增大，从第一个基本单元开始逐渐屈服。因此，将其称为逐渐破坏模型。假定土的剪应变 $\gamma = \gamma_{y,i}$，则相应的剪应力 τ 可按正式计算：

$$\tau = \sum_{j=1}^{i} G_j \gamma_{y,j} + \sum_{j=i+1}^{n} G_j \gamma \tag{4.93}$$

显然，式（4.93）就是逐渐破损模型的剪应力 τ 与剪应变 γ 之间关系式，式中 G_j、$\gamma_{y,j}$ 为逐渐破损模型参数。将式（4.93）两边除以 γ，则得

$$\tau/\gamma = \sum_{j=1}^{i} G_j \frac{\gamma_{y,j}}{\gamma} + \sum_{j=i+1}^{n} G_j$$

由 $G = \tau/\gamma$，则得

$$G = \sum_{j=1}^{i} G_j \frac{\gamma_{y,j}}{\gamma} + \sum_{j=i+1}^{n} G_j$$

再将上式两边除以 G_{max}，则得

$$G/G_{max} = \sum_{j=1}^{i} \frac{G_j}{G_{max}} \frac{\gamma_{y,j}}{\gamma} + \sum_{j=n+1}^{m} \frac{G_j}{G_{max}}$$

令

$$\left.\begin{array}{l} \alpha_G = G/G_{max} \\[2mm] \alpha_{G,j} = \dfrac{G_j}{G_{max}} \end{array}\right\} \tag{4.94}$$

则得

$$\alpha_G = \sum_{j=1}^{i} \alpha_{G,j} \frac{\gamma_{y,j}}{\gamma} + \sum_{j=i+1}^{n} \alpha_{G,j}$$

令 $\gamma = \gamma_{y,i}$，$\alpha_G^i = G^i/G_{max}$，G^i 为 $\gamma = \gamma_{y,i}$ 时的剪切模量，则得

$$\alpha_G^i = \sum_{j=1}^{i} \alpha_{G,j} \frac{\gamma_{y,j}}{\gamma_{y,i}} + \sum_{j=i+1}^{n} \alpha_{G,j} \tag{4.95}$$

根据式（4.95）可以列出 n 个方程，其中包含 $\alpha_{G,i}$、$\gamma_{y,i}$，$i = 1$、2、$\cdots$、n，共 $2n$ 个未知数。其中，$\gamma_{y,i}$ 是屈服剪应变，可预先指定，则 $\gamma_{y,i}$ 为已知。式（4.94）中的 α_G^i 为 $\gamma_{y,i}$ 相应的模量比，可由模量阻尼试验获得的 $\alpha_G - \gamma$ 关系线确定。这样，由式（4.95）建立的 n 个方程式中只有 n 个未知数 $\alpha_{G,j}$。求解这 n 个方程，则得与 $\gamma_{y,j}$ 相应的 n 个 $\alpha_{G,j}$。注意式（4.94）第二式，得

$$G_j = \alpha_{G,j} G_{max} \tag{4.96}$$

式（4.93）给出了逐渐破损模型初始载荷曲线的方程。从该方程式可见，初始载荷曲线是由许多段折线组成，即把本是连续变化的曲线分段线性化了。

逐渐破坏模型本质上是弹塑性模型。其后继荷载曲线可按前述的曼辛准则建立。按曼辛准则，如令后继荷载曲线的弹性基本单元的屈服剪应变为 $\gamma_{y,j}'$，则

$$\gamma_{y,j}' = 2\gamma_{y,j} \tag{4.97}$$

与式（4.93）相似，后继荷载曲线方程式如下：

$$(\tau - \tau_{\mathrm{u}}) = \sum_{j=1}^{i} G_j \gamma'_{y,j} + \sum_{j=i+1}^{n} G_j(\gamma - \gamma_{\mathrm{u}}) \tag{4.98}$$

式中，τ_{u} 和 γ_{u} 为卸荷点的剪应力和剪应变。

因为逐渐破损模型是弹塑性模型，则在土体动力分析中应采用切线剪切模量 G_{t}。按切线剪切模量的定义

$$G_{\mathrm{t}} = \frac{\mathrm{d}\tau}{\mathrm{d}\gamma}$$

如果工作点在初始载荷曲线上，由式（4.93）对 γ 微分得

$$G_{\mathrm{t}} = \sum_{j=i+1}^{n} G_j \tag{4.99}$$

为了按式（4.99）计算应变为 γ 时相应的切线剪切模量，必须确定剪应变为 γ 时发生屈服的元件个数 i。发生屈服的元件个数可按如下条件确定：

$$\gamma_{y,j} \leqslant \gamma \tag{4.100}$$

如果工作点在后继荷载上，由式（4.98）微分可得到确定切线剪切模量公式，其形式与式（4.99）相同。但应按下式确定应变为 γ 时发生屈服的元件个数：

$$\gamma'_{y,j} \leqslant \gamma - \gamma_{\mathrm{u}} \tag{4.101}$$

参 考 文 献

［1］石原研而，土质动力学的基础，鹿岛出版会，昭和54年。

［2］Seed H B and Idriss I M, Soil Moduli and Damping Factor for Dynamic Response Analysis, Report No. EEC 70-10, Earthquake Engineering Research Center, University of California, Berkeley.

［3］Kolsky H, Stress Waves is Solids, Dover Publications New York, 1963.

［4］Seed H B and Idriss I M, Simplified Procedure for Evaluating Soil Liquefaction Potential, Journal of Soil Mechanics and Foundation Division, ASCE, vol. 97, No. SM9, 1971.

［5］Kondner R L, Hyperbolic Stress Strain Response: Cohesive Soils, J. Soil Mech. Found. Div. , ASCE, Vol. 89, No. SM1. 1963.

［6］Hardin B O and Drnevich V P, Shear Modulus and Damping in Soils Design Equations and Curves, J. Soil Mech. Found. Div. , ASCE, Vol. 98, No. SM7, 1972.

［7］Pyke R M, Nonlinear Soil Models for Irregular Cyclic Loadings, Journal of the Geotechnical Engineering Division, ASCE, Vo. 105, No. GT6.

［8］Iwan W D, On a class of Models for the Yielding Contions and Composite Systems. Journal of Applied Mechanics, 1967. 34（3）：612.

第五章　波在土体中的传播及应用

前面曾指出，地震时基岩运动以波的形式在土体中传播。经过土体后，地震运动的特性要发生明显的变化。这一作用可以解释许多地震现象。另外，波的传播在测量小应变状态下土的动模量中也得到了广泛的应用。本章将叙述波在土体中传播的一些基本知识和它在土动力学和地震工程中的应用，所表述的内容主要取自文献 [1~4]。

5.1　波在土柱中的传播

5.1.1　水平运动在土柱中传波

如果只考虑地震运动的水平分量，那么地震运动在水平土层中的传播就可以简化成剪切运动，即横向运动 u 沿土柱轴向在土柱中的传播。假如土柱是弹性体，土柱剪切运动的方程式为

$$\frac{\partial^2 u}{\partial t^2} = \frac{G}{\rho} \frac{\partial^2 u}{\partial z^2} \tag{5.1}$$

式中，G、ρ 分别为土的剪切模量和质量密度；z 为土柱的轴向坐标。令

$$v_s = \sqrt{\frac{G}{\rho}} \tag{5.2}$$

式 (5.1) 可改写成：

$$\frac{\partial^2 u}{\partial t^2} = v_s^2 \frac{\partial^2 u}{\partial z^2} \tag{5.3}$$

式 (5.3) 的解可以写成如下形式：

$$u = f(z - v_s t) \tag{5.4}$$

将式 (5.4) 代入式 (5.3) 可发现，式 (5.4) 是土柱剪切运动方程式 (5.3) 的解。式 (5.4) 中 $f(z-v_s t)$ 是 $z-v_s t$ 的任意函数。设在 t_1 时刻 z_1 点的横向位移为 u_{t_1, z_1}，则有

$$u_{t_1, z_1} = f(z_1 - v_s t_1)$$

设在 t_2 时刻 z_2 点的横向位移为 u_{t_2, z_2}，则有

$$u_{t_2, z_2} = f(z_2 - v_s t_2)$$

如果 $u_{t_2, z_2} = u_{t_1, z_1}$，则表明大小为 u_{t_1, z_1} 的横向位移在 $t_2 - t_1$ 的时间间隔内由 z_1 点传到了 z_2 点。由 u_{t_1, z_1} 和 u_{t_2, z_2} 的表达式可知，若两者相等必须满足如下条件：

$$z_1 - v_s t_1 = z_2 - v_s t_2$$

由此得：

$$v_s = \frac{z_2 - z_1}{t_2 - t_1} \tag{5.5}$$

由式（5.5）可看出 v_s 的物理意义，它是横向位移在土柱中的传播速度，即剪切波速。按上述，$f(z-v_s t)$ 是位移沿 z 轴正向传播的波。

同理，$g(z+v_s t)$ 也是式（5.3）的解，$g(z+v_s t)$ 是 $z+v_s t$ 的任意函数。但是，$g(z+v_s t)$ 是横向振动的位移沿 z 轴负向传播的波。

根据叠加原理，$f(z-v_s t)$ $+g(z+v_s t)$ 也应是式（5.3）的解。因此，横向振动位移 u 为

$$u = f(z - v_s t) + g(z + v_s t) \tag{5.6}$$

令

$$\left.\begin{array}{c} \bar{z} = z - v_s t \\[6pt] \underline{z} = z + v_s t \end{array}\right\} \tag{5.7}$$

相应的横向振动速度 $\dot{u} = \dfrac{\partial u}{\partial t}$，则

$$\dot{u} = v_s \left[-\dot{f}(\bar{z}) + \dot{g}(\underline{z}) \right] \tag{5.8}$$

由式（5.7）得：

$$\left.\begin{array}{c} \dot{f}(\bar{z}) = \dot{f}(z) \\[6pt] \dot{g}(\underline{z}) = \dot{g}(z) \end{array}\right\} \tag{5.9}$$

将式（5.9）代入式（5.8）得：

$$\dot{u} = v_s \left[-\dot{f}(z) + \dot{g}(z) \right] \tag{5.10}$$

式（5.10）给出了横向振动速度与剪切波速 v_s 的关系。

另外，剪应变 $\gamma = \dfrac{\partial u}{\partial z}$，则得：

$$\gamma = \dot{f}(z) + \dot{g}(z) \tag{5.11}$$

由于剪应力 $\tau = G\gamma$，则得

$$\tau = G\left[\dot{f}(z) + \dot{g}(z) \right] \tag{5.12}$$

令

$$\left.\begin{array}{c} \tau_f = G\dot{f}(z) \\[6pt] \tau_g = G\dot{g}(z) \end{array}\right\} \tag{5.13}$$

式中，τ_f 和 τ_g 分别为与函数 f 和函数 g 相应的剪应力。

由此，得

$$\tau = \tau_f + \tau_g \tag{5.14}$$

在此还应指出，解式（5.6）还应满足一定的初始条件和边界条件。

5.1.2 扭转运动在土柱中传播

设土柱的扭转角为 θ，θ 角沿土柱轴向的传播叫做扭转在土柱中的传播，如图 5.1 所示。作用于土柱横截面上的扭转力矩 T_e 为

$$T_e = GI_\rho \frac{\partial \theta}{\partial z} \tag{5.15}$$

式中，I_ρ 为土柱截面的极惯性矩。作用于长度为 dz 土柱的转动惯性力的扭矩 dT_ρ 为

$$dT_\rho = \rho I_\rho \frac{\partial^2 \theta}{\partial t^2} dz \tag{5.16}$$

由 dz 土柱的动力平衡得扭转运动方程式

$$\frac{\partial^2 \theta}{\partial t^2} = v_s^2 \frac{\partial^2 \theta}{\partial z^2} \tag{5.17}$$

式（5.17）表明，只要以扭转角 θ 代替土柱剪切运动方程式中的横向移 u，就可以得到扭转运动方程（5.17）。此外，上面关于剪切运动得到的结果对扭转运动也是成立的。

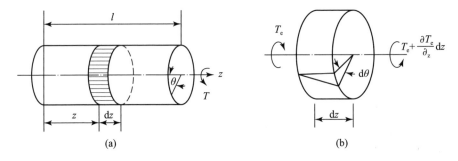

(a)   (b)

图 5.1　圆柱的扭转

5.1.3 轴向运动在土柱中传播

设土柱沿轴向的位移为 w，w 沿土柱轴向的传播叫做纵向运动在土柱中的传播。纵向运动的方程式为

$$\frac{\partial^2 w}{\partial t^2} = v_c^2 \frac{\partial^2 w}{\partial z^2} \tag{5.18}$$

式中

$$v_c = \sqrt{\frac{E}{\rho}} \tag{5.19}$$

它是纵向位移在土柱中的传播速度，即纵波波速或压缩波速。式（5.19）和式

（5.18）表示，只要以纵波波速 v_c 和纵向位移 w 代替土柱剪切运动方程式中的剪切波速 v_s 和横向位移 u 就可得到纵向运动方程式。

按上述相似的方法，也可以求出扭转运动和轴向运动在土柱中的位移、速度，及相应的应力。

5.1.4 初始条件和边界条件

无论那种运动在土柱中传播，其解答都应满足一定的初始条件和边界条件。下面，以横向运动在土柱中传播为例来说明这个问题。

1. 初始条件

首先指出，函数 f 和 g 应由初始条件决定。初始条件包括 $t=0$ 时刻的位移和速度沿土柱的分布，即

$$\left.\begin{aligned} u_{t=0} &= u_0(z) \\ \dot{u}_{t=0} &= v_0(z) \end{aligned}\right\} \qquad (5.20)$$

式中，$u_0(z)$ 和 $v_0(z)$ 是已知的。由式（5.6）和式（5.8）得：

$$\left.\begin{aligned} f_0(z) + g_0(z) &= u_0(z) \\ v_s[-\dot{f}_0(z) + \dot{g}(z)] &= v_0(z) \end{aligned}\right\} \qquad (5.21)$$

式中，$f_0(z)$ 和 $g_0(z)$、$\dot{f}_0(z)$ 和 $\dot{g}_0(z)$ 分别为 $t=0$ 时刻函数 f、g，及其对 z 的导数。

假如

$$v_0(z) = 0 \qquad (5.22)$$

由式（5.8）得

$$\dot{f}_0(z) = \dot{g}_0(z) \qquad (5.23)$$

因此，如果令

$$f_0(z) = g_0(z) = \frac{1}{2}u_0(z) \qquad (5.24)$$

就可以满足式（5.21）第一式和式（5.22）所示的初始条件要求。式（5.24）表明，初始位移 $u_0(z)$ 被分成相等的两部分，一部分为函数 $f(z)$ 以速度 v_s 沿 z 轴的正方向传播，一部分为函数 $g(z)$ 以速度 v_s 沿 z 轴向负方向传播。

2. 边界条件

设土柱的高度为 H，则端点的坐标 $z_0 = H$。按式（5.6），土柱端点的位移为

$$u(H, t) = f(H - v_s t) + g(H + v_s t) \qquad (5.25)$$

而按式（5.12），土柱端点的剪应力为

$$\tau(H, t) = G[\dot{f}(H - v_s t) + \dot{g}(H + v_s t)] \qquad (5.26)$$

土柱端部的边界条件可以为如下两种情况：

1）自由端情况

在此种情况下，土柱端部的剪应力为零。由式（5.14）得：

$$\tau_f(H - v_s t) + \tau_g(H + v_s t) = 0$$

改写上式，得

$$\left.\begin{array}{l} \tau_f(H - v_s t) = -\tau_g(H + v_s t) \\ \dot{f}(z) = -\dot{g}(z) \end{array}\right\} \quad (5.27)$$

将式（5.27）第二式代入式（5.10）中，得

$$\dot{u}(H, t) = -2v_s \dot{f}(z) = 2\dot{u}_f(H - v_s t) \quad (5.28)$$

式中，$\dot{u}_f(H-v_s t)$ 为 $f(z-v_s t)$ 在土柱端点的运动速度。

从波的传播方向而言，可以将沿 z 轴负方向传播的波 $g(z+v_s t)$ 视为沿 z 轴正方向传播的波 $f(z-v_s t)$ 在自由端的反射波，而 $f(z-v_s t)$ 是入射波。由于要满足自由端的边界条件，入射波与反射波的关系如下：

（1）由式（5.24）和式（5.25）可见，在自由端入射波和反射波叠加之后，自由端的位移是入射波位移的 2 倍。

（2）由式（5.27）第一式可见，如果入射波的剪应力为正，则在自由端反射后反射波相应的剪应力为负但数值相等。

（3）从式（5.28）可见，在自由端入射波和反射波叠加之后自由端的运动速度为入射波运动速度的 2 倍。

2）固定端情况

在该种情况下，土柱端部的位移为零，运动速度为零。由式（5.25）得

$$f(H - v_s t) + g(H + v_s t) = 0$$

则

$$f(H - v_s t) = -g(H + v_s t) \quad (5.29)$$

而由式（5.10），

$$v_s[-\dot{f}(H - v_s t) + \dot{g}(H + v_s t)] = 0$$

则

$$\dot{f}(H - v_s t) = \dot{g}(H + v_s t) \quad (5.30)$$

因此，由式（5.13），得

$$\tau_f(H - v_s t) = \tau_g(H + v_s t) \quad (5.31)$$

注意式（5.14）得：

$$\tau(H, t) = 2\tau_f(H - v_s t) \quad (5.32)$$

这样，由于要满足固定端边界条件，入射波与反射波关系如下：

（1）由式（5.31）第一式可见，如果入射波的剪应力为正，与固定端反射的反射波的剪应力也为正，且数值相等。

（2）入射波与在固定端反射的反射波叠加后，固定端的剪应力为入射波剪应力的2倍。

5.2 在无限土体中的波

在无限土体中，运动的基本方程式为

$$
\left.
\begin{aligned}
\rho \frac{\partial^2 u}{\partial t^2} &= (\lambda + G) \frac{\partial \varepsilon}{\partial x} + G \nabla^2 u \\[2mm]
\rho \frac{\partial^2 v}{\partial t^2} &= (\lambda + G) \frac{\partial \varepsilon}{\partial y} + G \nabla^2 v \\[2mm]
\rho \frac{\partial^2 w}{\partial t^2} &= (\lambda + G) \frac{\partial \varepsilon}{\partial z} + G \nabla^2 w
\end{aligned}
\right\}
\tag{5.33}
$$

式中，u、v、w 分别为沿 x、y、z 轴方向的位移；λ 为拉梅系数，

$$
\lambda = \frac{\nu E}{(1 + \nu)(1 - 2\nu)}
\tag{5.34}
$$

其中，ν 为泊松比；

$$
\varepsilon = \frac{\partial u}{\partial x} + \frac{\partial v}{\partial y} + \frac{\partial w}{\partial z}
\tag{3.35}
$$

$$
\nabla^2 = \frac{\partial^2}{\partial x^2} + \frac{\partial^2}{\partial y^2} + \frac{\partial^2}{\partial z^2}
\tag{3.36}
$$

下面研究两种特殊情况。

5.2.1 无转动波或纵波

令

$$
\left.
\begin{aligned}
\overline{\omega}_x &= \frac{1}{2}\left(\frac{\partial w}{\partial y} - \frac{\partial v}{\partial z}\right) \\[2mm]
\overline{\omega}_y &= \frac{1}{2}\left(\frac{\partial u}{\partial z} - \frac{\partial w}{\partial x}\right) \\[2mm]
\overline{\omega}_z &= \frac{1}{2}\left(\frac{\partial v}{\partial x} - \frac{\partial u}{\partial y}\right)
\end{aligned}
\right\}
\tag{5.37}
$$

则式中 $\overline{\omega}_x$、$\overline{\omega}_y$、$\overline{\omega}_z$ 分别为点绕 x、y、z 轴的刚体转动。在无转动情况下，则有

$$
\left.
\begin{aligned}
\frac{\partial w}{\partial y} - \frac{\partial v}{\partial z} &= 0 \\[2mm]
\frac{\partial u}{\partial z} - \frac{\partial w}{\partial x} &= 0 \\[2mm]
\frac{\partial v}{\partial x} - \frac{\partial u}{\partial y} &= 0
\end{aligned}
\right\}
\tag{5.38}
$$

令

$$
\left.
\begin{aligned}
u &= \frac{\partial \varphi}{\partial x} \\[6pt]
v &= \frac{\partial \varphi}{\partial y} \\[6pt]
w &= \frac{\partial \varphi}{\partial z}
\end{aligned}
\right\}
\tag{5.39}
$$

式中，φ 为 x、y、z 的函数，则式（5.38）将自动满足。在这种情况下：

$$
\left.
\begin{aligned}
\frac{\partial \varepsilon}{\partial x} &= \frac{\partial}{\partial x} \nabla^2 \varphi = \nabla^2 \frac{\partial \varphi}{\partial x} = \nabla^2 u \\[6pt]
\frac{\partial \varepsilon}{\partial y} &= \nabla^2 v \\[6pt]
\frac{\partial \varepsilon}{\partial z} &= \nabla^2 w
\end{aligned}
\right\}
\tag{5.40}
$$

将式（5.40）代入式（5.33）得

$$
\left.
\begin{aligned}
\rho \frac{\partial^2 u}{\partial t^2} &= (\lambda + 2G) \nabla^2 u \\[6pt]
\rho \frac{\partial^2 v}{\partial t^2} &= (\lambda + 2G) \nabla^2 v \\[6pt]
\rho \frac{\partial^2 w}{\partial t^2} &= (\lambda + 2G) \nabla^2 w
\end{aligned}
\right\}
\tag{5.41}
$$

由此可看出，u、v、w 不再耦联。式（5.41）即为无转动波或纵波的方程式。若令

$$
v_{\mathrm{p}} = \sqrt{\frac{\lambda + 2G}{\rho}}
\tag{5.42}
$$

式中，v_{p} 为无限体中纵波速度。则式（5.41）为

$$
\left.
\begin{aligned}
\frac{\partial^2 u}{\partial t^2} &= v_{\mathrm{p}}^2 \nabla^2 u \\[6pt]
\frac{\partial^2 v}{\partial t^2} &= v_{\mathrm{p}}^2 \nabla^2 v \\[6pt]
\frac{\partial^2 w}{\partial t^2} &= v_{\mathrm{p}}^2 \nabla^2 w
\end{aligned}
\right\}
\tag{5.43}
$$

将式（5.43）三式分别对 x、y、z 微分，再相加得：

$$
\frac{\partial^2 \varepsilon}{\partial t^2} = v_{\mathrm{p}}^2 \nabla^2 \varepsilon
\tag{5.44}
$$

式（5.44）是体波的方程式。

5.2.2　无体积变化波或剪切波

由无体积变化条件得

$$\varepsilon = C \tag{5.45}$$

式中，C 为常数。代入式（5.33）得

$$\left.\begin{array}{l} \rho \dfrac{\partial u^2}{\partial t^2} = G\nabla^2 u \\[12pt] \rho \dfrac{\partial^2 v}{\partial t^2} = G\nabla^2 v \\[12pt] \rho \dfrac{\partial^2 w}{\partial t^2} = G\nabla^2 w \end{array}\right\} \tag{5.46}$$

可见 u、v、w 也不再耦联。注意式（5.2）得：

$$\left.\begin{array}{l} \dfrac{\partial^2 u}{\partial t^2} = v_{\mathrm{s}}^2 \nabla^2 u \\[12pt] \dfrac{\partial^2 v}{\partial t^2} = v_{\mathrm{s}}^2 \nabla^2 v \\[12pt] \dfrac{\partial^2 w}{\partial t^2} = v_{\mathrm{s}}^2 \nabla^2 w \end{array}\right\} \tag{5.47}$$

式（5.47）为等体积剪切波或横波的方程式。

5.2.3　沿 x 轴传播的平面波

设有一沿 x 轴传播的平面波。很明显，x 方向的位移 u 与传播方向相一致；y、z 方向的位移 v、w 与传播方向相垂直。设 v_{u}、v_{v} 和 v_{w} 分别代表 u、v 和 w 在 x 方向的传播速度，由于位移 u、v、w 与 y、z 坐标无关，则有

$$\left.\begin{array}{l} u = u(x - v_{\mathrm{u}}t) \\ v = v(x - v_{\mathrm{v}}t) \\ w = w(x - v_{\mathrm{w}}t) \end{array}\right\} \tag{5.48}$$

令

$$\left.\begin{array}{l} \psi_{\mathrm{u}} = x - v_{\mathrm{u}}t \\ \psi_{\mathrm{v}} = x - v_{\mathrm{v}}t \\ \psi_{\mathrm{w}} = x - v_{\mathrm{w}}t \end{array}\right\} \tag{5.49}$$

则有

$$\dfrac{\partial \varepsilon}{\partial x} = \dfrac{\partial^2 u}{\partial x^2} = \dfrac{\partial^2 u}{\partial \psi_{\mathrm{u}}^2}\left(\dfrac{\partial \psi_{\mathrm{u}}}{\partial x}\right)^2 = \dfrac{\partial^2 u}{\partial \psi_{\mathrm{u}}^2}$$

及

$$\nabla^2 u = \frac{\partial^2 u}{\partial x^2} = \frac{\partial^2 u}{\partial \psi_u^2}$$

将这两式代入式（5.33）中的第一式得：

$$\rho \frac{\partial^2 u}{\partial t^2} = (\lambda + 2G) \frac{\partial^2 u}{\partial \psi_u^2} \tag{5.50}$$

简化上式得：

$$\frac{\partial^2 u}{\partial t^2} = v_u^2 \frac{\partial^2 u}{\partial \psi_u^2}$$

其中

$$v_u = \sqrt{\frac{\lambda + 2G}{\rho}} = v_p \tag{5.51}$$

同理，由式（5. 33）中的第二、三式得

$$v_v = v_w = \sqrt{\frac{G}{\rho}} = v_s \tag{5.52}$$

这样，式（5.51）给出了运动与传播方向相同的纵向运动的传播速度；式（5.52）给出了运动与传播方向相垂直的横向运动的传播速度。比较式（5.51）和式（5.19）发现，在无限体中的纵波波速要比在土柱中的快。原因是土柱可以自由地发生侧向变形，而在无限体中侧向变形受到约束。当泊松比 $\nu = 0.25$ 和 $\nu = 0.30$ 时，无限土体中的纵波波速分别为土柱中的 1.095 和 1.160 倍。

5.3 瑞利波

下面，研究一种在半空间表面以下随深度的增加而迅速衰减的波。因为这种波局限于半空间表面附近，叫做表面波。瑞利首先对这种波进行了研究，因此又叫瑞利波。

如果 xoy 为一自由表面，如图 5.2 所示，令一平面波沿 x 方向传播，其位移与 y 坐标无关。在 x 方向、z 方向上的位移 u、w 可用两个势函数 φ、ψ 表示：

$$\left.\begin{array}{l} u = \dfrac{\partial \varphi}{\partial x} + \dfrac{\partial \psi}{\partial z} \\[2mm] w = \dfrac{\partial \varphi}{\partial z} - \dfrac{\partial \psi}{\partial x} \end{array}\right\} \tag{5.53}$$

注意到式（5.35）和式（5.37）得

$$\left.\begin{array}{l} \varepsilon = \nabla^2 \varphi \\[2mm] 2\,\overline{\omega}_y = \nabla^2 \psi \end{array}\right\} \tag{5.54}$$

由此可见，φ 与体积变形有关，ψ 与转动变形有关。将式（5.53）代入式

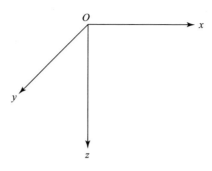

图 5.2   半空间土体

（5.33）的第一式和第三式可得：

$$
\left.
\begin{aligned}
\frac{\partial^2 \varphi}{\partial t^2} &= v_{\mathrm{p}}^2 \nabla^2 \varphi \\
\frac{\partial^2 \psi}{\partial t^2} &= v_{\mathrm{s}}^2 \nabla^2 \psi
\end{aligned}
\right\}
\tag{5.55}
$$

假定运动随时间是按正弦变化的，它的传播速度为 v_{r}，式（5.55）的解可取为

$$
\left.
\begin{aligned}
\varphi &= F(z) \exp[\,\mathrm{i}(pt - nx)\,] \\
\psi &= G(z) \exp[\,\mathrm{i}(pt - nx)\,]
\end{aligned}
\right\}
\tag{5.56}
$$

式中，$\mathrm{i}=\sqrt{-1}$；p 为振动的圆频率；n 为波数，

$$
n = \frac{2\pi}{L}
\tag{5.57}
$$

其中，L 为波长，

$$
L = v_{\mathrm{r}} \frac{2\pi}{p}
\tag{5.58}
$$

将式（5.56）代入式（5.55）得：

$$
\left.
\begin{aligned}
\ddot{F}(z) - (n^2 - h^2) F(z) &= 0 \\
\ddot{G}(z) - (n^2 - h^2) G(z) &= 0
\end{aligned}
\right\}
\tag{5.59}
$$

式中

$$
\left.
\begin{aligned}
h &= \frac{p^2}{v_{\mathrm{p}}^2} \\
k &= \frac{p^2}{v_{\mathrm{s}}^2}
\end{aligned}
\right\}
\tag{5.60}
$$

令

$$\left.\begin{array}{l} q^2 = n^2 - h^2 \\ s^2 = n^2 - k^2 \end{array}\right\} \qquad (5.61)$$

式（5.59）的解可写成为

$$F(z) = A_1 \exp(-qz) + B_1 \exp(qz)$$

$$G(z) = A_2 \exp(-sz) + B_2 \exp(sz)$$

因为不能允许有振动幅值随深度的增加而变成无限大的解，所以

$$B_1 = B_2 = 0$$

则式（5.59）的解为

$$\left.\begin{array}{l} \varphi = A_1 \exp[-qz + \mathrm{i}(pt - nx)] \\ \psi = A_2 \exp[-sz + \mathrm{i}(pt - nx)] \end{array}\right\} \qquad (5.62)$$

由自由表面条件得，当 $z=0$ 时

$$\sigma_z = \tau_{xz} = 0 \qquad (5.63)$$

得

$$\left.\begin{array}{l} \dfrac{A_1}{A_2} \dfrac{(\lambda + 2G)q^2 - \lambda n^2}{2\mathrm{i}Gns} - 1 = 0 \\[4mm] \dfrac{A_1}{A_2} \dfrac{2qin}{(s^2 + n^2)} + 1 = 0 \end{array}\right\} \qquad (5.64)$$

由式（5.64）可得

$$4qsGn^2 = (s^2 + n^2)[(\lambda + 2G)q^2 - \lambda n^2] \qquad (5.65)$$

如令

$$\left.\begin{array}{l} a = \dfrac{v_s}{v_p} = \sqrt{\dfrac{1 - 2\nu}{2 - 2\nu}} \\[4mm] æ = \dfrac{v_r}{v_s} \end{array}\right\} \qquad (5.66)$$

由式（5.65）可得

$$æ^6 - 8æ^4 + (24 - 16\alpha^2)æ^2 + 16(\alpha^2 - 1) = 0 \qquad (5.67)$$

由式（5.67）求解出 $æ$ 值后代入式（5.66）就可求出波速 v_r。由式（5.66）和式（5.67）可见，波速 v_r 只与土的性质有关。图 5.3 给出 $æ$ 与泊松比 ν 之间的关系。当泊松比 $\nu = 0.25$ 和 0.5 时，瑞利波波速度分别为剪切波波速的 0.9194 和 0.9553 倍。

将式（5.62）代入式（5.53）中

$$
\left.
\begin{aligned}
u &= A_1 ni \left\{ -\exp\left[-\frac{q}{n}(nz) \right] + \frac{2\dfrac{q}{n}\dfrac{s}{n}}{\left(\dfrac{s^2}{n^2}\right)+1}\exp\left[-\frac{s}{n}(nz) \right] \right\} \\
&\quad \times \exp i(pt - nx) \\
w &= A_1 n \left\{ \frac{2q/n}{(s^2/n^2)+1}\exp\left[-\frac{s}{n}(zn) \right] - \frac{q}{n}\exp\left[-\frac{q}{n}(nz) \right] \right\} \\
&\quad \times \exp i(pt - nx)
\end{aligned}
\right\}
\tag{5.68}
$$

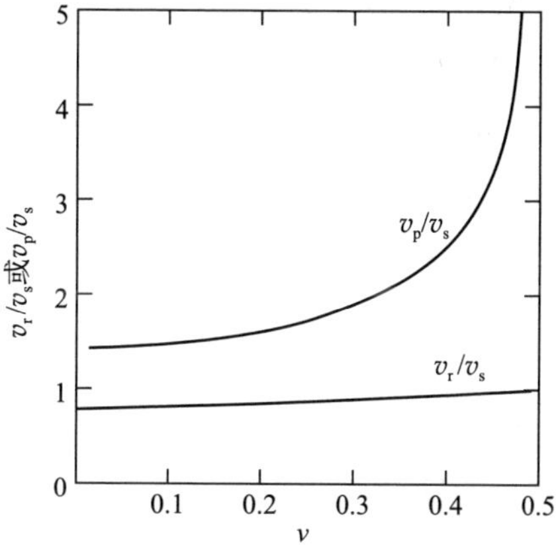

图 5.3　œ-ν 关系

由式（5.68）可得表面以下深度为 z 的一点的水平位移和垂向位移幅值 $u(z)$、$w(z)$ 与表面的水平位移和垂向位移幅值 $u(0)$、$w(0)$ 之比 $\alpha_u(z)$、$\alpha_w(z)$ 随深度 z 的变化。

$$
\left.
\begin{aligned}
\alpha_u(z) &= -\exp\left[-\frac{q}{n}(nz) \right] + \frac{2\dfrac{q}{n}\dfrac{s}{n}}{(s^2/n^2)+1}\exp\left[\frac{-s}{n}(nz) \right] \\
\alpha_w(z) &= \frac{2\dfrac{q}{n}}{(s^2/n^2)+1}\exp\left[-\frac{s}{n}(nz) \right] - \frac{q}{n}\exp\left[-\frac{q}{n}(nz) \right]
\end{aligned}
\right\}
\tag{5.69}
$$

因式中

$$
\left.
\begin{aligned}
\frac{q^2}{n^2} &= 1 - \alpha^2 œ^2 \\
\frac{s^2}{n^2} &= 1 - œ^2
\end{aligned}
\right\}
\tag{5.70}
$$

则可知 $\alpha_u(z)$、$\alpha_w(z)$ 随 z 的变化与土的性质有关。图 5.4 给出了 $\alpha_u(z)$、$\alpha_w(z)$ 随深度 z 的变化，图中 L_r 为瑞利波波长。

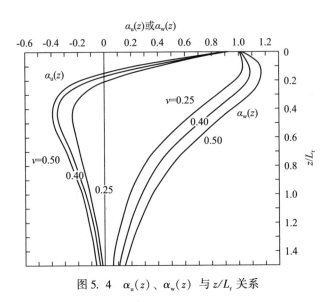

图 5. 4 $\alpha_u(z)$ 、 $\alpha_w(z)$ 与 z/L_r 关系

5.4 波的反射和折射

5.4.1 波在自由表面发生的反射

1. 无转动波

设一简谐无转动波

$$\phi_1 = A_1\sin(pt + f_1x + g_1y) \tag{5.71}$$

在 xy 平面内以与 x 轴成 α_1 角入射，如图 5.5 所示。由于在入射方向上，(x,y) 点与原点的距离等于 $l = x\cos\alpha_1 + y\sin\alpha_1$ 则相应的传播时间为 l/V_P，以弧度表示的角度为 $\dfrac{2\pi}{T}l$。因此，式 (6.71) 中

$$\left.\begin{array}{l} f_1 = \dfrac{p\cos\alpha_1}{v_p} \\[3mm] g_1 = \dfrac{p\sin\alpha_1}{v_p} \end{array}\right\} \tag{5.72}$$

由式 (5.71) 得入射波在 x 方向位移 u_1 和 y 方向位移 v_1 分别为

$$u_1 = \phi_1\cos\alpha_1$$
$$v_1 = \phi_1\sin\alpha_1 \tag{5.73}$$

设反射的无转动波与 x 轴成 α_2 角，其形式为

$$\phi_2 = A_2\sin(pt - f_2x + g_2y + \delta_1) \tag{5.74}$$

式中，δ_1 为相角差，

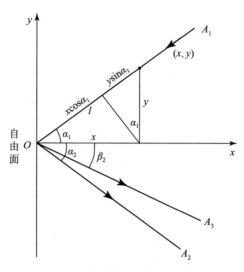

图 5.5　无转动波在自由表面的反射

$$f_2 = \frac{p\cos\alpha_2}{v_p}$$

$$g_2 = \frac{p\sin\alpha_2}{v_p} \qquad (5.75)$$

由式（5.74）得反射波在 x 方向的位移 u_2 和 y 方向的位移 v_2 分别为

$$\left.\begin{array}{l} u_2 = -\phi_2\cos\alpha_2 \\[2mm] v_2 = \phi_2\sin\alpha_2 \end{array}\right\} \qquad (5.76)$$

由式（5.73）和式（5.76）得在 x 方向总的位移 u 和 y 方向总的位移 v 分别为

$$\left.\begin{array}{l} u = u_1 + u_2 \\[2mm] v = v_1 + v_2 \end{array}\right\} \qquad (5.77)$$

由自由表面边界条件得, $x=0$ 时

$$\left.\begin{array}{l} \sigma_x = 0 \\[2mm] \tau_{xy} = 0 \end{array}\right\} \qquad (5.78)$$

由式（5.78）的第一式得

$$A_1(\lambda + 2G\cos^2\alpha_1)\cos(pt + g_1 y) + A_2(\lambda + 2G\cos^2\alpha_2)\cos(pt + g_2 y + \delta_1) = 0$$

$$(5.79)$$

不难看出, 当

$$\alpha_1 = \alpha_2 \qquad (5.80)$$

$$\text{或} \quad \left. \begin{array}{l} \delta_1 = 0, \quad A_1 = -A_2 \\ \delta_1 = \pi, \quad A_1 = A_2 \end{array} \right\} \tag{5.81}$$

时，式（5.79）得到满足。然而，在 $x=0$ 处，剪应力 τ_{xy} 为

$$\tau_{xy} = \frac{G}{v_p} [A_1 \sin2\alpha_1 \cos(pt + g_1 y) - A_2 \sin2\alpha_2 \cos(pt + g_2 y)] \tag{5.82}$$

这样，式（5.81）中的第二式不能得到满足。因此，还应有一个与 x 轴成 β_2 角的等体积的反射波，其形式为

$$\phi_3 = A_3 \sin(pt - f_3 x + g_3 y + \delta_2) \tag{5.83}$$

式中，δ_2 为相角差，

$$\left. \begin{array}{l} f_3 = \dfrac{p\cos\beta_2}{v_s} \\[2mm] g_3 = \dfrac{p\sin\beta_2}{v_s} \end{array} \right\} \tag{5.84}$$

等体积反射波在 x 方向的位移 u_3 和 y 方向的位移 v_3 分别为

$$\left. \begin{array}{l} u_3 = -\phi_3 \cos\beta_2 \\ v_3 = \phi_3 \sin\beta_2 \end{array} \right\} \tag{5.85}$$

由式（5.73）、式（5.76）和式（5.85）得在 x 方向的总位移 u 和 y 方向总位移 v 分别为

$$\left. \begin{array}{l} u = u_1 + u_2 + u_3 \\ v = v_1 + v_2 + v_3 \end{array} \right\} \tag{5.86}$$

由式（5.78）的第二式得

$$\frac{A_1}{v_p} p\sin2\alpha_1 \cos(pt + g_1 y) - \frac{A_2}{v_p} p\sin2\alpha_2 \cos(pt + g_2 y + \delta_1)$$

$$- \frac{A_3}{v_s} p\cos2\beta_2 \cos(pt + g_3 y + \delta_2) = 0 \tag{5.87}$$

可以发现，如果

$$\alpha_1 = \alpha_2 \tag{5.88}$$

$$\frac{\sin\alpha_1}{v_p} = \frac{\sin\beta_2}{v_s} \tag{5.89}$$

$$\left. \begin{array}{l} \delta_1 = \delta_2 = 0 \\ \text{或} \quad \delta_1 = \delta_2 = \pi \end{array} \right\} \tag{5.90}$$

则式（5.87）将得到满足。这时，如取 $\delta_1=\delta_2=0$，式（5.78）第二式简化成为

$$2(A_1 - A_2)\cos\alpha_1 \sin\beta_2 - A_3\cos2\beta_2 = 0 \tag{5.91}$$

在这种情况下，式（5.78）的第一式简化成为

$$(A_1 + A_2)\cos2\beta_2\sin\alpha_1 - A_3\sin\beta_2\sin2\beta_2 = 0 \qquad (5.92)$$

因此，只要由式（5.91）和式（5.92）确定出 A_2、A_3，边界条件式（5.78）就得到了满足。当垂直入射，即 $\alpha_1 = 0$ 时，由式（5.91）和式（5.92）得

$$\left.\begin{array}{c} A_2 = A_1 \\ A_3 = 0 \end{array}\right\} \qquad (5.93)$$

以上的推导表明，一个无转动的入射波在自由表面反射时，将有一个无转动的反射波，其反射角与入射角相等；此外，还有一个等体积的反射波，其反射角由式（5.89）确定；无转动反射波及等体积反射波的幅值由式（5.91）和式（5.92）确定。而当无转动的波垂直自由表面入射时，则只有无转动的反射波，其幅值与无转动的入射波的相等，但相角差为 π。

2. 等体积波

设一简谐等体积波与 x 轴成 β_1 角入射，如图 5.6 所示。当振动方向与 z 轴平行时在自由表面只产生等体积反射波，而不产生无转动反射波。设等体积反射波的反射角为 β_2'，则有

$$\beta_2' = \beta_1 \qquad (5.94)$$

并且反射波的幅值与入射波的幅值相等，但相角差为 π。当振动方向与 z 轴垂直时在自由表面不仅产生等体积反射波还产生无转动反射波。如令 α_2' 为无转动反射波的反射角，则有

$$\left.\begin{array}{c} \beta_2' = \beta_1 \\ \dfrac{\sin\alpha_2'}{v_p} = \dfrac{\sin\beta_1}{v_s} \end{array}\right\} \qquad (5.95)$$

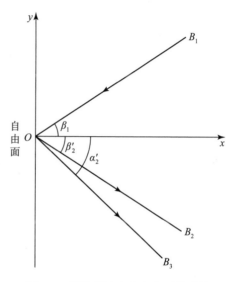

图 5.6　等体积波在自由表面的反射

如令 B_1 为入射的等体积波的幅值，B_2、B_3 分别为等体积反射波和无转动反射波的幅值，则 B_2、B_3 按下式确定：

$$\left.\begin{array}{c} (B_1 + B_2)\sin2\beta_1\sin\beta_1 - \beta_2\sin\alpha_2'\cos2\beta_1 = 0 \\ (B_1 - B_2)\cos2\beta_1 - 2B_3\sin\beta_1\cos\alpha_2' = 0 \end{array}\right\} \qquad (5.96)$$

当等体积波垂直入射时，得

$$\left.\begin{array}{c} B_3 = 0 \\ B_2 = B_1 \end{array}\right\} \qquad (5.97)$$

则不产生无转动反射波，而等体积反射波的幅值与等体积入射波的幅值相等，但相角差为 π。

5.4.2　波在两种介质界面的反射和折射

波在两种介质分界面将发生反射和折射现象。在界面的两侧，应力和位移应满足下列条件：

法向应力相等；

切向应力相等；

法向位移相等；

切向位移相等。

1. 无转动波

对在 xy 平面内与 x 轴成 α_1 角入射的无转动波，如图 5.7 所示，在分界面要产生无转动反射波和等体积反射波，其反射角分别为 α_2、β_2。此外，还要产生无转动折射波和等体积折射波，其折射角分别为 α_3、β_3。由上述的界面条件得到：

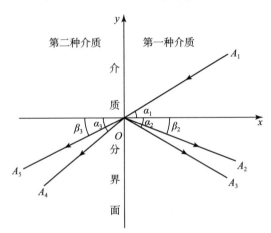

图 5.7　无转动波在两种介质分界面的反射和折射

$$\left.\begin{array}{l} \alpha_1 = \alpha_2 \\[2mm] \dfrac{\sin\alpha_1}{v_{\mathrm{p,1}}} = \dfrac{\sin\beta_2}{v_{\mathrm{s,1}}} = \dfrac{\sin\alpha_3}{v_{\mathrm{p,2}}} = \dfrac{\sin\beta_3}{v_{\mathrm{s,2}}} \end{array}\right\} \tag{5.98}$$

设 A_1 为入射的无转动波的幅值，A_2、A_3 分别为无转动反射波和等体积反射波的幅值，A_4、A_5 分别为无转动折射波和等体积折射波的幅值，由上述的界面条件和式 (5.98) 可得到确定 A_2、A_3、A_4 和 A_5 的关系。当无转动波垂直入射时，则得

$$\left.\begin{array}{l} A_3 = A_5 = 0 \\[2mm] A_2 = A_1(\rho_2 v_{\mathrm{p,2}} - \rho_1 v_{\mathrm{p,1}})/(\rho_2 v_{\mathrm{p,2}} + \rho_1 v_{\mathrm{p,1}}) \\[2mm] A_4 = A_1 2\rho_1 v_{\mathrm{p,1}}/(\rho_2 v_{\mathrm{p,2}} + \rho_1 v_{\mathrm{p,1}}) \end{array}\right\} \tag{5.99}$$

式中，ρ_1、ρ_2 为两种土层的密度。因此，在垂直入射时，不产生等体积反射波和等体积折射波。

2. 等体积波

同样可以得到，对在 xy 平面内与 x 轴成 β_1 角入射的等体积波，如图 5.8 所示，在分界面要产生无转动反射波和等体积反射波，反射角分别为 α'_2、β'_2。此外，还产生无转动折射波和等体积折射波，折射角分别为 α'_3、β'_3。当振动方向与 z 轴平行时，只产生等体积反射波和等体积折射波，并且

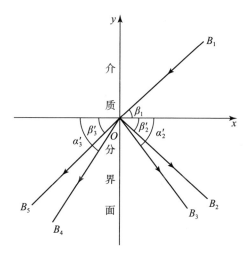

图 5.8　等体积波在两种土层界面的反射和折射

$$\left.\begin{array}{l} \beta'_2 = \beta_1 \\[2mm] \dfrac{\sin\beta_1}{v_{s,1}} = \dfrac{\sin\beta'_3}{v_{s,2}} \end{array}\right\} \tag{5.100}$$

当振动方向与 z 轴垂直时，不仅产生等体积反射波和等体积折射波，还产生无转动反射波和无转动折射波，并且

$$\left.\begin{array}{l} \beta'_2 = \beta_1 \\[2mm] \dfrac{\sin\beta_1}{v_{s,1}} = \dfrac{\sin\alpha'_2}{v_{p,1}} = \dfrac{\sin\beta'_3}{v_{s,2}} = \dfrac{\sin\alpha'_3}{v_{p,2}} \end{array}\right\} \tag{5.101}$$

如果 B_1 为入射的等体积波的幅值，B_2、B_3 分别为等体积反射波和无转动反射波的幅值，B_4、B_5 分别为无转动折射波和等体积折射波幅值，则 B_2、B_3、B_4、B_5 可由上述的界面上的条件确定。当垂直入射时，则有

$$\left.\begin{array}{l} B_3 = B_4 = 0 \\[2mm] B_1 + B_2 - B_5 = 0 \\[2mm] \rho_1 v_{s,1}(B_1 - B_2) - \rho_2 v_{s,2} B_5 = 0 \end{array}\right\} \tag{5.102}$$

则不产生无转动的反射波和无转动的折射波。

3. 头波

下面研究一种特殊情况。假如无转动入射波的入射角 α_1 正好使无转动折射波的折射角为 $90°$。在这种情况下，如果以 $\alpha_{1,c}$ 表示无转动波的入射角，由式 (5.98) 可得 $\alpha_{1,c}$ 应满足下式:

$$\sin\alpha_{1,c} = \frac{v_{p,1}}{v_{p,2}} \tag{5.103}$$

并把 $\alpha_{1,c}$ 叫做临界入射角。因为 $\sin\alpha_{1,c}$ 不应该大于 1，因此只有当 $v_{p,2} \geqslant v_{p,1}$ 时式 (5.99) 才有意义。这样，当无转动波的入射角为临界入射角 $\alpha_{1,c}$ 时，无转动的折射波将沿两种土层的分界面以第二层土的纵波波速传播。弹性理论表明，这种折射波会沿着分界面引起一种扰动。这种扰动又会在第一层土中产生一种新的波，这种波叫头波，它沿着与两种土层分界面成 $90°-\alpha_{1,c}$ 的方向以第一层土的纵波波速传播而到达地表面。

5.5 土动力学参数的现场测定

土的动力学参数是随动应变幅值变化的。在小应变下的杨氏模量 E、剪切模量 G 在试验室可用共振柱法测定，也可在现场测定。现场测定的优点是避免了在取样、运输过程中所产生的扰动对试验结果的影响。现场测试土的杨氏模量 E 和剪切模量 G 的设备应包括:

（1）起震设备，可以用爆破、锤击或圆形底板的起振器起震。

（2）振动接收器。

（3）波的记录器。

（4）计时器。

现场测试的物理量是土的波速。假如，纵波波速和剪切波波速 v_p、v_s 已经测得，由式 (5.51) 和式 (5.52) 可反算出杨氏模量 E 和剪切模量 G，

$$E = \rho v_p^2 \frac{(1+\nu)(1-2\nu)}{1-\nu} \tag{5.104}$$

$$G = \rho v_s^2 \tag{5.105}$$

下面介绍几种现场测定波速的方法。

5.5.1 地震法

如果振动是由于爆破激起的，则叫地震法。地表面的爆破可视为一个脉冲振源。所产生的扰动以波的形式向外传播。在地表面上离爆破源距离为 x 的点与传播方向相同的运动和与传播方向垂直的运动如图 5.9 所示。图 5.9 中有三处突出的扰动，它们分别对应于纵波、横波和瑞利波的到达。很明显，首先到达的是纵波，接着是横波，最后是瑞利波。但是，图 5.9 所示的是一种理想情况。实际记

录是错综复杂的，通常可辨别清楚的是首先到达的纵波。因此，地震法所测得的结果通常是纵波波速。

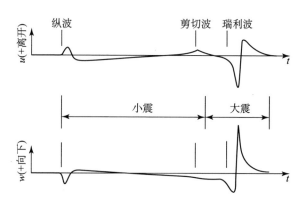

图 5.9　地表面脉冲振动引起地表面上一点的运动

纵波从爆破源到测点有三条途径。第一条途径是沿表面传播到测点，叫直达波途径。第二条途径是当地面下存在第二层土时，首先沿与界面法向成 α_1 角方向在第一层土中传播到达两种土层分界面，然后在分界面反射到达测点（图5.10）。第三条途径也是当地面下存在第二层土，并且第二层土的波速大于第一层土的波速时，首先沿临界入射角 $\alpha_{1,c}$ 方向在第一层土中传播到两种土层分界面，在分界面发生折射后沿界面在第二层土中传播，然后头波沿临界入射角 $\alpha_{1,c}$ 方向在第一层土中传播到达测点，如图 5.11 所示。

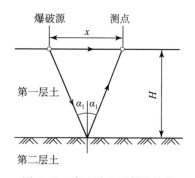

图 5.10　直达波和反射波途径

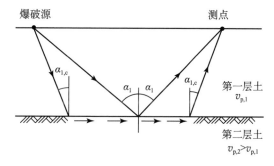

图 5.11　反射波和折射波途径

从爆破源到测点直达波的传播距离为 x；第二种途径，波的传播距离为 $2\sqrt{(x/2)^2+H^2}$；第三种途径，当分界面为水平面时折射波在第一层土中的传播距离为 $2H/\cos\alpha_{1,c}$，在第二组土中的传播距离为 $x-2H\tan\alpha_{1,c}$。上面的 H 为第一层土的厚度。由此得由爆破源到测点直达波所需的时间为

$$t_d = \frac{x}{v_{p,1}} \tag{5.106}$$

第二种途径，传播所需的时间为

$$t_r = \frac{\sqrt{x^2 + 4H^2}}{v_{p,1}} \tag{5.107}$$

第三种途径，当土层的界面为水平时波传播所需的时间为

$$t_h = \frac{x}{v_{p,2}} + 2H\left(\frac{1}{v_{p,1}\cos\alpha_{1,c}} - \frac{\tan\alpha_{1,c}}{v_{p,2}}\right)$$

将临界入射角的表达式（5.103）代入上式得

$$t_h = \frac{x}{v_{p,2}} + 2H\sqrt{\frac{1}{v_{p,1}^2} - \frac{1}{v_{p,2}^2}} \tag{5.108}$$

由式（5.106）至式（5.108）可见，直达波的时距关系线为直线，反射波的时距关系线为双曲线，而折射波的时距关系线也为直线，分别如图5.12和图5.13所示。由图5.12可见，直达波时距关系线的斜率为纵波波速的倒数。由此确定的纵波波速相应于表面附近土的数值。由图5.12还可见，反射波时距关系线的渐近线的斜率也为纵波波速的倒数。但是，由此确定的纵波波速相应于第一层土的平均数值。反射波时距关系线的截距为$\alpha H/v_{p,1}$。这样，当$v_{p,1}$求得后就可由截距和$v_{p,1}$求出第一层土的厚度H。由图5.13可见，折射波时距关系线的斜率为第二层土的纵波波速倒数。由此确定的纵波波速相应于靠近界面的第二层土的数值。由图5.13还可见，折射波时距关系线的截距C为

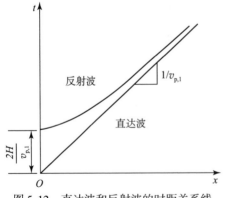

图5.12　直达波和反射波的时距关系线

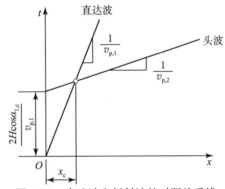

图5.13　直达波和折射波的时距关系线

$$C = 2H\sqrt{\frac{1}{v_{p,1}^2} - \frac{1}{v_{p,2}^2}} = \frac{2H\cos\alpha_{1,c}}{v_{p,1}} \tag{5.109}$$

在表面上与爆破源的距离等于或大于 $2H\tan\alpha_{1,c}$ 的点都可记录到头波的到达。但在靠近爆破源的点直达波首先到达，接着反射波到达，最后折射波到达。由于折射波在波速较高的第二层中传播，当点与爆破源的距离大于一定数值之后折射波将首先到达。因此，在表面上一定有一点直达波和折射波同时到达。这一点的条件为

$$t_d = t_h$$

由此条件可求出这点与爆破源的距离，并把这个距离叫做跨越距离，以 x_c 表示，

$$x_c = 2H\sqrt{\frac{v_{p,2} + v_{p,1}}{v_{p,2} - v_{p,1}}} \tag{5.110}$$

另外，跨越距离 x_c 可由直达波和折射波的时距关系线确定，它是这两条关系线交点的横坐标，如图 5.13 所示。这样，当截距和跨越距离确定后就可由式 (5.109) 和式 (5.110) 求出 $v_{p,1}$ 和 H 值。

为了获得时距关系线应在地面上与爆破源相距不同的位置设置测点。由记录可以明确地辨别出首先到达的波的准确时间。上面曾指出，对于离爆破源较近的测点直达波首先到达，而在跨越距离以外的测点折射波首先到达。因此，这两个波的到达时间都可明确地辨别出来。由于反射波总是在直达波或折射波到达之后才到达，因此往往难以明确辨别出它的到达时间。这就是反射波法的缺点。

5.5.2 孔中逐层检测法

这种方法可与钻探工作同时进行。如图 5.14 所示，设沿钻孔布置一系列测点，测点 i 的深度为 h_i。在钻孔旁与钻孔中心相距 L 的位置放一重物 W。设测点与重物中心的连线与垂线的夹角为 α_i。如果水平击打重物 W，则产生一个剪切振动向下传播。由重物中心到测点的传播距离 S_i 为

$$S_i = h_i/\cos\alpha_i$$

设 j 为 i 测点以上的一个测点，在 $j-1$ 到 j 之间的传播距离 $S_{j-1,j}$ 为

$$S_{j-1,j} = (h_j - h_{j-1})/\cos\alpha_i \tag{5.111}$$

在这段距离传播所用的时间为 $(h_j-h_{j-1})/\cos\alpha_i \cdot v_{s,j}$，式中 $v_{s,j}$ 为从 $j-1$ 到 j 点之间土层的剪切波速。这样，设波在距离 $S_{i-1,i}$ 传播所用的时间为 $\Delta t_{i-1,i}$，则

$$\Delta t_{i-1,\,i} = t_i - \sum_{j=1}^{i-1} \frac{h_j - h_{j-1}}{v_{s,j}\cos\alpha_i}$$

式中，t_i 为在测点 i 记录到的波的到达时间。由此得，$i-1$ 到 i 点之间土的剪切波速 $v_{s,i}$ 为

$$v_{s,i} = \frac{h_i - h_{i-1}}{t_i\cos\alpha_i - \sum_{j=1}^{i-1} \frac{h_j - h_{j-1}}{v_{s,j}}} \tag{5.112}$$

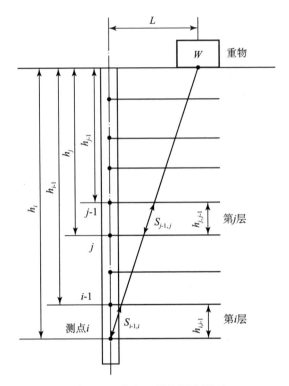

图 5.14 孔中逐层检测法原理

因此，只要测得波到达各测点的时间 t_i 就可由式（5.112）逐点算出土的剪切波速 v_i。

由上可见，孔中逐层检波法测得的是土的剪切波速，并且可测出剪切波速随深度的变化。

5.5.3 地表振动法

放置于弹性半空间表面上的圆形基础，当它竖向振动时将产生纵波、剪切波和瑞利波。这三种波所占的能量比如表 5.1 所示。不难看出，大部分能量是以瑞利波传播的。

表 5.1 圆形基础振动时三种波所占的能量

波的类型	所占的能量/%
纵 波	7
剪切波	26
瑞利波	67

这样，如果在地面上放置一系列接受器就可收到由圆形基础竖向运动所激起的振动。假如圆形基础的震动用下式表示：

$$w(t) = w_0\sin\omega t \tag{5.113}$$

那么表面上其他点的竖向振动可写成

$$w(t) = w_0\sin(\omega t - \varphi)$$

式中，φ 为相角差。设表面上一点到圆形基础中心的距离为 r，上式可改写成为

$$w(t) = w_0\sin\omega\left(t - \frac{r}{v_r}\right)$$

如果以 f 表示圆形基础的振动频率，上式还可写成

$$w(t) = w_0\sin\left(\omega t - \frac{2\pi fr}{v_r}\right) \tag{5.114}$$

如图 5.15 所示，离圆形基础为瑞利波长 L_r 一点的相角 $\varphi = 2\pi$。这样，由式 (5.114) 得

$$2\pi = 2\pi f\frac{L_r}{v_r}$$

由上式就可得瑞利波速

$$v_r = fL_r \tag{5.115}$$

因为 f 为圆形基础竖向的振动频率，是已知的，L_r 是瑞利波长，可由实测得到，则由式 (5.115) 可确定出瑞利波速，并可将其值近似地取成为剪切波速。

理论研究表明，瑞利波随表面以下的深度而衰减。通常认为，瑞利波在表面以下的影响深度约为一个波长。因此，由表面振动法所确定出来的波速可看做是地表下深度为一个瑞利波长范围内土波速的平均值，或看做为深度为半个瑞利波长处土的数值。

此外，圆形基础的振动频率越低时，瑞利波长就越长。因此，改变圆形基础的振动频率就可得到不同的波长；这样，就可测得地表面以下不同深度处土的性质。根据试验结果，可绘出给定不同频率时的波数与振源距的关系线。一个粉砂层的试验结果如图 5.16 所示。这是一组直线，其斜率的倒数即为相应频率的瑞利波波长。由图 5.16 求出不同振动频率的波长后就可算出相应的剪切波速。由此，可确定出土的剪切波速随地表下深度的变化。因此，表面振动法测得的也是

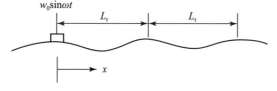

图 5.15　圆形基础竖向振动引起的地表运动

土的剪切波速，并且可测出剪切波速随深度的变化。

除上面介绍的几种波速测定法外，还有一种常用的方法，即跨孔法。对这种波速测定法在此不做具体介绍了。

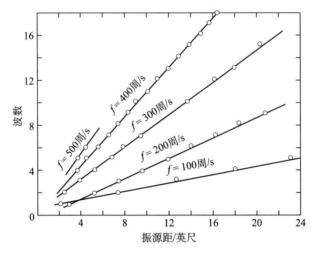

图 5.16 圆形基础竖向振动引起的地表运动波数与振源距关系

参 考 文 献

[1] 铁摩辛柯，古地尔，弹性理论，人民教育出版社，1964。

[2] 小理查特，伍兹，小霍尔，土与基础的振动，中国建筑工业出版社，1976。

[3] Kolsky H, Stress Waves in Solids, Dover Publications, 1963。

[4] 石原研而，土質动力学の基础，鹿岛出版会，照和 54 年。

第六章　土体对地震动的反应分析

6.1　概　述

　　首先指出，本章主要表述土体的地震反应分析，但是其方法也适用于土体对其他动力作用的反应分析。求解地震时土体中各点运动的位移、速度、加速度以及应变和应力等量叫做土体对地震动的反应分析。在反应分析中，必须正确地考虑土的动力学特性、土体的组成及几何尺寸、地震动的特性以及边界条件。这样，才能保证所求解量的精度，为正确估价土体在地震时的性能提供可靠的依据。

　　关于土的动力计算模型，按第四章所述，可采用弹塑性模型或等价线性化粘-弹性模型。当采用弹塑性模型时，反应分析是用增量法进行的，采用切线模量做为计算模量。这样，每个计算时刻的模量必须改变，计算量比较大。因此，弹塑性模型多用于计算量较小的一维问题。当采用等价线性化粘-弹性模型时，反应分析是用迭代法进行的，采用割线模型做为计算模量。在每一次迭代计算过程中，计算模量保持不变，计算量比较小。因此，等价线性化粘弹性模型不仅适用于一维问题，更适用于计算量较大的二维或三维问题。然而，无论是采用弹塑性模型还是等价线性化粘弹性模型，当计算模量确定之后，反应分析与线性粘弹性模型的相同。因此，下面首先给出线性粘弹性模型的地震反应分析方法，然后再说明考虑土的动力非线性性能的方法。

　　在大多数情况下，土体向两侧是无限延伸的，例如图 6.1a 所示的土坡。这时需要从无限土体中取出所关心的一部分进行反应分析，如图 6.1b 所示。为了保证所关心的部分的解答不受两侧截取边界的影响，侧向边界应离所关心的部分足够远。这个距离通常按经验或试算来确定。这样截取的侧向边界条件可以取成固定边界或位移是自由的边界。通常，在地震反应分析中当侧向边界限取成固定边界时影响范围要比取成自由边界的大。因此，将侧向边界取成自由边界更好一些。

　　在地震反应分析中，通常认为地震动是从下部基岩向上传到土体的。也就是说，地震时土体的运动是由下部基岩的运动激起的。由于建筑物的延伸尺寸与地震波的波长相比通常较小，认为基岩与土体接触面上各点的运动是相同的，即没有相位差。这样，地震时土体一点的运动可分为两部分，以水平运动为例，如图 6.2 所示。第一部分，与基岩一起的运动，叫做刚体运动，以 u_g 表示；第二部

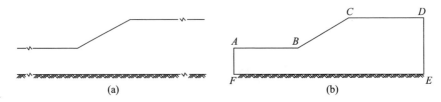

图 6.1 土体地震反应分析中侧向边界的处理

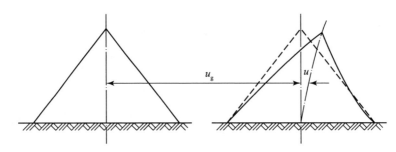

图 6.2 地震时土体的运动

分，相对基岩的运动，叫做相对运动，以 u 表示。如果以 u_T 表示土体一点的总的运动，则有

$$u_T = u_g + u \tag{6.1}$$

很明显，在基岩与土体接触面上

$$\left. \begin{aligned} u_T &= u_g \\ u &= 0 \end{aligned} \right\} \tag{6.2}$$

这样，可以把基岩看成以 u_g 规律做刚体运动。因为 u_g 是已知的基岩地震动，只要求出土体的相对运动就可由式（6.1）确定出土体的总运动。因此，可将基岩与土体的分界面作为参与计算土体的下部边界。按式（6.2），在这个边界上土体的相对位移为零。

在某些情况下，基岩的埋藏很深。这时，常常不取基岩与土体的分界面作为计算土体的下部边界，而将某一相对硬层与上部土体的分界面取作参与计算土体的下部边界。所谓相对硬层是指在地表下剪切模量比其上土层的剪切模量显著高的土层，例如密实砂层、硬粘土层和砂砾石层等。

当结构的延伸尺寸与地震波长相比较大时，基岩与土体接触面上各点运动的相位差的影响应变大。考虑这种相位差的影响应将地震时接触面上各点的运动看成为一个行波，这样的反应分析叫做对行波的地震反应分析。

由此可见，为了进行地震反应分析必须预先确定基岩或相对硬层的地震动时程 $r_g(t)$。地震动时程 $r_g(t)$ 与所在的场地条件有关。现在，地震危险性分析可给出指定场地的人造地震动时程 $r_g(t)$。较早的方法是从已往的地震记录中选取一个时程曲线，加以适当的调整，使调整后的时程曲线的主要特性与所在场地的相应特性相同，然后将其做为计算的地震动时程 $r_g(t)$。这样，需研究所在场地的地震动特性，其中包括所在场地的基岩或相对硬层的地震运动的最大加速度、加速度反应谱、卓越周期以及运动的持续时间或所包含的主要往返次数。场地的基岩或相对硬层的这些特性与地震的震级和场地的震中距或断层距等因素有关。根据场地周围地区的地震地质条件和历史地震活动性，确定在场地周围地区可能发生的地震震级、场地的震中距或断层距、场地的基岩或相对硬层的地震动特性是地震危险性分析的内容，超出本书的范围。在此要指出，最重要的事情是确定场地周围地区可能发生的地震的震级和场地的震中距或断层距。当这两个参数确定以后，相应的场地基岩或相对硬层的地震动特性就可由某些经验关系估算出来。图 6.3 给出了一个由震级、震中距或断层距估算基岩或相对硬层的地震运动最大加速度的经验关系，图 6.4 给出了一个估算相应卓越周期的经验关系[1]。

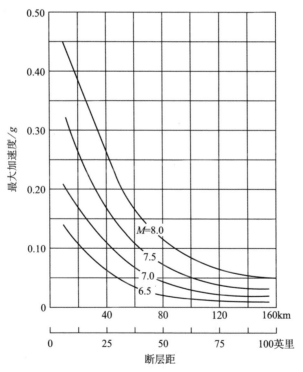

图 6.3　基岩或相对硬层的地震动最大加速度与
地震震级、震中距或断层距的经验关系

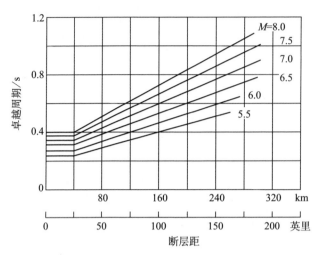

图 6.4 基岩或相对硬层的地震动卓越周期与地震震级、震中距或断层距的经验关系

当所在场地的基岩或相对硬层的地震动的最大加速度 $a_{\max,D}$ 和卓越周期 $T_{op,D}$ 确定出来之后，就可对选用的已往地震运动记录加以调整。如在未调整之前选定的已往地震动记录的最大加速度为 $a_{\max,M}$ 和卓越周期为 $T_{op,M}$，令

$$\left.\begin{aligned} \alpha_a &= \frac{a_{\max,D}}{a_{\max,M}} \\ \alpha_T &= \frac{T_{op,D}}{T_{op,M}} \end{aligned}\right\} \qquad (6.3)$$

式中，α_a、α_T 分别为地震动加速度放大比和卓越周期放大比。当 α_a、α_T 确定出之后，调整选用的地震动记录则是件简单的事情。令 a_D、t_D 分别表示调整后的地震动加速度和相应的时间，则

$$\left.\begin{aligned} a_D &= \alpha_a a_M \\ t_D &= \alpha_T t_M \end{aligned}\right\} \qquad (6.4)$$

式中，a_M、t_M 分别为未调整前选用的地震动记录的加速度和相应的时间。

应该强调，只对选用的已往地震动记录进行加速度数值的调整是不够的，时间坐标的调整，即卓越周期的调整是必要的。因为土体对输入的基岩或相对硬层运动的反应不仅与输入时程曲线的加速度大小有关。还与其频率含量有关。时间坐标的调整可以改变选用的已往地震动时程曲线的频率含量，使其卓越周期与场地基岩或相对硬层的地震运动的卓越周期相等。

计算技术的发展使地震反应分析可以求解出土体中每一点地震动的加速度和应力的时程曲线。在这种情况下，像上面指出的那样，要确定基岩或相对硬层的地震动的时程曲线。应该指出，求土体中每一点地震动的加速度和应力的时程曲

线这种反应分析是很不经济的。在某些情况下，只求出土体中每一点地震动的加速度和应力的最大值就够了。这种地震反应分析有时可用简化的方法进行。在这种情况下，则要求确定出基岩或相对硬层的地震动的加速度反应谱。它可以从已往在基岩或相对硬层上记录到的地震运动加速度反应谱中选用。设它的卓越周期为 T_{op}，然后将反应谱的横坐标周期 T 以周期比 T/T_{op} 代替重新绘制反应普曲线。这样的反应普曲线消除了原来选用的加速度反应谱的卓越周期 T_{op} 与所考虑的场地卓越周期 $T_{op,D}$ 的不同的影响。塔夫特地震动加速度反应谱重制前后的曲线分别如图 6.5a、b 所示。应指出，反应谱曲线通常是对阻尼比 2% 或 5% 绘制的。由于土的阻尼比这个数值范围大，因此土体反应分析所需要的地震加速度反应谱应该包括更大阻尼比的曲线，如阻尼比 10%、15% 和 20% 的曲线。

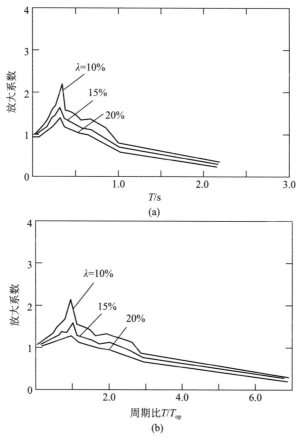

图 6.5　塔夫特地震动加速度反应谱

6.2 水平土层的地震反应分析

一个水平场地对地震的反应通常可以简化成水平土层对地震的反应[2]。如图 6.6 所示，设在水平方向土的性质是均匀的，基岩或相对硬层与上面土层的接触面为水平面，基岩或相对硬层只做水平运动，则水平土层只产生水平的剪切运动，并且只与竖向坐标 z 有关而与水平坐标 x 无关。这样，水平土层的地震反应就简化成一维问题，只需从水平土层中取出一个单位面积的竖向土柱进行研究。

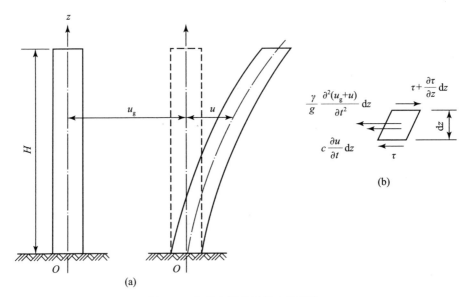

图 6.6 水平土层地震反应的简化

6.2.1 土柱剪切模量为常数情况

首先研究土的性质不随深度变化而为常数的情况。设土的重力密度为 γ，剪切模量为 G，粘滞系数为 c，相应的阻尼比为 λ，并将竖向坐标原点取在基岩或相对硬层与土层的接触上，向上为正。现在从水平土层中取出一个单位面积的土柱，当其下基岩或相对硬层做水平运动时其运动如图 6.6 所示。图 6.6a 中，u_g 为基岩或相对硬层的水平运动，即土的刚柱体运动，u 为土柱对基岩或相对硬层的相对运动。从土柱中取出长度为 dz 的微元体，作用于微元体上的力如图 6.6b 所示。

弹性恢复力，等于作用于微元土柱上下面上的剪力之差。因为土柱具有单位面积，因此弹性恢复力为

$$\frac{\partial \tau}{\partial z}\mathrm{d}z = G\frac{\partial^2 u}{\partial z^2}\mathrm{d}z$$

惯性力为

$$\frac{\gamma}{g} \frac{\partial^2 (u_g + u)}{\partial t^2} \mathrm{d}z = \rho\left(\frac{\mathrm{d}^2 u_g}{\mathrm{d}t^2} + \frac{\partial^2 u}{\partial t^2}\right)$$

式中，ρ 为土的密度；$\dfrac{\mathrm{d}^2 u_g}{\mathrm{d}t^2}$ 为基岩或相对硬层的地震动加速度水平分量。

粘性阻力，假定与微元体 $\mathrm{d}z$ 的运动速度成正比，则为

$$c\frac{\partial u}{\partial t}\mathrm{d}z$$

由微元土柱的动力平衡得

$$G \frac{\partial^2 u}{\partial z^2}\mathrm{d}z = \rho\left(\frac{\mathrm{d}^2 u_g}{\mathrm{d}t^2} + \frac{\partial^2 u}{\partial t^2}\right)\mathrm{d}z + c\frac{\partial u}{\partial t}\mathrm{d}z$$

简化上式得

$$\frac{\partial^2 u}{\partial t^2} - \frac{G}{\rho}\frac{\partial^2 u}{\partial z^2} + \frac{c}{\rho}\frac{\partial u}{\partial t} = -\frac{\mathrm{d}^2 u_g}{\mathrm{d}t^2} \tag{6.5}$$

式（6.5）即为均质土柱的地震反应方程式，其定解条件为

$$\left.\begin{array}{l} z = 0, \quad u = 0 \\[2mm] z = H, \quad \dfrac{\partial u}{\partial z} = 0 \\[2mm] t = 0, \quad u = 0, \quad \dfrac{\partial u}{\partial t} = 0 \end{array}\right\} \tag{6.6}$$

式中，H 为土层厚度。

首先求齐次方程式

$$\frac{\partial^2 u}{\partial t^2} - \frac{G}{\rho}\frac{\partial^2 u}{\partial z^2} + \frac{c}{\rho}\frac{\partial u}{\partial t} = 0 \tag{6.7}$$

满足定解条件式（6.6）的解。按分离变量法，令

$$u = ZT \tag{6.8}$$

式中，Z、T 分别为坐标 z 和时间 t 的函数。将式（6.8）代入式（6.7）得

$$\frac{\mathrm{d}^2 Z}{\mathrm{d}z^2} + A^2 Z = 0 \tag{6.9}$$

其边界条件为

$$z = 0, \ Z = 0 \atop z = H, \ \dfrac{\partial Z}{\partial z} = 0 \Bigg\} \tag{6.10}$$

和

$$\frac{\mathrm{d}^2 T}{\mathrm{d}t^2} + \frac{c}{\rho} \frac{\mathrm{d}T}{\mathrm{d}t} + A^2 \frac{G}{\rho} T = 0 \tag{6.11}$$

其初始条件为

$$t = 0 \ \text{时}, \quad T = 0, \quad \frac{\mathrm{d}T}{\mathrm{d}t} = 0 \tag{6.12}$$

由常微分方程理论，式（6.9）的解为

$$Z = c_1 \sin Az + c_2 \cos Az$$

式中，c_1、c_2 为两个由边界条件待定的常数。由式（6.10）的第一式得 $c_2 = 0$，则

$$Z = c_1 \sin Az \tag{6.13}$$

由式（6.10）的第二式得

$$\cos AH = 0$$

由此得

$$A_i = \frac{i\pi}{2H} \qquad i = 1, \ 3, \ 5, \ \cdots \tag{6.14}$$

将 A 值代入式（6.13）得

$$Z_i = c_1 \sin \frac{i\pi}{2H} z \qquad i = 1, \ 3, \ 5, \ \cdots \tag{6.15}$$

如令

$$\omega_i = A_i \sqrt{\frac{G}{\rho}} \atop 2\lambda_i \omega_i = \dfrac{c}{\rho} \Bigg\} \tag{6.16}$$

并代入式（6.11）得

$$\frac{\mathrm{d}^2 T}{\mathrm{d}t^2} + 2\lambda_i \omega_i \frac{\mathrm{d}T}{\mathrm{d}t} + \omega_i^2 T = 0 \tag{6.17}$$

解式（6.17）得

$$T_i = \mathrm{e}^{-\omega_i \lambda_i t}(c_{1,i} \cos \omega_{1,i} t + c_{2,i} \sin \omega_{1,i} t) \tag{6.18}$$

式中，$c_{1,i}$、$c_{2,i}$ 为两个待定的系数；$\omega_{1,i}$ 由下式决定

$$\omega_{1,\ i} = \omega_i (1 - \lambda_i)^{\frac{1}{2}} \tag{6.19}$$

由式（6.18）可知，$\omega_{1,i}$ 是有粘性阻力时土柱的自由振动圆频率。当没有粘性阻

力时，$c=0$，$\lambda_i=0$，因此 $\omega_{1,i}=\omega_i$。这表明，ω_i 是没有粘性阻力时土柱的自由振动圆频率。将 A_i 值代入式（6.16）得土柱的自由振动圆频率：

$$\omega_i = \frac{i\pi}{2H}\sqrt{\frac{G}{\rho}} \qquad i=1,3,5,\cdots \tag{6.20}$$

而式（6.15）为土柱的相应振型函数。当 $\lambda_i=1$ 时 $\omega_{1,i}=0$，式（6.18）变成随时间单调衰减的函数。因此，$\lambda_i=1$ 时的粘性系数为临界粘性系数，以 c_r 表示。由式（6.16）第二式得

$$c_{r,i} = 2\rho\omega_i \tag{6.21}$$

因此

$$\lambda_i = \frac{c}{c_{r,i}} \tag{6.22}$$

式中，λ_i 是相应的阻尼比。

根据式（6.8）和迭加原理得

$$u = \sum_{i=1}^{\infty} Z_i T_i \qquad i=1,3,5,\cdots \tag{6.23}$$

将式（6.15）和式（6.18）代入上式得

$$u = \sum_{i=1}^{\infty} e^{-\omega_i\lambda_i t}(d_{1,i}\cos\omega_{1,i}t + d_{2,i}\sin\omega_{1,i}t)\sin\frac{i\pi}{2H}z \qquad i=1,3,5,5\cdots \tag{6.24}$$

式中，$d_{1,i}$、$d_{2,i}$ 为两个由初始条件待定的系数。对于零初始条件式（6.12），$d_{1,i}=d_{2,i}=0$，即得到零解

现在求解非齐次方程式（6.5）。注意振型函数式（6.15）的正交性：

$$\left.\begin{array}{l}\int_0^H \sin\frac{i\pi}{2H}z\,\sin\frac{j\pi}{2H}z\mathrm{d}z = 0 \qquad i\neq j \\[2mm] \int_0^H \sin\frac{i\pi}{2H}z\,\sin\frac{j\pi}{2H}z\mathrm{d}z = \frac{H}{2} \qquad i=j\end{array}\right\} \tag{6.25}$$

则有

$$1 = \sum_{i=1}^{\infty} b_i \sin\frac{i\pi}{2H}z \qquad i=1,3,5,\cdots \tag{6.26}$$

式中

$$b_i = \frac{2}{H}\int_0^H \sin\frac{i\pi}{2H}z\mathrm{d}z \qquad i=,1,3,5,\cdots$$

完成上式积分运算得

$$b_i = \frac{4}{i\pi} \qquad i=1,3,5,\cdots \tag{6.27}$$

由此得

$$\frac{\mathrm{d}^2 u_g}{\mathrm{d}t^2} = \frac{\mathrm{d}^2 u_g}{\mathrm{d}t^2} \sum_{i=1}^{\infty} \frac{4}{i\pi} \sin\frac{i\pi}{2H}z \qquad i = 1,\ 3,\ 5,\ \cdots \tag{6.28}$$

令非齐次方程式 (6.5) 的解为

$$u = \sum_{i=1}^{\infty} T_i \sin\frac{i\pi}{2H}z \qquad i = 1,\ 3,\ 5,\ \cdots \tag{6.29}$$

代入式 (6.5) 中得

$$\ddot{T}_t + 2\lambda_i\omega_i\dot{T}_i + \omega_i^2 T_i = -\frac{4}{i\pi}\frac{\mathrm{d}^2 u_g}{\mathrm{d}t^2} \qquad i = 1,\ 3,\ 5,\ \cdots \tag{6.30}$$

解式 (6.30) 得

$$T_i = d_{1,i}\cos\omega_{1,i}t + d_{2,i}\sin\omega_{1,i}t - \frac{4}{i\pi\omega_{1,i}}\int_0^t \frac{\mathrm{d}^2 u_g}{\mathrm{d}t^2}e^{-\omega_i\lambda_i(t-t_1)}\sin\omega_{1,i}(t-t_1)\mathrm{d}t_1$$

$$\tag{6.31}$$

由零初始条件式 (6.12) 得 $d_{1,i}=d_{2,i}=0$，则上式简化成

$$T = -\frac{4}{i\pi\omega_{1,i}}\int_0^t \frac{\mathrm{d}^2 u_g}{\mathrm{d}t^2}e^{-\omega_i\lambda_i(t-t_1)}\sin\omega_{1,i}(t-t_1)\mathrm{d}t_1 \qquad i = 1,\ 3,\ 5,\ \cdots$$

这样，

$$u_i = -\left[\frac{4}{i\pi\omega_{1,i}}\int_0^t \frac{\mathrm{d}^2 u_g}{\mathrm{d}t^2}e^{-\omega_i\lambda_i(t-t_1)}\sin\omega_{1,i}(t-t_1)\mathrm{d}t_1\right]\sin\frac{i\pi}{2H}z \qquad i = 1,\ 3,\ 5,\ \cdots$$

$$\tag{6.32}$$

$$u = -\sum_{i=1}^{\infty}\left[\frac{4}{i\pi\omega_{1,t}}\int_0^t \frac{\mathrm{d}^2 u_g}{\mathrm{d}t^2}e^{-\omega_i\lambda_i(t-t_1)}\sin\omega_{1,i}(t-t_1)\mathrm{d}t_1\right]\sin\frac{i\pi}{2H}z \qquad i = 1,\ 3,\ 5,\ \cdots$$

$$\tag{6.33}$$

按式 (6.23) 得相对运动加速度

$$\ddot{u} = \sum_{i=1}^{\infty} \ddot{T}_i \sin\frac{i\pi}{2H}z \qquad i = 1,\ 3,\ 5,\ \cdots \tag{6.34}$$

改写式 (6.30) 得

$$\ddot{T}_I = -\frac{4}{i\pi}\frac{\mathrm{d}^2 u_g}{\mathrm{d}t^2} - 2\lambda_i\omega_i\dot{T} - \omega_i^2 T_i \qquad i = 1,\ 3,\ 5,\ \cdots$$

代入式 (6.34) 得

$$\ddot{u} = -\frac{\mathrm{d}^2 u_g}{\mathrm{d}t^2}\sum_{i=1}^{\infty}\frac{4}{i\pi}\sin\frac{i\pi}{2H}z - \sum_{i=1}^{\infty}(2\lambda_i\omega_i\dot{T}_i + \omega_i^2 T_i)\sin\frac{i\pi}{2H}z \qquad i = 1,\ 3,\ 5,\ \cdots$$

$$\tag{6.35}$$

微分式 (6.31) 得

$$\dot{T}_i = -\omega_i\lambda_i T_i - \frac{4}{i\pi}\int_0^t \frac{\mathrm{d}^2 u_\mathrm{g}}{\mathrm{d}t^2}\mathrm{e}^{-\omega_i\lambda_i(t-t_1)}\cos\omega_{1,t}(t-t_1)\mathrm{d}t_1 \qquad i = 1,\ 3,\ 5,\ \cdots$$

将其代入式（6.35），并注意到式（6.26）和式（6.27），得

$$\ddot{u} = -\ddot{u}_\mathrm{g}(t) - \sum_{i=1}^{\infty}\left[-\frac{4\omega_i(1-2\lambda_i^2)}{i\pi\sqrt{1-\lambda_i^2}}\int_0^t \frac{\mathrm{d}^2 u_\mathrm{g}}{\mathrm{d}t^2}\mathrm{e}^{-\omega_i\lambda_i(t-t_1)}\sin\omega_{1,i}(t-t_1)\mathrm{d}t_1 \right.$$

$$\left. -\frac{8\lambda_i\omega_i}{i\pi}\int_0^t \frac{\mathrm{d}^2 u_\mathrm{g}}{\mathrm{d}t^2}\mathrm{e}^{-\omega_i\lambda_i(t-t_1)}\cos\omega_{1,i}(t-t_1)\mathrm{d}t_1 \right]\sin\frac{i\pi}{2H}z \qquad i = 1,\ 3,\ 5,\ \cdots$$

对于通常采用的 λ_i 值，$\sqrt{1-\lambda_i^2}\approx1$，$1-2\lambda_i^2\approx1$，$\omega_{1,i}\approx\omega_i$，上式简化成

$$\ddot{u} = -\ddot{u}_\mathrm{g}(t) + \sum_{i=1}^{\infty}\left[\frac{4\sin\dfrac{i\pi}{2H}z}{i\pi}\left(\omega_i\int_0^t \frac{\mathrm{d}^2 u_\mathrm{g}}{\mathrm{d}t^2}\mathrm{e}^{-\omega_i\lambda_i(t-t_1)}\sin\omega_i(t-t_1)\mathrm{d}t_1 \right.\right.$$

$$\left.\left. + 2\lambda_i\int_0^t \frac{\mathrm{d}^2 u}{\mathrm{d}t^2}\mathrm{e}^{-\omega_i\lambda_i(t-t_1)}\cos\omega_i(t-t_1)\mathrm{d}t_1 \right) \right] \quad i = 1,\ 3,\ 5,\ \cdots \quad (6.36)$$

式（6.36）圆括弧中的第二项与第一项相比可以忽略，则得

$$\ddot{u} = -\ddot{u}_\mathrm{g}(t) + \sum_{i=1}^{\infty}\frac{4\sin\dfrac{i\pi}{2H}z}{i\pi}\omega_i\int_0^t \frac{\mathrm{d}^2 u_\mathrm{g}}{\mathrm{d}t^2}\mathrm{e}^{-\omega_i\lambda_i(t-t_1)}\sin\omega_i(t-t_1)\mathrm{d}t_1 \quad i = 1,\ 3,\ 5,\ \cdots$$

$$(6.37)$$

令

$$\left.\begin{array}{l} \Phi_i(z) = \dfrac{4\sin\dfrac{i\pi}{2H}z}{i\pi} \\[4mm] V_i(t) = \displaystyle\int_0^t \frac{\mathrm{d}^2 u_\mathrm{g}}{\mathrm{d}t^2}\mathrm{e}^{-\omega_i\lambda_i(t-t_1)}\sin\omega_i(t-t_1)\mathrm{d}t \end{array}\right\} \qquad (6.38)$$

式中，$\Phi_i(z)$ 叫振型参与系数，则得

$$\ddot{u} = -\ddot{u}_\mathrm{g}(t) + \sum_{i=1}^{\infty}\Phi_i(z)\omega_i V_i(t) \qquad i = 1,\ 3,\ 5,\ \cdots \qquad (6.39)$$

由式（6.1）得总运动的加速度

$$\ddot{u}_\mathrm{T} = \sum_{i=1}^{\infty}\Phi_i(z)\omega_i V_i(t) \qquad i = 1,\ 3,\ 5,\ \cdots \qquad (6.40)$$

由于剪应力

$$\tau = G\frac{\partial u}{\partial z}$$

将式（6.33）代入得

$$\tau = -\sum_{i=1}^{\infty} \frac{2G\cos\dfrac{i\pi}{2H}z}{H\omega_i} V_i(t) \qquad i = 1,\ 3,\ 5,\ \cdots$$

令

$$\Phi_{1,i}(z) = \frac{2G\cos\dfrac{i\pi}{2H}z}{H\omega_i} \qquad i = 1,\ 3,\ 5,\ \cdots \tag{6.41}$$

则得

$$\tau = -\sum_{i=1}^{\infty} \Phi_{1,i}(z) V_i(t) \qquad i = 1,\ 3,\ 5,\ \cdots \tag{6.42}$$

由于 $\dfrac{d^2 u_g}{dt^2}$ 是时间的随机函数，$V_i(t)$ 的计算通常要用数值积分来完成。当 $V_i(t)$ 的计算完成后就可由式（6.40）和式（6.42）分别计算土柱各点的总运动的加速度和剪应力。

6.2.2　土柱剪切模量随深度增大情况

由第二章知道，土的动剪切模量与其承受的有效静平均正应力有关。因此，即使同一种土由于有效静平均正应力随深度增加，其动剪切模量也不会是常数。在许多情况下，动剪切模量与深度的关系可写成如下形式：

$$G = kz^p \tag{6.43}$$

式中，k、p 为两个常数；z 的原点取在水平地表面，向下为正，如图 6.7 所示。在这种情况下，土柱的运动方程式为

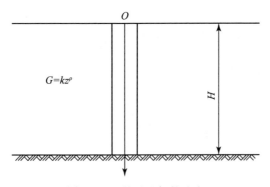

图 6.7　土柱及坐标的选取

$$\frac{\partial^2 u}{\partial t^2} + \frac{c}{p}\frac{\partial u}{\partial t} - \frac{k}{p}\frac{\partial}{\partial z}\left(z^p \frac{\partial u}{\partial z}\right) = -\frac{d^2 u_g}{dt^2} \tag{6.44}$$

式 (6.44) 仍可用分离变量方法求解。令

$$u = \sum_{i=1}^{\infty} Z_i T_i \left.\vphantom{\begin{array}{c}\\\\\end{array}}\right\}$$

$$\sum_{i=1}^{\infty} R_i Z_i = 1$$

$$(6.45)$$

式中，R_i 为将 1 在区间 $[0, H]$ 按振型函数 Z_i 展开的系数。将式 (6.45) 代入式 (6.44) 可得

$$\ddot{Z}_i + pz^{-1}\dot{Z}_i + A_i^2 z^{-p} Z_i = 0 \qquad (6.46)$$

$$\ddot{T}_i + \frac{c}{\rho}\dot{T}_i + \frac{k}{\rho}A_i^2 T_i = -R_i \frac{\mathrm{d}^2 u_{\mathrm{g}}}{\mathrm{d}t^2} \qquad (6.47)$$

下面来研究式 (6.46) 的解。引用坐标变换

$$z = c\bar{z}^{\theta} \qquad (6.48)$$

$$Z_i = \bar{z}^b \bar{Z}_i \qquad (6.49)$$

式中，c、θ、b 为待定常数，则得

$$\frac{\mathrm{d}Z_i}{\mathrm{d}z} = \frac{\mathrm{d}Z_i}{\mathrm{d}\bar{z}}\frac{\mathrm{d}\bar{z}}{\mathrm{d}z} \qquad (6.50)$$

由式 (6.48) 得

$$\frac{\mathrm{d}\bar{z}}{\mathrm{d}z} = \frac{1}{c\theta\bar{z}^{\theta-1}}$$

由式 (6.49) 得

$$\frac{\mathrm{d}Z_i}{\mathrm{d}\bar{z}} = b\bar{z}^{b-1}\bar{Z}_i + \bar{z}^b \frac{\mathrm{d}\bar{Z}_i}{\mathrm{d}\bar{z}}$$

将这两式代入式 (6.50) 得

$$\frac{\mathrm{d}Z_i}{\mathrm{d}z} = \frac{b}{c\theta}\bar{z}^{b-\theta}\bar{Z}_i + \frac{1}{c\theta}\bar{z}^{b-\theta+1}\frac{\mathrm{d}\bar{Z}_i}{\mathrm{d}\bar{z}}$$

同理得

$$\frac{\mathrm{d}^2 Z_i}{\mathrm{d}z^2} = \frac{b(b-\theta)}{c^2\theta^2}\bar{z}^{b-2\theta}\bar{Z}_i + \frac{2b-\theta+1}{c^2\theta^2}\bar{z}^{b-2\theta+1}\frac{\mathrm{d}\bar{Z}_i}{\mathrm{d}\bar{z}} + \frac{1}{c^2\theta^2}\bar{z}^{b-2\theta+2}\frac{\mathrm{d}^2\bar{Z}_i}{\mathrm{d}\bar{z}^2}$$

将这两式及式 (6.48) 代入式 (6.46) 得

$$\ddot{\bar{Z}}_i + (p\theta + 2b - \theta + 1)\frac{\dot{\bar{Z}}_i}{\bar{z}} + \left[b(\theta p + b - \theta) + A_i^2 c^{-p+2}\theta^2\bar{z}^{\theta p+2\theta}\right]\frac{1}{\bar{z}^2}\bar{Z}_i = 0$$

$$(6.51)$$

令

$$p\theta + 2b - \theta = 0 \atop \theta(2 - p) = 2 \atop A_i^2 c^{-p+2}\theta^2 = 1 \Bigg\} \tag{6.52}$$

则
$$b(\theta p + b - \theta) = -b^2$$

这样，式（6.51）简化成

$$\ddot{\overline{Z}}_i + \frac{1}{z}\dot{\overline{Z}}_i + \left(1 - \frac{b^2}{z^2}\right)\overline{Z}_i = 0 \tag{6.53}$$

式（6.53）为 b 阶贝塞尔方程式。由式（6.52）可确定出式（6.48）和式（6.49）中的三个常数：

$$\theta = \frac{2}{2 - p} \atop b = \frac{1 - p}{2 - p} \atop c_i = \sqrt[2-p]{\frac{(2 - p)^2}{4A_i^2}} = \sqrt[\frac{1}{\theta}]{\frac{1}{A_i\theta}} \Bigg\} \tag{6.54}$$

b 阶贝塞尔方程式的解

$$\overline{Z}_i = d_1 J_b(\bar{z}) + d_2 J_{-b}(\bar{z}) \tag{6.55}$$

式中，$J_b(\bar{z})$、$J_{-b}(\bar{z})$ 分别为 b 阶和 $-b$ 阶贝塞尔函数。将式（6.48）和式（6.49）代入式（6.55）得

$$Z_i = \left(\frac{z}{c_i}\right)^{\frac{b}{\theta}}\left\{d_1 J_b\left[\left(\frac{z}{c_i}\right)^{\frac{1}{\theta}}\right] + d_2 J_{-b}\left[\left(\frac{z}{c_i}\right)^{\frac{1}{\theta}}\right]\right\} \tag{6.56}$$

式中，d_1、d_2 为两个待定常数，由边界条件确定。将式（6.56）对 z 微分得

$$\frac{dZ_i}{dz} = \frac{b}{c_i\theta}\left(\frac{z}{c_i}\right)^{\frac{b}{\theta}-1}\left\{d_1 J_b\left[\left(\frac{z}{c_i}\right)^{\frac{1}{\theta}}\right] + d_2 J_{-b}\left[\left(\frac{z}{c_i}\right)^{\frac{1}{\theta}}\right]\right\}$$
$$+ \frac{1}{c_i\theta}\left(\frac{z}{c_i}\right)^{\frac{b+1}{\theta}-1}\left\{d_1 \dot{J}_b\left[\left(\frac{z}{c_i}\right)^{\frac{1}{\theta}}\right] + d_2 \dot{J}_{-b}\left[\left(\frac{z}{c_i}\right)^{\frac{1}{\theta}}\right]\right\}$$

按贝塞尔函数递推公式得

$$\dot{J}_b = J_{b-1} - \frac{b}{\left(\frac{z}{c_i}\right)^{\frac{1}{\theta}}} J_b$$

$$\dot{J}_{-b} = -J_{-b+1} - \frac{b}{\left(\frac{z}{c_i}\right)^{\frac{1}{\theta}}} J_{-b}$$

将这两式代入 $\dfrac{\mathrm{d}Z_i}{\mathrm{d}z}$ 表达式中得

$$\frac{\mathrm{d}Z_i}{\mathrm{d}z} = \frac{1}{c_i\theta}\left(\frac{z}{c_i}\right)^{\frac{b+1}{\theta}-1}\left\{d_1\mathrm{J}_{b-1}\left[\left(\frac{z}{c_i}\right)^{\frac{1}{\theta}}\right] - d_2\mathrm{J}_{-b+1}\left[\left(\frac{z}{c_i}\right)^{\frac{1}{\theta}}\right]\right\}$$

由 $z=0$，$\tau=0$，得 $z=0$ 时

$$z^p\frac{\mathrm{d}Z_i}{\mathrm{d}z} = 0$$

将 $\dfrac{\mathrm{d}Z_i}{\mathrm{d}z}$ 的表达式代入上式左边，得

$$z^p\frac{\mathrm{d}Z_i}{\mathrm{d}z} = \frac{b}{\theta c_i^{\frac{2b}{\theta}}}\left(\frac{z}{c_i}\right)^{\frac{b+1}{\theta}-1+p}\left\{d_1\mathrm{J}_{b-1}\left[\left(\frac{z}{c_i}\right)^{\frac{1}{\theta}}\right] - d_2\mathrm{J}_{-b+1}\left[\left(\frac{z}{c_i}\right)^{\frac{1}{\theta}}\right]\right\}$$

可以证明，当 $z \to 0$ 时

$$\left(\frac{z}{c_i}\right)^{\frac{b+1}{\theta}-1+p}\mathrm{J}_{b-1}\left[\left(\frac{z}{c_i}\right)^{\frac{1}{\theta}}\right] \to \infty$$

$$\left(\frac{z}{c_i}\right)^{\frac{b+1}{\theta}-1+p}\mathrm{J}_{-b+1}\left[\left(\frac{z}{c_i}\right)^{\frac{1}{\theta}}\right] \to 0$$

因此，要满足 $z=0$，$\tau=0$ 的边界条件应有

$$d_1 = 0$$

这样，

$$Z_i = d_2\left(\frac{z}{c_i}\right)^{\frac{b}{\theta}}\mathrm{J}_{-b}\left[\left(\frac{z}{c_i}\right)^{\frac{1}{\theta}}\right]$$

另外，由 $z=H$ 时 $u=0$ 得

$$\mathrm{J}_{-b}\left[\left(\frac{H}{c_i}\right)^{\frac{1}{\theta}}\right] = 0$$

设 $\beta_{-b,i}$ 为贝塞尔函数 J_{-b} 的零点，则得

$$c_i = \frac{H}{\beta_{-b,i}^{\theta}} \tag{6.57}$$

将式（6.57）代入 Z_i 的表达式得

$$Z_i = d_2\beta_{-b,i}^{b}\left(\frac{z}{H}\right)^{\frac{b}{\theta}}\mathrm{J}_{-b}\left[\beta_{-b,i}\left(\frac{z}{H}\right)^{\frac{1}{\theta}}\right] \tag{6.58}$$

Z_i 的形式确定之后，现在确定式（6.45）中的 R_i 之值。将式（6.58）代入式（6.45）得

$$\sum_{i=1}^{\infty} R_i d_2 \beta_{-b,i}^b \left(\frac{z}{H}\right)^{\frac{b}{\theta}} \mathrm{J}_{-b}\left[\beta_{-b,i}\left(\frac{z}{H}\right)^{\frac{1}{\theta}}\right] = 1$$

令

$$v = \left(\frac{z}{H}\right)^{\frac{1}{\theta}}$$

代入上式得

$$\sum_{i=1}^{\infty} R_i d_2 \beta_{-b,i}^b (v)^b \mathrm{J}_{-b}(\beta_{-b,i} v) = 1$$

改写上式得

$$\sum_{i=1}^{\infty} R_i d_2 v \mathrm{J}_{-b}(\beta_{-b,i} v) = \beta_{-b,i}^{-b} v^{1-b}$$

将两边乘以 $\mathrm{J}_{-b}(\beta_{-b,i} v)$ 并在区间 $[0, 1]$ 上对 v 积分，根据贝塞尔函数的正交性得

$$R_i = \frac{\int_0^1 \beta_{-b,i}^{-b} v^{1-b} \mathrm{J}_{-b}(\beta_{-b,i} v)\,\mathrm{d}v}{d_2 \int_0^1 v \mathrm{J}_{-b}^2(\beta_{-b,i} v)\,\mathrm{d}v}$$

因为

$$\int_0^1 v \mathrm{J}_{-b}^2(\beta_{-b,i} v)\,\mathrm{d}v = \frac{1}{2}\mathrm{J}_{1-b}^2(\beta_{-b,i})$$

$$\int_0^1 \beta_{-b,i}^{-b} v^{1-b} \mathrm{J}_{-b}(\beta_{-b,i} v)\,\mathrm{d}v = \beta_i^{-(1+b)} \mathrm{J}_{1-b}(\beta_{-b,i})$$

将这两式代入 R_i 表达式中得

$$R_i = \frac{2}{d_2 \beta_{-b,i}^{1+b} \mathrm{J}_{1-b}(\beta_i)} \tag{6.59}$$

下面求解式 (6.47)，令

$$\left.\begin{array}{l} \omega_i = A_i \sqrt{\dfrac{k}{\rho}} \\[3mm] 2\lambda_i \omega_i = \dfrac{c}{\rho} \end{array}\right\} \tag{6.60}$$

式 (6.47) 简化成

$$\ddot{T}_i + 2\lambda_i \omega_i \dot{T}_i + \omega_i^2 T_i = -R_i \frac{\mathrm{d}^2 u_g}{\mathrm{d}t^2} \tag{6.61}$$

由式 (6.61) 可见，ω_i 为振动圆频率。由式 (6.54) 的第三式得

$$A_i = \frac{1}{c_i^{1/\theta} \theta} = \frac{\beta_{-b,i}}{\theta \sqrt[\theta]{H}}$$

将 A_i 值代入式（6.60）得

$$\omega_i = \frac{\beta_{-b,i}}{\theta \sqrt[\theta]{H}} \sqrt{\frac{k}{\rho}} \tag{6.62}$$

式（6.61）的解为

$$T_i = -\frac{R_i}{\omega_{1,i}} \int_0^t \frac{\mathrm{d}^2 u_\mathrm{g}}{\mathrm{d}t^2} \mathrm{e}^{-\omega_i \lambda_i(t-t_1)} \sin\omega_{i,t}(t-t_1)\mathrm{d}t_1 \tag{6.63}$$

这样，将 R_i 的表达式（6.59）代入式（6.63），并注意到式（6.38）第二式得总运动加速度

$$\ddot{u}_\mathrm{T} = \sum_{i=1}^{\infty} \frac{2\left(\dfrac{z}{H}\right)^{\frac{b}{\theta}} \mathrm{J}_{-b}\left[\beta_{-b,i}\left(\dfrac{z}{H}\right)^{\frac{1}{\theta}}\right]}{\beta_{-b,i}\mathrm{J}_{1-b}(\beta_i)} \omega_i V_i(t) \tag{6.64}$$

在这种情况下，振型参与系数

$$\Phi_i(z) = \frac{2\left(\dfrac{z}{H}\right)^{\frac{b}{\theta}} \mathrm{J}_{-b}\left[\beta_{-b,i}\left(\dfrac{z}{H}\right)^{\frac{1}{\theta}}\right]}{\beta_{-b,i}\mathrm{J}_{1-b}(\beta_i)} \tag{6.65}$$

总运动加速度的表达式仍可写成式（6.40），但其中 i 等于 1、2、3、…。

简化前面 $z^p \dfrac{\mathrm{d}Z_i}{\mathrm{d}z}$ 的表达式得

$$z^p \frac{\mathrm{d}Z_i}{\mathrm{d}z} = -\frac{d_2 b}{c_i^{\frac{2b}{\theta}} \theta}\left(\frac{z}{c_i}\right)^{\frac{1-b}{\theta}} \mathrm{J}_{-b+1}\left[\left(\frac{z}{c_i}\right)^{\frac{1}{\theta}}\right]$$

这样，得剪应力的表达式如下：

$$\tau = \sum_{i=1}^{\infty} \frac{k\beta_{-b,i}^{1+b} b}{\omega_i \theta H^{\frac{2b}{\theta}}}\left(\frac{z}{H}\right)^{\frac{1-b}{\theta}} \mathrm{J}_{-b+1}\left[\beta_{-b,i}\left(\frac{z}{H}\right)^{\frac{1}{\theta}}\right] V_i(t) \tag{6.66}$$

令

$$\Phi_{1,i}(z) = \frac{k\beta_{-b,i}^{1+b} b}{\omega_i \theta H^{\frac{2b}{\theta}}}\left(\frac{z}{H}\right)^{\frac{1-b}{\theta}} \mathrm{J}_{-b+1}\left[\beta_{-b,i}\left(\frac{z}{H}\right)^{\frac{1}{\theta}}\right] \tag{6.67}$$

则剪应力的表达式就成为式（6.42）形式，但其中 $i = 1$、2、3、…。

最后应指出，只有当 $p \leqslant \dfrac{1}{2}$ 时方程式（6.44）才能藉助贝塞尔函数求解。

6.3　土楔的地震反应分析

土坝、路堤等土工结构都可简化成土楔，如图 6.8a 所示。假如土楔位于基岩上，基岩只有水平运动，那么土楔将以水平剪切运动为主。在这种情况下，土

楔对地震水平运动的反应可简化成一维问题[3,4]，土楔的水平运动只与竖向坐标 z 有关。虽然实际上只有对称土楔的中心线附近才产生纯剪切运动，但这种简化分析对一个水平面能够提供出平均的结果。因此，在一些实际问题中这种分析方法仍被采用。

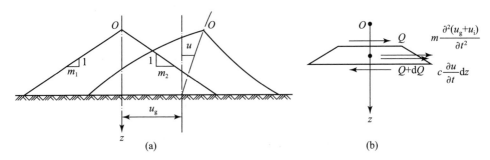

图6.8 土楔及微元体的动力平衡

首先讨论土楔的动剪切模量为常数的情况。作用于土楔微元体上的力如图6.8b 所示。弹性恢复力等于作用于微元体上下面上的剪力差。楔体的剪应变

$$\gamma = \frac{\partial u}{\partial z}$$

相应的剪应力

$$\tau = G\frac{\partial u}{\partial z}$$

作用于上表面的剪力为

$$Q = mzG\frac{\partial u}{\partial z}$$

式中

$$m = m_1 + m_2$$

而 m_1、m_2 分别为楔体上下坡的坡度，如图 6.8a 所示。作用土楔下表面的剪力为

$$Q + \mathrm{d}Q = Q + \frac{\partial Q}{\partial z}\mathrm{d}z$$

因此，土楔微元体上下面的剪力差等于 $\mathrm{d}Q$，

$$\mathrm{d}Q = mG\left(\frac{\partial u}{\partial z} + z\frac{\partial^2 u}{\partial z^2}\right)\mathrm{d}z \qquad (6.68)$$

作用土楔微元体上的惯性力等于

$$\mathrm{d}p = mz\rho\left(\frac{\mathrm{d}^2 u_\mathrm{g}}{\mathrm{d}t^2} + \frac{\partial^2 u}{\partial t^2}\right)\mathrm{d}z \qquad (6.69)$$

粘性阻力等于

$$dF = mcz \frac{\partial u}{\partial t} dz \tag{6.70}$$

考虑土楔微元体的动力平衡得

$$\frac{\partial^2 u}{\partial t^2} - \frac{G}{\rho}\left(\frac{1}{z}\frac{\partial u}{\partial z} + \frac{\partial^2 u}{\partial z^2}\right) + \frac{c}{\rho}\frac{\partial u}{\partial t} = -\frac{d^2 u_g}{dt^2} \tag{6.71}$$

式（6.71）就是求土楔地震反应的基本方程式。式（6.71）的定解条件为

$$\left.\begin{array}{l} z = 0, \ \dfrac{\partial u}{\partial z} = 0 \\[2mm] z = H, \ u = 0 \\[2mm] t = 0, \ u = \dfrac{\partial u}{\partial t} = 0 \end{array}\right\} \tag{6.72}$$

式（6.71）可以用分离变量求解。将式（6.45）代入式（6.71）得

$$\ddot{Z}_i + \frac{1}{z}\dot{Z}_i + A_i^2 Z_i = 0 \tag{6.73}$$

$$\ddot{T} + \frac{c}{\rho}\dot{T} + A_i^2 \frac{G}{\rho}T = -R_i \frac{d^2 u_g}{dt^2} \tag{6.74}$$

令

$$\theta_i = A_i z \tag{6.75}$$

并注意到

$$\frac{\partial Z_i}{\partial z} = \frac{\partial Z_i}{\partial \theta_i}\frac{\partial \theta_i}{\partial z} = A_i \frac{\partial Z_i}{\partial \theta_i}$$

式（6.73）化成

$$\ddot{Z}_i(\theta_i) + \frac{1}{\theta_i}\dot{Z}_i(\theta_i) + Z_i(\theta_i) = 0 \tag{6.76}$$

式（6.76）为零阶贝塞尔方程式，其解为

$$Z_i(\theta_i) = d_1 J_0(\theta_i) + d_2 Y_0(\theta_i) \tag{6.77}$$

式中，J_0、Y_0 分别为第一类和第二类贝塞尔函数。根据定解条件式（6.72）的第一式得

$$d_1 \dot{J}_0(0) + d_2 \dot{Y}_0(0) = 0$$

由于 $\dot{J}_0(0) = 0$，$\dot{Y}_0(0) = \infty$ 得

$$d_2 = 0$$

另外，根据式（6.72）的第二式得

$$J_0(A_i H) = 0$$

如果令 $\beta_{0,i}$ 为零阶贝塞尔函数的第 i 个零点，则得

$$A_i = \frac{\beta_{0,i}}{H} \tag{6.78}$$

这样，式（6.78）简化成

$$Z_i(z) = d_1 J_0\left(\beta_{0,i}\frac{z}{H}\right) \tag{6.79}$$

由式（6.74）可知土楔的自由振动圆频率

$$\omega_i = A_i \sqrt{\frac{G}{\rho}}$$

将式（6.78）代入得

$$\omega_i = \frac{\beta_{0,i}}{H}\sqrt{\frac{G}{\rho}} \tag{6.80}$$

另外，由前面可知式（6.74）的解为式（6.63）。

由贝塞尔函数 J_0 的正交性，按前述的方法可求得式（6.74）中的系数

$$R_i = \frac{\displaystyle\int_0^1 v J_0(\beta_{0,i}v)\,\mathrm{d}v}{\displaystyle\int_0^1 v J_0^2(\beta_{0,i}\,\mathrm{d}v)}$$

式中

$$v = \frac{z}{H}$$

由于

$$\int_0^1 v J_0(\beta_{0,i}v)\,\mathrm{d}v = \frac{1}{\beta_{0,i}}J_1(\beta_{0,i})$$

$$\int_0^1 v J_0^2(\beta_{0,i}v)\,\mathrm{d}v = \frac{1}{2}J_1^2(\beta_{0,i})$$

将这两式代入 R_i 的表达式中得

$$R_i = \frac{2}{\beta_{0,i}J_1(\beta_{0,i})} \tag{6.81}$$

将式（6.79）、式（6.63）和式（6.81）代入式（6.45），并注意到式（6.38）第二式得

$$u = -\sum_{i=1}^{\infty}\frac{2J_0\left(\beta_{0,i}\dfrac{z}{H}\right)}{\omega_i\beta_{0,i}J_1(\beta_{0,i})}V_i(t) \tag{6.82}$$

而总运动的加速度

$$\ddot{u}_{\mathrm{T}} = \sum_{i=1}^{\infty}\frac{2\omega_i J_0\left(\beta_{0,i}\dfrac{z}{H}\right)}{\beta_{0,i}J_1(\beta_{0,i})}V_i(t) \tag{6.83}$$

令

$$\Phi_i(z) = \frac{2\mathrm{J}_0\left(\beta_{0,i}\dfrac{z}{H}\right)}{\beta_{0,i}\mathrm{J}_1(\beta_{0,i})} \tag{6.84}$$

式（6.83）简化成式（6.40），但 i=1、2、3、…。

将式（6.82）对 z 微分可求得剪应力

$$\tau = -\sum_{i=1}^{\infty} \frac{2\dfrac{\mathrm{d}\,\mathrm{J}_0\left(\beta_{0,i}\dfrac{z}{H}\right)}{\mathrm{d}z}}{\omega_i\beta_{0,i}\mathrm{J}_1(\beta_{0,i})}V_i(t)$$

由贝塞尔函数的递推公式得

$$\frac{\mathrm{d}\,\mathrm{J}_0\left(\beta_{0,i}\dfrac{z}{H}\right)}{\mathrm{d}z} = -\frac{\beta_{0,i}}{H}\mathrm{J}_1\left(\beta_{0,i}\dfrac{z}{H}\right)$$

将其代入 τ 的表达式中得

$$\tau = \sum_{i=1}^{\infty} \frac{2G\mathrm{J}_1\left(\beta_{0,i}\dfrac{z}{H}\right)}{H\omega_i\mathrm{J}_1(\beta_{0,i})}V_i(t) \tag{6.85}$$

令

$$\Phi_{1,i}(z) = \frac{2G\mathrm{J}_1\left(\beta_{0,i}\dfrac{z}{H}\right)}{H\omega_i\mathrm{J}_1(\beta_{0,i})} \tag{6.86}$$

式（6.85）简化成式（6.42），其中 i=1、2、3、…。

下面讨论另外一种情况。像水平土层那样，假如土的动剪切模量随楔顶以下的深度按式（6.43）所示的形式变化。在这种情况下，土楔微元体上表面的剪力

$$Q = mkz^{p+1}\frac{\partial u}{\partial z}$$

由此，土楔微元体上下表面的剪力差

$$\mathrm{d}Q = mk\left[(p+1)z^p\frac{\partial u}{\partial z} + z^{p+1}\frac{\partial^2 u}{\partial z^2}\right]\mathrm{d}z \tag{6.87}$$

以式（6.87）代替式（6.69），考虑土楔微元体的动平衡，得土楔地震反应的基本方程式：

$$\frac{\partial^2 u}{\partial z^2} + \frac{c}{\rho}\frac{\partial u}{\partial z} - \frac{k}{\rho}\left[z^p\frac{\partial^2 u}{\partial z^2} + (1+p)z^{p+1}\frac{\partial u}{\partial z}\right] = -\frac{\mathrm{d}^2 u_{\mathrm{g}}}{\mathrm{d}t^2} \tag{6.88}$$

式（6.88）仍可用分离变量法求解，将式（6.45）代入式（6.88）得

$$\ddot{Z}_i + (1 + p) \frac{1}{z} \dot{Z}_i + A_i^2 z^{-p} Z_i = 0 \tag{6.89}$$

及式 (6.47)。引用坐标变换式 (6.48) 和式 (6.49)，式 (6.89) 可写成

$$\ddot{\bar{Z}}_i + (2b + p\theta + 1) \frac{1}{\bar{z}} \dot{\bar{Z}}_i + \left[b(b + p\theta) + A_i^2 c^{-p+2} \theta^2 \bar{z}^{-\theta p + 2\theta} \right] \frac{1}{\bar{z}} \bar{Z}_i = 0$$

如令

$$\left. \begin{array}{l} 2b + p\theta = 0 \\ \theta(2 - p) = 2 \\ A_i^2 c^{-p+2} \theta^2 = 1 \end{array} \right\} \tag{6.90}$$

则简化成为 b 阶贝塞尔方程式 (6.53)。这样，土楔的自由振动圆频率可由式 (6.62) 确定，总运动加速度由式 (6.64) 确定，剪应力由式 (6.66) 确定。但是，θ、b 值由式 (6.90) 得:

$$\left. \begin{array}{l} \theta = \dfrac{2}{2 - p} \\[3mm] b = -\dfrac{p}{2 - p} \end{array} \right\} \tag{6.91}$$

6.4 求解水平土层和土楔地震反应的集中质量法

前面曾指出，当土层和土楔是由同一种土组成的情况，式 (6.43) 可以表示土的动剪切模量随深度的变化。但是，当土层和土楔是由不同的土组成时，土的动剪切模量随深度的变化将更为复杂。在这种情况下，可以用集中质量法求解水平土层和土楔的地震反应。

首先，讨论用集中质量法求水平土层的地震反应。在集中质量法中，将图 6.9a 所示的做剪切运动的土柱划分成 N 段。实际的土柱以图 6.9b 所示的 N 个质点体系代替，相邻质点以剪切弹簧相连接．每段土柱的质量等分给相邻的质点。这样，每个质点的质量 M_i 等于相邻两个土段质量一半的和。连接 i 和 $i+1$ 两个质点的弹簧的剪切刚度

$$k_i = G \frac{S}{l_i} \tag{6.92}$$

式中，l_i 为第 i 段土柱的长度; S 为土柱的截面，通常取单位面积。作用于质点 i 上的力如图 6.10 所示。

弹性恢复力，等于作用于质点上端的剪力与下端的剪力之差。作用质点上端的剪力等于 $k_{i-1}(u_{i-1} - u_i)$，而作用于下端的剪力等于 $k_i(u_i - u_{i+1})$，其差值

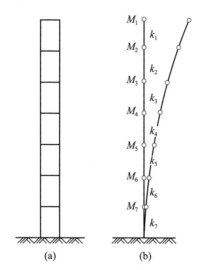

图 6.9　做剪切运动的土柱简化成集中质量体系

（a）土柱；（b）多质点系统

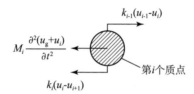

图 6.10　作用于质点上的力

$$Q_i = k_{i-1}u_{i-1} - (k_{i-1} + k_i)u_i + k_iu_{i+1} \tag{6.93}$$

惯性力

$$p_i = M_i\left(\frac{\mathrm{d}^2u_g}{\mathrm{d}t^2} + \frac{\mathrm{d}^2u_i}{\mathrm{d}t^2}\right) \tag{6.94}$$

当不考虑粘性阻力时，由质点 i 的动力平衡得

$$M_i\frac{\mathrm{d}^2u_i}{\mathrm{d}t^2} - k_{i-1}u_{i-1} + (k_{i-1} + k_i)u_i - k_iu_{i+1} = -M_i\frac{\mathrm{d}^2u_g}{\mathrm{d}t^2} \quad i = 1,\ 2,\ 3,\ \cdots,\ N \tag{6.95}$$

如果按质点的序号将位移和加速度分别排成一个列阵

$$\left.\begin{array}{l} \{u\} = \{u_1,\ u_2,\ u_3,\ \cdots,\ u_N\}^{\mathrm{T}} \\ \{\ddot{u}\} = \{\ddot{u}_1,\ \ddot{u}_2,\ \ddot{u}_3,\ \cdots,\ \ddot{u}_N\}^{\mathrm{T}} \end{array}\right\} \tag{6.96}$$

式中，$\{u\}$、$\{\ddot{u}\}$ 分别为质点的位移和加速度列阵；式右端的上标 T 表示转置。这样，式（6.95）可以写成如下的矩阵方程：

$$[M]\{\ddot{u}\} + [K]\{u\} = -\{E\}\frac{\mathrm{d}^2 u_\mathrm{g}}{\mathrm{d}t^2} \tag{6.97}$$

式中，$[M]$ 为质量矩阵，是对角阵；$\{E\}$ 为质量列阵；$[K]$ 为体系刚度矩阵。以 5 质点体系为例：

$$[M] = \begin{bmatrix} M_1 & & & & \\ & M_2 & & 0 & \\ & & M_3 & & \\ & 0 & & M_4 & \\ & & & & M_5 \end{bmatrix} \tag{6.98}$$

$\{E\}$ 为质量列阵：

$$\{E\}^{\mathrm{T}} = \{M_1 \quad M_2 \quad M_3 \quad M_4 \quad M_5\}^{\mathrm{T}} \tag{6.99}$$

$[K]$ 为刚度矩阵，是三对角矩阵，其形式如下：

$$[K] = \begin{bmatrix} k_1 & -k_1 & & & 0 \\ -k_1 & k_1+k_2 & -k_2 & & \\ & -k_2 & k_2+k_3 & -k_3 & \\ & & -k_3 & k_3+k_4 & -k_4 \\ 0 & & & -k_4 & k_4+k_5 \end{bmatrix} \tag{6.100}$$

如果考虑作用于质点上的粘性阻力，式（6.97）变成如下形式：

$$[M]\{\ddot{u}\} + [C]\{\dot{u}\} + [K]\{u\} = -\{E\}\frac{\mathrm{d}^2 u_\mathrm{g}}{\mathrm{d}t^2} \tag{6.101}$$

式中，$[C]$ 为阻尼矩阵。关于阻尼矩阵 $[C]$ 后面将做专门的讨论，求解式（6.101）的初始条件

$$\left. \begin{array}{l} t=0, \quad \{u\}=0 \\ t=0, \quad \{\dot{u}\}=0 \end{array} \right\} \tag{6.102}$$

下面建立用集中质量法求土楔地震反应的方程式。像水平土层情况那样，将图 6.11a 所示的做剪切运动的土楔分成 N 段。实际的土楔以图 6.11b 所示的 N 个质点体系代替。每个质点的质量 M_i 等于相邻两个土段质量一半之和。连接 i 和 $i+1$ 两个质点的弹簧的剪切刚度 k_i 按下述方法确定。

考虑图 6.12 所示的土楔的第 i 段。设 b_i、b_{i+1} 分别为其上下面的宽度，则

$$b_{i+1} = b_i + (m_1 + m_2)l_i \tag{6.103}$$

设在上下面上作用一剪力 Q，在上下面之间的任意面上的剪应力

$$\tau = \frac{Q}{b_i + (m_1 + m_2)z}$$

式中，z 为从第 i 段的上面到所考虑面的距离。相应的剪应变

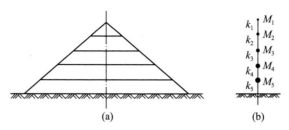

图 6.11　做剪切运动的土楔简化成多质点体系

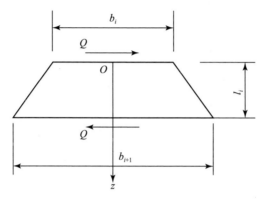

图 6.12　一段土楔的剪切刚度的确定

$$\gamma = \frac{Q}{G_i [\, b_i + (m_1 + m_2) z\,]}$$

式中，G_i 为第 i 段土的动剪切模量。第 i 段上下面的相对水平位移

$$u_{i,i+1} = \int_0^{l_i} \gamma \mathrm{d}z$$

将剪应变表达式 γ 代入上式并完成积分运算得

$$u_{i,i+1} = \frac{Q}{(m_1 + m_2) G_i} \ln\left[\, 1 + (m_1 + m_2) \frac{l_i}{b_i}\,\right]$$

按刚度系数定义

$$k_i = \frac{Q}{u_{i,i+1}}$$

将 $u_{i,i+1}$ 值代入上式得

$$k_i = \frac{m_1 + m_2}{\ln\left[\, 1 + (m_1 + m_2) \dfrac{l_i}{b_i}\,\right]} G_i \qquad (6.104)$$

当 $m_1 = m_2 = 0$ 时，则变成上述的土柱情况．在这种情况下，式（6.104）变成 $\dfrac{0}{0}$

不定式。这时应求当 $m_1+m_2 \to 0$ 时式（6.104）的极限。由罗毕塔法则得

$$\lim_{m_1+m_2 \to 0} k_i = \lim_{m_1+m_2 \to 0} \frac{m_1+m_2}{\ln\left[1+(m_1+m_2)\dfrac{l_i}{b_i}\right]} G_i = \frac{b_i}{l_i} G_i$$

显然，由此确定出来的一段土柱的刚度系数与式（6.92）相同。

这样，当按式（6.104）确定出土楔的第 i 段剪切刚度系数 k_i 后，图 6.11b 所示的多质点体系就完全给定了。显然，求这个多质点体系的地震反应基本方程式仍为式（6.101）。关于式（6.101）的解法后面将做专门的讨论。

6.5 求解土体地震反应的有限元法

在上面给出的地震反应分析方法中，均假定土体只发生剪切运动。在这种情况下，只考虑了基岩地震动的水平分量。然而，在许多情况下，土体具有复杂的几何形状，例如土坝、路堤、土坡和路堑等。既使只在地震动的水平分量作用下，这些土体也不只发生剪切运动。特别是当场地离震中较近时，由于地震动的竖向分量较大，土体的竖向运动是不可忽视的。因此，在一些情况下，需将土体作为平面问题甚至于空间问题进行地震反应分析。这样的地震反应分析可用有限元法进行[5]。下面，以最常遇见的平面应变问题来说明土体地震反应分析的有限元方法。

6.5.1 地震反应分析的基本方程式

像静力有限元法一样，首先将土体划分成许多有限单元，单元之间在结点处相互连结。这样，实际的土体被简化成有限单元的集合体。在集合体中，相邻结点之间通过单元发生力的相互作用。设 i、j 是同一单元上的两个结点，例如图 6.13 所示三角形单元的两个结点，u_i、v_i、u_j、v_j 分别是 i、j 两个结点位移的水平分量和竖向分量。在线性弹性条件下，j 点发生的位移在 i 点的作用力应与 j 点的位移成比例，其比例系数叫做刚度系数。应该指出，j 点的水平位移在 i 点不仅产生水平作用力还有竖向作用力；同样，j 点的竖向位移在 i 点不仅产生竖向力还有水平力。这样，如果以 $p_{i,j}^{x,x}$、$p_{i,j}^{y,x}$ 分别表示 j 点水平向位移在 i 点产生的水平向力和竖向力，以 $p_{i,j}^{x,y}$、$p_{i,j}^{y,y}$ 分别表示 j 点竖向位移在 i 点产生的水平向力和竖向力，则有

$$\left. \begin{array}{l} p_{i,j}^{x,x} = k_{i,j}^{x,x} u_j \\ p_{i,j}^{y,x} = k_{i,j}^{y,x} u_j \\ p_{i,j}^{x,y} = k_{i,j}^{x,y} v_j \\ p_{i,j}^{y,y} = k_{i,j}^{y,y} v_j \end{array} \right\} \tag{6.105}$$

式中，$k_{i,j}^{x,x}$、$k_{i,j}^{y,x}$、$k_{i,j}^{x,y}$ 和 $k_{i,j}^{y,y}$ 分别为与 $p_{i,j}^{x,x}$、$p_{i,j}^{y,x}$、$p_{i,j}^{x,y}$ 和 $p_{i,j}^{y,y}$ 相应的刚度系数。

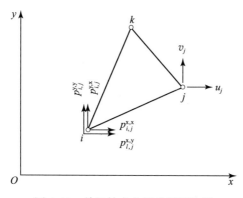

图 6.13　单元结点之间的相互作用

除了 j 点的位移在 i 点产生作用力外，i 点本身的位移也在 i 点产生作用力。如果以 $p_{i,i}^{x,x}$、$p_{i,i}^{y,x}$ 分别表示 i 点的水平向位移在 i 点产生的水平向力和竖向力，以 $p_{i,i}^{x,y}$ 和 $p_{i,i}^{y,y}$ 分别表示 i 点竖向位移在 i 点产生的水平向力和竖向力，则有

$$\left.\begin{aligned}
p_{i,i}^{x,x} &= k_{i,i}^{x,x}u_i \\
p_{i,i}^{y,x} &= k_{i,i}^{y,x}u_i \\
p_{i,i}^{x,y} &= k_{i,i}^{x,y}v_i \\
p_{i,i}^{y,y} &= k_{i,i}^{y,y}v_i
\end{aligned}\right\} \qquad (6.106)$$

式中，$k_{i,i}^{x,x}$、$k_{i,i}^{y,x}$、$k_{i,i}^{x,y}$ 和 $k_{i,i}^{y,y}$ 分别为与 $p_{i,i}^{x,x}$、$p_{i,i}^{y,x}$、$p_{i,i}^{x,y}$ 和 $p_{i,i}^{y,y}$ 相应的刚度系数。

这样，只要上述刚度系数确定出来，由于结点位移而产生的结点间的作用力就可由式（6.105）和式（6.106）算出。关于这些刚度系数的确定下面将要讨论。

此外，在地震反应分析中，通常将单元的质量等分给该单元的各结点。在这个意义上，这种有限元法也属于集中质量法，只是像下面将要看到的那样，刚度系数的确定要比前述的集中质量法复杂。如设 M_i 为集中于结点 i 上的总质量，显然它等于与其相邻的各单元分给该结点的质量之和。

下面，以平面问题为例，考虑结点 i 的动力平衡。为了确定作用于结点 i 上的弹性恢复力，将 i 结点及其相邻的单元从有限单元集合体中取出，以三角形单元为例，如图 6.14 所示。设与 i 结点相接的单元共有 m 个，与其相邻的结点共有 p 个，从 p 个结点中任意取出一个结点 j。结点 j 的位移在结点 i 上产生的作用力通过连接 i、j 两个结点的两个相邻单元传递。设 l 为连接 i、j 两

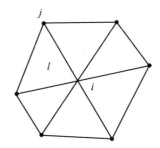

图 6.14　结点 i 及其周围的单元

个结点的单元，显然 l 等于 1 到 2。这样，结点 j 位移在结点 i 上产生的水平力

$$P_{i,j}^x = \sum_{l=1}^{2} (k_{i,j,l}^{x,x} u_j + k_{i,j,l}^{x,y} v_j)$$

同理，结点 j 位移在结点 i 上产生的竖向力

$$P_{i,j}^y = \sum_{l=1}^{2} (k_{i,j,l}^{y,x} u_j + k_{i,j,l}^{y,y} v_j)$$

结点 i 的位移在结点 i 上产生的作用力通过与结点 i 相接的所有单元发生作用。这样，设 q 表示与结点 i 相接的单元，设共有 m 个，则结点 i 的位移在结点 i 上产生的水平力

$$P_{i,i}^x = \sum_{q=1}^{m} (k_{i,i,q}^{x,x} u_i + k_{i,i,q}^{x,y} v_i)$$

同理，结点 i 位移在结点 i 上产生的竖向力

$$P_{i,i}^y = \sum_{q=1}^{m} (k_{i,i,q}^{y,x} u_i + k_{i,i,q}^{y,y} v_i)$$

如令 P_i^x、P_i^y 分别为作用于结点 i 上的弹性力的水平分量和竖向分量，则有

$$\left. \begin{aligned} P_i^x &= \sum_{q=1}^{m} (k_{i,i,q}^{x,x} u_i + k_{i,i,q}^{x,y} v_i) + \sum_{j=1}^{p} \sum_{l=1}^{2} (k_{i,j,l}^{x,x} u_j + k_{i,j,l}^{x,y} v_j) \\ P_i^y &= \sum_{q=1}^{m} (k_{i,i}^{y,x} u_i + k_{i,i,q}^{y,y} v_i) + \sum_{j=1}^{p} \sum_{l=1}^{2} (k_{i,j,l}^{y,x} u_j + k_{i,j,l}^{y,y} v_j) \end{aligned} \right\} \quad (6.107)$$

式中，p 为 i 结点周围的结点数目。

如果不考虑土的粘性阻力，由结点 i 水平向和竖向的动力平衡得到

$$M_i \left(\frac{d^2 u_g}{dt^2} + \frac{d^2 u_i}{dt^2} \right) - \sum_{q=1}^{m} (k_{i,i,q}^{x,x} u_i + k_{i,i,q}^{x,y} v_i) - \sum_{j=1}^{p} \sum_{l=1}^{2} (k_{i,j,l}^{x,x} u_j + k_{i,j,l}^{x,y} v_j) = 0$$

$$M_i \left(\frac{d^2 v_g}{dt^2} + \frac{d^2 v_i}{dt^2} \right) - \sum_{q=1}^{m} (k_{i,i,q}^{y,x} u_i + k_{i,i,q}^{x,y} v_i) - \sum_{j=1}^{p} \sum_{l=1}^{2} (k_{i,j,l}^{y,x} u_j + k_{i,j,l}^{y,y} v_j) = 0$$

式中，$\dfrac{d^2 v_g}{dt^2}$ 为基岩地震动竖向加速度。

上式中，刚度系数 k 是指单元对结点的作用力而言的。如果 k^e 是指结点对单元的作用力而言，根据作用力与反作用力相等，则有

$$k^e = -k$$

代入上述的两个动力平衡方程式则有

$$\left. \begin{aligned} M_i \frac{d^2 u_i}{dt^2} + \sum_{q=1}^{m} (k_{i,i,q}^{e,x,x} u_i + k_{i,i,q}^{e,x,y} v_i) + \sum_{j=1}^{p} \sum_{l=1}^{2} (k_{i,j,l}^{e,x,x} u_j + k_{i,j,l}^{e,x,y} v_j) &= -M_i \frac{d^2 u_g}{dt^2} \\ M_i \frac{d^2 v_i}{dt^2} + \sum_{q=1}^{m} (k_{i,i,q}^{e,y,x} u_i + k_{i,i,q}^{e,y,y} v_i) + \sum_{j=1}^{p} \sum_{l=1}^{2} (k_{i,j,l}^{e,y,x} u_j + k_{i,j,l}^{e,y,y} v_j) &= -M_i \frac{d^2 v_g}{dt^2} \end{aligned} \right\}$$

$$(6.108)$$

设有 N 个结点的位移需要求解，将这些点按一定次序排列，则这些点的位移分量可排列成一个列向量 $\{r\}$

$$\{r\} = \{u_1, \ v_1, \ u_2, \ v_2, \ \cdots, \ u_i, \ v_i, \ \cdots, \ u_N, \ v_N\}^T \tag{6.109}$$

这样，如令 $\{\ddot{r}\}$ 为结点相对运动的加速度向量，这些结点的动力平衡方程式可以写成如下形式的矩阵方程：

$$[M]\{\ddot{r}\} + [K]\{r\} = -\{E_x\}\ddot{u}_g - \{E_y\}\ddot{v}_g \tag{6.110}$$

式中，$[M]$ 为质量矩阵，如式（6.98）所示的对角矩阵；$\{E_x\}$、$\{E_y\}$ 分别为与水平荷载和竖向荷载向量相应的质量列阵，

$$\left. \begin{aligned} \{E_x\} &= \{M_1, \ 0, \ M_2, \ 0, \ \cdots, \ M_i, \ 0, \ \cdots M_N, \ 0\}^T \\ \{E_y\} &= \{0, \ M_1, \ 0, \ M_2, \ \cdots, \ 0, \ M_i, \ \cdots, \ 0, \ M_N\}^T \end{aligned} \right\} \tag{6.111}$$

$[K]$ 为有限单元集合体的总刚度矩阵，由单元刚度系数 k^e 迭加而成。应指出，总刚度矩阵 $[K]$ 是对称矩阵。显然，在矩阵方程中第 $2i-1$ 和 $2i$ 行相应于第 i 点的两个动力平衡方程式。因此，由式（6.108）可知，在总刚度矩阵 $[K]$ 的第 $2i-1$、$2i$ 排中，只有与 i 结点相接的单元上的结点位移相应的刚度系数 $k^e_{i,j}$ 不为零，其他均为零，这样，总矩阵 $[K]$ 中包含有大量的零元素，是一个稀疏矩阵。

当考虑粘性阻力时，有限元集中体的动力平衡方程式为

$$[M]\{\ddot{r}\} + [C]\{\dot{r}\} + [K]\{r\} = -\{E_x\}\ddot{u}_g - \{E_y\}\ddot{v}_g \tag{6.112}$$

式中，$[C]$ 为有限元集合体的阻尼矩阵；$\{\dot{r}\}$ 为结点相对运动的速度。因此，土体地震反应分析有限元法最终归结于求解式（6.112）。显然，关于有限元法本身，和静力有限元分析一样，仍然由如下两个基本步骤组成：

（1）确定单元刚度矩阵 $[k]_e$。

（2）由单元刚度矩阵 $[k]_e$ 迭加出有限单元集合体的总刚度矩阵 $[K]$。

关于（6.112）的求解下面将做专门的讨论。这里，只对上述与有限元法本身有关的两个问题做简要的讨论。

6.5.2　单元刚度分析[6~8]

确定单元结点位移与结点对单元的作用力之间的关系叫做单元的刚度分析。为此，首先要设定一个位移函数，使单元内部各点位移满足变形的连续条件，并且单元边界的变形也与相邻单元的相容。位移函数形式取决于单元的形状。

1. 三角形单元

如图 6.15 所示，三角形单元有 i、j、k 三个结点，每个结点有两个位移分量，

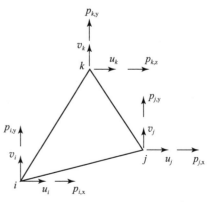

图 6.15　三角形单元

共有 6 个自由度。因此，位移函数取成为有 6 个待定参数的线性函数：

$$u = a_1 + a_2 x + a_3 y$$
$$v = a_4 + a_5 x + a_6 y \qquad (6.113)$$

将三个结点的位移和坐标代入式（6.113）可确定出这 6 个参数，将它们表示成为 6 个结点的位移和坐标的函数。然后，再将确定出来的这些参数代入式（6.113），得

$$\begin{Bmatrix} u = \\ v = \end{Bmatrix} = \begin{bmatrix} N_i & 0 & N_j & 0 & N_k & 0 \\ 0 & N_i & 0 & N_j & 0 & N_k \end{bmatrix} \begin{Bmatrix} u_i \\ v_i \\ u_j \\ v_j \\ u_k \\ v_k \end{Bmatrix} \qquad (6.114)$$

式中，N_i、N_j、N_k 为型函数

$$\begin{aligned}
N_i &= (a_i + b_i x + c_i y)/(2\Delta) \\
a_i &= x_j y_k - x_k y_j \\
b_i &= y_j - y_k \\
c_i &= -x_j + x_k \\
N_j &= (a_j + b_j x + c_j y)/(2\Delta) \\
a_j &= x_k y_i - x_i y_k \\
b_j &= y_k - y_i \\
c_j &= -x_k + x_i \\
N_k &= (a_k + b_k x + c_k y)/(2\Delta) \\
a_k &= x_i y_i - x_j y_i \\
b_k &= y_i - y_j \\
c_k &= -x_i + x_j \\
2\Delta &= b_i c_j - b_j c_i
\end{aligned} \qquad (6.115)$$

Δ 为三角形面积。如将三个应变分量排列成一个列阵并以 $\{\varepsilon\}$ 表示，则

$$\{\varepsilon\} = \{\varepsilon_x, \quad \varepsilon_y, \quad \gamma_{xy}\}^T \qquad (6.116)$$

因为

$$\varepsilon_x = \frac{\partial u}{\partial x}$$

$$\varepsilon_y = \frac{\partial v}{\partial y}$$

$$\gamma_{xy} = \frac{\partial u}{\partial y} + \frac{\partial v}{\partial x}$$

令

$$[B] = \begin{bmatrix} \dfrac{\partial N_i}{\partial x} & 0 & \dfrac{\partial N_j}{\partial x} & 0 & \dfrac{\partial N_k}{\partial x} & 0 \\[2mm] 0 & \dfrac{\partial N_i}{\partial y} & 0 & \dfrac{\partial N_j}{\partial y} & 0 & \dfrac{\partial N_k}{\partial y} \\[2mm] \dfrac{\partial N_i}{\partial y} & \dfrac{\partial N_i}{\partial x} & \dfrac{\partial N_j}{\partial y} & \dfrac{\partial N_j}{\partial x} & \dfrac{\partial N_k}{\partial y} & \dfrac{\partial N_k}{\partial x} \end{bmatrix} \tag{6.117}$$

$$\{r\}_e = \{u_i,\ v_i,\ u_j,\ v_j,\ k_k,\ v_k\}^{\mathrm{T}} \tag{6.118}$$

则得

$$\{\varepsilon\} = [B]\{r\}_e \tag{6.119}$$

式中，$[B]$ 为单元应变矩阵。

将式（6.115）代入式（6.117）中，完成微分计算，则得

$$[B] = \frac{1}{2\Delta} \begin{bmatrix} b_i & 0 & b_j & 0 & b_k & 0 \\ 0 & c_i & 0 & c_j & 0 & c_k \\ c_i & b_i & c_j & b_j & c_k & b_k \end{bmatrix} \tag{6.120}$$

由式（6.120）可知，在三角形单元内应变为常数值。

如将三个应力分量排列成一个列阵并以 $\{\sigma\}$ 表示，则

$$\{\sigma\} = \{\sigma_x,\ \sigma_y,\ \tau_{xy}\}^{\mathrm{T}} \tag{6.121}$$

假如所考虑的是平面应变问题，令

$$[D] = \frac{E}{(1+\nu)(1-2\nu)} \begin{bmatrix} 1-\nu & \nu & 0 \\ \nu & 1-\nu & 0 \\ 0 & 0 & \dfrac{1-2\nu}{2} \end{bmatrix} \tag{6.122}$$

根据平面应变问题的虎克定律则有

$$\{\sigma\} = [D]\{\varepsilon\} \tag{6.123}$$

式中，$[D]$ 为虎克定律矩阵。可发现，在三角形单元中应力为常数值。

将式（6.119）代入式（6.123），则得

$$\{\sigma\} = [D][B]\{r\}_e \tag{6.124}$$

设土单元现有的应力应变状态分别为 $\{\sigma\}$ 和 $\{\varepsilon\}$，结点对土单元的作用力为 $\{P\}$，

$$\{P\} = \{P_{i,x},\ P_{i,y},\ P_{j,x},\ P_{j,y},\ P_{k,x},\ P_{k,y}\}^{\mathrm{T}} \tag{6.125}$$

式中，$P_{i,x}$、$P_{i,y}$、$P_{j,x}$、$P_{j,y}$、$P_{k,x}$、$P_{k,y}$ 分别为结点 i、j、k 对土单元作用力的水平分量和竖向分量。现在，使土单元结点发生一组满足变形相容条件的虚位移为

$$\{r^*\}_e = \{u_i^*,\ v_i^*,\ u_j^*,\ v_j^*,\ u_k^*,\ v_k^*\}^{\mathrm{T}} \tag{6.126a}$$

土单元体相应的虚应变为

$$\{\varepsilon^*\} = [B]\{r^*\}_e \tag{6.126b}$$

相应的虚应变能

$$W_e = \iint_\Delta \{\varepsilon^*\}^T\{\sigma\}ds \tag{6.127}$$

式（6.127）右边表示对三角形面积的积分。将式（6.127）和式（6.126b）代入式（6.127）得

$$W_e = \iint_\Delta \{r^*\}_e [B]^T[D][B]\{r\}_e ds \tag{6.128}$$

另一方面，结点 $\{P\}$ 所做的虚功

$$W_P = \{r^*\}_e^T\{P\} \tag{6.129}$$

根据虚功原理，$W_e = W_P$。由此得

$$\{P\} = \iint_\Delta [B]^T[D][B]ds\{r\}_e$$

令

$$[K]_e = \iint_\Delta [B]^T[D][B]ds \tag{6.130}$$

则得

$$\{P\} = [K]_e\{r\}_e \tag{6.131}$$

式（6.131）给出了结点对单元的作用力与结点位移的关系。因此，$[K]_e$ 叫做单元刚度矩阵，其中的元素就是前述的刚度系数 k^e。三角形单元刚度矩阵 $[K]_e$ 是 6×6 阶的矩阵。另外，它是关于主对角线对称的。由于矩阵 $[B]$ 的元素均为常数，则得

$$[K]_e = [B]^T[D][B] \cdot \Delta \tag{6.132}$$

完成矩阵运算，则可得到三角形单元刚度矩阵。

2. 矩形单元

矩形单元的位移函数取成双性线的形式，

$$\left.\begin{array}{l} u = a_1 + a_2x + a_3y + a_4xy \\ v = a_5 + a_6x + a_7y + a_8xy \end{array}\right\} \tag{6.133}$$

如将矩形单元四个结点 i、j、k、l 的位移分量排成一个列阵并以 $\{r\}_e$ 表示，则得

$$\{r\}_e = \{u_i, v_i, u_j, v_j, u_k, v_k, u_l, v_l\}^T \tag{6.134}$$

将式（6.133）中的 8 个特定参数 a_1、a_2、$\cdots$、a_8 以 4 个结点的位移代替，得

$$\left\{\begin{matrix} u \\ v \end{matrix}\right\} = \begin{bmatrix} N_i & 0 & N_j & 0 & N_k & 0 & N_l & 0 \\ 0 & N_i & 0 & N_j & 0 & N_k & 0 & N_l \end{bmatrix} \left\{\begin{matrix} u_i \\ v_i \\ u_j \\ v_j \\ u_k \\ v_k \\ u_l \\ v_l \end{matrix}\right\} \tag{6.135}$$

式中，N_i、N_j、N_k 和 N_l 为型函数，

$$\left. \begin{aligned} N_i &= \frac{1}{4}\left(1 - \frac{x}{a}\right)\left(1 - \frac{y}{b}\right) \\ N_j &= \frac{1}{4}\left(1 + \frac{x}{a}\right)\left(1 - \frac{y}{b}\right) \\ N_k &= \frac{1}{4}\left(1 + \frac{x}{a}\right)\left(1 + \frac{y}{b}\right) \\ N_l &= \frac{1}{4}\left(1 - \frac{x}{a}\right)\left(1 + \frac{y}{b}\right) \end{aligned} \right\} \tag{6.136}$$

式中，a、b 分别为矩形长度和宽度的一半，如图 6.16 所示。

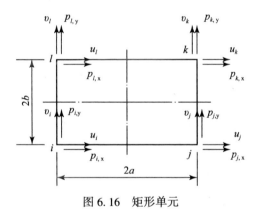

图 6.16　矩形单元

矩形单元的应变矩阵

$$[B] = \begin{bmatrix} \dfrac{\partial N_i}{\partial x} & 0 & \dfrac{\partial N_j}{\partial x} & 0 & \dfrac{\partial N_k}{\partial x} & 0 & \dfrac{\partial N_l}{\partial x} & 0 \\[3mm] 0 & \dfrac{\partial N_i}{\partial y} & 0 & \dfrac{\partial N_j}{\partial y} & 0 & \dfrac{\partial N_k}{\partial y} & 0 & \dfrac{\partial N_l}{\partial y} \\[3mm] \dfrac{\partial N_i}{\partial y} & \dfrac{\partial N_i}{\partial x} & \dfrac{\partial N_j}{\partial y} & \dfrac{\partial N_j}{\partial x} & \dfrac{\partial N_k}{\partial y} & \dfrac{\partial N_k}{\partial x} & \dfrac{\partial N_l}{\partial y} & \dfrac{\partial N_l}{\partial x} \end{bmatrix} \tag{6.137}$$

将式（6.136）代入算得的应变矩阵

$$[B] = \begin{bmatrix} -(b-y) & 0 & b-y & 0 & b+y & 0 & -(b+y) & 0 \\ 0 & -(a-x) & 0 & -(a+x) & 0 & a+x & 0 & a-x \\ -(a-x) & -(b-y) & -(a+x) & b-y & a+x & b+y & a-x & -(b+y) \end{bmatrix} \tag{6.138}$$

这样，单元应力可由式（6.124）算得。可以发现，在矩形单元中应变和应力都是单线性变化的。将式（6.138）代入式（6.130）并完成积分运算，则可得到矩形单元的刚度矩阵。

3. 等参数四边形单元

另一种常用的单元是任意四边形单元，即等参数四边形单元。下面给出等参数四边形单元的刚度分析。

首先将图 6.17a 所示的任意四边形单元通过坐标变换成为图 6.17b 所示的正方形。为此，将任意四边形两对边中点连线的交点做为新的直角坐标轴 ξ、η 的原点。如果将两对边等分并将相对的等分点连成直线，则一对边等分点的连线相应于 η 为常数，另一对边等分点的连线相应于 ξ 为常数。现在，假如这样的坐标变换已经实现，则位移函数

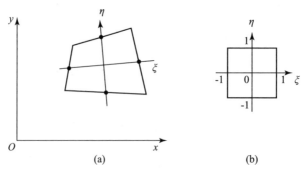

图 6.17　等参数四边形单元

$$\left. \begin{aligned} u &= a_1 + a_2 \xi + a_3 \eta + a_4 \xi \eta \\ v &= a_5 + a_6 \xi + a_7 \eta + a_8 \xi \eta \end{aligned} \right\} \tag{6.139}$$

将 a_1、a_2、a_3、$\cdots$、a_8 以结点位移代替，得

$$\left\{\begin{matrix} u \\ v \end{matrix}\right\} = \begin{bmatrix} N_i & 0 & N_j & 0 & N_k & 0 & N_l & 0 \\ 0 & N_i & 0 & N_j & 0 & N_k & 0 & N_l \end{bmatrix} \left\{\begin{matrix} u_i \\ v_i \\ u_j \\ v_j \\ u_k \\ v_k \\ u_l \\ v_l \end{matrix}\right\} \qquad (6.140)$$

式中

$$\left.\begin{matrix} N_i = \dfrac{1}{4}(1-\xi)(1-\eta) \\[2mm] N_j = \dfrac{1}{4}(1+\xi)(1-\eta) \\[2mm] N_k = \dfrac{1}{4}(1+\xi)(1+\eta) \\[2mm] N_l = \dfrac{1}{4}(1-\xi)(1+\eta) \end{matrix}\right\} \qquad (6.141)$$

下面求单元应变矩阵 $[B]$。由于

$$\frac{\partial N_i}{\partial \xi} = \frac{\partial N_i}{\partial x}\frac{\partial x}{\partial \xi} + \frac{\partial N_i}{\partial y}\frac{\partial y}{\partial \xi}$$

$$\frac{\partial N_i}{\partial \eta} = \frac{\partial N_i}{\partial x}\frac{\partial x}{\partial \eta} + \frac{\partial N_i}{\partial y}\frac{\partial y}{\partial \eta}$$

如令

$$[J] = \begin{bmatrix} \dfrac{\partial x}{\partial \xi} & \dfrac{\partial y}{\partial \xi} \\[3mm] \dfrac{\partial x}{\partial \eta} & \dfrac{\partial y}{\partial \eta} \end{bmatrix} \qquad (6.142)$$

式中，$[J]$ 为雅可比矩阵，则有

$$\left\{\begin{matrix} \dfrac{\partial N_i}{\partial \xi} \\[3mm] \dfrac{\partial N_i}{\partial \eta} \end{matrix}\right\} = [J] \left\{\begin{matrix} \dfrac{\partial N_i}{\partial x} \\[3mm] \dfrac{\partial N_i}{\partial y} \end{matrix}\right\}$$

解出 $\dfrac{\partial N_i}{\partial x}$、$\dfrac{\partial N_i}{\partial y}$ 得

$$\frac{\partial N_i}{\partial x} = \frac{\begin{vmatrix} \dfrac{\partial N_i}{\partial \xi} & \dfrac{\partial y}{\partial \xi} \\ \dfrac{\partial N_i}{\partial \eta} & \dfrac{\partial y}{\partial \eta} \end{vmatrix}}{|\mathbf{J}|} \qquad \frac{\partial N_i}{\partial y} = \frac{\begin{vmatrix} \dfrac{\partial x}{\partial \xi} & \dfrac{\partial N_i}{\partial \xi} \\ \dfrac{\partial x}{\partial \eta} & \dfrac{\partial N_i}{\partial \eta} \end{vmatrix}}{|\mathbf{J}|}$$

$$\frac{\partial N_j}{\partial x} = \frac{\begin{vmatrix} \dfrac{\partial N_j}{\partial \xi} & \dfrac{\partial y}{\partial \xi} \\ \dfrac{\partial N_j}{\partial \eta} & \dfrac{\partial y}{\partial \eta} \end{vmatrix}}{|\mathbf{J}|} \qquad \frac{\partial N_j}{\partial y} = \frac{\begin{vmatrix} \dfrac{\partial x}{\partial \xi} & \dfrac{\partial N_j}{\partial \xi} \\ \dfrac{\partial x}{\partial \eta} & \dfrac{\partial N_j}{\partial \eta} \end{vmatrix}}{|\mathbf{J}|}$$

$$\frac{\partial N_k}{\partial x} = \frac{\begin{vmatrix} \dfrac{\partial N_k}{\partial \xi} & \dfrac{\partial y}{\partial \xi} \\ \dfrac{\partial N_k}{\partial \eta} & \dfrac{\partial y}{\partial \eta} \end{vmatrix}}{|\mathbf{J}|} \qquad \frac{\partial N_k}{\partial y} = \frac{\begin{vmatrix} \dfrac{\partial x}{\partial \xi} & \dfrac{\partial N_k}{\partial \xi} \\ \dfrac{\partial x}{\partial \eta} & \dfrac{\partial N_k}{\partial \eta} \end{vmatrix}}{|\mathbf{J}|}$$

$$\frac{\partial N_l}{\partial x} = \frac{\begin{vmatrix} \dfrac{\partial N_l}{\partial \xi} & \dfrac{\partial y}{\partial \xi} \\ \dfrac{\partial N_l}{\partial \eta} & \dfrac{\partial y}{\partial \eta} \end{vmatrix}}{|\mathbf{J}|} \qquad \frac{\partial N_l}{\partial y} = \frac{\begin{vmatrix} \dfrac{\partial x}{\partial \xi} & \dfrac{\partial N_l}{\partial \xi} \\ \dfrac{\partial x}{\partial \eta} & \dfrac{\partial N_l}{\partial \eta} \end{vmatrix}}{|\mathbf{J}|}$$

$$\left. \right\} \tag{6.143}$$

式中，$|\mathbf{J}|$ 为雅可比矩阵行列式的值，

$$|\mathbf{J}| = \frac{\partial x}{\partial \xi} \frac{\partial y}{\partial \eta} - \frac{\partial y}{\partial \xi} \frac{\partial x}{\partial \eta} \tag{6.144}$$

由式（6.141）得

$$\left. \begin{aligned} \frac{\partial N_i}{\partial \xi} &= -\frac{1}{4}(1-\eta) & \frac{\partial N_i}{\partial \eta} &= -\frac{1}{4}(1-\xi) \\ \frac{\partial N_j}{\partial \xi} &= \frac{1}{4}(1-\eta) & \frac{\partial N_j}{\partial \eta} &= -\frac{1}{4}(1+\xi) \\ \frac{\partial N_k}{\partial \xi} &= \frac{1}{4}(1+\eta) & \frac{\partial N_k}{\partial \eta} &= \frac{1}{4}(1+\xi) \\ \frac{\partial N_l}{\partial \xi} &= -\frac{1}{4}(1+\eta) & \frac{\partial N_l}{\partial \eta} &= \frac{1}{4}(1-\xi) \end{aligned} \right\} \tag{6.145}$$

为了确定 $\partial x/\partial \xi$、$\partial x/\partial \eta$、$\partial y/\partial \xi$ 和 $\partial y/\partial \eta$ 需要知道上述坐标变换的具体形式。可以验证，所要求的坐标变换可取如下形式：

$$\begin{Bmatrix} x \\ y \end{Bmatrix} = \begin{bmatrix} N_i & 0 & N_j & 0 & N_k & 0 & N_l & 0 \\ 0 & N_i & 0 & N_j & 0 & N_k & 0 & N_l \end{bmatrix} \begin{Bmatrix} x_i \\ y_i \\ x_j \\ y_j \\ x_k \\ y_k \\ x_l \\ y_l \end{Bmatrix} \qquad (6.146)$$

由式 (6.146) 得

$$\left. \begin{aligned} \frac{\partial x}{\partial \xi} = \sum_r = \frac{\partial N_r}{\partial \xi} x_r \qquad & \frac{\partial x}{\partial \eta} = \sum_r = \frac{\partial N_r}{\partial \eta} x_r \\ \frac{\partial y}{\partial \xi} = \sum_r = \frac{\partial N_r}{\partial \xi} y_r \qquad & \frac{\partial y}{\partial \eta} = \sum_r = \frac{\partial N_r}{\partial \eta} y_r \end{aligned} \right\} \qquad (6.147)$$

$$r = i,\ j,\ k,\ l$$

这样，将式 (6.145) 和式 (6.147) 代入式 (6.143) 就确定出 $\dfrac{\partial N_i}{\partial x}$、$\dfrac{\partial N_i}{\partial y}$、$\dfrac{\partial N_j}{\partial x}$、$\dfrac{\partial N_j}{\partial y}$、$\dfrac{\partial N_k}{\partial x}$、$\dfrac{\partial N_k}{\partial y}$、$\dfrac{\partial N_l}{\partial x}$ 和 $\dfrac{\partial N_l}{\partial y}$。将它们代入式 (6.137) 就得以变量 ξ、η 表示的单元应变矩阵 $[B]$。将应变矩阵 $[B]$ 代入式 (6.130) 可求出单元刚度矩阵 $[k]_e$。

由于

$$\mathrm{d}x\mathrm{d}y = |\,\mathrm{J}\,|\mathrm{d}\xi\mathrm{d}\eta$$

则式 (6.130) 变成

$$[K]_e = \int_{-1}^1 \int_{-1}^1 [B]^{\mathrm{T}}[D][B]\,|\,\mathrm{J}\,|\mathrm{d}\xi\mathrm{d}\eta \qquad (6.148)$$

由于被积函数与 ξ、η 的关系比较复杂，式 (6.148) 要求做数值积分。这可用高斯求积法来实现。设一个函数 $f(\xi,\ \eta)$ 在 $\xi = [-1,\ 1]$，$\eta = [-1,\ 1]$ 区间内定义，按高斯求积法，

$$\int_{-1}^1 \int_{-1}^1 f(\xi,\ \eta)\mathrm{d}\xi\mathrm{d}\eta = \sum_{m=1}^M \sum_{n=1}^M H_m H_n f(\xi_m,\ \eta_n) \qquad (6.149)$$

式中，m、n 分别表示 ξ、η 坐标轴上的结点；M 为结点的总数；H_m、H_n 分别为相应于 m、n 结点的求积系数；ξ_m 为 m 结点的 ξ 坐标值；η_n 为 n 结点的 η 坐标值。在通常计算中取 $M = 3$ 就够了，这时，ξ_m、η_n、H_m、H_n 数值分别如表 6.1 所示。

表 6.1 $M=3$ 时，ξ_m、η_n、H_m、H_n 的数值

m 或 n	1	2	3
ξ_m	−0.774597	0	0.774597
ξ_n	−0.774597	0	0.774597
H_m	0.555556	0.888889	0.555556
H_n	0.555556	0.888889	0.555556

这样，根据式（6.149）

$$\int_{-1}^{1}\int_{-1}^{1}[B]^{\mathrm{T}}[D][B]|\mathrm{J}|\mathrm{d}\xi\mathrm{d}\eta$$

$$=\sum_{m=1}^{3}\sum_{n=1}^{3}H_mH_n[B(\xi_m,\eta_n)]^{\mathrm{T}}[D][B(\xi_m,\eta_n)]|\mathrm{J}(\xi_m,\eta_n)| \qquad (6.150)$$

按式（6.150）完成数值计算就可求出等参数四边形单元的刚度矩阵 $[K]_e$。

6.5.3 有根元集合体的总刚度矩阵的形成和存储

求解有限元集合体地震反应方程式（6.112）是在计算机上完成的。式（6.112）中的总刚度矩阵 $[K]$ 要存储于计算机的内存中。总刚度矩阵 $[K]$ 的形成和它在计算机内存中的存储方式有关。上面曾指出，总刚度矩阵具有对称性和稀疏性两个特点。利用对称性只需存储总刚度矩阵 $[K]$ 主对角线及其以下或以上部分的元素，即下三角或上三角部分的元素；通常，只存储下三角部分的元素。由于总刚度矩阵 $[K]$ 的稀疏性，在每一行中第一个非零元素之前有一系列零元素。在每一行中，从第一个非零元素到对角线上元素之间所包含的元素个数叫那一行的半带宽。为了减少总刚度矩阵所占用的内存的数量，可以只存储每行中半带宽内的元素。如果按总刚度矩阵行的次序将每行半带宽内的元素排列成一维数组，就形成紧缩的存储形式。显然，这样排列成的一维数组是由许多段组成的，每一段相应于总刚度矩阵 $[K]$ 中一个行的半带宽。为了确定任意一行半带宽中的元素在维数组中的位置只要指出那一行对角线元素，即其半带宽中最后那个元素在一维数组中的序号就可以了。如果将每一行对角线元素在一维数组中的序号按行的次序排列成一个列阵，就形成了所谓的指示矩阵，它是个列阵。假如以 POI 表示指示矩阵，那么第 i 行半带宽内的元素在一维数组中占据的位置为从 $POI(i-1)+1$ 到 $POI(i)$。

下面研究指示列阵 POI 的形成方法。对于平面问题，一个点有两个自由度，相应于总刚度矩阵中的两行。如果一个结点的编号为 i，它相应于总刚度矩阵中的第 $2i-1$ 和 $2i$ 行。由于所存储的是总刚度矩阵中下三角形中的元素，而表示 i

点与点号大于 i 的点之间相互作用的刚度系数位于上三角形中，因此不在存储之内。另外，比 i 点点号越小的结点，相应的刚度系数的位置离对角线就越远。这样，考察 i 点及其周围结点的点号，可从中找出最小的点号，并把它与 i 点的点号差叫做最大点号差。显然，第 $2i-1$ 行的半带宽等于

$$2 \times (\text{最大点号差} + 1) - 1 \tag{6.151}$$

第 $2i$ 行的半带宽等于

$$2 \times (\text{最大点号差} + 1) \tag{6.152}$$

假如 i 点及点号小于 i 的点所相应的行的半带宽均已求出，那么 POI($2i-1$) 及 POI($2i$) 分别等于前 $2i-1$ 行和前 $2i$ 行的半带宽之和。

这样，由存储的指示列阵就可以确定出每行的半带宽在一维数组中的位置。下面进一步讨论半带宽中每个元素在一组数组中的位置。设一个结点点号为 j，并且 $j<i$，那么表示结点 j 与 i 相互作用的两个元素在第 $2i-1$ 行中的位置与主对角线的距离为

$$2(i - i) \text{ 和 } 2(i - j) - 1 \tag{6.153}$$

在 $2i$ 行中的位置与主对角线的距离为，

$$2(i - j) + 1 \text{ 和 } 2(i - j) \tag{6.154}$$

如图 6.18 所示。由于对角线元素在一维数组中的位置已由指示矩阵给出，这样表示 j 点与 i 点相互作用的两个元素在第 $2i-1$ 和 $2i$ 行中的位置就可算出。

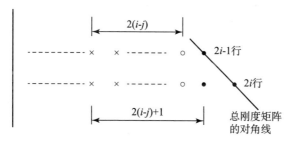

● 表示 i 结点对本身作用的刚度系数

× 表示 j 结点对 i 结点作用的刚度系数

图 6.18　在总刚度矩阵的每行中刚度系数位置的确定

点号小于 i 但大于 i 周围最小点号的结点有如下两种情况。一种情况，不与 i 结点相邻。这时，在第 $2i-1$ 和 $2i$ 行中表示这两点相互作用的元素为零。另一种情况，与 i 结点相邻。这时，在第 $2i-1$ 和 $2i$ 行中表示这两点相互作用的元素不为零。由于这点与 i 结点相邻，它们必为同一个单元的两个结点。这样，就可从这个单元刚度矩阵中找出表示这两点相互作用的刚度系数，然后迭加到第 $2i-1$ 和 $2i$ 行中的相应位置上。应指出，i 点与其每个相邻结点由两个单元连接，因此

对每个连结单元都应进行这样的迭加。

6.6　特征值问题及阻尼矩阵

6.6.1　特征值问题

与式（6.112）相应的无阻尼自由振动方程式为

$$[M]\{\ddot{r}\} + [K]\{r\} = 0 \qquad (6.155)$$

式（6.155）的解可以写成

$$\{r\} = \{\varphi\}Y(t) \qquad (6.156)$$

式中，$\{\varphi\}$ 为待定的列阵，其中的元素为常数；$Y(t)$ 为待定的随时间变化的函数。将式（6.156）代入式（6.155）中并左乘列阵 $\{\Phi\}$ 的转置 $\{\Phi\}^{T}$ 得

$$\{\Phi\}^{T}[M]\{\Phi\}\ddot{Y}(t) + \{\Phi\}^{T}[K]\{\Phi\}Y(t) = 0$$

因为 $\{\Phi\}^{T}[M]\{\Phi\}$ 与 $\{\Phi\}^{T}[K]\{\Phi\}$ 都是一个数量，可令

$$\left.\begin{array}{l} M^{*} = \{\Phi\}^{T}[M]\{\Phi\} \\ K^{*} = \{\Phi\}^{T}[K]\{\Phi\} \end{array}\right\} \qquad (6.157)$$

及

$$\omega^{2} = K^{*}/M^{*} \qquad (6.158)$$

则得

$$\ddot{Y}(t) + \omega^{2}Y(t) = 0 \qquad (6.159)$$

式（6.159）的解为

$$Y(t) = A\sin(\omega t + \alpha)$$

将此式代入式（6.155）中得

$$[K]\{\Phi\} = \omega^{2}[M]\{\Phi\} \qquad (6.160)$$

式（6.160）叫做一个振动体系的特征方程。改写式（6.160）得

$$[K - \omega^{2}M]\{\Phi\} = 0 \qquad (6.161)$$

可以看出，式（6.161）是齐次线性代数方程组。由非零解的条件得

$$|K - \omega^{2}M| = 0 \qquad (6.162)$$

式（6.162）的左端是矩阵 $[K-\omega^{2}M]$ 的行列式。如果矩阵是 $N×N$ 阶的，则式（6.162）是关于 ω^{2} 的 N 次高阶方程。这样，ω^{2} 将有 N 个解，相应的列阵 $\{\Phi\}$ 也将有 N 个解。下面把 ω^{2} 的解叫振动体系的特征值，而把相应的列阵 $\{\Phi\}$ 叫特征向量。由式（6.159）可知，ω^{2} 即为振动体系的自由振动圆频率。由式（6.161）确定振动体系的特征值和特征向量叫做特征值问题。可以将求得的特征向量排列成一个矩阵并以 $[\Phi]$ 表示。这样，式（6.156）可以写成

$$\{r\} = [\Phi]\{Y\} \qquad (6.163)$$

关于特征向量，可以指出具有如下的正交性质

$$\left.\begin{array}{ll} \{\varPhi\}_i^T[K]\{\varPhi\}_j = 0 & j \neq i \\ \{\varPhi\}_i^T[K]\{\varPhi\}_j \neq 0 & j = i \end{array}\right\} \tag{6.164}$$

及

$$\left.\begin{array}{ll} \{\varPhi\}_i^T[M]\{\varPhi\}_j = 0 & j \neq i \\ \{\varPhi\}_i^T[M]\{\varPhi\}_j \neq 0 & j = i \end{array}\right\} \tag{6.165}$$

因此,

$$\left.\begin{array}{l} \{\varPhi\}^T[K]\{\varPhi\} = [K^*] \\ \{\varPhi\}^T[M]\{\varPhi\} = [M^*] \end{array}\right\} \tag{6.166}$$

式中

$$[K^*] = \begin{bmatrix} K_{11}^* & & & & & \\ & K_{22}^* & & & 0 & \\ & & \ddots & & & \\ & & & K_{ii}^* & & \\ & 0 & & & \ddots & \\ & & & & & K_{NN}^* \end{bmatrix} \tag{6.167}$$

$$K_{ii}^* = \{\varPhi\}_i^T[K]\{\varPhi\}_i \tag{6.168}$$

及

$$[M^*] = \begin{bmatrix} M_{11}^* & & & & & \\ & M_{22}^* & & & 0 & \\ & & \ddots & & & \\ & & & M_{ii}^* & & \\ & 0 & & & \ddots & \\ & & & & & M_{NN}^* \end{bmatrix} \tag{6.169}$$

$$M_{ii}^* = \{\varPhi\}_i^T[M]\{\varPhi\}_i \tag{6.170}$$

这样, 将 $[\varPhi]^T$ 左乘式 (6.112) 则得

$$[M^*]\{\ddot{Y}\} + [\varPhi]^T[C][\varPhi]\{\dot{Y}\} + [K^*]\{Y\} = \{P^*\} \tag{6.171}$$

式中

$$P_i^* = -\{\varPhi\}_i^T\{E_x\}\ddot{u}_g - \{\varPhi\}_i^T\{E_y\}\ddot{v}_g \tag{6.172}$$

如果特征向量对于阻尼矩阵 $[C]$ 也具有正交性质, 即

$$\left.\begin{array}{ll} \{\varPhi\}_i^T[C]\{\varPhi\}_j = 0 & i \neq j \\ \{\varPhi\}_i^T[C]\{\varPhi\}_j \neq 0 & i = j \end{array}\right\} \tag{6.173}$$

则

$$\{\boldsymbol{\Phi}\}^{\mathrm{T}}[C]\{\boldsymbol{\Phi}\} = [C^*] \tag{6.174}$$

式中

$$[C^*] = \begin{bmatrix} C_{11}^* & & & & & \\ & C_{22}^* & & & 0 & \\ & & \ddots & & & \\ & & & C_{ii}^* & & \\ & 0 & & & \ddots & \\ & & & & & C_{NN}^* \end{bmatrix} \tag{6.175}$$

这样，式（6.171）可以写成为

$$M_{ii}^* \ddot{Y} + C_{ii}^* \dot{Y}_i + K_{ii}^* Y_i = P_i^* \qquad i = 1, 2, \cdots, N \tag{6.176}$$

如果阻尼矩阵 $[C]$ 满足式（6.173），可以证明有阻尼自由振动的振型与无阻尼自由振动的振型相同。有阻尼自由振动方程为

$$[M]\{\ddot{r}\} + [C]\{\dot{r}\} + [K]\{r\} = 0 \tag{6.177}$$

将式（6.163）代入并注意到式（6.167）、式（6.169）和式（6.174）则得

$$\ddot{Y}_i + 2\lambda_i \omega_i \dot{Y}_i + \omega_i^2 Y_i = 0 \tag{6.178}$$

式中，λ_i 为第 i 个振型的阻尼比，

$$2\lambda_i \omega_i = C_{ii}^* / M_{ii}^* \tag{6.179}$$

式（6.178）的解为

$$Y_i = \mathrm{e}^{-\lambda_i \omega_i t} A \sin(\omega_i t - \alpha)$$

将此式代入式（6.163），再将式（6.163）代入式（6.177）可得

$$\left. \begin{aligned} [M]\{\boldsymbol{\Phi}\}_i(-\omega_{1,i}^2 + \omega_i^2 \lambda_i^2) - [C]\{\boldsymbol{\Phi}\}_i \omega_i \lambda_i + [K]\{\boldsymbol{\Phi}\}_i = 0 \\ [M]\{\boldsymbol{\Phi}\}_i 2\omega_i \lambda_i - [C]\{\boldsymbol{\Phi}\}_i = 0 \end{aligned} \right\} \tag{6.180}$$

将式（6.180）的第二式代入第一式，式（6.180）变成

$$\left. \begin{aligned} [K]\{\boldsymbol{\Phi}\}_i = \omega_i^2 [M]\{\boldsymbol{\Phi}\}_i \\ [C]\{\boldsymbol{\Phi}\}_i = 2\lambda_i \omega_i [M]\{\boldsymbol{\Phi}\}_i \end{aligned} \right\} \tag{6.181}$$

式（6.181）的第一式表明有阻尼自由振动的特征值问题与无阻尼自由振动的相同。这样，求解式（6.176）就变成了解特征方程（6.161）和式（6.176）。这种解法叫做振型迭加法。式（6.176）的求解前面已经讨论过了。特征方程式（6.161）的求解请参看计算数学方面参考书，在此不做进一步讨论。

6.6.2　阻尼矩阵

可以指出，如果将阻尼矩阵 $[C]$ 取成为质量矩阵 $[M]$ 和刚度矩阵 $[K]$ 的线性组合，即

$$[C] = \alpha[M] + \beta[K] \tag{6.182}$$

的形式，则式（6.173）将得到满足。式中，α、β 为两个参数，

$$\left. \begin{array}{l} \alpha = \lambda\omega \\ \beta = \lambda/\omega \end{array} \right\} \tag{6.183}$$

将式（6.182）两边左乘 $\{\Phi\}_i^T$，右乘 $\{\Phi\}_j$，并注意到式（6.164）和式（6.165）就得到验证。这种阻尼叫做瑞利阻尼。它的物理意义可用下面的例子来说明。图 6.19 给出一个由三个质点构成的体系。c_{11}、c_{21}、c_{31} 表示质点相对基底运动的阻尼，c_{12}、c_{22}、c_{32} 表示相邻质点相对运动的阻尼。这样，阻尼矩阵 $[C]$ 应为

$$[C] = \begin{bmatrix} c_{11} + c_{12} & -c_{12} & 0 \\ -c_{12} & c_{21} + c_{12} + c_{22} & -c_{22} \\ 0 & -c_{22} & c_{31} + c_{22} + c_{32} \end{bmatrix}$$

将其分解成两部分得

$$[C] = \begin{bmatrix} c_{11} & 0 & 0 \\ 0 & c_{21} & 0 \\ 0 & 0 & c_{31} \end{bmatrix} + \begin{bmatrix} c_{12} & -c_{12} & 0 \\ -c_{12} & c_{12} + c_{22} & -c_{22} \\ 0 & -c_{22} & c_{22} + c_{32} \end{bmatrix} \tag{6.184}$$

由单质点振动方程式而知

$$\omega = \frac{k}{M}$$

$$2\lambda\omega = \frac{c}{M}$$

由这两个关系式得

$$\frac{c}{2} = \lambda\omega M = \alpha M$$

$$\frac{c}{2} = \frac{\lambda}{\omega}k = \beta k$$

因此，与单质点情况相似，可取

$$\left. \begin{array}{l} c_{i1} = \alpha M_i \\ c_{i2} = \beta k_i \end{array} \right\} \tag{6.185}$$

将式（6.185）代入式（6.184）得

$$[C] = \alpha \begin{bmatrix} M_1 & 0 & 0 \\ 0 & M_2 & 0 \\ 0 & 0 & M_3 \end{bmatrix} + \beta \begin{bmatrix} k_1 & -k_2 & 0 \\ -k_2 & k_1 + k_2 & -k_2 \\ 0 & -k_2 & k_2 + k_3 \end{bmatrix}$$

即瑞利阻尼形式。因此，瑞利阻尼的第一项表示质点相对基底运动的阻尼，第二项表示相邻质点相对运动的阻尼。

由式（6.183）可见，α、β 取决于体系的自振圆频率和阻尼比。通常，ω 取

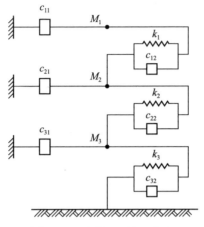

图 6.19 瑞利阻尼物理意义

第一振型相应的自振圆频率 ω_1，λ 取试验确定出来的数值。由式（6.182）可以得到

$$C_{ii}^* = \alpha M_{ii}^* + \beta K_{ii}^*$$

注意到式（6.158），上式可写成

$$C_{ii}^* = (\alpha + \beta \omega_i^2) M_{ii}^*$$

将式（6.179）代入上式得

$$\lambda_i = \frac{\alpha + \beta \omega_i^2}{2\omega_i}$$

再将

$$\alpha = \omega_1 \lambda \qquad \beta = \lambda/\omega_1$$

代入上式得

$$\lambda_i = \frac{\omega_1^2 + \omega_i^2}{2\omega_1 \omega_i} \lambda \tag{6.186}$$

式（6.186）表明，如果采取瑞利阻尼形式，高振型的阻尼比将显著地增加的[9]。这样，高振型的反应要受到人为的压低。这是瑞利阻尼的主要缺点。

6.7 在时域内求解基本方程式

在时域内求解基本方程式（6.112）通常是用逐步积分法完成的。逐步积分法实质上是隐式格式的差分法。采用不同的差分格式就构成了不同的逐步积分法。然而，不管哪种方法都是假定前一时刻的位移 $\{r(t)\}$、速度 $\{\dot{r}(t)\}$ 和加速度 $\{\ddot{r}(t)\}$ 已知，然后将所考虑那个时刻的速度 $\{\dot{r}(t+\Delta t)\}$ 和加速度 $\{\ddot{r}(t+\Delta t)\}$ 以前一时刻的位移 $\{r(t)\}$、速度 $\{\dot{r}(t)\}$、加速度 $\{\ddot{r}(t)\}$ 和该时刻的位移 $\{r(t+$

$\Delta t)\}$ 表示。将它们代入基本方程式(6.112) 得到关于位移$\{r(t + \Delta t)\}$ 的线性代数方程组。求解所得的线性代数方程组可以确定出位移$\{r(t + \Delta t)\}$，而速度$\{\dot{r}(t + \Delta t)\}$ 和加速度$\{\ddot{r}(t + \Delta t)\}$ 就可由上述的表示式确定出来。再将$\{r(t + \Delta t)\}$、$\{\dot{r}(t + \Delta t)\}$ 和$\{\ddot{r}(t + \Delta t)\}$ 做为前一时刻的已知数值，按上述同样的方法求 $t +$ $2\Delta t$ 时刻的位移、速度和加速度。显然，求解必须从零时刻开始。零时刻的位移、速度可以从初始条件确定。和初始条件式（6.102）相似，求解式（6.112）的初始条件为

$$t = 0, \ \{r\} = 0 \left.\begin{array}{l} \\ \\ \end{array}\right\} \qquad\qquad (6.187)$$
$$t = 0, \ \{\dot{r}\} = 0$$

将式（6.187）代入式（6.112）中得

$$t = 0, \ \ddot{u}_i = -\ddot{u}_g \left.\begin{array}{l} \\ \\ \end{array}\right\} \quad i = 1, 2, \cdots, N \qquad (6.188)$$
$$t = 0, \ \ddot{v}_i = -\ddot{v}_g$$

6.7.1　线性加速度法

最早出现的逐步积分法是线性加速度法。线性加速度法假设在时间步长 Δt 内加速度随时间呈线性变化，即

$$\{\ddot{r}(t + \tau)\} = \{\ddot{r}(t)\} + \frac{\{\ddot{r}(t + \Delta t)\} - \{\ddot{r}(t)\}}{\Delta t} \tau \qquad (6.189)$$

式中，τ 为从 t 时刻算起的时间变量。$t+\Delta t$ 时刻的速度

$$\{\dot{r}(t + \Delta t)\} = \{\dot{r}(t)\} + \int_0^{\Delta t} \ddot{r}(t + \tau)\,\mathrm{d}\tau$$

将式（6.189）代入上式，并完成定积分运算得

$$\{\dot{r}(t + \Delta t)\} = \{\dot{r}(t)\} + \frac{\Delta t}{2}\{\ddot{r}(t)\} + \frac{\Delta t}{2}\{\ddot{r}(t + \Delta t) \qquad (6.190)$$

同理得 $t+\Delta t$ 时刻的位移

$$\{r(t + \Delta t)\} = \{r(t)\} + \Delta t\{\dot{r}(t)\} + \frac{\Delta t^2}{3}\{\ddot{r}(t)\} + \frac{\Delta t^2}{6}\{\ddot{r}(t + \Delta t)\}$$

改写上式得

$$\{\ddot{r}(t + \Delta t)\} = \frac{6}{\Delta t^2}\{r(t + \Delta t)\} - \frac{6}{\Delta t^2}\{r(t)\} - \frac{6}{\Delta t}\{\dot{r}(t)\} - 2\{\ddot{r}(t)\}$$

$$(6.191)$$

将式（6.191）代入式（6.190）得

$$\{\dot{r}(t + \Delta t)\} = \frac{3}{\Delta t}\{r(t + \Delta t)\} - \frac{3}{\Delta t}\{r(t)\} - 2\{\dot{r}(t)\} - \frac{\Delta t}{2}\{\ddot{r}(t)\}$$

$$(6.192)$$

将式（6.182）、式（6.191）和式（6.192）代入式（6.112）简化后得

$$[\underline{K}]\{\underline{r}(t + \Delta t)\} = \{\underline{P}(t + \Delta t)\} \tag{6.193}$$

式中,

$$[\underline{K}] = a_0[M] + [K] \tag{6.194}$$

$$\{\underline{r}(t + \Delta t)\} = \left(1 + \frac{3\beta}{\Delta t}\right)\{r(t + \Delta t)\} - \frac{3\beta}{\Delta t}\{r(t)\} - 2\beta\{\dot{r}(t)\} - \frac{\beta\Delta t}{2}\{\ddot{r}(t)\}$$

$$\tag{6.195}$$

$$\{\underline{P}(t + \Delta t)\} = -\{E_x\}\ddot{u}_g(t + \Delta t) - \{E_y\}\ddot{v}_g(t + \Delta t)$$
$$+ [M](a_1\{r(t)\} + a_2\{\dot{r}(t)\} + a_3\{\ddot{r}(t)\}) \tag{6.196}$$

式中,

$$\left. \begin{array}{l} a_0 = \dfrac{6 + 3\alpha\Delta t}{\Delta t^2 + 3\beta\Delta t} \\[3mm] a_1 = \dfrac{6}{\Delta t^2} + \dfrac{3}{\Delta t}(\alpha - \beta a_0) \\[3mm] a_2 = \dfrac{6}{\Delta t} + 2(\alpha - \beta a_0) \\[3mm] a_3 = 2 + \dfrac{\Delta t}{2}(\alpha - \beta a_0) \end{array} \right\} \tag{6.197}$$

式 (6.195) 至式 (6.197) 中的的 α、β 为瑞利阻尼公式中的系数 α、β。显然,在式 (6.193) 中只有 $\{\underline{r}(t + \Delta t)\}$ 是未知的。由式 (6.193) 可以解出 $\{\underline{r}(t + \Delta t)\}$。这样,就可由式 (6.195) 解出 $t+\Delta t$ 时刻的位移 $\{r(t + \Delta t)\}$。

　　研究表明,线性加速度法只有当时间步长小于一定数值时计算结果才是收敛的。这种方法叫做条件稳定的逐步积分法。但是,使结果收敛的临界时间步长通常很难预先确定。

6.7.2　Wilson-θ 值法[10]

　　为了改进线性加速度法的收敛性,Wilson 提出了一个改进的线性加速度法。这个方法假设在时间间隔 $\theta\Delta t$ 内加速度随时间呈线性变化,θ 值大于 1。这样,$0 \leqslant \tau \leqslant \theta\Delta t$。完成与线性加速度法相同的运算可以得到

$$\{\ddot{r}(t + \theta\Delta t)\} = \frac{6\theta}{\Delta t^2}\{r(t + \Delta t)\} - \frac{6\theta}{\Delta t^2}\{r(t)\} - \frac{6\theta}{\Delta t}\{\dot{r}(t)\} + (1 - 3\theta)\{\ddot{r}(t)\}$$

$$\tag{6.198}$$

$$\{\dot{r}(t + \theta\Delta t)\} = \frac{3\theta^2}{\Delta t}\{r(t + \Delta t)\} - \frac{3\theta^2}{\Delta t}\{r(t)\}$$
$$+ (1 - 3\theta^2)\{\ddot{r}(t)\} + \left(1 - \frac{3\theta}{2}\right)\theta\Delta t\{\ddot{r}(t)\} \tag{6.199}$$

$$\{r(t + \theta\Delta t)\} = \theta^3\{r(t + \theta\Delta t)\} + (1 - \theta^3)\{r(t)\}$$
$$+ (1 - \theta^2)\theta\Delta t\{\dot{r}(t)\} + \frac{\theta^2\Delta t^2(1 - \theta)}{2}\{\ddot{r}(t)\} \quad (6.200)$$

将上面三个式子代入式（6.112）中仍可得到式（6.193）和式（6.194）。但是

$$\{\underline{r}(t + \Delta t)\} = a_0\{r(t + \Delta t)\} + a_3\{r(t)\} + a_4\{\dot{r}(t)\} + a_5\{\ddot{r}(t)\} \quad (6.201)$$

$$\{\underline{P}(t + \theta\Delta t)\} = -(E_x)\ddot{u}_g(t + \theta\Delta t) - \{E_y\}\ddot{v}_g(t + \theta\Delta t)$$
$$+ [M](a_2\{r(t)\} + a_6\{\dot{r}(t)\} + a_7\{\ddot{r}(t)\}) \quad (6.202)$$

式中，

$$\left.\begin{aligned}
a_0 &= \theta^3 + \beta\frac{3\theta^2}{\Delta t} \\
a_1 &= \frac{6\theta}{\Delta t^2} + \alpha\frac{3\theta^2}{\Delta t} \\
a_2 &= a_1/a_0 \\
a_3 &= 1 - a_0 \\
a_4 &= \theta\Delta t(1 - \theta^2) + \beta(1 - 3\theta^2) \\
a_5 &= \theta\Delta t\left[\frac{\theta}{2}(\Delta t(1 - \theta) - 3\beta) + \beta\right] \\
a_6 &= \frac{6\theta}{\Delta t^3} - \alpha(1 - 3\theta^2) + \frac{a_1 a_4}{a_0} \\
a_7 &= -\left[[1 - 3\theta] + \alpha\left(1 - \frac{3\theta}{2}\right)\theta\Delta t\right] + \frac{a_1 a_5}{a_0}
\end{aligned}\right\} \quad (6.203)$$

　　研究表明，当 $\theta \geq 1.37$ 时，无论时间步长取多大 Wilson 法的计算结果总是收敛的。这种方法叫做无条件稳定的逐步积分法。还应指出，如果时间步长相同，θ 值增大，解的误差则增大。通常，取 $\theta = 1.4$。

6.7.3　Newmark 常值加速度法[11]

　　另一个通常采用的绝对稳定的逐步积分方法是 Newmark 常值加速度法。这个方法假定在 Δt 时间间隔内加速度为常值并等于 t 时刻和 $t+\Delta t$ 时刻的平均值，即

$$\{\ddot{r}(t + \tau)\} = \frac{1}{2}(\{\ddot{r}(t)\} + \{\ddot{r}(t + \Delta t)\}) \quad (6.204)$$

由式（6.204）可以得到

$$\{\ddot{r} + (t + \Delta t)\} = \frac{4}{\Delta t^2}\{r(t + \Delta t)\} - \frac{4}{\Delta t^2}\{r(t)\} - \frac{4}{\Delta t}\{\dot{r}(t)\} - \{\ddot{r}(t)\}$$

$$(6.205)$$

$$\{\dot{r}(t + \Delta t)\} = \frac{2}{\Delta t}\{r(t + \Delta t)\} - \frac{2}{\Delta t}\{r(t)\} - \{\dot{r}(t)\} \qquad (6.206)$$

将这两式代入式 (6.112) 中仍可得式 (6.193) 和式 (6.194)，但是

$$\{\underline{r}(t + \Delta t)\} = a_1\{r(t + \Delta t)\} - a_2\{r(t)\} - \beta\{\dot{r}(t)\} \qquad (6.207)$$

$$\{\underline{P}(t + \Delta t)\} = -\{E_x\}\ddot{u}_g(t + \Delta t) - \{E_y\}\ddot{v}_g(t + \Delta t)$$

$$+ [M]((a_3 - a_4)\{r(t)\} + (a_5 - a_6)\{\dot{r}(t)\} + \{\ddot{r}(t)\}) \quad (6.208)$$

式中，

$$\left.\begin{array}{l}
a_0 = \dfrac{4 + 2\alpha\Delta t}{\Delta t^2 + 2\beta\Delta t} \\[3mm]
a_1 = 1 + \dfrac{2\beta}{\Delta t} \\[3mm]
a_2 = \dfrac{2\beta}{\Delta t} \\[3mm]
a_3 = \dfrac{4 + 2\alpha\Delta t}{\Delta t^2} \\[3mm]
a_4 = a_0 a_2 \\[3mm]
a_5 = \dfrac{4 + \alpha\Delta t}{\Delta t} \\[3mm]
a_6 = \beta a_0
\end{array}\right\} \qquad (6.209)$$

在计算时，为了保证计算结果的收敛应该采用绝对稳定的逐步积分法。这时，时间步长 Δt 的选取主要取决于计算误差的要求。时间步长越小，计算误差越小，但是，计算量越大。通常，在土体地震反应分析中采用 1/100 秒的时间步长就可以得到较好的结果。

6.8　土的弹-塑性或非线性弹性性能的考虑

前面将土视为具有粘性阻尼的线性弹性介质，建立了土体的地震反应方程式及给出了求解的方法。然而，在第二章中曾经指出，将土视为弹塑性体或非线性粘-弹性介质更近于实际。在土体的地震反应分析中可以用线性化的方法来考虑土的弹塑性或非线性弹性性能。

假如采用弹塑性模型进行土体的地震反应分析，那么土的应力应变关系应该遵循土的滞回曲线。设在 t 时刻土单元的应力应变状态相应于滞回曲线上的 A 点，在 $t+\Delta t$ 时刻达到 B 点，如图 6.20a 所示。显然，如果 Δt 较小时从 A 到 B 可认为是线性变化的，相应的剪切模量为 AB 连线的斜率。但是，B 点是待求的一点，AB 的斜率不能预先确定。考虑到 Δt 较小，AB 的斜率可以用 A 点的切线斜率来代替，并把它叫切线剪切模量。这样，从 t 到 $t+\Delta t$ 时刻土体的总刚度矩阵

应采用上述的切线剪切模量来确定。另外，如果以 $\Delta\ddot{u}_g$、$\Delta\ddot{v}_g$ 分别表示从 t 到 $t+\Delta t$ 时段地震运动水平分量和竖向分量的加速度增量，即，

$$\Delta\ddot{u}_g = \ddot{u}_g(t + \Delta t) - \ddot{u}_g(t)$$

$$\Delta\ddot{v}_g = \ddot{v}_g(t + \Delta t) - \ddot{v}_g(t)$$

如图 6.20b 所示，那么在这个时段内与式（6.112）右端相应的荷载向量的增量为

$$- \{E_x\}\Delta\ddot{u}_g - \{E_y\}\Delta\ddot{v}_g$$

这样，可得到在 t 到 $t+\Delta t$ 时段内线性化后土体体系的地震反应方程式

$$[M]\{\Delta\ddot{r}\} + [C]\{\Delta\dot{r}\} + [K]\{\Delta r\} = -\{E_x\}\Delta\ddot{u}_g - \{F_y\}\Delta\ddot{v}_g \qquad (6.210)$$

t 时刻的解作为求解式（6.212）的初值。式中，$\{\Delta r\}$、$\{\Delta\dot{r}\}$ 和 $\{\Delta\ddot{r}\}$ 分别为结点位移增量、速度增量和加速度增量的列阵。应指出，在形成式（6.210）中的矩阵 $[K]$ 时应用图 6.20a 所示的切线模量。另外，由于弹塑性模型的耗能是塑性的，则式中的 $[C]$ 应取消。

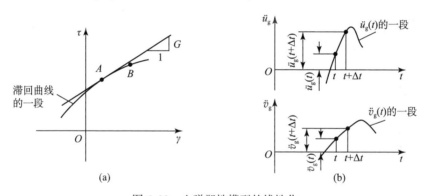

图 6.20　土弹塑性模型的线性化

很明显，每做完一个时间步长，就要改变一次土体体系的总刚度矩阵。对于比较大的土体体系，形成总刚鹿矩阵是很费计算时间的。因此，这种弹塑性模型多用于一维土柱的地震反应分析。

假如采用第二章所述的等价线性化粘-弹性模型进行上体的地震反应分析，那么等价的剪切模量要随等价的剪应变幅值改变。但是，土单元的等价的剪应变幅值预先是未知的。因此，需要对土单元任意指定一个等价的剪应变幅值，然后就可由它确定出土单元相应的等价剪切模量和阻尼比，而土体体系的总刚度矩阵由这样确定出来的土单元剪切模量来确定。在第四章中曾指出，等价的剪切模量是对像地震这样整个动力过程而言的，因此在整个地震过程中土体体系的总刚度矩阵不变。对整个地震过程求解式（6.112）可得到各单元的剪应变最大幅值。相应的各单元的等价剪应变幅值可令其等于 0.65 倍各单元的剪应变最大幅值。

由反应分析求得的各单元的等价剪应变幅值与前面假定的土单元的等价剪应变不会相等。因此，需要根据新确定出来的各单元的等价剪应变幅值重新确定土单元的相应等价剪切模量、阻尼比和土体体系的总刚度矩阵。然后，对地震动再求解一遍反应分析方程式，确定出各单元的新的等价剪应变幅值及相应的等价剪切模量和阻尼比。直到相邻两次计算所求的结果的误差满足要求为止。通常，反复计算三四遍就可以满足要求。由于在每次计算中土体体系的总刚度矩阵保持不变，对于较大的土体体系采用等价线性化弹性模型进行地震反应分析所用的时间较短，因此是更适宜的。

由上述可见，如果采用弹塑性模型进行地震反应分析，非线性是用增量法实现的。用增量法考虑土的弹塑性性能对整个地震过程只需要进行一遍计算；但在这一遍计算中，对每个计算的时间步长均要由各单元的切线模量形成相应土体体系的总刚度矩阵。如果采用等价线性化弹性模型进行地震反应分析，非线性是用迭代法实现的。用迭代法考虑土的非线性弹性性能要对整个地震过程进行若干遍计算；但在每一遍计算中，土单元的模量及相应的土体体系的总刚度矩阵保持不变。在每一遍计算中土单元的模量根据预先指定的或由前一遍反应分析计算求得的等价剪应变幅值确定。

6.9 频域内求解土体地震反应的方法

6.9.1 基本原理

频域内求解土体地震反应的现行方法是富里叶变换求解线性体系方程式经典方法的发展。它以离散的有限富里叶变换代替连续的无限富里叶变换，并且在做离散的有限富里叶变换计算时引用了快速算法，即快速富里叶变换。[12,13]

有限富里叶变换定义如下：周期为 T 的连续函数 $f(t)$，其复数有限富里叶变换 $a(j)$ 为：

$$a(j) = \frac{1}{T}\int_0^T f(t)\,\mathrm{e}^{-ij\Delta\omega t}\mathrm{d}t$$

$$j = -\infty,\ \cdots,\ -n,\ \cdots,\ -1,\ 0,\ 1,\ \cdots,\ n,\ \cdots,\ \infty \quad (6.211)$$

式中，$i=\sqrt{-1}$，而

$$\Delta\omega = \frac{2\pi}{T} \quad (6.212)$$

$\Delta\omega$ 叫做频率增量。有限富里叶逆变换

$$f(t) = \sum_{j=-\infty}^{\infty} a(j)\,\mathrm{e}^{ij\Delta\omega t} \quad (6.213)$$

或

$$f(t) = a(0) + \sum_{j=1}^{\infty} \left[a(j) e^{ij\Delta\omega t} + a(-j) e^{-ij\Delta\omega t} \right] \tag{6.214}$$

由式 (6.211) 可知,$a(j)$ 与 $a(-j)$ 是共轭复数,即

$$a(-j) = \bar{a}(j) \tag{6.215}$$

式中,$\bar{a}(j)$ 为 $a(j)$ 的共轭复数。如果 $f(t)$ 是实函数,令

$$a(0) = \frac{1}{2T} \int_0^T f(t) \, dt \tag{6.216}$$

并注意式 (6.214),则有

$$f(t) = 2\mathrm{Re} \sum_{j=0}^{\infty} a(j) e^{ij\Delta\omega t} \tag{6.217}$$

式中,Re 表示取级数和的实部。

如果不知函数 $f(t)$ 的形式,只知它在周期 T 内间隔为 Δt 的等间隔点上的读数,确定 $a(j)$ 则需要数值计算。如以 s 表示等间隔读数点的序号,该点的时间以 $t(s)$ 表示,函数值以 $f(s)$ 表示,则有

$$t(s) = s\Delta t \qquad s = 0, 1, 2, \cdots, N-1$$

当在周期 T 内有 N 个等间隔读数点,则有

$$\Delta t = \frac{T}{N} \tag{6.218}$$

由此得

$$t(s) = \frac{T}{N} s \tag{6.219}$$

令

$$f(s) = f(t(s)) \tag{6.220}$$

再令

$$\omega(j) = j\Delta\omega$$

代入式 (6.212) 得

$$\omega(j) = \frac{2\pi}{T} j \tag{6.221}$$

由于 $f(t)$ 只有 N 个读数,则只能算出 N 个 $a(j)$ 来。因为,

$$\omega(N) = \frac{2\pi}{T} N \tag{6.222}$$

是所能考虑的最高频率,通常叫截止频率。函数 $f(t)$ 的等间隔读数点在 t 轴的分布及计算 $a(j)$ 的等间距离在 ω 轴上的分布如图 6.21 所示(图中 $\omega_j = j\Delta\omega$)。将上面各式代入式 (6.211) 中,得

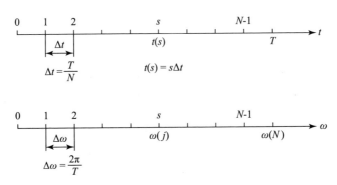

图 6.21 时间轴与频率轴之间的变换

$$a(j) = \frac{1}{N} \sum_{s=0}^{N-1} f(s) e^{-i\frac{2\pi}{N}js} \tag{6.223}$$

由式 (6.223) 求出 $a(j)$，式(6.221) 求出 $\omega(j)$ 就可得到 $a(j)$ 与 $\omega(j)$ 关系线。这条关系线叫做函数 $f(t)$ 的富氏谱，$a(j)$ 为富氏诺的谱值。将 $a(j)$ 代入式 (6.214) 中，得

$$f(s) = a(0) + \sum_{j=0}^{N-1} [a(j) e^{i\frac{2\pi}{N}sj} + a(-j) e^{-i\frac{2\pi}{N}sj}] \tag{6.224}$$

式 (6.223) 和式 (6.224) 分别为离散的有限富里叶变换和逆变换。如果 $f(t)$ 是实函数，其逆变换为：

$$f(s) = 2\mathrm{Re} \sum_{j=0}^{N-1} a(j) e^{i\frac{2\pi}{N}sj} \tag{6.225}$$

式 (6.223) 和式 (6.224) 的快速数值算法，即快速富里叶变换的出现使离散的有限富里叶变换成为一个有效的实用分析工具。关于快速富里叶变换在此不予讨论，如读者有兴趣请参阅文献[14]。

利用离散的有限富里叶变换求解土体地震反应的主要步骤如下：

(1) 应用离散的有限富里叶变换将地震动的位移或加速度分解成一系列简谐波。对地震动位移进行离散的有限富里叶变换得到的 $a(j)$ 与 $\omega(j)$ 关系线叫位移的富氏谱，$a(j)$ 叫位移富氏谱的谱值。同样，对地震动加速度进行离散的有限富里叶变换得到的 $a(j)$ 与 $\omega(j)$ 关系线叫加速度的富氏谱，$a(j)$ 叫加速度富氏谱的谱值。确定地震动位移或加速度富氏谱这项工作可利用式(6.223) 完成，只要将式中函数的读数 $f(s)$ 以地震动的位移或加速度读数代替。

(2) 确定传递函数。为此，将圆频率为 $\omega(j)$ 的单位简谐波作用于线性体系，可由线性体系所应满足的方程式求解出土体对圆频率为 $\omega(j)$ 的单位简谐波作用的反应。土体中某一点的各反应量，例如位移、速度、加速度、应变等与作用于线性体系的圆频率为 $\omega(j)$ 的单位简谐波之比叫该点各反应量的传递函数。

显然，传递函数随土体中点的位置不同而不同，还与单位简谐波的圆频率、体系的刚度与质量的分布有关，但与时间无关。因为 $\omega(j)$ 有 N 个，对每个 $\omega(j)$ 都求出传递函数计算量很大，通常按一定间隔选择一些 $\omega(j)$ 计算相应的传递函数，其他 $\omega(j)$ 的传递函数可按内插确定，以减小计算量。

（3）求土体对地震运动的反应。因为是线性体系，土体对系数为 $a(j)$、频率为 $\omega(j)$ 的简谐波的反应等于对频率为 $\omega(j)$ 的单位简谐波的反应乘以 $a(j)$。显然，$a(j)$ 与土体中某一点各反应量传递函数的乘积即为该点各反应量富氏谱的幅值。只要各反应量的富氏谱求出，利用离散的有限富里叶逆变换就可求出各反应量。

下面以两个问题来具体说明在频域内求解土体地震反应的方法。

6.9.2　波传法求水平土层的地震反应

设上卧于水平基岩上的土层各界面是水平的。以等价线性化粘弹性模型表示土的应力应变关系。在基岩面或土层的某一个界面上输入一个水平地震动 $u_g(t)$，求土层的地震反应。

首先考虑线性粘弹性模型的情况。因为土层是水平无限延伸的，上述问题可简化成一维问题。一维问题的波动方程式为：

$$\rho \frac{\partial^2 u}{\partial t^2} = G \frac{\partial^2 u}{\partial x^2} + c \frac{\partial^3 u}{\partial t \partial x^2} \qquad (6.226)$$

上式对每一个土层均都成立。在土层中频率为 ω 的谐波位移可写成如下形式：

$$u(x,\ t) = X(x)\mathrm{e}^{\mathrm{i}\omega t} \qquad (6.227)$$

式中，$X(x)$ 为待求的函数。将式（6.277）代入式（6.226）中得

$$(G + \mathrm{i}\omega c)\frac{\partial^2 X}{\partial x^2} = -\rho\omega^2 X \qquad (6.228)$$

令

$$G^* = G + \mathrm{i}\omega c$$

式中，G^* 为复模量。由于 $\frac{\omega c}{G} = 2\lambda$，得

$$G^* = G(1 + \mathrm{i}2\lambda) \qquad (6.229)$$

再令

$$k^2 = \frac{\rho\omega^2}{G^*} \qquad (6.230)$$

代入式（6.228）中得

$$\frac{\mathrm{d}^2 X}{\mathrm{d}x^2} + k^2 X = 0 \qquad (6.231)$$

其解为

$$X = Ee^{ikx} + Fe^{-ikx} \tag{6.232}$$

将其代入式（6.227）中，得式（6.226）的解为

$$u(x, t) = Ee^{i(kx+\omega t)} + Fe^{-i(kx-\omega t)} \tag{6.233}$$

式中的第二项为沿 x 方向传播的简谐波，第一项为沿 x 相反方向传播的简谐波。如图 6.22 所示，对每层土引进局部坐标 x_l，其原点 o_l 设在每层土的顶面上。解式（6.233）的形式对每层土均成立。这样，在每层土中的解可以其局部坐标写成如下形式：

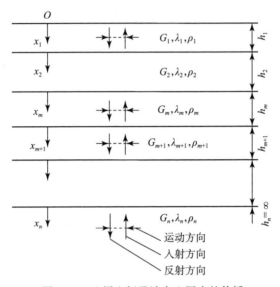

图 6.22　土层坐标及波在土层中的传播

$$u(x_l, t) = E_l e^{i(k_l x_l + \omega t)} + F_l e^{-i(k_l x_l - \omega t)} \tag{6.234}$$

式中，E_l、F_l 为第 l 层土的两个参数，由边界条件和层界面条件确定。这样，只要 E_l、F_l 确定出来，在每层土中的解就可由式（6.234）求出。下面来确定 E_l、F_l。设第 l 层土的厚度为 h_l，其顶面和底面的解分别为

$$\left. \begin{array}{l} u(x_l = 0, t) = (E_l + F_l) e^{i\omega t} \\ u(x_l = h, t) = (E_l e^{ik_l h_l} + F_l e^{-ik_l h_l}) e^{i\omega t} \end{array} \right\} \tag{6.235}$$

另外，土中的剪应力

$$\tau = G \frac{\partial u}{\partial x} + c \frac{\partial^2 u}{\partial t \partial x} = G^* \frac{\partial u}{\partial x}$$

将 $\partial u / \partial x$ 代入得

$$\tau = ikG^* (Ee^{ikx} - Fe^{-ikx}) e^{i\omega t}$$

这样，第 l 土层顶面和底面上的剪应力分别为

$$\left.\begin{array}{l} \tau(x_l = 0,\ t) = \mathrm{i}k_l G_l^* (E_l - F_l)\,\mathrm{e}^{\mathrm{i}\omega t} \\[2mm] \tau(x_l = h_l,\ t) = \mathrm{i}k_l G_l^* (E_l \mathrm{e}^{\mathrm{i}k_l h_l} - F_l \mathrm{e}^{\mathrm{i}k_l h_l})\,\mathrm{e}^{\mathrm{i}\omega t} \end{array}\right\} \tag{6.236}$$

由土层界面上的位移、剪应力连续条件得

$$\left.\begin{array}{l} E_{l+1} + F_{l+1} = E_l \mathrm{e}^{\mathrm{i}k_l h_l} + F_l \mathrm{e}^{-\mathrm{i}k_l h_l} \\[3mm] E_{l+1} - F_{l+1} = \dfrac{k_l G_l^*}{k_{l+1} G_{l+1}^*}(E_l \mathrm{e}^{\mathrm{i}k_l h_l} - F_l \mathrm{e}^{-\mathrm{i}k_l h_l}) \end{array}\right\} \tag{6.237}$$

由此，计算 E_l、F_l 的递推公式如下：

$$\left.\begin{array}{l} E_{l+1} = \dfrac{1}{2}(1 + a_l) E_l \mathrm{e}^{\mathrm{i}k_l h_l} + \dfrac{1}{2}(1 - a_l) F_l \mathrm{e}^{-\mathrm{i}k_l h_l} \\[3mm] F_{l+1} = \dfrac{1}{2}(1 - a_l) E_l \mathrm{e}^{\mathrm{i}k_l h_l} + \dfrac{1}{2}(1 + a_l) F_l \mathrm{e}^{-\mathrm{i}k_l h_l} \end{array}\right\} \tag{6.238}$$

式中

$$a_l = \frac{k_l G_l^*}{k_{l+1} G_{l+1}^*} = \left(\frac{\rho_l G_l^*}{\rho_{l+1} G_{l+1}^*}\right)^{\frac{1}{2}} \tag{6.239}$$

另外，由自由表面条件

$$\tau(x_1 = 0,\ t) = 0 \tag{6.240}$$

得

$$E_1 = F_1 \tag{6.241}$$

这样，由表层开始逐层利用递推公式，可将第 l 层的 E_l、F_l 表示如下：

$$\left.\begin{array}{l} E_l = e(l) E_1 \\[2mm] F_l = f(l) E_1 \end{array}\right\} \tag{6.242}$$

由式（6.235）得土层自由表面的位移

$$u(x_1 = 0,\ t) = 2E_1 \mathrm{e}^{\mathrm{i}\omega t}$$

第 l 土层顶面位移

$$u(x_l = 0,\ t) = [e(l) + f(l)] E_1 \mathrm{e}^{\mathrm{i}\omega t}$$

因此，当简谐波施加于土层的自由表面时，第 l 土层顶面位移的传递函数

$$A_{1,l}(x_1 = 0) = \frac{u(x_l = 0,\ t)}{u(x_1 = 0,\ t)} = \frac{e(l) + f(l)}{2} \tag{6.243}$$

第 l 土层中任意一点位移的传递函数

$$A_{1,l}(x_l) = \frac{e(l)\,\mathrm{e}^{\mathrm{i}k_l x_l} + f(l)\,\mathrm{e}^{-\mathrm{i}k_l x_l}}{2} \tag{6.244}$$

当简谐波施加于第 m 土层的顶面时，第 l 土层顶面位移的传递函数

$$A_{l,m}(x_l = 0) = \frac{u(x_l = 0, t)}{u(x_m = 0, t)} = \frac{\dfrac{u(x_l = 0, t)}{u(x_1 = 0, t)}}{\dfrac{u(x_m = 0, t)}{u(x_1 = 0, t)}} = \frac{A_{1,l}(x_l = 0)}{A_{1,m}(x_m = 0)} \quad (6.245)$$

式中，$A_{1,m}(x_m = 0)$ 为当简谐波施加于土层自由表面时，第 m 土层顶面位移的传递函数。同理，第 l 土层中任意点位移的传递函数

$$A_{m,l}(x_l) = \frac{u(x_l, t)}{u(x_m = 0, t)} = \frac{A_{1,l}(x_l)}{A_{1,m}(X_m = 0)} \quad (6.246)$$

这样，如果简谐波施加于土层内部一个界面时，传递函数可由式（6.245）和式（6.246）利用简谐波施加于土层自由表面时的传递函数算出。因此，在确定传递函数时，式（6.243）和式（6.244）是基本的关系式。

下面来求剪应变的传递函数。第 l 土层顶面处的剪应变

$$\gamma(x_l = 0, t) = ik_l(E_l - F_l)e^{i\omega t}$$

当简谐波施加于土层自由表面时，第 l 土层顶而处的剪应变传递函数

$$\Gamma_{1,l}(x_l = 0) = \frac{\gamma(x_l = 0, t)}{u(x_1 = 0, t)} = \frac{ik_l[e(l) - f(l)]}{2} \quad (6.247)$$

第 l 土层中任意一点的剪应变传递函数

$$\Gamma_{1,l}(x_l) = \frac{\gamma(x_l, t)}{u(x_1 = 0, t)} = \frac{ik_l[e(l)e^{ik_l x_l} - f(l)e^{-ik_l x_l}]}{2} \quad (6.248)$$

与位移传递函数相似，如果扰动施加于第 m 土层顶面时，第 l 土层顶面处的剪应变传递函数

$$\Gamma_{m,l}(x_l = 0) = \frac{\Gamma_{1,l}(x_l = 0)}{\Gamma_{1,m}(x_m = 0)} \quad (6.249)$$

式中，$\Gamma_{1,m}(x_m = 0)$ 为当扰动施加于土层自由表面时，第 m 层顶面处的剪应变传递函数。第 l 土层中任意一点的剪应变传递函数

$$\Gamma_{m,l}(x_l) = \frac{\Gamma_{1,l}(x_l)}{\Gamma_{1,m}(x_m = 0)} \quad (6.250)$$

上面给出了简谐波施加于土层某一介面时各反应量的传递函数的计算公式。然而，地震动是一个不规则变化的时程曲线。当用波传法进行反应分析时，首先应将不规则的地震动分解成一系列简谐波。分解方法如本节开头所述。然后，对圆频率为 $\omega(i)$ 的 N 个简谐波按上述方法求出相应的传递函数。如前所述，土层中任意点某一反应量的富氏谱值等于地震动的富氏谱值 $a(j)$ 乘以该量的传递函数。富氏谱确定出来之后，土层中任意点的地震反应就可用离散的有限富里叶逆变换求出。

上述的是当土以线性粘弹性模型表示时土体地震反应的频域解法。然而，土

的非线性是必须考虑的。如果把土以等价线性化粘弹性模型表示时，土的剪切模量随等价剪应变幅值变化。只要等价剪应变幅值指定后就可确定出相应的剪切模量，按上述方法求解出土体的地震反应。由地震反应分析可求出新的等价剪应变幅值，根据新确定出的等价剪应变幅值再确定出相应的剪切模量，进行下一次地震反应分析。重复上述步骤，直到相邻两次反应分析所确定出来的等价剪应变幅值相容为止。这样，就需要讨论一下在地震反应分析中如何确定等价剪应变幅值。在频域解法中，剪应变最大幅值可按下述的两个方法之一来确定。

（1）按式（6.248）或式（6.250）计算剪应变传递函数，求出剪应变的富氏谱，它等于传递函数乘以 $a(j)$。剪应变富氏谱确定之后，由离散的有限富里叶逆变换就可求得剪应变时程。再由剪应变时程曲线找出最大幅值。

（2）假设

$$\frac{\ddot{u}_{\max}}{\text{RMS}^2[\ddot{u}(t)]} = \frac{\gamma_{\max}}{\text{RMS}^2[\gamma(t)]} \tag{6.251}$$

式中，

$$\left.\begin{array}{l} \text{RMS}^2[\ddot{u}(t)] = \dfrac{1}{T}\displaystyle\int_0^T \ddot{u}^2(t)\,\mathrm{d}t \\[3mm] \text{RMS}^2[\gamma(t)] = \dfrac{1}{T}\displaystyle\int_0^T \gamma^2(t)\,\mathrm{d}t \end{array}\right\} \tag{6.252}$$

可以证明

$$\frac{\text{RMS}^2[\gamma(t)]}{\text{RMS}^2[\ddot{u}(t)]} = \frac{\displaystyle\sum_{j=0}^{N-1}|A(j)|^2}{\displaystyle\sum_{j=0}^{N-1}|a(j)|^2} \tag{6.253}$$

式中，$A(j)$ 为某一点剪应变的富氏谱。因此，

$$\gamma_{\max} = \frac{\displaystyle\sum_{j=0}^{N-1}|A(j)|^2}{\displaystyle\sum_{j=0}^{N-1}|a(j)|^2}\ddot{u}_{\max} \tag{6.254}$$

按上述两种方法之一确定出最大剪应变幅值后，就可算出等价剪应变幅值，通常取为最大剪应变幅值的 0.65 倍。

6.9.3 有限元法求土体的地震反应

有限元法求土体地震反应的方程式为式（6.112）。当采用复阻尼时，土的复杨氏模量与式（6.229）相似，

$$E^* = E(1 + \mathrm{i}2\lambda) \tag{6.255}$$

由复模量 E^* 可计算出复总刚度矩阵 $[K^*]$。采用复模量，有限元法求土体地震

反应方程式应改写成

$$[M]\{\ddot{r}\} + [K^*]\{r\} = - \{E_x\}\ddot{u}_g(t) - \{E_y\}\ddot{v}_g(t) \qquad (6.256)$$

如果基岩运动是频率为 ω 的单位间谐波,只有水平运动分量时土体的反应分析方程式为

$$[M]\{\ddot{r}\} + [K^*]\{r\} = - \{E_x\}e^{i\omega t} \qquad (6.257)$$

只有竖向运动分量时土体的反应分析方程式为

$$[M]\{\ddot{r}\} + [K^*]\{r\} = - \{E_y\}e^{i\omega t} \qquad (6.258)$$

在此,相对位移的传递函数定义如下:当一个简谐加速度波从基岩输入时,由式(6.257)或式(6.258)确定出来的相对位移与输入加速度之比为相对位移的传递函数。下面,以式(6.257)为例,求传递函数。设式(6.257)的稳态解为

$$\{r\} = \{\bar{r}_x\}e^{i\omega t} \qquad (6.259)$$

式中,$\{\bar{r}_x\}$ 为待定的向量。将式(6.259)代入式(6.257)中,得

$$[K^* - \omega^2 M]\{\bar{r}_x\} = - \{E_x\} \qquad (6.260)$$

求解线性代数方程组可确定出向量 $\{\bar{r}_x\}$。根据传递函数的定义,$\{\bar{r}_x\}$ 即为基底输入单位简谐水平运动时土体中各结点相对位移的传递函数。同样,设式(6.258)的解为

$$\{r\} = \{\bar{r}_y\}e^{i\omega t} \qquad (6.261)$$

式中,$\{\bar{r}_y\}$ 为基底输入单位简谐竖向运动时土体中各结点相对位移的传递函数,由下式确定:

$$[K^* - \omega^2 M]\{\bar{r}_y\} = - \{E_y\} \qquad (6.262)$$

如果输入的是不规则的地震运动,其水平加速度可分解成一系列简谐波:

$$\ddot{u}_g(t) = \sum_{j=0}^{N-1} a_x(j)e^{i\omega(j)t} \qquad (6.263)$$

其竖向加速度也可分解成一系列简谐波:

$$\ddot{v}_g(t) = \sum_{j=0}^{N-1} a_y(j)e^{i\omega(j)t} \qquad (6.264)$$

当 $\ddot{u}_g(t)$、$\ddot{v}_g(t)$ 从基岩输入时,土体中各结点相对位移的富氏谱

$$R(j) = a_x(j)\bar{r}_x(j) + a_y(j)\bar{r}_y(j) \qquad j = 0, 1, 2, \cdots, N-1 \qquad (6.265)$$

进行离散的有限富里叶逆变换,即可求出各结点的相对位移。

如果单位简谐波是从土体中 p 点输入的,以 $\bar{r}_{p,m}$ 表示土体中 m 点相对 p 点的位移传递函数,按其定义得

$$\bar{r}_{p,m} = \frac{r_m - r_p}{e^{i\omega t} + \ddot{r}_p} \qquad (6.266)$$

式中,r_m 为单位简谐波从基岩输入时 m 点的相对位移;$\ddot{r}_p$ 为单位简谐波从基岩

输入时 p 点的加速度。将

$$r_m = \bar{r}_m e^{i\omega t}, \quad r_p = \bar{r}_p e^{i\omega t}, \quad \ddot{r}_p = -\omega^2 \bar{r}_p e^{i\omega t} \qquad (6.267)$$

代入式（6.266）中，得

$$\bar{r}_{p,m} = \frac{\bar{r}_m - \bar{r}_p}{1 - \omega^2 \bar{r}_p} \qquad (6.268)$$

这样，如果不规则的地震运动是从 p 点输入的，土体中任意点 m 的相对位移富氏谱

$$R(i) = a_x \bar{r}_{p,m,x}(j) + a_y \bar{r}_{p,m,y}(j) \qquad (6.269)$$

式中，$\bar{r}_{p,m,x}$ 为水平运动的简谐波从 p 点输入时 m 点位移传递函数；$\bar{r}_{p,m,y}$ 为竖向运动的简谐波从 p 点输入时 m 点的位移传递函数。进行离散的有限富里叶逆变换，即可求出 m 点的相对位移。

上面给出了在频域中求解土体地震反应的基本原理和步骤。从中可发现如下两个优点：

（1）引用复阻尼使土的阻尼比保持常数，不随频率 $\omega(j)$ 而变化。这一点与室内试验得出的阻尼比与频率基本无关的结果相符合。

（2）在反应分析中，地震运动可从土体中任意点输入。这样，如果在一次地震中由强震仪记录到了土体中某一点的加速度时程曲线，那么就可在频域内进行土体的地震反应分析，求出基岩上的地震运动加速度时程曲线。通常，把这种反应分析叫做反演。

6.10　求解土体地震反应的简化方法

上面各节给出的求解土体地震反应的方法可以求出各反应量的时程。然而，在某些情况只需要确定出某些反应量的最大值，例如最大加速度幅值和最大水平剪应力幅值，这时就可用简化方法近似地确定。

6.10.1　水平地面地震运动最大加速度幅值和土层中水平面上最大剪应力幅值的简化计算

水平地面地震运动最大加速度幅值可由场地的地震烈度确定。然而，有时给出的是基岩上的地震运动最大加速度幅值，需要确定相应的地面地震运动最大的加速度幅值。为了求解，从土层中取出一单位面积土柱，并假定土柱是均质的，密度为 ρ，最大剪切模量为 G_{max}。如前所述，土的等价剪切模量及阻尼比与等价剪应变幅值有关，在没有资料的情况下，可用图 6.23 所示的曲线。为了开始计算，要预先指定一个 等价剪应变幅值，并从图 6.23 确定出相应的等价剪切模量比 α_G 和阻尼比 λ。这样，相应的等价剪切模量

$$G = \alpha_G G_{max} \qquad (6.270)$$

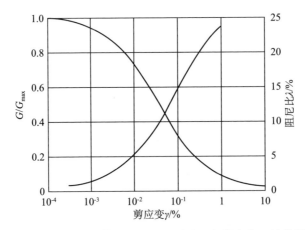

图 6.23 土的剪切模量比 α_G、阻尼比 λ 与剪应变 γ 的关系

根据式（6.20），土柱前 4 个自振圆频率为

$$\left.\begin{aligned}
\omega_1 &= \frac{1.57}{H}\sqrt{\frac{G}{\rho}} = 1.57\,\frac{v_s}{H} \\[2mm]
\omega_2 &= \frac{4.71}{H}\sqrt{\frac{G}{\rho}} = 4.71\,\frac{v_s}{H} \\[2mm]
\omega_3 &= \frac{7.85}{H}\sqrt{\frac{G}{\rho}} = 7.85\,\frac{v_s}{H} \\[2mm]
\omega_4 &= \frac{10.99}{H}\sqrt{\frac{G}{\rho}} = 10.99\,\frac{v_s}{H}
\end{aligned}\right\} \tag{6.271}$$

式中，v_s 为剪切波速。令 $\ddot{u}_i$ 为第 i 个振型的地震动加速度，根据式（6.40）有

$$\ddot{u}_i(z,\ t) = \Phi_i(z)\omega_i V_i(t)$$

每个振型的地震动加速度的最大值

$$\ddot{u}_{i,\max}(z) = \Phi_i(z)\omega_i S_{v,i} \tag{6.272}$$

式中，$S_{v,i}$ 为 $V_i(t)$ 的最大值，叫谱速度。令

$$S_{a,i} = \omega_i S_{v,i} \tag{6.273}$$

式中，$S_{a,i}$ 为谱加速度，取决于自振圆频率 ω_i、阻尼比 λ_i 和基岩运动 $\ddot{u}_g(t)$ 的特性。在简化计算中，基岩运动特性以基岩运动的卓越周期 T_{op}、最大加速幅值 $\ddot{u}_{g,\max}$ 和加速度反应谱表示。当基岩运动的卓越周期已知时就可算出与 ω_i 相应的周期比，

$$\alpha_{T,i} = \frac{T_i}{T_{op}} = \frac{2\pi}{\omega_i T_{op}}$$

$\alpha_{T,i}$确定出来之后，就可由如图 6.5b 所示的加速度反应谱曲线确定出放大系数 β_i。然后，谱加速度按下式计算：

$$S_{a,i} = \beta_i \ddot{u}_{g,max} \tag{6.274}$$

这样，式（6.274）可以写成

$$\ddot{u}_{i,max}(z) = \Phi_i(z)\beta_i \ddot{u}_{g,max} \tag{6.275}$$

每个振型在地面上的最大加速度：

$$\ddot{u}_{i,max}(H) = \Phi_i(H)\beta_i \ddot{u}_{g,max} \tag{6.276a}$$

根据式（6.38）第一式求得

$$\left.\begin{aligned}
\Phi_1(H) &= 1.27 \\
\Phi_2(H) &= -0.42 \\
\Phi_3(H) &= 0.25 \\
\Phi_4(H) &= -0.18
\end{aligned}\right\} \tag{6.276b}$$

将式（6.276b）代入式（6.276a）得

$$\left.\begin{aligned}
\ddot{u}_{1,max}(H) &= 1.27\beta_1 \ddot{u}_{g,max} \\
\ddot{u}_{2,max}(H) &= -0.42\beta_2 \ddot{u}_{g,max} \\
\ddot{u}_{3,max}(H) &= 0.25\beta_3 \ddot{u}_{g,max} \\
\ddot{u}_{4,max}(H) &= -0.18\beta_4 \ddot{u}_{g,max}
\end{aligned}\right\} \tag{6.277}$$

通常，只考虑前 4 个振型的影响就足够了。按振型组合的方法，地面的最大加速度

$$\ddot{u}_{max}(H) = \sqrt{\sum_{i=1}^{4} \ddot{u}_{i,max}^2(H)} \tag{6.278}$$

由式（6.42）容易得到每个振型在土层中的剪应变的最大幅值

$$\gamma_{i,max}(z) = -\Phi_{2,i}(z)\beta_i \ddot{u}_{g,max} \tag{6.279}$$

式中

$$\Phi_{2,i}(z) = \frac{2\cos\dfrac{(2i-1)\pi}{2H}z}{H\omega_i^2} \tag{6.280}$$

因此，土层剪应变的最大幅值

$$\gamma_{max}(z) = \sqrt{\sum_{i=1}^{4} \gamma_{i,max}^2(z)} \tag{6.281}$$

相应的等价剪应变幅值为式（6.281）计算结果的 0.65 倍。由此算得的等价剪应变幅值与前面指定的不会相等。因此，需要根据新算出的等价剪应变幅值由图 6.23 所示的曲线重新确定等价的剪切模量和阻尼比。由于等价剪应变幅值随深度是变化的，等价的剪切模量和阻尼比也将随深度改变。这样，取平均值作为整

个土层的等价剪切模量和阻尼比。

前面假定土层是均质的。在一般情况下，地面下有许多土层。另外，即使只有一层土，由于平均静正应力随土层深度而变化，最大剪切模量也将随土层深度变化。如果以 $G_{\text{max},i}$ 代表地面下第 i 点的最大剪切模量，那么第 i 点的等价剪切模量

$$G_i = \alpha_{G,i} G_{\text{max},i} \tag{6.282}$$

式中，$\alpha_{G,i}$ 为根据第 i 点的等价剪应变幅值由图 6.23 确定出来的等价剪切模量比 α_G。然后取 G_i 的平均值作为整个土层的等价剪切楼量 G。显然，整个土层的阻尼比也应按这种方法确定。

文献 [15] 给出计算水平土层地震反应更为简化的方法。该法将在第七章中予以介绍。

6.10.2 土坝坝顶地震动加速度最大幅值，等价地震系数和水平剪应力最大幅值的简化计算[16]

1. 最大加速度和剪应变

假定土坝座落在基岩或相对硬层之上。由于坝体中各部位的坝料及静平均正应力不同，各部位的最大剪切模量 G_{max} 将不同。另外，在坝顶之下不同深度处等价剪应变的幅值也不同。假如，等价剪应变幅值已知，就可由图 6.23 确定出 α_G 和阻尼比 λ。这样，按前述方法可以求出坝体的平均等价剪切模量作为整个坝体的等价剪切模量。

由式（6.80）算得坝的前 4 个振型的自振圆频率

$$\left.\begin{array}{l}
\omega_1 = \dfrac{2.40}{H}\sqrt{\dfrac{G}{\rho}} = 2.40\,\dfrac{v_s}{H} \\[3mm]
\omega_2 = \dfrac{5.52}{H}\sqrt{\dfrac{G}{\rho}} = 5.52\,\dfrac{v_s}{H} \\[3mm]
\omega_3 = \dfrac{8.65}{H}\sqrt{\dfrac{G}{\rho}} = 8.65\,\dfrac{v_s}{H} \\[3mm]
\omega_4 = \dfrac{11.79}{H}\sqrt{\dfrac{G}{\rho}} = 11.79\,\dfrac{v_s}{H}
\end{array}\right\} \tag{6.283}$$

注意式（6.83）和式（6.84），第 i 振型坝顶的地震动加速度最大幅值为

$$\ddot{u}_{i,\text{max}}(0) = \Phi_i(0)\beta_i \ddot{u}_{g,\text{max}} \tag{6.284}$$

式中，

$$\left.\begin{array}{l}
\Phi_1(0) = 1.60 \\[2mm]
\Phi_2(0) = 1.06 \\[2mm]
\Phi_3(0) = 0.86 \\[2mm]
\Phi_4(0) = 0.73
\end{array}\right\} \tag{6.285}$$

坝顶地震加速度最大幅值

$$\ddot{u}_{\max}(0) = \sqrt{\sum_{i=1}^{4} \ddot{u}_{i,\max}^2(0)} \qquad (6.286)$$

注意式 (6.85)，得第 i 振型的剪应变最大幅值

$$\gamma_{i,\max}(\xi) = \Phi_{2,i}(\xi)\frac{H}{v_s^2}\beta_i\ddot{u}_{g,\max} \qquad (6.287)$$

式中

$$\xi = \frac{h}{H} \qquad (6.288)$$

其中，h 为从坝顶算起的深度，

$$\Phi_{2,i}(\xi) = \frac{2J_1(\beta_{0,i}\xi)}{\beta_{0,i}^2 J_1(\beta_{0,i})} \qquad (6.289)$$

$\Phi_{2,i}(\xi)$ 的数值如表 6.2 所示。坝体中剪应变的最大幅值

$$\gamma_{\max}(\xi) = \sqrt{\sum_{i=1}^{4}\left[\beta_i\Phi_{2,i}(\xi)\right]^2}\,\frac{H}{v_s^2}\ddot{u}_{g,\max} \qquad (6.290)$$

这样，将式 (6.290) 的结果乘以 0.65 就可求得等价的剪应变幅值。求得的等价剪应变幅值与前面指定的不会相等，因此要进行上述迭代计算，使之满足允许的误差。

表 6.2　$\Phi_{2,i}(\xi)$ 数值

ξ	0.	0.1	0.2	0.3	0.4	0.5	0.6	0.7	0.8	0.9	1.0
$\Phi_{2,1}(\xi)$	0	0.0793	0.1557	0.2249	0.2847	0.3320	0.3661	0.3842	0.3867	0.3778	0.3458
$\Phi_{2,2}(\xi)$	0	−0.0512	−0.0910	−0.1111	−0.1070	−0.0816	−0.0416	0.0034	0.0406	0.0625	0.0656
$\Phi_{2,3}(\xi)$	0	0.0387	0.0570	0.0464	0.0151	−0.0178	−0.0337	−0.0261	−0.0027	0.0194	0.0267
$\Phi_{2,4}(\xi)$	0	−0.0305	−0.0328	−0.0077	0.0175	0.0183	−0.0011	−0.0162	−0.0109	0.0064	0.0144

为了估价这个简化方法的精度，计算了一个 150 英尺高的土坝。坝体的最大剪切模量的平均值 $G_{\max} = 175000\text{kN/m}^2$，容重 130 磅/英尺^3。对塔夫特地震记录的南—北分量进行反应计算，将最大加速度调整到 $0.2g$，卓越周期没有进行调整，因此，采用图 6.5a 中的曲线作为计算的加速度反应谱。考虑非线性弹性性能的有限元反应分析求得的结果如下：

坝顶最大加速度 $\ddot{u}_{\max}(0) = 0.51g$

坝自振的基本周期 $T_1 = 0.75\text{s}$

坝体平均等价剪应变 $\gamma_{\text{ave}} = 0.065\%$

相应的平均等价剪切模量 $G_{ave} = 67500 \text{kN/m}^2$

相应的平均等价阻尼比 $\lambda_{ave} = 11\%$

按上述的简化计算方法进行三次迭代计算的结果如下：

坝顶最大加速度 $\ddot{u}_{max}(0) = 0.57g$

坝自振的基本周期 $T_1 = 0.70 \text{s}$

坝体平均等价剪应变 $\gamma_{ave} = 0.07\%$

相应的平均等价剪切模量 $G_{ave} = 61000 \text{kN/m}^2$

相应的平均等价阻尼比 $\lambda_{ave} = 14\%$

由此可见，简化计算的结果与有限元计算结果是相当一致的。

2. 等价地震加速度系数

等价地震系数是拟静力法分析坝坡地震稳定性所需要的一个量，它是由 Seed 和 Martin 首先提出来的。下面按文献［3］表述等价地震系数的概念。注意图 6.24，假定 AB 是一滑弧，$H_{AB}(t)$ 为 t 时刻作用于滑弧面上剪应力的水平分量之和，W_{AB} 为滑弧 AB 以上的土体重量，$k_{eq,AB}(t)$ 为滑弧 AB 的等价地震系数，则

$$k_{eq,\ AB}(t) = \frac{H_{AB}(t)}{W_{AB}} \tag{6.291}$$

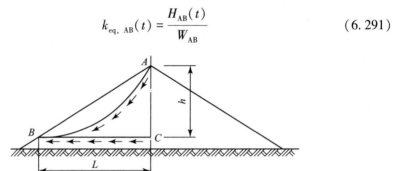

图 6.24　土坝等价地震系数定义

由于计算 t 时刻滑弧面上的剪应力的水平分量之和 $H_{AB}(t)$ 的困难，以折线 ACB 代替滑弧 AB。作用于折线 ACB 上的剪应力的水平分量之和就等于水平面 BC 上的剪应力之和 $H(h, t)$；h 为从坝顶到水平面 BC 的距离。如以 $W(h)$ 表示水平面 BC 以上的土体重量，$k_{eg}(h, t)$ 表示折线 ACB 的等价地震系数，并将其取成为滑弧 AB 的等价地震系数 $k_{eq,AB}(t)$ 的近似值，则

$$k_{eq}(h,\ t) = \frac{H_{max}(h,\ t)}{W(h)} \tag{6.292}$$

由于 $H(h, t)$ 随时间变化，在整个地震过程中可以求出它的最大值 $H_{max}(h)$。根据式（6.292）等价地震系数 $k_{eq}(h, t)$ 的最大值

$$k_{\mathrm{eq,max}}(h) = \frac{H_{\max}(h)}{W(h)} \qquad (6.293)$$

由于

$$H_{\max}(h) = G_{\mathrm{ave}}\gamma_{\max}(h)L(h)$$

式中，$L(h)$ 为水平面 BC 的长度。将式（6.290）代入得

$$H_{\max}(h) = \sqrt{\sum_{i=1}^{4}\left[\beta_i\varPhi_{2,t}(\xi)\right]^2}\,\frac{L(h)HG_{\mathrm{ave}}}{v_{\mathrm{s}}^2}\,\ddot{u}_{\mathrm{g,\ max}} \qquad (6.294)$$

由于

$$W(h) = \frac{1}{2}\rho_{\mathrm{ave}}ghL(h)$$

则式（6.293）可写成

$$k_{\mathrm{eq,max}}(h) = \sqrt{\sum_{i=1}^{4}\left[\beta_i\varPhi_{2,t}(\xi)\right]^2}\,\frac{2}{\xi}\,\frac{\ddot{u}_{\mathrm{g,max}}}{g} \qquad (6.295)$$

由式（6.295）可见，坝顶的等价地震系数的最大值 $k_{\mathrm{eq,max}}(0)$ 成为 $\dfrac{0}{0}$ 不定式，因此不宜再用式（6.295）计算。应用罗毕塔法求当 $\xi \to 0$ 的极限可得

$$k_{\mathrm{eq,max}}(0) = \frac{\ddot{u}_{\max}(0)}{g} = k_{\max}(0)$$

式中，$k_{\max}(0)$ 为坝顶地震运动加速度系数的最大值。但应指出，除坝顶之外，等价地震系数的最大值与地震运动加速度系数的最大值并不相等。

3. 地震剪应力在水平面上的分布

上述的简化计算方法是以土楔理论为基础的。在土楔理论中，假定水平面的剪应力，是均匀分布的。然而，水平面的剪应力的实际分布并不是均匀的。有限元计算结果表明，对于均质坝，水平面上剪应力最大幅值从坝中心向坝坡逐渐减小到零。如果以 α_τ 表示指定水平面上任意点剪应力最大幅值 $\tau_{\max}(\xi,\eta)$ 与该水平面上最大剪应力幅值 $\tau_{\max,\mathrm{m}}(\xi)$ 之比，则 α_τ 与 ξ、η 的关系如图 6.25 所示。η 等于 l/L，l、L 如图 6.26 所示。从图 6.25 可见，α_τ 与 ξ 之间没有什么明显的规律，但与 η 之间的关系是明显的。因此，可认为 α_τ 只是 η 的函数，以 $\alpha_\tau(\eta)$ 表示。图 6.25 中的实线是所示结果的平均关系，如果将它做为 $\alpha_\tau(\eta)$ $-\eta$ 关系不会有大的误差。这样，有

$$\tau_{\max}(\xi,\ \eta) = \alpha_\tau(\eta)\ \tau_{\max,\mathrm{m}}(\xi) \qquad (6.296)$$

式中，$\alpha_\tau(\eta)$ 由图 6.25 所定。因此，只要 $\tau_{\max,\mathrm{m}}(\xi)$ 确定出来就可由式（6.296）算出 $\tau_{\max}(\xi,\ \eta)$ 来。

此外，有限元计算结果还表明，同一水平面上的剪应力最大幅值几乎是在同

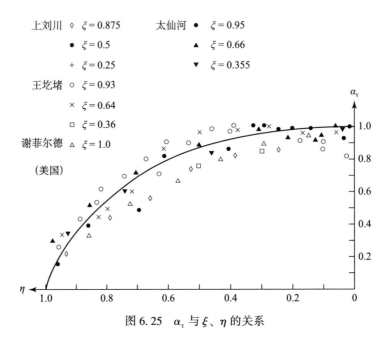

图 6.25 α_τ 与 ξ、η 的关系

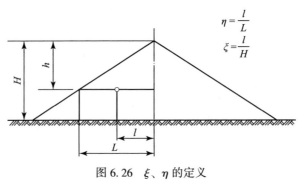

图 6.26 ξ、η 的定义

一时刻出现的。这样，

$$\int_0^L \alpha_\tau(\eta)\ \tau_{\max,m}(\xi)\,\mathrm{d}l = H_{\max}(\xi)$$

改写上式得

$$\tau_{\max,m}(\xi) = \frac{H_{\max}(\xi)}{\displaystyle\int_0^L \alpha_\tau(\eta)\,\mathrm{d}l}$$

数值积分计算上式分母并注意式（6.293）得

$$\tau_{\max,m}(\xi) = 1.33\,\frac{k_{eq,\max}(\xi)\cdot W(\xi)}{L(\xi)} \tag{6.297}$$

注意 $W(\xi)$ 的表达式，式（6.297）还可写成

$$\tau_{\max,m}(\xi) = 0.67\gamma hk_{eq,\max}(\xi) \tag{6.298}$$

式中，γ 为土的容重，水位以下的土体取饱和容重，水位以上土体取天然容重。

心墙坝和斜墙坝是两种常见的坝型。这两种坝断面通常是由三种材料组成的，即坝棱体材料、防渗体材料和两者之间的过渡层材料。由于这三种材料的刚度相差很大，在它们接触面的两侧应力要发生陡然变化，如图 6.27 所示。图 6.27 是一个心墙坝的有限计算结果。由于

$$G_{max} = kp_a\left(\frac{\sigma_0}{p_a}\right)^n$$

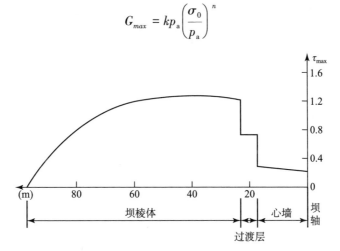

图 6.27　接触面两侧剪应力幅值的变化

如果以 k_h 和 k_w 分别表示在接触面较硬一侧和较软一侧材料的 k 值，以 $\tau_{\max,h}(\xi, \eta)$ 和 $\tau_{\max,w}(\xi, \eta)$ 分别表示在接触面较硬的一侧和较软的一侧剪应力最大幅值，$\tau_{\max,h}(\xi, \eta)/\tau_{\max,w}(\xi, \eta)$ 与 $(k_h/k_w)^{\frac{1}{2}}$ 的关系如图 6.28 所示，这是两个非均质坝的有限元计算结果。由图 6.28 可得

$$\frac{\tau_{\max,h}(\xi, \eta)}{\tau_{\max,w}(\xi, \eta)} = \left(\frac{k_h}{k_w}\right)^{\frac{1}{2}} \tag{6.299}$$

考虑到防渗体和过渡层较窄，可假定在这两层的宽度内剪应力最大幅值是均匀分布的。由防渗体和过渡层所少承受的剪力应由坝棱体承受。假定坝棱体多承受的这部分剪应力仍按图 6.25 分布。如果以 η_1、η_2 分别表示棱体与过渡层接触面和过渡层与防渗体接触面处的 η 值，以 $\tau_{\max,1}(\xi, \eta_1)$ 表示在棱体与过渡层接触面处棱体一侧的剪应力最大幅值，$\tau_{\max,2}(\xi, \eta_1)$ 表示过渡层中剪应力最大幅值，$\tau_{\max,3}(\xi, \eta_2)$ 表示防渗体中的剪应力最大幅剪，则有

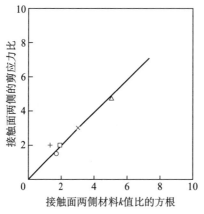

图 6.28　接触面两侧剪应力幅值的变化与两侧材料的刚性关系

$$
\left.
\begin{aligned}
\tau_{\max,\,2}(\xi,\,\eta_1) &= \left(\frac{k_2}{k_1}\right)^{\frac{1}{2}} \tau_{\max,\,1}(\xi,\,\eta_1) \\
\tau_{\max,\,3}(\xi,\,\eta_2) &= \left(\frac{k_3}{k_1}\right)^{\frac{1}{2}} \tau_{\max,\,1}(\xi,\,\eta_1)
\end{aligned}
\right\}
\tag{6.300}
$$

式中，k_1、k_2 和 k_3 分别为坝棱体、过渡层和防渗体材料的 k 值。因为在棱体部分剪应力幅值仍按图 6.25 分布，那么任意点 η 处的值应力幅值

$$
\tau_{\max}(\xi,\,\eta) = \left(\frac{\alpha_\tau(\eta)}{\alpha_\tau(\eta_1)}\right) \tau_{\max,\,1}(\xi,\,\eta_1)
\tag{6.301}
$$

因此，只要将 $\tau_{\max,1}(\xi,\,\eta)$ 确定出来水平面上任意一点的剪应力幅值就可由式（6.300）和式（6.301）算出。由水平面上剪应力幅值之和等于剪力幅值 $H_{\max}(\xi)$ 条件可求出 $\tau_{\max,1}(\xi,\,\eta_1)$。

6.11　其他问题

6.11.1　土体地震反应的有效应力分析方法

在上述的地震反应分析中，无论采用弹塑性模型还是等价线性化模型，都假定在动力作用过程中土单元所受的静平均正应力 σ_0 不变。因此，按式

$$
G_{\max} = k p_a \left(\frac{\sigma_0}{p_a}\right)^n
$$

在动力作用过程中，土单元的最大剪切模量 $G_{\max}$ 也不变。这种反应分析方法叫做总应力法。然而，有些土，例如饱和的砂性土在动荷载作用下孔隙水压力要升高，土单元所受的平均有效静正应力 σ_0' 要相应降低。设在 t 时刻土单元的孔隙水

压力升高为 $u(t)$，相应的平均有效静正应力

$$\sigma_0'(t) = \sigma_0 - u(t)$$

在有效应力的分析方法中，认为 t 时刻土单元的最大剪切模量 $G_{\max}(t)$ 是该时刻平均有效静正应力 $\sigma_0'(t)$ 的函数，并且通常取成如下的函数形式：

$$G_{\max}(t) = k p_a \left(\frac{\sigma_0 - u(t)}{p_a} \right)^n \tag{6.302}$$

然而应指出，式（6.302）中的参数 k、n 之值应与总应力法的相应公式中的 k、n 之值不相同。

由此可见，有效应力分析方法，除象总应力法那样根据土单元承受的剪应变大小调整剪切模量外，还要根据孔隙水压力升高数值调整剪切模量。土体地震反应的有效应力分析可以采用弹塑性模型或等价线性化弹性模型进行。无论采用哪种模型都要根据式（6.302）随时调整土单元的最大剪切模量。这样，当采用等价线性化模型进行分析时，在整个地震过程中土单元的剪切模量不能再保持不变。为了保持这个计算上的方便，可以不每个时刻均调整剪切模量的最大值，而分时段地调整剪切模量的最大值。

应该指出，土单元的孔隙水压力，除在动荷载作用下产生增长外，因渗透现象还要发生消散。式（6.302）中的孔隙水压力 $u(t)$ 应是这两种相反作用的结果。如果考虑地震过程很短或当饱和砂土的渗透系数较小或排水的边界条件不利时，有时假定土体处于不排水状态，不考虑因渗透现象引起的消散作用。在不考虑孔隙水压力消散作用的有效应力分析中，式（6.302）中的孔隙水压力 $u(t)$ 数值采用在动荷载作用下土单元的孔隙水压力增长数值，其数值可按前面所述方法确定。这种有效应力分析方法比较简单。它的求解包括：

（1）确定土单元孔隙水压力的增长数值 $u_{g,e}(t)$。

（2）按式（6.302）调整土单元的剪切模量的最大值。

（3）像总应力分析方法那样，求解土体地震反应方程式。

关于地震期间土单元孔隙水压的增长数值 $u_{g,e}(t)$ 的确定将在另外章节中讨论。在考虑孔隙水压力消散作用的有效应力分析中，式（6.302）中的孔隙水压力 $u(t)$ 采用在增长和消散两种作用下所产生的数值。这种有效应力分析方法比较复杂。它的求解包括：

（1）确定土单元孔隙水压力的增长数值 $u_{g,e}(t)$。

（2）求解带源头的孔隙水压力消散方程式以确定由增长和消散两种作用所产生的孔隙水压力数值。

（3）按式（6.302）调整土单元的剪切模量的最大值。

（4）像总应力分析方法那样，求解土体地震反应方程式。

关于带源头的孔隙水压力消散方程式的建立和求解将在第八章中讨论。

土体地震反应的有效应力分析在理论上更为完善了，在实际上更好地反应了土的真实性能。然而，确定有效应力分析所需要的计算参数却遇到了困难。因为确定土动力学模型参数的试验是在不排水条件下进行的。测得的应力-应变关系既包括由于孔隙水压力升高引起的最大剪切模量降低的影响，也包括非线性性能的影响。由于在有效应力分析中孔隙水压力升高引起的最大剪切模量降低的影响是单独考虑，则要求将这两种对应力-应变关系的影响区分开来，然而这是困难的。由于确定模型参数方面的困难，有效应力反应分析的应用受到了限制。另外，有效应力反应分析的计算量比较大，目前的工作多数是对一维课题进行的。

6.11.2　土体地震反应分析不同方法结果的比较

上面表述了求解土体地震反应总应力和有效应力两种分析方法，并且每种方法都可采用等价线性化模型或弹塑性模型进行。目前，在工程实践中主要用总应力等价线性化分析。然而，对不同的反应分析方法的结果做出比较是必要。Finn、Martin 和 Lee 对地下水位接近地面的一个 15m 厚的砂层完成了这样的对比研究[17]。总应力等价线性化反应分析的结果是用 SHAKE 程序求得的，总应力弹塑性反应分析的结果是用 CHARSOIL 程序和 DESRA-1 程序求得的，有效应力弹塑性反应分析的结果也是 DESRA-1 程序求得的。输入的基岩地震运动是1940 年埃尔森特罗地震记录的南—北分量。

首先比较采用等价线性化模型和弹塑性模型的总应力反应分析的结果。图6.29 给出了求得的地面运动加速度反应谱。图6.29 表明，在周期大约0.5s 时地面运动加速度的反应强烈。但是，等价线性化弹性模型的反应更为强烈。图6.30 给出求得的最大剪应力幅值沿深度的变化。从图6.30 可见，按等价线性化模型求得的最大剪应力幅值也比按弹塑性模型的大。但是，无论 是地面运动加

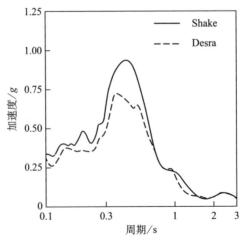

图6.29　采用等价线性化模型和弹塑性模型总应力反应分析求得的地面加速度反应谱

速反应谱还是最大剪应力幅值沿深度的变化，按弹塑性模型采用不同计算程序求得的结果却是相当一致的。前面曾指出，当采用等价线性化模型时，在整个地震过程中土体的总刚度矩阵保持不变。这样，当输入的地震运动的卓越周期与土体的基本周期接近时，能有时间形成共振反应。然而，当采用弹塑性模型时，在整个地震过程中土体的总刚度矩阵在不断改变，没有时间充分地形成共振反应。这就是采用等价线性化模型计算的结果大于弹塑性模型的原因。

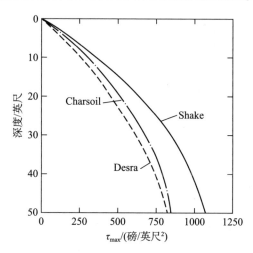

图 6.30 采用等价能线性化模型和弹塑性模型总应力反应分析求得最大剪应力幅值

图 6.31 给出了采用弹塑性模型总应力和有效应力反应分析求得的地面运动加速度反应谱。从图 6.31 可见，由有效应力反应分析求得的地面加速度最大反应所对应的周期与总应力反应分析的相比明显地向后推移了。这是因为在有效应力反应分析中，由于孔隙水压力的升高土单元的剪切模量更加变小，土体的基本周期变大。对于非饱和砂土、粘性土，在地震时孔隙水压力的反应不明显。在这种情况下，可以期待总应力和有效应力反应分析能够给出相当一致的结果。

6.11.3 考虑行波土体的地震反应分析[18]

在上述的地震反应分析中，假定基岩做刚体运动，即在同一时刻输入给基岩上各点的运动是相同的。实际上，基岩上各点的运动在同一时刻是不同的，即它们之间有相位差。当土工结构的基底长度与基岩中的地震波长相比较小时，忽略基岩运动相位差的影响可能不会引起大的误差，而当大时这个影响应予以考虑。那么，基岩运动相位差影响的程度以及在什么情况下应予以考虑？这是下面将要讨论的问题。但是，应指出，目前还缺乏关于地震波在基岩中传播的描述，只能研究一种简单的情况。Dibaj 和 Penzien 研究了一个座落于基岩上的土坝对行波的反应。他们假定传播速度为 v 的波从坝脚传入，如图 6.32 所示，基岩上各结点

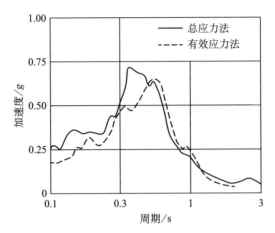

图 6.31 弹塑性模型总应力和有效应力反应分析求得的地面运动加速度反应谱

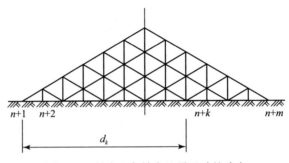

图 6.32 基岩上各结点地震运动的确定

的水平运动加速度

$$\ddot{u}_{g,k}(t) = \ddot{u}_g\left(t - \frac{d_k}{v}\right) \qquad k = 1, 2, 3, \cdots, m \qquad (6.303)$$

式中，d_k 为从坝脚至第 k 点的水平距离；m 为基岩上结点的数目；$\ddot{u}_g(t)$ 为选用的基岩运动加速度水平分量的时程曲线。

假设基岩面以上坝体共有 n 个结点，则总结点数目为 $n+m$。在排列结点序号时，先排列坝体中的结点，后排列基岩面上的结点。将结点的位移列阵 $\{r\}$ 写成分块形式：

$$\{r\} = \begin{Bmatrix} r_1 \\ r_2 \end{Bmatrix} \qquad (6.304)$$

式中，$\{r_1\}$ 为坝体中结点的位移列阵；$\{r_2\}$ 为基岩面上结点的位移列阵。

与不考虑行波影响将位移分成刚体位移和相对位移相似，将位移分成拟静位移 $\{r_s\}$ 和动位移 $\{r_d\}$。在不考虑行波影响的反应分析中，刚体位移在坝体中

不产生弹性恢复力。与此相似，拟静位移是不产生弹性恢复力的那部分位移。因此，

$$\{r\} = \{r_s\} + \{r_d\} \tag{6.305}$$

注意式（6.304），式（6.305）可写成

$$\begin{Bmatrix} r_1 \\ r_2 \end{Bmatrix} = \begin{Bmatrix} r_{s,1} \\ r_{s,2} \end{Bmatrix} + \begin{Bmatrix} r_{d,1} \\ r_{d,2} \end{Bmatrix} \tag{6.306}$$

有限元体系的动力基本方程为

$$[M]\{\ddot{r}\} + [C]\{\dot{r}\} + [K]\{r\} = 0$$

将式（6.305）代入上式得

$$[M]\{\ddot{r}_d\} + [C]\{\dot{r}_d\} + [K]\{r_d\} = -[M]\{\ddot{r}_s\} - [C]\{\dot{r}_s\} - [K]\{r_s\} \tag{6.307}$$

　　求解式（6.307）的边界条件如下：在基岩面上的结点 k 的拟静位移 $r_{s,2,k}$ 等于输入的地震动 r_k，动位移为零。因此，得

$$\left. \begin{matrix} r_{s,2,k} = r_k \\ r_{d,2,k} = 0 \end{matrix} \right\} \qquad k = 1, 2, 3, \cdots, m \tag{6.308}$$

式（6.307）右端的第三项是拟静位移产生的弹性力。将它写成分块形式得

$$\begin{bmatrix} K_{11} & K_{12} \\ K_{21} & K_{22} \end{bmatrix} \begin{Bmatrix} r_{s,1} \\ r_{s,2} \end{Bmatrix} = \begin{Bmatrix} P_{s,1} \\ P_{s,2} \end{Bmatrix}$$

根据上述的拟静位移的定义，应有

$$\{P_{s,1}\} = 0$$

由此得

$$\{r_{s,1}\} = -[K_{11}]^{-1}[K_{12}]\{r_{s,2}\} \tag{6.309}$$

因为 $\{r_{s,2}\}$ 是已知的，则坝体中结点的拟静位移 $\{r_{s,1}\}$ 可由式（6.309）求得。将式（6.307）也写成分块形式，则有

$$\begin{bmatrix} M_{11} & 0 \\ 0 & M_{22} \end{bmatrix} \begin{Bmatrix} \ddot{r}_{d,1} \\ 0 \end{Bmatrix} + \begin{bmatrix} C_{11} & C_{12} \\ C_{21} & C_{22} \end{bmatrix} \begin{Bmatrix} \dot{r}_{d,1} \\ 0 \end{Bmatrix} + \begin{bmatrix} K_{11} & K_{12} \\ K_{21} & K_{22} \end{bmatrix} \begin{Bmatrix} r_{d,1} \\ 0 \end{Bmatrix}$$

$$= -\begin{bmatrix} M_{11} & 0 \\ 0 & M_{22} \end{bmatrix} \begin{Bmatrix} \ddot{r}_{s,1} \\ \ddot{r}_{s,2} \end{Bmatrix} - \begin{bmatrix} C_{11} & C_{12} \\ C_{21} & C_{22} \end{bmatrix} \begin{Bmatrix} \dot{r}_{s,1} \\ \dot{r}_{s,2} \end{Bmatrix} - \begin{bmatrix} K_{11} & K_{12} \\ K_{21} & K_{22} \end{bmatrix} \begin{Bmatrix} r_{s,1} \\ r_{s,2} \end{Bmatrix}$$

由此得到求解坝体结点动位移的方程式：

$$[M_{11}]\{\ddot{r}_{d,1}\} + [C_{11}]\{\dot{r}_{d,1}\} + [K_{11}]\{r_{d,1}\}$$

$$= -[M_{11}]\{\ddot{r}_{s,1}\} - [C_{11}]\{\dot{r}_{s,1}\} - [C_{12}]\{\dot{r}_{s,2}\} \tag{6.310}$$

因为 $\{r_{s,1}\}$ 和 $\{r_{s,2}\}$ 已知，则式（6.310）的右端为已知。求解式（6.310）就得到坝体中结点的动位移。在求解式（6.310）时，由于右端的第二项和第三项

与第一项比较很小，可略去不计。这样，求解坝体中结点动位移的方程式就简化成

$$[M_{11}]\{\ddot{r}_{d,1}\} + [C_{11}]\{\dot{r}_{d,1}\} + [K_{11}]\{r_{d,1}\} = - [M_{11}]\{\ddot{r}_{s,1}\} \qquad (6.311)$$

Dibaj 和 Penzein 的计算结果表明，考虑行波求得的结果是不利的。不仅因为产生了较高的动剪应力，还因为高剪应力区接近于坝坡表面。计算结果还表明，只有当坝底宽度与行波传播速度 v 之比小于 $0.1\sim0.2\mathrm{s}$ 时，行波的影响才可以忽略。

参 考 文 献

[1] Seed H B, Idriss I M, Kieter F W, Characteristics of Rock Motions during Earthquakes, Journal of the Soil Mechanics and Foundation Division, ASCE, Vol. 95, No. SM5, Sept. 1969.

[2] Idriss I M and Seed H B, Seismic Response of Horizontal Soil Layers, Junrnal of the Soil Mechanics and Foundation Division, ASCE, Vol. 94, No. SM4, 1968.

[3] Seed H B and Martin G R, Ths seismic Coefficient in Earth Dam Design. Journal of Soil Mechanics and Foundation Divison, ASCE. Vol. 92, No SM3. May, 1966.

[4] Ambraseys N and Sarma S K, The Response of Earth Dams to Strong Earthquakes Geotechnique, Vol. 17, Sept. 1967.

[5] Clough R W and Chopra A K, Earthquke Stress Analysis in Earth Dam, Journal of Soil Mechanies and Foundation Division, ASCE. Vol. 92, No. SM2. 1968.

[6] Zienkiewicz O C, Holister G S, Stress Analysis, John Wiley & Sons LTD, London-New York-Sydney, 1965.

[7] Zienkiewicz O C, The Finite Element Method, McGraw-Hill. London, 1977.

[8] 华东水利学院，弹性力学问题的有限元方法，水利电力出版社，1974。

[9] 中国科学院工程力学研究所、郑州大学、黄委会水利科学研究所，王圪堵水力拉砂坝静应力和地震应力分析，郑州大学学报，1977 年第二期。

[10] Bathe K J and Wilson E L, Stability and Accuracy Analysis of Direct Integration Methods, Earthquake Engineering and Structual Dynamics, Voi. 1, No. 3, 1973 .

[11] Newmark N M, A Method of Computation for Structural Dynamics, Journal of the Engineering Mechanics Division, ASCE, No. EM3, May, 1966.

[12] Schnabel P B, Lysmer J, Seed H B, SHAKE—A Computer Program for Earthquake Response Analysis of Horizontally Layered Sites, Report No. EERC72-2, Earthquake Engineering Research Center, University of California, Berkeley, December, 1972.

[13] Lysmer J, Udaka T, Tsai C F and Seed H B, FLUSH——A Computer Program for Approximate 3-D Analysis of Soil-Structure Interaction Problems, Report No . EERC75—30, Earthquake Engineering Research Center, University of California, Berkely, November 1975.

[14] Cooley J W and Tukey J W, An Algorithm for Machine Calulation of Complex Fourier Series, Mathematical Computation, Vol. 19, April, 1965.

[15] Seed H B and Idriss I M, Simplified Procedure for Evaluating Soil Liquefaction Potential, Journal of the Soil Mechanics and Foundation Division, ASCE, Vol. 97, No. SM9, Sept 1971.

[16] Makdisi F I and Seed H B, Simplified Procedure for Evaluating Embankment Response, Journal of the Geotechnical Engineering Division, ASCE, Vol. 105, No . GT12, December, 1979 .

[17] Liam Finn W D, Martin G R and Lee K W, Comparison of Dynamic Analysis for Saturated Sands, Proceedings, ASCE, Geotechnical Engineering Division Specialty Conference, 1978.

[18] Dibaj M and Penzien J, Response of Earth Dams to Traveling Seismic Waves, Journal of the Soil Mechanics and Foundation Division, ASCE, Vol. 95, SM2, 1969.

第七章 饱和砂土体的液化判别

地震时建筑物地基中或土工结构物中的饱和砂土体的液化可能使建筑物或土工结构物产生严重的破坏。因此，预先判别饱和砂土体在设计地震的作用下是否会液化和确定如果会发生液化应采取些什么技术措施，是建筑物地基和土工结构物抗震设计的重要内容之一。判别饱和砂土体的液化有两条途径。第一条途径是经验方法，它以地震现场的液化调查资料为基础给出区分液化与不液化的条件或界限。第二条途径是试验—分析法，它以液化试验和土体地震反应分析结果为基础判别建筑物地基或土工结构物中的饱和砂土体是否会液化。第一种方法不仅直观，而且一些影响饱和砂土体液化的重要因素可得到自动考虑。因此，这种方法似乎更为人们信赖和喜欢，为许多建筑物抗震设计规范中所采用[1,2]。但应指出，地震现场的液化调查资料多是在自由场地取得的，这种经验方法一般说只适用于建筑物场地的液化判别。当建筑物修建后，地面下的饱和砂土体的静应力和地震应力条件发生显著变化时，只有自由场地的液化判别是不够的。第二种方法就适用于这种情况，主要用于判别在大型建筑物地基中和土工结构物中的饱和砂土体的液化。在这种情况下，一个共同的特点是土体的受力状态和几何边界比较复杂。这种判别液化方法的可靠性取决于液化试验和土体地震反应分析结果的可信程度。由于影响液化试验和土体地震反应分析的某些因素在这种判别方法中或者没有考虑或者考虑得不够恰当，因此需要根据实际经验予以修正。下面将给出判别液化的一些典型方法。

7.1 Seed-Idriss 简化判别法

Seed-Idriss 简化法属于试验—分析判别饱和砂土液化的方法，也是最早提出的一个判别具有水平地面的自由场地液化的方法[3]。像将要看到的那样，在这个方法中许多影响饱和砂土体液化的因素得到适当的考虑。在这个方法中，假定地震是由基岩向上传播的水平剪切运动。饱和砂土单元的液化是由水平地震剪应力的作用引起的。在水平地面下的饱和砂土单元在静力上处于 k_0 固结状态，水平面上的初始剪应力为零；在动力上处于简切状态。这个方法由如下基本步骤组成：

（1）确定地震时水平地面下饱和砂土单元承受的水平地震剪应力。

（2）确定饱和砂土单元发生液化所需要的水平地震剪应力。

（3）将饱和砂土单元承受的水平地震剪应力和发生液化需要的水平地震剪

应力进行比较。下面，分别说明上述步骤。

7.1.1　在给定的地面最大加速度作用下水平地面下饱和砂土单元承受的水平地震剪应力

当假定地震是由基岩向上传播的水平剪切运动时，具有水平表面的土层的运动可以简化成一维剪切振动。采用等价线性化模型对一系列地震和土层进行了反应分析，可算得地面下各点的水平地震剪应力的最大幅值 $\tau_{hv,m}$ 和地面最大加速度 a_{max}。另一方面，假定土柱在地震时做刚体运动，当地面最大加速度为 a_{max} 时，地面下各点的水平地震剪应力的最大幅值

$$\tau_{hv,m,r} = \frac{\sum_{i=1}^{n} \gamma_i h_i}{g} a_{max} \tag{7.1}$$

式中，γ_i 为第 i 层土的容重，地下水位以上的土取天然湿容重，以下的土取饱和容重；h_i 为第 i 层土的厚度；g 为重力加速度。这样，可求得 $\tau_{hv,m}$ 与 $\tau_{hv,m,r}$ 的比值 γ_d。显然，γ_d 除随深度变化外还因地震和土柱的不同而不同。对一系列的地震和土柱求得比值 γ_d 随深度的变化如图 7.1 所示。从图可见，在深度 40 英尺以内时，采用虚线所示的平均值 γ_d 的误差小于 5%。这样，在此范围内水平地面下土单元所受的水平地震剪应力的最大幅值可按下式计算：

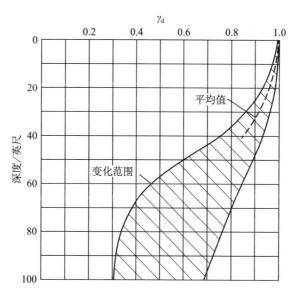

图 7.1　γ_d 随深度的变化

1 英尺 = 0.3048m

$$\tau_{hv,m} = \gamma_d \, \tau_{hv,m,r}$$

$$或 \qquad \tau_{hv,m} = \gamma_d \frac{\sum\limits_{i=1}^{n} \gamma_i h_i}{g} a_{max} \qquad\qquad (7.2)$$

为与等幅动荷载液化试验结果相比较，需将水平地震剪应力的最大幅值转换成等价的等幅剪应力幅值并确定相应的等价作用次数。Seed-Idriss 根据经验建议：

$$\tau_{hv,eq} = 0.65\ \tau_{hv,m}$$

式中，$\tau_{hv,eq}$ 为土单元的等价的等幅剪应力幅值。将式（7.2）代入得

$$\tau_{hv,eq} = 0.65\gamma_d \frac{\sum\limits_{i=1}^{n} \gamma_i h_i}{g} a_{max} \qquad\qquad (7.3)$$

与这样确定的等价的等幅剪应力幅值相应的等价作用次数与地震震级有关。他们建议采用下列数值：

地震震级	等价作用次数
7	10
7.5	20
8	30

7.1.2 饱和砂土单元发生液化所需要的水平地震剪应力

饱和砂土单元发生液化所需要的水平地震剪应力可由液化试验确定。由于早期的液化试验是在往返荷载三轴仪上完成的，饱和砂土发生液化的应力条件是用应力比 $\sigma_{a,d}/2\sigma_3$ 表示的。像第三章指出的那样，在水平地面下饱和砂土单元在静力和动力上的受力状态与三轴试验中土样的受力状态不同。Seed-Idriss 建议用均等固结荷载试验土样 45° 面上的应力条件模拟水平地面下土单元水平面上的应力条件。然而，动荷载简切试验土样的水平面上的应力条件更近似水平地面下土单元水平面上的应力条件。将三轴液化试验土样 45° 面上的液化应力比 $\sigma_{a,d}/2\sigma_3$ 与当时少量的简切液化试验土样水平面上的液化应力比 $\tau_{hv,d}/\sigma_v$ 相比发现，前者比后者显著地高。为了考虑这个事实，引进了一个修正系数 C_r，

$$\frac{\tau_{hv,d}}{\sigma_v} = C_r \frac{\sigma_{a,d}}{2\sigma_3} \qquad\qquad (7.4)$$

修正系数 C_r 与砂的密度有关。Seed-Idriss 给出 C_r 与砂的密度的关系如图 7.2 所示。

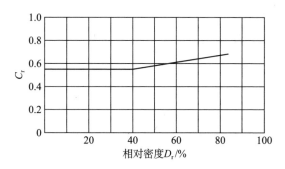

图 7.2　C_r 与砂的密度关系

改写式（7.4）得

$$\tau_{hv,d} = C_r \frac{\sigma_{a,d}}{2\sigma_3} \sigma_v \tag{7.5}$$

式中，液化应力比 $\sigma_{a,d}/2\sigma_3$ 可由三轴液化试验确定。当没有条件进行液化试验时，可用图 3.11 所示的结果。在应用图 3.11 之前需将砂的平均粒径和相对密度弄清。首先根据平均粒径和等价往返作用次数，由图 3.11 求出相对密度为 50% 时的液化应力比 $[\sigma_{a,d}/2\sigma_3]_{50}$，然后假定当相对密度小于 80% 时液化应力比与相对密度成正比，则得在指定相对密度 D_r 下的液化应力比

$$\frac{\sigma_{a,d}}{2\sigma_3} = \frac{D_r}{50}\left[\frac{\sigma_{a,d}}{2\sigma_3}\right]_{50} \tag{7.6}$$

将式（7.6）代入式（7.5）得在水平地面下饱和砂土单元发生液化需要的水平地震剪应力，

$$\tau_{hv,d} = C_r \frac{D_r}{50}\left[\frac{\sigma_{a,d}}{2\sigma_3}\right]_{50}\sigma_v \tag{7.7}$$

式中，σ_v 为作用于水平面上的竖向有效静应力，在计算时地下水位以上的土取湿容重，以下的土取浮容重。

7.1.3　$\tau_{hv,eq}$ 与 $\tau_{hv,d}$ 的比较

如上所述，$\tau_{hv,eq}$ 是水平地面下饱和砂土单元承受的等价水平地震剪应力幅值，$\tau_{hv,d}$ 是在等价作用次数下饱和砂土单元发生液化需要的水平地震剪应力。因此，如果

$$\tau_{hv,eq} < \tau_{hv,d} \tag{7.8}$$

饱和砂土单元将不发生液化。否则，将发生液化。沿土层深度逐个单元进行比较，可绘出 $\tau_{hv,eq}$ 和 $\tau_{hv,d}$ 沿深度的分布。如图 7.3 所示，$\tau_{hv,eq} > \tau_{hv,d}$ 的区域就是液化区。这样，就可确定水平地面下饱和砂土液化的深度和范围。

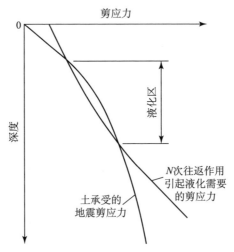

图 7.3　在水平地面下饱和沙土液化范围的确定

必须指出，图 3.11 所示的液化应力比 $\sigma_{a,d}/2\sigma_3$ 系指重新制备的而不是原状砂样的试验结果。如第三章所述，原状砂样的液化试验结果显著高于重新制备砂样的结果。另外，在这个方法中只考虑了一个方向的水平剪切作用，而在实际地震中土单元承受两个方向的水平剪切作用。在两个方向施加水平剪切作用的液化试验结果要比在一个方向施加水平剪切作用的低。前面在考虑水平地面下土单元的受力状态与三轴试验土样的不同时，引进了一个修正系数 C_r。实际上，C_r 是一个意义更广泛的经验系数。它不仅包括实际土单元与三轴试验土样受力状态不同的影响，还包括原状砂与结构完全破坏砂抗液化能力不同以及在单向剪切与多向剪切作用下液化试验结果不同的影响。考虑到这个情况，C_r 值取 0.6 而不管饱和砂土的密度如何。

7.1.4　由现场原位测试指标确定原状砂土的液化应力比

图 3.16 表明，由重新制备的土样动力试验测定液化应力比不能代表原状土的液化应力比。由于获取原状饱和砂土样的困难，由原状砂土试验确定其液化应力比通常是不现实的。这样，人们将目光投向了地震现场液化调查资料，试图借助现场液化调查资料建立原状砂土液化应力比与现场原位测试指标的关系，并获得成功。

1. 饱和砂土液化的地震现场调查

饱和砂土液化的地震现场调查是一个重要的研究手段。在已往的大地震中，许多震区包括大面积的河流下游冲积平原，地震使地面下的饱和砂土产生了广泛的液化。饱和砂土液化的地震现场调查就是要查明产生液化和没产生液化的饱和砂土所处的条件。为了使调查资料包括各种影响因素，调查的场地要足够多。特别应指出，饱和砂土液化的地震现场调查不仅应包括对液化场地的调查，也应包括对没液化场地的调查。

饱和砂土液化地震现场调查的一个首要问题是辨别某一个场地是否发生了液化。辨别的主要依据是地震时地面现象和建筑物反应，主要包括：

（1）喷水冒砂。

（2）地面局部塌陷。

（3）边坡或岸坡滑动。

（4）建筑物倾斜或倒覆。

（5）地基隆起和基础下陷。

在上述诸现象中，喷水冒砂是辨别液化的最主要现象。因为其他几种现象如果是由于饱和砂土液化造成的，在其周围的地面通常伴有喷砂冒水现象。当饱和砂土在地面下埋藏较深时，即使发生液化而地面和建筑物也可能没有什么反应。这样，就可能将液化的场地误判为不液化的场地。

饱和砂土液化调查应在如下三方面取得定量的资料：

（1）场地受到的地震作用。

（2）在地面下饱和砂土的埋藏条件。

（3）饱和砂土抗液化的能力。

为了取得这些定量资料除了收集已有的钻探和试验资料外，在现场调查时往往需要做一些补充的钻探和试验。下面分别对上述三方面资料做一简要说明。

1）场地受到的地震作用

在现场调查中，场地受到的地震作用通常采用三种方法表示，即地震震级和地面运动的最大加速度；地震震级和震中距或断层距、能量释放中心距；地震震级和烈度。究竟采用哪种表示方法取决于各国抗震设计标准。例如，我国抗震设计标准采用烈度，因此在调查时采用第三种方法表示场地受到的地震作用的大小。而有些国家抗震设计标准采用最大加速度，则在调查时采用第一种方法表示场地受到的地震作用的大小。但应指出，所调查场地的烈度是根据地震震害调查划定的。一个地区的震害不仅与所受的地震作用大小有关还与该地区建筑物对地震的反应有关。因此，烈度不是一个纯表示地震作用大小的指标，它包括了建筑物的影响。另外，调查场地的地面运动的最大加速度很少是直接测得，多数是根据震级和震中距或烈度估定的。鉴于这种情况，有的研究者采用第二种方法表示场地受到的地震作用的大小。显然，这种表示方法更客观一些，它排除了建筑物和一些人为因素的影响。

2）地面下饱和砂土的埋藏条件

根据钻探资料可以给出场地土层的柱状图，如图7.4所示。土柱状图给出场地的土层从上到下的次序、厚度和地下水位的埋深等资料，即给出了所考虑的饱和砂层的埋深条件。饱和砂土层的埋藏条件决定了地震前它所受到的有效上覆压力 σ_v'，

$$\sigma_v' = \sum_{i=1}^{n} \gamma_i' h_i \qquad (7.9)$$

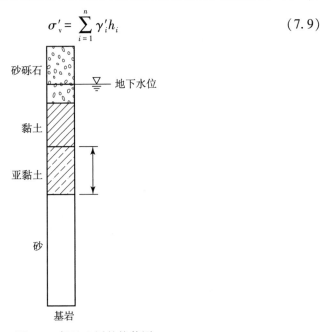

图 7.4　场地土层的柱状图

式中，γ_i' 为第 i 层土的有效容重，地下水位以上的土层取天然容重，以下的土层取浮容重；h_i 为第 i 层土的厚度。这样，有效上覆压力 σ_v' 主要是由饱和砂层的埋藏深度和地下水位的埋深决定。在饱和砂土层的埋藏条件中，它们是两个最重要的因素。

3）饱和砂土的抗液化能力

在现场饱和砂土的抗液化能力主要取决于它的有效上覆压力 σ_v 和密度。由于直接测定砂土的密度不方便，在现场通常用其他间接指标表示砂土的密度。所采用的间接指标要与砂土的密度有很好的相关性。现在，最广泛采用的指标是标准贯入击数 N。但是，标准贯入击数 N 不仅随砂土密度的增加而增加还随有效上覆压力 σ_v' 的增加而增加。为了消除有效上覆压力的影响，将实测的标准贯入击数转换成有效上覆压力为 1 吨/英尺^2 时的标准贯入击数，并把它叫做修正标准贯入击数，

$$N_1 = N \left(1 - 1.25 \lg \frac{\sigma_v'}{\sigma_1} \right) \qquad (7.10)$$

式中，有效上覆压力 σ_v' 的单位为吨/英尺^2；$\sigma_1 = 1$ 吨/英尺^2。

　　除了用标准贯入击数 N 或修正标准贯入击数 N_1 表示饱和砂土的抗液化能力外，有时还用饱和砂土在小应变时的剪切波速来表示。同样，剪切波速也受有效上覆压力 σ_v 的影响。在应用剪切波速表示饱和砂土的抗液化能力时，有效上覆压力 σ_v' 的影响也应该消除。

2. 由标准贯入击数确定原状砂土和粉土液化应力比[4,5]

　　在 Seed-Idriss 简化法中，液化的地震剪应力比是由室内液化试验确定的。像指出的那样，室内液化试验确定出来的液化剪应力比受结构、应力状态和单向或双向剪切等因素的影响。在 Seed-Idriss 方法中，这些影响因素是通过经验系数 C_r 考虑的。如果液化应力比能够在现场测定，这些影响因素可以自然地包括进去了。在现场直接测定液化应力比是困难的，但由液化地震现场调查资料间接地确定是可能的。

　　根据液化地震现场调查资料，可按下式可算得每一个液化现场调查场地饱和砂层地震时承受的等价地震剪应力比，

$$\frac{\tau_{hv,eq}}{\sigma_v'} = 0.65\gamma_d \frac{a_{max}}{g} \frac{\sigma_v}{\sigma_v'} \tag{7.11}$$

式中，a_{max} 为场地地面最大加速度；σ_v、σ_v' 分别为饱和砂土所受的总上覆压力和有效上覆压力。在计算 σ_v、σ_v' 时地下水位以上的土容重取天然容重，以下的土容重分别取饱和容重和浮容重。另外，将实测的标准贯入击数 N 按下式换算成上覆压力为 1 吨/英尺² 时的标准贯入击数 N_1，

$$N_1 = C_n N \tag{7.12}$$

式中，C_n 为修正系数，与有效上覆压力有关，由图 7.5 确定。将液化场地和没液化场地的 ($\tau_{hv,eq}/\sigma_v'$，N_1) 点绘在纵坐标为 $\tau_{hv,eq}/\sigma_v'$ 横坐标为 N_1 的直角坐标中发现，液化场地的点位左上部，没液化场地的点位于右下部。Seed 根据液化地震现场调查资料绘出了当地震震级为 7.5 级时等价的地震剪应力比 $\tau_{hv,eq}/\sigma_v'$ 与修正标准贯入击数 N_1 的关系如图 7.6 所示。在图中液化场地与没液化场地的分界线就是地震震级为 7.5 级时液化应力比 $\tau_{hv,d}/\sigma_v'$ 与修正标准贯入击数 N_1 的关系。震级对液化应力比的影响主要表现在往返作用次数对液化应力比的影响上。往返作用次数对液化应力比的影响可以由室内液化试验研究确定。7.5 级地震的等价作用次数为 15 次，如果将相应的液化应力比取为比较标准，根据室内液化试验研究，Seed 给出的其他震级的液化应力比的相对数值如下：

震级	8.5	7.5	6.75	6
等价作用次数	26	15	10	5
液化应力比相对数值	0.89	1	1.13	1.32

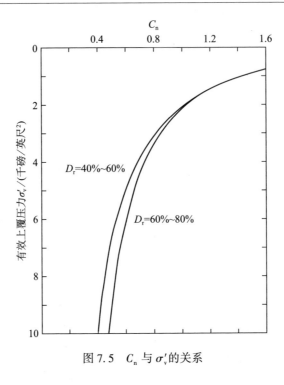

图 7.5 C_n 与 σ'_v 的关系

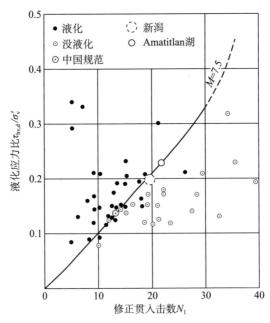

图 7.6 地震震级为 7.5 时液化应力比 $\tau_{hv,d}/\sigma'_v$ 与修正贯入击数 N_1 的关系

这样，其他震级的液化应力比 $\tau_{hv,d}/\sigma_v'$ 与 N_1 的关系可将7.5级关系线的纵坐标乘以上面给出的液化应力比的相应数值就可得到。如此求得的各种震级的 $\tau_{hv,d}/\sigma_v'$ - N_1 关系线如图7.7所示。但应指出，在图7.6中液化和没液化场地的饱和砂所受的有效上覆压力较小，通常小于1.5 吨/英尺^2。因此，图7.7中的曲线适用于有效上覆压力小于1.5 吨/英尺^2 的情况。室内试验表明，当有效上覆压力增加时液化应力比要降低。以 $(\tau_{hv,d}/\sigma_v')_{N_1}$ 表示在小有效上覆压力下的液化应力比，它可由图7.7确定；以 $(\tau_{hv,d}/\sigma_v')_{N_1,\sigma_v'}$ 表示在有效上覆压力 σ_v' 下的液化应力比，那么

$$\left(\frac{\tau_{hv,d}}{\sigma_v'}\right)_{N_1,\ \sigma_v'} = C_{\sigma_v'}\left(\frac{\tau_{hv,d}}{\sigma_v'}\right)_{N_1}$$

式中，$C_{\sigma_v'}$ 为有效上覆压力影响系数，由图7.8确定。这样，饱和砂土产生液化所需要的往返剪应力幅值 $\tau_{hv,d}$ 可按下式计算：

$$\tau_{hv,\ d} = C_{\sigma_v'}\left(\frac{\tau_{hv,\ d}}{\sigma_v'}\right)_{N_1}\sigma_v' \tag{7.13}$$

由于粉土具有一定的细粒含量，粉土的塑性增加了，更容易贯入，则贯入击数相同的粉土比砂土要具有更高的抗液化能力。因此，图7.7不适用粉土液化判别。为确定粉土的液化应力比，Seed 将粉土中粒径小于0.075mm 的土颗粒含量作为

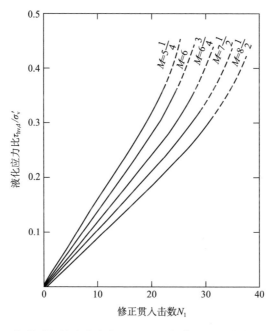

图7.7 各种震级的液化应力比 $\tau_{hv,d}/\sigma_v'$ 与修正贯入击数 N_1 的关系

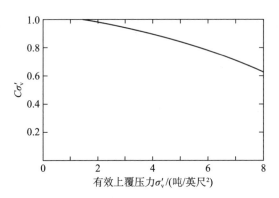

图 7.8　有效上覆压力影响系数 $C_{\sigma'_v}$ 的确定

细颗粒含量指标。由于粉土比贯入击数相同的砂土具有更高的抗液化能力，应将饱和砂土的液化应力比与修正标准贯入击数关系曲线向左转动以获得饱和粉土的液化应力比与修正标准贯入击数的关系曲线，而且细粒含量越高向左转动的越大。Seed 根据一些饱和粉土地震现场液化调查的资料，提出了不同细粒含量的饱和粉土的液化应力比与修正标注贯入击数的关系线，如图 7.9 所示。

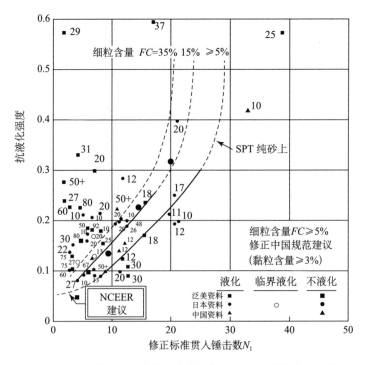

图 7.9　饱和粉土液化应力比与修正标准贯入锤击数的关系线

3. 新的进展[6]

沿着 Seed-Idriss 简化法的研究途径所取得的新的进展大多是在 Seed 教授逝世之后获得的，主要在如下三方面：

（1）将 Seed 简化法中以图表示的一些关系线公式化，有的还做了定量调整。

①修正系数 r_d 与深度 z 的关系。

Liao 和 Whitman 提出 r_d-z 的关系可用下式表示：

$$\left.\begin{array}{ll} r_d = 1.0 - 0.00765z & z \leqslant 9.15\text{m} \\ r_d = 1.174 - 0.0267z & 9.15\text{m} < z \leqslant 23\text{m} \end{array}\right\} \qquad (7.14)$$

②液化应力比 $\left[\dfrac{\tau_{hv,d}}{\sigma_v}\right]$ 与修正标准贯入锤击数 N_1 关系。

在图 7.7 所示的两者关系线通过坐标原点，但在靠近原点部分资料很少。如果将两者关系线在靠近原点部分向上弯曲，则能更好地拟合现有经验资料。在得克萨斯大学，Rauch 提出用下式表示震级为 7.5 级时饱和砂土的液化应力比与修正标准贯入锤击数的关系：

$$\left[\frac{\tau_{hv,d}}{\sigma_v}\right] = \frac{1}{34 - N_1} + \frac{N_1}{135} + \frac{50}{[10N_1 + 45]^2} - \frac{1}{200} \qquad (7.15)$$

式中，N_1 为将锤击能量比校正到 60% 时的修正标准贯入击数，在我国通常不做这样的校正。计算表明，当 $N_1 < 30$ 时这个公式是适用的；当 $N_1 > 30$ 时，饱和砂太紧密了，通常被划分成不液化的。

③细粒含量对液化应力比的影响。

Idriss 和 Seed 提出了一个与上述不同的考虑细粒含量对液化应力比的影响方法。他们提出了一个粉土的等效修正标准锤击数概念。粉土等效的修正标准贯入锤击数的概念如下：如果采用这个标准贯入击数由饱和砂的液化应力比与修正标准贯入锤击数的关系所确定出来的液化应力比与饱和粉土的实际液化应力比相等。这样，只要将粉土的修正标准贯入锤击数转化成等效的修正标准贯入锤击数，就可利用饱和砂土的液化应力比与修正标准贯入锤击数的关系确定粉土液化应力比，不再需要确定不同细粒含量的饱和粉土的液化应力比与修正标准贯入锤击数的关系。粉土的等效修正标准贯入锤击数可按下式确定：

$$N_{60,cs} = \alpha + \beta N_1 \qquad (7.16)$$

式中，$N_{60,cs}$ 为粉土的等效修正标准贯入锤击数；α、β 为两个系数，按下式确定：

$$\left.\begin{array}{ll} \alpha = 0 & FC \leqslant 5\% \\ \alpha = \exp(1.76 - 190/FC^2) & 5\% \leqslant FC \leqslant 35\% \\ \alpha = 5.0 & FC \geqslant 35\% \end{array}\right\} \qquad (7.17)$$

而

$$
\left.
\begin{aligned}
\beta &= 1.0 & FC \leqslant 5\% \\
\beta &= (0.99 + FC^2/1000) & 5\% \leqslant FC \leqslant 35\% \\
\beta &= 1.2 & FC \geqslant 35\%
\end{aligned}
\right\} \tag{7.18}
$$

式中，FC 为细粒含量（%）。

④修正系数 C_n 与上覆压力 σ_v 的关系

图 7.5 给出了确定修正系数 C_n 与上覆压力的关系线。Liao 和 Whitman 提出可按下式计算修正系数 C_n：

$$
C_n = \left(\frac{p_a}{\sigma_v} \right)^{0.5} \tag{7.19}
$$

但是，计算出的 C_n 值不应超过 1.7，并且上覆压力不宜超过 200kPa。Kayen 等建议了一个能更好地拟合图 7.5 所示的关系线公式：

$$
C_n = \frac{2.2}{\left(1.2 + \dfrac{\sigma_v}{p_a} \right)} \tag{7.20}
$$

这个公式自动地限制了 C_n 小于 1.7，并且上覆压力可达到 300kPa。

⑤震级对液化应力比的影响系数。

前面给出了震级对液化应力比的影响。此后，关于震级影响系数取得了一些新的研究成果：

a. Idriss 的研究成果

Idriss 重新拟合了震级影响系数的资料。根据拟合结果，Idriss 提出按下式确定震级影响系数 MSF：

$$
MSF = \frac{10^{2.24}}{M_W^{2.56}} \tag{7.21}
$$

b. Andrus 和 Stokoe 的研究结果

根据拟合所获得的结果，建议按下式计算震级影响系数：

$$
MSF = \left(\frac{M_W}{7.5} \right)^{-2.56} \tag{7.22}
$$

c. Youd 和 Noble 的研究结果

Youd 和 Noble 对地震现场液化调查资料进行了概率分析，得到了在不同的液化概率下震级、修正标准贯入击数与液化应力比之间的关系：

$$
\left.
\begin{aligned}
Logit(P_L) &= \ln\left[\frac{P_L}{(1 - P_L)} \right] \\
Logit(P_L) &= -7.0351 + 2.1738M_W - 0.2678N_1 + 3.0265 \ln\left[\frac{\tau_{hv,d}}{\sigma_v} \right]
\end{aligned}
\right\} \tag{7.23}
$$

式中，P_L 为液化概率。这样，对不同液化概率可由上式求出不同的震级时的液化比，及相应的震级影响系数。根据拟合所获得的结果，提出了如下确定震级影响系数 MSF 的公式：

$$\left.\begin{array}{lll} P_L \leqslant 20\% & MSF = \dfrac{10^{3.81}}{M_W^{4.53}} & M_W < 7 \\[3mm] P_L < 32\% & MSF = \dfrac{10^{3.74}}{M_W^{4.33}} & M_W < 7 \\[3mm] P_L < 50\% & MSF = \dfrac{10^{4.21}}{M_W^{4.81}} & M_W < 7.75 \end{array}\right\} \tag{7.24}$$

⑥上覆压力修正系数

按上述，可以按图 7.8 来确定上覆压力修正系数。之后，获得了更多的资料，Hynes 和 Olson 分析了扩充的资料，提出了确定上覆压力修正系数的公式：

$$C_{\sigma_v} = \left(\frac{\sigma_v}{p_a}\right)^{f-1} \tag{7.25}$$

式中，f 是一个与场地条件，包括相对密度、应力历史、年代和超固结比有关的参数。专题组推荐，根据相对密度按下式规定选取 f 值：

$$f = 0.8 \sim 0.7 \quad 相对密度 40\% \sim 60\%$$
$$f = 0.7 \sim 0.6 \quad 相对密度 60\% \sim 80\%$$

Hynes 和 Olson 认为这样确定的上覆压力修正系数是偏于保守的。

（2）根据静力触探试验端阻力确定液化应力比。

静力触探试验的主要优点如下：

①可以获得沿深度连续测量的结果。

②试验结果具有良好的重复性。

根据静力触探试验的端阻力确定液化应力比第一步是按下式将实测的端阻力 q_c 转化成规格化的无量纲端阻力 q_{CIN}：

$$\left.\begin{array}{l} q_{CIN} = C_Q\left(\dfrac{q_c}{p_a}\right) \\[3mm] C_Q = \left(\dfrac{p_a}{\sigma_v}\right)^n \end{array}\right\} \tag{7.26}$$

式中，C_Q 为转化系数；n 为与颗粒特征相关的参数，数值范围为 $0.5\sim1.0$，粘性土可取 1.0，砂可取 0.5，粉土可取中间值。

Robertson 和 Wride 根据地震现场液化调查资料给出了震级为 7.5 级的液化点和没液化点在以 $\tau_{hv,d}/\sigma_v$ 为纵坐标以 q_{CIN} 为横坐标的坐标系中的分布，如图 7.10 所示，并确定了液化散点与没液化散点区的分界线，即液化应力比 $\left[\dfrac{\tau_{hv,d}}{\sigma_v}\right]$ 与规格化无量纲端部阻力的关系线。拟合该关系线，得到如下公式：

当 $q_{CIN} < 50$ 时，

$$\left[\frac{\tau_{hv,d}}{\sigma_v}\right] = 0.833\left(\frac{q_{CIN}}{1000}\right) + 0.05$$

当 $50 \leqslant q_{CIN} < 160$ 时，

$$\left[\frac{\tau_{hv,d}}{\sigma_v}\right] = 93\left(\frac{q_{CIN}}{1000}\right)^3 + 0.08 \tag{7.27}$$

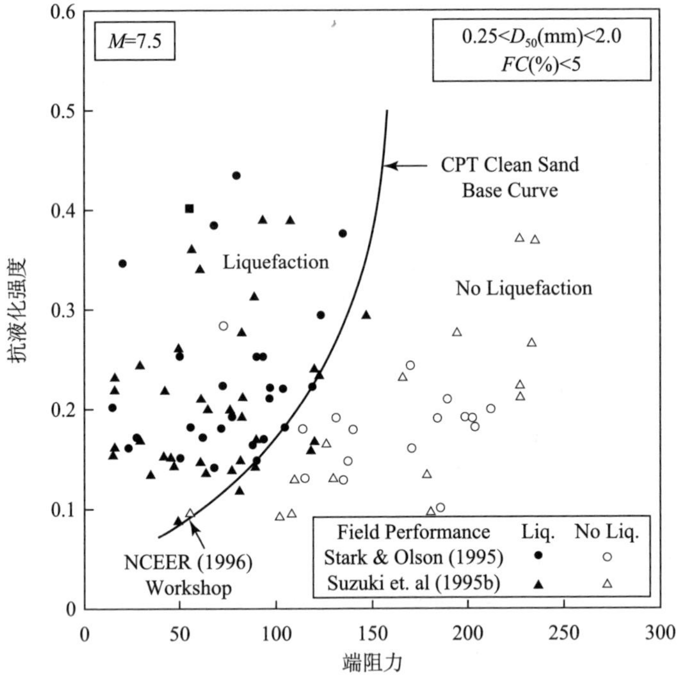

图 7.10 震级为 7.5 级时砂土的液化应力比与规格化无量纲端阻力的关系

对于饱和粉土，则应将其规格化无量纲端阻力转换成等效的砂土端阻力，无量纲的等效砂土端阻力 $(q_{CIN})_{cs}$ 可由下式确定：

$$(q_{CIN})_{cs} = k_c q_{CIN} \tag{7.28}$$

式中，k_c 为转换系数，按下式确定：

当 $I_c \leqslant 1.64$ 时，$k_c = 1.0$

当 $I_c > 1.64$ 时，$k_c = -0.403I_c^4 + 5.581I_c^3 - 21.63I_c^2 + 33.75I_c - 17.88 \tag{7.29}$

I_c 为土的性能类型指标，按下式确定：

$$I_c = \left[(3.47 - \lg Q)^2 + (1.22 + \lg F)^2 \right]^{0.5}$$

$$Q = \left[(q_c - \sigma_v)/p_a \right] \left(\frac{p_a}{\sigma_v} \right)^n \qquad (7.30)$$

$$F = \left[\frac{f_s}{(q_c - \sigma_v)} \right] \times 100\%$$

f_s 为静力触探侧壁抵抗。

如果砂层夹于上下软土层之间，则静力触探试验的测试结果偏低，显然砂夹层越薄，偏低就越多。因此必须将实测值乘以一个大于 1.0 校正系数。

修正系数与砂夹层的厚层、探头的圆锥直径以及软土层和砂夹层的实测端阻力之比等因素有关。如果保守地取修正系数下边界值，则得

$$q_c^* = k_H q_{ca}$$

$$k_H = 0.25 \left[(H/d_c)/17 - 1.77 \right]^2 + 1.0 \qquad (7.31)$$

式中，q_c^* 为考虑上下软土层影响校正后的砂端阻力；q_{ca} 为砂的实测端阻力；k_H 为考虑上下软土层影响的校正系数；H 为砂夹层的厚度，以 mm 计；d_c 为探头的圆锥直径，以 mm 计。

（3）根据剪切波速确定液化应力比。

将剪切波做为一个砂土抗液化的现场指标是有坚实的基础的，因为无论是剪切波速还是液化应力比它们受孔隙比、有效侧限压力、应力历史和地质年代的影响是相似的。应用剪切波速的优点包括：

①当静力触探试验和标准贯入试验难以贯入的土中，或难以取样的土中，例如砾质土，仍可测得剪切波速。

②剪切波速是土的一个基本力学性质，与小应变时剪切模量有直接关系。

③小应变时的剪切模量是进行土体动力反应分析和土-结相互作用分析必要的一个参数。

然而，应用剪切波速确定液化应力比存在如下问题：

①剪切波速是在小应变下测得的，而引起液化的孔隙水压力升高是在中到大应变下的现象。

②当测试的间距太大时，剪切波速低的土层可能没有被测出来。

根据剪切波速确定液化应力比第一步也是将实测的剪切波速 V_s 进行上覆压力修正，确定出修正剪切波速 $V_{s,1}$：

$$V_{s,1} = V_s \left(\frac{p_a}{\sigma_v} \right)^{0.25} \qquad (7.32)$$

Andrus 和 Stokoe 根据 26 次地震多于 70 个场地的液化调查结果绘出了震级为 7.5 级时液化散点和没液化散点在以 $\dfrac{\tau_{hv,d}}{\sigma_v}$ 为纵坐标，以 $V_{s,1}$ 为横坐标的坐标系中

的分布，并确定出液化散点分布区与没液化散点分布区的分界线，即液化应力比
$\dfrac{\tau_{hv,d}}{\sigma_v}$ 与修正剪切波速 $V_{s,1}$ 的关系，如图 7.11 所示。拟合该关系线，得到如下方程式：

$$\left[\frac{\tau_{hv,d}}{\sigma_v}\right] = a\left(\frac{V_{s,1}}{100}\right)^2 + b\left(\frac{1}{c-V_{s,1}} - \frac{1}{c}\right) \tag{7.33}$$

式中，a、b 为两个参数，分别等于 0.022 和 2.8；c 为与细粒含量有关的参数，当细粒含量等于和小于 5% 时，$c=215m/s$，当细粒含量为 35% 时，$c=200m/s$，当细粒含量在 5% 和 35% 之间时随细粒含量按线性变化。这样，根据细粒含量选取 c 值，则式（7.33）就可以考虑细粒含量对液化应力比的影响。

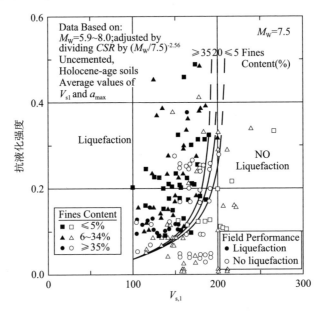

图 7.11　液化应力比与修正剪切波速关系

7.2　《建筑抗震设计规范》判别法

《建筑抗震设计规范》判别法是我国正式公布的第一个水平场地液化判别方法，并在国外也有很高的知名度。该法自 1970 年代初期公布后，也经历了几次修改和完善。为全面了解该法按所发表的版本次序表述如下。

7.2.1　最初版本[7]

从下述可见，该法是基于我国地震现场液化调查资料和借用上述 Seed-Idriss 简化法建立的。它的建立分为如下两步：

1. 地下水位埋深 2m 砂埋深 3m 时的液化判别标准

为了建立这个液化判别方法，收集和分析了如表 7.1 所示的 1970 年底以前我国 6 次大地震的现场液化调查资料，包括每个调查场地是否发生液化、场地地震烈度、砂的埋深 d_s、地下水位埋深 d_w 和砂的标准贯入击数 N。发现，所调查的场地大多数砂的埋深 d_s 为 3m 左右地下水位埋深为 2m 左右。然后，把砂埋深为 3m 左右地下水位埋深为 2m 左右的资料提取出来，以"×"表示液化场地，以"o"表示没液化场地，在以砂的标准贯入击数 N 为纵坐标，以地震烈度 I 为横坐标的坐标系中将它们的分布绘出来，如图 7.12 所示。由图 7.12 可确定出液化场地和没液化场地的分界线。显然，位于分界线上的场地就是处于临界液化的场地，相应的标准贯入击数称为临界标准贯入击数，以 $N_{cr,2,3}$ 表示。可发现，随地震烈度的增高，临界标准贯入击数 $N_{cr,2,3}$ 增大。由图 7.12 确定出来的与不同地震烈度 I 相应的临界贯入击数 $N_{cr,2,3}$ 如表 7.2 所示。这样，当砂埋深 3m 地下水位埋深 2m 时，如果

$$N \leqslant N_{cr,2,3} \qquad 液化 \qquad (7.34)$$

否则，不液化。式中，N 为实测的标准贯入击数。

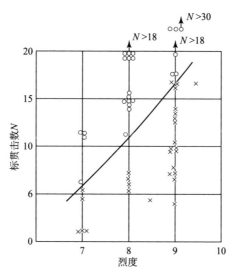

图 7.12　$N_{cr,2,3}$ 的确定

表 7.1　地震资料

地震	时间	震级	震中烈度
河源	1962.03.19	6.1	8
邢台	1966.03.08	6.8	9

地震	时间	震级	震中烈度
邢台	1966.03.22	7.2	10
渤海	1969.07.18	7.4	
阳江	1969.07.26	6.4	8
通海	1970.01.05	7.7	10

表 7.2 $N_{\mathrm{cr},2,3}$ 值

烈度	7	8	9
$N_{\mathrm{cr},2,3}$	6	10	16

2. 不同地下水埋深和砂埋深时的液化判别标准

当地下水位埋深不等于 2m 和砂埋深不等于 3m 时，由于当时缺乏足够的地震现场液化调查资料，不能像上述那样确定出相应的临界液化标准贯入锤击数。为确定这两个因素对临界液化标准贯入锤击数的影响，借助了上述的 Seed 简化法。按 Seed 简化法，临界液化状态的准则如下：

$$\frac{\tau_{\mathrm{hv,eq}}}{\sigma_{\mathrm{v}}} = C_{\mathrm{r}} \left[\frac{\sigma_{\mathrm{a,d}}}{2\sigma_3} \right]_{50} \frac{D}{50} \tag{7.35}$$

将式（7.3）带入上式可得：

$$0.65 \gamma_{\mathrm{d}} \frac{a_{\max}}{g} \frac{\gamma d_{\mathrm{w}} + \gamma_{\mathrm{s}}(d_{\mathrm{s}} - d_{\mathrm{w}})}{\gamma d_{\mathrm{w}} + \gamma_{\mathrm{b}}(d_{\mathrm{s}} - d_{\mathrm{w}})} = C_{\mathrm{r}} \left[\frac{\sigma_{\mathrm{a,d}}}{2\sigma_3} \right]_{50} \frac{D}{50}$$

式中，γ、γ_{s}、γ_{b} 分别为土的天然重力密度、饱和重力密度和浮重力密度。这样，由上式可求得在不同地下水位埋深和砂埋深时处于液化临界状态相应的相对密度 D_{r}：

$$D_{\mathrm{r}} = 0.65 r_{\mathrm{d}} \frac{a_{\max}}{g} \frac{\gamma d_{\mathrm{w}} + \gamma_{\mathrm{s}}(d_{\mathrm{s}} - d_{\mathrm{w}})}{\gamma d_{\mathrm{w}} + \gamma_{\mathrm{b}}(d_{\mathrm{s}} - d_{\mathrm{w}})} \frac{50}{C_{\mathrm{r}} \left[\dfrac{\sigma_{\mathrm{a,d}}}{2\sigma_3} \right]_{50}} \tag{7.36}$$

按上式确定出液化临界状态相应的相对密度 D_{r} 后，可按经验公式确定出与 D_{r} 相应的标准贯入击数 N_{cr}。显然，临界标准贯入锤击数 N_{cr} 应是地下水位埋深 d_{w} 和砂的埋深 d_{s} 的函数。为了确定它们之间的函数关系，假定地震烈度为 7、8、9，及不同的地下水埋深 d_{w} 和砂埋深 d_{s}，组合成一系列的计算情况，对每一个计算情况按上述方法确定出临界标准贯入锤击数 N_{cr}，及相应的（N_{cr} -

$N_{cr,2,3}$）$/N_{cr,2,3}$ 值。在计算中，取 $\left[\dfrac{\sigma_{ad}}{2\sigma_3}\right]_{50} = 0.21$。统计该值与（$d_w-2$）及（$d_s-$

3）的关系发现，地震烈度对它们之间的关系影响可以忽略，并且它们之间的关系可近似地取线性关系，这样，可得到如下关系式：

$$\frac{N_{cr} - N_{cr,2,3}}{N_{cr,2,3}} = \alpha_w(d_w - 2) + \alpha_s(d_s - 3)$$

改写上式得：

$$N_{cr} = M_{cr,2,3}\left[1 + \alpha_w(d_w - 2) + \alpha_s(d_s - 3)\right] \tag{7.37}$$

式中，α_w、α_s 分别为地下水埋深和砂埋深影响系数，由拟合资料得到：

$$\left.\begin{array}{l} \alpha_w = -0.05 \\ \alpha_d = 0.125 \end{array}\right\} \tag{7.38}$$

由此，不同地下水位埋深和砂埋深时的液化判别准则如下：

$$N \leqslant N_{cr} \qquad 液化 \tag{7.39}$$

否则，不液化。

对式（7.37）和式（7.38）的正确性，曾用当时仅能收集到的日本新泻八度地震区内的液化资料做了检验，如图 7.13 所示。从图 7.13 可见，式（7.37）和式（7.38）给出的临界液化锤击数 N_{cr} 随深度的变化与日本学者提出的平均结果相接近。

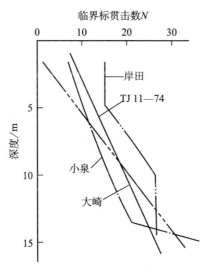

图 7.13 临界液化锤击数随深度变化的比较

上述的液化判别式最先曾为我国《工业与公用建筑抗震设计规范》（TJ 11—74）所采用。

7.2.2 《建筑抗震设计规范》（GBJ 11—89）的修改版本

1975 年海城地震和 1976 年唐山地震之后，国家地震局工程力学研究所和沈阳冶金勘察公司进行了较全面的现场液化调查，并采用上述 TJ 11—74 中的液化判别方法对调查实例进行了液化判别，以进一步验证这个液化判别方法的可靠性。验证的结果可以概括如下三点：

（1）TJ 11—74 中的液化判别式用于饱和砂土的液化判别在大多数情况下是正确的。

（2）当饱和砂土埋藏较深时，可能将没液化的误判为液化。这表明，在这种情况下由判别式确定出来的 N_{cr} 值偏高。

（3）TJ 11—74 的液化判别式用于饱和粉土的判别时在很多情况下发生误判，将没液化误判为液化。同样，对于饱和粉土的液化判别，由判别式确定出来的 N_{cr} 值偏高。

鉴于上述情况，TJ 11—74 中的液化判别式应做一定的修改，以提高埋藏较深的饱和砂土以及饱和粉土液化判别结果的可靠性。主要修改包括如下三点：

（1）分析了 TJ 11—74 中液化判别式当饱和砂土埋藏较深时确定出的 N_{cr} 值偏高的原因，认为临界液化标准贯入锤击数随深度的变化应是非线性的，但在 TJ 11—74 的液化判别式中将两者表示成为线性关系。为了提高埋藏较深的饱和砂液化判别结果的可靠性，在根本上应采用非线性关系拟合资料。但是，为了简便，在修改时仍采用了线性关系式，只是调整了砂土埋深影响系数 α_s 和地下水位埋深影响系数 α_w 值，以减小当饱和砂埋藏较深时算得的临界液化标准贯入击数值 N_{cr}。调整后的砂土埋深影响系数和地下水位埋深影响系数如下：

$$\left.\begin{array}{l} \alpha_w = -0.1 \\ \alpha_s = 0.1 \end{array}\right\} \tag{7.40}$$

（2）分析了 TJ 11—74 中液化判别式当用于饱和粉土液化判别时确定出的 N_{cr} 值偏高的原因，认为 TJ 11—74 中的液化判别式是基于饱和砂土的地震现场液化调查资料建立的。由于粉土中含有细颗粒增加了塑性，当密度状态相同时粉土的标准贯入锤击数要低于砂土的。显然，粉土的细粒含量越多，粉土的粒状贯入锤击数就越低。在修改时，采用粉土中粘土颗粒含量 p_c 做为影响饱和粉土临界液化标准贯入击数的定量指标。拟合饱和粉土的地震现场液化调查资料后认为，当将饱和砂土液化判别式用于饱和粉土时，应乘以 $\sqrt{\dfrac{3}{p_c}}$ 修正系数。

（3）在 GBJ11—89 中考虑了场地与震中距离的影响，粗略地将场地地震烈度分为近震和远震两种情况。当近震的烈度与远震的烈度相同时，由于震级越高，等价的作用次数越多，在远震情况下更容易触发液化。这样，在远震情况下的临界液化标准贯入锤击数应大于近震情况下的。在修改时，分别近震和远震两种情况给出了 $N_{cr,2,3}$ 值，如表7.3所示。

表 7.3 $N_{cr,2,3}$ 值

烈度	近震	远震
7	6	8
8	10	12
9	16	—

综合上述三点，修正后的判别式如下：

$$N_{cr} = N_{cr,2,3} \left[1 + \alpha_w(d_w - 2) + \alpha_s(d_s - 3) \right] \sqrt{\frac{3}{p_c}} \qquad (7.41)$$

式中，α_w、α_s 按式（7.40）确定；$N_{cr,2,3}$ 按表7.3确定；p_c 为粉土的粘土颗粒含量，按百分数计，对砂土取 $p_c = 3$。式（7.41）纳入《建筑抗震设计规范》（GBJ 11—89）中。

7.2.3 《建筑抗震设计规范》（GB 50011—2001）的修改版本

在这个版本中没有原则的修改，只做了如下两点修改：

（1）在 GB 50011—2001 中，将设计地震分为一、二、三组，其中一组大致相应 GBJ 11—89 中的近震，二、三组大致相应 GBJ 11—89 中的远震。另外，将7度地震烈度分为设计基本加速度为 0.10g（7度）和 0.15g（7度）两种，将8度地震烈度分为设计基本加速度 0.20g（8度）和 0.3g（8度）两种。这样，在修改时重新调整了 $N_{cr,2,3}$ 值，如表7.4所示。表7.4中括号中的数值用于 0.15g的（7度）和 0.30g 的（8度）。由于在较大的加速度下更容易液化，相应于 0.15g（7度）和 0.30g（8度）的 $N_{cr,2,3}$ 值均大于 0.10g（7度）和 0.20g（8度）的 $N_{cr,2,3}$ 值。

表 7.4 $N_{cr,2,3}$ 值

设计地震分组	7 度	8 度	9 度
第一组	6 (8)	10 (13)	16
第二、三组	8 (10)	12 (15)	18

（2）将液化判别式的适用范围从砂埋深小于等于 15m 扩展到小于等于 20m。当土埋深小于等于 15m 时，N_{cr} 仍按式（7.41）计算，但 $N_{cr,2,3}$ 按表7.4取值。当

土埋深大于 15m 小于等于 20m 时，认为 N_{cr} 不随土的埋深而变，在计算 N_{cr} 时 d_s 均取 15m。

7.2.4 《建筑抗震设计规范》（GB 50011—2010）的修改版本

在这个版本中，做了一个原则性的修改，将 N_{cr} 与土埋深 d_s 之间的线性关系改为非线性关系。按上述，这个修改是更合理的。为了定量地确定土埋深和地下水位埋深的影响，做了与上述确定 α_w 和 α_s 相似的工作。按 Seed 简化法，当饱和土处于临界液化状态时应满足如下关系式：

$$\left[\frac{\tau_{hv,d}}{\sigma_v}\right] = \frac{\tau_{hv,eq}}{\sigma_v}$$

由于

$$\left[\frac{\tau_{hv,d}}{\sigma_v}\right] = 0.65\gamma_d \frac{a_{max}}{g} \frac{\gamma d_w + \gamma_s(d_s - d_w)}{\gamma d_w + \gamma_b(d_s - d_w)} \tag{7.42}$$

由式（7.42）确定出的 $\left[\dfrac{\tau_{hv,d}}{\sigma_v}\right]$ 值，及按前述的 $\left[\dfrac{\tau_{hv,d}}{\sigma_v}\right] - N_1$ 关系线可确定相应的修正标准贯入锤击数 N_1，然后再将其转换成相应的标准贯入锤击数 N 值，则该 N 即为临界的标准贯入锤击数 N_{cr}。这样，就可确定出 N_{cr} 与 $N_{cr,2,3}$ 的比值。然后，拟合所得到的资料。在拟合时经验地认为 $N_{cr}/N_{cr,2,3}$ 与土埋深的自然对数，即与 $\ln d_s$ 成线性关系。最后，得到确定临界标准贯入锤击数 N_{cr} 的关系如下：

$$N_{cr} = N_{cr,2,3}\beta_M[0.94\ln(d_s + 3) - 0.1d_w - 0.31]\sqrt{\frac{3}{p_c}} \tag{7.43}$$

式中，$N_{cr,2,3}$ 按地面运动最大水平加速取值，如表 7.5 所示；β_M 为设计地震分组调整系数，按表 7.6 取值。

表 7.5 $N_{cr,2,3}$ 值

地面最大水平加速/g	0.10	0.15	0.20	0.30	0.40
$N_{cr,2,3}$	7	10	12	16	19

表 7.6 β_M 值

设计地震分组	β_M
一组	0.80
二组	0.98
三组	1.05

上面表述了我国《建筑抗震设计规范》中饱和砂土和粉土液化判别方法的建立和沿革。在后来的版本中，所做出的重要修改是为了更好地适用于埋藏较深的饱和砂土和粉土的液化判别。在 GBJ 11—89 的版本中，已将该方法的适用范围从土的埋深小于等于 15m 推广到小于等于 20m。将该法的适用范围推广到埋深小于和等于 20m 的主要理由是工程上的需要。但是工程上的需要只是问题的一个方面，这样推广的根据和正当性是更应考虑的问题的另一方面。实际上，一个方法会受到一定的限制，有其一定的适用范围的。这个做法所受到的限制有如下两点：

（1）当土埋藏深度大于 15m 时，地震现场液化调查资料很少，难以检查在土埋藏深度大于 15m 时这个法的适用性。

（2）如上所述，该法在确定临界液化标准贯入锤击数 N_{cr} 时均应用了 Seed 简化法计算等价地震水平剪应力的公式。在 Seed 简化法中，指出了这个简化公式的适用范围为地面下深度 40 英尺，现在将其适用范围推广到地面下 20m 的范围，似乎有些过头。

鉴于上述两点，将这个方法的适用范围从地面下土的埋深小于 15m 推广到 20m，虽然工程上有需要，但无论在实际经验上还是理论上均缺乏根据，似乎欠妥，工程上的需要应采用其他更有根据的方法来满足。

7.3　液化势指数判别法

这也是一个适用于判别水平场地液化的方法。在该法中，引进了一个液化势指数 Z 表示饱和砂土液化可能性的大小，显然，液化势指数 Z 应是影响液化诸因素 x_i 的函数，即

$$Z = f(x_1, x_2, \cdots, x_i, \cdots, x_n)$$

这些影响液化的因素包括：地面运动最大水平加速度，或震级、震中距，地下水位埋深，饱和砂土埋深，标准贯入锤击数或静力触探端阻力、剪切波速等。

液化势指数法由两步组成：第一步，经验地假定函数 f 的形式，并确定函数 f 中的参数；第二步，确定界限液化势指数[8]。

7.3.1　液化势指数函数的确定

显然，Z 的最简单的形式是 x_i 的线形组合，则

$$Z = \sum_{i=1}^{n} l_i x_i \tag{7.44}$$

式中，l_i 为 x_i 的影响系数，待定。液化的饱和砂土的液化势指数及没液化的饱和砂土的液化势指数的分布具有如下特点：在某个数值范围内分布的密度比较大，而在这个数值范围之外，分布的密度越来越小。下面，影响系数 l 的取值在数学上应满足如下两个要求：

（1）按式（7.44）算得的液化情况的液化势指数的平均值与没液化情况的

液化势指数的平均值相差尽量大。

（2）按式（7.44）算得的液化情况的液化势指数以及没液化情况的液化势指数的离散应尽量小。液化势指数的离散可以方差来表示。设 $\overline{Z}^{(1)}$、$\overline{Z}^{(2)}$ 分别表示按式（7.44）算得液化情况和没液化情况的液化势指数的平均值：

$$\left.\begin{array}{l} \overline{Z}^{(1)} = \dfrac{\displaystyle\sum_{j=1}^{m_1} Z_j^{(1)}}{m_1} \\[4ex] \overline{Z}^{(2)} = \dfrac{\displaystyle\sum_{j=1}^{m_2} Z_j^{(2)}}{m_2} \end{array}\right\} \tag{7.45}$$

式中，$Z_j^{(1)}$、$Z_j^{(2)}$ 分别为液化情况和非液化情况的液化势指数；m_1、m_2 分别为两种情况的现场液化调查事例的数目。

设 $C_s^{(1)}$、$C_s^{(2)}$ 分别表示两种情况的方差，按下式计算：

$$\left.\begin{array}{l} C_s^{(1)} = \displaystyle\sum_{j=1}^{m_1} (Z_j^{(1)} - \overline{Z}^{(1)})^2 \\[3ex] C_s^{(2)} = \displaystyle\sum_{j=1}^{m_2} (Z_j^{(2)} - \overline{Z}^{(2)})^2 \end{array}\right\} \tag{7.46}$$

下面，令

$$G = \frac{(\overline{Z}^{(1)} - \overline{Z}^{(2)})^2}{C_s^{(1)} + C_s^{(2)}} \tag{7.47}$$

如若满足上述两个要求，l_i 的取值应使函数 G 值最大，即

$$\frac{\partial G}{\partial l_i} = 0 \qquad i = 1, 2, \cdots, n \tag{7.48}$$

这样，由式（7.48）可建立 n 个方程用以求解 n 个 l 值。

由式（7.44）可得：

$$(\overline{Z}^{(1)} - \overline{Z}^{(2)})^2 = \left[\sum_{i=1}^{n} l_i (\bar{x}_i^{(1)} - \bar{x}_i^{(2)}) \right]^2 \tag{7.49}$$

式中，$\bar{x}_i^{(1)}$、$\bar{x}_i^{(1)}$ 分别为液化情况和没液化情况的第 i 个因素平均值：

$$\left.\begin{array}{l} \bar{x}_i^{(1)} = \dfrac{\displaystyle\sum_{j=1}^{m_1} x_{i,j}^{(1)}}{m_1} \\[4ex] \bar{x}_i^{(2)} = \dfrac{\displaystyle\sum_{j=1}^{m_2} x_{i,j}^{(2)}}{m_2} \end{array}\right\} \tag{7.50}$$

如令

$$d_i = \bar{x}_i^{(1)} - \bar{x}_i^{(2)} \tag{7.51}$$

代入式 (7.49) 得

$$(\overline{Z}^{(1)} - \overline{Z}^{(2)})^2 = (\sum_{i=1}^{n} l_i d_i)^2 = \sum_{i=1}^{n} \sum_{q=1}^{n} l_i l_q d_i d_q \tag{7.52}$$

另外，将式 (7.44) 代入式 (7.46) 第一式则得：

$$C_s^{(1)} = \sum_{j=1}^{m_1} \left[\sum_{i=1}^{n} l_i(\bar{x}_{i,j}^{(1)} - \bar{x}_i^{(1)}) \right]^2$$

完成上式的平方运算得：

$$C_s^{(1)} = \sum_{j=1}^{m_1} \sum_{i=1}^{n} \sum_{q=1}^{n} l_i l_q(\bar{x}_{i,j}^{(1)} - \bar{x}_i^{(1)})(\bar{x}_{q,j}^{(1)} - \bar{x}_q^{(1)})$$

令

$$S_{i,q}^{(1)} = \sum_{j=1}^{m_1} l_i l_q(\bar{x}_{i,j}^{(1)} - \bar{x}_i^{(1)})(\bar{x}_{q,j}^{(1)} - \bar{x}_q^{(1)}) \tag{7.53}$$

代入上式，得

$$C_s^{(1)} = \sum_{i=1}^{n} \sum_{q=1}^{n} l_i l_q S_{i,q}^{(1)} \tag{7.54}$$

同理，得：

$$C_s^{(2)} = \sum_{i=1}^{n} \sum_{q=1}^{n} l_i l_q S_{i,q}^{(2)} \tag{7.55}$$

式中，

$$S_{i,q}^{(2)} = \sum_{j=1}^{m_2} l_i l_q(\bar{x}_{i,j}^{(2)} - \bar{x}_i^{(2)})(\bar{x}_{q,j}^{(2)} - \bar{x}_q^{(2)}) \tag{7.56}$$

再令

$$S_{i,q} = S_{i,q}^{(1)} + S_{i,q}^{(2)} \tag{7.57}$$

则式 (7.47) 可写成如下形式

$$G = \frac{\sum_{i=1}^{n} \sum_{q=1}^{n} l_i l_q d_i d_q}{\sum_{i=1}^{n} \sum_{q=1}^{n} l_i l_q S_{i,q}} \tag{7.58}$$

再令

$$\left. \begin{array}{l} A = \sum_{i=1}^{n} \sum_{q=1}^{n} l_i l_q d_i d_q \\[2mm] B = \sum_{i=1}^{n} \sum_{q=1}^{n} l_i l_q S_{i,q} \end{array} \right\} \tag{7.59}$$

得

$$G = \frac{A}{B} \qquad\qquad (7.60)$$

这样，

$$\frac{\partial G}{\partial l_i} = \frac{1}{B}\left(\frac{\partial A}{\partial l_i} - \frac{A}{B}\frac{\partial B}{\partial l_i}\right)$$

代入式（7.48）得：

$$\frac{\partial B}{\partial l_i} = \frac{1}{G}\frac{\partial A}{\partial l_i} \qquad i = 1, 2, \cdots, n \qquad (7.61)$$

由式（7.59）得：

$$\frac{\partial A}{\partial l_i} = 2d_i\sum_{q=1}^{n} l_q d_q$$

$$\frac{\partial B}{\partial l_i} = 2\sum_{q=1}^{n} l_q S_{i,q}$$

代入式（7.61）得

$$\sum_{q=1}^{n} l_q S_{i,q} = \frac{1}{G}d_i\sum_{q=1}^{n} l_q d_q \qquad i = 1, 2, \cdots, n \qquad (7.62)$$

从式（7.62）可见，这是一组关于影响系数 l 的齐次方程组。由这组方程式只能求解出 l 之间的相对关系。如令

$$C = \frac{1}{G}\sum_{q=1}^{n} l_q d_q$$

则式（7.62）可写成如下形式：

$$\sum_{q=1}^{n} l_q S_{i,q} = Cd_i \qquad i = 1, 2, \cdots, n \qquad (7.63)$$

式中，C 的取值只影响按上式求解的 l 值的大小，并不影响它们之间的相对关系。进一步，从式（7.44）可看出，C 的取值不同只是按式（7.44）算得的液化势指数按同样的比例放大或缩小。为了简单，在此取 C 等于1，得：

$$\sum_{q=1}^{n} l_q S_{i,q} = d_i \qquad i = 1, 2, \cdots, n \qquad (7.64)$$

这样，由地震现场液化调查资料确定出 d_i、$S_{i,q}$，就可由式（7.64）求出影响系数 l_i，则液化势函数完全确定。

7.3.2 界限液化势指数值

界限液化势指数定义如下：如果按式（7.44）算得的液化势指数等于和大于某个数值时，判为发生液化；否则，判为不液化，该数值则称为界限液化势指数。

按上述方法确定出式（7.44）之后，则可按该式计算出地震现场液化调查

获得的每个液化事例和没液化事例的液化势指数。这样，可以确定出液化事例 $Z^{(1)}$ 和没液化事例的液化势指数 $Z^{(2)}$ 的分布。发现 $Z^{(1)}$ 和 $Z^{(2)}$ 的分布函数 $f_1(z)$ 和 $f_2(z)$ 可近似地取为正态分布。如果将 Z_0 取为区分液化与不液化的界限液化势指数，在 $Z^{(1)}$ 中大于 Z_0 的则正确地判断为液化事例，而小于 Z_0 的则误判为不液化事例；相似，在 $Z^{(2)}$ 中小于 Z_0 的则正确地判为不液化事例，而大于 Z_0 的则误判液化事例，如图 7.14 所示。从图 7.14 可见，当界限液化势指数等于 Z_0 时，判别液化的成功率 $p^{(1)}$ 和不液化的成功率 $p^{(2)}$ 分别如下：

$$\left.\begin{array}{l} p^{(1)} = \dfrac{\displaystyle\int_{z_0}^{\infty} f_1(z)\,\mathrm{d}z}{\displaystyle\int_{-\infty}^{\infty} f_1(z)\,\mathrm{d}z} \\[3em] p^{(2)} = \dfrac{\displaystyle\int_{z_0}^{\infty} f_2(z)\,\mathrm{d}z}{\displaystyle\int_{-\infty}^{\infty} f_2(z)\,\mathrm{d}z} \end{array}\right\} \tag{7.65}$$

由上式可见，判别液化和不液化的成功率均是界限液化势指数 Z_0 的函数。因此，可根据所希望达到的判别成功率由式（7.65）来确定界限液化势指数 Z_0。图 7.14 中的阴影部分表示判别为液化和不液化事例的误判率。为了使判别液化和不液化的成功率比较均衡，可令

$$p^{(1)} = p^{(2)} \tag{7.66}$$

由式（7.66）的条件可由式（7.65）确定出相应的 Z_0，即可做为界限液化势指数值。

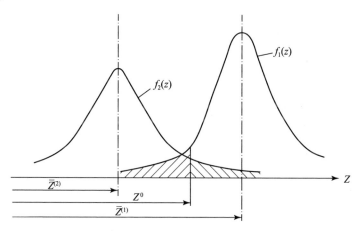

图 7.14　$Z^{(1)}$、$Z^{(2)}$ 取值分布及界限液化势指数 Z^0

7.3.3 影响因素的无量纲化及非线性影响的考虑

在此应指出，表示每个影响因素 x_i 的量纲及离散程度是不同的，在分析中直接应用 x_i，会影响判别结果的精确性。如果将每个影响因素 x_i 规格化成无量纲的量再按上述方法进行分析会更好。影响因素的无量纲的量 $y_{i,j}$ 定义如下：

$$y_{i,j} = \frac{x_{i,j} - \bar{x}_i}{S_i} \tag{7.67}$$

式中，$x_{i,j}$ 为地震现场液化调查中第 j 个事例的第 i 个影响因素的值；$\bar{x}_i$ 为所有调查事例的第 i 个因素的平均值：

$$\bar{x}_i = \sum_{j=1}^{m_1+m_2} x_{i,j} / (m_1 + m_2) \tag{7.68}$$

S_i 为所有调查事例的第 i 个因素的均方差：

$$S_i = \left[\sum_{j=1}^{m_1+m_2} (x_{i+j} - \bar{x}_i)^2 / (m_1 + m_2 - 1) \right]^{\frac{1}{2}} \tag{7.69}$$

这样，可令液化势指数函数 Z 为：

$$Z = \sum_{i=1}^{n} l_i y_i \tag{7.70}$$

其他，与前述相同。

从式（7.44）和式（7.70）可见，均令液化势指数函数 Z 为影响因素的线性组合。实际上，有的影响因素的影响可能是非线性的。因此，这种做法在数学上虽然简单但会影响判别结果的精确性。如果从物理或力学上的考虑根据经验将液化指数函数取成为各影响因素的某种函数的线性组合会更好。另外，在影响液化的诸因素中，有些因素的影响不是独立的，而与其他因素有关时，还可以在液化势指数函数中选加上某两个因素的乘积项。

7.3.4 一个例子

谷本喜一等基于 35 个地震现场液化调查事例按上式方法确定出了一个液化势函数。在建立液化势函数时考虑了四个影响因素：

（1）地下水位埋深，以 x_1 表示（单位：m）。

（2）砂的埋深，以 x_2 表示（单位：m）。

（3）标准贯入击数，以 x_3 表示。

（4）地面运动最大水平加速度，以 x_4 表示（单位：g）。

最后得到：

$$\left. \begin{array}{l} Z = x_1 - 0.28x_2 - 1.09x_3 + 0.37x_4 \\ Z_0 = -9.17 \end{array} \right\} \tag{7.71}$$

相应的判别成功率为 78.5%。

　　基于同样的地震现场液化调查事例，考虑表 7.7 所示的 6 个影响因素，并将影响因素无量纲化，建立了一个液化势函数

$$\left.\begin{array}{l} Z = y_1 - 1.15y_2 - 0.14y_3 - 1.30y_4 - 4.39y_5 + 5.37y_6 \\ Z_0 = -2.46 \end{array}\right\} \quad (7.72)$$

相应的判别成功率为 83.4%。在计算式（7.72）中的 y_i 时需要相应的 $\bar{x}_i$ 和 S_i 这两个数值在表 7.7 中给出。

表 7.7　影响液化因素及相应的 $\bar{x}_i$ 和 S_i

符号	影响因素	$\bar{x}_i$	S_i
x_1	地震等级	7.57	0.87
x_2	震中距/km	71.00	65.99
x_3	地下水埋深/km	1.84	1.42
x_4	砂埋深/m	5.50	1.61
x_5	标准贯入锤击数	9.40	7.11
x_6	地面运动历时/s	63.20	53.53

　　比较式（7.71）和式（7.72）可见，如果考虑更多的影响因素并将其无量纲化，其判别成功率会得到提高。

　　另外，文献［9］考虑影响因素的二次项影响按上述液化势指数法进行了液化判别。

7.4　能量法

　　该法也是一个判别水平场地液化的方法。能量法与前述方法不同，它在处理地震现场调查资料时，考虑了液化机理，并是在适当的物理力学概念指导下建立的。

　　能量法的基本概念如下[10]：

　　（1）当饱和砂土孔隙水压力升高到有效上覆压力时，则认为达到了液化条件。

　　（2）饱和砂土的孔隙水压力升高与在土中消散的地震能量有关。

　　（3）在土中消散的地震能量与土的性质和所受的静应力有关，可认为取决于土的修正标准贯入锤击数和有效上覆压力。

　　（4）在土中消散的地震能量是达到场地地震能量的一部分，而到达场地的地震能量取决于地震释放的总能量和场地至地震能量释放中心的距离。

（5）地震释放的总能量与地震的震级有关。

下面，对上述的每一点做进一步说明。

7.4.1　地震释放的总能量 E_0

根据地震学，地震释放的总能量 E_0 可按下式计算：

$$E_0 = 10^{1.5M+1.8}　　　　　　　　　　　(7.73)$$

式中，M 为地震等级。

7.4.2　到达场地的能量

设到达场地的能量为 $E(r)$，按上述第四点及地震学知识，$E(r)$ 可按下式计算：

$$E(r) = \frac{C_1 E_0}{r^2}　　　　　　　　　　(7.74)$$

式中，r 为场地至地震能量释放中心的距离；C_1 为系数。

7.4.3　场地土中消散的能量 $\Delta E(r)$

按上述第三点和第四点，场地土中消散的能量可用下式确定：

$$\Delta E(r) = \Lambda(N_1, \sigma_v) E(r)　　　　　　(7.75)$$

式中，$\Lambda(N_1, \sigma_v)$ 为消散函数；N_1、σ_v 分别为修正标准贯入锤击数及有效上覆压力。N_1 按下式确定：

$$N_1 = \left(0.77 \lg \frac{2000}{\sigma_v} \right) N　　　　　(7.76)$$

式中，σ_v 以千帕计。

地震现场液化调查和室内试验均表明，有效上覆压力越大越不容易液化，即在土中消散的能量越小。因此，$\Lambda(N_1, \sigma_v)$ 可进一步写成如下形式：

$$\Lambda(N_1, \sigma_v) = \lambda(N_1) \sigma_v^{-\frac{1}{2}}$$

式中，$\lambda(N_1)$ 只是修正标准贯入锤击数的函数。

7.4.4　孔隙水压力 u

孔隙水压力 u 与土中的消散的能量有关，因此可写成如下形式：

$$u = C_2 \Delta E(r)　　　　　　　　　　(7.77)$$

式中，C_2 为系数。将上面诸式代入得：

$$u = \frac{C(N_1)}{r^2 \sigma_v^{\frac{1}{2}}} 10^{1.5M}　　　　　　　(7.78)$$

式中，$C(N_1) = C_1 C_2 \lambda(N_1) 10^{1.8}$。改写式（7.78）得

$$C(N_1) = r^2 u \sigma_v^{\frac{1}{2}} 10^{-1.5M}　　　　　(7.79)$$

7.4.5　液化条件

按上述第一点，达到液化条件时

$$u = \sigma_v \tag{7.80}$$

将其代入式（7.79），得达到液化条件时

$$C(N_1)_{cr} = r^2\sigma_v^{\frac{3}{2}}10^{-1.5M} \tag{7.81}$$

对于液化场地，由于 $u \geqslant \sigma_v$，如以式（7.81）代替式（7.79）计算 $C(N_1)$ 值，则将 $C(N_1)$ 值算小了；对于没液化场地，由于 $u < \sigma_v$，如以式（7.81）代替式（7.79）计算 $C(N_1)$，则将 $C(N_1)$ 值算大了。这样，如果以式（7.81）计算每个地震现场液化调查事例的 $C(N_1)$ 值并点在以 $C(N_1)$ 为纵坐标，N_1 为横坐标的坐标系中，则液化事例的点位于左下部，而没有液化事例的点位于右上部。这两个区的分界线就是 $C(N_1)_{cr}$-N_1 关系线，如图 7.15 所示，它可表示成如下式：

$$C(N_1)_{cr} = 450N_1^{-2} \tag{7.82}$$

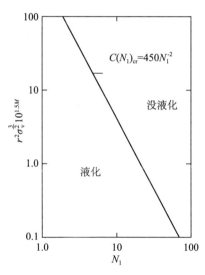

图 7.15　$C(N_1)_{cr}$-N_1 关系的确定

7.4.6　液化判别

按上述，如果

$$r^2\sigma_v^{\frac{3}{2}}10^{1.5M} \leqslant 450N_1^{-2} \tag{7.83}$$

则液化；否则，不液化。

7.5　剪应变判别法

下面，按文献［11］、［12］来表述剪应变判别法。

7.5.1　应力式和应变式液化试验结果的比较

如前所述，饱和砂土的液化性能可由应力式动三轴试验来研究，图 7.16a 分别给出了不同成型方法的饱和砂土样在 5 次和 10 次作用下产生的孔隙水压力与动剪应力比 $\sigma_{a,d}/2\sigma_3$，之间的关系。从该图可看出，所产生的孔隙水压力与饱和砂土样的成型方法有关，即与饱和砂土的结构有关。饱和砂土的液化性能也可由应变式动三轴试验来研究，图 7.16b 分别给出了不同成型方法的饱和砂土样在 5

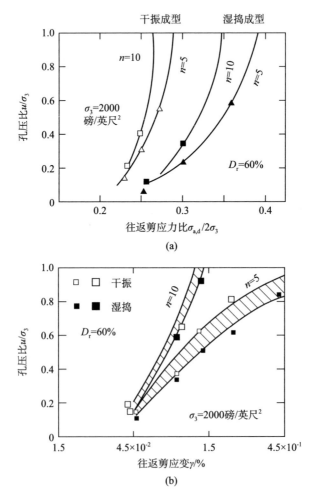

(a)

(b)

图 7.16　应力式与应变式液化试验结果的比较

次和 10 次作用下产生的孔隙水压力与动剪应变幅值的关系。从该图可看出，所发生的孔隙水压力几乎不受饱和砂土样成型方法的影响，即与饱和砂土的结构几乎无关。图 7.17a 所示的应变式动三轴试验结果进一步证实这一点；另外，所发生的孔隙水压力与剪应变幅值的关系也不受砂土的类型的影响。图 7.17b 所示的应变式动三轴试验结果进一步揭示了所发生的孔隙水压力与剪应变幅值的关系还不受饱和砂土的相对密度的影响。

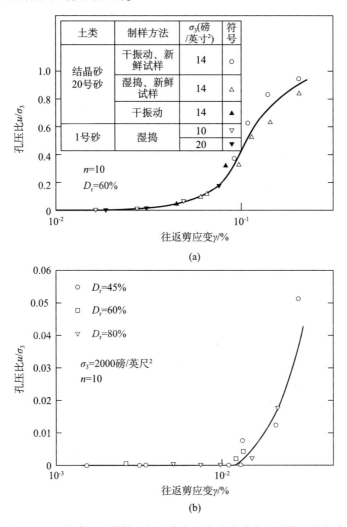

图 7.17 土的类型、结构及相对密度对应变式液化试验结果的影响

综上所述，如果以动剪应变幅值表示动荷载的作用，则试验结果不受固结压力、相对密度、砂土的颗粒组成及结构的影响。但是，这并不意味着这些因素不

影响饱和砂土的液化性能，而应理解为这些因素的影响包括在动剪应变幅值之中。实际上，动剪应变幅值 $\bar{r}_d$ 可按下式计算：

$$\bar{r}_d = \bar{\tau}_d / G$$

式中，$\bar{\tau}_d$ 为动剪应力幅值；G 为动剪切模量，与固结压力、土的相对密度、颗粒组成和结构有关。由此可见，在动剪应变幅值中包括了这些因素的影响，并以动剪切模量 G 代替了这些影响因素，其优点是土的动剪切模量在定量上比这些因素更容易测量。

7.5.2 临界剪应变及等价剪应变的确定

从图 7.17b 可见，当剪应变幅值小于某个数值时，动剪切作用不会引起孔隙水压力的升高。这个数值大于等于 10^{-4}，而且不因砂土的类型、相对密度和结构而改变。通常，把这个剪应变称为临界剪应变，以 γ_{cr} 表示。实际上，这个临界剪应变 γ_{cr} 应和前面所讲的屈服剪应变 γ_y 相当。这样，令 $\gamma_{hv,eq}$ 表示水平地面下饱和砂土所受的等价剪应变幅值，如果

$$\gamma_{hv,eq} < \gamma_{cr} \tag{7.84}$$

则不发生液化。地震时水平地面下饱和砂土所受的等价剪应变幅值可按 Seed 简化法确定。按等效线性化模型，等价剪应变幅值可按下式确定：

$$\gamma_{hv,eq} = \frac{\tau_{hv,eq}}{G(\gamma_{hv,eq})} \tag{7.85}$$

式中，$G(\gamma_{hv,eq})$ 为与等价剪应变幅值相应的动剪切模量，可按下式确定：

$$G(\gamma_{hv,eq}) = \alpha(\gamma_{hv,eq}) G_{max} \tag{7.86}$$

式中，$\alpha(\gamma_{hv,eq})$ 为与等价剪应变幅值相应的模量折减系数，可由等价线性化模型的 $G/G_{max} - \gamma$ 关系线确定。将 Seed 简化法计算等价剪应力的公式及式（7.86）代入式（10.85）则得：

$$\gamma_{hv,eq} = 0.65 \gamma_d \frac{\alpha_{max}}{g} \frac{\sum_i \gamma_i h_i}{\alpha(\gamma_{hv,eq}) G_{max}} \tag{7.87}$$

式中的最大剪切模量可由现场测试的剪切波速 V_s 确定，即

$$G_{max} = \rho V_s^2$$

将其代入上式，得：

$$\gamma_{hv,eq} = 0.65 \gamma_d \frac{\alpha_{max}}{g} \frac{\sum_i \gamma_i h_i}{\alpha(\gamma_{hv,eq}) \rho V_s^2} \tag{7.88}$$

从上式可见，式（7.87）的两端均含有 $\gamma_{hv,eq}$，因此必须采取迭代的方法计算 $\gamma_{hv,eq}$。具体的计算步骤如下：

（1）假定一个 $\gamma_{hv,eq}$。

（2）由 $\gamma_{hv,eq}$ 按等效线性化模型确定出相应的 $\alpha(\gamma_{hv,eq})$ 值。

（3）按式（7.87）或式（7.88）计算出一个新的等价剪应变幅值 $\gamma_{hv,eq}$。

（4）重复第（2）第（3）步骤，直到相邻两次计算的等价剪应变幅值的误差满足要求为止。

7.5.3　引起液化所要求的剪应变的确定

式（7.84）只表明，如果 $\gamma_{hv,eq}$ 小于 γ_{cr} 则不发生液化，因为动剪切作用不会引起孔隙水压力升高。但是，该式并不表明，如果 $\gamma_{hv,eq}$ 大于等于 γ_{cr} 时则一定要发生液化。当 $\gamma_{hv,eq}$ 大于 γ_{cr} 时是否发生取决于动剪切作用引起的孔隙水压力升高程度。

引起液化所要求的剪应变幅值 $[\gamma_{hv,d}]$ 可由地震现场液化调查资料确定出来，确定方法如下：

（1）对地震现场调查的每一个事例，包括液化和没液化的，确定出饱和砂土的修正标准贯入锤击数 N_1。

（2）对地震现场调查的每一个事例，包括液化和没液化的，按上述方法确定出等价剪应变 $\gamma_{hv,eq}$。

（3）液化的事例以实方块表示，没液化的事例以空方块表示，将液化和没液化的事例点在以等价剪应变 $\gamma_{hv,eq}$ 为纵坐标以修正标准贯入锤击数 N_1 为横坐标的坐标系中，如图 7.18 所示。

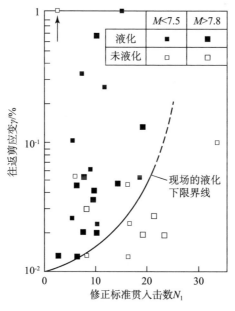

图 7.18　引起液化所要求的剪应变的确定

（4）从图 7.18 可见，液化的事例分布在图的左上部，没液化事例分布在图的右下部。两部分的分界线即为引起液化所要求的剪应变 $[\gamma_{hv,d}]$ 与修正标准贯入击数 N_1 的关系线。位于该线上的点处于临界液化状态。

7.5.4 液化判别

按上述，应用剪应变判别水平地面下饱和砂土液化的方法如下：

（1）根据标准贯入试验锤击数 N 及其有效上覆压力 σ_v 确定出相应的修正标准贯入锤击数 N_1。

（2）由修正标准贯入锤击数 N_1 由图 7.18 确定出相应的引起液化所要求的剪应变 $[\gamma_{hv,eq}]$。

（3）按式（7.87）式（7.88）确定出地震时饱和砂土所受到的等价剪应变 $\gamma_{hv,eq}$。

（4）如果

$$\gamma_{hv,eq} \geqslant [\gamma_{hv,d}] \qquad (7.89)$$

则发生液化；否则，不发生液化。

7.6 平面应变状态下的液化判别方法

上面表述了自由水平地面下饱和砂土和粉土的液化判别方法。这里，再次指出这些方法只适用于满足或近似满足下列条件的情况：

（1）土单元在静力上处于 K_0 状态，即：

①水平向正应力与竖向正应力之比等于静止土压力系数 K_0。

②土单元的水平面为最大主应力面，竖向面为最小主应力面，剪应力 τ_{hv} 等于零。

（2）土单元在地震时只受水平动剪应力 $\tau_{hv,d}$ 的作用。

但是，在许多情况下，例如土坝等土工结构物和建筑物地基土体中的土单元，上述条件一般是不能得以满足的。因此，上述方法不适用于土坝等土工结构物和建筑物地基中饱和砂土和粉土的液化判别。现在，土工结构物和建筑物地基中的饱和砂土和粉土的液化判别通常采用基于试验——分析途径的判别方法。鉴于许多工程实际问题可以简化成平面应变问题，下面来表述在平面应变状态下饱和砂土和粉土的液化判别方法。

7.6.1 平面应变状态下液化判别的试验—分析途径

在平面应变状态下液化判别的试验—分析途径，首先是由 Seed，Lee 和 Idriss 提出的，通常称为 Seed-Lee-Idriss 途径[13]，其主要的步骤如下：

（1）确定场地的设计地震参数。

Seed-Lee-Idriss 法一般用于大型工程。由于这些工程很重要，仅根据地震动区划图确定地震烈度或地面运动峰值加速度，可能是不够的。有时要根据历史地震活动性和所在地区的地震地质条件对设计地震参数进行专门研究。这种研究称为工程场地地震危险性分析。地震危险性分析应提供如下结果：

①与指定期限内某个超越概率相应的地面运动水平向峰值加速度。

②设计加速度反应谱。

③设计地震加速度时程曲线。

（2）选择分析断面和确定断面的几何和土层组成条件。

选择的分析断面应是有代表性的或最不利的断面。因此，一个实际工程的分析断面通常是几个断面。对每个分析断面分别确定出相应的几何条件，包括：

①断面的几何尺寸。

②断面中土类的分布。

③地下水位埋深。

（3）选择土的静力学模型并确定模型参数。

选择的土的静力学模型用于土体的静力分析。由于土的力学性能具有明显的非线性，所选用的静力学模型应为非线性模型。在实际工程中，通常选用的非线性力学模型为：

①线弹性-理想塑性模型，例如德鲁克-普拉格模型。

②非线性弹性模型，例如邓肯-张模型。

所选用的静力学模型参数应由静力试验测定。由于所要进行的静力分析是确定在使用期的应力和变形，相应的静力学模型参数应由土的静力排水三轴剪切试验测定。

（4）选择土的动力学模型并确定模型参数。

选择的土动力学模型用于土体的地震反应分析。同样，由于在地震作用下土的动力学性能具有明显的非线性，所选用的动力学模型应为非线性模型。在实际工程中，通常选用如下两种非线性动力学模型：

①等效线性化模型。

②滞回曲线类型的弹塑性模型。

如上所述，在二维地震反应分析中大多用等效线性化模型。所选用的动力学模型参数应该由动力试验，例如共振柱试验或动三轴试验来确定。

（5）确定土的抗液化性能。

饱和砂土和粉土的抗液化性能通常由动三轴试验确定。由动三轴试验可确定出液化应力条件。液化应力条件可用液化时破坏面或最大剪切作用面上的应力条件表示。但是，如前述，动三轴液化试验的基本结果为在不同固结比下的 $\left[\dfrac{\sigma_{a,d}}{2\sigma_3}\right]-N_c$ 关系曲线。由该曲线可按第三章所述的方法确定出液化时破坏面或最大剪切作用面上静剪应力比 α_s、静正应力 σ_s 及动剪应力幅值 $[\tau_d]$。然后，可确定出在指定作用次数下发生液化时破坏面上的 $[\tau_d]$ -σ_s 关系线。该关系线以破坏面上的静剪应力比 α_s 为参数，如图 7.19 所示。

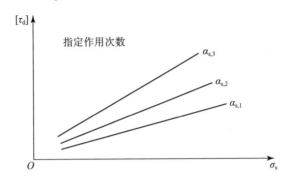

图 7.19 在指定作用次数下发生液化时，破坏面或最大作用面上
动剪应力幅值 $[\tau_d]$ 与静正应力 σ_s 的关系

（6）进行土体的静力分析。

土体的静力分析通常采用数值分析方法，例如有限元体。对每个选择的断面进行分析，求出在每个分析断面中土单元的应变、应力和各结点的位移。静力分析的具体方法已在前面表述了，在此不再重复。

（7）进行土体的地震反应分析。

土体的地震反应分析可按前面所述的方法进行。对所选择的分析断面求出在断面中每个土单元的动应力、动应变以及各结点的加速度随时间的变化，特别是最大幅值。

应指出，为了方便分析，采用的断面网格剖分应与静力分析采用的相应断面网格剖分相同。

（8）根据所受的静应力及动应力确定出每个断面土单元在破坏面上实际所受的静剪应力比，静正应力及动剪应力。这个问题将在下面做专门的表述。

（9）将每个断面土单元的破坏面或最大剪切作用面上实际的动剪应力与引起破坏所要求的动剪应力比较，如果前者大于后者，则发生液化；否则，不发生液化。

7.6.2 土单元破坏面上的应力分量[14,15]

土单元破坏面上所受的应力分量包括静剪应力、静正应力、动剪应力。如前所述，可以将最大剪切作用面作为土单元的破坏面。在平面应变状态下，可以根据土单元的静应力和动应力确定出最大剪切作用面及其上的静应力动应力分量。下面分如下三种情况来表述在平面应变条件下土单元最大剪切作用面上应力分量的确定法。

1. 土单元只受水平动剪应力作用

通常假定，地震是以从岩基向上传播的水平运动为主。因此，在实际工程问题中一般只考虑地震在土单元中所产生的水平动剪应力。

设土单元所受的静应力分量 σ_x、σ_y，τ_{xy}，动剪应力为 $\tau_{xy,d}$。设 $\sigma_x > \sigma_y$，则可以绘出静应力摩尔圆 O_s 及静应力与动剪应力合成应力摩尔圆 O_{sd}，如图 7.20 所示。在图 7.20 中，O_s 圆上的 1 点表 σ_x 作用面在 O_s 圆上的位置，它与静力最大主应力面成 θ_s 角。在 O_{sd} 上的 1′点表示 σ_x 作用面在叠加上动剪应力 $\tau_{xy,d}$ 后在合成应力圆上的位置。从图 7.20 可见，σ_x 作用面迭加上动剪应力之后，与合成应力的最大主应力面成 θ_{sd} 角。设任意一个面与 σ_x 作用面成 β 角，在 O_s 圆上以 2 表示，该面在合成应力圆 O_{sd} 上的位置以 2′表示。该面上的静应力可由下式确定：

$$\left. \begin{array}{c} \sigma_s = \sigma_0 + R_s \cos 2(\theta_s + \beta) \\ \tau_s = R_s \sin 2(\theta_s + \beta) \end{array} \right\} \tag{7.90}$$

式中，

$$\left. \begin{array}{c} \sigma_0 = \dfrac{\sigma_x + \sigma_y}{2} \\[3mm] R_s = \dfrac{1}{2}\sqrt{(\sigma_x - \sigma_y)^2 + 4\tau_{xy}^2} \end{array} \right\} \tag{7.91}$$

该面上的合成剪应力可由下式确定：

$$\left. \begin{array}{c} \tau_{sd} = R_{sd} \sin 2(\theta_{sd} + \beta) \\[3mm] R_{sd} = \dfrac{1}{2}\sqrt{(\sigma_x - \sigma_y)^2 + 4(\tau_{xy} + \tau_{xy,d})^2} \end{array} \right\} \tag{7.92}$$

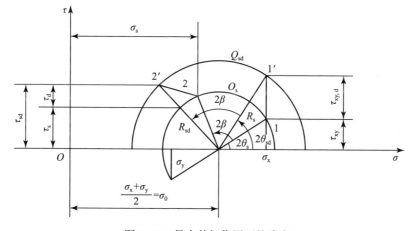

图 7.20　最大剪切作用面的确定

由式（7.92）和式（7.90）可得该面上的动剪应力 τ_d 为：

$$\tau_d = R_{sd}\sin2(\theta_{sd}+\beta) - R_s\sin2(\theta_s+\beta) \qquad (7.93)$$

由于

$$R_{sd}\sin2\theta_{sd} = \tau_{xy,d} + \tau_{xy}$$
$$R_s\sin2\theta_s = \tau_{xy}$$

$$R_{sd}\cos2\theta_{sd} = R_s\cos2\theta_s = \frac{\sigma_x - \sigma_y}{2}$$

简化式（7.93）得

$$\tau_d = \tau_{xy,d}\cos2\beta \qquad (7.94)$$

另外，该面上的静正应力为 σ_s：

$$\sigma_s = \frac{\sigma_x + \sigma_y}{2} + R_s\cos2(\theta_s+\beta)$$

简化上式得

$$\sigma_s = \sigma_0 + \frac{\sigma_x - \sigma_y}{2}\cos2\beta - \tau_{xy}\sin2\beta \qquad (7.95)$$

令

$$\alpha_d = \frac{\tau_d}{\sigma_s} \qquad (7.96a)$$

式中，α_d 称为该面动简应力比，则

$$\alpha_d = \frac{\tau_{xy,d}\cos2\beta}{\sigma_0 + \dfrac{\sigma_x - \sigma_y}{2}\cos2\beta - \tau_{xy}\sin2\beta} \qquad (7.96b)$$

从式（7.96）可见，α_d 为 β 角的函数。因此，如果该面上的 α_d 为最大，则应满足下列条件：

$$\frac{d\alpha_d}{d\beta} = 0 \qquad (7.97)$$

下面，将满足式（7.97）的面称为最大动剪切作用面。完成式（7.97）运算，得：

$$\sin2\beta = \frac{\tau_{xy}}{\sigma_0} \qquad (7.98)$$

从式（7.98）可见，最大动剪切作用面的位置在这种情况下只取决于静应力。

由式（7.98）求出 $\cos2\beta$ 并取负值，代入上式得：

$$\tau_d = -\frac{\tau_{xy,d}}{\sigma_x + \sigma_y}\sqrt{(\sigma_x+\sigma_y)^2 - 4\tau_{xy}^2} \qquad (7.99)$$

由式（7.95）得：

$$\sigma_s = -\frac{\sqrt{(\sigma_x + \sigma_y)^2 - 4\tau_{xy}^2}}{2(\sigma_x + \sigma_y)}\left[\sqrt{(\sigma_x + \sigma_y)^2 - 4\tau_{xy}^2} - (\sigma_x - \sigma_y)\right] \tag{7.100}$$

由式（7.90）第二式得

$$\tau_s = -\frac{\tau_{xy}}{\sigma_x + \sigma_y}\left[\sqrt{(\sigma_x + \sigma_y)^2 - 4\tau_{xy}^2} - (\sigma_x - \sigma_y)\right] \tag{7.101}$$

按静剪应力比定义，如果以 α_s 表示静剪应力，则

$$\alpha_s = \left|\frac{2\tau_{xy}}{\sqrt{(\sigma_x + \sigma_y)^2 - 4\tau_{xy}^2}}\right| \tag{7.102}$$

同样，按动剪应力比定义，如果以 α_d 表示动剪应力比，则

$$\alpha_d = \left|\frac{2\tau_{xy,d}}{\sqrt{(\sigma_x + \sigma_y)^2 - 4\tau_{xy}^2} - (\sigma_x - \sigma_y)}\right| \tag{7.103}$$

在此应指出，如果式（7.100）、式（7.101）及式（7.103）中的 $(\sigma_x - \sigma_y)$ 为负数，则应取其绝对值。

2. 土单元只受动差应力作用

设动正应力分量分别为 $\sigma_{x,d}$ 和 $\sigma_{y,d}$，则分解成如下两部分：

$$\sigma_{o,d} = \frac{\sigma_{x,d} + \sigma_{y,d}}{2} \tag{7.104a}$$

及

$$\left.\begin{array}{c} \sigma_{x,d} - \sigma_{o,d} = \dfrac{\sigma_{x,d} - \sigma_{y,d}}{2} \\[3mm] \sigma_{y,d} - \sigma_{o,d} = -\dfrac{\sigma_{x,d} - \sigma_{y,d}}{2} \end{array}\right\} \tag{7.104b}$$

对于饱和土，第一部分由孔隙水承受，对液化没影响；第二部分为由土骨架承受的差应力，会引起液化。因此，由土骨架承的静应力为 σ_x、σ_y、τ_{xy}，动差应力为 $\dfrac{\sigma_{x,d} - \sigma_{y,d}}{2}$、$-\dfrac{\sigma_{x,d} - \sigma_{y,d}}{2}$。相应的静应力摩尔圆 O_s 和静应力与动差应力的合成应力摩尔圆 O_{sd} 如图 7.21 所示。

设 σ_x 作用面在静摩尔圆的位置为 1 点，在静动合成应力摩尔圆上的位置为 1′点。设任意一个面与 σ_x 作用面成 β 夹角，在静力摩尔圆上的位置为 2 点，在静动合成应力圆上的位置为 2′点。由图 7.21 可知，在该种情况下式（7.90）、式（7.91）和式（7.92）的第一式仍然成立，但第二式变成如下形式：

$$R_{sd} = \frac{1}{2}\sqrt{\left[(\sigma_x - \sigma_y) + (\sigma_{x,d} - \sigma_{y,d})\right]^2 + 4\tau_{xy}^2} \tag{7.105}$$

同样，式（7.93）、式（7.95）仍然成立。

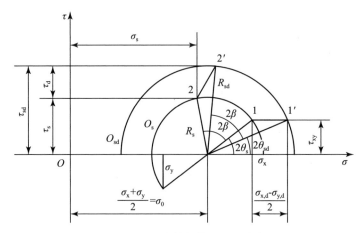

图 7.21 最大剪切作用面的确定

由于

$$R_{sd}\cos2\theta_{sd} = \frac{\sigma_x - \sigma_y}{2} + \frac{\sigma_{x,d} - \sigma_{y,d}}{2}$$

$$R_s\cos2\theta_s = \frac{\sigma_x - \sigma_y}{2}$$

$$R_{sd}\sin2\theta_{sd} = R_s\sin2\theta_s = \tau_{xy}$$

简化式 (7.93) 得

$$\tau_d = \frac{\sigma_{x,d} - \sigma_{y,d}}{2}\sin2\beta \tag{7.106}$$

由此,得

$$\alpha_d = \frac{1}{2}\frac{(\sigma_{x,d} - \sigma_{y,d})\sin2\beta}{\sigma_0 + \dfrac{\sigma_y - \sigma_y}{2}\cos2\beta - \tau_{xy}\sin2\beta}$$

由 $\dfrac{d\alpha_d}{d\beta} = 0$,得

$$\cos2\beta = -\frac{\sigma_x - \sigma_y}{\sigma_x + \sigma_y} \tag{7.107}$$

从式 (7.107) 可见,在这种情况下最大剪切作用面位置也只与静应力有关。

由式 (7.107) 计算出 $\sin2\beta$,并正值代入式 (7.106) 得:

$$\tau_d = \frac{\sigma_{x,d} - \sigma_{y,d}}{\sigma_x + \sigma_y}\sqrt{\sigma_x\sigma_y} \tag{7.108}$$

将 $\cos2\beta$ 及 $\sin2\beta$ 值代入式 (7.95),得:

$$\sigma_s = \frac{2\sqrt{\sigma_x\sigma_y}}{\sigma_x + \sigma_y}(\sqrt{\sigma_x\sigma_y} - \tau_{xy}) \tag{7.109}$$

由式（7.90）第二式得：

$$\tau_s = \frac{\sigma_x - \sigma_y}{\sigma_x + \sigma_y}(\sqrt{\sigma_x\sigma_y} - \tau_{xy}) \tag{7.110}$$

按静剪应力比定义，得：

$$\alpha_s = \left| \frac{\sigma_x - \sigma_y}{2\sqrt{\sigma_x\sigma_y}} \right| \tag{7.111}$$

按动剪应力比定义，得

$$\alpha_d = \frac{\sigma_{x,d} - \sigma_{y,d}}{2(\sqrt{\sigma_x\sigma_y} - \tau_{xy})} \tag{7.112}$$

同样，如果式（7.110）、式（7.111）中 $\sigma_x - \sigma_y$ 为负，则应取其绝对值。

3. 土单元受动水平剪应力和差应力共同作用[16]

更一般情况，土单元同时受动水平剪应力 $\tau_{xy,d}$ 和差应力 $\frac{\sigma_{x,d} - \sigma_{y,d}}{2}$、$-\frac{\sigma_{x,d} - \sigma_{y,d}}{2}$ 作用。图7.22 给出这种情况下的静应力摩尔圆 O_s 和静动合成应力摩尔圆 O_{sd}。σ_x 作用面在静应力摩尔圆上的位置以 1 点表示，在合成应力摩尔圆上以 1′点表示。与 σ_x 作用面成 β 角的任一个面在静应力摩尔圆上的位置以 2 点表示，在合成应力摩尔圆上以 2′点表示。同样，在这种情况下，式（7.90）、式（7.91）和式（7.92）的第一式仍成立，但式（7.92）的第二式变成如下形式：

$$R_{sd} = \frac{1}{2}\sqrt{[(\sigma_x - \sigma_y) + (\sigma_{x,d} - \sigma_{y,d})]^2 + 4(\tau_{xy} + \tau_{xy,d})^2} \tag{7.113}$$

同样，式（7.93）、式（7.95）仍然成立。

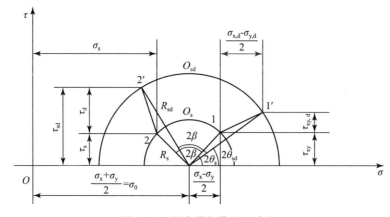

图7.22　最大剪切作用面确定

由于

$$R_{sd}\cos2\theta_{sd} = \frac{\sigma_x - \sigma_y}{2} + \frac{\sigma_{x,d} - \sigma_{y,d}}{2}$$

$$R_{sd}\sin2\theta_{sd} = \tau_{xy} + \tau_{xy,d}$$

$$R_s\cos2\theta_{sd} = \frac{\sigma_x - \sigma_y}{2}$$

$$R_s\sin2\theta_s = \tau_{xy}$$

简化式 (7.93), 得

$$\tau_d = \tau_{xy,d}\cos2\beta + \frac{\sigma_{x,d} - \sigma_{y,d}}{2}\sin2\beta \tag{7.114}$$

由此, 得

$$\alpha_d = \frac{\tau_{xy,d}\cos2\beta - \dfrac{\sigma_{x,d} - \sigma_{y,d}}{2}\sin2\beta}{\sigma_0 + \dfrac{\sigma_x - \sigma_y}{2}\cos2\beta - \tau_{xy}\sin2\beta}$$

由 $\dfrac{d\alpha_d}{d\beta} = 0$, 得

$$\tau_{xy,d}\sin2\beta - \frac{\sigma_{x,d} - \sigma_{y,d}}{2}\cos2\beta - \frac{\tau_{xy}}{\sigma_0}\tau_{xy,d} - \frac{\sigma_x - \sigma_y}{2\sigma_0}\frac{\sigma_{x,d} - \sigma_{y,d}}{2} = 0$$

$$\tag{7.115}$$

当 $\sigma_{x,d} - \sigma_{y,d} \neq 0$ 时, 两边同除以 $\dfrac{\sigma_{x,d} - \sigma_{y,d}}{2}$, 并令

$$R_\sigma = \frac{2\tau_{xy,d}}{\sigma_{x,d} - \sigma_{y,d}} \tag{7.116}$$

则得:

$$R_\sigma\sin2\beta - \cos2\beta - \frac{1}{\sigma_0}\left(R_a\tau_{xy} + \frac{\sigma_x - \sigma_y}{2}\right) = 0 \tag{7.117}$$

式 (7.117) 可改写成如下形式:

$$\cos2\beta - R_\sigma\sin2\beta + A = 0 \tag{7.118}$$

式中,

$$A = \frac{1}{\sigma_0}\left(R_a\tau_{xy} + \frac{\sigma_x - \sigma_y}{2}\right) \tag{7.119}$$

当土单元在动剪应力和动差应力共同作用的情况下, 最大剪切作用面不仅取决于所受的静应力, 还与所受的动应力有关。这表明, 在前两种情况下, 最大剪切作

用面在动力作用过程中是不变的，而在后一种情况下，最大剪切作用面在动力作用过程随 R_σ 而改变，即随动应力偏量的两个分量的比值而改变。

$\sin2\beta$ 取正值，则

$$\sin2\beta = \sqrt{1 - \cos^2 2\beta}$$

将其代入式（7.118），则得

$$(1 + R_\sigma)\cos^2 2\beta + 2A\cos2\beta + (A^2 - R_\sigma^2) = 0 \tag{7.120}$$

求解式（7.120）可得 $\cos2\beta$，并取负值。

这样，将 $\cos2\beta$ 和 $\sin2\beta$ 代入式（7.114），可求得最大剪切作用面上的动剪应力 τ_d。

由式（7.90）第二式得：

$$\tau_s = \tau_{xy}\cos2\beta + \frac{\sigma_x - \sigma_y}{2}\sin2\beta \tag{7.121}$$

将 $\cos2\beta$ 和 $\sin2\beta$ 代入上式，可求得该面上的静剪应力 τ_s。而将 $\cos2\beta$ 和 $\sin2\beta$ 代入式（7.95），可求得该面上的静正应力 σ_s。

然后，按动剪应力比和静剪应力比定义，则可求得最大剪切作用面上的动剪应力比 α_d 和静剪应力比 α_s。

7.6.3　液化判别

由前述可知，在平面应变情况下液化判别的已知资料如下：

（1）动三轴液化试验结果，并以图7.19所示的形式表示。

（2）土体的静力分析和动力分析结果。

假如这两部分资料已知，具体的判别方法如下：

（1）根据静力分析和动力分析结果，按上述方法确定土体中每个土单元最大剪切作用面上的应力分量，包括：

①等价的动剪应力 $\tau_{d,eq}$。

②静正应力 σ_s。

③静剪应力比 α_s。

（2）根据土单元最大剪切作用面上的静正应力 σ_s 和静剪应力比 α_s 由图7.19确定出引起液化所需要的最大剪切作用面的动剪应力 $[\tau_d]$。

（3）如果土单元最大剪切作用面上的等价动剪应力 $\tau_{d,eq}$ 大于等于引起液化所需要的动剪应力 $[\tau_d]$，即

$$\tau_{d,eq} \geqslant [\tau_d] \tag{7.122}$$

则，土单元发生液化；否则，不液化。

下面，按上述三种情况对土单元最大剪切作用面上应力分量的确定做进一步说明：

1. 只考虑动水平剪应力 $\tau_{xy,d}$ 作用

如前所述，在这种情况下最大剪切作用面只取决于静应力，而与动应力无关，则在动力作用过程中最大剪切作用面及其上的静正应力 σ_s 和静剪应力比 α_s 保持不变。相应地，在动力作用过程中，由图 7.19 确定的 $[\tau_d]$ 也是不变的。当动水平剪应力 $\tau_{xy,d}$ 为最大时，最大剪切作用面上的动剪应力也为最大。因此，把等价的动水平剪应力 $\tau_{xy,d,eq}$ 代入式（7.99），则可求得最大剪切作用面上的等价动剪应力 $\tau_{d,eq}$，等价的动水平剪应力可按下式确定：

$$\tau_{xy,d,eq} = 0.65\, \tau_{xy,d,max} \tag{7.123}$$

式中，$\tau_{xy,d,max}$ 为最大动水平剪应力。

2. 只考虑动差应力 $\dfrac{\sigma_{x,d}-\sigma_{y,d}}{2}$ 作用

与只考虑动剪应力作用相似，在这种情况下最大剪切作用面也只取决于静应力，而与动应力无关，则在动力作用过程中最大剪切作用面上的静正应力 σ_s 和静剪应力比 α_s 保持不变。同样，在动力作用过程中，由图 7.19 确定的 $[\tau_d]$ 也是不变的。另外，由式（7.108）可知，当动差应力 $\dfrac{\sigma_{x,d}-\sigma_{y,d}}{2}$ 为最大时，最大剪切作用面上的动剪应力也为最大。因此，把等价的动差应力 $\dfrac{(\sigma_{x,d}-\sigma_{y,d})_{eq}}{2}$ 代入式（7.108），则可求最大剪切作用面上的等价动剪应力 $\tau_{d,eq}$。等价的动差应力可按下式确定：

$$\frac{(\sigma_{x,d}-\sigma_{y,d})_{eq}}{2} = 0.65 \frac{(\sigma_{x,d}-\sigma_{y,d})_{max}}{2} \tag{7.124}$$

式中，$\dfrac{(\sigma_{x,d}-\sigma_{y,d})_{max}}{2}$ 为动差应力 $\dfrac{\sigma_{x,d}-\sigma_{y,d}}{2}$ 的最大值。

3. 动水平剪应力 $\tau_{xy,d}$ 和动差应力 $\dfrac{\sigma_{x,d}-\sigma_{y,d}}{2}$ 共同作用

如前所述，这种情况与前两种情况不同，土单元的最大剪切作用面不仅取决于静应力，还与其所受的动应力有关。这样，在动力作用过程中最大剪切作用面在不断的变化，相应的最大剪切作用面上的静剪应力 σ_s 和静剪应力比 α_s 也在不断的变化。因此，在动力作用过程中由图 7.19 确定的 $[\tau_d]$ 也在不断的变化。

文献［16］对这种情况下的液化判别进行了研究。从式（7.118）可见，动应力对土单元最大剪切作用面的影响取决于动剪应力 $\tau_{xy,d}$ 与动差应力 $\dfrac{\sigma_{x,d}-\sigma_{y,d}}{2}$ 之比。文献［16］研究发现当基岩仅输入水平地震运动时，土体中的动剪应力与

动差应力之比 R_σ 在地震过程中随时间的变化与土单元在土体中的部位有关。如以 $\dfrac{\sigma_{x,d}-\sigma_{y,d}}{2}$ 为横坐标，以 $\tau_{xy,d}$ 为纵坐标，可绘出在地震过程中 $\dfrac{\tau_{x,d}-\tau_{y,d}}{2}$ 与 $\tau_{xy,d}$ 的轨迹线，则从坐标原点到轨迹线上一点的直线斜率即为 R_σ 值，如图 7.23 所示。在坝中线部位动差应力较小，则 R_σ 值较大；在坝脚部位动差应力较大，则 R_σ 值较小。这表明，在土体中某些部位动差应力的作用是不可忽略的。如果当基岩还输入竖向运动时，动差应力的数值和作用还要大。

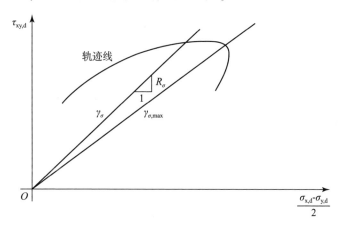

图 7.23　坝体中不同部位动差应力与动剪应力的轨迹线

在此应指出如下两点：

（1）由式（7.118）计算出的最大剪切作用面在动力作用过程中的位置是变化。因此，在动力作用过程中最大剪切作用面上并不是一个固定的面。

（2）动剪应力的最大值和动差应力的最大值一般不会出现在同一时刻。这样，等价的动剪应力的最大值和等价动差应力的最大值也不会出现在同一时刻，即两者有一个相位差。

在动剪应力和动差应力共同作用情况下，在土单元液化判别中必须考虑这两点。但是，这给液化判别带来困难。下面，设 $\gamma_\sigma = \left[\left(\dfrac{\sigma_{x,d}-\sigma_{y,d}}{2}\right)^2 + \tau_{xy,d}^2\right]^{\frac{1}{2}}$，如图 7.23 所示，建议在计算时采用与 γ_σ 为最大时相应的 $\tau_{xy,d}$、$\dfrac{\sigma_{x,d}-\sigma_{y,d}}{2}$ 的 0.65 倍，及相应的 R_σ 值。

7.7　饱和砂砾石液化判别

通常认为，在静力作用下饱和的砂砾石具有良好的力学性能，是一种强度较高变形较小的土类。如前所述，静力性能好的土类一般其动力性能也较好。但是，地震现场震害调查和室内动力试验结果表明，在许多情况下饱和砂砾石的动力性能力并不像按一般规律预期的那样好。无论是天然的饱和砂砾石体还是人工填筑的饱和砂砾石体地震时均发生过流滑破坏。这种破坏形态表明了饱和砂砾石发生了液化。在此，本节专门来表述关于饱和砂砾石液化的研究结果。

7.7.1 砾粒含量的影响及界限砾粒含量

除了天然地基中的砂砾石层外，砂砾石通常还用作为土坝等坝壳或斜墙保护层的填料。为了研究砂砾石中砾粒含量的影响，配制了砾粒含量不同的砂砾石进行了振动台试验。这里的砾粒含量是指粒径大于 5cm 的颗粒含量，而不是通常所指的粒径大于 2cm 的颗粒含量。试验方法如下：首先将指定砾粒含量的砂砾石按一定密度装入一个固定在振动台上的刚性圆筒容器中，然后通水或滴水使砂砾石饱和。待砂砾石饱和后，使振动台按一定的频率和加速度振动，并在容器底部测量孔隙水压力。随振动次数的增加孔隙水压力逐渐升高，最后达到一定稳定的数值，以 u_{uh} 表示。同时，还测定容器中砂砾石的渗透系数 k。如果以 σ_v 表示由于砂砾石自重在容器底发生的有效竖向正应力，并将稳定孔隙水压力与有效竖向正应力之比定义为液化度，则根据试验结果可绘出液化度及渗透系数随砾粒含量的变化。如图 3.61b 给出了水电部水利科学研究院完成的密云水库白河主坝斜墙保护层砂砾石的振动台试验结果，振动台施加的振动为竖向振动；图 3.61a 为黄河水利委员会水利科学研究所完成的小浪底土坝坝基砂砾石的振动台试验结果，振动台施加的振动为水平振动。从这两图可见，当砾粒含量小于 50%~60% 时，液化度保持很高的值几乎不变，而渗透系数则保持很低的值几乎不变；然后，随砾粒含量的增加，液化度迅速降低，而渗透系数则迅速增大；当砾粒含量大于 70%~80% 时，液化度降低到很低的数值，例如 10%，而渗透系数则增大到很高的数值，例如 10^{-1} cm/s。下面，将 70%~80% 的砾粒含量称为界限砾粒含量。当砂砾石的砾粒含量大于界限砾粒含量时，无论从液化度还是从渗透系数来评估，这种砂砾石会具有可期待的良好的动力性能。

实际上，当砾粒含量小于界限砾粒含量时，砾粒不能形成完整骨架，而是孤立地分布在砂之中，动剪切作用主要是砂承受和传递的。在这种情况下，砂砾石的动力性能应与其中包含的砂相似。当砾粒含量大于界限砾粒含量时，砾粒能形成完整的骨架，砂填于砾粒骨架的孔隙之中，动剪切作用主要是由砾粒形成的骨架承受和传递的。在这种情况下，砂砾石的动力性能将不同于砂砾骨架孔隙中的砂。当砂砾石的砾粒含量大于界限砾粒含量时，砂砾石的渗透系数已达到 10^{-1} cm/s 以上，具有良好的渗透性，动剪切作用引起的孔隙水压力能够有效地消散，减少了地震时的孔隙水压力。

7.7.2　饱和砂砾石的液化应力比[17]

饱和砂砾石的大型动三轴仪液化试验结果如图 3.64 所示，为便于叙述，在此重绘如图 7.24 所示该图给出了相对密度为 87% 的奥洛维尔坝砂砾石在固结比 K_c 等于 1.0，侧向固结比 σ_3 等于 14kg/cm^2 时，按不同液化标准确定的液化应力比 $\sigma_{ad}/2\sigma_3$ 与作用次数的关系。从图可见，在液化标准取最大孔隙水压力比 100% 与取 ±2.5% 轴向应变两种情况下，所得到的液化应力比很接近，但是当将液化标准的轴向应变幅值增大时，相应的液化应力比随之显著的增大。另外，图 7.24 所示的结果表明，随作用次数的增加液化应力比迅速降低，其降低的速率要比一般的饱和砂的更大。

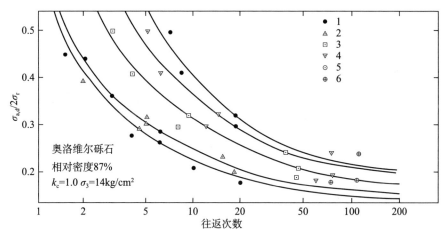

图 7.24　砂砾石液化应力比与作用次数关系
1. 最大孔隙压力比 100%；2. $\varepsilon_a = \pm 2.5\%$；3. $\varepsilon_a = \pm 5\%$；
4. $\varepsilon_a = \pm 7.5\%$；5. $\varepsilon_a = \pm 10\%$；6. $\varepsilon_a = \pm 10\%$（外插）

7.7.3　饱和砂砾石的液化判别

1. 水平场地情况下的液化判别

如前所述，水平场地情况下的饱和砂土和粉土的液化判别可采用 Seed 简化法或我国《建筑抗震设计规范》法进行液化判别。当采用 Seed 简化法并以标准贯入锤击数或静力触探端阻力为指标来判别液化时，但这种方法不适用于饱和砂的砂砾石的液化判别。同样，我国《建筑抗震设计规范》方法也不适用饱和砂砾石液化判别。这是因为在砂砾石中标准贯入试验测得的锤击数和静力触探测得的端阻力很高，而且测得的数据不确定性很大。如果用这些方法来判别饱和砂砾石的液化，则往往将实际液化的情况误判为不液化。

目前，还没有很好的判别水平场地下饱和砂砾石液化的方法。但是，不论

Seed 简化法还是我国规范法,如果采用剪切波速作为判别指标似乎更具有前景。这是因为标准贯入锤击数和静力触探端阻力只代表探头测点处的数值,由于砂砾石的不均匀性测得的数值不能代表在整体上代表砂砾石;而剪切波速不是测点处的数值,而是两侧点间砂砾石的平均数值,对两测点间的砂砾石在整体具有较好的代表性。但是,在这方面还需做更多的工作。

2. 一般情况下的液化判别

在一般情况下饱和砂砾石的液化判别,可像上述的饱和砂土或粉土的液化判别那样,采用试验—分析途径进行。所要注意的是所进行的饱和砂砾石液化试验结果必须具有代表性,其余不需赘述。

参 考 文 献

[1] 工业与民用建筑抗震规范 (TJ 11—74),中国建筑工业出版社,1974.

[2] 水工建筑物抗震设计规范 (SDJ 10—78),水利电力出版社,1979.

[3] Seed H B and Idriss I M, Simplified Procedure for Evaluating Soil Liquefaction Potential, Journal of the Soil Mechanics and Foundations Division, ASCE, Vol. 97, No. SM9, 1971.

[4] Seed H B, Arango I and Chan C K, Evuluation of soil Liquefaction Potenrial during Earthquakes, Earthquake Engineering Research Center, University of California, Berkeley, Report No. EERC-75-28.

[5] Seed H B, Earthquake-Resistant Design of Dams, International Conference on Recent Advances in Geotechnical Earthquake Engineering and Soil Dynamics, Vol. Ⅲ, 1981.

[6] Youd T L, Idriss I M et al., Liquefaction Resistance of Soils: Summary Report from the 1996 NCEER and 1998 NCEER | NSF Workshops on Evaluation of Liquefaction Resistance of soils, Journal of Geotechnical and Geoenvironmental Engineering, Vol. 127, No. 10, 2001.

[7] 抗震设计规范编制组地基小组,工业与民用建筑地基基础的抗震经验,中国科学院工程力学研究所地震工程研究报告集,第三集,科学出版社,1977.

[8] Tanimoto K and Tsutomu Noda, Prediction of Liquefaction Occurence of Sandy Deposits during Earthquake by a Statistical Method,土木学会论文报告集,No. 256, 1976.

[9] 郁寿松、石兆吉,水平土层液化势的判别分析,地震工程与工程振动,试刊 1 期,1980.

[10] Davis R O and Berrill J B, Energy Dissipation and Seismic Liquefaction in Sands, Earthquake Engineering and Structural Dynamics, Vol. l0, No. 1, 1982.

[11] Dobry R, Powell D J, Yokel F Y and Ladd R S, Liquefaction Potential of Saturated Sand: The Stiffness Method, Proceedings 7th World Conf. on Earthquake Engineering, Istanbul, Turkey, Vol. 3, 1980.

[12] Yokel F Y, Dobry R, Powel D J and Ladd R S, Liquefaction of Sands during Earthquakes-The Cyclic Strain Approach, Soils under Cyclic and Transient Loading, Vol. 2, 1980.

[13] Seed H B, Idriss I M, Lee K L and Makdisi F I, Dynamics Analysis of the Slide in the Lower San Fernando Dam during the Earthquake of February 9, 1971, Journal of the Geotechnical En-

gineering Division, ASCE, Vol. 101, No. GT9, Sep. 1975.

[14] 张克绪，饱和非粘性土坝坡地震稳定性分析，岩土工程学报，第二卷，第 3 期，1980.

[15] 张克绪，饱和砂土的液化应力条件，地震工程与工程振动，第 4 卷，第 1 期，1984.

[16] 凌贤长、张克绪，在二维应力状态下地震触发砂土液化动应力条件，地震工程与工程振动，第 20 卷，第二期，2000

[17] Wong R I, Seed H B and Chan C K, Cyclic Loading Liquefaction of Gravelly Soils, Journal of the Geotechnical Engineering Division, ASCE, Vol. 101, No. GT6, 1975.

第八章 地震时饱和土体中孔隙水压力
的增长和消散

8.1 概述

地震时，惯性力要在饱和土体中引起动应力，动应力迭加于静应力之上，使土单元承受的应力球分量和偏分量分别产生一个增量。对于饱和土体，通常认为球分量的增量由孔隙水承受，因此

$$dp_{0,g} = d\sigma_{0,d} \tag{8.1}$$

式中，$d\sigma_{0,d}$为动应力球分量的增量；$dp_{0,g}$为由应力球分量的增量产生的孔隙水压力增量。然而，偏分量的增量 $d\sigma_{d,d}$ 由土骨架承受。由于土的剪胀性质，土骨架要发生永久体积压缩，在不排水的条件下使孔隙水压力产生一个增量，下面以 $dp_{d,g}$ 来表示。这样，地震应力增量产生的总孔隙水压力增量 dp_g 应为

$$dp_g = dp_{d,g} + dp_{0,g} \tag{8.2}$$

或

$$dp_g = dp_{d,g} + d\sigma_{0,d} \tag{8.3}$$

式（8.2）和式（8.3）表明，在地震动过程中每个土单元都是一个压力源头。地震时，饱和土体中孔隙水压力的增加正是由于这样的压力源头作用而产生的。然而，由于孔隙水压力分布的不均匀，在饱和土体中孔隙水相对土骨架要发生流动，即发生渗透，使孔隙水压力发生重分布和消散。这样，地震时饱和土体中孔隙水压力的实际增加速率还取决于所发生的渗透作用，具体地说，还取决于土的渗透系数和排水的边界条件。下面，把土单元孔隙水压力的增长量 p_g 叫土单元的孔隙水压力增长势，以和土单元孔隙水压力的实际增加量 p 相区别。土单元的孔隙水压力增长势是表示在不排水条件下地震应力对土单元孔隙水压力影响的一个量。

地震应力球分量引起的孔隙水压力增长势 $p_{0,g}$ 可由式（8.1）确定，在零初始条件下，积分式（8.1）得

$$p_{0,g} = \sigma_{0,d} \tag{8.4}$$

地震应力偏分量引起的孔隙水压力增长势 $p_{d,g}$ 取决于偏应力增量的大小、作用次数和土在动偏应力作用下的剪胀性能。根据第三章所述，确定孔隙水压力增长势 $p_{d,g}$ 有两种方法。第一种方法，首先根据排水动剪切试验结果建立永久体积压密量与偏应力分量的大小、作用次数的关系，再根据不排永条件下土体积变化的相

容条件建立孔隙水压方增长势和永久体积压密量的关系。将这两个关系结合起来就可根据土单元实际所受的偏应力分量的大小和作用次数确定出相应的孔隙水压力增长势 $p_{d,g}$。第二种方法，首先根据不排水往返剪切试验结果建立孔隙水压力增长势 $p_{d,g}$。与偏应力的大小、作用次数的关系。利用这个关系就可根据土单元实际所受的偏应力大小和作用次数确定出孔隙水压力增长势 $p_{d,g}$。这两种方法在此不再赘述。但应指出，孔隙水压力增长势 $p_{0,g}$ 是时间 t 往返变化的函数，而孔隙水压力增长势 $p_{d,g}$ 是时间 t 的递增函数。在下面的表述中，假定 p_g 是已知的。

由于土单元孔隙水压力势的作用，饱和土体中孔隙水压力将增加。设 p_0 是孔隙水压力增长势 $p_{0,g}$ 引起的孔隙水压力的实际增加量，p_d 是孔隙水压力增长势 $p_{d,g}$ 引起的孔隙水压力的实际增加量。在动应力作用期间，作用于土单元的总应力球分量为 $\sigma_{0,s}+\sigma_{0,d}$，其中 $\sigma_{0,s}$ 是静应力的球分量，假定已经完全固结。动应力作用引起的孔隙水压力实际增加量为 p_0 和 p_d。因此，如果土单元处在不排水条件下在动应力作用期间土单元的有效应力球分量为 $\sigma_{0,s}+\sigma_{0,d}-p_0-p_d$。这样，在动应力作用期间，土单元的有效应力球分量可改写为 $\sigma_{0,s}-p_d+[\sigma_{0,d}-p_0]$。同理，在动应力作用期间，各正应力分量的有效应力可写成

$$\left.\begin{array}{l} \sigma_x' = \sigma_{x,s} - p_d + [\sigma_{x,d} - p_0] \\ \sigma_y' = \sigma_{y,s} - p_d + [\sigma_{y,d} - p_0] \\ \sigma_z' = \sigma_{z,s} - p_d + [\sigma_{z,d} - p_0] \end{array}\right\} \tag{8.5}$$

式中，σ_x'、σ_y'、σ_z' 为各正应力分量的有效应力；$\sigma_{x,s}$、$\sigma_{y,s}$、$\sigma_{z,s}$ 为各静正应力分量，假定已完全固结；$\sigma_{x,d}$、$\sigma_{y,d}$、$\sigma_{z,d}$ 为各动正应力分量。

土单元孔隙水压力增长势是求解地震时饱和土体孔隙水压力实际增加量的基础。下面，将要讨论如何根据孔隙水压力增长势求地震时饱和土体孔隙水压力的实际增加量。

8.2　地震时孔隙水压力实际增加量的求解方程

地震时饱和土体孔隙水压力实际增加量通常在不排水和排水两种条件下求解，现在分述如下。

8.2.1　在不排水条件下求解

假如饱和土体处于不排水条件下，则在饱和土体中不会发生渗流而引起孔隙水压力的消散。在这种情况下，土单元的孔隙水压力的实际增加量应等于孔隙水压力的增长势。因此，

$$\left.\begin{array}{l} p_0 = p_{0,g} = \sigma_{0,d} \\ p_d = p_{d,g} \end{array}\right\} \tag{8.6}$$

将式（8.6）代入式（8.5），则得在不排水条件下

$$\left.\begin{array}{l} \sigma'_x = \sigma_{x,s} - p_d + \dfrac{2\sigma_{x,d} - (\sigma_{y,d} + \sigma_{z,d})}{3} \\[3mm] \sigma'_y = \sigma_{y,s} - p_d + \dfrac{2\sigma_{y,d} - (\sigma_{z,d} + \sigma_{x,d})}{3} \\[3mm] \sigma'_z = \sigma_{z,s} - p_d + \dfrac{2\sigma_{z,d} - (\sigma_{x,d} + \sigma_{y,d})}{3} \end{array}\right\} \qquad (8.7)$$

在许多实际问题中,由于土的渗透系数小或排水途径长,在地震这样短的时段内排水作用可以忽视,饱和土体近似地处于不排水状态。这时,利用式(8.7)确定饱和土体中孔隙水压力的实际增加量是足够近似的。在不排水假定下确定地震时饱和土体中孔隙水压力的实际增加量的一个优点是简便,计算量小。对许多实际问题是一个实用的方法。然而,这种方法不仅忽视了土体中的排水作用,而且还不能满足孔隙水压力的边界条件。因此,在边界附近用这种方法确定出来的孔隙水压力的实际增加量可能有较大的误差。

8.2.2　在排水条件下求解

饱和土体中发生排水是由于孔隙水压力增长势在土体中分布得不均匀。在排水条件下,孔隙水由高孔隙水压力区向低孔隙水压力区流动,不仅土单元所含的孔隙水量要发生变化,而且孔隙水压力还要发生重分布和消散。下面,来建立在排水条件下孔隙水压力 p 的求解方程式。

在建立求解方程式之前假定孔隙水是不可压缩的。另外,如果在地震过程中允许排水,由于土体中存在孔隙水压力增长和消散两种相反作用,则孔隙水压力的增量 dp 为增长的孔隙水压力增量 dp_g 与消散的增量 dp' 之和,即

$$dp = dp' + dp_g \qquad (8.8)$$

在孔隙水不可压缩的假定下,建立排水条件下孔隙水压力 p 的求解方程式的条件是从微元体 $dxdydz$ 排出的孔隙水量 dV_f 等于由于孔隙水压力消散有效应力增加而产生的土骨架体积的压缩量 dV_c,即

$$dV_f = dV_c \qquad (8.9)$$

下面,来确定孔隙水在 dt 时段从微元体 $dxdydz$ 的排出的孔隙水体积 dV_f。首先来确定在 x 轴方向排出的水量 $dV_{f,x}$。如图 8.1 所示,

$$dV_{f,x} = \left[(v_x + dv_x) - v_x\right]dydzdt$$

由于

$$dv_x = \frac{\partial v_x}{\partial x}dx$$

则得

$$dV_{f,x} = \frac{\partial v_x}{\partial x}dxdydzdt \qquad (8.10)$$

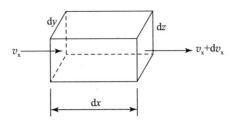

图 8.1　在 x 轴方向排出的水量

式中，v_x 为孔隙水在 x 方向的流动速度。根据达西定律。

$$v_x = kj_x \qquad (8.11)$$

式中，k 为土的渗透系数；j_x 为 x 方向的水力坡降，

$$j_x = -\frac{1}{\gamma_w}\frac{\partial p}{\partial x} \qquad (8.12)$$

将式（8.11）和式（8.12）代入式（8.10），得

$$\mathrm{d}V_{f,x} = -\frac{k}{\gamma_w}\frac{\partial^2 p}{\partial x^2}\mathrm{d}x\mathrm{d}y\mathrm{d}z\mathrm{d}t \qquad (8.13)$$

式中，γ_w 为水的重力密度。同理，可确定出在 Δt 时段孔隙水在 y 方向和 z 方向从微元体 $\mathrm{d}x\mathrm{d}y\mathrm{d}z$ 排出的水的体积 $\mathrm{d}V_{f,y}$ 和 $\mathrm{d}V_{f,z}$。由于

$$\mathrm{d}V_f = \mathrm{d}V_{f,x} + \mathrm{d}V_{f,y} + \mathrm{d}V_{f,z}$$

则得

$$\mathrm{d}V_f = -\frac{k}{\gamma_w}\left(\frac{\partial^2 p}{\partial x^2} + \frac{\partial^2 p}{\partial y^2} + \frac{\partial^2 p}{\partial z^2}\right)\mathrm{d}x\mathrm{d}y\mathrm{d}z\mathrm{d}t \qquad (8.14)$$

现在，来确定由于孔隙水压力消散微元体 $\mathrm{d}x\mathrm{d}y\mathrm{d}z$ 的土骨架的压缩量 $\mathrm{d}V_c$。由式（8.8）得

$$\mathrm{d}p' = \mathrm{d}p - \mathrm{d}p_g$$

由于

$$\mathrm{d}\sigma'_0 = -\mathrm{d}p'$$

则

$$\mathrm{d}\sigma'_0 = -\mathrm{d}p + \mathrm{d}p_g$$

式中，$\mathrm{d}\sigma'_0$ 在 $\mathrm{d}t$ 时段土骨架有效平均应力增量。设 k_s 为土体积压缩系数，则

$$\mathrm{d}V_c = k_s(-\mathrm{d}p + \mathrm{d}p_g)\mathrm{d}x\mathrm{d}y\mathrm{d}z$$

进而，得

$$\mathrm{d}V_c = k_s\left(-\frac{\partial p}{\partial t} + \frac{\partial p_g}{\partial t}\right)\mathrm{d}t\mathrm{d}x\mathrm{d}y\mathrm{d}z \qquad (8.15)$$

将式（8.14）和式（8.15）代入式（8.9），则得

$$\frac{\partial p}{\partial t} - \frac{kk_s}{\gamma_w}\left(\frac{\partial^2}{\partial x^2} + \frac{\partial^2}{\partial y^2} + \frac{\partial^2}{\partial z^2}\right)p = \frac{\partial}{\partial t}p_g \tag{8.16}$$

式（8.16）即为在排水条件下孔隙水压力 p 的求解方程式。

8.3 影响饱和土体中孔隙水压力增长和消散的因素

下面以一维问题来讨论影响因素。如图 8.2 所示，饱和土层厚度为 H，表面为自由排水边界，底面为不透水边界。现在研究在地震应力偏量作用下孔隙水压力的实际增加量，其求解方程式和特解条件如下：

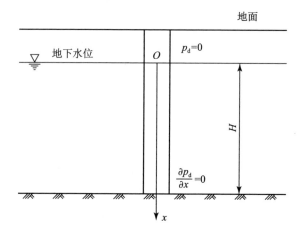

图 8.2 具有向上排水的一维问题

$$\frac{\partial p}{\partial t} - \frac{kk_s}{\gamma_w}\frac{\partial p}{\partial x^2} = \frac{\partial p_g}{\partial t} \tag{8.17}$$

$$\left.\begin{array}{l} x = 0, \ p = 0 \\[2mm] x = H, \ \dfrac{\partial p}{\partial x} = 0 \end{array}\right\} \tag{8.18}$$

$$t = 0, \ p = 0 \tag{8.19}$$

首先，求右端项 $\partial p_g / \partial t$ 为零时式（8.17）的解。按分离变量法，

$$p = T(t)X(x) \tag{8.20}$$

代入求解方程式得

$$\frac{\mathrm{d}^2 X}{\mathrm{d}x^2} + A^2 X = 0 \tag{8.21}$$

$$\frac{\mathrm{d}T}{\mathrm{d}t} + A^2 \frac{kk_s}{\gamma_w}T = 0 \tag{8.22}$$

式（8.21）的解为

$$X = d_1 \cos Ax + d_2 \sin Ax \tag{8.23}$$

由边界条件式（8.18）得

$$d_1 = 0$$

$$A_i = \frac{2i - 1}{2H}\pi \qquad i = 1,\ 2,\ 3,\ \cdots$$

代入 X 的表达式中并令 $d_{2i} = 1$，则得

$$X_i = \sin \frac{2i - 1}{2H}\pi x \qquad i = 1,\ 2,\ 3,\ \cdots \tag{8.24}$$

不难证明，X_i 是一正交函数系列。现在，研究右端项 $\partial p_{\mathrm{g}}/\partial t$ 不为零时式（8.17）的解。假定右端项可以写成一个时间 t 的函数和一个坐标 x 的函数的乘积，即

$$\frac{\partial p_{\mathrm{g}}}{\partial t} = f_1(t) f_2(x) \tag{8.25}$$

则函数 $f_2(x)$ 可以按 X_i 展开，即

$$f_2(x) = \sum_{i=1}^{\infty} a_i X_i = \sum_{i=1}^{\infty} a_i \sin \frac{2i - 1}{2H}\pi x \tag{8.26}$$

式中，a_i 为展开式的系数，按下式计算：

$$a_i = \frac{2}{H}\int_0^H f_2(x) \sin \frac{2i - 1}{2H}\pi x \mathrm{d}x \tag{8.27}$$

这样，式（8.25）可写成

$$\frac{\partial p_{\mathrm{g}}}{\partial t} = f_1(t) \sum_{i=1}^{\infty} a_i \sin \frac{2i - 1}{2H}\pi x \tag{8.28}$$

将式（8.24）和式（8.28）代入式（8.17）得

$$\frac{\mathrm{d}T_i}{\mathrm{d}t} + \frac{(2i - 1)^2\pi^2}{4H^2}\frac{kk_{\mathrm{s}}}{\gamma_{\mathrm{w}}}T_i = a_i f_1(t) \tag{8.29}$$

如令

$$\left.\begin{array}{l} A(t) = \dfrac{(2i - 1)^2\pi^2}{4H^2}\dfrac{kk_{\mathrm{s}}}{\gamma_{\mathrm{w}}} \\[3mm] B(t) = -a_i f_1(t) \end{array}\right\} \tag{8.30}$$

由常微分方程理论得

$$T_1 = e^{-\int_0^t A(t)\mathrm{d}t}\left[T_i(0) - \int_0^t B(t) e^{\int_0^t A(t)\mathrm{d}t}\mathrm{d}t\right] \tag{8.31}$$

由初始条件知

$$T_i(0) = 0$$

另外

$$\int_0^t A(t)\mathrm{d}t = \frac{(2i - 1)^2\pi^2}{4H^2}\frac{kk_{\mathrm{s}}}{\gamma_{\mathrm{w}}}t$$

则式 (8.31) 可改写成

$$T_i(t) = \mathrm{e}^{-\frac{(2i-1)^2\pi^2}{4H^2}\frac{kk_s}{\gamma_w}t}\int_0^t a_i f_1(t) \mathrm{e}^{\frac{(2i-1)^2\pi^2}{4H^2}\frac{kk_s}{\gamma_w}t}\mathrm{d}t \qquad (8.32)$$

像固结理论那样，令

$$T_v = \frac{kk_s}{\gamma_w H^2}t \qquad (8.33)$$

式中，T_v 为时间因数，则式 (8.32) 改写成

$$T_i(t) = \mathrm{e}^{-\frac{(2i-1)^2\pi^2}{4}T_v}\int_0^t a_i f_1(t) \mathrm{e}^{\frac{(2i-1)^2\pi^2}{4}T_v}\mathrm{d}t \qquad (8.34)$$

由式 (8.34) 可见，如果

$$\left.\begin{array}{l} \mathrm{e}^{-\frac{(2i-1)^2\pi^2}{4}T_v} \approx 1 \\[2mm] \mathrm{e}^{\frac{(2i-1)^2\pi^2}{4}T_v} \approx 1 \end{array}\right\} \qquad (8.35)$$

式 (8.34) 可近似地写成

$$T_i(t) \approx \int_0^t a_i f_i(t) \mathrm{d}t \qquad (8.36)$$

注意到式 (8.25)，

$$f_1(t) = \frac{\partial p_{d,g}/\partial t}{f_2(x)}$$

这样式 (8.36) 可以写成

$$T_i(t) \approx \frac{a_i}{f_2(x)}p_{d,g} \qquad (8.37)$$

将式 (8.24) 和式 (8.37) 代入式 (8.20)，得在式 (8.35) 成立条件下 p 的近似表达式

$$p \approx \sum_{i=1}^{\infty} a_i \frac{p_{d,g}}{f_2(x)}\sin\frac{2i-1}{2H}\pi x = p_{d,g}\frac{\displaystyle\sum_{i=1}^{\infty} a_i\sin\frac{2i-1}{2H}\pi x}{f_2(x)}$$

注意到式 (8.26)，上式可简化成

$$p \approx p_g \qquad (8.38)$$

式 (8.38) 表明，在式 (8.35) 成立下孔隙水压力增长势就是孔隙水压力实际增加量的一个很好的近似值。也就是说，在这种情况下地震期间的排水影响和由此而产生的孔隙水压力的分布和消散可以不予考虑。

下面研究在式 (8.35) 近似成立的条件下时间因数 T_v 的取值。设 α 是大于 1 但近似于 1 的数，$\beta = 1/\alpha$ 是小于 1 当然也是近似于 1 的数。令

$$\left.\begin{array}{l} \mathrm{e}^{-\frac{(2i-1)^2\pi^2}{4}T_v} = \alpha \\[2mm] \mathrm{e}^{\frac{(2i-1)^2\pi^2}{4}T_v} = \beta \end{array}\right\} \qquad (8.39)$$

由式（8.39）可确定出 $\dfrac{(2i-1)^2\pi^2}{4}T_\mathrm{v}$ 的取值。显然，

$$\frac{(2i-1)^2\pi^2}{4}T_\mathrm{v}=-\ln\alpha=\varepsilon$$

或

$$\frac{(2i-1)^2\pi^2}{4}T_\mathrm{v}=\ln\beta=\varepsilon$$

由上式可得

$$T_\mathrm{v}=\frac{4\varepsilon}{(2i-1)^2\pi^2} \tag{8.40}$$

由式（8.40）可见，i 越大，T_v 应越小。但应指出，前几个 i 的取值对解的影响大。通常，计算只取前三四个 i 值。如果令 $i=3$，由上式得相应的时间因数为

$$T_\mathrm{v}=0.0162\varepsilon$$

因此，当时间因数

$$T_\mathrm{v}=\frac{kk_\mathrm{s}}{\gamma_\mathrm{w}H^2}t\leqslant 0.0162\varepsilon \tag{8.41}$$

则可忽略地震期间排水的影响和因此而产生的孔隙水压力重分布和消散。

由式（8.41）可知，T_v 是一个比 ε 更小的数。此外，不难看出影响地震期间孔隙水压力重分布和消散的因素如下：

（1）土的渗透系数 k。k 值越小，即渗透性不好的土，式（8.41）越容易满足。

（2）土体积回弹模量 k_s。k_s 值越小，即土体积回弹大的土，式（8.41）越容易满足。

（3）土层的厚度 H 或更正确地说是排水途径的长度 H。H 值越大，即土层越厚或排水途径越长，式（8.41）越容易满足。

（4）地震的历时 t_T。t_T 值越小，即地震越短，式（8.41）越容易满足。

上述 4 个因素的综合影响可用时间因数 T_v 表示。当 T_v 小到一定程度时，式（8.38）就会成立，地震期间排水的影响和因此而产生的孔隙水压力重分布和消散就可忽略。

如果取 $\alpha=1.1$，相应的 $\beta=0.91$，它们与 1 的误差小于 10%，可认为式（8.38）会成立。在这种情况下，相应的式（8.40）中的 ε 值约为 0.1，式（8.41）变成

$$T_\mathrm{v}=\frac{kk_\mathrm{s}}{\gamma_\mathrm{w}H^2}t\leqslant 0.0016 \tag{8.42}$$

在许多实际问题中，由于土的渗透系数很小、土层较厚或渗透途径较长，式（8.42）会得到满足。在这种情况下，就可在不排水条件下求饱和土体中孔隙水

压力的实际增加量。

8.4 有源头的消散方程式的数值解法

在许多情况下，考虑地震期间排水的影响和因此而产生的孔隙水压力重分布和消散是必要的。这时，需要求解有源头的消散方程式。求解通常采用数值方法。为此需将有源头的消散方程式对几何坐标离散化，将其变成对时间的常微分方程组。离散化可用伽略金法完成。这种方法不仅简便而且数学意义也很清楚。

按有限元法，整个区域内孔隙水压力 p 是按单元分区定义的。设 p_j 是单元结点的孔隙水压力，$N_j(x, y, z)$ 是相应结点的型函数，则单元内孔隙水压力 p_e 可表示成：

$$p_e = \sum_{j=1}^{n} N_j(x, y, z) p_j \tag{8.43}$$

式中，j 为单元结点的局部编号；n 为一个单元具有的结点数目。

如果以方程式（8.16）为例研究离散化，改写式（8.16）成如下形式：

$$F(x, y, z, t) = \frac{\partial p_d}{\partial t} - \frac{kk_s}{\gamma_w}\left(\frac{\partial^2}{\partial x^2} + \frac{\partial^2}{\partial y^2} + \frac{\partial^2}{\partial z^2}\right)p_d - \frac{\partial p_{d,g}}{\partial t} = 0 \tag{8.44}$$

式（8.43）中 N_j 是已知的，而结点孔隙水压力 p_j 是未知的。如果结点孔隙水压 p_j 求得，则单元内任一点的孔隙水压力就可由式（8.43）确定出来。满足方程式（8.44）的单元结点孔隙水压力可用伽略金法求解。下面表述伽略金法概要[1]：

设求解方程式为 $Ly = 0$，其中 L 为求解 y 的方程式的形式，并满足指定的边界条件。

如果 y^* 是方程式的准确解，则

$$Ly^* = 0$$

现在取一完备的函数族 $\varphi_k(x)$，$k = 1$、2、3、…，其中每一个函数 $\varphi_k(x)$ 均满足指定的边界条件。按伽略金法，方程式的近似解 $\bar{y}$ 取成如下形式：

$$\bar{y}_n(x) = \sum_{k=1}^{n} a_k \varphi_k(x) \tag{8.45}$$

由于 $\varphi_k(x)$ 是先验决定的，只要确定出 a_k，则近似解就得到了。

如果 $\bar{y}_n$ 是方程式的准确解，则

$$L\bar{y}_n = 0 \tag{8.46}$$

由此得

$$\int_{x_1}^{x_2} \varphi_k L\bar{y}_n \mathrm{d}x = 0 \qquad k = 1, 2, 3, \cdots \tag{8.47}$$

将式（8.45）代入，则得

$$\int_{x_1}^{x_2} \varphi_k L\left(\sum_{l=1}^{n} a_l \varphi_l(x) \right) \mathrm{d}x \qquad k = 1,\ 2,\ 3,\ \cdots \tag{8.48}$$

显然，式（8.48）是以 a_l 为未知数的 n 维方程组。求解该方程组就可确定出 a_l，对应的解为：

$$\bar{y}_n = \sum_{l=1}^{n} a_l \varphi_l(x) \tag{8.49}$$

现在以一个具体的例子来进一步说明伽略金法：

设方程式为：

$$y'' + y + x = 0 \tag{8.50}$$

采用伽略金法求满足边界条件 $y(1) = y(0) = 0$ 的解。

首先，取函数族 $\varphi_k(x)$ 形式如下：

$$\varphi_k = (1 - x)x^k \tag{8.51}$$

从式（8.51）可见，φ_k 均满足上式边界条件。如果取 $n = 2$，则得

$$\bar{y}_2 = a_1(1 - x)x + a_2(1 - x)x^2 \tag{8.52}$$

将上式代入方程式（8.50）中，则得：

$$L\bar{y}_2 = -2a_1 - a_2(2 - 6x) + x(1 - x)(a_1 + a_2 x) + x \tag{8.53}$$

由式（8.48）得

$$\int_0^1 a_1(1 - x)x L\bar{y}_2 \mathrm{d}x = 0$$

$$\int_0^1 a_2(1 - x)x^2 L\bar{y}_2 \mathrm{d}x = 0$$

将式（8.53）代入上式，完成积分并简化后，得

$$\frac{3}{10}a_1 + \frac{3}{20}a_2 = \frac{1}{12}$$

$$\frac{3}{20}a_1 + \frac{13}{105}a_2 = \frac{1}{20}$$

求解上式得：

$$a_1 = \frac{71}{369} \qquad a_2 = \frac{7}{41}$$

$$y_2 = x(1 - x)\left(\frac{71}{369} + \frac{7}{41}x \right) \tag{8.54}$$

另外，方程式（8.50）的准确解为：

$$y^* = \frac{\sin x}{\sin 1} = x \tag{8.85}$$

为了解 $\bar{y}_2$ 的精度,令 $x = \dfrac{1}{4}$、$\dfrac{1}{2}$、$\dfrac{3}{4}$,分别按式(8.84)和式(8.85)计算出 $\bar{y}_2$ 和 y^*,结果如表 8.1 所示。

表 8.1 $\bar{y}_2$ 与 y^* 的比较

x	y^*	$\bar{y}_2$
$\dfrac{1}{4}$	0.044	0.044
$\dfrac{1}{2}$	0.070	0.069
$\dfrac{3}{4}$	0.060	0.060

由表 8.1 可见,$\bar{y}_2$ 是相当精度的,误差在 0.001 左右。文献〔2〕表述了伽略金法在有限单元法中的应用,下面以平面问题为例来表述,将方程式(8.16)改写成如下形式:

$$\frac{\partial p}{\partial t} - \frac{k_s k}{\gamma_w}\left(\frac{\partial^2}{\partial x^2} + \frac{\partial^2}{\partial y^2}\right)p - \frac{\partial p_g}{\partial t} = 0 \tag{8.56}$$

在任何一个单元内,式(8.56)都成立。按有限元法,以平面四结单元为例,单元内的孔隙水压力可表示成如下形式:

$$p = \begin{bmatrix} N_1 & N_2 & N_3 & N_4 \end{bmatrix}\begin{Bmatrix} p_1 \\ p_2 \\ p_3 \\ p_4 \end{Bmatrix} \tag{8.57}$$

式中,p_k 为四个结点的孔隙水压力;N_1、N_2、N_3、N_4 为单元型函数。式(8.57)相当于式(8.45),即 N_k 相当于 φ_k,p_k 相当于 a_k。令

$$\left.\begin{aligned} [N] &= \begin{bmatrix} N_1 & N_2 & N_3 & N_4 \end{bmatrix} \\ \{p\}_e &= \{p_1 \quad p_2 \quad p_3 \quad p_4\} \end{aligned}\right\} \tag{8.58}$$

则

$$p = [N]\{p\}_e \tag{8.59}$$

将式(8.59)代入式(8.56),得

$$[N]\frac{\partial}{\partial t}\{p\}_e - \frac{k_s k}{\gamma_w}\left(\frac{\partial^2}{\partial x^2} + \frac{\partial^2}{\partial y^2}\right)[N]\{p\}_e$$

$$- [N]\frac{\partial}{\partial t}\{p_g\}_e = 0 \tag{8.60}$$

式中,$\{p_g\}_e$ 为单元四个结点的源压力向量。按伽略金法,可得:

$$\int_S N_i \left\{ [N] \frac{\partial}{\partial t} \{p\}_e - \frac{k_s k}{\gamma_w} \left(\frac{\partial^2}{\partial x^2} + \frac{\partial^2}{\partial y^2} \right) [N] \{p_d\}_e \right.$$

$$\left. - [N] \frac{\partial}{\partial t} \{p_g\}_e \right\} dS = 0$$

$$i = 1,\ 2,\ 3,\ 4$$

式中，S 表示单元面积。将上式写成矩阵形式，则得：

$$\int_S [N]^T [N] \frac{\partial}{\partial t} \{p\}_e dS - \frac{k_s k}{\gamma_w} \int_S [N]^T \left(\frac{\partial}{\partial x^2} + \frac{\partial^2}{\partial y^2} \right) [N] \{p\}_e dS$$

$$- \int_S [N]^T [N] \frac{\partial}{\partial t} \{p_g\} dS = 0 \qquad (8.61)$$

令

$$\left. \begin{array}{l} [G]_e = \displaystyle\int_S [N]^T [N] dS \\[3mm] [H]_e = \dfrac{k_s k}{\gamma_w} \displaystyle\int_S [N]^T \left(\dfrac{\partial^2}{\partial x^2} + \dfrac{\partial^2}{\partial y^2} \right) [N] dS \end{array} \right\} \qquad (8.62)$$

则式（8.61）可写成如下形式：

$$[G]_e \frac{\partial}{\partial t} \{p\}_e - [H]_e \{p\}_e = [G]_e \frac{\partial}{\partial t} \{p_g\} \qquad (8.63)$$

由式（8.62）可知，$[G]_e$ 及 $[H]_e$ 为 4×4 阶矩阵。式（8.63）即为一个单元的矩阵形式的求解方程式。

上面建立了单元内的矩阵形式的求解方程式，即式（8.63）。由式（8.62）定义的矩阵 $[G]_e$ 和 $[H]_e$ 与有限元法求解力学问题中的单元刚度矩阵 $[k]_e$ 相类似。在力学问题中，采用直接刚度法，可由单元刚度矩阵 $[k]_e$ 迭加出整个域内的总刚度矩阵 $[K]$。同样的，在此可由单元矩阵 $[G]_e$ 和 $[H]_e$ 迭加出整个域内的总矩阵 $[G]$ 和 $[H]$。如果按总体结点编号次序，将结点的孔隙水压力 p 和源压力 p_g 分别排成一个向量，并以 $\{p\}$ 和 $\{p_g\}$ 表示，则对整个域内得到矩阵形式求解方程式：

$$[G] \frac{\partial}{\partial t} \{p\} - [H] \{p\} = [G] \frac{\partial}{\partial t} \{p_g\} \qquad (8.64)$$

式中，$[G]$、$[H]$ 为 N×N 阶矩阵；$\{p\}$、$\{p_g\}$ 为 N 维向量其中 N 为整个域内结点总数。$\{p\}$ 除满足式（8.64）外，还应满足指定的边界条件。

从式（8.64）可见，该式是关于时间 t 的微分方程式，为数值求解，还必须对时间 t 进行离散。设 t 时刻的孔隙水压力向量已知，以 $\{p\}_t$ 表示，现在来求 $t+\Delta t$ 时刻的孔隙水压力向量，以 $\{p\}_{t+\Delta t}$ 表示。将式（8.64）两边从 t 时刻到 $t+\Delta t$ 时刻积分，则得：

$$[G](\{p\}_{t+\Delta t} - \{p\}_t) - [H]\int_t^{t+\Delta t}\{p\}\mathrm{d}t = [G](\{p_\mathrm{g}\}_{t+\Delta t} - \{p_\mathrm{g}\}_t)$$

令

$$\left.\begin{array}{l}\Delta\{p\} = \{p\}_{t+\Delta t} - \{p\}_t \\ \Delta\{p_\mathrm{g}\} = \{p_\mathrm{g}\}_{t+\Delta t} - \{p_\mathrm{g}\}_t\end{array}\right\} \quad (8.65)$$

则得：

$$[G]\Delta\{p\} - [H]\int_t^{t+\Delta t}\{p\}\mathrm{d}t = [G]\Delta\{p_\mathrm{g}\}$$

根据中值定理，
$$\int_t^{t+\Delta t}\{p\}\mathrm{d}t = \{\bar p\}\Delta t$$

式中，$\{\bar p\}$ 为 t 到 $t+\Delta t$ 时段内的 $\{p\}$ 中值向量。将该式代入上式得：

$$[G]\Delta\{p\} - [H]\{\bar p\}\Delta t = [G]\Delta\{p_\mathrm{g}\} \quad (8.66)$$

令在 t 至 $t+\Delta t$ 时段内 $\{p\}$ 按线性变化，如图 8.3 所示，则与 $t+\theta\Delta t$ 相应的 $\{p\}$ 可由下式确定：

$$\{p\}_{t+\theta\Delta t} = \{p\}_t + \theta(\{p\}_{t+\Delta t} - \{p\}_t)$$

或
$$\{p\}_{t+\theta\Delta t} = \{p\}_t + \theta\Delta\{p\} \quad (8.67)$$

式中，$0 \leqslant \theta \leqslant 1$。

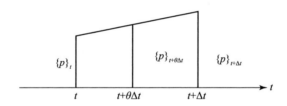

图 8.3 t 时刻至 $t+\Delta t$ 时刻 $\{p\}$ 的变化及其中值向量

下面，令
$$\{\bar p\} = \{p\}_{t+\theta\Delta t} \quad (8.68)$$

将其代入式（8.66），则得：

$$[G]\Delta\{p\} - [H](\{p\}_t + \theta\Delta\{p\})\Delta t = [G]\Delta\{p_\mathrm{g}\}$$

式中，$\{p\}_t$ 是已知的。

如令
$$\left.\begin{array}{l}[\bar G] = [G] - \theta[H]\Delta t \\ [G]\Delta\{p_\mathrm{g}\} + [H]\Delta t\{p\}_t = \Delta\{R\}\end{array}\right\} \quad (8.69)$$

则得：
$$[\bar G]\Delta\{p\} = \Delta\{R\} \quad (8.70)$$

式（8.70）则为对时间离散量的矩阵形式的求解方程式。可见，式（8.70）是以 $\Delta\{p\}$ 未知量的一组代数方程组，求解该方程组可得到从 t 到 $t+\Delta t$ 时刻的孔隙水压力增量 $\Delta DK]$ $\{p\}$，然后，再由式（8.65）确定出 $t+\Delta t$ 时刻的孔隙水压力向量 $\{p\}_{t+\Delta t}$。式（8.70）给出了孔隙水压力增量向量的求解方程。如果希望

直接求出 $t+\Delta t$ 时刻孔隙水压力向量，则可将式（8.75）写成如下形式：

$$[G]\{p\}_{t+\Delta t} = \Delta\{R\} + [\underline{G}]\{p\}_t$$

令
$$\{R_1\} = \Delta\{R\} + [\underline{G}]\{p\}_t \tag{8.71}$$

代入上式，则得：
$$[G]\{p\}_{t+\Delta t} = \{R_1\} \tag{8.72}$$

解式（8.72），则可直接确定出 $t+\Delta t$ 时刻孔隙水压力向量 $\{p\}_{t+\Delta t}$。

为了按上述方法求解，必须确定式（8.67）和式（8.69）中 θ 的值。前面给出了 θ 的取值范围。在实际问题中，可取 $\theta=\dfrac{1}{2}$。

8.5 地震后饱和土体中孔隙水压力的重分布和消散

在地震荷载作用下在饱和土体中引起的孔隙水压力变化过程可分为两个阶段。第一个阶段是在地震荷载作用期间的孔隙水压力升高阶段。在这一阶段，存在孔隙水压力增长和消散两种相反的作用，由于增长速率大于消散速率，饱和土体的孔隙水压力表现为升高。第二个阶段是地震荷载停止作用后孔隙水压力降低阶段。在这一阶段，只存在孔隙水压力消散作用。但是应指出，说这一阶段孔隙水压力降低是指整个饱和土体孔隙水压力的总变化趋势而言的。由于边界条件和孔隙水压力重分布的影响，在这一阶段饱和土体中某些部位的孔隙水压力可能继续升高，然后再降低。这表明，在研究饱和土体地震稳定性时不仅要注意地震期间孔隙水压力的影响，还要注意地震后孔隙水压力的影响。

事实上，有些土坝受地震作用破坏不是发生于地震期间而是发生于地震停止后的一段时间内。海城地震引起的石门岭水库土坝迎水面滑坡就是在地震停止后的 1 小时 20 分发生的[3]。在日本和美国也有这样的事例[4]。

求解地震后孔隙水压力的方程式为

$$\frac{\partial p}{\partial t} = \frac{kk_s}{\gamma_w}\left(\frac{\partial^2}{\partial x^2} + \frac{\partial^2}{\partial y^2} + \frac{\partial^2}{\partial z^2}\right)p \tag{8.73}$$

如果以地震结束时刻作为零时刻，那么方程式的初始条件为

$$p_{t=0} = p(T) \tag{8.74}$$

式中，$p(T)$ 为地震结束时刻的孔隙水压力。式（8.73）可按上节所述的数值方法求解。

下面以一个例子说明地震后饱和和土体中孔隙水压力的变化及其重要意义。1978 年 1 月 14 日日本发生伊豆岛近海地震，震级为 7.0 级。主震后还有一系列余震，两次最大的余震发生于 1 月 15 日早晨，震级分别为 5.8 级和 5.4 级。离震中约 40km 处有座尾矿坝在主震后 24 小时发生破坏。主震在坝址产生的加速度约 250Gal。图 8.4 给出了该坝的典型剖面和破坏后的剖面。可以看出，该坝是用上游法修建的，由堤埂和在尾矿池中沉积的尾矿材料组成。

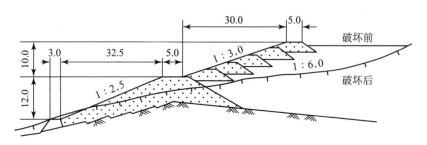

图 8.4 典型断面及破坏后的断面（单位：m）

石原研而用简化法研究了该坝地震后孔隙水压力，在研究中将实际断面简化成图 8.5 所示的断面。图中 *OEDB* 表示堤埂断面，*OB* 表示坝体中的浸润线，与堤埂的上游边界 *OB* 相重合。*OBA* 表示堤埂下面的尾矿堆积体，*OA* 右侧的尾矿堆积体在图中略去了。*OF* 表示尾矿池中尾矿堆积体的表面，并认为地下水位与尾矿堆积体的表面相一致。在地震前，*OA* 面上的水压力分布以三角形 *OAP* 表示，底面 *BA* 上的水压力分布以三角形 *ABR* 表示。

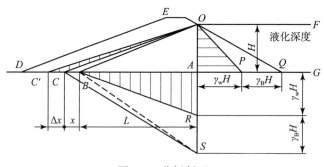

图 8.5 分析断面

地震作用使 *OA* 右侧的尾矿堆积体发生液化，液化深度为 *H*。这样，在 *OA* 面上产生一附加水压力，以三角形 *OPQ* 表示，图中 γ_B 为土的浮容重。另外，假定堤埂以下的尾矿堆积体没有液化，其中孔隙水压力的增加不是由于本身的液化而是由于 *OA* 右侧的超孔隙水压力向左传播而产生的。下面，假定底面上的附加水压力以三角形 *BSR* 表示。在超孔隙水压力的作用下，孔隙水要向堤埂方向移动，使浸润线抬高。设抬高的浸润线是过 *O* 点的直线。这样，随浸润线的抬高，浸润线与底面的交点向左移动。设在 *t* 时刻从 *B* 点向左移动的距离以 *x* 表示。那么，相应的水力梯度为

$$\frac{\gamma_B H}{\gamma_w(L+x)}$$

而在 Δt 间隔内通过浸润线 *OC* 迁移的水分按下式计算：

$$k \frac{H}{2} \frac{\gamma_B H}{\gamma_w (L + x)} \Delta t \tag{8.75}$$

式中，k 为土的渗透系数；$H/2$ 为孔隙水运动的等价断面。由于孔隙水的迁移，在 Δt 间隔内浸润线由 OC 抬高到 OC'。这样，三角形 $OC'C$ 中的土体饱和，所吸收的水量为

$$\beta \frac{H}{2} \Delta x \tag{8.76}$$

式中，β 为土的储水系数，可按下式计算：

$$\beta = n(1 - S_r) \tag{8.77}$$

n 为土的孔隙度；S_r 为土的饱和度。

使式（8.76）等于式（8.75），则得

$$\frac{dx}{dt} = \frac{\gamma_B k}{\gamma_w \beta} \frac{H}{L + x} \tag{8.78}$$

解式（8.78）得

$$\frac{x}{L} = -1 + \sqrt{1 + 2 \frac{\gamma_B}{\gamma_w} \frac{H}{L} \frac{kt}{\beta L}} \tag{8.79}$$

按式（8.79）算得的 x/L-$kt/\beta L$ 关系如图 8.6 所示。可以看出，土的渗透系数越大浸润线抬高越大。

对于上述例子，$\beta = 0.12$，$H = 7\mathrm{m}$，$k = 10^{-4} \mathrm{cm/s}$，$L = 21\mathrm{m}$，主震到破坏的时间为 $t = 24$ 小时。由这些数据算得

$$\frac{kt}{\beta L} = 0.034$$

这样，由图 8.6 可查得相应的 x/L 值等于 0.013，x 值等于 0.27m。然而，这样小的浸润线抬高不会在堤埂下面的尾矿堆积体中引起明显的孔隙水压力变化。因此，一定有另外的因素被忽视了。前面曾指出，渗透系数对浸润线的抬高有重要的影响。据目击者报告，在两次强余震后堤硬的下游面出现一系列裂缝带。由于裂缝的存在，土的渗透系数显著增加，一个有根据的数量级为 $2 \times 10^{-2} \mathrm{cm/s}$。但是，由两次强余震到破坏的时间为 $t = 5.5$ 小时，利用这样的数据得到 $kt/\beta L = 1.57$，相应的 $x/L = 0.41$，$x = 8.6\mathrm{m}$。这样的 x 值引起的浸润线抬高要使堤埂下面的尾矿堆积体中的孔隙水压力产生明显变化。按圆弧滑动法可计算出坝的安全系数与 x 的关系如图 8.7 所示。可以看出，当 $x = 8.6$ 时，坝的安全系数已降低到 1.0，这与坝破坏的实际情况相符合。

在这个例子中，地震后土体中的孔隙水压力变化不是按式（8.73）求解的。但是，从这个近似的求解方法中也可以看到，土的渗透系数对震后土体中孔隙水压力的变化有重要影响。另外，如果按式（8.73）求解，排水边界的水位应在

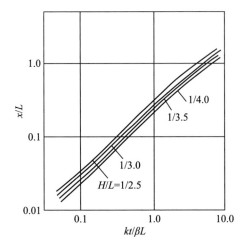

图 8.6 $x/L - kt/\beta L$ 的关系

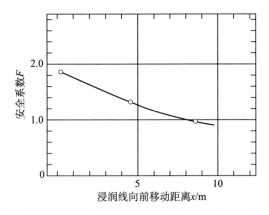

图 8.7 安全系数 F 与浸润线移动的距离 x 的关系

求解过程中不断抬高，抬高的数值不仅取决于排出的水量，还取决于土的储水系数 β。

一般情况下，在震后孔隙水压力消散阶段，饱和土体中局部孔隙水压力升高可能在以下两种情况下产生。第一，如上例所述的情况，在排水边界附近产生孔隙水压力升高。这是由于孔隙水迁移，排水边界水位抬高引起的。第二，如果不排水边界附近的区域在饱和土体中是个孔隙水压力低压区，也要产生孔隙水压力升高。这是由于孔隙水压力由高区向低区扩展引起的。

参 考 文 献

［1］ 北京大学、吉林大学，南京大学计算教学教研室，计算方法，第七章§6，人民教育出版社。1962。

［2］ Zienkiewicz O C, The Finite Element Method in Engineering Science. Chapter 3 and chapter 15. McGraw-Hill, London, 1971.

［3］ Zhang Kexu and Tamura, Influence of Dam Materials on the Behavior of Earth Dams during Earthquakes, 关于中国最近地震震害（包括唐山地震）的抗震工程学的解释，中日共同研究报告书（之二），1984 年。

［4］ Seed H B, Makdisi F I and Alba P De, Performance of Earth Dams during Earthquakes, Journal of the Geotechnical Engineering Division, ASCE, VOl, 104, NO. GT7, July, 1978。

第九章　动荷载作用下土体的永久变形

9.1　概述

9.1.1　在动荷作用下土体的变形

　　与静荷作用相似，在实际工程问题中必须从变形和稳定性两方面来评估土体的工作状态。然而，相对稳定性要求，一般说变形要求是更为严格的要求。在许多情况下，土体仍然保持其稳定性，但可能发生不允许的变形，如果土体的变形超过允许值，将引起由其支承的上部结构裂缝，或土体本身的裂缝。实际上，特别是土体的破坏形式呈塑性破坏时，土体的变形和稳定性是相互关联的两个方面。因为土体的抗剪强度要随变形增大而逐渐的发挥出来。只有当土体的变形超过一定数值时才会丧失稳定性。因此，在实际问题中，常常通过观测变形来监测土体的稳定性。

　　前面，在土体的动力反应分析中曾计算过土体的变形。但是，由于采用的动力学模型的限制，在土体动力分析中所计算的土体变形并不包含或只部分包含本章所表述的土体永久变形。实际上，在动荷作用下土体变形包括可恢复的和不可恢复的变形两部分。前面还曾指出，当土所受的动力作用水平超过屈服应变时，要发生随作用次数而累积的不可恢复变形。因此，按式（3.2），不可恢复的变形又包括与作用次数无关的不可恢复的变形和随作用次数累计的不可恢复的变形。根据前述土体动力反应分析所采用的土动力学模型，可作出如下结论：

　　（1）如果采用线粘弹性模型或等效线性化模型，则前述土体动力分析所求得的变形只是可恢复变形，不包含不可恢复的变形。

　　（2）如果采用前述的弹塑性模型，则前述土体动力分析所求得的变形包含可恢复变形和与作用次数无关的不可恢复的变形，但不包括随作用次数累积的不可恢复变形。

　　综上所述，本章所研究的永久变形就是上面所说的不可恢复的变形，它包括土的受力水平低于屈服应变时不随作用次数增加的不可恢复的变形和高于屈服应变时随作用次数累积的不可恢复的变形。但应指出，当土体的受力水平高于屈服应变时，随作用次数而累积的不可恢复变形往往是土永久变形的主要部分。

　　（3）如果所采用的土动弹塑性模型能够考虑随作用次数累积的变形，那么由这样的土体动力分析所得不可恢复的变形则包括与作用次数无关的不可恢复变形和随作用次数累计的不可恢复变形。当然，与第六章所述的土弹塑性模型相比，这是一种更高级的土动弹塑性模型。毫无疑问，研究和建立这样的土动弹塑模型是一个重要的课题，尚需在试验和理论方面做更多的工作。目前，由于对这样的土动弹塑性模型研究的不够，通常不可能从土体动力分析直接求出与作用次数有关的永久变形的。

在动荷作用下土体的永久变形是实际工程中确实存在的问题。在许多地震震害现场调查中均发现土体永久变形及伴随发生的震害实例。例如1976年唐山地震时天津塘沽地区工人新村中3~5层楼房在Ⅷ度地震作用下大多发生了30~50cm的附加沉降，个别的楼房甚至发生了80~100cm的附加沉降[1]。这样的附加沉降引起了基础两侧土体隆起，墙体下沉和开裂。显然，这样的变形已超过了允许范围。因此，研究在动荷作用下土的永久变形具有重要的意义。

9.1.2 土体永久变形——一个重要的评估土体地震性能的定量指标

前面指出，在动荷作用下土体的性能应从变形和稳定性两方面来评估。从变形的评估而言，土体的永久变形自然是一个定量评估指标。然而，土体永久变形也可以作为土体稳定性的定量评估指标，特别是对于在动荷作用下一部分土体沿某个滑动面相对另一部分土体发生滑动的稳定性评估。Newmark首先指出了以安全系数为指标评估动荷作用下滑动稳定性的不适当性。他认为动荷作用与静荷作用不同，其中主要的不同之处包括如下两点：

（1）动荷作用的大小是随时间而变化的，只有在动荷作用期间的某些时段才会发生安全系数小于1.0的情况。但是，通常由于所持续的时间很短，滑动变形不能充分的发展。只能发生有限的滑动变形。这表明，即使安全系数小于1.0也不意味着土体会发生滑落，即丧失滑动稳定性。

（2）有些动荷载是循环荷载，其作用方向是交替变化的，例如地震荷载，在这种动荷载作用下土体通常只会在一个作用方向上的某些时刻会发生安全系数小于1.0的情况，而在另一个作用方向上任何时刻都不会发生安全系数小于1.0的情况。

综上，由于在动荷作用期间，土体只有在某几个很暂短的时段内发生安全系数小于1.0情况，而在这些暂短时段内只能发生有限的滑动变形，并不会发生滑落。鉴于这种情况，Newmark认为，以在动荷作用期间内发生的有限滑动变形代替通常的安全系数作为评价在动荷作用土体稳定性更为适当。

另外，对于土体在动荷作用下发生塑性破坏的形式，也可以永久变形作为定量指标来评估塑性破坏的稳定性。在这种情况下，通常在土体的某些部位和一定范围内发生塑性偏应变，由这些塑性偏应变引起的土体变形取决定于发生塑性偏应变区域的部位和范围。发生塑性偏应变的范围越大，则土体发生塑性破坏的程度就越高，而相应的土体永久变形就越大。这样，在动荷作用下土体的永久变形可作为评估土体塑性破坏发展程度的定量指标。

如果将土体的永久变形作为一个评估土体稳定性定量指标时，必须根据土体破坏形式及机制采用与其相应的方法计算土体永久变形。

应指出，在动荷作用下土体的永久变形研究工作应包括如下两方面：

（1）确定在指定动荷作用下土体发生的永久变形。这部分工作主要是建立在动荷作用下土体永久变形的分析方法，这是本章所要表述的主要内容。

（2）确定在动荷作用下允许的土体永久变形数值。允许的土体永久变形数值应按建筑的类型、重要性、动荷载的类型，以及土体永久变形的机制等因素规定。土体允许永久变形数值确定的主要依据是工程经验。但是，所确定的允许变形数值应是土体中具有代表性的某些点的永久变形分量，具体如下所述：

①对于作为建筑地基的土体，其允许永久变形应为基础的附加永久沉降和倾斜。

②对于土坝（堤）等的土体，其允许永久变形应为坝（堤）顶的附加永久沉降和水平位移、坝（堤）坡脚处的竖向和水平永久变形，特别水平向的永久位移，以及坝坡上最大的竖向和水平永久位移。

③对挡土结构后面的土体，其允许永久变形为挡土结构顶部的附加永久沉降和水平位移、挡土墙结构前趾处的竖向和水平向永久变形。如果是刚性挡土结构时还应包括墙体永久倾斜。

因此，土体的永久变形分析应能给出这些具有代表性的点永久变形数值。

9.2　动荷作用下土体永久变形的机制及影响

在岩土工程中，任何分析变形和稳定性的方法都必须与所分析的变形和破坏机制相一致。在动荷作用下土体永久变形的分析也应如此。因此，在表述永久变形分析方法之前讨论一下动荷作用下土体永久变形的机制是必要的。另外，只有明确了永久变形的机制和类型，才会明瞭每种永久变形分析方法的适用条件。

根据对动荷作用下土体永久变形现象的观察和理论上的判断，动荷作用下土体永久变形可分为如下四种机制和类型：

9.2.1　动偏应力作用下非饱和砂土剪缩所引起的永久变形

在动偏应力作用下干砂体积剪缩性能已在第三章表述过。这种机制引起的土体永久变形主要表现在使土体发生附加沉降。1971 年圣菲南多地震中，一个厚 40 英尺的砂层所产生的永久变形使建筑在其上面的扩大基础的建筑物沉降了 4～6 英寸。

由于这种永久变形是由体积剪缩引起的，变形后非饱和砂土更为密实了，则这种机制永久变形一般对土体的稳定性没有不利的影响，但是，在一些情况下这种永久变形可能改变土体的受力状态。如图 9.1 所示，挡土墙后非饱和砂土在地震作用下发生剪缩，一方面引起附加沉降，另一方面由于侧向变形受到挡土墙的约束，使墙体受到的侧向压力增加，即改变了土的侧向压力系数。另外，这种永久变形所引起的附加沉降可能是建筑物和土工结构正常工作所不允许的。如图9.2 所示，在土坝斜墙后面处于非饱和状态的砂土在地震作用下因土体剪缩可能产生较大的附加沉降，当地震时水库水位比较高时，加之地震时水库的涌浪，很可能发生漫顶，这是很危险的。在这种情况下，在设计时必须考虑土体剪缩引起的附加沉降，适当地增加超高。另外，斜墙后面坝体附加沉降还可能引起斜墙发生裂缝影响其防渗功能。

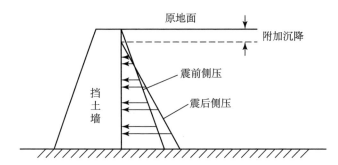

图 9.1　挡土墙后非饱和砂土体因剪缩引起的附加沉降及侧压力的变化

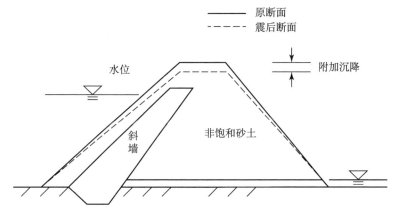

图 9.2　土坝防渗墙后非饱和砂土剪缩引起的附加沉降

9.2.2　动荷作用期间某些时段土体发生有限滑动引起的累积变形

下面，以地震作用为例来说明这种永久变形机制。在地震时，地震惯性力的作用使土体的滑动力或力矩增加。当滑动力或力矩大于滑动面上的抗滑力或力矩时，滑动面以上的土体则要发生滑动。但是，如前所述，在整个地震过程中地震惯性力的大小和方向是变化的，只有在某些时段内才会发生滑动。因为这些时段所持续的时间很短，每次滑动的位移是有限的，但所有滑动时段的累积变形可能是会很大的。图9.3 给出了河堤在地震时产生的这种有限滑动的累积变形，其中

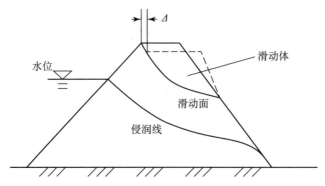

图 9.3　河堤在地震时的有限滑动

Δ 表示有限滑动引起的相对水平位移。这种变形是土体沿某个滑动面滑动引起的，在宏观上会观察到裂缝，通常把这种裂缝称为滑裂，以区别由其他机制产生的裂缝。滑裂的特点是裂缝两侧的土体不仅有相对水平位移还有相对竖向位移，即高差。很明显，有限滑动与滑落不同。有限滑动是土坡一种重要的震害形式，它比土坡滑落更为常见。但是，有限滑动在本质上是在动荷作用下土体稳定性不足的表现，因此有限滑动变形的数值表示了土体在动荷作用下稳定性的程度。有限滑动变形越大，土体在动荷作用下的稳定性程度就越低。因此，为了保证土体的稳定性，有限滑动变形必须控制在允许的界限之内。

　　经验表明，这种有限滑动变形通常发生在非饱和土体内。在动荷作用下非饱和土体不会产生孔隙水压力，在动荷载作用期间其抗剪强度不会发生明显的变化。在动荷作用期间某时段内土体的不稳定主要是由于附加的地震惯性力的作用。

9.2.3　动偏应力作用下大面积饱和土体永久偏应变引起的永久变形

　　如前所述，在动偏应力作用下饱和土体要发生不可恢复的偏应变。特别是当土体所受的动力作用水平高于屈服应变时，不可恢复的偏应变还要随作用次数而累积。大面积饱和土体的永久偏应变将引起土体发生永久变形。应指出，当动荷载的持时较短时，例如地震荷载，在许多情况下又由于排水途径很长土的渗透系数很小，通常可认为土体的永久偏应变是在不排水的条件下发生的。土体中永久偏应变既可以引起竖向永久变形也可以引起水平永久变形，而所引起的永久变形的数值取决于发生永久偏应变区域在土体中的部位、范围和永久应变的数值。

　　毫无疑问，按前述，对动荷作用敏感的土，例如淤泥质粘土、淤泥、松至中密的饱和砂土等是最容易发生永久偏应变的。如果土体中含有这些土类时，必须考虑这种机制的土体永久变形。

　　众所周知，土的破坏通常是剪切破坏。在动荷作用下发生的永久偏应变是一种剪切应变。因此，动荷作用下由土的偏应变所引起的土体永久变形的数值可视为土体破坏程度的综合定量表示。

特别应指出，当在土体边界部位存在大面积的永久偏应变区时，而该区域内的土体又是饱和的松至中密砂土时，则可能引起流动性滑动，即流滑；当该区域内的土体是淤泥质粘土或淤泥时，则可能引起剪切流动。在这种情况下。在这个区域内计算分析求得的永久变形将会非常大。但是，在一些情况下发生永久偏应变的区域被封闭在土体之中。显然，这个区域离边界越远，它所引起的土体永久变形越小，即它对土体稳定性的影响越小。

如前所述，无论从变形上还是从稳定性上，设计必须将由这种机制引起的土体永久变形控制在允许的界限之内。

9.2.4 动荷作用停止后孔隙水压力消散引起的土体永久变形

毫无疑问，这种永久变形发生在动荷作用停止之后，这一点与前三种土体永久变形不同。虽然这种永久变形发生在动荷作用之后，但它还是由动荷作用引起的。在动荷作用之后，孔隙水压力消散，有效应力增加，土体发生压密，这种变形在整体上应是以沉降为主的。但是，在孔隙水压力消散过程中将伴随发生孔隙水压力重分布。这样，在土体中的某个局部区域孔隙水压力在某些时刻会发生升高现象。显然，在这些局部区域内的土体可能会发生剪切性质的变形，在个别情况下还会发生破坏。

本章将表述与前三种机制相应的土体永久变形的分析方法，其中又以第二和第三种为重点。

9.3 在动偏应力作用下非饱和砂土剪缩引起的附加沉降分析

第三章曾指出，循环正应力作用不能或只能使非饱和砂土产生微小的体积变形，在动荷作用下的非饱和砂土的体积变形主要是由动偏应力作用引起的，并根据试验资料给出在水平动剪切作用下体积应变的计算公式。下面，以在地震水平剪切作用下自由水平地面下非饱和砂土剪缩引起的附加沉降为例，说明这种机制的附加沉降的计算方法[3]。

在这种情况下，如图 9.4a 所示，自由水平地面下土单元静力上处于 K_0 状态，动力上处于简切状态。计算水平地面附加沉降的主要步骤如下：

(1) 确定非饱和砂土的相对密度 D_r 随深度的分布。

(2) 确定出静的有效上覆压力 σ_z 及平均应力 σ_0 随深度的变化，如图 9.4b 所示，然后由 σ_0 可确定出相应的最大动剪切模量 G_{max}。

(3) 考虑非饱和砂土的动应力应变关系的非线性，采用等效线性化模型或弹塑性模型完成土层的动力反应分析，求出最大剪应变 $\gamma_{xy,d,max}$ 随深度的变化，并将其转换成等价的等幅剪应变幅值 $\gamma_{xy,eq}$，如图 9.4c 所示。

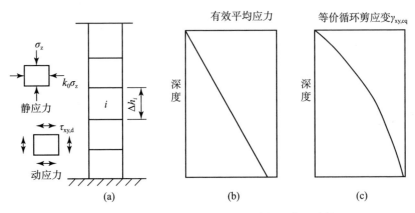

图 9.4 由动剪缩引起的水平地面附加沉降的计算

（4）确定一个等价的作用次数 N_{eq}。按前述，N_{eq} 可根据地震震级来确定。

进行动简切试验，根据试验结果确定出在指定作用次数下由剪缩引起的竖向应变 ε_z 与剪应变幅值 γ 之间的关系，如图 9.5 所示。从图 9.5 可见，在指定的相对密度和作用次数下，由剪缩引起的竖向应变 ε_z 随剪应变幅值 γ 的增大而增大，并当循环剪应变幅值小于某个数值时，循环剪切作用引起的竖向应变为零，这个循环剪应变即为界限剪应变值。图 9.5 所示的结果表明，界限剪应变的数值随相对密度增大而增大。

（5）将非饱和砂土层沿深度分成若干段，确定出每一段长度 Δh_i 及中点在地面以下的深度。

（6）根据每段中点在地面下的深度，由图 9.4c 确定出等价等幅剪应变幅值 $\gamma_{xy,eq}$，然后再根据等价作用次数 N_{eq}、$\gamma_{xy,eq}$ 及与该点相应的非饱和砂土的相对密度 D_r 由图 9.5 确定出由土体积剪缩引起的竖向应变 $\varepsilon_{z,i}$

（7）如以 S 表示非饱和土层由土体剪缩引起的地面附加沉降，则 S 可按下式计算：

$$S = \sum_{i=1}^{n} \varepsilon_{z,i} \Delta h_i \qquad (9.1)$$

为了验证上述计算方法的适用性，在试验室进行了非饱和砂性土层的模型试验，测试由剪缩引起的土层表面的附加沉降，并按上述方法计算了该土层由剪缩引起土层表面附加沉降。模型试验和计算的土层表面附加沉降结果如图 9.6 所示。从图 9.6 可见，两者的结果相一致。相对而言，当作用次数较少时，两者的相对误差较大，可达 50%，但随作用次数的增大两者的相对误差显著减小。考虑到在静力下求解土层沉降的误差范围可能在 ±25%～±50%，那么在动力作用下这样大小的土层沉降误差是可以接受的。

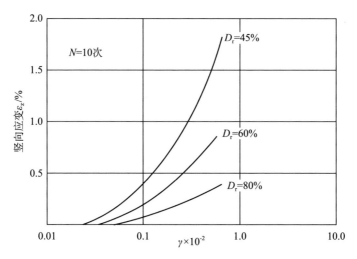

图 9.5　由动剪切试验测得的非饱和土的竖向应变 ε_z 与循环剪应变幅值 γ 的关系

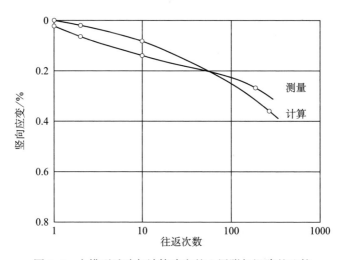

图 9.6　由模型试验与计算确定的土层附加沉降的比较

在此应指出，在上述分析方法中的第三步需进行非饱和砂土层的非线性动力反应分析，尽管所进行的土层动力反应分析是一维的，但是还是比较麻烦的，必须进行数值计算。如果土层的深度小于 15m，并采用等效线性化模型近似地考虑土的动力非线性时，则可用前述的 seed 简化法来完成。按上述，在此进行土层非线性动力反应分析的目的在于确定其每一段的等价剪应变幅值 $\gamma_{xy,eq}$。按 Seed 简化法，第 i 段底面的等价的动水平剪应力 $\tau_{xy,eq,i}$ 可按下式计算：

$$\tau_{xy,eq,i} = 0.65\gamma_{d}\frac{\alpha_{max}}{g}\sum_{j=1}^{i}\gamma_{j}\Delta h_{j}$$

式中的其他符号同前。相应的等价水平剪应变幅值 $\gamma_{xy,eq,i}$ 则为：

$$\gamma_{xy,eq,i} = \frac{\tau_{xy,eq,i}}{G_{i}}$$

按等价线性化模型

$$G_{i} = \alpha_{i}(\gamma)G_{max,i}$$

式中，$\alpha_{i}(\gamma)$ 为与剪应变幅值 γ 有关的系数，对指定的 γ 可由等效线性化模型的 $\alpha_{i}(\gamma) - \gamma$ 关系线确定。将上两式结合起来得：

$$\gamma_{xy,eq,i} = \left(0.65\gamma_{d}\frac{\alpha_{max}}{g}\sum_{j=1}^{i}\gamma_{j}\Delta h_{j}\right)\frac{1}{\alpha_{i}(\gamma_{xy,eq})G_{max,i}} \tag{9.2}$$

从上式可见，式（9.2）两边均含有 $\gamma_{xy,eq,i}$，因此必须采用迭代法确定 $\gamma_{xy,eq,i}$。先指定一个 $\gamma_{xy,eq,i}$，确定出相应的 α 值，由式（9.2）计算出新的 $\gamma_{xy,eq,i}$ 值再重复计算，直至前后两次计算的 $\gamma_{xy,eq,i}$ 值满足允许误差为止。

式（9.2）对每土层中任何一段均适用，这样可以从上到下逐段求出每一段的等价水平剪应变 $\gamma_{xy,eq}$。

9.4 有限滑动引起的永久水平位移分析

Newmark 教授首先研究了有限滑动引起的永久变形。他提出了屈服加速度概念，并建立一个计算有限滑动引起的永久水平位移的刚-塑性分析方法[2]。

9.4.1 屈服加速度及影响因素

现在来考虑一个刚块，假定在静力作用下刚块具有足够的抗滑稳定性。但是，在附加动荷作用期间，惯性力作用使刚块的滑动力或力矩增加，当加速度达到一定数值后刚块所受的滑动力或力矩与其抗滑力或力矩相等，刚块处于临界滑动状态。在此，把使刚块处于滑动临界状态的加速度称为屈服加速度。

下面，以一个斜面上的刚块来具体说明屈服加速度的确定方法和影响因素。令斜面与水平面夹角为 α；斜面与刚块底面之间的摩擦系数为 f；刚块的重量为 W，如图 9.7 所示。从图 9.7 可见，在静力作用下，刚块所受的滑动力 F_{s} 为：

$$F_{s} = W\sin\alpha$$

刚块所受的抗滑力为 R_{s} 为：

$$R_{s} = fW\cos\alpha$$

设刚块所受的水平加速度为 a，相应的水平惯性力为 $\dfrac{W}{g}a$。在该水平惯性力作用下，刚块所受的附加滑动力 F_{d} 为：

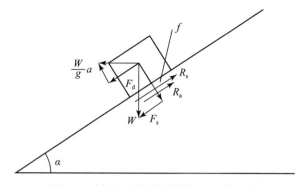

图 9.7　斜面上刚块的屈服加速度的确定

$$F_d = \frac{W}{g} a \cos\alpha$$

刚块所受的附加抗滑力 R_a 为：

$$R_a = -f \frac{W}{g} a \sin\alpha$$

如屈服加速度以 a_y 表示，根据上述屈服加速度定义则得：

$$\sin\alpha + \frac{a_y}{g}\cos\alpha = f(\cos\alpha - \frac{a_y}{g}\sin\alpha)$$

由上式可得屈服加速度 a_y 如下：

$$a_y = \frac{f\cos\alpha - \sin\alpha}{\cos\alpha + f\sin\alpha}g \qquad (9.3)$$

如令

$$k_y = \frac{a_y}{g} \qquad (9.4)$$

式中，k_y 定义为屈服加速度系数，则

$$k_y = \frac{f\cos\alpha - \sin\alpha}{\cos\alpha + f\sin\alpha} \qquad (9.5)$$

则倾角 $\alpha = 0$ 时，即斜面为水平面时，则

$$k_y = f \qquad (9.6)$$

　　由式（9.3）或式（9.5）可见，屈服加速度或屈服加速度系数随斜面的倾角的增大而减小，随斜面与滑块底面之间的摩擦系数的增大而增大。斜面的倾角表示滑动面的几何特性，而斜面与滑块底面之间的摩擦系数表示滑动面的力学特性。因此，在一般情况下可以说，屈服加速度或屈服加速度系数取决于如下两个因素：

（1）滑动面的几何特性。

（2）滑动面的力学特性。

对于指定的滑动面，滑动面的几何特性及力学特性是已知的。因此，可以根据屈服加速度的定义确定出与指定的滑动面相应的屈服加速度或屈服加速度系数。

9.4.2 刚块有限滑动水平位移的计算

设刚块的屈服加速度 a_y 已经确定出来，如果已知刚块运动的水平加速度时程 $a(t)$，则可计算出刚块有限滑动引起的水平位移。根据屈服加速度的概念，可以得出如下结论：

（1）在 $a(t) \leqslant a_y$ 的时刻，刚块滑动加速度为零。

（2）在 $a(t) > a_y$ 的时刻，刚块滑动加速度大于零。

（3）刚块发生滑动的方向应与作用于刚块底面上的静滑动力方向相同。

（4）当 $a(t) > a_y$ 时，刚块的滑动加速度可用牛顿第二定律确定。在这种情况下，克服抗滑力之后多余的滑动力等于 $M[a(t) - a_y]$。这部分力使刚块产生滑动，如果以 $\ddot{u}$ 表示滑动的水平加速度，则

$$\ddot{u} = a(t) - a_y \tag{9.7}$$

由于刚块运动的水平加速度时程 $a(t)$ 已知，则可确定出 $a(t) > a_y$ 的时段，如图 9.8 所示。从图 9.8 中取出第 i 个 $a(t) > a_y$ 时段。设 Δt_i 为时段长度，如图 9.9a 所示。则由于 $a(t) > a_y$ 引起刚块滑动的水平速度为：

$$\dot{u}(t) = \int_{t_i}^{t} [a_y(t) - a_y] \mathrm{d}t \tag{9.8}$$

式中，t_i 为第 i 个时段 $a(t) > a_y$ 的开始时刻；积分上限 t 应满足下式：

$$t \leqslant t_i + \Delta T_i \tag{9.9}$$

ΔT_i 为从 t_i 开始至滑动速度为零，即停止滑动的时段长度，如图 9.9b 所示。显然 ΔT_i 大于第 i 个时段的长度 Δt_i。图 9.9b 给出了在 ΔT_i 时段内滑动速度随时间的变化。可以看出，当 $t = t_i + \Delta t_i$ 时，滑动加速度为零，而滑动速度达到最大。当 $t > t_i + \Delta t_i$ 以后，滑动速度从 $t = t_i + \Delta t_i$ 时的最大值逐渐减小，直到 $t_i + \Delta T_i$ 时刻变成零。如果以 Δ_i 表示第 i 个 $a(t) > a_y$ 时段引起的滑动水平位移，如图 9.9c 所示，则

$$\Delta_i = \int_{t_i}^{t_i + \Delta T_i} \dot{u}(t) \mathrm{d}t \tag{9.10}$$

如果以 Δ 表示在 $a(t)$ 整个历时中刚块总的滑动水平位移，则

$$\Delta = \sum_{i=1}^{n} \Delta_i \tag{9.11}$$

式中，n 表示在 $a(t)$ 整个历时中 $a(t) > a_y$ 的时段数目。

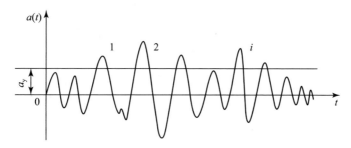

图 9.8　刚块运动的水平加速度 $a(t)$ 及 $a(t) > a_y$ 的时段

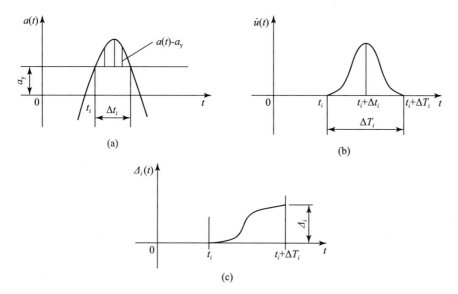

图 9.9　第 i 时段内滑动水平位移的计算

9.4.3　变形土体的有限滑动位移的分析

前面表述了刚块有限滑动位移的分析方法。现在，来表述如何将上述的方法伸引到变形土体的有限滑动位移分析。

1. 变形土体的等价刚体加速度时程的确定

众所周知，在动荷作用下变形土体的加速度与刚体有许多不同之处。这里只指出与所讨论的问题有关的不同点如下：

（1）刚体每一点加速度值均相同，而变形土体每一点的加速度值是不相同的。

（2）刚体每一点最大加速度值出现在同一时刻，而变形土体每一点的最大加速度值并不出现在同一时刻

这样，如果用上述方法计算变形土体的滑动变形时，必须将可能滑动的变形

土体视为一个刚体，并且这个刚体在每一时刻所受到的总的水平惯性力应与变形土体同一时刻所受到的总的水平惯性力相等。对于平面问题，由这个条件可得：

$$a_{eq}(t)\int_S \rho \mathrm{d}S = \int_s \rho a(x,\ y,\ t)\mathrm{d}S$$

式中，$a(x,\ y,\ t)$ 为变形土体中一点的水平加速度；ρ 为可能变形土体中一点的质量密度；S 为可能滑动的变形土体的面积；$a_{eq}(t)$ 为等价的刚体水平加速度。改写上式，得

$$a_{eq}(t) = \frac{\int_S \rho a(x,\ y,\ t)\mathrm{d}S}{\int_S \rho \mathrm{d}S} \tag{9.12}$$

如果变形土体是均质的，则上式简化成为

$$a_{eq}(t) = \frac{\int_S a(x,\ y,\ t)\mathrm{d}S}{S} \tag{9.13}$$

式（9.12）和式（9.13）的含义是按 $a_{eq}(t)$ 运动的刚体由其水平惯性力作用在滑动面上的总的水平力与按 $a(x,\ y,\ t)$ 运动的变形土体由其水平惯性力作用在滑动面上的总的水平力相等。这样，按上述的等价原则，可把按 $a(x,\ y,\ t)$ 运动的变形土体视为一个按 $a_{eq}(t)$ 运动的刚体。下面，把 $a_{eq}(t)$ 称为变形土体的等价刚体加速度时程。

从式（9.12）和式（9.13）可见，确定一个可能滑动的变形土体的等价刚体加速度时程 $a_{eq}(t)$ 必须知道其中每一点的加速度时程 $a(x,\ y,\ t)$。可能滑动的变形土体每一点的加速度时程 $a(x,\ y,\ t)$ 可由土体的非线性地震反应分析确定。通常，在非线性地震反应分析时，不考虑土体中存在可能的滑动面。当然，在非线性地震反应分析时考虑土体中存在的可能的滑动面并不困难，只要在可能的滑动面上设置可滑动的接触单元，例如 Goodman 节理单元就可以实现。

从式（9.12）和式（9.13）还可知，等价的刚体加速度时程 $a_{eq}(t)$ 与可能滑动的土体在土体中的部位和范围有关，或说与可能滑动面在土体中的位置和形状有关。不同滑动面其上可能滑动的土体不同，与其相应的等价刚体加速度时程 $a_{eq}(t)$ 则不同。对于一个具体问题，土体的外轮廓是一定的，则等价刚体加速度时程 $a_{eq}(t)$ 主要取决于可能滑动面在土体中的部位和滑动面的形状。

2. 变形土体滑动的屈服加速度的确定

按上述，在分析中要把变形土体视为刚体，变形土体滑动的屈服加速度应是相应刚体滑动的屈服加速度。

对于实际问题，由于土体的外轮廓及可能的滑动面形状比较复杂，相应刚体的屈服加速度的确定不像上述一个刚块沿斜面滑动那样简单。前面曾指出，在一

般情况下，屈服加速度取决于滑动面的几何状态和滑动面的力学性能。在实际问题中，为了考虑这些因素的影响，屈服加速度通常采用以下方法确定：

（1）将指定滑动面以上可能滑动的土体视为一个大的刚体，然后将其划分成若干个刚性条块。

（2）由于每一个条块是整个刚体的一部分，只有整个刚体发生滑动时，各条块才能发生滑动。因此，每个条块的屈服加速度都应等于整个刚体的屈服加速度，即它们的屈服加速度相等。

（3）计算每一个刚性条块的静力滑动力或力矩。以滑动力为例，令 $F_{s,i}$ 表示第 i 条块的静滑动力，如图 9.10 所示，则

$$F_{s,i} = W_i \sin \alpha_i$$

式中，a_i 为第 i 条块底面与水平面的夹角。相似，可计算当加速度等于屈服加速度 a_y 时由于惯性力作用每个条块的动滑动力或力矩。如以 $F_{d,i}$ 表示第 i 条块的动滑动力，则

$$F_{d,i} = \frac{W_i}{g} a_y \cos \alpha_i$$

这样，第 i 条块所受的静动滑动力之和的水平分量 $F_{sd,i,x}$ 则为：

$$F_{sd,i,x} = \left(W_i \sin \alpha_i + \frac{a_y}{g} W_i \cos \alpha_i \right) \cos \alpha_i \tag{9.14}$$

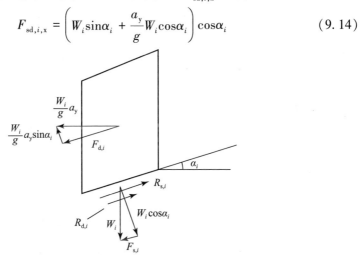

图 9.10　第 i 条块的滑动力及抗滑力

（4）计算每一个条块底面所受的抗滑力或力矩。在此应指出，由于滑动发生在土体之内，滑动面的最大抗滑力取决于土的抗剪强度。令 $R_{s,i}$ 表示由静力作用在第 i 条块底面产生的抗滑力，则

$$R_{s,i} = (c_i l_i + W_i \cos \alpha_i \tan \varphi_i)$$

式中，c_i、φ_i 为第 i 条块底面土粘结力及内摩擦角。相似，可计算当加速度等于

屈服加速度 a_y 时由于惯性力作用在第 i 条块底面产生的抗滑力或力矩。如以 $R_{d,i}$ 表示第 i 条块的动抗滑力，则

$$R_{d,i} = -\frac{a_y}{g}W_i\sin\alpha_i\tan\varphi_i$$

这样，第 i 条块所受的静动滑动力之和的水平分量 $R_{sd,i,x}$ 则为：

$$R_{sd,i,x} = \left(c_i l_i + W_i\cos\alpha_i\tan\varphi_i - \frac{a_y}{g}W_i\sin\alpha_i\tan\varphi_i \right)\cos\alpha_i \qquad (9.15)$$

（5）根据屈服加速度定义，则得

$$\sum_{i=1}^{n} R_{sd,i,x} = \sum_{i=1}^{n} F_{sd,i,x}$$

式中，n 为划分的条块数。将式（9.14）和式（9.15）代入上式，则得

$$a_y = \frac{\sum\limits_{i=1}^{n} c_i l_i\cos\alpha_i + \sum\limits_{i=1}^{n} W_i(\cos\alpha_i - \sin\alpha_i)\tan\varphi_i\cos\alpha_i}{\sum\limits_{i=1}^{n} W_i(\cos\alpha_i + \sin\alpha_i)\cos\alpha_i} \qquad (9.16)$$

（6）在上述确定可能滑动土体的屈服加速度时，必须确定土的抗剪强度指标 c、φ。在确定屈服加速度时，应考虑动荷作用对土抗剪强度的影响。因此，应采用第三章所述的屈服强度。在第三章中，曾指出了在一般情况下土屈服强度可取其不排水剪切强度，或其不排水剪切强度的 80%~90%。这样，在确定可能滑动土体的屈服加速度时，例如按式（9.16），土体的抗剪强度指标可采用土的固结不排水抗剪强度指标，或将其稍许折减。

另外，当可能的滑动面在地下水位以下，作用于滑动面上的动的正应力主要由孔隙水压力承受，对土的抗剪强度没什么影响，在计算条块底面上的抗滑力时可不计 $R_{d,i}$。这样，式（9.16）分子括号中的第二项可不计。

（7）将沿指定滑动面可能滑动的土体做为刚体，按上述方法可计算出有限滑动引起的土体永久变形的水平分量。

（8）按上述方法计算得到的有限滑动引起的永久变形水平分量与所指定的滑动面有关，因此对所指定的滑动面计算得出的位移数值并不一定是最大的。这样，必须假定一系列的滑动面计算相应的有限滑动引起的永久位移数值，以确定有限滑动引起的最大永久位移。

9.4.4 变形土体有限滑动位移分析的主要工作

上面表述了变形土体有限滑动位移的分析方法。就方法本身而言，并不复杂，但如果采用所述的方法完成一个实际问题的分析时则需要大量的试验和分析计算工作。这些工作包括如下内容：

1. 试验工作

（1）测试土的静力学模型参数。

（2）测试土的屈服强度或土的固结不排水强度。

（3）测试土的动力学模型参数。

2. 分析计算工作

（1）进行土体的静力分析，确定动荷作用前土体所受的静应力。在分析中采用由试验测得的静力学模型参数。

（2）进行土体的非线性动力分析，并对假定的一系列滑动面确定相应的可能滑动土体的等价刚体加速度时程 $a_{eq}(t)$。在动力分析中采用由试验测得的动力学模型参数，按第六章所述，土的动力模型参数与所受的静应力有关，在确定时，必须考虑由土体静力分析得到的静应力的影响。

（3）对假定的一系列滑动面确定相应的可能滑动土体的屈服加速度 a_y。在确定屈服加速度 a_y 时应采用由试验测得的土的屈服强度或固结不排水强度。

（4）对假定的一系列滑动面计算相应的可能滑动土体的有限滑动位移，并确定出最大值。

9.4.5　土体有限滑动位移的影响因素

根据上述的土体有限滑动位移分析方法可知，凡是影响土体屈服加速度 a_y 和等价刚体加速度 $a_{eq}(t)$ 的因素均对土体有限滑动位移有影响。这些因素可概括如下：

1. 土体的几何轮廓

土体的几何轮廓包括了土体的几何特性，它直接影响土体的动力反应和最危险滑动面在土体中的部位及形状。因此，它对最危险滑动面相应的可能滑动土体的等价刚体加速度 $a_{eq}(t)$ 和屈服加速度 a_y 均有影响。应指出，土体的外轮廓不仅影响等价刚体加速度 $a_{eq}(t)$ 的幅值，还影响其频率特性。通常，当土体比较高或比较宽时，等价刚体加速度时程的每个波的周期则比较长。因此，每个滑动时段持续时间比较长，则相应的有限滑动位移则比较大。

2. 土的力学性能

土的力学性能的影响主要体现在土的静力学模型参数、动力学模型参数和土的强度指标的影响上。土的静力学模型和动力学模型参数对土体的动力反应有重要的影响。与土体的几何轮廓影响相似，它不仅影响可能滑动土体的等价刚体加速度 $a_{eq}(t)$ 的幅值，也影响其频率特性。当土体比较软时，等价刚体加速度时程的每个波的周期则比较长。这样，每个滑动时段引起的有限滑动位移则比较大。另外，土的抗剪强度影响可能滑动土体的屈服加速度 a_y。土的抗剪强度越高，可能滑动土体的屈服加速度就越大，则在整个动荷作用期间有限滑动的次数就越少，而每次滑动所持续的时间越短，所引起的有限滑动位移则越小。

3. 动荷载的特性

动荷载的特性包括幅值、频率及持时或作用次数三个因素。因此，动荷载的特性将影响可能滑动土体的等价刚体加速度 $a_{eq}(t)$ 的幅值、频率和作用次数。当 $a_{eq}(t)$ 的幅值大，每个波的周期长和作用次数多时，则动荷作用引起的有限滑动位移就越大。动荷载性能的影响是与土体的动力反应有关的。而土体的动力反应又取决于土体的自振特性，即土体的刚度和质量的分布及边界条件。当土体的主振型的贡献起主导作用时，土体的自振特性通常可以其主振周期表示。对于地震荷载而言，动荷载的特性通常与地震等级有关，特别是持时或作用次数。地震震级越高，地震动的作用次数就越多，相应的土体有限滑动位移也就越大。

9.5 永久应变势及其确定

下面两节将表述动荷作用下偏应变所引起的土体永久变形的分析方法。在所表述的分析方法中，都要涉及到一个重要的概念，即土体中一点或一个单元的永久应变[4]。下面，给出确定土体中一点或土单元永久应变势的方法：

9.5.1 方法 1

根据不排水条件下动三轴试验结果，文献 [1] 给出了在动三轴应力条件下轴向永久变形 $\varepsilon_{a,p}$ 的试验公式：

$$\varepsilon_{a,p}(\%) = 10\left(\frac{N}{10}\right)^{-\frac{S_1}{S_3}}\left(\frac{\sigma_{a,d}}{\sigma_3}\frac{1}{C_4}\right)^{\frac{1}{S_3}} \tag{9.17}$$

式中，S_1、S_3、C_4 分别为与固结比 K_c 有关的参数，由试验确定。从式（9.17）可见，轴向永久应变与土试样所受的侧向固结压力 σ_3、固结比 K_c、轴向动应力幅值 $\sigma_{a,d}$ 以及作用次数 N 有关。因此，可以将 $\varepsilon_{a,p}$ 写成如下一般化表示式：

$$\varepsilon_{a,p} = f(\sigma_3,\ K_c,\ \sigma_{a,d},\ N) \tag{9.18}$$

式中，f 为由试验确定的经验函数。已知 σ_3、K_c、$\sigma_{a,d}$、N，则可由式（9.17）或式（9.18）确定出相应的 $\varepsilon_{a,p}$ 值。由于动三轴试验中土试样所受的静应力和动应力状态通常与土体中一点或一个土单元的状态不同，确定土体中一点或一个土单元的永久应变并非如此简单。也就是说，在确定土体中一点或一个单元的永久应变时必须考虑它与试验土样所受到的静力和动力的应力状态不同的影响。下面，将根据土体中一点或一个单元所受的静应力和动应力以及由试验得出的经验关系式确定出的永久应变，称为该点或该单元的永久应变势 $\varepsilon_{a,p}$。

如上所述，在确定一点或一个单元的永久应变势时，应考虑动三轴试验土试样与实际土体中土单元所受的应力状态不同的影响。在第三章曾指出，应力状态对土动力性能的影响可通过最大剪切作用面上的应力模拟来考虑，具体方法如下：

（1）在动三轴试验条件，按第三章所述，土试样最大剪切作用面上的静正应力 $\sigma_{s,f}$ 和静剪应力 $\tau_{s,f}$ 与 σ_3、K_c 的关系如下：

$$\left.\begin{array}{l} \sigma_{s,f} = \dfrac{2K_c}{K_c + 1}\sigma_3 \\[3mm] \tau_{s,f} = \dfrac{K_c - 1}{K_c + 1}\sqrt{K_c}\,\sigma_3 \end{array}\right\} \qquad (9.19)$$

令

$$\alpha_{s,f} = \frac{\tau_{s,f}}{\sigma_{s,f}} = \frac{K_c - 1}{2\sqrt{K_c}} \qquad (9.20)$$

由上式得：

$$K_c - 2\sqrt{K_c}\,\alpha_{s,f} - 1 = 0$$

解上式得：

$$K_c = (\alpha_{s,f} + \sqrt{1 + \alpha_{s,f}^2})^2 \qquad (9.21)$$

另外，由式（7.19）第一式得

$$\sigma_3 = \frac{K_c + 1}{2K_c}\sigma_{s,f}$$

将式（9.21）代入上式得

$$\sigma_3 = \frac{1 + (\alpha_{s,f} + \sqrt{1 + \alpha_{s,f}^2})^2}{2(\alpha_{s,f} + \sqrt{1 + \alpha_{s,f}^2})^2}\sigma_{s,f} \qquad (9.22)$$

下面，把根据土体中一点或一个单元最大剪切作用面上的静正应力和静剪应力按式（9.22）和（9.21）确定出来的侧向固结压力 σ_3 和固结比 K_c 称为转换侧向固结压力和转换固结比，分别以 $\sigma_{3,tr}$ 和 $K_{c,tr}$ 表示。

（2）根据第三章，在动三轴试验中土试样最大剪切作用面上的动剪应力幅值 $\tau_{d,f}$ 如下：

$$\tau_{d,f} = \frac{\sqrt{K_c}}{1 + K_c}\sigma_{a,d}$$

改写上式得：

$$\sigma_{a,d} = \frac{1 + K_c}{\sqrt{K_c}}\tau_{d,f}$$

将式（9.21）代入上式得

$$\sigma_{a,d} = \frac{1 + (\alpha_{s,f} + \sqrt{1 + \alpha_{s,f}^2})^2}{\alpha_{s,f} + \sqrt{1 + \alpha_{s,f}^2}}\tau_{d,f} \qquad (9.23)$$

同样，把根据最大剪切作用面上的动剪应力幅值按式（9.23）确定出来的动轴向应力幅值称为转换轴向应力幅值，以 $\sigma_{a,d,tr}$ 表示。

（3）土体中一点或一个单元的最大剪切作用面上的静正应力 $\sigma_{s,f}$、静剪应力 $\tau_{s,f}$ 及动剪应力 $\tau_{d,f}$ 可根据该点或该单元所受的静正应力分量 σ_x、σ_y、τ_{xy} 及等价动剪应力幅值 $\tau_{xy,eq}$ 来确定，其确定方法如第三章所述，在此不再重复。

综上所述，按式（9.12）或式（9.18）确定在动荷作用下土体中一点或一个单元的永久偏应变时，所必须的工作如下：

①进行土体的静力分析，确定土体中各点或各单元所受的静应力分量 σ_x、σ_y、τ_{xy}。

②进行土体的动力分析，确定土体中各点或各单元所受的水平动剪应力最大幅值 $\tau_{xy,d}$，然后确定出相应的等价的水平动剪应力幅值 $\tau_{xy,eq}$。

③按式（9.21）、式（9.22）和式（9.23）分别确定出转换侧固结压力 $\sigma_{3,st}$、转换固结比 $K_{c,st}$ 和转化动轴向应力幅值 $\sigma_{a,d,st}$。

④将 $\sigma_{3,st}$、$K_{c,st}$、$\sigma_{a,d,st}$ 做为式（9.17）和式（9.18）中的 σ_3、K_c、$\sigma_{a,d}$ 代入，计算得到 $\varepsilon_{a,p}$ 即为相应的永久偏应变势 $\varepsilon_{a,p}$。

9.5.2 方法2

根据动三轴试验结果，可以将测得的轴向永久应变 $\varepsilon_{a,p}$ 直接表示成最大剪切作用面上的静剪应力比 $\alpha_{s,f}$ 和动剪应力比 $\alpha_{d,f}$ 函数，具体方法如下：

（1）计算每个土试样最大剪切作用面上的静剪应力比 $\alpha_{s,f}$，由于每个试验土样的侧向固结压力 σ_3、固结比 K_c、轴向动应力幅值 $\sigma_{a,d}$ 是已知的，则可由式（9.20）计算出静剪应力比 $\alpha_{s,f}$。另外，由第三章可得每个试样最大剪切作用面上的动剪切作用上的动剪应力幅值 $\tau_{d,f}$ 如下：

$$\tau_{d,f} = \frac{1+K_c}{\sqrt{K_c}}\sigma_{a,d} \tag{9.24}$$

由此，在时刻 t' 每个试样最大剪切作用面上的动剪应力比 $\alpha_{d,f}$ 为

$$\alpha_{d,f}(t) = \frac{1}{\sqrt{K_c}}\left|\frac{\sigma_{a,d}(t)}{2\sigma_3}\right| \tag{9.25}$$

（2）引进时间因数 λ 代替作用次数 N。

动三轴试验结果表明，轴向永久应变 $\varepsilon_{a,p}$ 随作用次数 N 的增大而增加。但是，作用次数 N 是一个整型变量，在进行数值处理时不方便。为此，引进一个时间因数代替作用次数 N，其定义如下：

$$\lambda = \int_0^t \alpha_{d,f}(\tau)\,d\tau \tag{9.26}$$

将式（9.25）代入上式，则得：

$$\lambda = \frac{1}{\sqrt{K_c}}\int_0^t\left|\frac{\sigma_{a,d}(t)}{2\sigma_{3,f}}\right|d\tau \tag{9.27}$$

设轴向动应力随时间按正弦函数变化，$\Delta\lambda$ 为在一个周期 T 内时间因数增量，则由式（9.27）可得

$$\Delta\lambda = \frac{2T}{\pi}\frac{1}{\sqrt{K_c}}\frac{\sigma_{a,d}}{2\sigma_3} \tag{9.28a}$$

在 N 次作用下，时间因数 λ 为：

$$\lambda = \sum_{i=1}^{N}\Delta\lambda_i \tag{9.28b}$$

如果所加的是等幅轴向动荷载，则

$$\lambda = N\Delta\lambda \tag{9.29}$$

从式（9.28b）和式（9.29）可见，λ 除了包括作用次数 N 的影响外，还包括动荷作用水平，即最大剪切作用面上动剪应力比的影响。

（3）建立轴向永久应变 $\varepsilon_{a,p}$ 与时间因数 λ 的关系。

从式（9.20）可见，对指定固结比 K_c 的一组试验，土试样所受的静剪应力比 $\alpha_{s,f}$ 相同。根据动三轴试验测得的轴向永久应变 $\varepsilon_{a,p}$，可绘出每一土试样的 $\varepsilon_{a,p}$ 与时间因数 λ 的关系，如图 9.11 所示。从图 9.11 可见，在双对数坐标中，这是一族以土试样最大剪切作用面上动剪应力比幅值为参数的曲线，对每一条曲线可做出斜率为 1 的切线，设其切点坐标为 λ_0、$\varepsilon_{a,p,0}$。这样，可引进一对新坐标 (η,ξ) 如下：

$$\left.\begin{array}{c}\eta = \lg\dfrac{\lambda}{\lambda_0} \\[3mm] \xi = \lg\dfrac{\varepsilon_{a,p}}{\varepsilon_{a,p,0}}\end{array}\right\} \tag{9.30}$$

将图 9.11 所示的曲线绘在新的坐标系中，ξ-η 关系曲线如图 9.12 所示。

按图 9.12 所示，可把 ξ-η 关系线视为由第一象限和第三象限中的两段曲线组成的。根据曲线的形状，可用下式分别拟合第三象限和第一象限的曲线：

$$\eta \leqslant 0,\qquad \xi = \frac{\eta}{1+b_1\eta} \tag{9.31}$$

$$\left.\begin{array}{c}\eta > 0,\qquad \eta = \dfrac{\xi}{1+b_2\xi} \\[3mm] 或\qquad \xi = \dfrac{\eta}{1-b_2\eta}\end{array}\right\} \tag{9.32}$$

这样，为了确定 $\varepsilon_{a,p}$-λ 关系，需要确定的四个参数 λ_0、$\varepsilon_{a,p,0}$、b_1、b_2。前两个参数 λ_0、$\varepsilon_{a,p,0}$ 称为 $\varepsilon_{a,p}$-λ 曲线的位置参数，后两个参数 b_1、b_2 称为 $\varepsilon_{a,p}$-λ 曲线的形状参数。这四个参数应为土试样最大剪切作用面上动剪应力比幅值的函数，可由动三轴试验结果确定。

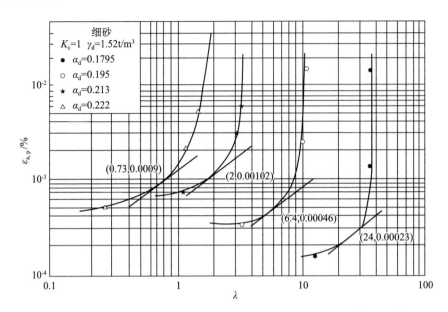

图 9.11 静剪应力比 $\alpha_{s,f}$ 为指定值时轴向永久应变 $\varepsilon_{a,p}$ 与时间因数 λ 的关系

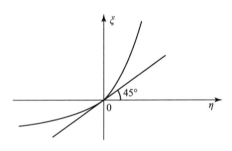

图 9.12 ξ-η 关系线

（4）位置参数 λ_0、$\varepsilon_{a,p,0}$ 和形状参数 b_1、b_2 的确定。

首先，来确定位置参数 λ_0、$\varepsilon_{a,p,0}$ 与最大剪切作用面上动剪应力比幅值的关系。绘制由图 9.11 确定出来的位置参数 λ_0、$\varepsilon_{a,p,0}$ 与其动剪应力比幅值的关系分别如图 9.13 和图 9.14 所示。由图 9.13 得：

$$\frac{1}{\alpha_{d,f}} = \alpha_1 + \beta_1 \lg\lambda_0$$

改写上式，得

$$\lambda_0 = 10^{\frac{1-\alpha_1\alpha_{d,f}}{\beta_1\alpha_{d,f}}} \tag{9.33}$$

式中，α_1 为与土试样最大剪切作用面上静剪应力比 $\alpha_{s,f}$ 有关的参数，可由动三轴试验结果确定，而 β_1 与土试样最大剪切作用面上静剪应力比 $\alpha_{s,f}$ 无关。由图9.14 得：

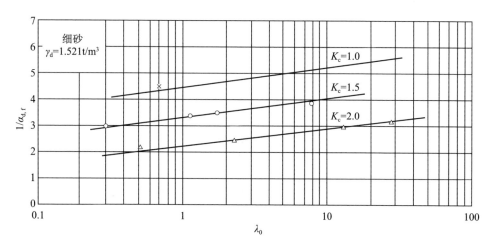

图 9.13　位置函数 λ_0 与 $\alpha_{d,f}$ 关系

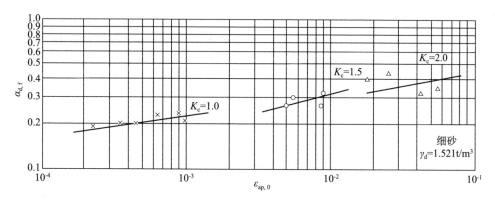

图 9.14　位置函数 $\varepsilon_{a,p,0}$ 与 $\alpha_{d,f}$ 关系

$$\varepsilon_{a,p,0} = \alpha_2 \alpha_{d,f}^{\beta_2} \tag{9.34}$$

同样，α_2 为与土试样最大剪切作用面上静剪应力比 $\alpha_{s,f}$ 有关的参数，可由动三轴试验结果确定，而 β_2 与土试样最大剪切作用面上的静剪应力比 $\alpha_{s,f}$ 无关。

同样，可绘制由图 9.11 确定出来的形状参数 b_1、b_2 与其动剪应力比的关系，分别如图 9.15 和图 9.16 所示。由图 9.15 和图 9.16 可得：

$$b_1 = \alpha_3 \alpha_{d,f}^{\beta_3} \tag{9.35}$$

$$b_2 = \alpha_4 \alpha_{d,f}^{\beta_4} \tag{9.36}$$

式中，α_3、α_4 为与土试样最大剪切作用面上静剪应力比有关的参数，可由试验确定；β_3、β_4 为与土试样最大剪切作用面上静剪应力比无关的参数。

采用方法 2 确定土体中一点或一个单元的偏应变势所要做的具体工作与前述的方法 1 相似：

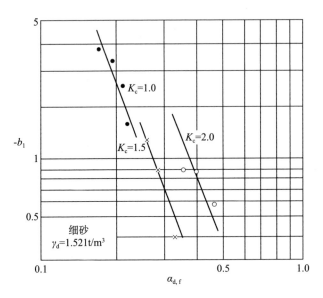

图 9.15　形状函数 b_1 与 $\alpha_{d,f}$ 关系

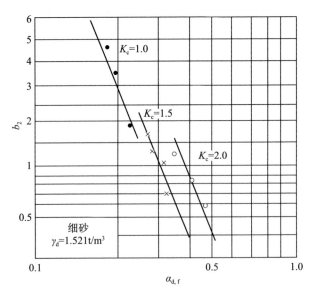

图 9.16　形状函数 b_2 与 $\alpha_{d,f}$ 关系

①进行土体的静力分析和动力分析，根据分析得到的静应力和动应力分量确定土体中每一点或土单元最大剪切作用面上的静剪应力比 $\alpha_{s,f}$ 和动剪应力比 $\alpha_{d,f}(t)$ 。

②确定出土体中每一点或土单元的最大动剪应力比 $\alpha_{d,f,max}$ ，将其乘以 0.65

得相应的等价动剪应力比 $\alpha_{d,f,eq}$。这样，根据土体中每一点或土单元静剪应力比 $\alpha_{s,f}$ 和等价动剪应力比 $\alpha_{d,f,eq}$ 可确定出相应的参数 α_1、β_1，α_2、β_2，α_3、β_3，α_4、β_4。进而确定出位置参数 λ_0、$\varepsilon_{a,p,0}$ 及形状参数 b_1、b_2。令 N_{eq} 为等价作用次数，按式（9.29），λ 可按下式确定：

$$\left.\begin{aligned} \lambda &= N_{eq}\Delta\lambda \\ \Delta\lambda &= \frac{2T}{\pi}\alpha_{d,f,eq} \end{aligned}\right\} \tag{9.37}$$

比较 λ 与位置参数 λ_0，如果 $\lambda<\lambda_0$ 时，则按式（9.31）计算永久应变势 $\varepsilon_{a,p}$；如果 $\lambda\geqslant\lambda_0$ 时，则按式（9.32）计算永久偏应变 $\varepsilon_{a,p}$。但是，当 $\lambda<\lambda_0$ 时，由式（9.31）得：

$$\lg\frac{\varepsilon_{a,p}}{\varepsilon_{a,p,0}} = \frac{\lg\dfrac{\lambda}{\lambda_0}}{1+b_1\lg\dfrac{\lambda}{\lambda_0}}$$

当 $t=0$ 时，$\lambda=0$，$\lg\dfrac{\lambda}{\lambda_0}\to\infty$，则得

$$\lg\frac{\varepsilon_{a,p}}{\varepsilon_{a,p,0}} = \frac{1}{b_1}$$

改写上式得，$t=0$ 时

$$\varepsilon_{a,p} = \varepsilon_{a,p,0}10^{\frac{1}{b_1}}$$

实际上，当 $t=0$ 时，$\varepsilon_{a,p}=0$，。这样，应将 $t=0$ 时刻的永久应变势修正为零。修正后，当 $\lambda<\lambda_0$ 时，永久偏应变势应按下式计算：

$$\varepsilon_{a,p} = \varepsilon_{a,p,0}(10^{\frac{\lg\frac{\lambda}{\lambda_0}}{1+b_1\lg\frac{\lambda}{\lambda_0}}} - 10^{\frac{1}{b_1}}) \tag{9.38}$$

当 $\lambda>\lambda_0$ 时，永久偏应变势应按下式计算：

$$\varepsilon_{a,p} = \varepsilon_{a,p,0}(10^{\frac{\lg\frac{\lambda}{\lambda_0}}{1-b_2\lg\frac{\lambda}{\lambda_0}}} - 10^{\frac{1}{b_1}}) \tag{9.39}$$

③按上述方法只能求出动荷作用所引起的总的永久偏应变，如果要确定在动荷作用过程中永久偏应变的发展，则可采用下述方法：

将式（9.38）微分得：

$$d(\lg\frac{\varepsilon_{a,p}}{\varepsilon_{a,p,0}}) = \frac{d(\lg\lambda/\lambda_0)}{[1+b_1\lg\lambda/\lambda_0]^2} \tag{9.40}$$

令 λ_1、$\varepsilon_{a,p,1}$ 分别为前一时刻的时间因数和永久偏应变，则

$$\left.\begin{aligned} \lambda &= \lambda_1 + \Delta\lambda \\ \varepsilon_{a,p} &= \varepsilon_{a,p,1} + \Delta\varepsilon_{a,p} \end{aligned}\right\} \tag{9.41}$$

由于

$$
\left.\begin{array}{l}
\Delta \lg \dfrac{\lambda}{\lambda_0} = \lg\left(1 + \dfrac{\Delta\lambda}{\lambda_1}\right) \\[4mm]
\Delta \lg \dfrac{\varepsilon_{a,p}}{\varepsilon_{a,p,0}} = \lg\left(1 + \dfrac{\Delta\varepsilon_{a,p}}{\varepsilon_{a,p,1}}\right)
\end{array}\right\} \tag{9.42}
$$

将式（9.42）代入式（9.40），则得：

$$
\Delta\varepsilon_{a,p} = \varepsilon_{a,p,1}\left(10^{\frac{\lg\left(1+\frac{\Delta\lambda}{\lambda_1}\right)}{\left(1+b_1\lg\frac{\lambda}{\lambda_0}\right)^2}} - 1\right)
$$

由于 $\lg\dfrac{\lambda}{\lambda_0} = \lg\left(1+\dfrac{\Delta\lambda}{\lambda_1}\right) + \lg\dfrac{\lambda_1}{\lambda_0}$，令

$$
\Delta\bar{\lambda}_1 = \frac{\lg\left(1 + \dfrac{\Delta\lambda}{\lambda_1}\right)}{1 + b_1\left[\lg\left(1 + \dfrac{\Delta\lambda}{\lambda_1}\right) + \lg\dfrac{\lambda_1}{\lambda_0}\right]^2} \tag{9.43a}
$$

则得

$$
\Delta\varepsilon_{a,p} = \varepsilon_{a,p,1}(10^{\Delta\bar{\lambda}_1} - 1) \tag{9.43b}
$$

同理。当 $\lambda > \lambda_0$ 时，由式（9.39）得：

$$
\left.\begin{array}{l}
\Delta\varepsilon_{a,p} = \varepsilon_{a,p,1}(10^{\Delta\bar{\lambda}_2} - 1) \\[4mm]
\Delta\bar{\lambda}_2 = \dfrac{\lg\left(1 + \dfrac{\Delta\lambda}{\lambda_1}\right)}{1 - b_2\left[\lg\left(1 + \dfrac{\Delta\lambda}{\lambda_1}\right) + \lg\dfrac{\lambda_1}{\lambda_0}\right]^2}
\end{array}\right\} \tag{9.44}
$$

这样，可从第一次循环作用开始，求出每次作用引起的永久偏应变增量 $\Delta\varepsilon_{a,p}$，将它迭加起来就可求出 $\varepsilon_{a,p}$。

下面，来求第 i 次循环作用引起的永久偏应变增量 $\Delta\varepsilon_{a,p,i}$。设第 i 次作用的动剪应力比幅值为 $\alpha_{a,p,i}$，相应的时间因数增量为 $\Delta\lambda_1$。由静剪应力比 $\alpha_{s,f}$ 和第 i 次作用的动剪应力比幅值 $\alpha_{d,f,i}$ 可确定出相应的位置参数 $\lambda_{0,i}$、$\varepsilon_{a,p,0,i}$ 和形状参数 $b_{1,i}$、$b_{2,i}$。因此，当在动应力作用下动剪应力比变化时，则每次作用的参数 λ_0 和 $\varepsilon_{a,p,0}$、b_1 和 b_2 都是不相同的。因此，按式（9.43b）和式（9.44）计算 $\Delta\varepsilon_{a,p}$ 时，应将式中的 λ_1 值换成等价的 $\lambda_{1,eq}$。

确定等价的 $\lambda_{1,eq}$ 方法如下：

以 $\varepsilon_{a,p,1} \leqslant \varepsilon_{a,p,0,i}$ 情况为例，将 $\varepsilon_{a,p,1}$ 代入式（9.38）得

$$
\varepsilon_{a,p,1} = \varepsilon_{a,p,0,i}\left(10^{\frac{\lg(\lambda_{1,eq}/\lambda_{0,i})}{1+b_{1,i}\lg(\lambda_{1,eq}/\lambda_{0,i})}} - 10^{\frac{1}{b_{1,i}}}\right)
$$

令
$$A = \lg(\varepsilon_{a,p,1}/\varepsilon_{a,p,0,i} + 10^{\frac{1}{b_{1,i}}}) \tag{9.45}$$

则求得
$$\lambda_{1,eq} = \frac{\lambda_{0,i}(10^A)}{1 - A\,b_{1,i}} \tag{9.46}$$

然后，将 $\lambda_{1,eq}$ 代入式（9.43a），则可求出 $\Delta\varepsilon_{a,p,i}$。

像下面将看到那样，在进行永久偏应变引起的土体永久变形分析中，有时需要将永久偏应变势 $\varepsilon_{a,p}$ 转变成永久剪应变势，下面以 γ_p 表示。按上述方法确定出来的永久偏应变 $\varepsilon_{a,p}$ 应是最大永久主应变，与其相应的最小永久主应变应为 $-\nu\varepsilon_{a,p}$。根据图 9.17 所示的应变摩尔圆，相应的永久剪应变势 γ_p 可按下式确定：

$$\gamma_p = (1 + \nu)\varepsilon_{a,p} \tag{9.47}$$

式中，ν 为泊桑比。在平面应变条件下，应以 $\nu' = \dfrac{\nu}{1-\nu}$ 代替上式中的 ν，则得

$$\gamma_p = \frac{1}{1 - \nu}\varepsilon_{a,p} \tag{9.48}$$

对于饱和土，由于偏永久应变是在不排水体积不变条件下发生的，则泊桑比 ν 等于 0.5. 代入式（9.48）则得

$$\gamma_p = 2\varepsilon_{a,p} \tag{9.49}$$

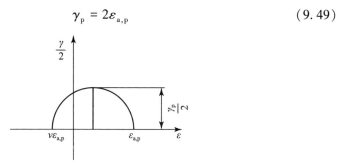

图 9.17 永久剪应变势 γ_p 的确定

9.6 偏应变引起的土体永久变形分析——软化模型

9.6.1 软化模型的概念及要点

分析在动荷载作用下偏应变引起的土体永久变形的软化模型是由 Lee 等提出来的[5]。软化模型的概念及要点可以概括成如下几点：

（1）在动荷作用下土的结构遭受某种程度的破坏，使土发生软化。

（2）土的软化在力学上表现为静模量的降低。

（3）降低后土的静模量可以由土的永久应变势确定。

（4）由于静模量降低，土体在静荷作用下发生附加变形，这个附加变形即为土体的永久变形。

（5）按上述第（4）点，土体的永久变形等于两次土体静力分析求得变形之
差。第一次静力分析采用动荷作用之前没有降低的静模量，第二次静力分析采用
动荷作用之后降低的静模量。但是，两次静力分析采用的静荷应完全相同。

9.6.2　降低后土的静模量的确定

因为所要确定的是由于动力作用土软化后的静模量，通常采用非线性弹性模
型，例如邓肯-张模型。采用邓肯-张非线性模型进行土体静力分析，可确定出
土体中每一点或每个单元的静应力分量，σ_x、σ_y、τ_{xy}，进而可确定出 σ_3 和
$(\sigma_1 - \sigma_3)$。根据邓肯-张模型，土的割线模量 E 如下：

$$E = kp_a \left(\frac{\sigma_3}{p_a} \right)^n \left[1 - \frac{R_f(1 - \sin\varphi)(\sigma_1 - \sigma_3)}{2(\cos\varphi + \sigma_3 \sin\varphi)} \right] \tag{9.50}$$

式中，k、n 为两个参数；p_a 为大气压力；R_f 为破坏比；c、φ 为土粘结力和摩擦
角。由式（9.50）确定的模量即为动荷作用之前土的静模量，如图 9.18 所示。
按割线模量的定义，与主应力差 $(\sigma_1 - \sigma_3)$ 相应的引用轴向应变 ε_a 可由下式
确定：

$$\varepsilon_a = \frac{\sigma_1 - \sigma_3}{E} \tag{9.51}$$

图 9.18 中的 A 点相应于动荷作用之前土的工作点，将在动荷作用下土软化而发
生的偏应变，即前面所确定的土的永久应变势 $\varepsilon_{a,p}$ 附加在 ε_a 之上，土的工作点
内 A 点变到 B 点，如图 9.18 所示。这样，土软化后的总的偏应变为 $\varepsilon_a + \varepsilon_{a,p}$。假
定动荷作用前后的静应力不变，按割线模量定义，软化后土的静模量 E' 为：

$$E' = \frac{\sigma_1 - \sigma_3}{\varepsilon_a + \varepsilon_{a,p}} \tag{9.52}$$

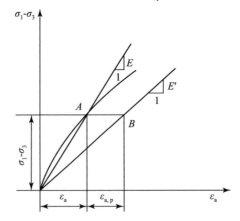

图 9.18　软化后土的静模量 E' 的确定

将式（9.52）改写成如下形式：

$$E' = \cfrac{1}{\cfrac{\varepsilon_a + \varepsilon_{a,p}}{\sigma_1 - \sigma_3}}$$

令
$$E_d = \frac{\sigma_1 - \sigma_3}{\varepsilon_{a,p}} \tag{9.53}$$

则上式可写成如下形式：

$$E' = \cfrac{1}{\cfrac{1}{E} + \cfrac{1}{E_d}} \tag{9.54}$$

下面称 E_d 为与永久应变势相应的附加模量，可由式（9.53）确定。从式（9.54）可见，可用弹簧系数分别为 E 和 E_d 的两个串联的弹簧表示上述的软化模型，如图9.19所示。

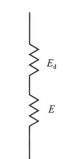

图9.19　土的软化模型的力学表示

9.6.3　动荷作用之前土体的静力分析

1. 分析的目的

进行动荷作用之前土体的静力分析的目的可概括如下三点：

（1）确定动荷作用之前土体中每一点或每个单元的静力分量 σ_x、σ_y、τ_{xy}，进而确定最大剪切作用面上的静剪应力比 $\alpha_{s,f}$，它们是确定永久偏应变势 $\varepsilon_{a,p}$ 所必需的。

（2）确定动荷作用之前，土体中每一点或每个单元的主应力差（$\sigma_1 - \sigma_3$），进而确定在（$\sigma_1 - \sigma_3$）-ε_a 关系线上的相应工作点，即图9.18中的 A 点，及相应的静模量 E，它是确定土软化降低后的模量 E' 所必需的。

（3）确定动荷作用之前土体中每一点位移分量 u、v，它们是计算由于软化引起的永久变形所必需的。

2. 分析方法及要求

土体静力分析必需考虑土的静力非线性。就软化模型分析而言，采用邓肯-张模型考虑土的静力非线性是比较适宜的。在此，只需指出如下两点：

（1）动荷作用之前的静力分析如果不考虑施工过程和加荷过程，则可采用一次加荷的迭代法进行土体非线性静力分析。在一次加荷迭代法分析中，采用的模量为割线模量。因此，迭代结束后每个单元的模量 E 即为动荷作用之前土的静模量。采用一次加荷迭代法进行土体非线性静力分析比较简单，计算工作量也较少。但是，当施工过程和加荷过程比较复杂时，其计算结果可能有较大的误差。在这种情况下，应采用下述的逐级加荷的增量法进行土体非线性静力分析。

（2）在增量法分析中，采用的是切线模量，分析结束后还必须按上述方法确定出相应的割线模量 E，并将其做为动荷作用之前土的静模量。与一次加荷迭代法相比，逐次加荷的增量分析方法比较复杂，计算工作量也大。但是，其计算结果较为准确。

3. 分析所考虑的荷载

在动荷作用之前的静力分析中所应考虑的荷载包括如下：

（1）土体的自重荷载。

（2）外荷载。

（3）如果必要时，还应考虑渗透力作用。

9.6.4 土体的动力分析

土体的动力分析的目的在于确定土体中的每一点或每个土单元的动应力分量，进而确定最大剪切作用面上的动剪应力比 $\alpha_{d,f}$，它是确定永久偏应变势 $\varepsilon_{a,p}$ 所必需的。土体的动力分析方法已在第六章表述过了，在此不需重复。

9.6.5 动荷作用后土体的静力分析

动荷作用后的静力分析应采用动荷作用软化后降低的模量进行分析，所考虑的静荷载与动荷作用前的土体静力分析所采用的相同，除此之外，还应注意永久偏应变是在不排水土体积不变的条件下发生的。根据这个条件，动荷作用前后两次计算求得的土体积应变应该相等。这个条件要求这两次计算所采用的泊桑比应满足一定的关系。如果以 ν 表示动荷作用之前土体静力分析所采用的泊桑比，以 ν' 表示动荷作用之后采用的泊桑比，以 k 表示动荷作用前体变系数，以 k' 表示动荷作用后体积系数，当不考虑由于软化引起的静应力重分布时，由上述条件则得

$$k' = k$$

将体变模量计算公式代入上式，则得

$$\nu' = \frac{1}{2} \left[1 - (1 - 2\nu) \frac{E'}{E} \right] \tag{9.55}$$

9.6.6 土体永久变形的确定

设以 u、v 表示动荷作用之前土体静力分析求得的位移，以 u'、v' 表示动荷作用之后土体静力分析求得的位移，则由动荷作用下偏应变引起的土体永久变形为：

$$\left. \begin{array}{l} \Delta u = u' - u \\ \Delta v = v' - v \end{array} \right\} \tag{9.56}$$

9.6.7　存在的问题

从上述可见，在动荷作用下软化土体中每一点或每个单元所产生的附加应变取决于永久应变势 $\varepsilon_{a,p}$，而永久应变势 $\varepsilon_{a,p}$ 又取决于该点或该单元所受的静应力及动应力。但是，根据上述软化模型的概念可知，所产生的附加应变的各个分量的相对比值仅取决于它所受的静应力各分量之间的比值，而与动应力无关。显然，这是不合理的。

9.7　偏应变引起的土体永久变形分析——等价结点力模型

9.7.1　等价结点力模型的概念及要点[4]

等价结点力模型的概念及要点可概括成如下三点：

（1）动荷作用引起的土单元永久应变，可视为是由作用于土单元结点上的一组附加的静力引起的。这样，从所引起的土单元永久应变而言，这组作用于土单元结点上的静力与动荷作用是等价的。因此，将这组作用于土单元结点上的静力称为等价结点力。

（2）作用于土单元上的等价结点力可以由土单元永久应变势 $\varepsilon_{a,p}$ 确定出来。

（3）把作用于土单元结点上的等价结点力视为外荷载，在其作用下土体产生的变形即为动荷作用下偏应变引起的土体永久变形。

此外，也必须对与等价结点力相应的外荷载进行一次静力分析，在静力分析中所采用的土单元模量可由相应土单元的永久应变势 $\varepsilon_{a,p}$ 及动荷作用之前土单元在 $(\sigma_1-\sigma_3)-\varepsilon_a$ 关系线上的工作点确定。

按上述第 1 点，还必须进行一次动荷作用之前土体的静力分析，确定土单元所受的主应力差 $(\sigma_1-\sigma_3)$，进而确定动荷作用之前土单元在 $(\sigma_1-\sigma_3)-\varepsilon_a$ 关系线上的工作点。

9.7.2　等价结点力的确定

前面曾指出，有时需将轴向永久应变势 $\varepsilon_{a,p}$ 变成永久剪应变势 γ_p，并给出了永久剪应变势的确定方法。下面，假定土体中每个单元的永久剪应变势 γ_p 为已知，来表述如何确定土单元等价结点力。首先指出，由式（9.47）确定的永久剪应变势应为最大剪应变，但是这个最大剪应变发生在哪儿方向并没有指明。通常认为，地震作用以水平剪切为主。这样，可以假定最大剪应变发生在水平方向上，即水平面是最大剪应力作用面。现在，考虑图 9.20a 所示的矩形土单元，与地震作用等价的静剪应力 $\tau_{xy,eq}$ 如图 9.20b 所示。等价静剪应力可按下式确定：

$$\tau_{xy,eq} = G\gamma_p \tag{9.57}$$

式中，G 为相应的静剪切模量，下面将进一步讨论。但是，式（9.57）只给出了等价剪应力的数值，作用方向还没有指定。循环剪切试验结果表明，土样所产生的永久剪切变形的方向与土样所受的静剪应力方向一致。因此，等价剪应力的作用方向应与土单元水平面上的静剪应力方向一致。

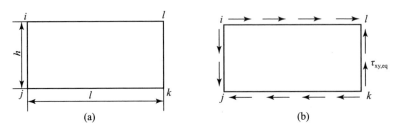

图 9.20   作用于单元边上的等价剪应力 $\tau_{xy,eq}$

根据有限元法，作用于土单元四边上的等价剪应力可根据静力平衡的方法集中到四个结点之上。设图 9.20a 所示的矩形单元长为 l，宽为 h，在集中到四个结点上的结点力的水平分量 F_x 和竖向分量 F_y，如图 9.21 所示分别为：

$$\left.\begin{aligned} F_x &= \tau_{xy,eq}l/2 \\ F_y &= \tau_{xy,eq}h/2 \end{aligned}\right\} \tag{9.58}$$

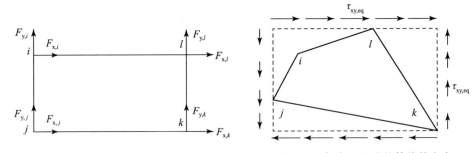

图 9.21   矩形单元上的等价结点力   图 9.22   任意四边形的等价剪应力

如果土单元不是矩形，而是如图 9.22 所示的任意四边形，则可虚构一个外接矩形。将土单元的等价剪应力作用虚构的矩形边界上，则可确定作用于四个结点上的结点力。下面，以确定作用于 i 结点上的结点力为例来说明结点力的确定方法。令四边形的局部结点按逆时针次序排列，与 i 相邻的结点为 l 和 j，l、i、j 三个结点的坐标分别 (x_l, y_l)、(x_i, y_i)、(x_j, y_j)。从图 9.22 中将与 i 相邻的两边 li 和 ij 取出，并令结点力的水平分量和竖向分量的正向分别为 x、y 方向，如图 9.23 所示。由力的平衡可得：

$$\left.\begin{aligned} F_{x,i} &= -\frac{1}{2}\,\tau_{xy,eq}(x_j - x_l) \\ F_{y,i} &= \frac{1}{2}\,\tau_{xy,eq}(y_j - y_l) \end{aligned}\right\} \tag{9.59}$$

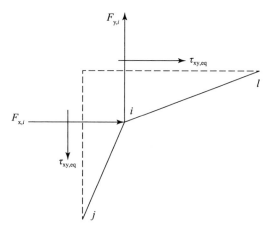

图 9.23　任意四边形上 i 结点力的确定

9.7.3　单元模量的确定

由于等价结点力是在静荷之上附加作用的，相应的模量应为切线模量或增量割线模量。下面，表述土单元的增量杨氏模量 E 及相应的剪切模量 G 的确定方法。

（1）像软化模型那样，根据土体静力分析确定出动荷作用之前土单元的主应力差，由 $(\sigma_1-\sigma_3)$-ε_a 关系线确定相应的工作点 A，及相应的引用轴向应变 $\varepsilon_{a,A}$，如图 9.24 所示。

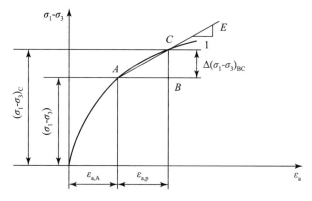

图 9.24　土单元增量割线模型 E 的确定

（2）将单元永久偏应变势选加在 $\varepsilon_{a,A}$ 之上，得到 $(\sigma_1-\sigma_3)$-ε_a 关系线上的 B 点的引用轴向应变 $\varepsilon_{a,B}$，即

$$\varepsilon_{a,B} = \varepsilon_{a,A} + \varepsilon_{a,p} \tag{9.60}$$

（3）按邓肯-张模型，按下式确定 C 点的主应差 $(\sigma_1-\sigma_3)_C$：

$$(\sigma_1 - \sigma_3)_{\mathrm{C}} = \cfrac{1}{\cfrac{1}{kp_a(\sigma_3/p_a)^n} + \cfrac{R_f(1 - \sin\varphi)\varepsilon_{a,B}}{2C\cos\varphi + 2\sigma_3\sin\varphi}} \tag{9.61}$$

(4) 根据增量割线模量的定义，如图 9.24 所示，则得：

$$E = \frac{(\sigma_1 - \sigma_3)_{\mathrm{C}} - (\sigma_1 - \sigma_3)_{\mathrm{A}}}{\varepsilon_{a,p}} \tag{9.62}$$

(5) 在计算土单元等价剪应力 $\tau_{xy,eq}$ 所需要的剪切模量 G，可由式 (9.62) 计算出来的杨氏模量，按下式确定：

$$G = \frac{E}{2(1 + \nu)} \tag{9.63}$$

式中，泊桑比 ν 取 0.5。

9.7.4 土体永久变形的求解

将上面求得的作用于土单元结点上的等价结点力做为外荷载，进行一次土体静力分析就可求得土体的永久变形。求解方程式如下：

$$[K]\{\Delta r\} = \{\Delta R\} \tag{9.64}$$

式中，$[K]$ 为土体系的总刚度矩阵由单元刚度矩阵迭加而成，在计算土单元刚度矩阵时应采用式 (9.62) 确定的增量割线模量；$\{\Delta R\}$ 为由土单元等价结点力迭加而成的荷载增量向量，如图 9.25a 所示，一个结点周围通常有若干个土单元，每个土单元均在该结点上作用一个等价结点力，因此该结点上总的等价结点力应为这些单元在该点上作用的等价结点力之和：

$$\left.\begin{aligned}
\Delta R_{x,i} &= \sum_{k=1}^{n} F_{x,i,k} \\
\Delta R_{y,i} &= \sum_{k=1}^{n} F_{y,i,k}
\end{aligned}\right\} \tag{9.65}$$

式中，$\Delta R_{x,i}$、$\Delta R_{y,i}$ 分别为作用于 i 的结点上总结点力的水平分量和竖向分量；$F_{x,i,k}$、$F_{y,i,k}$ 分别为与其相邻的第 k 单元作用于 i 结点上的等价结点力的水平分量和竖向分量，如图 9.25b 所示；n 为结点周围的土单元个数；$\{\Delta r\}$ 由荷载向量增量 $\{\Delta R\}$ 作用引起的位移增量向量，即土体永久变形向量。

9.7.5 存在的问题

对上述的等价结点力法，可以指出如下两个问题：

(1) 由式 (9.58) 和式 (9.59) 可见，在确定土单元等价结点力时，只考虑了与永久水平剪应变 $\gamma_{xy,p}$ 相应的等价结点力。实际上，永久应变应包括永久水平剪应变 $\gamma_{xy,p}$ 和永久差应变 $(\varepsilon_x - \varepsilon_y)_p$ 两个分量。显然，等价结点力也应由与永久水平剪应变 $\gamma_{xy,p}$ 和永久差应变 $(\varepsilon_x - \varepsilon_y)_p$ 相应的两部分等价结点力组成。当

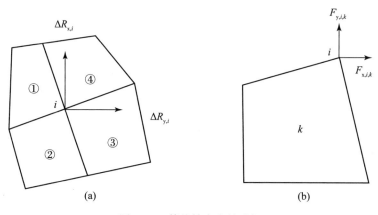

图 9.25　等价结点力的迭加

然，如果当在动荷作用下土体的变形以水平剪切变形为主时，则可以忽略与永久差应变 $(\varepsilon_x - \varepsilon_y)_p$ 相应的等价结点力。但是，有些情况下是不应忽略的，例如，在考虑地震竖向运动情况。

（2）假定永久剪应变 γ_p 发生在水平面上。这个假定相当于最大剪应变发生水平面上，即 $\gamma_{xy,p} = \gamma_p$。同样，当土体运动以水平剪为主时，可以认为水平面即为最大剪应力作用面，但在许多情况下是不适宜的，例如地基中的土体。

综上，可认为上述的等价结点力只适用于以水平剪切运动为主的土体的永久变形分析。当这个条件不能满足时，上述的确定等价结点力方法应加以改进，做进一步研究是必要的。

参 考 文 献

［1］谢君斐、石兆吉、郁寿松、封万玲，液化危害性分析，地震工程与工程振动，Vol. 8，No. 1, 1988，（1）：61－71。

［2］Newmark N M, Effects of Earthquake on Dams and Embankments, Geotechnique, Vol. 15, No. 2, June, 1965.

［3］Seed H B and Silver M I, Settlement of Dry Sands during Earthquakes, Journal of soil Mech. And Found. Div. ASCE, Vol. 98, NO. SM4, 1972.

［4］Serff N, Seed H B, Makdisi F I and Chang C H, Earthquake-induced Deformation of Earth Dams, Report NO. EERC76－4, Sept, 1976.

［5］Lee K L and Albaisa, Earthquake Induced Settlement in Saturated Sands, ASCE, Vol. 100, NO. GT4, 1979.

第十章 动荷作用下土体-结构的相互作用

10.1 概述

10.1.1 土体-结构体系及其相互作用

在实际的工程问题中，土体通常以某种形式与结构连接在一起形成一个体系。概括地说，土体与结构之间有如下三种连接情况：

(1) 结构位于土体之上，例如建筑物与地基土体之间的关系，如图 10.1a 所示。在这种情况下，地基土体起着支承建筑物保持其稳定的作用，而建筑物则通过与地基土体的接触面将上部荷载传递给地基土体。

(2) 结构位于土体的一侧，例如挡土墙与墙后土体之间的关系，如图 10.1b 所示。在这种情况下，挡土墙起着在侧向支承墙后土体保持其稳定的作用，而墙后土体通过与墙的接触面将侧向压力传递给挡土墙。

(3) 结构位于土体的内部，例如地铁隧洞与周围土体之间的关系，如图 10.1c 所示，在这种情况下，隧洞起着支承周围土体保持其稳定的作用，而周围土体通过与隧洞的接触面将压力传递给隧洞。

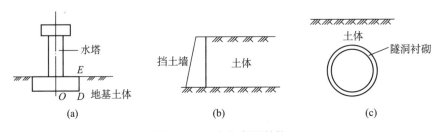

图 10.1 土与相邻的结构

从上述可见，无论土体与结构之间以哪种方式连接，它们之间都会通过接触面发生相互作用。土体与结构之间通过接触面发生的相互作用可概括如下两点：

(1) 在接触面土体与结构变形之间相互约束，并最后达到相互协调。通常，与结构相比土体的刚度较小，在这种情况下，一方面结构对土体的变形具有约束作用，另一方面由于结构是变形体在约束土体的变形同时也要顺从土体而发生一定的变形。最后，在接触面土体与结构的变形达到相互协调。显然，相对而言，结构的刚度越大，结构对相邻土体变形的约束越大，而顺从土体发生的变形则越小。

（2）在接触面土体与结构之间发生力的相互传递。由于土体对结构的支承作用或结构对土体的支承作用，土体与结构之间一定要通过接触面发生力的传递。土体与结构之间力的传递是基本的，无论在计算分析中是否考虑土体与结构的相互作用，土体与结构之间这部分力的传递是必须考虑的。除此之外，在土体与结构之间通过接触面还存在一种附加的力的传递，即由于土体与结构在接触面变形协调而发生的附加力的传递。土体与结构之间这部分力的传递力只有考虑土体与结构相互作用时才能考虑。按上述，在土体与结构接触面上所传递的这部分力与上体结构之间变形的约束程度有关，而土体与结构之间的变形约束程度与土体结构之间的相对刚度有关。显然，土体与结构之间相对刚度之差越大，变形之间的约束也越大，则通过接触面的传递的这部分力也越大。

与静力作用不同，在动荷作用下土体与结构接触面还要传递由土体和结构运动而产生的惯性力。根据动力学知识，惯性力的大小与质量和刚度的分布有关。由于考虑相互作用和不考虑相互作用的分析体系，两者的质量与刚度的分布不同，则在这两种情况下通过接触面传递的惯性力也将不同。另外，考虑相互作用的分析体系通常要比不考虑相互作用的分析体系要柔，考虑相互作用分析求得的体系变形要大。

按上述，在接触面上结构的变形和土体的变形达到协调，并在接触面上发生附加作用的现象，称为土体-结构相互作用。因此，无论是在静荷作用下还是在动荷作用下土体-结构相互作用都是通过两者的接触面发生的。相应地，土体与结构接触面的形式、性质对土体-结构相互作用有重要的影响。

在此应指出，无论是在静荷作用下还是在动荷作用下，土体-结构的相互作用是一个客观存在而无法改变的现象或事实。对于土体-结构相互作用，人们将面临如下两个问题：

（1）考虑不考虑相互作用。

（2）怎么考虑相互作用。

首先，关于考虑不考虑相互作用的回答是肯定的。但是，如何考虑相互作用则应根据实际问题的复杂性及重要性而具体决定。在此应指出，关于土体-结构相互作用可以在如下两个方面予以考虑：

①定性的考虑：定性的考虑是根据土-结构相互作用研究所获得的定性影响规律，在场地选择、结构形式、基础形式、构造措施等方面予以考虑，尽可能地减小土-结构相互作用的不利影响及适当地利用土-结构相互作用的有利影响。

②定量的考虑：定量的考虑是在分析方法中考虑土体-结构相互作用。考虑土体-结构相互作用的分析结果，或者直接作为评估在动荷作用下土体-结构体系性能的依据，或者作为评估不考虑土体-结相互作用动力分析结果的依据和补充。

通常，所谓的不考虑土体–结相互作用是指在分析方法上不考虑土体–结构相互作用。在实际工作中，一个有经验的工程师在概念上和定性方面总是会适当地考虑土–结构相互作用。同时，这一点在有关的设计规范的规定中也有所体现。但是，是否采用考虑相互作用的分析方法，取决于如下两个因素：

①考虑土–结相互作用的分析方法是很繁复的，即使是在分析中采用高速计算机计算的今天也是如此，在分析中采用计算机只是使考虑土–结相互作用分析成为可能。

②已有的土–结相互作用研究结果表明，考虑相互分析方法求得的结构所受的地震作用通常小于不考虑相互作用分析方法求得的。因此，通常不考虑土体–结构相互作用分析方法所提供的结果是偏于保守和安全的。

考虑上述两个因素，一般工程采用不考虑土体–结构相互作用的分析方法，只有重大工程才采用考虑土–结相互作用的分析方法。

如果在动力分析方法中考虑土体–结构相互作用则必须基于如下两点：

（1）将土视为一种变形的力学介质。

（2）在体系的计算模型中必须包括与结构相邻的土体或表示土体作用的等价力学元件。

另外，土体–结构动力相互作用分析中，应特别关注如下几点：

（1）在土体–结构接触面上，土体与结构变形之间的协调及相应的力的传递。

（2）土体–结构相互作用体系中的质量和刚度分布。

（3）土体的材料耗能及体系的辐射耗能或几何耗能。

10.2　地震时土–结构相互作用机制及影响

10.2.1　土–结构相互作用机制

当将土体与结构作为一个体系时，地震时土体与结构之间的相互作用可分为运动相互作用和惯性相互作用两种机制。下面以图 10.2 所示的地基土体与其上的水塔在地震时的相互作用为例说明这两种相互作用机制。假定地震运动是从基岩向上传播的水平运动，C 点为基岩与土层界面上的一点，该点的运动是指定的，即为控制运动；水塔的基础为埋置地面之下的刚性圆盘，O、D、E 为基础与土体界面上三个代表性的点。

1. 运动相互作用

令图 10.3a 为在竖向传播的水平运动作用下自由表面场地土层体系。在这种情况下，土层各点只有水平运动。图 10.3a 中的虚线表示水塔的刚性圆盘基础与地基土体的界面。在自由表面场地土层情况，界面上的三个代表性点 O、D、E

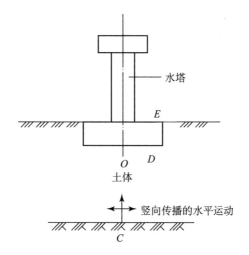

土体

竖向传播的水平运动

图 10.2 向上传播的水平运动及水塔地基土体体系

也只有水平运动，并且由于场地土层的放大和滤波作用，不仅这三点的水平运动与基岩面上控制点 C 的水平运动不相同，而且 E 点的水平运动也与 O、D 两点的水平运动不同。令图 10.3b 为在竖向传播的水平运动作用下在表面之下埋置无质量刚性圆盘的地基土层体系。当水平运动以波的形式向上传播到无质量刚性圆盘与土体的界面，由于在界面上波产生散射，则刚性圆盘上的三个代表性点的运动将不同于图 10.3a 所示的自由表面场地土层情况下相应的运动。综上，当运动以波的形式传播到结构与土体界面上，由于波发生散射使界面上点的运动与自由表面场地土层中相应点的运动发生明显的不同。通常，把这种现象称为运动相互作用。对于图 10.2 所示的水塔与地基土体的例子，其运动相互作用只与刚性圆盘的几何尺寸有关。如果基础不是刚性的，运动相互作用还应与圆盘基础的刚度有关。但是，运动相互作用与圆盘基础之上的水塔的质量和刚度无关。

2. 惯性相互作用

如图 10.4 所示，地震时水塔在刚性圆盘的运动作用下发生运动。由于地基土体与水塔处在同一个体系之中，刚性圆盘基础及水塔运动的惯性力将通过接触面以基底剪力 Q 和弯矩 M 形式附加作用于地基土体，并在土体中引起附加运动和应力。下面，把基础及水塔运动的惯性力反馈作用于地基土体，并在土体中引起附加运动及应力的现象称为惯性相互作用。很明显，惯性相互作用取决于如下因素：

（1）水塔的刚度，即上部结构的刚度；如果基础圆盘不是刚性时，还与其刚度有关。

（2）刚性圆盘和水塔的质量，即基础和上部结构的质量。

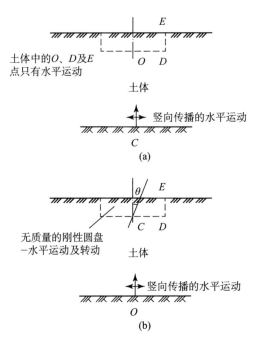

土体中的O、D及E
点只有水平运动

土体

竖向传播的水平运动

C

(a)

无质量的刚性圆盘
-水平运动及转动

土体

竖向传播的水平运动

O

(b)

图 10.3　在无质量刚性圆盘与土体界面发生的运动相互作用

（a）在竖向传播的水平运动作用下自由表面场地土层；

（b）在竖向传播的水平运动作用下埋置的无质量的刚性圆盘与场地土层

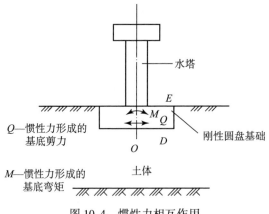

水塔

E

Q—惯性力形成的
基底剪力

M　Q

刚性圆盘基础

O

土体

M—惯性力形成的
基底弯矩

图 10.4　惯性力相互作用

10.2.2　土-结相互作用的影响

在常规的抗震设计中，一般采用不考虑土-结相互作用的分析方法。在分析中沿建筑物基底面把地基土体与上部结构分成独立的两部分，按如下两步进行：

（1）如图 10.5a 所示，根据地基土层条件确定场地类别，然后根据场地类别确定相应的地面加速度反应谱。如果想更好的考虑场地土层条件对地面运动的影响，则可对所考虑的场地土层进行地震反应分析，确定出相应的地面加速度时程和加速度反应谱。

（2）假定地基是刚性体，将上一步确定的地面运动加速度反应谱或时程作用于建筑物基底，进行上部结构抗震分析，如图 10.5b 所示。

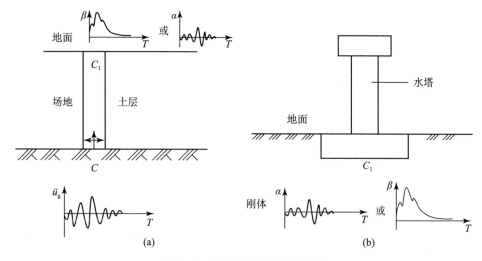

图 10.5　常规抗震设计分析方法

（a）根据场地土层条件确定地面运动加速度 $a(t)$ 或反应谱；
（b）假定地基土体为刚体，将第一步确定的地面加速度反应普或时程作用于建筑基底地面

显然，常规抗震设计方法通过第一步工作考虑了场地土层条件对地面运动的影响，但是并没考虑土–结相互作用的影响，因为：

（1）输入给建筑物基底的底层运动是自由场地地面运动，没有考虑运动相互作用的影响。

（2）在第二步上部结构抗震分析中，假定地基土是刚性的，没有考虑地基土体刚度及质量对上部结构地震反应的影响。

（3）在第二步上部结构抗震分析体系中没有包括地基土体或表示地基土体作用的等价力学元件。因此，无法将上部结构的惯性力反馈作用于地基土体或等价力学元件，即没有考虑惯性相互作用。

像上面指出的那样，常规抗震分析通常不考虑土体–结构相互作用，因此土体–结构相互作用的影响如何是一个受关注的问题。土–结相互作用在定量上的影响取决于具体问题，在此只能在定性上来说明土–结相互作用的影响。另外，土–结相互的影响还与土体与结构之间的相对位置有关。目前，对建筑物与其地基土体的土–结相互作用研究较多，下面仅就建筑物上部结构与其地基土体的相

互作用来表述相互作用的定性影响。

为简明，建筑物上部结构与其地基土体相互作用的影响可以图 10.6 所示的例子说明。

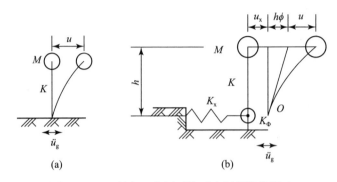

图 10.6 土-结相互作用对体系自振周期的影响
（a）不考虑土-结相互作用分析体系；（b）考虑土-结相互作用分析体系

1. 对体系的振动特性的影响

当考虑土体结构相互作用时，必须将地基土体作为变形体包括在分析体系中。从抵抗水平变形就可看出，地基土体水平变形刚度与上部结构的水平变形刚度是串联的，因此考虑土体结构相互作用的分析体系与不考虑土体结构相互作用的分析体系相比更柔了。这样，考虑土体结构相互作用分析体系的自振圆频率应低于不考虑土体结构相互作用分析体系的。相应地，其自振周期增大了。

在图 10.6 中，以一个单质点体系代表结构，设其质量为 M，抵抗水平变形刚度为 K，距基底高度为 h；以刚度为 K_x 的抗平移的等价弹簧和刚度为 K_ϕ 的抗转动的等价弹簧表示地基土体的作用。不考虑土体结构相互作用的分析模型如图 10.6a 所示，地震动 $\ddot{u}_g(t)$ 从刚性基底输入。假如不考虑阻尼影响，不考虑土体结构相互作用分析体系的动力平衡方程为：

$$M\ddot{u} + Ku = -M\ddot{u}_g$$

改写上式得

$$\ddot{u} + \frac{K}{M}u = -\ddot{u}_g \tag{10.1}$$

由结构动力学可知，不考虑土体结构相互作用分析体系的自振圆频率 ω 为：

$$\omega = \sqrt{\frac{K}{M}} \tag{10.2}$$

当不考虑阻尼时，考虑土体结构相互作用分析体系如图 10.6b 所示。在这种情况下，质点 M 的运动由如下三部分组成：

（1）基底运动 u_g。

（2）基础的平移 u_x 和转动 $h\phi$。

（3）质点 M 相对变形 u。

作用于质点 M 上的力包括：

（1）质点 M 运动的惯性，$M(\ddot{u}_g + \ddot{u}_x + h\ddot{\phi} + \ddot{u})$。

（2）弹性恢复力 Ku。

由质点 M 的水平向动力平衡得：

$$M\ddot{u} + Ku = -M(\ddot{u}_g + \ddot{u}_x + h\ddot{\phi}) \tag{10.3}$$

另外，为简化，假定基底点 O 的质量为零，由基底 O 点水平力和力矩的平衡分别得：

$$Ku - K_x u_x = 0$$

$$Kuh - K_\phi \phi = 0$$

由此得：

$$\left.\begin{array}{c} u_x = \dfrac{K}{K_x} u \\[3mm] \phi = \dfrac{K}{K_\phi} hu \end{array}\right\} \tag{10.4}$$

将其代入式（10.3）得

$$M\left(1 + \frac{K}{K_x} + \frac{K}{K_\phi}h^2\right)\ddot{u} + Ku = -M\ddot{u}_g$$

改写上式得

$$\ddot{u} + \frac{K}{M\left(1 + \dfrac{K}{K_x} + \dfrac{K}{K_\phi}h^2\right)}u = -\frac{1}{\left(1 + \dfrac{K}{K_x} + \dfrac{K}{K_\phi}h^2\right)}\ddot{u}_g \tag{10.5}$$

由结构动力学可知，考虑相互作用分析体系的自振圆频率 ω' 为：

$$\omega' = \frac{1}{\sqrt{1 + \dfrac{K}{K_x} + \dfrac{K}{K_\phi}h^2}}\sqrt{\frac{K}{M}} \tag{10.6}$$

与式（10.2）相比，可见考虑土体结构相互作用体系的自振圆频率低于不考虑土体结构相互作用体系的圆频率；相应地，自振周期增大。从式（10.6）可知，地基土体越软，即刚度系数 K_x 和 K_ϕ 越小，自振周期增大的就越多。对于多质点的结构，考虑土-结相互作用分析体系的自振周期也要增大，只是不能像单质点结构这样做出简明的表述。

2. 对结构地震反应的影响

地震运动 $\ddot{u}_g$ 可视为是有一系列谐波组合而成的，其中的一个谐波圆频率为

p，幅值为 A，按式（10.1）不考虑土-结相互作用的求解方程式可写成：

$$\ddot{u} + \omega^2 u = - A\sin pt \tag{10.7}$$

式中，ω 为不考虑土-结相互作用分析体系的自振圆频率，按式（10.2）确定。上式的稳态解为：

$$u = - \frac{A}{p^2\left[\left(\dfrac{\omega}{p}\right)^2 - 1\right]}\sin pt \tag{10.8}$$

相似，考虑土-结相互作用的求解方程式（10.5）可写成：

$$\ddot{u} + \omega'^2 u = - \frac{A}{1 + \dfrac{K}{K_x} + \dfrac{K}{K_\phi}h^2}\sin pt \tag{10.9}$$

式中，ω' 为考虑土-结相互作用分析体系自振圆频率，按式（10.6）确定。式（10.9）的稳态解为：

$$u = - \frac{A}{1 + \dfrac{K}{K_x} + \dfrac{K}{K_\phi}h^2}\frac{1}{p^2\left[\left(\dfrac{\omega'}{p}\right)^2 - 1\right]}\sin pt \tag{10.10}$$

设 α 为考虑土-结相互作用与不考虑土-结相互作用的质点位移之比，由式（10.10）和式（10.9）得：

$$\alpha = \frac{1}{1 + \dfrac{K}{K_x} + \dfrac{K}{K_\phi}h^2}\frac{\left[\left(\dfrac{\omega}{p}\right)^2 - 1\right]}{\left[\left(\dfrac{\omega'}{p}\right)^2 - 1\right]} \tag{10.11}$$

这样，式（10.11）表明，考虑土-结相互作用的质点相对位移与不考虑土-结相互作用的质点相对位移之比 α 与 ω、ω' 及 p 有关。当 α 小于 1 时，考虑土-结构作用的质点位移要小于不考虑相互作用的质点位移。

与单质点体系相似，在许多情况下，多质点体系考虑土-结相互作用分析得到的相邻结点的相对位移小于不考虑土-结相互作用分析得到的。这表明，对于多质点体系，当考虑土-结相互作用时连接相邻两个结点的构件在地震时所受的剪力和弯矩要小于由不考虑土-结相互作用分析得到的。正如前面所说的，不考虑土-结相互作用分析所提供的结果是偏于安全和保守的。

3. 对建筑物基底运动的影响

按前述的土-结相互作用机制，土-结相互作用对建筑物基底运动的影响，取决于运动相互作用和惯性相互作用。对建筑物基底运动的影响包括对基底运动加速度最大值和基底运动加速度频率特性的影响两个方面。

1）对基底运动加速度最大值的影响

Seed 引进相互作用影响因数 I 来表示土-结相互作用对基底运动加速度最大

值的影响。相互作用影响因数 I 定义如下：

$$I = \frac{|\ddot{u}_{\mathrm{max.b,f}} - \ddot{u}_{\mathrm{max.b}}|}{|\ddot{u}_{\mathrm{max.b,f}}|} \tag{10.12}$$

式中，$\ddot{u}_{\mathrm{max.b}}$ 为由考虑土–结相互作用分析体系求得的基底面上一个代表性点的运动最大加速度；$\ddot{u}_{\mathrm{max.b,f}}$ 为由自由场地分析体系求得的相应点的运动最大加速度。从式（10.12）可见，无论 $\ddot{u}_{\mathrm{max.b}}$ 小于还是大于 $\ddot{u}_{\mathrm{max.b,f}}$，$I$ 越大表示土–结相互作用对基底运动的影响越大。

根据结构动力学知识，由自由场地分析体系求得的基底相应点的运动最大加速度 $\ddot{u}_{\mathrm{max.b,f}}$ 只与场地土层的质量与刚度分布有关，而与土层之上的结构无关。但是，由考虑土–结相互作用分析体系求得的基底面上一点运动最大加速度 $\ddot{u}_{\mathrm{max.b}}$ 不仅与土层的质量与刚度分布有关，还与结构的刚度与质量分布有关。这一点可由图 10.6b 中表示基地运动的 O 点的运动来说明。由图 10.6b 可知，基地面上 O 点的运动 u_{b} 可表示如下：

$$\ddot{u}_{\mathrm{b}} = \ddot{u}_{\mathrm{g}} + \ddot{u}_{\mathrm{x}} \tag{10.13}$$

为简明，设输入的运动加速度 $\ddot{u}_{\mathrm{g}}$ 为正弦波，则

$$\ddot{u}_{\mathrm{g}} = A\sin pt \tag{10.14}$$

而由式（10.4）得

$$\ddot{u}_{\mathrm{x}} = \frac{K}{K_{\mathrm{x}}}\ddot{u}$$

将式（10.10）代入上式得

$$\ddot{u}_{\mathrm{x}} = \frac{A}{1 + \dfrac{K}{K_{\mathrm{x}}} + \dfrac{K}{K_{\phi}}h^2} \frac{K}{K_{\mathrm{x}}} \frac{1}{\left[\left(\dfrac{\omega'}{p}\right)^2 - 1\right]}\sin pt \tag{10.15}$$

将式（10.14）和式（10.15）代入式（10.13）得

$$\ddot{u}_{\mathrm{b}} = A\left[1 + \frac{1}{1 + \dfrac{K}{K_{\mathrm{x}}} + \dfrac{K}{K_{\phi}}h^2} \frac{K}{K_{\mathrm{x}}} \frac{1}{\left[\left(\dfrac{\omega'}{p}\right)^2 - 1\right]}\right]\sin pt \tag{10.16}$$

式（10.16）表明，由考虑土–结相互作用体系求得的基底运动加速度最大值不仅取决于地基土体的刚度 K_{x}、K_{ϕ}，还取决于结构的刚度，而质量分布的影响包括在 ω' 之中。

2）对基底运动的频率特性的影响

前面已经指出，对于建筑物与地基土体，考虑土体结构相互作用的分析体系的刚度要变柔。相应的，基底面上一点的运动加速度的高频含量要被压低，而低频含量要被增大；相应地，加速度反应谱的卓越周期，即反应谱最大峰值所对应

的周期要增大。

10.3　考虑土-结相互作用的分析方法

土-结相互作用问题极为广泛，但是考虑土-结相互作用的分析却只有两种方法，即子结构分析方法和整体分析方法[1]。

10.3.1　子结构分析方法

在子结构分析方法中，把土体和结构视为两个相互关联的体系，并将确定结构体系对地震反应作为主要的求解目标，而将土体体系做为对结构地震反应有影响的一个因素，称其为子结构。

严格的子结构分析方法是将土体视为半空间连续介质，而将结构视为离散的构件集合体，并包含如下三个分析步骤：

（1）为了考虑运动相互作用，首先确定土体与无质量的基础界面上各点的运动。如前所述，由于波的散射土体与无质量的基础界面上各点的运动与自由场地土层中相应点的运动是不同的。因此，将确定土体与无质量基础界面上各点的运动称为散射分析。

（2）为了考虑惯性相互作用，确定土体与无质量基础界面上各点的力与变形的关系。如果以复刚度表示力和变形的关系，则在这个关系中考虑了阻尼的影响。通常，作用于土体与无质量基础界面上一点的力不仅与该点的变形有关，还与界面的其他点的变形有关。这样，土体与无质量基础界面上一点的力与界面上其他点的变形是交联的。当采用数值分析方法时，土体对界面的作用以阻抗或刚度矩阵表示。确定土体对界面作用的阻抗或刚度矩阵称为阻抗分析。在直观上，可以把土体对界面的作用以一组相互交联的弹簧表示。由阻抗分析确定出来的阻抗或刚度矩阵系数则表示这组弹簧对界面的作用以及各弹簧之间的交联作用。

（3）最后一步是进行结构的动力分析。为了考虑惯性相互作用，在结构动力分析中必须将上述一组相互交联的弹簧与土体基础界面连接起来。这组相互交联的弹簧对土体基础界面的定量作用可由阻抗分析求得的阻抗或刚度矩阵表示。同时，为了考虑运动相互作用，则必须将由散射分析确定出来的土体基础界面的运动施加于相互交联的弹簧的另一端。在此应注意，散射分析确定出来的土体基础界面的运动不是考虑土体与基础相互作用界面的实际运动。土体与基础界面的实际运动还取决于惯性运动。因此，如果将散射分析确定出来的土体与基础界面的运动施加于土体与基础界面上，则是错误地认为界面的实际运动等于散射分析确定出来的土与基础界面的运动了。这样，则不能考虑惯性相互作用对土与基础界面运动的影响。按上述，以图 10.7a 所示的刚性基础的水塔为例，其结构运动力分析模型如图 10.7b 所示。在图 10.7b 中，将塔罐简化为一个具有两个自由度的刚块，一个自由度为水平运动，以其质心的水平运动 u_1 表示，另一个自由度为转动，以绕其质心的转角 ϕ_1 表示，刚块的质量为 M_1，绕其质心转动的质量惯性矩为 I_1，刚块底面上 u_A 点的水平位移按下式确定：

$$u_A = u_1 + h_1\phi_1 \tag{10.17}$$

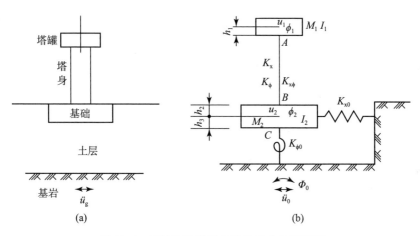

图 10.7 子结构法最后的结构动力分析模型

式中，h_1 为刚块质心与 A 点的距离。塔身简化为一个梁构件，以 K_x、K_ϕ 及 $K_{x\phi}$ 分别表示其剪切刚度系数、弯曲刚度系数和剪切弯曲交联刚度系数。水塔的基础也简化为一个具有两个自由度的刚块，其质心的水平运动以 u_2 表示，绕其质心的转动以 ϕ_2 表示，刚块的质量以 M_2 表示，绕其质心转动的质量惯性矩为 I_2，刚块顶面 B 和底面 C 点的水平位 u_B 和 u_C 分别按式（10.18）的第一和第二式确定：

$$\left.\begin{array}{l} u_B = u_2 - h_2\phi_2 \\ u_C = u_2 + h_2\phi_2 \end{array}\right\} \tag{10.18}$$

由阻抗分析确定出来的地基土体的水平运动的刚度系数、转动刚度系数分别为 K_{x0} 和 $K_{\phi0}$，并且假定忽略水平运动和转动的交联，令其刚度系数 $K_{x\phi,0}=0$。令由散射分析得到的土体与刚性基础界面的水平位移和转动分别为 u_0、ϕ_0。与刚度系数 K_{x0} 和 $K_{\phi0}$ 相应的弹簧，其一端与刚性基础界面相连接，另一端与按 u_0、ϕ_0 运动的刚体相连接。

从图 10.7b 所示的结构动力分析模型可见，该模型共有 4 个自由度，相应的运动分别为 u_1、ϕ_1、u_2、ϕ_2。同时，由所示的分析模型可建立四个求解方程，即第一个刚块的水平向运动动力平衡方程和绕其质心转动的动力平衡方程式：

$$\left.\begin{aligned} \sum X_1 &= 0 \\ \sum M_1 &= 0 \end{aligned}\right\} \qquad (10.19)$$

以及第二个刚块的水平向运动动力平衡方程和绕其质心转动的动力平衡方程式：

$$\left.\begin{aligned} \sum X_2 &= 0 \\ \sum M_2 &= 0 \end{aligned}\right\} \qquad (10.20)$$

式中，X_1、M_1 和 X_2、M_2 分别为作用于第一个刚块和第二个刚块上的水平力和绕其质心的力矩。不难看出，由散射分析求得的界面的运动，即图 10.7b 中 u_0、ϕ_0 的作为输入运动，其作用包括在式（10.19）、式（10.20）中。

综上所述，子结构求解土-结相互作用流程如图 10.8 所示。从图 10.8 可见，散射分析和阻抗分析是子结构法的两个关键步骤。无论是散射分析还是阻抗分析，其结果均与建筑物的基础形式有关。

通常，建筑物的基础可分为刚性基础和柔性基础。下面，按这两种情况做进一步讨论。

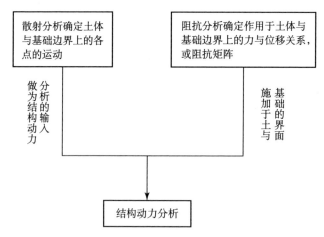

图 10.8 土-结相互作用子结构法

1. 刚性基础

在刚性基础情况下，散射分析所要确定的为无质量刚性基础底面的平移及转动。在平面情况下，如图 10.9 所示，则为刚性基础底面中心点的竖向位移 w_0、水平位移 u_0 和绕中心点的转动 ϕ_0。相应地，阻抗分析则要确定土体作用于刚性基础底上的力、转动力矩与其平移、转动位移之间关系的。在平面情况下，描写土体作用于刚性基础底面中心点上的竖向力 F_{z0}、水平力 F_{x0} 和力矩 M_0 与其竖向位移 w_0、水平位移 u_0 和绕中心点转动 ϕ_0 之间关系可写成如下形式：

$$\begin{Bmatrix} F_{z0} \\ F_{x0} \\ M_0 \end{Bmatrix} = \begin{bmatrix} K_{11} & 0 & 0 \\ 0 & K_{22} & K_{23} \\ 0 & K_{23} & K_{33} \end{bmatrix} \begin{Bmatrix} w_0 \\ u_0 \\ \phi_0 \end{Bmatrix} \qquad (10.21)$$

式（10.21）右端的矩阵即为此种情况下的阻抗矩阵，是一个 3×3 阶的矩阵。

2. 柔性基础

在柔性基础情况下，散射分析所要确定的为柔性无质量基础底面上各结点的竖向位移和两个水平向的位移。阻抗分析所要确定的是土体与柔性基础界面上各点的力与其上各点的位移关系。在平面情况下，设 k 结点为柔性基础底面的一点，如图 10.10 所示，k 点的竖向位移为 $w_{0,k}$ 及水平位移为 $u_{0,k}$，作用于 k 结点的力的竖向力为 $F_{z,0,k}$、水平为 $F_{x,0,k}$，则描写柔性基础底面上各结点作用力与其位移之间的关系可以写成如下形式：

$$\{F_0\} = [K]_{sf}\{r_0\} \qquad (10.22)$$

式中，$\{F_0\}$ 为作用于柔性基础底面上结点力向量，形式如下：

$$\{F_0\} = \{F_{0,z,1} F_{0,x,1} \cdots F_{0,z,k} F_{0,x,k} \cdots F_{0,z,n} F_{0,x,n}\}^T \qquad (10.23)$$

$\{r_0\}$ 为柔性基础底面上结点位移向量形式如下：

$$\{r_0\} = \{w_{0,1} u_{0,1} \cdots w_{0,k} u_{0,k} \cdots w_{0,n} u_{0,n}\}^T \qquad (10.24)$$

$[K]_{s,f}$ 为阻抗矩阵，是一个 $2n \times 2n$ 阶的矩阵，其中 n 为柔性基础底面上的结点数目。

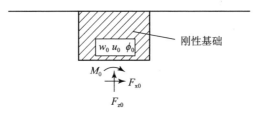

图 10.9　刚性基础情况下散射分析和阻抗分析

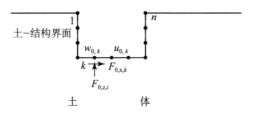

图 10.10　柔性基础情况下散射分析和阻抗分析面图

如果只考虑惯性相互作用，只需要确定式（10.21）和式（10.22）所示的相互作用矩阵。在此应指出，当将土体视为带契口的半空间无限体，既使假定土为线性弹性介质用解析方法确定相互作用矩阵也是困难的。在实际应用中，相互作用矩阵一般是用有限元法确定的。这样，子结构法必须进行两次有限元分析。

如果在子结构法中，不考虑散射对输入运动影响，即不考虑运动相互作用，并将输入运动取为自由场地土层相应点的运动。这样的子结构分析方法称为只考虑惯性相互作用的子结构法。这样，只需进行自由场地土层反应分析，确定地面运动。众所周知，进行自由场地土层反应分析相对是容易的。

由于阻抗分析的困难，在实际问题中，表示土体对基础界面作用的交联弹簧的弹簧系数常常根据试验或经验确定。如果采用这样做法，子结构法就与下面表述的弹簧系数法相同了。在弹簧系数法中，通常忽略弹簧之间的交联作用，认为土体作用于界面上一点的力只与该点的相应变形有关，而与界面上其他点的变形无关。

10.3.2 整体分析方法

土-结构相互作用的整体分析方法也称直接分析方法。与上述分步完成的子结构分析方法不同，仅需进行一次分析就可完成，并可同时确定出土体和结构的运动。

1. 分析体系及输入

在地震作用下土-结构相互作用整体分析方法中，将基岩的地震运动施加于土层之下的基岩或假想的基岩的顶面上，如图 10.11b，如果设计地震动是按土层与基岩界面提供的，即 $\ddot{u}_g(t)$，则可将其直接施加于土层与基岩界面，如果设计地震动是按地面提供的，即 $a(t)$，则应将地面设计地震动按自由场地反演到土层与基岩界面，求得 $\ddot{u}_g(t)$ 再将其施加于土层与基岩界面，如图 10.11a 所示。

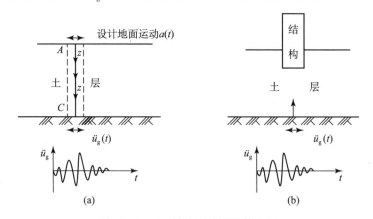

图 10.11 土-结相互作用整体分析
（a）自由场地及基岩运动反演；（b）土-结构体系及输入的基岩运动

土-结互相作用整体分析方法通常采用数值分析方法，例如有限元法完成的。数值分析方法通常要从建筑物向两侧截取出有限土体参与分析。这样，参加分析的有限土体两侧是人为的侧向边界。实际上，可认为结构是一个振动源，它所引起运动要通过侧向边界向两侧传播出去。但是，截取有限土体形成的人为侧向边界切断了运动向两侧传播的路径。因此，必须对人为的侧向边界做出适当的规定或处理，以减少所设置的侧向边界对分析结果的影响。

（1）当从基岩只有水平运动输入时，令侧向边界上的点的水平运动是自由的，竖向运动完全受约束；当从基岩只有竖向运动输入时，令侧向边界上点的竖向运动是自由的，水平向运动完全受约束。这相当于侧向边界之外的土体对侧向边界上的点没有动力作用，即相当于假定侧向边界之外土层的各点的运动等于侧向边界上相同高度的点的运动。如果采用这种方法处理侧边界时，侧向边界应离建筑物要远些，在离建筑物边缘的距离应为 2~3 倍以上的土断面深度处。

（2）采用吸能边界，例如粘性边界。当采用粘性边界时，则应在侧向边界上施加一组粘性的法向应力和切向应力，如图 10.12a 所示，这相当于在侧向边界上设置一组水平的和竖向粘性阻尼器，如图 10.12b 所示。作用于侧向边界单位面积上的粘性法向应力和切向应力按下式确定：

$$\sigma_c = c_\sigma(\dot{u} - \dot{u}_f)$$
$$\tau_c = c_\tau(\dot{w} - \dot{w}_f) \tag{10.25}$$

式中，

$$c_\sigma = \sqrt{\rho V_p}$$
$$c_\tau = \sqrt{\rho V_s} \tag{10.26}$$

$\dot{u}$、$\dot{w}$ 为侧向边界上点的运动，$\dot{u}_f$、$\dot{w}_f$ 为与侧边界上高程相同的自由场土层相应点的运动。

严格地讲，土-结相互作用体系是一个三维体系。原则上，可以建立一个三维土-结分析体系进行分析。实际上，由于三维土-结分析体系很庞大，尽管现在计算机的计算速度和容量已非 1980 年代可比，但完成一个三维土-结相互作用分析仍很费机时。考虑三维影响的一个近似方法如图 10.13 所示。图 10.13 将土-结相互作用问题简化成一个平面应变问题，取结构在第三个尺度上的宽度做为平面应变的计算宽度。但是，要在平面的全部结点上设置水平和竖向阻尼器。这相当于将侧平面视为一个粘性边界。由于在第三个方向上传播的均是剪切运动，则所设置的阻尼器和粘性系数 $c_{F,x}$、$c_{F,z}$ 应按下式确定：

$$c_{F,x} = c_{F,z} = 2A_j\sqrt{\rho V_s}$$

式中，A_j 为结点 j 控制的面积，系数 2 表示前后两个面。

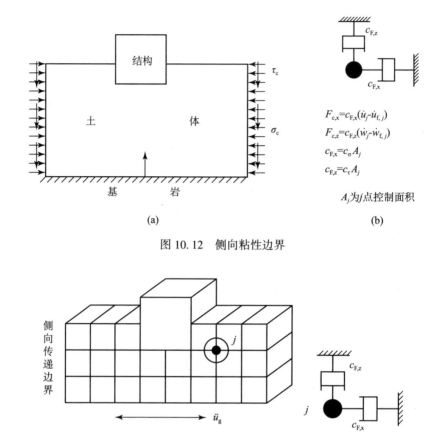

图 10.12 侧向粘性边界

图 10.13 考虑三维影响的近似方法

2. 整体分析法的求解方程

整体分析法把相互作用体系可视为由结构、土体及它们连接部分组成的。连接部分可分为刚性基础和柔性基础两种情况。相应地，相互作用整体分析法的求解方程式也由三部分组成：

1）结构部分的动力平衡方程

如果采用有限元法求解，如图 10.14 所示，结构的结点可分为与基础直接相邻的结点和内结点。内结点的动力平衡方程式与通常结构动力分析方程式相同，但与基础直接相邻结点，在建立其动力平衡方程式时，除考虑相邻内结点的作用外，还要考虑其在同一单元的基础上的结点的作用。

2）土体部分的动力平衡方程

如果采用有限元法求解，如图 10.15 所示，土体的结点也可分为与基础直接相邻的结点及内结点。内结点的动力平衡方程式与通常土体的动力分析方程式相同，与上部结构相似。与基础直接相邻的结点，在建立其动力平衡方程式时除考虑相邻内结点的作用外，还要考虑与其处在同一个单元的基础结点的作用。对它有作用的基础上的结点通常不止一个，例如在图 10.15 中的 a 点，对它有作用的基础上的结点为 b、c、d 三个结点。

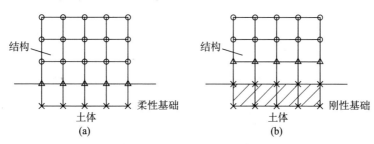

图 10.14　结构部分的内结点及与基础相邻的结点

（a）柔性基础；（b）刚性基础

○结构内结点；△与基础相邻的结点；×基础面上的结点

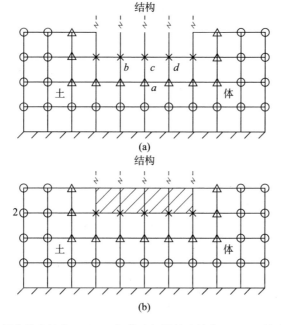

图 10.15　土体部分的内结点"○"，与基础相邻的土结点"△"，基础面上结点"×"

（a）柔性基础；（b）刚性基础

3）连接部分的动力平衡方程

（1）柔性基础情况。

如果采用有限元法分析，以平面问题为例，柔性基础通常简化成杆梁单元的集合体。这样，柔性基础上的结点以杆梁单元相连接，每一个结点有三个自由度：轴向位移、切向位移及转角。相应地，作用于结点上有三个力：轴向力、切向力及弯矩。如图 10.16 所示，建立柔性基础上一个结点的动力平衡方程时，除要考虑该点自身的作用外，还要考虑与其在同一单元上的周围所有结点对它的作用。显然，这些作用是通过与该点相邻的单元发生的。以图 10.16 所示的基础上结点 j 为例，j 点自身的作用是通过与其相邻的柔性基础单元①和②，结构单元③，土单元④、⑤发生的；1 结点对 j 点的作用是通过结构单元③发生的；2 结点对 j 点的作用是通过与其相邻的柔性基础单元①和土单元④发生的；3 结点对 j 点的作用是通过柔性基础单元②和土单元⑤发生的；4 结点对 j 点的作用是通过土单元④发生的；5 结点对 j 点的作用是通过与其相邻的土单元④和土单元⑤发生的；6 结点对 j 点的作用是通过土单元⑤发生。考虑结点运动的惯性力及这些点的作用，可以得到 j 点的三个动力平衡方程，即竖向、水平向及转动的动力平衡方程式。例如柔性基础有 m 个结点，则可得到 $3 \times m$ 个动力平衡方程式。

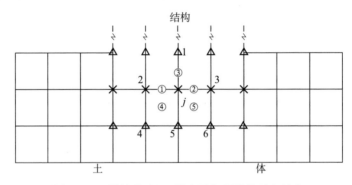

图 10.16 柔性基础上 j 结点及相邻的单元和结点

（2）刚性基础情况。

如果采用有限元法分析，以平面问题为例，刚性基础有三个自由度，即质心的竖向位移 w_0、水平位移 u_0 及绕质心的转动 ϕ_0。相应的，可建立三个动力平衡方程式，即竖向运动平衡方程式、水平向运动平衡方程式及绕质心转动平衡方程式。如此看来，刚性基础情况似乎比柔性基础情况简单，其并非如此。实际上，像下面将看到那样，建立刚性基础质心的三个动力平衡方程式更为复杂。特别应注意，在刚性基础边界上的结点位移应与刚性基础质心的位移相协调，在建立刚性基础质心的三个动力平衡方程式之前，必须建立刚性基础边界上结点位移与刚性基础质心位移的关系式。

①刚性基础边界上结点的位移方程式。

刚性基础边界上的结点可视为刚性基础的从属结点。在平面问题中，位于刚性基础边界上的 j 点也有三个自由度，即竖向位移 $w_{0,j}$、水平位移 $u_{0,j}$ 及转角

$\phi_{0,j}$，但是它们必须与刚性基础质心的运动相容。如图 10.17 所示，刚性基础边界上 j 点满足相容要求的位移分量按下式确定：

$$\left.\begin{aligned}
u_{0,j} &= u_0 - \phi_0(z_{0,j} - z_0) \\
w_{0,j} &= w_0 + \phi_0(x_{0,j} - x_0) \\
\phi_{0,j} &= \phi_0
\end{aligned}\right\} \qquad (10.27)$$

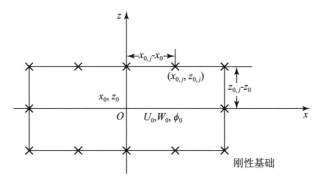

图 10.17　刚性基础边界上结点的运动

式中，u_0、w_0、ϕ_0 分别为刚性基础质心的水平位移、竖向位移及绕质心的转角，ϕ_0 以逆时针转动为正，x_0、z_0 分别为刚性基础质心的 x 坐标和 z 坐标；$x_{0,j}$、$z_{0,j}$ 分别为刚性基础边界上结点 j 的 x 坐标和 z 坐标。

②刚性基础边界上结点所受的作用力。

刚性基础边界上的结点可分为与结构单元相连接的结点和与土单元相连接的结点。在刚性边界上的结点 j 是与结构单元相连的结点情况，如图 10.18a 所示。以图 10.18a 中的 j 结点为例，它只受该点自身和与其在同一结构单元上的相邻结点 1 的作用，结点 j 自身及结点 1 对结点 j 的作用是通过结构单元①作用于结点 j 上的。

当刚性边界上结点 j 是与土单元相连接的结点情况，如图 10.18b 所示。以图 10.18b 中的 j 结点为例，它只受该点自身和与其在同一土单元上的相邻结点的作用，并且是通过与其相连的土单元发生作用的。j 点自身是通过土单元①和②作用于 j 点的；结点 1 和结点 2 是通过土单元①作用于 j 点的；结点 3 是通过土单元①和②作用子 j 点的，结点 4 和结点 5 是通过土单元②作用于 j 点的。

根据有限元法可以确定在刚性基础边界上每一个结点所受的竖向力、水平力及弯矩。考虑刚性基础的惯性力及其边界上每一个结点所受的力就可建立刚性基础水平运动、竖向运动及绕质心转动的三个方程式。在建立绕刚性基础质心转动方程式时，必须计入作用于刚性基础边界结点上的水平力和竖向力相对质心的力矩，如图 10.19 所示。作用于结点 j 上的水平力 $F_{0,x,j}$ 和竖向力 $F_{0,z,j}$ 相对刚性基

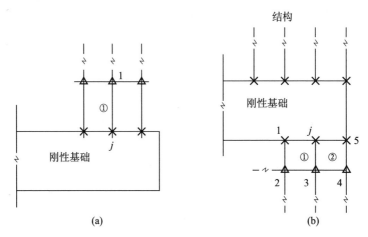

图 10.18　刚性基础边界上结点所受的力

（a）刚性边界上与结构相连接的结点；（b）刚性边界上与土单元相连接的结点

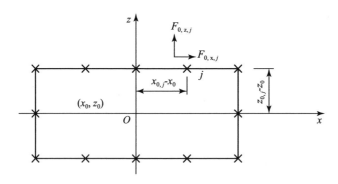

图 10.19　刚性边界上结力绕质心的力矩

础质心的力矩可按下式计算：

$$
\left.
\begin{aligned}
M_{0,x,j} &= -\ (z_{0,j} - z_0) F_{0,x,j} \\
M_{0,z,j} &= (x_{0,j} - x_0) F_{0,z,j}
\end{aligned}
\right\}
\tag{10.28}
$$

式中，$M_{0,x,j}$ 和 $M_{0,z,j}$ 分别为作用于结点 j 上的水平力 $F_{0,x,j}$ 和竖向力 $F_{0,z,j}$ 绕刚性基础质心的力矩。

10.3.3　子结构分析方法及整个分析的综合比较

下面，对两种分析方法做一综合比较：

（1）子结构分析方法是在迭加原理上建立的，而整体分析法则没有利用迭加原理。

（2）由于子结构分析法应用了迭加原理，只能进行线性分析，因此必须假定结构和土的力学性能是线性或等价线性化的。虽然在整体分析法通常也假定结构和土的力学性能是线性的或等价线性化的，但是整体分析方法可以进行非线性分析。

（3）子结构分析通常包括如上所述的三个分析步骤，而整体分析方法只有一个分析步骤。这样，子结构分析法中每一个步骤的分析体系比整体分析法分析体系小。相应地，子结构分析法所要求的计算存储信息量比整体分析法少。现在，由于计算机的发展计算机存储量并不一定是个问题，子结构分析法的优势相应地降低了。

（4）在子结构法中，分两个步骤考虑运动相互作用和惯性相互作用，在概念上很清晰，但在分析上却较繁复。在整体分析方法，自然地包括了运动相互作用和惯性相互作用，虽然在概念上不像子结构法那样清晰，但是在分析上却是简捷了。

（5）在子结构法中，由阻抗分析得到阻抗矩阵代替了土体的作用，真实的土体并不包括在分析体系中，因此只能求得结构的运动，而不能求得土体的运动。这样，子结构法只适用于分析土-结相互作用对结构的影响，而不能分析对土体的影响。在整体分析法，真实土体包括在分析体系中，因此不仅能求出结构的运动还能求出土体的运动。这样，如果不仅关心土-结相互作用对结构的影响而且还关心土-结相互作用对土体的影响时，则只能采用整体分析方法。土-结互相作用对土体运动的影响正是岩土工程中的一个问题。因此，在岩土工程领域中研究土-结相互作用问题通常采用整体分析方法。

10.4 土-结相互作用分析中土体的理想化——弹性半空间无限体

从上述可见，在土-结相互作用分析中，考虑土体的作用是一个关键问题。下面几节，将表述在土-结构相互作用分析中关于土体的理想化的方法。通常，具有代表性的土体理想化方法可概括成如下三类：

（1）均质弹性半空间无限体理论方法；

（2）弹床系数法；

（3）有限元方法。

本节将表述均质弹性半空间无限体理论方法。

10.4.1 基础设置在弹性半空间表面情况

下面，按刚性基础和柔性基础两种情况表述确定基础下地基土体的刚度矩阵的方法。

在此应指出，本节所确定的刚度矩阵是静力刚度矩阵。它是利用静力学均质半空间无限体理论的解答确定，所得到的刚度矩阵与动力的频率无关，只是在计算时采用土的动模量值。

1. 设置在半空间无限体表面上的柔性基础情况

假定柔性基础放置在均质弹性半空间表面上，根据静力学半空间无限体理论，可以确定出在半空间表面上一点施加单位的竖向力和水平力在半空间表面上任意点引起的竖向位移和水平位移。这些公式可从弹性力学教课书中或有关参考书中找到[2]，由于很繁复在此不具体给出。

设在半空间表面上 j 点作用一单位竖向力，根据布辛涅斯克解可确定出在 i 点引起的竖向位移 $\delta w_{i,j}^{z,z}$、x 方向水平位移 $\delta u_{i,j}^{x,z}$、y 方向水平位移 $\delta v_{i,j}^{y,z}$；同样，当在半空间表面上 j 点在 x 方向作用一单位水平力时，可确定出在半空间表面上 i 点引起的竖向位移 $\delta w_{i,j}^{z,x}$，x 方向水平位移 $\delta u_{i,j}^{x,x}$，y 方向水平位移 $\delta v_{i,j}^{y,x}$；以及当在半空间表面上 j 点在 y 方向作用一单位水平力时，可确定出在半空间表面上 i 点引起的竖向位移 $\delta w_{i,j}^{z,y}$，x 方向水平位移 $\delta u_{i,j}^{x,y}$，在 y 方向的水平位移 $\delta v_{i,j}^{y,y}$。显然，这些位移要满足互等定理。

下面以平面问题为例，表述确定柔性基础下土体的刚度矩阵的方法，假定在半平面的表面上基底面宽度为 B，并将其分成 m 等份，其上共有 $m+1$ 结点，如图 10.20 所示。在基底面 B 上每个结点有两个自由度，竖向位移及水平位移。设在每一个结点上作用一单位竖向力和水平力，在每一结点上将引起竖向位移 Δw 和 Δv，可将它们按序号排列成一个向量

$$\{\Delta\} = \{\Delta w_1,\ \Delta u_1,\ \cdots,\ \Delta w_i,\ \Delta u_i,\ \cdots,\ \Delta w_{m+1},\ \Delta u_{m+1}\}^T \qquad (10.29)$$

式中，Δw_i 及 Δu_i 可按下式确定：

$$\left.\begin{aligned}
\Delta w_i &= \sum_{j=1}^{m+1} (\delta w_{ij}^{zz} + \delta w_{ij}^{zx})\\
\Delta u_i &= \sum_{j=1}^{m+1} (\delta u_{ij}^{xz} + \delta u_{ij}^{xx})
\end{aligned}\right\} \qquad (10.30)$$

δw_{ij}^{zz}、δu_{ij}^{xz} 分别为在 j 点作用单位竖向力在 i 点引起的竖向位移和水平位移；δw_{ij}^{zx} 和 δu_{ij}^{xx} 分别为在 j 点作用单位水平力在 i 点引起的竖向位移和水平位移。这样，式（10.30）可写成如下的矩阵形式：

$$\{\Delta\} = [\lambda]\{I\} \qquad (10.31)$$

按定义，$[\lambda]$ 称为柔度矩阵，为 $2(m+1) \times 2(m+1)$ 阶，其中第 $2i-1$ 行的元素为 λ_{ij}^{zz} 和 λ_{ij}^{zx}，第 $2i$ 行的元素为 λ_{ij}^{xz} 和 λ_{ij}^{xx}。这样，只要 λ_{ij}^{zz} 和 λ_{ij}^{zx}、λ_{ij}^{xz} 和 λ_{ij}^{xx} 确定，则柔度矩阵 $[\lambda]$ 就确定了。

实际上，在 j 点作用的单位力是分布作用于以 j 点为中心宽度为 ΔB 的子段内。因此，在计算柔度矩阵系数时必须考虑这一点，以保证算得的柔度矩阵系数的精度。以在 j 点作用的单位竖向力为例，如图 10.21 所示，计算柔度矩阵系数的步骤如下：

（1）将宽度为 ΔB 的子段再分成 n 段，每段的宽度为 $\Delta B/n$。

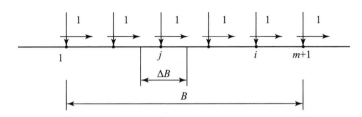

图 10.20　柔性基础底面上的结点及单元作用力

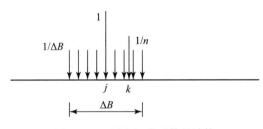

图 10.21　柔度矩阵系数的计算

（2）将作用与 j 点的单位竖向力分布作用在 ΔB 上，单位宽度上的分布荷载为 $1/\Delta B$。

（3）设 k 点为 ΔB 中第 k 个微段得中心点，将第 k 个微段作用的分布力集中作用在 k 点，其数值为 $1/n$。

（4）在 ΔB 段中点 k 点作用数值为 $1/n$ 的竖向集中力，在 i 点所引起的竖向位移为 $\delta w_{i,j,k}^{zz} \dfrac{1}{n}$，水平位移为 $\delta u_{i,j,k}^{xz} \dfrac{1}{n}$。

（5）j 点作用单位力在 i 点引起的竖向位移和水平位移分别是 ΔB 内 n 个微段中心点作用的竖向集中力 $1/n$ 在 i 点所引起的竖向位移和水平位移之和。由此得：

$$\left.\begin{array}{l} \lambda_{ij}^{zz} = \dfrac{1}{n} \sum_{k=1}^{n} \delta w_{i,j,k}^{zz} \\[3mm] \lambda_{ij}^{xz} = \dfrac{1}{n} \sum_{k=1}^{n} \delta u_{i,j,k}^{xz} \end{array}\right\} \tag{10.32}$$

同样，可以确定出在 j 点作用单位水平力在 i 引起的竖向位移和水平位移：

$$\left.\begin{array}{l} \lambda_{ij}^{zx} = \dfrac{1}{n} \sum_{k=1}^{n} \delta w_{i,j,k}^{zx} \\[3mm] \lambda_{ij}^{xx} = \dfrac{1}{n} \sum_{k=1}^{n} \delta u_{i,j,k}^{xx} \end{array}\right\} \tag{10.33}$$

地基土体对柔性基础底面作用的柔度矩阵 $[\lambda]$ 确定后，根据刚度矩阵与柔度矩阵之间的关系，则得地基土体对柔性基础底面作用的刚度矩阵 $[K]$ 如下：

$$[K] = [\lambda]^{-1} \tag{10.34}$$

式中，$[\lambda]^{-1}$ 为柔度矩阵的逆矩阵。

由此，则得

$$\{F\}_b = [K]\{r\}_b \tag{10.35}$$

式中，$\{F\}_b$ 和 $\{r\}_b$ 分别为底面上结点力向量和结点位移向量。在此应注意，$\{F\}_b$ 是通过柔性基础底面结点作用于土体上的力。

2. 设置在弹性半空间无限体表面上的刚性基础情况

1）一般情况

为表述简便，以平面问题为例。首先假定基础是柔性的，如图 10.20 所示。令 $\{F_i\}$ 为在底面上 i 结点作用于土体上的力

$$\{F_i\} = \begin{Bmatrix} F_{x,i} \\ F_{z,i} \end{Bmatrix} \tag{10.36}$$

式中，$F_{x,i}$ 和 $F_{z,i}$ 分别为力 F_i 的 x 方向分量和 z 方向分量。设 x_0、z_0 为刚心基础质心的坐标，x_i、z_i 为 i 结点坐标，刚性基础绕质心逆针转动为正，则 $F_{x,i}$ 和 $F_{z,i}$ 相对于刚性基础质心的转动力矩转 M，由图 10.22 得

$$M_i = [(z_i - z_0)F_{x,i} - (x_i - x_0)F_{z,i}] \tag{10.37}$$

请注意，这个力矩将通过底面作用于土体。

由式（10.36）和式（10.37）得

$$\begin{Bmatrix} F_{x,i} \\ F_{z,i} \\ M_i \end{Bmatrix} = \begin{bmatrix} 1 & 0 \\ 0 & 1 \\ z_i - z & -(x_i - x_0) \end{bmatrix} \begin{Bmatrix} F_{x,i} \\ F_{z,i} \end{Bmatrix} \tag{10.38}$$

令

$$[T_i] = \begin{bmatrix} 1 & 0 \\ 0 & 1 \\ z_i - z_0 & -(x_i - x_0) \end{bmatrix} \tag{10.39}$$

$$T = \begin{bmatrix} T_1 & T_2 & \cdots & T_i & \cdots & T_n \end{bmatrix} \tag{10.40}$$

及令 $F_{b,x}$、$F_{b,z}$ 分别为底面上所有结点在 x 方向和 y 方向的合力；M_b 为底面上所有结点力相对刚性基础质心的力矩，则得

$$\begin{Bmatrix} F_{b,x} \\ F_{b,z} \\ M_b \end{Bmatrix} = [T]\{F\}_b \tag{10.41}$$

将式（10.35）代入上式，得

$$\begin{Bmatrix} F_{b,x} \\ F_{b,z} \\ M_b \end{Bmatrix} = [T][K]\{r\}_b \tag{10.42}$$

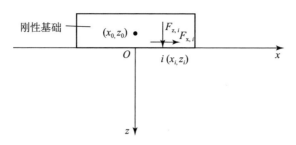

图 10.22　刚性基础底面上 i 结点的作用力

对于刚性基础，底面的变形应与刚性基础变形相协调，设刚性基础质心在 x 方向位移为 u_0、z 方向位移为 w_0，刚性基础转角为 α，逆时转动为正，则

$$\{r\}_b = [T]^T \begin{Bmatrix} u_0 \\ w_0 \\ \alpha \end{Bmatrix} \tag{10.43}$$

将其代入式 (10.43)，则得

$$\begin{Bmatrix} F_{b,x} \\ F_{b,z} \\ M_b \end{Bmatrix} = [T][K][T]^T \begin{Bmatrix} u_0 \\ w_0 \\ \alpha \end{Bmatrix} \tag{10.44}$$

令
$$[K]_b = [T][K][T]^T \tag{10.45}$$

则
$$\begin{Bmatrix} F_{b,x} \\ F_{b,z} \\ M_b \end{Bmatrix} = [K]_b \begin{Bmatrix} u_0 \\ w_0 \\ \alpha \end{Bmatrix} \tag{10.46}$$

由式 (10.46) 可知，$[K]_b$ 即为刚性基础地基土体的刚度矩阵。

　　2) 圆形和长方形刚性基础情况

　　文献 [3] 给出了圆形刚性基础弹性半空间无限体等价弹簧系数计算公式及矩形刚性基础弹性半空间无限体等价弹簧系数计算公式。如需要可查阅相应文献。

10.4.2　设置在半空间无限体内部的柔性基础情况

　　土与桩的界面是土体中典型的柔性土-结构界面。文献 [4] 曾采用弹性半空间理论研究了桩与土之间的相互作用。但是下面表述的方法与文献 [4] 稍有所不同。

　　设桩长为 L，半径为 r，求桩周土体对桩土界面作用的刚度矩阵。设在竖向

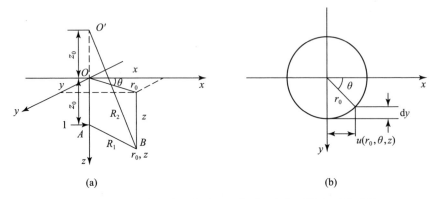

图 10.23　桩-土界面上深度为 z 点的水平位移及加权平均水平位移 $\bar{u}(r_0,\ z)$

坐标轴上的一点 $(0,\ 0,\ z_0)$ 作用一个 x 方向的单位水平力，如图 10.23a 所示，则在桩-土界面上一点引起的水平位移可由门德林解求得[2]，当泊桑比 $\nu = 0.5$ 时：

$$u(r_0,\ \theta,\ z) = \frac{3}{8\pi E}\left\{\frac{1}{\left[r_0^2 + (z-z_0)^2\right]^{\frac{1}{2}}} + \frac{1}{\left[r_0^2 + (z+z_0)^2\right]^{\frac{1}{2}}} + \frac{2z_0 z}{\left[r_0^2 + (z+z_0)^2\right]^{\frac{3}{2}}}\right.$$
$$\left. + r_0^2\cos^2\theta\left[\frac{1}{\left[r_0^2 + (z-z_0)^2\right]^{\frac{3}{2}}} + \frac{1}{\left[r_0^2 + (z+z_0)^2\right]^{\frac{3}{2}}} - \frac{6z_0 z}{\left[r_0^2 + (z+z_0)^2\right]^{\frac{5}{2}}}\right]\right\}$$

$$(10.47)$$

式中，$u(r_0,\ \theta,\ z)$ 为界面上 $(r_0,\ \theta,\ z)$ 点的水平位移；θ 为 OAB 平面与 XOZ 平面夹角。从式 (10.47) 可见，深度为 z 的界面上各点的水平位移随 θ 角而变化。下面，将对 $\mathrm{d}y$ 加权平均水平位移做为界面上深度为 z 点的水平位移。由图 10.23b 得：

$$\bar{u}(r_0,\ z) = \frac{1}{r_0}\int_0^{r_0} u(r_0,\ \theta,\ z)\mathrm{d}y$$

由于
$$\mathrm{d}y = r_0\cos\theta\,\mathrm{d}\theta$$

代入上式，完成积分得

$$\bar{u}(r_0,\ z) = \frac{3}{8\pi E}\left\{\frac{1}{R_1} + \frac{1}{R_2} + \frac{2z_0 z}{R_2^3} + \frac{2}{3}r_0^2\left[\frac{1}{R_1^3} + \frac{1}{R_2^3} - \frac{2z_0 z}{R_2^5}\right]\right\}　(10.48)$$

式中，$\bar{u}(r_0,\ z)$ 为界面上深度为 z 点的水平位移，R_1 和 R_2 分别按下式确定：

$$\left.\begin{array}{l} R_1 = \left[r_0^2 + (z-z_0)^2\right]^{\frac{1}{2}} \\ R_2 = \left[r_0^2 + (z+z_0)^2\right]^{\frac{1}{2}} \end{array}\right\}　(10.49)$$

像求柔性基础情况下地基土体的刚度矩阵那样，首先必须求出柔度矩阵。为此，把将长 L 分成 m 段，每段长度 $\Delta L = \dfrac{L}{m}$，其上共有 $m+1$ 个结点。为求柔度矩阵，在每个结点作用一个单位水平力，如图 10.24 所示。在这组单位水平力作用下，每个结点发生水平位移 $\Delta \bar{u}_i$，并将排列成一个列向量 $\{\Delta\}$，则

$$\{\Delta\} = \{\Delta \bar{u}_1 \cdots \Delta \bar{u}_i \cdots \Delta \bar{u}_{m+1}\}^{\mathrm{T}} \tag{10.50}$$

式中，$\Delta \bar{u}_i$ 按下式计算

$$\Delta \bar{u}_i = \sum_{j=1}^{m+1} \lambda_{ij} \tag{10.51}$$

λ_{ij} 为在 j 点作用单位水平力在 i 引起的水平位移，按式（10.48）计算。这样，式（10.50）可写成如下矩阵形式：

$$\{\Delta\} = \{\lambda\}\{I\} \tag{10.52}$$

显然，式（10.52）中的 $[\lambda]$ 为柔度矩阵，为 $(m+1) \times (m+1)$ 阶，其中第 i 行第 j 列的元素为 λ_{ij}。

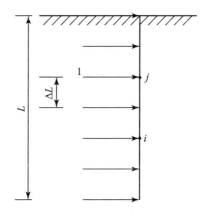

图 10.24　土体中柔性土-结构界面的结点及作用的单位水平力

　　实际上，作用于 j 点上单位力是分布作用于以 j 点为中心高度为 ΔL 子段上的，其作用强度为 $1/\Delta L$。为了保证确定的 λ_{ij} 的精度应将以 j 点为中心高度为 ΔL 子段再分成 n 个微段，每个微段上作用的力为 $1/n$，并令其集中作用于微段的中心点 k 上，如图 10.25 所示。令在 k 点作用的集中力 $1/n$ 在 i 引起的平均水平位移以 $\delta \bar{u}_{i,j,k}$ 表示，由式（10.48）得

$$\delta \bar{u}_{i,j,k}(r_0, z_i) = \frac{1}{n} \frac{3}{8\pi E} \left\{ \frac{1}{R_1} + \frac{1}{R_2} + \frac{2z_{0,k}z_i}{R_2^3} + \frac{2}{3}r_0^2 \left[\frac{1}{R_1^3} + \frac{1}{R_2^3} - \frac{2z_{0,k}z_i}{R_2^5} \right] \right\}$$
$$R_1 = \left[r_0^2 + (z_i - z_{0,k})^2 \right]^{\frac{1}{2}} \tag{10.53}$$
$$R_2 = \left[r_0^2 + (z_i - z_{0,k})^2 \right]^{\frac{1}{2}}$$

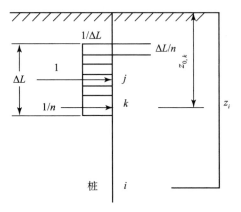

图 10.25 柔度矩阵系数的计算

式中，z_i、$z_{0,k}$分别为 i 点及 k 点的 z 坐标。由此，得

$$\lambda_{i,j} = \sum_{k=1}^{n} \delta \bar{u}_{i,j,k}(r_0, z_i) \tag{10.54}$$

这样，式（10.52）中的柔度矩阵 $[\lambda]$ 可确定出来。根据刚度矩阵 $[K]$ 与柔度矩阵 $[\lambda]$ 的关系，土体中柔性土–结构界面的刚度矩阵 $[K]$ 可由式（10.34）确定出来。

10.5　土–结构相互作用分析中土体的理想化——弹床系数法

弹床系数法是在文克尔假定的基础上建立的。文克尔假定是根据在小变形情况下直观的经验做出的。由于在文克尔假定下建立起来的土体模型较简单，弹床系数法在许多工程问题中被采用。

文克尔假定如下：土体对土–结构接触面上一点的作用力只与该点的位移成正比；或者说，作用于土体上一点上的力只使该点产生位移，而不能使相邻点产生位移。这样，根据文克尔假定可将土体视为一个相互无交联的弹簧体系。土体对土–结构界面的作用以这个相互无交联的弹簧体系代替。其中每一个弹簧对界面的作用力与弹簧的变形成正比。这个比例系数称为弹床系数。它们力学意义是使土体一点发生单位变形在该点单位面积上所要施加的力，其量纲为力/长度^3。

显然，土的弹性系数应与如下因素有关：

（1）土的类型。

（2）土的物理状态，例如砂土的密度、粘性土的含水量等。

（3）变形的大小。按文克尔假定，力和变形之间是线性关系，弹床系数与变形大小无关。实际上，力和变形之间是非线性的，如图 10.26 所示。当小变形时，弹床系数相当于图 10.26 所示曲线的开始直线段的斜率 k_{max}。当变形增大

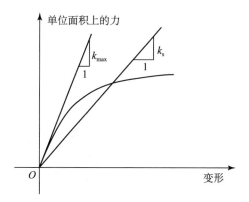

图 10.26 土体一点的单位面积上的力与位移点的关系

时，弹床系数相当于曲线上一点割线的斜率 k_s，将随变形的增加而减小。

（4）弹床系数与土体-结构接触面是在土体表面还是在土体内部有关。图 10.27a 所示为接触面位于土体表面情况；图 10.27b 所示为接触面位于土体内部情况。

（5）弹床系数与土的位移形式或力的作用方向有关。例如，水平力与水平位移之间的弹床系数与竖向力与竖向位移之间的弹床系数是不同的。

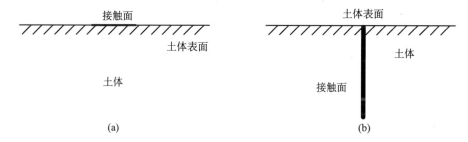

图 10.27 接触面所处的部位

10.5.1 接触面位于土体表面时的弹床系数

1. 弹床系数的类型及定义

根据位移形式，当接触面位于土体表面时，其弹床系数有如下四种类型：

1）均匀压缩弹床系数

均匀压缩弹床系数定义：当土-结构接触面而发生均匀压缩时，单位面积上的土反力与压缩变形之间的比例系数，以 C_u 表示。因此，单位面积上的土反力 p 与均匀压缩变形 w 之间的关系式如下：

$$p = C_u w \tag{10.55}$$

2）均匀剪切弹床系数

均匀剪切弹床系数定义：当土-结构接触面沿与其平行方向发生均匀位移时，单位面积上的剪力与位移之间的比例系数，以 C_τ 表示。因此，单位面积上的土反力 q 与沿接触面方向的位移 u 之间的关系式如下：

$$q = C_\tau u \qquad (10.56)$$

3）非均匀压缩弹床系数

非均匀压缩弹床系数定义：如图 10.28 所示，由接触面转动而产生压缩变形时，单位面积上的土反力与压缩位移之间的比例系数，以 C_ϕ 表示。因此，单位面积上的土反力 p_1 与压缩变形 w_1 之间的关系如下：

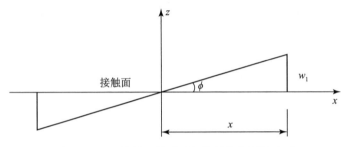

图 10.28　由接触面转动引起的外均匀压缩变形

$$p_1 = C_\phi w_1 \qquad (10.57)$$

式中，

$$w_1 = \phi x \qquad (10.58)$$

其中，ϕ 为转角；x 为一点到转动中心的距离。将其带入式（10.57）得：

$$p_1 = C_\phi \phi x \qquad (10.59)$$

4）非均匀剪切弹床系数

非均匀剪切弹床系数定义：如图 10.29 所示，当接触面绕其中心扭转沿切向发生水平变形时，单位面积上的土反力与沿切向的位移之间的比例系数，以 C_ψ 表示。因此，单位面积上土的反力 q_1 与沿切向的位移 u_1 之间的关系如下：

$$q_1 = C_\psi u_1 \qquad (10.60)$$

式中，

$$u_1 = \psi r \qquad (10.61)$$

其中，ψ 为扭转角；r 为一点到扭转中心的距离。将其代入式（10.60）得：

$$q_1 = C_\psi \psi r \qquad (10.62)$$

2. 弹床系数的确定

从上述可见，确定弹床系数是一个重要的问题。从比拟而言，均匀压缩弹床

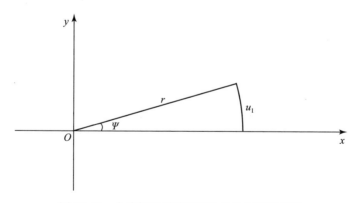

图 10.29　由接触面扭转引起的非均匀剪切变形

系数 C_u 类似土的杨氏模量 E，均匀剪切弹床系数 C_τ 类似于剪切模量。因此巴尔坎认为，在 C_u 与 C_τ 之间应存在类似 E 与 G 的关系，并建议 C_u 与 C_τ 的关系如下[5]：

$$C_\tau = \frac{1}{2} C_u \tag{10.63}$$

而普拉卡什建议，两者关系如下，并为印度而采用[6]：

$$C_\tau = \frac{1}{1.73} C_u \tag{10.64}$$

此外，巴尔坎建议非均匀压缩弹床系数 C_ϕ 与均匀压缩弹床方案 C_u 之间的关系如下：

$$C_\phi = 2C_u \tag{10.65}$$

非均匀剪切弹床系数 C_ψ 与均匀压缩弹床系数 C_u 关系如下：

$$C_\psi = 1.5C_u \tag{10.66}$$

由此可见，均匀压缩弹床系数是最基本的，只要确定出均匀压缩弹床系数就可由上式确定出其他弹床系数。

确定弹床系数 C_u 的基本方法是进行压载板试验。巴尔坎根据静力反复压载板试验结果给出不同类型土的均匀压缩弹床系数 C_u，如表 10.1 所示[5]。除此之外，均匀压缩系数 C_u 还可在有关的设计规范中查得。

此外，根据布辛涅斯克解，均匀压缩弹床系数可按下式由土的杨氏模量 E 和泊桑比 ν 计算：

$$C_u = \frac{1.13E}{(1 - \nu^2)\sqrt{A}} \tag{10.67}$$

式中，A 为接触面面积。式（10.67）表明，弹床系数与接触面的面积有关。按式（10.67），弹床系数与接触面 A 的平方根成反比，而试验表明 C_u 与接触面积 A 的 n 次根成反比，n 等于 2～5。

表 10.1 给出的 C_u 值是由压载板面积为 $10m^2$ 的压载试验确定的。如果实际的接触面积大于 $10m^2$ 时，则应根据 C_u 与接触面积 A 的关系予以修正。

表 10.1　均匀压缩弹床系数值

土类	土名	静允许承载力 （kg/cm^2）	弹床系数 C_u （kg/cm^3）
Ⅰ	软弱土，包括处于塑化状态的粘土，含砂的粉质粘土，粘质和粉质砂土，还有Ⅱ、Ⅲ类中含有原生的粉质和泥炭薄层的土	<1.5	<3
Ⅱ	中等强度的土，包括接近塑限的粘土和含砂的粉质土、砂	1.5~3.5	3~5
Ⅲ	硬土，包括处于坚硬状态的粘土，含砂的粘土，砾石，砾砂，黄土和黄土质的土	3.5~5.0	5~10
Ⅳ	岩石	>5.0	>10

3. 刚性基础下的地基刚度

刚性基础有四个自由度，分别为竖向运动 W、水平运动 u、转动 φ 及扭转 ψ。相应地，刚性基础下的地基有均匀压缩刚度 K_z、水平变形刚度 K_x、转动刚度 K_φ 及扭转刚度 K_ψ。下面表述，如何由弹床系数来确定这些地基刚度。

1) 地基的均匀压缩刚度

设中心作用于刚性基础上的压力 P，在其作用下刚性基础发生均匀压缩位移为 W。按弹床系数法，作用于刚性基础底面单位面积上的土反力 $p = C_u W$。设刚性基础面积为 A，则总的反力为 $AC_u W$。由竖向力的平衡得：

$$P = AC_u W$$

改写上式得

$$\frac{P}{W} = C_u A$$

根据地基均匀压缩刚度 K_z 的定义得：

$$K_z = C_u A \tag{10.68}$$

2) 地基水平变形刚度

设作用于刚性基础上的水平力为 Q，在其作用下刚性基础发生水平位移为 u。按弹床系数法，作用于刚性基础底面上单位面积的土反力 $q = C_\tau u$，总的反力为 $AC_\tau u$，由水平向力的平衡得：

$$Q = AC_{\tau}u$$

改写上式得

$$\frac{Q}{u} = C_{\tau}A$$

根据地基水平变形刚度 K_x 的定义得

$$K_x = C_{\tau}A \tag{10.69}$$

3）地基转动刚度

设作用于刚性基础上的转动力矩为 M_{ϕ}，在其作用下刚性地基发生转动，转角为 ϕ。按弹床系数法，作用于刚性基础底面上的单位面积的土反力 $q_1 = C_{\phi}x\phi$，其对转动中心的力矩为 $C_{\phi}x^2\phi$。根据力矩的平衡得

$$M_{\phi} = \int_A C_{\phi}x^2\phi\mathrm{d}A$$

改写上式得

$$M_{\phi} = C_{\phi}\phi\int_A x^2\mathrm{d}A$$

令

$$I = \int_A x^2\mathrm{d}A \tag{10.70}$$

式中，I 为接触面对转动中心的水平轴的面积矩。由此得：

$$M_{\phi} = C_{\phi}\phi I$$

改写上式得

$$\frac{M_{\phi}}{\phi} = C_{\phi}I$$

由地基转度刚度定义得

$$K_{\phi} = C_{\phi}I \tag{10.71}$$

4）地基扭转刚度

设刚性地基上作用的扭转力矩为 M_{ψ}，在其作用下刚性基础发生扭转，扭转角为 ψ。按弹床系数法，作用刚性基础底面上单位面积的切向反力 $q_1 = C_{\psi}r\psi$，其对扭转中心的力矩为 $C_{\psi}r^2\psi$。根据扭转力矩的平衡得

$$M_{\psi} = \int_A C_{\psi}r^2\psi\mathrm{d}A$$

改写上式得

$$M_{\psi} = C_{\psi}\psi\int_A r^2\mathrm{d}A$$

令

$$J = \int_A r^2 \mathrm{d}A \qquad (10.72)$$

式中，J 为接触面对过扭转中心的竖向轴的极面积矩。由此得

$$M_{\psi} = C_{\psi} \psi J$$

改写上式得

$$\frac{M_{\psi}}{\psi} = C_{\psi} J$$

由地基扭转刚度定义得

$$K_{\psi} = C_{\psi} \psi \qquad (10.73)$$

10.5.2 接触面位于土体内时的弹床系数

如图 10.27b 所示，接触面可位于土体内。在实际问题中，桩-土接触面是一个最有代表性的例子。在这种情况下，弹床系数定义为当桩的一点挠度为单位数值时，作用于该点单位桩长上的土反力，以 k 表示，其量纲为力/长度^2。由此，作用于单位桩长上土的反力 p 与桩的挠度 y 的关系如下：

$$p = ky \qquad (10.74)$$

通常，k 随深度而增加，可表示成如下形式：

$$k = k_h \left(\frac{z}{L_s} \right)^n \qquad (10.75)$$

式中，L_s 为桩长；z 为一点在地面下的深度；k_h 为 $z = L_s$ 处的弹床系数；n 为与土类有关的参数，砂性土 n 近似取 1.0，粘性土 n 近似取零。当 n 取 1.0 时，

$$k = \frac{k_h}{L_s} z = n_h z \qquad (10.76)$$

弹床系数法随深度增加的主要原因是土的模量随上覆压力的增加而增加。另外，桩的挠度随深度的增加而减小，相应的割线弹床系数将增加，如图 10.26 所示。

确定弹床系数 k 的数值的基本方法是进行载荷试验。表 10.2 为基于试验结果给出的经验数值。

表 10.2　k 或 n_h 的数值

土类	k 或 n_h 的数值
颗粒状土	n_h 为 1.5~100 磅/英寸^3，并随相对密度按比例变化
正常固结的有机质粘土	$n_h = 0.4$~3.0 磅/英寸^3
泥炭土	$n_h = 0.2$ 磅/英寸^3
粘性土	k 大约为 $67 C_u$（C_u 为土的不排水剪切强度）

应指出，上述关于桩-土界面弹床系数的定义没有考虑桩径的影响。实际上，当桩径不同时作用于单位桩长的土反力 p 应是不同的。现在普遍采用的 M 法则考虑了桩径的影响，将弹床系数定义为柱的挠度为单位数值得作用于桩-土界面单位面积上的土反力，其量纲为力/长度^3。在 M 法中，作用于单位桩土接触面上的土反力 p 与桩的挠度 y 的关系如下：

$$p = ky$$
$$k = Mz \tag{10.77}$$

式中，M 为考虑埋深影响的参数，与土的类型和状态有关，可查阅分量规范确定。

显然，作用于单位桩长上的土反力 p_d 应如下式确定：

$$p_d = kdy \tag{10.78}$$

式中，d 为桩径。因此，式（10.78）中的 p_d 应与式（10.74）中的 p 相应。

10.6 土-结相互作用分析中土体理想化——有限元法

从前述可见，将土休简化成弹性半空间无限体和弹簧体系所进行土-结相互作用分析，由于实际的土体没有包括在分析体系中，因此不能求得土体的动力反应。震害调查资料表明，建筑物的破坏常常是由于与其下的软弱土体在动荷作用下失稳或产生较大变形引起的。在这种情况下，考虑相互作用的影响确定实际土体的动力反应是十分必要的，而且通常采用有限元法。有限元法是将土体简化成有限单元集合体。

10.6.1 有限元法的功能

（1）进行散射分析，确定土-结构界面的运动。

（2）进行阻抗分析，确定土体对界面作用的阻抗矩阵。

（3）考虑土-结相互作用影响，采用整体分析方法确定土体的动力反应。

10.6.2 有限元法的优点

（1）可以考虑土体的成层非均匀性。

（2）可以考虑土的动力非线性性能。

（3）便于处理土体的复杂几何边界。

（4）便于处理分析体系的位移边界条件和力的边界条件。

假定土体为有限元集合体，采用整体法进行土-结相互作用分析时，也要将结构视为有限元集合。土体部分的单元类型为平面或三维的实体单元，通常采用等参单元。然而，结构形式多样的，结构部分所采用的单元类型要根据具体问题而定。根据结构型式，体系中每个构件的受力特点和连接方式可以确定所应采用的结构单元类型。通常采用的结构单元及其适用性如下：

（1）杆单元，这种单元有两个结点，每个结点有一个自由度，即沿杆轴向的位移，其受力特点是轴向受压或受拉。通常，将中心受力的柱子或桁架中的铰接杆件简化成杆单元。

（2）梁单元，这种单元有两个结点，在单向受弯的情况下每个结点有三个自由度，即轴向位移、切向位移及转角；在双向受弯的情况下有五个自由度，即轴向位移、两个切向位移及两个转角。这种单元的受力特性是受压及弯曲。通常，将梁构件简化成梁单元。

（3）板单元，这种单元有多个结点。每个结点有五个自由度，即切向位移，两个转角和两个扭转角，这种单元的受力特点是剪切、弯曲及扭转。通常，将板简化成板单元集合体。

（4）刚块单元，这种单元有六个自由度。通常，以其质心的三个平动、绕通过质心的两个轴的转动和绕通过质心另一个轴向扭转来表示。当结构构件的刚度特别大时，例如刚性底板和楼板、桩承台、箱型基础等均可简化成刚块单元。

某些情况，可能需要其他类型的单元来简化结构构件。在此，不逐一例举。

土体和结构理想成有限元集合体之后，则要建立有限元集合体系的求解方程式。在建立有限元集合体系的求解方程式时，必须首先确定体系的自由度数目，然后建立与自由度数目相同的方程式。显然，每个实际问题的有限元集合体系不同，相应的自由度数目和求解方程式的数目不同。下面，以两个例子来说明如何确定有限元集合体系的自由度数目及建立相应数目的求解方程式。

例 1：

如图 10.30 所示，上部结构是一个框架体系，将其简化成由梁单元相连接的刚块体系。其中，以梁单元模拟框架的柱子，在地震时承受弯曲和剪切作用，以刚块单元模拟现浇的楼板及框架的横梁。设基础为箱型基础，以刚块单元来模拟。土体在水平面方向的宽度取基础在该方向的宽度，以 B 表示。在平面内地基土体划分成等参四边形单元。土体两侧边离基础足够远。为了叙述的简单性，在土体两侧边及及出平面方面两侧面上均不设置粘性边界。另外，假定地震运动是由基岩顶面向上传播到地基土体的。

1. 单元类型及数目的确定

按上述，共有三种单元：

（1）刚块单元。

刚块单元可分如下两种类型：

①模拟现浇楼板的刚块单元，设为 n 个，其质点的坐标为 $x_{0,k}$、$y_{0,k}$，质量为 M_k，对其质心的转动惯量为 I_k。

②模拟基础的刚块单元，数量 1 个，其质点的坐标为 $x_{0,f}$、$y_{0,f}$，质量为 M_f，

对其质心的转动惯量为 I_f。

（2）梁单元，连接刚块单元，其数目为 n 个。

（3）四边形等参单元，模拟土体，它可分为如下两种类型：

①与模拟基础的刚块单元相邻的单元。这些单元的结点与基础刚块单元直接发生作用，设为 m_1 个。

②不与模拟基础的刚块单元相邻的单元。这些单元的结点不与基础刚块单元直接发生作用，设为 m_2 个。

这样，模拟土体的四边形等参单元的数目 $m = m_1 + m_2$。

2. 结点的类型及数目的确定

结点分为如下四类：

（1）固定结点，其相对位移为零。这些结点位于基岩顶面上，共有 q_1 个。

（2）位于楼板刚块单元边界上的梁单元结点。这些结点的运动从属楼板刚块的运动，设共有 $2n$ 个。

（3）位于基础刚块边界上的土单元结点。这些结点的运动从属基础刚块的运动，设共有 q_2 个。

（4）两侧边界上的土单元结点。这些结点的某个自由度将受约束，设共有 q_3 个。

（5）自由结点。除上述结点外均为自由结点，设共有 q_4 个。

3. 自由度数目

自由度的数目取决于结点的数目及结点的自由度个数。

（1）刚块以其质心做为一个结点，每个质心有三个自由度，即两个平动及一个转动。这样，刚块质心的结点数目为 $n+1$，其自由度数目为 $3(n+1)$。

（2）梁单元结点数目为 $2n$，每个结点自由度数目为 3，即两个平动及一个转动，其自由度数目为 $3 \times 2n$ 个。

（3）位于基础刚块边界上的土结点数目为 q_2，每个结点有两个自由度，即两个方向平动，共有 $2q_2$ 个自由度。

（4）位于两侧边界上的结点及自由结点，数目为 $q_3 + q_4$，每个结点有两个自由度，即两个方向的平动，共有 $2(q_3 + q_4)$ 个自由度。应指出，这是将两侧边界上的结点做为自由结点看待，如其某个自由度受约束，再做后处理。

4. 求解方程式数目及方程式组成

（1）按上述，图 10.30 所示的土-结相互作用整体分析体系的求解方程式数目应为 $3 \times (n+1) + 3 \times 2n + 2q_2 + 2 \times (q_3 + q_4)$ 个。

（2）方程式组成

①（$n+1$）刚块的运动方程，每个刚块的有三个运动方程，即水平向动力平

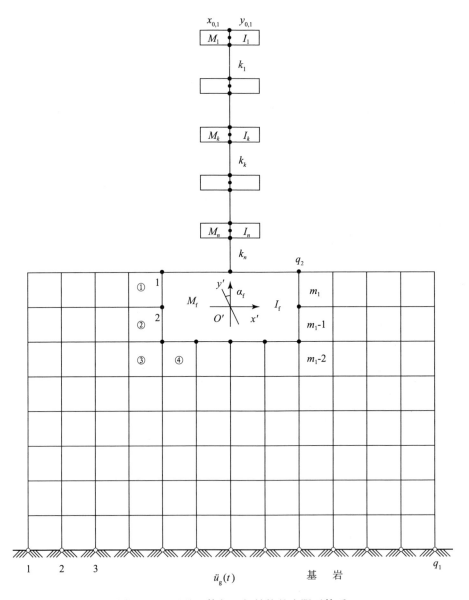

图 10.30　地基土体与上部结构的有限元体系

衡方程、竖向动力平衡方程及相对质心转动动力平衡方程。$(n+1)$ 刚块的运动方程总数为 $3 \times (n+1)$ 个。

　　②位于刚块 k 上的梁单元结点的位移和转角可表示如下形式：

$$\left.\begin{array}{l} u = u_{0,k} - \alpha_k(y - y_{0,k}) \\ v = v_{0,k} + \alpha_k(x - x_{0,k}) \\ \alpha = \alpha_k \end{array}\right\} \qquad (10.79)$$

式中，u、v 和 α 为梁单元结点水平位移、竖向位移和转角：$u_{0,k}$、$v_{0,k}$、α_k 为所从属刚块质心的水平位移、竖向位移和绕其质心的转角；x、y 为梁单元结点的坐标。由于梁单元结点有 $2n$ 个，则方程式数为 $3 \times 2n$ 个。应指出，梁单元最下面的结点位于基础刚块之上，则其运动方程应将式（10.79）中的 $u_{0,k}$、$v_{0,k}$、α_k、$x_{0,k}$ 及 $y_{0,k}$ 换成 $u_{0,f}$、$v_{0,f}$、α_f、$x_{0,f}$ 及 $y_{0,f}$。

③位于基础刚块的土结点的运动方程，每个结点有两个自由度，即

$$\left.\begin{array}{l} u = u_{0,f} - \alpha_f(y - y_{0,f}) \\ v = v_{0,f} + \alpha_f(x - x_{0,f}) \end{array}\right\} \qquad (10.80)$$

由于位于基础刚块上的土单元结点有 q_2 个，则方程式的数目为 $2q_2$。

④侧边界上的土单元结点和自由的土单元结点共有 $q_3 + q_4$ 个。每个结点两个自由度，即两个方向的平动。每个结点可建两个动力平衡方程，即水平向动力平衡方程及竖向动力平衡方程，则方程式数目为 $2 \times (q_3 + q_4)$。

这样，这四部分方程式之和为 $3 \times (n + 1) + 3 \times 2n + 2q_2 + 2(q_3 + q_4)$，正好与待求的未知量的数目相等。

关于刚性块质心的 $3 \times (n + 1)$ 个方程可按结构动力法方法建立，侧向边界上土单元结点及自由的土单元结点的 $2(q_3 + q_4)$ 个方程可按有限元法建立。在此，不做进一步表述。

例2：

图 10.31 给出了土体中方形隧洞的衬砌与周围土体相互作用整体分析的有限元体系。设地震从基岩顶面输入。位于基岩顶面上的土单元结点数目为 q_1，其相对数动为零。图 10.31 所示的体系中，将衬砌视为梁单元集合体，设有 n 个梁单元，相应有 n 个结点。每个结点有三个自由度，即两个平动及一个转动，共有 $3n$ 个自由度。设与梁单元相邻的土单元数目为 m_1 个，这些单元的结点与梁单元结点发生相互作用；不与梁单元相邻的土单元数目为 m_2 个。土单元的总数目为 $m = m_1 + m_2$。另外，梁单元与土单元的公共结点数目应为 n 个。在计算梁单元结点及自由度数目时已计入，在计算土单元结点数目及自由度不应再计入。设土体两侧边界上的土单元结点数目为 q_2，自由的土单元结点数目为 q_3，每个结点有两个自由度，即两个平动，则这些结点的总自由度数目为 $2 \times (q_2 + q_3)$。同样，在这里将土体两侧边界上的土单元结点视为自由结点，如果哪个自由度受约束，再做后处理。这样，在图 10.31 所示的体系中总自由度数目为 $3n + 2 \times (q_2 + q_3)$ 个。

显然，为了求解图 10.31 体系的土-结相互作用需 $3n + 2(q_2 + q_3)$ 个方程式。这些方程式由如下两组方程组成：

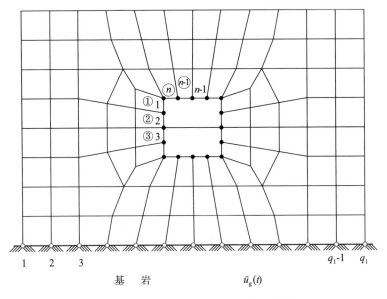

图 10.31　隧洞衬砌与土体相互作用体系

（1）梁单元结点的动力平衡方程。每个梁单元结点可建立三个动力平衡方程式，即水平向动力平衡方程式、竖向动力平衡方程式及转动平衡方程式。由于有 n 个梁单元结点，这组方程式共有 $3n$ 个。

（2）两侧边界土单元结点及自由结点的动力平衡方程。每个土单元结点可建立两个动力平衡方程式，即水平向动力平衡方程式及竖向动力平衡方程式。由于有 $q_2 + q_3$ 个结点，这组方程式共有 $2(q_2 + q_3)$ 个。

将两组方程式个数相加，正好等于所需要的方程式个数。

在图 10.31 中，将衬砌处理成梁单元有如下的优点：

（1）可直接计算出衬砌的内力，即轴向力、切向力及弯矩。

（2）衬砌-土体体系的网格剖分较为方便，并且单元的尺寸较均匀、数目较小。

将衬砌处理成梁单元的缺点是梁单元与相接的土单元的变形不完全协调。只在两者的公共结点上梁单元与相接的土单元的变形是协调的。在理论上，这是不严密的，会在一定程度上影响计算精度。

为避免上述的缺点，可不将衬砌简化成梁单元，而像周围土体那样将其剖分成实体单元。在分析中，由衬砌剖分出的实体单元应采用与土不一样的物理力学参数。这样，虽然严格地满足了衬砌单元与相接的土单元的变形协调要求，但存

在如下问题:

（1）衬砌的内力不能直接确定，特别是弯矩，如要确定衬砌的弯矩必须做补充的计算，并要求将衬砌断面分多个层进行剖分。

（2）将衬砌断面分多个层剖分，每个层很薄，相应剖分来的实体单元的尺寸很小。这样，不便于体系的网格剖分，剖分出的单元尺寸不均匀，并且数目也较多。

10.7 地震时单桩与周围土体的相互作用

10.7.1 地震时单桩的受力机制

地震时单桩的受力机制与地震时桩与周围土的相互作用密切相关。做为土-结相互作用的情况之一，地震时桩与周围土的相互作用则包括如下三种机制:

（1）由于桩和周围土体的刚度和质量不同，在地震时两者产生调协的运动而发生的相互作用。例如，当桩顶是自由时，桩土之间的作用就属于这种机制。

（2）通常，桩通过承台与上部结构相连接，地震时上部结构的惯性力通过承台作用于桩顶，并使桩发生变形。周围土体约束桩变形，在桩—土之间发生相互作用。桩—土之间的这种相互作用应属于惯性相互作用机制。

（3）当地震时土体发生永久变形时，土体对桩的推动作用及桩对土体永久变形的约束作用，并使抗承受附加的内力。

在常规的抗震设计中，通常只考虑上述的第二种桩的受力机制，即惯性相互作用机制。在桩的抗震计算时，把地震时上部结构运动产生的剪力和弯矩做为静力施加于桩顶，然后做为一个静力问题进行桩-土体系分析。在分析时假定远离桩轴的土体是不动的，设桩的侧向变形，即桩相对土体的变形为 u。假如，采用弹簧系数法进行分析，令 k 为弹性系数，则土对桩单位侧面积的作用力 p 如下:

$$p = ku \tag{10.81}$$

式中，u 是将上部结构惯性力产生的剪力和弯矩视为静力作用于桩顶而产生的桩的侧向变形。显然，在桩的常规抗震设计分析中没有考虑由上述第一种和第三种机制而产生的桩土之间的作用力。

10.7.2 动力分析中桩土之间作用力的确定

在动力分析中，不仅桩在运动而且周围土体也在运动，并随对桩轴线的距离增加，土体的运动越来越接近自由场的土体运动。这意味着，如果不存在桩土相互作用在桩轴线处土的运动与自由场的土体运动相同。在图 10.32 中，OA 表示考虑相互作用时桩的运动位移，OA' 表示自由场土体的运动位移，OA'' 表示基岩的刚体运动位移。由图 10.32 可见，桩土相对位移应为同一点桩与自由场土体的位移差，即 i 点的桩土相对位移应由下式确定:

$$u_{p,s,i} = u_i - u_{f,i} \tag{10.82}$$

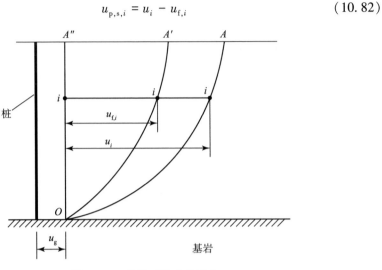

图 10.32 地震时桩土位移差

式中，$u_{p,s,i}$ 为第 i 点桩土相对位移；u_i 为考虑桩土相互作用时第 i 点桩的运动位移；$u_{f,i}$ 为自由场时第 i 点土的运动位移。显然，土对桩的作用力取决于桩土的相对位移。如果采用弹床系数法，则土对桩的作用力应按下式确定：

$$p_i = k u_{p,s,i}$$

将式（10.82）代入得

$$p_i = k(u_i - u_{f,i}) \tag{10.83}$$

除此之外，地震时桩土相互作用分析可按前述的土-结相互作用分析方法进行，不需重复表述。

10.8 接触面单元

10.8.1 接触面相对变形机制

1. 接触面及相邻土层的变形和受力特点

前面关于土-结相互作用分析的表述，均假定在界面两侧的土与结构没有发生不连续的变形，即在界面上土的位移与结构的位移是相等。但是，某些情况下沿界面土与结构可能发生相对变形，例如沿界面土与结构发生相对滑动或沿界面法线方向土与结构发生脱离。实际上，由于界面两侧的刚度相差悬殊，在土体一侧与界面相邻的薄层内的应力和应变的分布是很复杂的。一般说，具有如下特点：

（1）平行界面的位移在界面法线方向上的变化梯度很大，即在这个薄层内平行界面的剪应变值很大。

（2）由于平行界面的剪应变值很大，界面内土的力学性能将呈现明显的非线性。

（3）由于与结构相接触，受结构材料的影响，在薄层内土的物理力学性质，例如含水量和密度与薄层外土显著不同。不幸，在薄层内土的物理力学性质很难测定。

（4）与界面相接触的土薄层的厚度难以界定，甚至缺少确定土薄层厚度的准则。

（5）接触面的破坏或是表现为接触面两侧土与结构的不连续变形过大，即破坏发生于接触面，或是表现为在土体一侧的薄层发生剪切破坏，即发生在土薄层中。一般说，当土比较密实时可能呈第一种破坏形式，当土比较软弱时可能呈现第二种表现形式。

2. 接触面两侧相对变形的机制及类型

综上所述，接触面两侧相对变形可归纳为如下三种机制和类型：

（1）沿接触面土体和结构发生切向滑动变形和法向压缩或脱离变形，这种变形是不连续的。

（2）在土体一侧与接触面相邻的薄层内发生剪切变形或拉压变形，这种变形在接触面法向的梯度非常大，但仍是连续的。

（3）由上述两种相对变形组合而成的变形类型。

10.8.2 Goodman 单元[7]

按上述，测试和模拟土与结构界面的力学性能是很困难的。现在，为大多数人员认同并在实际中得到广泛采用的接触面单元为 Goodman 单元。

1. 接触面的理想化

按 Goodman 单元，将土与结构的界面视为一条无厚度的裂缝，土与结构沿裂缝发生相对滑动。这样，把界面上的一个结点以界面两侧相对的两个结点表示。相对的两个结点可以发生相对滑动和脱离，其相对滑动和脱离的数值与界面的力学性能有关。但是，这两个相对的结点具有相同的坐标，即为相应界面上的结点的坐标。显然，Goodman 单元可以模拟上述第一类相对变形。

2. 接触面单元及其刚度矩阵

1）接触面的剖分

以平面问题为例，如图 10.33a 所示，AB 为土与结构的一个接触面，现将其剖分成 N 段，则得到 N 个接触面单元。从其中取出一个单元，如图 10.33b 所示。

2）接触面单元的位移函数及相对位移

下面，在接触面单元局部坐标中推导接触面单元的刚度矩阵。如上所述，在

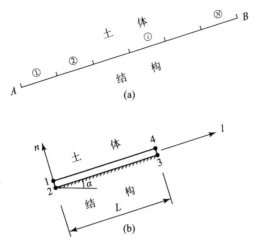

图 10.33 接触面剖分及接触面单元局部坐标
（a）界面剖分；（b）接触面单元

平面情况下，接触面单元有四个结点。在土体一侧的两个结点的局部编号为 1、4，在结构一侧的两个结点的局部编号为 2、3。局部坐标 l 方向取沿接触面方向，局部坐标 n 方向取接触面法线方向，并指向土体。局部坐标原点取局部编号为 1 的点。从 l 到 n 符合右手螺旋法则。设 l 方向与水平线夹角为 α。按前述，1 点与 2 点的坐标相同，3 点与 4 点的坐标相同。

令在局部坐标 l 方向的位移为 u，n 方向的位移为 v，则四个结点在 l 方向和 n 方向的位移分别为 u_1、v_1，u_2、v_2，u_3、v_3，u_4、v_4，并可排列成一个向量如下：

$$\{r\}_e = \{u_1,\ v_1,\ u_2,\ v_2,\ u_3,\ v_3,\ u_4,\ v_4\}^\mathrm{T} \qquad (10.84)$$

设在结构一侧 l 方向的位移函数如下：

$$u = a + bl$$

将 2 结点和 3 结点的局部坐标代入上式得：

$$u_2 = a$$
$$u_3 = a + bL$$

由此得：

$$u = u_2 + \frac{u_3 - u_2}{L}l$$

改写后得

$$u = \left(1 - \frac{l}{L}\right)u_2 + \frac{l}{L}u_3 \qquad (10.85)$$

同理，可得土体一侧的 l 方向的位移表达式：

$$u = \left(1 - \frac{l}{L}\right)u_1 + \frac{l}{L}u_4 \tag{10.86}$$

由式（10.85）和式（10.86）得在 l 方向土相对结构的位移 Δu 如下：

$$\Delta u = \left(1 - \frac{l}{L}\right)u_1 - \left(1 - \frac{l}{L}\right)u_2 - \frac{l}{L}u_3 + \frac{l}{L}u_4$$

同理，可得在 n 方向上土相对结构的位移 Δv 如下：

$$\Delta v = \left(1 - \frac{l}{L}\right)v_1 - \left(1 - \frac{l}{L}\right)v_2 - \frac{1}{L}v_3 + \frac{1}{L}v_4$$

令

$$\left.\begin{array}{l} N_1 = 1 - \dfrac{l}{L} \\[2mm] N_2 = \dfrac{l}{L} \end{array}\right\} \tag{10.87}$$

$$[N] = \begin{bmatrix} N_1 & 0 & -N_1 & 0 & -N_2 & 0 & N_2 & 0 \\ 0 & N_1 & 0 & -N_1 & 0 & -N_2 & 0 & N_2 \end{bmatrix} \tag{10.88}$$

式中，$[N]$ 为相对位移型函数矩阵。由此得相对位移 Δu、Δv 的表达式如下：

$$\begin{Bmatrix} \Delta u \\ \Delta v \end{Bmatrix} = [N]\{r\}_e \tag{10.89}$$

3）接触面的应力与相对位移关系

设接触面的应力与相对位移不发生耦联。这样，剪应力 τ 只与沿接触面切向的相对位移 Δu 有关，而与沿接触面法向的相对位移 Δv 无关；正应力 σ 只与沿接触面法向的相对位移 Δv 有关，而与沿接触面切向的相对位移 Δu 无关。因此，接触面上的应力与相对位移的关系可用下式表示：

$$\begin{Bmatrix} \tau \\ \sigma \end{Bmatrix} = \begin{bmatrix} k_\tau & 0 \\ 0 & k_\sigma \end{bmatrix} \begin{Bmatrix} \Delta u \\ \Delta v \end{Bmatrix} \tag{10.90}$$

式中，k_τ 和 k_σ 分别为接触面剪切变形刚度系数和压缩变形刚度系数，下面将进一步表述。

4）Goodman 单元的刚度矩阵

如图 10.34 所示，$F_{l,i}$ 和 $F_{n,i}$，$i=1 \sim 4$，分别表示作用于 Goodman 单元结点上的 l 方向和 n 方向的结点力，u_i 和 v_i，$i=1 \sim 4$，分别表示 Goodman 单元结点在 l 方向和 n 方向的位移。将 $F_{l,i}$、$F_{n,i}$，$i=1 \sim 4$，排列成一个向量以 $\{F\}$ 表示，则

$$\{F\} = \{F_{l,1} \quad F_{n,1} \quad F_{l,2} \quad F_{n,2} \quad F_{l,3} \quad F_{n,3} \quad F_{l,4} \quad F_{n,4}\}^{\mathrm{T}} \tag{10.91}$$

利用虚位原理可得

$$\{F\} = [k]_e\{r\}_e \tag{10.92}$$

式中，
$$[k]_e = \int_0^L [N]^T \begin{bmatrix} k_\tau & 0 \\ n & k_n \end{bmatrix} [N] dl \qquad (10.93)$$

根据单元刚度矩阵定义，式（10.93）定义的 $[k]_e$ 即为在局部坐标 $l-n$ 下得 Goodman 单元刚度矩阵。

在实际问题中，要建立在总坐标下的求解方程式。因此，必须将局部坐标下定义的刚度矩阵转换成总坐标下得刚度矩阵。这只需引进坐标转换矩阵就可完成，不需进一步表述。

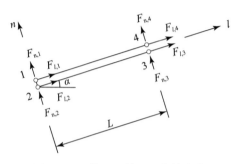

图 10.34　作用于单元上的结点力

5）接触面的变形刚度系数

前面引进了两个接触面变形刚度系数 k_τ 和 k_σ。这两个刚度系数应由试验来确定。下面，分别对 k_τ 和 k_σ 的确定做一简要的表述。

（1）变形刚度系数 k_τ 的确定。

测定变形刚度系数 k_τ 的试验分为两种类型，即拉拔试验或沿接触面的直剪试验。但应指出，现在的试验多是在静力下进行的，而为确定动力下的变形刚度系数 k_τ 的试验还很少见报导。如果要确定动力下的变形刚度系数 k_τ 必须进行动拉拔试验或沿接触面的动直剪试验。

变形刚度系数 k_τ 应根据试验测得的剪应力 τ 与相对变形 Δu 之间的关系线确定的。静力试验测得的 $\tau - \Delta u$ 关系线为如图 10.35 所示的曲线。因此，割线变形刚度系数随相对变形 Δu 的增大而降低。与土的应力-应变关系曲线相似，$\tau - \Delta u$ 关系线可近似地用双曲线似合：
$$\tau = \frac{\Delta u}{a + b\Delta u} \qquad (10.94)$$

由图 10.35 得割线变形刚度系数 k_τ 如下：
$$k_\tau = \frac{\tau}{\Delta u} = \frac{1}{a + b\Delta u}$$

进而，可得

$$k_\tau = k_{\tau,\ \max} \frac{1}{1 + \dfrac{\Delta u}{\Delta u_r}} \tag{10.95}$$

式中，$k_{\tau,\max}$ 为最大刚度系数；Δu_r 为参考相对变形，分别如图 10.35 所示。这两个参数均可由试验确定，不需赘述。

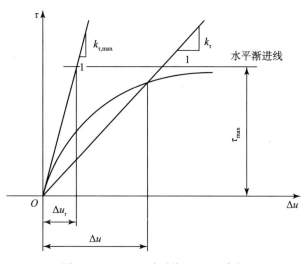

图 10.35　τ-Δu 关系线及 k_τ 的确定

（2）变形刚度系数 k_σ 的确定。

上面曾指出，Goodman 单元是一个无厚度的单元，为避免在接触面发生压入现象，要求变形刚度系数 k_σ 取一个很大的数值，通常取比变形刚度系数 k_τ 大一个数量级的数值。

在此，应指出一点，由接触面力学性能试验所测得的相对变形既包括第一类相对变形，也包括第二类相对变形，并且很难将两者定量地区分开来。当采用 Goodman 单元时，则将试验测得相对变形均视为第一类相对变形。这样，虽然 Goodman 单元只能模拟第一类相对变形，但在确定接触面力学性能时包括了第二类相对变形的影响。

3. 接触面单元在土-结相互作用分析中的应用

下面，以在桩顶竖向动荷载作用下桩与周围土体的相互作用分析为例，说明接触面单元的应用。设桩断面为圆形的，半径为 r，桩体为均质材料，土层为水平成层的均质材料。按上述情况，在桩顶竖向荷载作用下桩与周围土体的动力分析可简化成轴对称问题。假如采用有限元法进行分析，则可将桩和土体剖分成空心圆柱单元。为考虑沿界面桩土可能发生相对变形，在界面设置 Goodman 接触单元。设 r 为径向，z 为竖向，则在 r-z 平面内剖分的网格如图 10.36 所示。

在图中，接触面左侧为桩体及其剖分的网格，接触面右侧为土体及剖分的网格。设接触面从上到下剖分成 N 段，则得到 N 个半径为 r_0 的圆筒形 Goodman 单元，其内侧与桩相连接，外侧与土相连接，如图 10.37 所示。

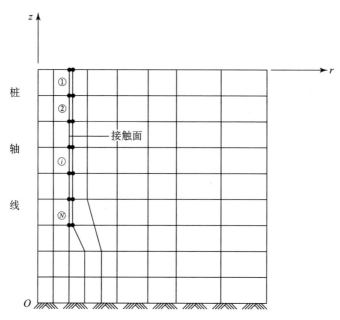

图 10.36 r–z 平面内部分的网格及接触面上的 Goodman 单元

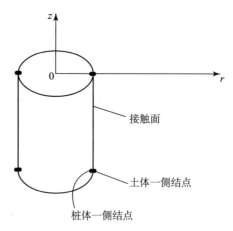

图 10.37 筒形接触面单元

按前述规定，接触面单元的局部坐标 l 取竖直向下，n 坐标取水平向右，则 α 角等于-90°，如图 10.38 所示。设在局部坐标 l 方向的位移为 u，局部坐标 n

方向的位移为 v，可推导相对位移 Δu 和 Δv，其表达式与式（10.89）完全相同。以下的推导与前述相同，但是在利用虚位移原理求接触单元刚度矩阵时，式（10.93）的积分应改为对半径为 r_0 的圆筒面积进行积分，即

$$[k]_e = r_0 \int_0^{2\pi} \int_0^L [N]^{\mathrm{T}} \begin{bmatrix} k_\tau & 0 \\ n & k_n \end{bmatrix} [N] \mathrm{d}l \mathrm{d}\theta \qquad (10.96)$$

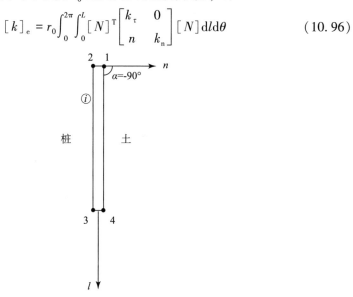

图 10.38　接触面单元局部坐标

按式（10.96）计算出局部坐标下的刚度矩阵后，再将其转换成总坐标下的刚度矩阵。

当总坐标下的接触面单元刚度矩阵确定后，其余的问题只是在建立求解方程时考虑接触面的影响。具体地说，在建立位于接触面单元上桩一侧结点 k 的动力平衡方程式时除要考虑与其相连接的桩单元结点的作用，同时还要考虑与其相连的接触面单元结点的作用，如图 10.39a 所示；同样，在建立位于接触面单元上土一侧结点 j 的动力平衡方程时，除要考虑与其相连的土单元作用，还要考虑与其相连接的接触面单元结点的作用，如图 10.39b 所示。这可在形成体系总刚度矩阵和阻尼矩阵时完成，细节不需赘述。

10.8.3　薄层单元

薄层单元是由 Desai 等提出的，可以模拟上述第二类相对变形[8]。如果采用薄层单元模拟接触面的性能时，必须确定如下两个问题：

（1）在土体中与接触面相邻的薄层的厚度。

（2）测定薄层中土的力学性能。

显然，第一个问题具有很大的不确定性，第二个问题在技术上有很大困难。由于上述的原因，相对 Goodman 单元，较少采用薄层单元。因此，在此不做进一步表述。

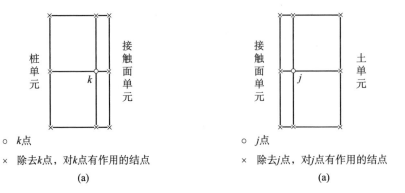

○ k点
× 除去k点，对k点有作用的结点
(a)

○ j点
× 除去j点，对j点有作用的结点
(a)

图 10.39 接触面单元上的结点与桩一侧或桩一侧单元结点的作用

（a）接触面桩一侧的结点 k；（b）接触面土一侧的结点 j

参 考 文 献

[1] Lysmer J，土动力学的分析方法，地震工程和土动力问题译文集，L. M. 伊德里斯等著，谢君斐等译，地震出版社，1985.

[2] 铁摩辛柯，古地尔，弹性理论，徐芝纶，吴永祯，人民教育出版社，1964 年，北京.

[3] 小理查特 F E、伍兹 R D 和小霍尔 J R，土与基础振动，北京，中国建筑工业出版社，1976 年.

[4] Penzien J, Scheffey C F, Parmelee R A, Seismic Analysis of Bridges on Long Piles, Journal of Engineering Mechanics Division, ASCE, 1964.

[5] Barken D D, Dynamics of Bases and Foundations, McGraw-Hill Book Co., New York, 1962.

[6] 普拉卡什 S，土动力学，水利电力出版社，1984.

[7] Goodman R E, Taylor R L, A Model for the Mechanics of jointed Rock, Journal of the Soil Mechanics and Foundations, ASCE, 1968.

[8] Desai C S, Zamman M M, Lightner J G et al., Thin Layer Element for Interfaces and Joints International Journal of Numerical and Analytical Methods in Geomechanics, 1984.

第十一章 场地和地基抗震中的土动力学问题

11.1 场地土层条件对地面运动的影响

强震观测资料表明，不同台站记录到的同一次地震的记录常有很大的差别，同一台站收到的不同地震的记录也是各不相同的。这种差别不仅反映在幅值、频率成分上，同时也反映在持续时间上。这说明影响地面运动特征的因素很多，例如震源机制、传播途径、地形、土层条件等。但目前认识比较统一、震害资料较充足同时又能进行分析计算的只有场地条件的影响。很多文献称这种影响为场地条件的影响，场地条件应包括土层条件和地形两个方面。在水平场地情况，地面运动只受土层条件影响，本节仅讨论土层条件的影响。

11.1.1 土层条件对震害的影响

图 11.1 所示为日本关东等地震的震害调查结果。周期约为 0.5s 的木房屋，当建造在深厚（30m）的软土层上时，破坏率高达 30%；当它们建造在硬土和岩石上时，破坏率降低为 1%。图 11.2 为 1967 年加拉加斯地震时房屋倒塌与覆盖土层厚度之间的关系。该市土层厚度自南至北由 0 变化至 300m，市内房屋高度由平房变化到 14 层或更高。建造在厚 160～300m 土层上的

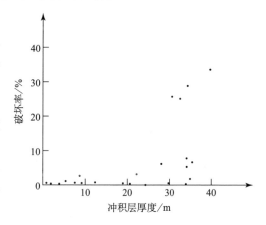

图 11.1 关东地震震害调查结果

10 层以上的房屋倒塌最多[1]。最近墨西哥发生了强地震，首都墨西哥城距震中约 400km，虽然远离震中，但市内高层建筑破坏严重，全部倒塌的房屋达 400 多栋。在 8 级左右的强地震下，远离震中 400km，一般情况下房屋不致引起破坏，例如，1976 唐山地震时石家庄市的房屋没有破坏。墨西哥地震是远震时深厚软土层上高层建筑严重破坏的典型实例。受土层条件影响的类似的震害例子还很多，这里不一一列举了。上述三个例所提供了一个启示：土层的条件将决定该场地的卓越周期，当建筑物的自振周期与场地卓越周期接近时就会由于共振而导致严重震害。

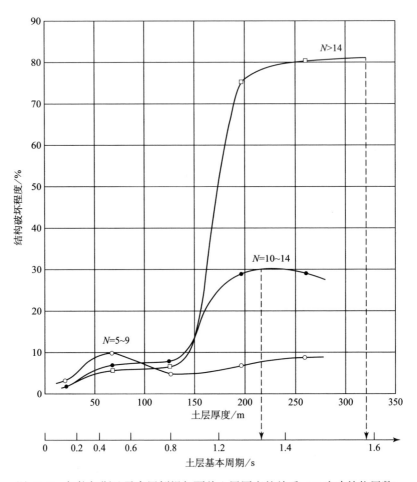

图 11.2 加拉加斯地震房屋倒塌与覆盖土层厚度的关系 （N 为建筑物层数）

11.1.2 土层条件对地面运动反应谱的影响

首先来考察一下不同土质条件的台站所收到的同一次地震记录的反应谱。图 11.3 是在 1976 年 11 月 15 日宁河地震 （M = 6.9 级） 时天津医院记录的，图 11.4 是同一次地震在迁安基岩上收到的加速度反应谱。图 11.5 是 Seed 给出的不同土层上的反应谱。图 11.6 是 1985 年墨西哥 （M = 8.0 级） 地震的加速度反应谱。图 11.7 是旧金山几个台站收到的同一次地震的加速度反应谱。考察这些反应谱曲线可以看出几点：①曲线波动较大，不是光滑曲线，特别是在小阻尼情况下很难找到两条反应谱是完全相同的。②反应谱一般有一个或多个峰值，与最大峰值对应的周期叫做卓越周期，土层愈软、愈厚卓越周期愈长。③震级和震中距对反应谱的形状也有一定的影响，总的说来，大震级和远震导致卓越周期延长，长周期段的谱值较大。④估计某一场地未来地震的反应谱值是很困难的,只能根据平均的趋势给出平均化、平滑化的近似曲线。

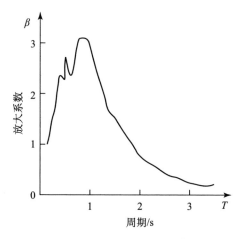

图 11.3 宁河地震天津医院的记录反应谱

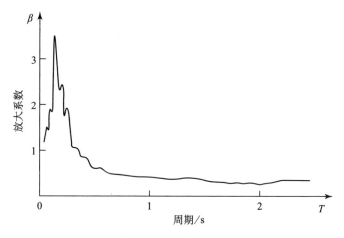

图 11.4 宁河地震迁安基岩记录反应谱

11.2 土层条件的定量指标及地场分类

11.2.1 土层条件的定量指标

从上述可见,场地土层条件不同其地面运动加速度及反应谱则不同。从力学观点,其原因在于场地土层对其下基岩地震运动的反应不同。场地土层对其下基岩运动的反应取决于土层的自振特性,而土层的自振特性则取决于土层质量与刚度分布。如果土层是均质的,则土层的动剪切刚度为

$$K = G/H \tag{11.1}$$

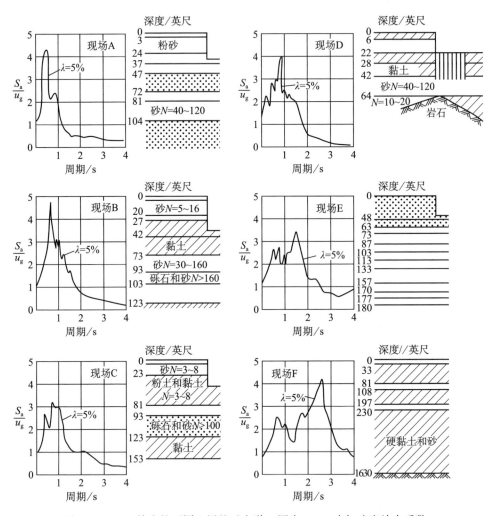

图 11.5 Seed 给出的不同土层的反应谱（图中 S_a/u_g 为加速度放大系数）

式中，G 为土的动剪切模量；H 为土层厚度。按式（11.1），应将 G 和 H 做为土层条件的定量指标。但是，G 不是一个现场测试指示，不易确定。在前面曾给出

$$v_s = \sqrt{G/\rho}$$

式中，v_s 为土剪切波速，可由现场剪切波速试验测定。这样，可以土的剪切波速 v_s 代替动剪切模量 G 做为土层条件的一个定量指标。

但是，场地土层是由一系列厚度不同的土层组成的，每一层土的剪切波速不同，如图 11.8 所示。下面，引进土层等价剪切波速的概念。土层等价剪切波速的定义如下：如果某一个剪切波速在厚度为 H 土层内传播所用的时间与按各土层剪切波速传播所用的时间相等，则该剪切波速称为土层等价剪切波速，以 $v_{s,eq}$

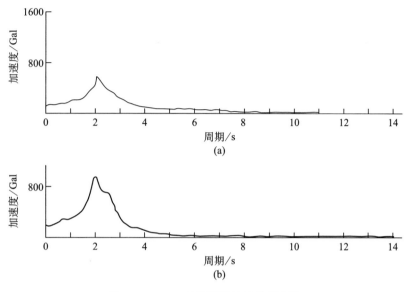

图 11.6 1985 年墨西哥地震的反应谱

表示。按上述定义，

$$v_{s,eq} = \frac{H}{\sum\limits_{i}^{n} \dfrac{h_i}{v_{s,i}}}$$

(11.2)

式中，$v_{s,i}$ 和 h_i 分别为第 i 土层的剪切波速和厚度。

这样，场地土层条件可由土层厚度 H 和土层等价剪切波速 $v_{s,eq}$ 两个定量指标表示。

下面，关于土层厚度 H 的确定做如下一些说明：

（1）按式（11.1），土层厚度 H 应取场地表面至土层与基岩分界面的深度。但是，当土层很厚时，工程勘探达不到这个深度，按此则无法确定。在实际问题中，通常按某一个指定的准则确定土层的厚度 H。

（2）按式（11.2）确定土层等价剪切波速 $v_{s,eq}$ 时，土层厚度 H 通常取 30m，而不是土层与基岩分界面的深度。这是因为工程勘探的深度通常小于 30m。因此，在地面下 30m 以内通常有现场实测值，而确定剪切波速的经验公式也是由深度 30m 以内的测试资料获得。由于缺少地面下 30m 以下剪切波速的资料，则式（11.2）中的 H 值通常只好取 30m。

11.2.2 场地分类及相应加速度反应谱

1. 基本资料

为进行场地分类和确定相应的反应谱，应从强震观测台站获得如下资料：

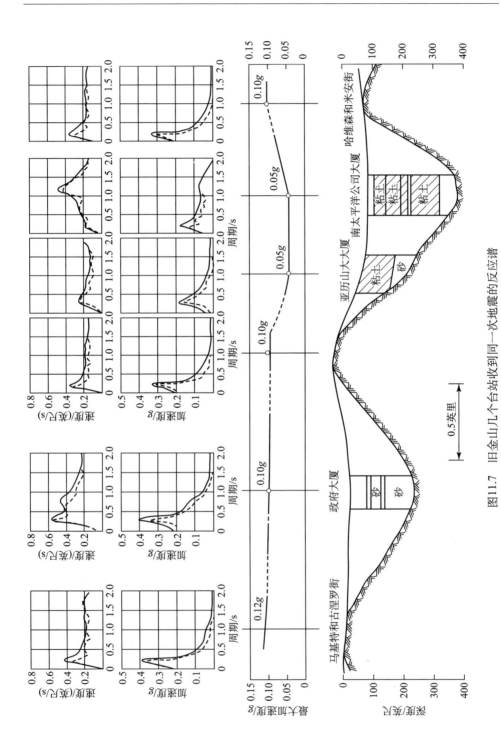

图11.7 旧金山几个台站收到同一次地震的反应谱

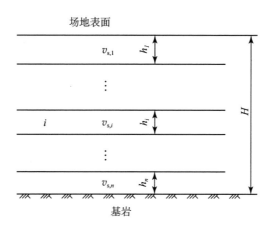

图 11.8　场地土层的组成及剪切波速

（1）台站场地地面的地震加速度观测记录。

（2）台站场地土层的勘探资料，包括各层土的土类、层厚、地下水位，以及现场测试的剪切波速。

这样，根据场地地面地震加速度观测记录可确定出相应的加速度反应谱，以及由场地土层的勘探资料确定出场地土层条件的两个定量指标 H 和 $v_{s,eq}$。

2. 场地分类

将收集到的每一个强震观测台场地土层条件定量指标 H 和 $v_{s,eq}$ 汇总在一起，然后以 H、$v_{s,eq}$ 为定量指定经验地将场地划分几类。我国的《建筑抗震设计规范》将场地划分四类，具体划分从略。

3. 各类场地的地面加速度反应谱

按场地分类，将同一类场地的地面加速度反应谱绘在一起，得到同一类场地地面加速度反应谱变化范围。然后，根据同一类场地地面加速度反应谱变化范围确定出一条代表性规格化的加速度反应谱，如图 11.9 所示。从图 11.9 可见，规格化的反应谱可用如下四个量描写：

（1）最大动力放大系数 β_{max}。

（2）特征周期 T_1。

（3）特征周期 T_g。

（4）大于特征 T_g 时动力放大系数的衰减指数 α。

按上述，对每一场地类别都可得一条规格化的反应谱。因此，规格化反应谱的特征周期 T_1、T_g，以及衰减指数 α 是随场地类别而变化的。特别是场地特征周期 T_g 随场地类别增大而增大。有关各类场地面加速度反应谱的规定，请见《建筑抗震设计规范》。

上面，将《建筑抗震设计规范》有关场地分类及加速度反应谱的规定从略，其原因是随着规范的修订，有关的规定都要有些变化。

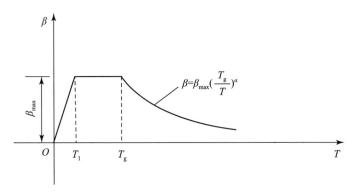

图 11.9　规格化的加速度反应谱

11.3　液化场地危害评估

大量的地震震害资料调查表明，饱和砂上液化是地面破坏的主要原因之一。饱和砂土液化可以引起地面发生喷砂冒水、裂缝、沉陷及流滑。在此，将含有被判为液化砂层的场地称为液化场地，评估其危害是一项重要工作。评估液化场地的危害工作应按如下步骤进行：

11.3.1　液化判别确定液化区的分布

判别的方法可采用我国《建筑抗震设计规范》中规定的方法，或被广泛采用的 Seed 简化法。采用上述方法对工作区中每个钻孔孔位的场地进行液化化判别，确定出所包含的饱和砂土层是否会发生液化，发生液化的部位及范围，并确定出在液化区范围内每一点的液化程度。如果采用我国现行的建筑抗震设计规范中的液化判别方法，每一点的液化程度可以用该点实测的标准贯入击数 N 与临界液化标准贯入击数 N_{cr} 之比表示。比值 N/N_{cr} 越小，其液化程度则越高，如图 11.10 所示。另外，将工作区中每个钻孔孔位场地液化判别结果标注在工作区的平面图中，则可勾画出液化区在平面图上的分布。

11.3.2　液化危害性评估

1. 影响液化危害性因素

前面已经指出，发生液化并不一定引起震害。液化所引起的危害取决如下因素：

（1）液化区的深度。液化区的深度越大，其上覆盖的土层越厚，液化对地面的危害越小。

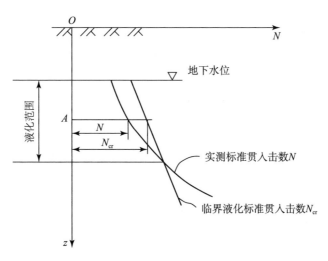

图 11.10　钻孔孔位场地液化判别结果

（2）液化区之上覆盖的土层的类型及性质。如果其上覆盖的是密实的粘性土，则液化对地面的危害较小，而其上覆盖的是软粘土，则液化对地面的危害较大。

（3）液化区的范围。液化的范围越大，则液化对地面的危害越大。

（4）液化区内的液化程度。液化程度越大，即 N/N_{cr} 值越小，则液化对地面的危害越大。

（5）场地地面的坡度。场地地面的坡度越大，液化的危害可能越大。特别应指出，几度的地面倾角就可能引起地面发生流滑。

这样，在评估液化的危者性时，必须综合考虑上述诸因素对液化危害性的影响。

2. 评估液化危害性的指标

为综合地考虑影响液化危害性的因素，必须引进一个能包括上述影响因素的评估指标。刘惠珊引用了日本学者岩崎敏夫提出的场地液化势数作为评估液化危害性指标，并纳入我国的《建筑抗震设计规范》。但是，考虑我国的《建筑抗震设计规范》中规定的液化判别方法，将场地液化势指标 LI 重新定义如下：

$$LI = \sum_{i=1}^{n} \left(1 - \frac{N_i}{N_{cr,j}}\right) w_i d_i \tag{11.3}$$

式中。n 为沿深度判为液化的饱和砂土层段数；N_i、$N_{cr,i}$ 分别为每段中点的实测标准贯入击数和临界液化标准贯入击数；d_i 为每段的长度；w_i 为每段的权数，表示液化部位对危害性的影响，离地面越近其权数越大，并按下述规定确定：

（1）若判别深度为 15m，如第 i 段中点的深度小于 5m，w_i 取 10；如果等于

15m，w_i 取零；如果在 5~15m，按线性内插确定相应的 w_i 值。

（2）若判别深度为 20m，如果第 i 段中点的深度小于 5m，w_i 取 10；如果等于 20m，w_i 取零；如果在 5~20m，按线性内插确定相应的 w_i 值。

从式（11.3）可见，场地势指数可以综合地考虑上述影响液化危害性的因素。场地液化势指数越大，液化的危害性越大，在定性上符合各因素对液化危害性的影响。

3. 场地液化势指数与液化危害性的关系

上面指出了，将式（11.3）定义的场地液化势指数作为评估液化危害性指标在定性上的合理性。但是，作为一个定量的评估指标，必须建立场地液化势指数与液化引起的灾害之间的关系。场地液化势指数与液化引起的危害的关系可由地震现场震害调查资料确定。在确定两者关系时，按地面破坏和地面上建筑的震害，将液化的危害分为轻微、中等、严重三个等级。在表 11.1 中给出了这三个等级相应的地面破坏和地面建筑的破坏现象。这样，对收集到的每个液化场地确定出相应的危害程度，并按轻微、中等和严重三个等级分成三组。然后，对每一组中的液化场地确定其场地液化势指数，得到每一组场地液化势指数的范围值。现行我国建筑抗震设计规范给出的轻微、中等和严重三个液化危害等级相应的场地液化势指数的范围值如表 11.2 所示。该表主要是根据我国海城和唐山两次地震的现场震害调查资料确定的。

表 11.1　液化危害性等级及相应的危害情况

液化等级	地面喷砂冒水情况	地面上建筑危害情况
轻微	地面无喷砂冒水或仅在洼地、河边有零星的喷砂冒水现象	危害性小，一般不至引起明显的震害
中等	喷砂冒水可能性大，从轻微到严重均有，多数居中等	危害性较大，可造成不均匀沉降和开裂，有时不均匀沉降可能达到 200mm
严重	一般喷砂冒水都很严重，地面变形明显	危害性大，不均匀沉降可大于 200mm，高重心结构可能产生不容许的倾斜

表 11.2　液化危害性等级及相应的场地液化势指数范围

液化危害性等级	轻微	中等	严重
场地液化势指数	<5	5~15	>15

11.4　重大工程场地地面加速度及反应谱

一般工程场地的地面最大加速度可按加速度区划图确定，而加速度反应谱可按场地类别确定。重大工程由于其重要性，通常要对其场地地面加速度及反应谱进行专门研究。实际上，重大工程是要进行地震危险性分析的，确定其场地地面的最大加速度及反应谱是其中一项工作。像下面将看到的那样，这项工作实质上是更深入具体地考虑场地条件对地面加速度反应谱的影响。

11.4.1　基础资料

确定重大工程场地地面最大加速度及反应谱所必需的资料如下：

1. 场区的地质勘探资料

主要包括场区的钻孔分布图、钻孔柱状图，以及典型剖面图。

2. 场地土层的物理力学性能资料

主要包括场地各层土的重力密度、动力学模型参数等。通常，土动力学模型通常采用等价线性化模型，该模型的参数已在第四章表达了，在此无需赘述。

3. 基岩运动加速度时程

这个资料由地震危险性分析提供。

11.4.2　进行土层地震反应分析

（1）选取具有代表性的钻孔，进行一维土层的地震反应分析。

（2）选取具有代表性的剖面，进行二维土层地震反应分析。进行二维土层的地震反应分析的目的是考虑地形及土层在水平向分布不均匀的影响。

一维土层和二维土层地震反应分析方法按第六章表述的方法进行。由地震反应分析可确定出每一个钻孔孔位处地面的最大地震加速度 a_{max}、加速度时程 $a(t)$ 及相应的反应谱曲线。

11.4.3　加速反应谱曲线的标准化

在结构抗震设计中采用的是如图 11.9 所示的标准化的反应谱。因此，必须将由土层地震反应分析得到的加速反应谱标准化。按前述，将分析得到的加速度反应谱标准化实际上就是确定标准化反应谱的 β_{max}、T_1、T_g，以及 α 值。现将其确定方法表述如下：

（1）按规定取 $\beta_{max} = 2.25$。

（2）T_1 的数值规定取 0.1s。

（3）T_g 可按下述两种方法之一确定，见图 11.11

①
$$\int_{T_1}^{T_g} \beta \mathrm{d}T = \beta_{max}(T_g - T_1) \tag{11.4}$$

② $$\mathrm{Min}\int_{T_1}^{T_g}(\beta-\beta_{max})^2\mathrm{d}T \tag{11.5}$$

应指出，按式（11.4）和式（11.5）确定 T_g，都需要试算来确定。

③按式 $\beta=\beta_{max}\left(\dfrac{T_g}{T}\right)^\alpha$ 关系式拟合 $T>T_g$ 段反应谱曲线，确定出 α 值

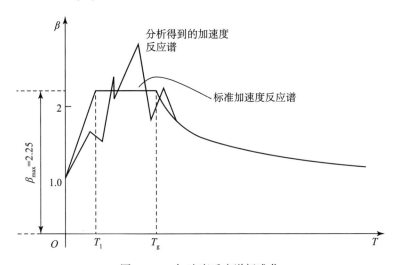

图 11.11　加速度反应谱标准化

11.4.4　绘制 a_{max}、T_g、α 分布图

将上述分布得到的 a_{max}、T_g、α 值标注在钻孔分布图的相应钻孔孔位处，就得了到这三个量在场区的分布图。显然，这三个量的分布图反映了场区地形及不同地点土层条件对场区地面最大加速度和反应谱的影响。

11.4.5　场区地面最大加速度及反应谱的确定

（1）如果在整个场区 a_{max}、T_g、α 变化不大，则可将场区中 a_{max}、T_g、α 的平均值做为场区的设计值。

（2）如果在整个场区 a_{max}、T_g、α 变化较大，则可将整个场区分成若干个子区，将各子区中的 a_{max}、T_g、α 平均值做该子区的设计值。

11.5　地基基础震害及机制

11.5.1　地基基础震害的宏观资料及启示

为了在宏观上了解地基基础的抗震性能，在编写《工业与民用建筑抗震设计规范》（TJ 11）时，曾对表 7.1 所示的 1971 年以前我国 6 次大地震中的地基基础震害进行了总结[2]。在这六次大地震中确实查明的地基基础震害仅有 43 起，如表

11.3 所示。在此应指出，这 43 起的地基基础形式均为天然地基浅基础，并且是低于 3、4 层的建筑物。这 43 起发生震害的地基土层大都属于如下四种类型：

（1）饱和砂土地基。

（2）软粘土地基。

（3）不均匀地基，不均匀地基是指在平面上存在两部分类型和性质显著不同的土类的地基，例如横跨浅埋的河、湖、沟、坑边缘的地基、半挖半埋地基等。

（4）静力已有破坏，地震时破坏有所发展的地基。

这 43 起地基基础震害的主要形式如下：

（1）沉降，包括均匀和不均匀沉降。

（2）基础下陷，地基隆起，地基丧失承载能力。

（3）地裂缝。

（4）地基滑动。

应指出，在这些地基震害中，有些是直接观察到的，而有些则是由建筑物的倾斜和裂缝等判断出来的。

应说明，表 11.3 的总的震害数目大于 43 起，其原因是同一震害可能属于两种情况。例如，一个不均匀地基，其软弱那部分如果是软粘土，则又将其计入软粘土地基。

表 11.3　1971 年以前我国 6 次大地震中的地基基础震害数目

烈度	饱和砂土地基			软粘土地基			不均匀地基			静力已有破坏地震时破坏发展的地基			其他
	轻	中	重	轻	中	重	轻	中	重	轻	中	重	
6	0	0	0	2	1	0	3	1	1	7	1	0	1
7	0	3	3	0	0	0	3	3	4	3	1	0	2
8	0	0	0	1	0	0	0	0	2	0	1	0	0
9	2	1	3	1	0	0	1	0	1	2	0	0	0
总计	2	4	6	4	1	0	7	4	8	12	3	0	3
	12			5			19			15			

根据上述的地基基础震害资料，关于地基基础的抗震性能可得到如下认识：

（1）与上部结构震害相比，地基基础的震害数目很少。这表明，总体上，地基基础具有较好的抗震性能。

（2）按地基土层的组成而言，可能发生震害的地基有如下三种类型：

①饱和砂土地地基。

②软粘土地基。

③不均匀地基。

这表明，地基基础震害与地基土层条件有密切的关系，发生地基基础震害的地基通常含有对地震作用敏感的土类。

（3）从表 11.3 可见，对于这三种可能发生震害的地基，当地震作用很低，例如地震烈度为六度和七度时，也会发生严重的震害。因此，从防灾减灾而言，对这三种类型的地基应予特别的关注。

（4）一般说，静力下性能不好的地基其抗震性能也差。实际上，静力性能差的地基往往也是这三种类型的地基。因此，对于需要处理的地基，应同时考虑静力上和抗震上的要求采用必要的技术措施。

11.5.2 地基基础震害的机制

地基基础的震害机制及形式与地基的土层条件有关，具体可表述如下：

1. 含饱和砂土的地基

发生震害的饱和砂土地基，在其室内外周围地面都会伴随发生喷水冒砂。这表明，地基中的饱和砂土液化是引起地基基础震害的原因。如前所述，液化会使饱和砂土丧失对剪切作用抵抗的能力，严重者可引起地基丧失稳定性。但是，由于饱和砂土层在地基中的位置和其上覆盖土层的条件不同，含饱和砂土的地基震害共有如下几种形式：

（1）当地基直接坐落在液化的饱和砂土层上，或者在饱和砂土层之上覆盖的非液化土层较薄时，则可能发生基础下陷地基隆起震害形式。这种形式的震害表明，地基已丧失了稳定性。

（2）当地基中液化的饱和砂土层之上存在较厚的非液化土层时，液化的饱和砂土被封闭在地基土体之中，其上的非液化土层有一定的调节作用。在这种情况下，可能的震害则表现为发生附加均匀或不均匀沉降，使建筑物发生沉降或倾斜。建筑物发生沉降和倾斜的程度与液化饱和砂土层之上覆盖的非液化土层的厚度和状态有关，覆盖的非液化土层越厚，状态越密实则下沉和倾斜较小。

（3）轻型的结构，例如液体存储池、船坞等，当直接坐落在液化的饱和土层上时，由于作用其基础底板上的孔隙水压力可使这类轻型结构发生上浮变形。

（4）当地面倾斜时由于液化的饱和砂土具有流动性会发生侧向变形，引起侧向扩展或流滑，坐落其上的基础将随之发生大的侧向位移。

但应指出，至今在我国的历次大地震中，还没发现像 1964 年日本新泻地震那样，由于饱和砂土液化使许多建筑倾覆的现象。这可能是由于在我国地基中的饱和砂土层都是以与粘性土互层存在的，几乎没有像新潟那深厚的饱和砂土层。

2. 含软粘土的地基

从表 11.3 可见，软粘土地基在地基基础震害中占有一定数量，但是与饱和砂土地基和不均匀地基相比，所占的比重较小而且程度也较轻。由于软粘土中粘土颗粒的电化学胶结作用，相对松散和中密的饱和砂具有更稳定的结构，在地震作用下一般不会发生状态的变化而完全丧失对剪切作用的抵抗。但是，室内动力试验表明，软粘土在地震荷载作用会发生较大的永久变形。这在宏观震害上表现为软粘土地基发生比较大的附加均匀沉降或不均匀沉降，其上建筑物发生沉降和倾斜。在表 11.4 中给出了唐山地震时塘沽望海楼和建港新村一些坐落在软粘土地基上的 4、5 层以下的楼房发生沉降和倾斜的事例就可说明这个问题[3]。

软粘土地基的震害与软粘土的状态及所受的地震作用的大小有关。为了在实际工程问题中判别软粘土，《建筑抗震设计规范》中给出了软粘土的定义如下："软弱粘性土层指 7 度、8 度和 9 度时，地基承载力特征值分别小于 80、100 和 120KPa 的土层。"但应指出，软粘土层在地基中的深度和层厚也对软粘土地基的震害有影响。

表 11.4　唐山地震引起的塘沽望海楼和建港新村四、五层以下的楼房的沉降值

望海楼	楼号	3	4	7	15	17	20
	沉降/cm	14.0	14.4	17.0	24.4	24.0	15.0
建港新村	楼号	4	7	8	10	12	14
	沉降/cm	11.0	7.0	7.0	4.0	5.0	15.0

3. 不均匀地基

不均匀地基可分为如下两种类型：

（1）横跨潜埋的河、湖、沟、坑边缘的地基，如图 11.12 所示。相对于潜埋河、湖、沟、坑外侧的地基土体，其内侧的地基土体不仅生成的年代新，而且通常是由松散和中密的饱和砂土或软粘土组成的。因此，这种类型的不均匀地基主要是由边缘内侧对地震作用敏感的土体抗剪强度降低以及永久变形引起的。其震害的主要形式表现为：

①边缘内侧的基础下沉地基隆起，地基丧失稳定性。

②地基发生均匀或差异沉降。

③边缘内侧的土体沿潜埋的河、湖、沟、坑边界发生有限滑动变形，在地面上沿边缘发生地裂缝，使基础甚至建筑物墙体发生断裂。

显然，这些都是较重的地基基础震害形式。

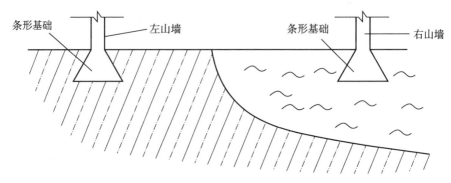

图 11.12 横跨潜理的河、湖、沟、坑边缘的不均匀地基

（2）半挖半填地基。

在山区由于场地狭窄往往采用半挖半填的方法造成一块平坦的场地。这样，建筑物一半坐落在挖方部分，另一半坐落在填方部分，如图 11.13 所示。这种不均匀地基的特点如下：

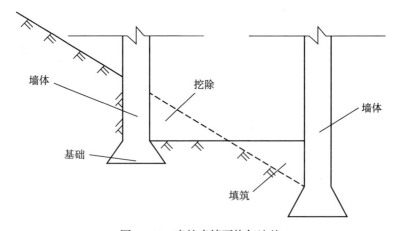

图 11.13 半挖半填不均匀地基

①填方与挖方两部分的土体的软硬程度相差悬殊，挖方部分为原来的密实土体，甚至是基岩，而填方部分为较松散的填土。由于填方部分的土较松散，在地震作用会发生压密变形引起沉降。

②填方与原来的坡体之间存在一个界面。在这个界面上下两部分土体往往不能很好地结合，在地震作用下填方土体可能沿两者的界面发生滑动。

③建筑物墙体可能是填方土体外侧的挡土墙。受地震时在土压力作用下墙体可能发生侧滑。

表 11.5 给出了澜沧—耿马地震半挖半填地基基础的震害。

表 11.5　澜沧—耿马地震半挖半填地基的震害

建筑物	烈度	填方部分填土情况	震害
金烈道班房	8	填土厚 2m 左右，其下为 2～3m 的坡残积土	三栋房子呈凹形布置。中间一栋在基岩上，两侧的两栋建在半挖半填地基上。中间及西侧两栋为砖混结构，东侧一栋为砖木结构。西侧房子，位于挖方部分的基本完好。位于填方部分的墙体开裂，局部倒塌。东侧房子震害与西侧的相似
耿马华侨农场七队	7	填土厚 1～2m，山墙从自由地面砌起。	移动砖木结构的平房，在挖填方交接部位产生宽 3～5cm 地面裂缝，贯通前后檐墙。山墙外闪。填方部分破坏严重，挖方部分基本完好
耿马县直家属宿舍	8	挖方平整场地，不均匀地基范围很大	地震时房屋倒塌，破坏严重。地面开裂，局部地基滑移现象明显。例如，一栋砖木结构房子，室内水泥地面开裂达 5cm 以上，顺坡滑移明显。地面变形很大，不均匀下沉明显。在该建筑区地裂缝有 10 余条，断续延伸数百米
西盟县城	6	整个县城座落在大山的斜坡中上部，覆盖层厚 0～20m。有多处地下水出露地来。县幼儿园、小学和教师进修学校一带台阶陡坎较多。数栋房子建在半挖半填地基上，填方部分山墙下部为挡土墙	挖方部分基本完好，填方部分震害较重

注：该表由中国地震局工程力学研究所孙平善研究员提供。

按上述，这种形式的不均匀地基的震害机制及形式如下：

①在地震作用下填方土体发生压密，引起地基软硬两部分发生不均匀沉降，使建筑物裂缝。

②在地震作用下填方土体沿其与原土体的界面发生滑动，甚至发生整个滑坡，使建筑物发生裂缝甚至断裂。

在实际工程中，桩基是广泛应用的一种深基础形式。震害调查资料给人们的印象是桩基具有很好的抗震性能。但是，这并不表明桩基不会发生震害。如果桩基发生震害可能表现如下两方面：

①桩基的承载能力降低或丧失。

②桩体发生裂缝甚至断裂。

如果桩基其承载能力降低或丧失，是容易判断出来的，但是如果桩体发生裂缝或断裂，由于建筑桩基通常为低承台桩基，桩体完全埋藏于土层中，则很难被发现。因此，桩基震害很少报导的原因，一方面是由于在地震作用下，除了个别的在饱和砂土中的桩基外，其承载力确实很少发生降低或丧失，另一方面则由于建筑桩基埋藏于地下，桩体的裂缝或断裂很难发现。

关于其他地基基础类型，例如复合地基的震害机制及形式尚缺乏宏观认识，其原因主要是缺乏相应的震害资料。

11.5.3 地基基础抗震问题

基于上述关于对地基基础震害机制及形式的认识，地基基础抗震问题应包括如下：

（1）地震作用引起的地基基础沉降，包括均习和不均匀沉降。

（2）地震作用下地基基础的稳定性。

但是，前述的地基基础宏观震害研究表明，一般的地基基础具有较好的抗震性能，震害主要集中发生于含饱和砂土地基、含软粘土地基和不均匀地基。因此，地基基础抗震应对这三种易发生震害的地基予以特别的关注。

11.6 地震中作用下天然地基浅基础承载力校核

天然地基浅基础通常具有如下两个特点：

（1）除非在基岩上，由于承载力的限制，采用天然地基浅基础的建筑物通常在6~7层以下。

（2）天然地基浅基础的地基土体如果是由对地震作用不敏感的土组成的，天然地基浅基础通常具有较好的抗震性能。

因此，天然地基浅基础的抗震计算较为简单，只进行承载力的校核，除非特殊情况，不进行变形分析。此外，在一些情况下还可不进行承载力校核。

在地震荷载作用下，天然地基浅地基承载力校核方法的要点如下：

11.6.1 考虑的荷载

在地震作用下承载力的校核是验算在静力和地震惯性力共同作用下天然地基的承载力是否满足要求。

因此，在校核所考虑的荷载包括如下：

（1）上部结构通过基础作用于天然地基上的静荷载。

（2）上部结构惯性力通过基础作用于天然地基上的地震荷载。

在承载力校核时，将地震荷载做为静力作用于天然地基之上。作用于地基上的地震荷载包括竖向力、水平剪力和弯矩三部分，可采用基底剪力法或振型迭加法确定。

11.6.2　地基表面上的压应力

将作用于地基表面上的静力和地震力组合起来，可确定在静荷载和地震荷载共同作用地基表面上的压应力。作用于地基表面上的平均应力 p、边缘最大压应力 p_{max}，及以可能发生的零应力的范围，通常采用偏心受压力公式确定。

11.6.3　地基抗震承载力

地基抗震承载力是指抵抗静荷载和地震荷载共同作用的地基承载力。由于地震荷载的瞬时性及速率效应，地基抗震承载力通常要比静荷下地基承载力高。因此，地基抗震承载力为静荷下地基承载力乘以抗震调整系数。按《建筑抗震设计规范》，地基抗震承载力应按下式确定：

$$f_{aE} = \zeta_a \times f_a \qquad (11.6)$$

式中，f_{aE} 为调整后的地基抗震承载力特征值；ζ_a 为地基承载力的抗震调整系数，按表 11.6 取值；f_a 为考虑基础埋深和宽度影响后的地基承载力特征值，应按《建筑地基基础设计规范》确定。应指出，表 11.6 中的抗震调整系数的取值主要是根据经验给出的数值。表 11.6 中的 f_{ak} 为不考虑基础埋深及宽度修正的地基承载特征值。

表 11.6　地基抗震承载力调整系数

岩土名称和性状	ζ_a
岩石，密实的碎石土，密实的砾、粗、中砂，（$f_{ak} \geqslant 300$kPa 的粘性土和粉土	1.5
中密、稍密的碎石土，中密和稍密的砾、粗、中砂，密实和中密的细、粉砂，$150 \leqslant f_a < 300$kPa 的粘性土和粉土，坚硬黄土	1.3
稍密的细、粉砂，$100 \leqslant f_{ak} < 150$kPa 的粘性土和粉土，可塑黄土	1.1
淤泥、淤泥质土、松散的砂、杂填土、新近沉积的黄土及流塑黄土	1.0

11.6.4　承载力校核的要求

地基抗震承载力校核的要求如下：

（1）地基表面的平均压应力应小于地基抗震承载力特征值，即

$$p \leqslant f_{aE} \qquad (11.7)$$

（2）地基表面的边缘最大压应力应小于 1.2 倍的地基承载力特征值，即

$$p_{\max} \leqslant 1.2 f_{aE} \tag{11.8}$$

（3）高宽比大于 4 的建筑，地基表面不宜出现拉应力；其他建筑，地基表面上零应力面积不应超过基础底面积的 15%。

11.6.5 可不进行抗震承载力校核的情况

由于下述两个原因，有些情况下可不进行抗震承载力校核：

（1）天然地基浅基础一般具有较好的抗震能力。

（2）某些低层建筑物和轻型建筑的地基表面所受的压应力较小。

《建筑抗震设计规范》规定的可不进行抗震承载力校核的情况如下：

（1）砌体房屋。

（2）地基主要受力层范围内不存在软弱粘土层的下列建筑：

①一般的单层厂房和单层空旷房屋。

②不超过 8 层且高度在 25m 以下的一般民用框架房屋。

③地基表面荷载与第②项相当的多层框架厂房。

关于软弱粘土层的定义如上述所示。

11.7 地震引起的天然地基附加沉降的简化计算

如前所述，分析地震引起的天然地基附加沉降的完善方法需要进行大量的试验和计算分析工作，特别是当考虑地基土体与结构相互作用的地震反应分析必须采用计算机进行数值分析。因此，发展一个不进行地震反应分析的计算地震引起的天然地基附加沉降的方法是很必要的。下面，将这种不进行地震反应分析的计算方法称为简化方法。

11.7.1 简化法的基本要求

虽然简化方法减小了大量的试验和计算工作，但必须满足如下三个基本要求：

（1）简化方法的途径必须与基本力学原理相符合，也就是在理论上是有根据的。

（2）简化方法必须能够恰当地考虑一些影响沉降重要因素的影响，但为了简化还必须忽略一些次要因素的影响。

（3）简化方法的计算结果必须与实际观测结果基本相一致，也就是必须具有相当的精度。

11.7.2 简化法的理论基础

下面所述的简化法是文献［4］给出的方法。该方法是基于如下三个基本概念建立起来的：

（1）永久应变势 ε_{ap}。

（2）软化模型。

（3）综合分层法。

11.7.3　简化法的途径及步骤

该法的基本途径如图 11.14 所示。从图 11.14 可见，其分析步骤如下：

（1）确定地基中指定点的静应力分量。

（2）确定地基中指定点的水平动剪应力分量。

（3）根据地基中指定点的静应力分量及水平动剪力分量，按经验公式确定永久应变势 ε_{ap}。

（4）确定在地震作用后降低的静杨氏模量。

（5）按软化模型确定地震作用在指定点引起的附加竖向正应变。

（6）按综合分层法确定地震作用引起的地基附加沉降。

从上述的基本途径和步骤可看出，上述三个基本概念在简化方法中的作用及其相互关系。同时，也可看出该简化法的基本途径是符合基本力学原理的，并且考虑了影响附加沉降的主要因素。

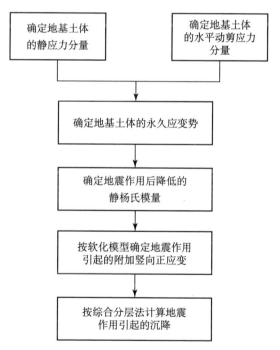

图 11.14　地震引起的地基沉降计算的简化法的途径及步骤

11.7.4　简化法的具体计算方法

下面，对每个步骤所采用的计算方法表述如下：

1. 地基中指定点的静应力分量的计算

地基中指定点的静应力分量由两部分组成：

1) 土自重应力

在水平场地情况下，土的自重应力通常只有竖向正应力分量和水平向正应力，分别以 $\sigma_{z,1}$ 和 $\sigma_{x,1}$ 表示。土自重应力可采用通常土力学教科书中所述方法确定，在此不需赘述。

2) 上部静荷载作用在地基土体中产生的静应力

这部分静应力不仅有正应力分量，还有剪应力分量。例如做为平面应变问题，则有竖向正应力、水平正应力，及剪应力，下面分别以 $\sigma_{z,2}$、$\sigma_{x,2}$、$\tau_{xz,2}$ 表示。设上部静荷载通过基础作用在地基表面上的竖向荷载为 P_z，力矩为 M，则可按偏心受压力公式计算出在地基表面上正压力的分布 $p_z(x)$；作用地基表面上的水平荷载为 P_x，通常认为均匀分布，则可确定出地基表面上剪力的分布 $p_x(x)$。当确定出地基表面上正应力分布和剪应力分布之后，则可采用土力学方法计算地基中指定点的相应应力分量。

然后，将这两部分静应力迭加起来，就可求出地基中指定点的总的静应力。例如，作为平面应变问题求解，则总的静应力 σ_z、σ_x、τ_{xz} 如下：

$$\left.\begin{aligned}
\sigma_z &= \sigma_{z,1} + \sigma_{z,2} \\
\sigma_x &= \sigma_{x,1} + \sigma_{x,2} \\
\tau_{xz} &= \tau_{xz,2}
\end{aligned}\right\} \tag{11.9}$$

2. 地基土体中地震应力的计算

在简化法中，像通常抗震分析那样，假定地震作用以水平剪切为主，则只考虑地基中水平地震剪应力分量的作用。地基中水平地震剪应力由如下两部分组成：

（1）在自由场条件下，由地基土体惯性力引起的水平地震剪应力，下面以 $\tau_{xz,d,1}$ 表示。这部分地震剪应力可按 Seed 提出的简化法计算：

$$\tau_{xz,d,1} = 0.65 \gamma_d \frac{\alpha_{max}}{g} \sum_i \gamma_i h_i \tag{11.10}$$

式中符号的意义及参数的取值方法同前，在此不再赘述。但是，式中的地面水平最大加速度 α_{max} 应取所在地区的基本加速度。

（2）由上部结构地震惯性力在地基表面上产生的附加剪力引起的水平地基剪应力，下面以 $\tau_{xz,d,2}$ 表示。上部结构地震惯性力在地基表面上产生的附加剪力可按基底剪力法确定：

$$Q = C\alpha P_z \tag{11.11}$$

式中，Q 为地基表面上的附加地震剪力；α 为相应于结构基本周期 T_1 的地震影响系数，并应按所在地区的基本加速度或烈度取值；C 为结构影响系数。令 Q_{eq} 为地基表面上的等价的附加地震剪力，则

$$Q_{eq} = 0.65Q \tag{11.12}$$

令 Q_{eq} 在地基表面上均匀分布，同样可采用土力学方法计算由 Q_{eq} 作用在地基指定点引起的水平地震剪应力，即 $\tau_{xz,d,2}$。

将上述两部分水平地震剪应力迭加起来，则可求出总的地震剪应力 $\tau_{xz,d}$。但是应指出，自由场土层的振动周期与结构体系的振动周期不同。如果将这两种振动引起的水平地震剪应力视为随机变量，则可采用平方和的组合方法确定总的水平地震剪应力，即

$$\tau_{xz,d} = \sqrt{\tau_{xz,d,1}^2 + \tau_{xz,d,2}^2} \tag{11.13}$$

3. 地基中指定点的永久应变势的确定

当静应力及水平地震剪应力确定之后，地基中指定点的永久应变势可按下式计算：

$$\varepsilon_{a,p} = 0.1\left[\frac{1}{c_5}\frac{\sigma_{a,d}}{\sigma_3}\right]^{1/s_5}\left(\frac{N}{10}\right)^{s_1/s_5} \tag{11.14}$$

式中

$$\left.\begin{array}{l} c_5 = c_6 + s_6(K_c - 1) \\ s_5 = c_7 + s_7(K_c - 1) \end{array}\right\} \tag{11.15}$$

N 为地震等价作用次数，s_1、c_6、s_6、c_7、s_7 为参数，根据文献 [3] 建议可按土类由表 11.7 确定

表 11.7　永久应变势计算参数

土类	参数				
	s_1	c_6	s_6	c_7	s_7
淤泥	−0.159	0.44	0.22	0.16	0
淤泥质粘土	−0.145	0.47	0.24	0.18	0
淤泥质粉质粘土	−0.194	0.50	0.20	0.16	0
粘土	−0.129	0.90	0.60	0.18	0
粉质粘土	−0.129	0.85	0.55	0.17	0
粉土（密）	−0.150	0.45	0.50	0.16	0
粉土（松）	−0.170	0.25	0.40	0.15	0
密实砂	−0.120	1.00	0.60	0.18	0.05
中密砂	−0.10	0.45	0.50	0.10	0.05
松砂	−0.063	0.25	0.44	0.01	0.05

应指出，式（11.14）和式（11.15）是根据动三轴试验结果建立的。在动三轴试验中，土试样的静应力和动应力状态均为轴对称应力状态。但是，实际地基中土的静应力和动应力状态并不是轴对称应力状态。因此，在采用式（11.14）和式（11.15）计算实际地基中指定点的永久应变势时，必须考虑两者应力状态的不同。在实际问题中，通常将地基土体作为平面应变问题分析，地基土体的静应力和动应力处于平面应变状态。

按第九章第 5 节所述最大的剪切作用面方法，由两种应力状态下最大剪切作用面上动剪应力比相等的条件可按下式确定式（11.15）中的 $\dfrac{\sigma_{a,d}}{\sigma_3}$ 值：

$$\frac{\sigma_{a,d}}{\sigma_3} = \frac{4\sqrt{K_c}\,\alpha_d}{\sqrt{(1+\xi)^2 - 4\alpha_s^2} - (1-\xi)} \tag{11.16}$$

式中，α_s 为水平静剪应力之比，按下式确定：

$$\alpha_s = \frac{\tau_{xz}}{\sigma_{xy,max}} \tag{11.17}$$

α_d 为水平动剪应力比

$$\alpha_d = \frac{\tau_{xy,d}}{\sigma_{xy,max}} \tag{11.18}$$

$$\xi = \frac{\sigma_{xy,min}}{\sigma_{xy,max}} \tag{11.19}$$

其中，$\sigma_{xy,min}$ 和 $\sigma_{xy,max}$ 分别为总的竖向正应力和水平向正应力两者之中的大值者和小值者。另外，式（11.19）和式（11.16）中的 K_c 可由两种应力状态下最大剪切作用面上静剪应力比相等的条件按下式确定：

$$K_c = 1 + 2\alpha_{s,f}(\alpha_{s,f} + \sqrt{1 + \alpha_{s,f}^2}) \tag{11.20}$$

式中，$\alpha_{s,f}$ 为平面应变状态下最大剪切作用面上的静剪应力比，按下式确定：

$$\alpha_{s,f} = \frac{2\alpha_s}{\sqrt{(1+\xi)^2 - 4\alpha_s^2}} \tag{11.21}$$

下面，将由式（11.20）确定出来的 K_c 称转换固结比，以区别动三轴试验中的固结比。这样，将由式（11.16）确定出来的 $\dfrac{\sigma_{a,d}}{\sigma_3}$ 和由式（11.20）确定出来的 K_c 代入式（11.14）和式（11.15），则可计算出地基土体中指定点的永久应变势 $\varepsilon_{a,p}$。

4. 地震作用后降低的杨氏模量

根据前所述的软化模型，地震作用后降低的割线杨氏模量 E_2 可按下式确定：

$$\left.\begin{array}{l} E_2 = \eta E_1 \\[2mm] \eta = \dfrac{1}{1 + \dfrac{E_1}{E_d}} \end{array}\right\} \qquad (11.22)$$

$$E_d = \frac{\sigma_1 - \sigma_3}{\varepsilon_{a,p}}$$

式中，η 为地震作用引起的软化系数；E_1 为地震作用前的割线杨氏模量，如果采用邓肯-张模型，可按下式计算：

$$E_1 = K p_a \left(\frac{\sigma_3}{p_a}\right)^n \left[1 - \frac{R_f (1 - \sin\phi)(\sigma_1 - \sigma_3)}{2(C \cos\varphi - \sigma_3 \sin\varphi)}\right] \qquad (11.23)$$

其中，σ_3、σ_1 分别为静力最小主应力和最大主应力，可由前面的静应力分量 σ_x、σ_z、τ_{xy} 确定出来；C、φ 为土的抗剪强度指标；K、n 为两个参数；R_f 为破坏比；p_a 为大气压力。各类土的上述参数值可参考表 11.8 选取。

表 11.8　各类土的邓肯-张模型参数值

土类	参数				
	K/kPa	n	φ（°）	C/kPa	R_f
淤泥	422	0.655	12.0	20	0.45
淤泥质粘土	1237	0.465	12.0	20	0.48
淤泥质粉质粘土	29030	0.39	12.0	44	0.69
粘土	1500	0.50	23.8	50	0.36
粉质粘土	3000	0.40	25.0	35	0.55
粉土（密）	3500	0.60	33.0	22	0.69
粉土（松）	2500	0.50	30	14	0.73
密实砂	9600	0.60	40	0	0.85
中密砂	4800	0.50	32	0	0.84
松砂	3500	0.55	28	0	0.77

应指出，表 11.8 中的有些土类 R_f 值明显偏小，建议当 R_f 小于 0.7 者应取值 0.7。

5. 地震作用引起的附加竖向应变的确定

根据广义胡克定律，及在平面应变下

$$\sigma_y = \nu(\sigma_x - \sigma_z) \tag{11.24}$$

可得在 σ_x、σ_z 作用下的竖向应力 ε_z 如下：

$$\varepsilon_z = \frac{1}{E}\left[\sigma_z(1-\nu^2) - \nu(1-\nu)\sigma_x\right] \tag{11.25}$$

将地震前土的割线杨氏模量 E_1、泊松比 ν_1 和地震作用下降低的割线杨氏模量 E_2、泊松比 ν_2 可分别带入公式（11.25）可分别求出地震作用前后的竖向应变 $\varepsilon_{z,1}$ 和 $\varepsilon_{z,2}$。根据附加应变 $\Delta\varepsilon_{z,p}$ 的定义：

$$\Delta\varepsilon_{z,p} = \varepsilon_{z,2} - \varepsilon_{z,1}$$

则得

$$\Delta\varepsilon_{z,p} = \frac{1}{E_1}\left\{\left[\frac{1-\nu_2^2}{\eta} - (1-\nu_1^2)\right]\sigma_z - \left[\frac{\nu_2(1+\nu_2)}{\eta} - \nu_1(1+\nu_1)\right]\sigma_x\right\} \tag{11.26}$$

在此应指出，计算附加应变的式（11.26）考虑了侧向变形对附加竖向应变的影响。在一般的综合分层法中，竖向应变的计算不考虑侧向变形的影响。

6. 地震作用引起的地基附加沉降计算

1）平均附加沉降的计算

设计算深度为 Z_c，在地基表面取三个点，即基础左边缘点、中心点和右边缘点，然后从这三个点以下将土层分成 N 段，按上述方法计算出每一段土层中心点的附加应交 $\Delta\varepsilon_{z,p,i}$，按综合分层法地基表面这些点的附加沉降可按下式计算：

$$S_p = \sum_{i=1}^{N} \Delta\varepsilon_{z,p,i} h_i \tag{11.27}$$

式中，h_i 为第 i 段土层的厚度。当地基表面左边缘点、中点和右边缘点的沉降 $S_{p,l}$、$S_{p,c}$ 和 $S_{p,r}$ 分别按式（11.27）计算出来后，则平均附加沉降可取它们的平均值。

2）地基的倾斜计算

令地基的倾斜以 α_p 表示，则可按下式计算：

$$\alpha_p = \frac{|S_{p,l} - S_{p,r}|}{B} \tag{11.28}$$

式中，B 为地基宽度。

11.7.5　简化法的若干计算技巧

上述给出了简化方法的理论框架及基本计算公式。可以看出，影响建筑物附加沉降的一些主要因素，例如，地震动水平、地震时上部结构的反馈作用、土的静力和动力性能、上部结构的荷载水平、地基类型及尺寸等都得到了适当的考虑。但是，实际问题要复杂得多，为了使简化法的计算结果能够与实际结果很好拟合，有些技巧方面的问题必须处理好。显然，这也是简化分析方法的一部分内容。

1. 地基计算深度及段长的选取

采用综合分层法计算静力最终沉降时，地基计算深度 Z_c 通常取地基附加应力为自重应力20%处相应的深度。考虑到地震时产生附加沉降的地基土层多为深厚的软弱土层，压缩层应取得更大些以考虑更深处土层对附加沉降的贡献。对条形基础和筏型基础的计算结果表明，取地基附加应力为自重应力10%处相应的深度做地基计算深度 Z_c 是一个合适的取值。另外，段长可按通常的规定取 $0.4B$ 或 $1\sim2m$。

2. 永久应变势的限制

按式（11.14）计算永久应变势的结果表明，在有些情况下计算的永久应变势值过大，相应的，算得的附加沉降量也过大，不能与实测结果很好拟合。产生这个现象的原因至少有如下两点：

（1）式（11.14）和表11.7中的参数是根据动三轴试验资料建立和确定的，在这些资料中永久应变势很少高于10%。当应用这个公式计算出的永久应变势大于10%时，则高估了永久应变的数值。

（2）动三轴试验中，土试样在侧向只受应力约束，其变形并不受约束。但在实际土体中，土单元的侧向变形要与相邻单元的侧向变形相协调，其侧向变形要受到一定的约束，而且这种约束将随深度的增加而加大。因此，按式（11.14）计算的应变势值可能大于实际值。因此建议，当按公式（11.14）算的永久应变势时应限定不能大于一定的数值。当 $Z=0$ 时，限定永久应变势值不大于 C_1 值，当 $Z=5m$ 时限定永久应变势值不大于 C_2 值，在 $0\sim5m$ 永久应变限定值由内插确定。试算表明，如果砂土取 $C_1=10\%$，$C_2=5\%$，软粘土取 $C_1=15\%$，$C_2=10\%$，所算得的地基永久变形与实测结果能较好符合。

3. 动剪应力调整系数

在按上述简化法计算地基土中的地震剪应力 $\tau_{xz,d}$ 时，没有考虑地基土体与结构的相互作用。实际上，地基土体与结构的相互作用是存在的。为了考虑相互作用对地基剪应力 $\tau_{xz,d}$ 的影响，引进调整系数 β。为了确定 β 值，从 0.5 至 1.3 间隔 0.1 假定不同的 β 值对31例条形基础和4例筏形基础计算了附加沉降，并与实测结果相对比，发现当 β 取值在 $0.88\sim1.15$ 范围两者符合的较好。因此，取 $\beta=1.05$ 是一个有根据的数值。

11.7.6　简化法的计算结果与实测结果的对比

为了验证上述简化法的适用性，采用简化法对唐山地震时天津和唐山的发生明显附加沉降的地基建筑物进行了计算。由上述简化法可知，计算的结果与地基

竖向荷载的偏心矩 e 有关。但是，这些建筑物地基竖向荷载的偏心矩是未知的。为此，在计算时假定偏心矩 $e=B/6$、$B/18$ 和 $B/45$，并计算地基左边缘点、中点和右边缘点的沉降值。表 11.9 给出了计算的附加沉降值的范围与实测值或震害现象的比较。同时，表 11.9 还给出了采用有限元法计算的地基附加沉降。此外，表 11.9 中还包括海城地震时一些发生明显震害的建筑物地基的附加沉降的对比结果。

表 11.9　地震引起的地基附加沉降的计算结果与市场结果对比

序号	建筑物名称	实测沉降值（cm）或宏观震害	简化法计算沉降值范围（cm）	文献［5］有限元法计算沉降值（cm）
1	天津毛条厂	16.5~22.0	16.0~18.5	8.0~22.0
2	天津四化建生活区	20.0~38.0	19.2~36.5	36.5
3	天津气象台塔楼	0.9	1.0~1.7	2.9
4	天津气象台业务楼	0.5	1.0~1.2	1.2
5	天津医院	3.0	2.7~3.9	4.0
6	天津吴咀火厂	无	1.5~1.9	0.64
7	天津食品加工厂	无	1.0~1.5	1.1
8	天津十二中教学楼	无	1.9~2.3	2.7
9	天津刘庄中学	无	2.3~2.8	4.9
10	天津天穆鸡厂	无	1.9~2.3	2.0
11	天津铁路疗养院	二层砖混结构稍有下沉	2.5~2.8	4.7
12	天津初轧厂烟卤房	二层厂房稍有下沉	1.6~2.0	1.6
13	天津美满楼	40	3.7~6.4	9.0
14	天津结核病院	无明显下沉	3.8~4.5	2.1
15	天津第一机床厂	—	—	14.1
16	天津木材厂	无明显下沉	3.5~4.0	4.4
17	营口玻璃厂	地裂缝穿过二层楼办公室	3.9~6.8	8.2
18	营口造纸厂俱乐部	有部均匀沉降	3.5~7.3	5.5
19	营口宾馆	有错位、无震害	1.4~24.8	1.4

续表

序号	建筑物名称	实测沉降值（cm）或宏观震害	简化法计算沉降值范围（cm）	文献［5］有限元法计算沉降值（cm）
20	营口市八大局	无	1.5~2.0	1.0
21	盘锦辽化房主厂房	—	6.0~8.4	6.0
22	王庄吃卖点	严重不均匀沉降	8.1~11.9	6.9
23	柏各庄化肥厂	60.0~70.0	40.7~64.8	7.9
24	昌黎七里河	无	1.5~3.7	0.9
25	乐亭王滩公社	普通喷砂冒水	1.3~5.0	8.7
26	乐亭棉油加工厂	无	2.1~4.0	2.3
27	通县王庄	100.0	40.2~96.8	5.1
28	滦南魏各庄	普通喷砂冒水	5.2~41.2	8.7
29	开滦范各庄火矿	20.0~70.0	23.1~44.3	8.3
30	吕家坨矿	倾斜20°	13.3~18.7	68.5
31	丰南宣庆	严重喷砂冒水，不均匀沉降	7.7~23.4	18.7
32	徐家楼	20.0	0.23~11.9	12.8
33	望海楼	16.7~29.3	15.7~41.2	11.5
34	建港村	4.0~15.0	8.9~14.0	—

比较表 11.9 所示的结果可以看出如下两点：

（1）简化法的计算结果与实测结果或实测震害描述相当一致。但是，实测沉降值小的事例其计算结果稍大，实测沉降值大的事例其计算结果偏小，实测沉降值从 8.0~60.0cm 的事例其计算结果符合的最好。

（2）简化法与有限元法相比，简化法计算结果与实测结果的符合程度至少与有限元法计算结果与实测后果的符合程度相当。

上述这两点表明，上述的简化法可以用来估算地震引起的地基的附加沉降。

文献［6］曾采用上述简化研究了其中的一些因素对地震附加沉降的影响，并得到了相应的影响规律。

11.7.7　建筑物地基的地震附加沉降与其震害关系

根据表 11.9 中所列的一些建筑物地基的宏观震害与计算的地基的地震附加

沉降值可建立两者之间的对应关系。在建立两者之间的关系时，将建筑物地基宏观震害分成基本完好、轻微、中等、较重和严重五个等级。由此得到的地基震害等级、相应的宏观震害现象和地基附加沉降如表 11.10 所示。这样，就可根据简化法估算出来的建筑物地基的地震附加沉降值及表 11.10 来评估出建筑物地基震害程度。地基震害程度在工程中有重要的应用，它是选取地基抗震技术措施的根据之一。

表 11.10 地基震害等级，附加沉降量及宏观震害

等级	基本完好	轻微	中等	较重	严重
附加沉降量 S_p/cm	$S_p<2.0$	$2.0<S_p<4.0$	$4.0<S_p<8.0$	$8.0<S_p<40.0$	$S_p>40.0$
宏观震害	宏观上看不出来震害	沉降量较小，不发生有危害的不均匀沉降，可能使建筑物发生微裂。	发生有危险的附加沉降，及使建筑物发生明显的裂缝。	附加沉降可达40.0cm，高重心建筑应发生较严重倾斜、建筑物发生多条宽大裂缝。	附加沉降可达40.0cm 以上，个别可达 1m。出现地基隆起，基础下沉，建筑物严重倾斜，不能使用

11.8 桩基的震害及机制

桩基是一种重要的深基础形式，在工程中被广泛的采用。与天然地基浅基础相比，桩基是一个更复杂的体系。地震时，桩基不仅受竖向动荷载的作用，还要受水平动荷载的作用。因此，桩基在抗震上必须满足如下要求：

（1）在竖向荷载下，包括地震惯性力产生的竖向荷载，桩基的竖向承载力必须保证。

（2）在水平荷载下，包括地震惯性力产生的水平荷载，桩基的水平承载力必须保证。

（3）在竖向和水平荷载共同作用下，桩体本身不发生破坏。

桩基的抗震分析通常采用拟静力分析方法。拟静力分析方法是将地震作用力视为静力施加于桩基体系之上。像将要看到的那样，这种拟静力分析方法在某些情况下是有效的，但在另外一种情况下，则可能是无效用的，主要取决于桩基的震害类型和机制。

11.8.1 桩基的震害

总结桩基震害是了解桩基震害机制的一个有效方法。根据桩基的工作条件，桩基可分为如下两种情况：

1. 水平场地建筑物桩基

建筑物桩基是指房屋等建筑所采用的桩基，这种桩基通常位于水平的场地，并且是低承台的桩基，如图 11.15 所示。从图 11.15 可见，这种桩基完全埋藏在土体之中。

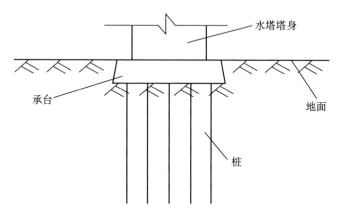

图 11.15　坐落在水平场地的建筑桩基

2. 桥梁及码头等斜坡场地桩基

桥梁及码头的桩基通常位于斜坡的场地，并且常是高承台的桩基，如图 11.16 所示。从图 11.16 可见，这种桩基的上部裸露在地面之上，通常称其为自由段。另外，这种桩基场地的土层通常是由生成年代较晚的饱和沙土和软粘土等对地震作用敏感的土类组成的。因此，与建筑桩基相比，其场地土层条件更不利。

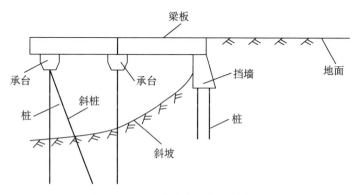

图 11.16　坐落在斜坡场地的桩基

下面将按上述两种情况分别总结桩基的震害。

1) 建筑桩基震害

下面,以 1976 年我国唐山地震时天津市建筑桩基的震害和 1978 年日本宫城县冲地震时仙台市建筑桩基的震害来加以说明。

(1) 天津市建筑桩基震害。

文献 [7] 根据唐山大地震震害一书中的有关桩基震害资料,对唐山地震时天津市建筑桩基震害进行了总结,得到如下三方面的认识:

①唐山地震时天津的地震烈度为八度,对天津建筑、烟囱、水塔和设备的 100 座桩基做了震害调查,其中破坏占 3%,轻微震害占 7%,其余完好。这表明,建筑桩基本身的震害较少。

②设有桩基的建筑物的地震附加沉降较小。例如,天津友谊宾馆主楼采用桩基,地震前的平均沉降为 4.0cm,唐山地震引起的附加沉降不足 1mm。天津南郊的石油化工厂总厂的炼油装置采用桩基,震前平均沉降为 5mm,唐山地震引起的附加沉降为 0.4mm。特别是,坐落在同一场地上的桩基建筑的附加沉降和天然地基的混凝土条形基础建筑的附加沉降形成了鲜明对比,前者约为 1~2cm,而后者达 10~20cm。另外,该厂 DDT 车间由新老建筑两部分组成,老厂房采用桩基。新厂房采用筏形基础。新老厂房之间设有沉降缝。唐山地震后沉降缝两侧的相对沉降达 30cm,筏形基础新厂房一侧附加沉降大。

③在同一场地上设有桩基的房屋结构的震害较轻。例如,1966 年建成的天津市贵州路中学教学楼为 5 层混合结构,每层外墙设有一道圈梁。地基上部土层为较厚的杂填土,填土和淤泥质土层。基础采用双排三角形空心预制桩。唐山地震时,该建筑物一层大厅楼梯发现一处裂缝,一层有一间教室隔墙有裂缝,上部结构和桩基的震害均较轻微。然而,与其北部相邻 10m 的和平制药厂的新建 3 层混合结构(局部为内框架),建在天然地基上,其部分填充墙破坏严重。

综上所述,总体上建筑桩基具有良好的抗震性能。

(2) 日本宫城县冲地震时仙台市建筑桩基的震害。

表 11.11 所示的是日本宫城县冲地震时仙台市建筑桩基的震害宏观资料。表 11.11 中的这些建筑物在地震后沉降仍继续发展。为了查明原因,将地基土体进行了开挖,发现其桩体发生了破坏,发生的部分位于桩顶附近,震害的形式为弯曲裂缝,弯剪裂碎或弯剪裂缝。震害发生在桩顶附近表明,作用于桩顶之上的由上部结构惯性力产生的剪力及弯矩是桩基震害的主要原因。还应指出,表 11.11 所示的第 5 例虽是坐落在斜坡场地上的,但是其地基土层条件较好,研究者认为该桩基的震害仍是由上部惯性力作用引起的。

根据上述,建筑桩基的震害可能发生在桩顶附近,其震害形式为弯曲引起的裂缝、弯剪引起的裂碎或裂缝,并且是由上部结构惯性力作用引起的。

表 11.11　1978 年宫城县冲地震仙台市建筑桩基震害

房屋类型	层数	桩类型	桩长 （m）	桩径 （m）	桩震害形式	房屋类型	场地	土层
箱型 RC	3	RC	5	0.25	弯裂	倒覆	水平	淤泥、粘土
箱型 RC	4	预应力 RC	5	0.35	弯剪裂碎	不均匀沉降	水平	粘土砂土
型钢 RC	11	预应力 RC	12	0.60	弯剪裂碎	不均匀沉降和轻微破坏	水平	粘土砂土
型钢 RC	14	预应力 RC	24	0.60； 0.50	弯剪裂碎	不均匀沉降和轻微破坏	水平	淤泥砂土
RC	14	预应力 RC	10	0.3	弯剪裂	不均匀沉降和轻微破坏	斜坡	

（3）天津塘沽港外贸散装糖仓库成品库桩基的震害。

唐山地震时天津桩基的震害资料表明，许多发生震害的桩基场地通常伴有喷砂冒水、地面变形、地裂缝等较严重的地面破坏现象。从地基土层条件看，通常含有饱和松砂层，淤泥或淤泥质软粘土层。唐山地震时天津塘沽港外贸散装糖仓库成品库桩基的震害就是其中的一例。另外，地震时仓库正在建设中，桩、承台和基础梁已施工完毕，但上部结构还没有完工，因此这也是一个没有受上部惯性力作用而发生桩基震害的一个难得的实例。

该库房由 2 跨组成。跨度 2.4m，为柱承重结构，柱距 6m，边柱有基础梁连结。桩基由断面为三角形的两根钢筋混凝土预制桩组成，桩长 18m。但是，由于桩身混凝土标号不足，有部分桩没有达到设计标高就断桩了。桩的长度有 11.0m 和 12.0m 两种。在发生断桩的情况下，在断桩两侧各补一根长 9.0m 的桩、承台为梯形。地基土层组成及物理力学性质如表 11.12 所示，在地面下 8.0m 以内主要是由淤泥或淤泥质粘土组成的。在唐山地震时，场地内较大的喷砂冒水点达 21 处之多，地面有多处裂缝，最宽者达 0.5m，地面变形造成的起伏变化较大。桩基的震害如下：桩基承台发生较大残余位移，致使承台发生较大的倾斜，并发生与地面脱离现象，有的达 10cm 以上，桩承台之间的基础梁开裂，承台与基础梁之间被拉断；桩与承台之间被拉断，开挖后发现，在承台底面以下 1.0~1.5m 范围内桩身有四道裂缝，最宽者达 8mm。

从上述例子可以得到如下的认识：

①在没有上部惯性力作用下，桩基也会发生震害。

②在这种情况下，在地震作用下地面发生严重破坏，桩基的震害是由地面破坏引起的。

③在这种情况下，地基土层中含有对地震作用敏感的饱和松砂层、淤泥或淤

泥质较粘土层。

④在这种情况下，桩基的震害通常是很严重的。

表 11.12 塘沽散装糖仓库成品库地基土层

土类	深度 (m)	含水量 (%)	重力密度 (g/cm³)	孔隙比	液限%	塑限%	塑性指数	液化指数	压缩模量 (kg/cm³)
淤泥质粘土	1.0	46.6	1.77	1.28	43.1	23.0	20.1	1.2	21
	1.5	55.2	1.69	1.55	52.7	27.5	25.2	1.1	18
	2.5	53.4	1.71	1.48	53.2	27.5	25.7	1.0	19
淤泥	3.5	71.5	1.57	2.02	60.3	32.2	28.1	1.4	15
轻粉质粘土	4.5	27.8	1.91	0.81	28.9	20.2	8.9	0.9	
	5.5	26.0	1.92	0.77	24.8	15.5	9.3	1.1	50
	6.7	27.0	1.79	0.91	25.7	16.5	9.2	1.2	45
淤泥质粉质粘土	7.5	36.5	1.83	1.02	30.2	18.0	12.2	1.5	32
轻粉质粘土	8.5	29.8	1.87	0.89	29.8	20.5	9.3	1.2	88
	9.5	29.2	1.92	0.82	26.8	17.0	9.8	1.2	68
	11.5	27.1	1.91	0.80	28.3	19.5	8.8	0.9	72
粉质粘土	12.0	30.2	1.90	0.86	29.7	18.0	11.7	1.0	167
轻粉质粘土	14.0	21.9	2.04	0.61	23.3	14.5	8.8	0.8	143
	15.0	23.1	2.03	0.63	25.2	15.5	9.7	0.8	82
粉质粘土	16.0	29.2	1.94	0.81	13.3	21.0	10.1	0.8	80
粘土	17.0	44.0	1.78	1.23	49.8	26.0	23.8	0.8	80

2) 桥梁及码头等斜坡场地桩基震害

如前所述，这种斜坡场地桩基的工作环境和土层条件相对水平场地桩基更不利。由于不利的工作环境和土层条件在地震时土体往往发生顺斜坡方向的永久变形。斜坡土体中的桩，一方面对斜坡土体的永久变形产生约束作用，另一方面要顺从斜坡土体发生附加变形，并引起附加内力。虽然斜坡场地桩基的这种附加变形和内力是由地震作用引起的，但是确是一种静力变形和内力，地震作用停止后仍然存在。

实际上，斜坡场地桩基的震害在多数情况下是由于这种附加变形和内力而引起。唐山地震时，天津新港海洋石油研究所轮机车间桩基的震害就是其中一例。该车间建在长 120m、宽 66m 的两边临海的狭长新吹填的地带上。北距港池约 100m，东距船坞约 50m。地基土层为滨海软土，桩长为 26.5m，分为钢筋混凝土预制桩和钻孔灌注桩两种。预制桩断面尺寸为50cm×50cm，灌注桩桩径为68cm。唐山地震时，桩承台有的施工完华，有的正在施工，地震时没有上部惯性力作用。唐山地震时，场地有喷砂冒水现象，靠近港池和船坞的部位有很多裂缝。唐山地震后测得桩基承台残余变形，在东北方向的位移数值较大，可达130cm。显然，承台向东北方向位移较大是由其东北面和东面靠近港池和船坞。震后开挖至4m深，发现桩的破坏程度不等。严重者，从桩顶到开挖深度均有贯穿环形裂缝，间距约30cm，最大裂缝达10cm，在一侧混凝土压碎脱落，钢筋外露。中等程度者，裂缝发生在桩顶下1m以内，1m以下较少，2m以下基本无裂缝。轻微者，只有少量细微裂缝。

从上例可见，由于没有上部惯性力作用，该斜坡场地桩基的震害主要是由于地震作用下斜坡土体发生的顺坡方向的永久变形引起的。

综上所述，可以得到以下两点认识：

（1）地震作用下斜坡土体在顺坡方向的永久变形是斜坡场地桩基震害的一个主要原因。

（2）由于土体环境和土层条件的不利，斜坡场地桩基的震害程度通常较重，并且在较低的地震作用下就可以发生。

11.8.2　桩的震害机制

1. 桩的受力机制

土—桩—上部结构形成了一个复杂的相互作用体系。地震时，土、桩、上部结构之间的相互作用决定了桩在地震时所受的动力。根据地震时它们之间的相互作用，桩所受的力应该由如下三部分组成的：

（1）首先考虑不存在上部结构的情况。当地震从基岩向上传播，引起桩和桩周围土的振动。由于桩和周围土体相互作用，桩承受的力将取决于桩土之间的相互作用。这就是桩所受的第一部分动力作用。

（2）如果存在上部结构，地震动通过桩和承台传到上部结构，上部结构振动的惯性力又将通过承台反馈作用于桩。这就是桩所受的第二部分动力作用。

地震时这两部分动力将迭加在一起作用于桩上。任何桩在地震时都要受到这两种机制的动力作用。

（3）当场地土层含有饱和松砂、淤泥或其他对地震作用的敏感土类时，特别在斜坡场地情况，桩还可能还承受由于顺从在地震作用下土体发生的永久变形而产生的附加作用力。如前指出的那样，桩所承受的这部分力虽然是地震作用引起的，但却是静力。下面，称其为地震引起的附加静力作用。显然，桩所承受的这种力的机制与前述桩所承受的两种动力机制完全不同。

2. 桩的震害机制

根据上述在地震作用下桩的受力机制，桩的震害机制可分为如下三种情况：

（1）桩的震害是由上述前两种力的作用引起的。但是，桩的裂缝和压碎主要发生在桩顶之下一定深度范围内，这表明上部结构振动惯性力所引起的动力作用起主要作用。

（2）桩的震害是由顺从土体永久变形而产生的附加静力作用引起的。在这种情况下，地基土体中一定含有饱和松砂、淤泥或其他对地震作用敏感的土类，并一定会伴有明显的地面破坏，例如喷砂冒水、地裂缝及地面沉降。在较低的地震动水平下，甚至在七度时，桩就可能发生这种机制的破坏，而且震害程度是很严重的。

（3）桩的震害是上述三种力的作用共同引起的。

上面指出了桩的受力和震害机制，从中可以看出，不同机制的震害相应的主要作用力是不同的。因此，不同机制的震害应采用不同的分析方法；反之，一定的分析方法只适用分析一定机制的震害。

11.9　桩基地震承载力校核

根据上述，桩基抗震设计必须满足承载力要求。关于柱基地震承载力的校核在有关抗震规范中有所规定，并且基本方法是相同的。像桩基静力承载力校核那样，按单桩承载力来校核桩基的承载力。《建筑抗震设计规范》规定单桩地震承载力校核方法如下：

11.9.1　一般情况下地震承载力校核

1. 单桩竖向承载力的校核

通常不考虑承台底面下土的承载作用，除非采用疏桩基础。

（1）假如单桩所承受的竖向力已经确定出来。单桩桩顶所承受的竖向力可由承台的力的平衡确定。

（2）单桩地震竖向承载力特征值可取其静力竖向承载力的 1.25 倍。

（3）桩地震竖向承载力特征值应大于其所承受的竖向力。

2. 单桩水平承载力的校核

假定单桩承受的水平力已确定出来。单桩桩顶的水平力可由承台的力的平衡确定出来。作用于桩台上的力应包括上部结构作用上其上的水平力、承台前面土的反力及承台侧面与土的摩擦力。但是，不考虑承台底面与其下土之间的摩擦力。桩基震害资料表明，地震作用往往使承台底面与其下的土体脱离，两者之间的摩擦力通常不能可靠地发挥。因此，在进行桩水平承载力校核时不宜考虑承台底面与其下土体之间摩擦力的作用。

（1）承台前面土的反力可采用被动郎金土压力公式或被动库伦土压力公式计算。

（2）单桩地震水平承载力特征值可取其静力水平承载力的 1.25 倍。

（3）单桩地震水平承载力特征值应大于其所承受的水平力。

11.9.2 地基存在液化土层时地震承载力校核

1. 校核情况

地震作用引起的土层液化是一个过程。在液化过程中，由于孔隙水压力不断升高，土层的承载力在不断降低。但是，这个过程很复杂，在承载力校核中考虑这个过程是很困难的。但是，在这个过程中选择某些典型时刻进行承载力校核是较为可行的方法。《建筑抗震设计规范》和《构筑物抗震设计规范》均规定按如下两个时刻进行承载力校核：

1）地震动达到最大值时刻

地震孔隙水压力分析和振动台试验结果表明，当地震动达到最大值时刻，土层尚未充分液化，其孔隙水压力比通常为 0.5~0.6。在这个时刻土层的刚度和承载力均会有显著降低，但不会完全丧失。因此，在这个时刻土层的刚度和承载力予以适当地折减。显然，折减系数的值应与液化程度有关。按《建筑抗震设计规范》液化判别法，实测标准贯入击数与临界标准贯入击数比越小，液化程度就越大。相应地，折减系数则应越小。另外，折减系数还应与砂土的埋深有关，埋深越大，折减系数也应越大。基于试验，表 11.13 给出了考虑液化影响的折减系数。

表 11.13 按地震动最大时刻校核时液化影响折减系数

实测标准贯入锤击数/临界标准贯入锤击数	埋藏深度 d_s/m	折减系数
≤0.6	$d_s \leq 10$	0
	$10 < d_s \leq 20$	1/3
>0.6~0.8	$d_s \leq 0$	1/3
	$10 < d_s \leq 20$	2/3
>0.8~1.0	$d_s \leq 10$	2/3
	$10 < d_s \leq 20$	1.0

2）地震作用使土完全液化时刻

在这个时刻土完全液化，孔隙水压力比达到 1.0，土的承载力及水平抗力完全丧失，但是地震动已大为降低。《建筑抗震设计规范》规定，此时的地震动水平按地震影响系数最大值的 10% 采用。

2. 校核方法

（1）按上述两种校核情况选择土层的承载力，并以其中的不利情况的结果作为设计的依据。在第一种情况下，在计算桩所承受的荷载时取水平地震影响系数最大值，在计算桩的承载力按表 11.13 所示的折减系数折减。在第二种情况，在计算桩所承受的荷载时取水平地震影响系数最大值的 10%，在计算桩的承载力时应不计液化土层的全部摩阻力及承台下 2m 深度范围内非液化土的摩阻力。不计承台下 2m 深范围内非液化土的摩阻力是考虑在这段范围内由于桩和周围土体振动的不协调，两者不能很好地接触，相应的摩阻力不能可靠的发挥。

（2）除此之外，在计算桩所受的水平荷载时，不考虑承台前面土体的抗力及侧面土的摩擦力的分担作用。也不考虑刚性地坪的分担作用。

11.9.3 不进行承载力校核的情况

如上所述，宏观震害资料表明，总体上桩基具有良好的抗震性能。另外，建筑桩基一般为低承台桩基，桩体埋在土体中，整个桩体受周围土体的约束较大，即使发生一定的震害其影响也较小。因此，在一些情况下可以不进行承载力校核。根据经验，我国现行《建筑抗震设计规范》规定不进行桩基承载力校核情况如下：

（1）砌体房屋。

（2）规范规定可不进行上部结构抗震验算的建筑。

（3）在地震烈度为 7 度和 8 度地区下列建筑：

①一般的单层厂房和单层空旷房屋。

②不超过八层且高度在 25m 以下的一般民用框架房屋。

③基础荷载与②相当的多层框架厂房。

11.9.4 桩体强度的校核

如上述，在地震作用下桩基不仅应满足承载力的要求，还应满足桩体强度的要求。因此，除了上述桩基地震承载力的校核外，还应进行桩体的强度校核。在进行桩体的强度校核时，确定地震时桩的内力是一个重要的步骤。由于地震时桩的内力分析比较复杂，下面另设一节来专门表述这个问题。

11.10 地震时桩内力分析的拟静力法

11.10.1 作用单桩桩顶上的力及变形刚度系数

地震时桩内力的拟静力分析方法的基本点是将地震时上部结构的惯性力引起的地震力作为静力作用于承台的顶面。地震时，上部结构作用于承台顶面上的惯性力可由结构抗震分析确定，在此假定是已知的。

承台下每根桩桩顶所受的力与桩—承台之间的连结类型有关：

（1）当桩—承台之间的连结为铰接时，桩与承台之间只传递竖向力和水平力，没有力矩的传递。作用于承台顶面上的力矩由桩顶竖向力和水平力相对承台转动中心的力矩来平衡，如图 11.17a 所示。

在这种情况下，通常可假定桩顶竖向力按式（11.29）所示的线性分布，而水平力按平均分布。在这个假定下，

$$p_i = p_0 + a(x_i - x_0) \tag{11.29}$$

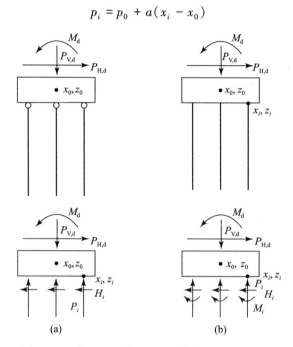

图 11.17　作用于承台顶面上的似静力及桩顶反力

式中的参数，p_0、a 可由承台的竖向力及力矩平衡方程式确定出来。进而，可确定出作用于每根柱顶点的竖向力和水平力。

（2）当桩与承台的连结为刚接时，桩与承台不仅传递竖向力和水平力，还传递力矩。作用于承台顶面上的力矩由桩顶竖向力和水平力对承台转动中心的力矩和桩顶作用于承台底面上的力矩共同来平衡，如图 11.7b 所示。

在桩与承台刚接情况下，确定作用于桩顶上的竖向力、水平力和弯矩要比铰接情况复杂很多。在刚接情况下，为确定桩顶所受的力必须已知单桩的如下刚度系数：

①竖向变形刚度系数 $K_{p,V}$。

②水平向变形刚度系数 $K_{p,H}$。

③弯曲变形刚度系数 $K_{p,\theta}$。

④弯曲水平变形交联刚度系数 $K_{p,\theta H}$。

假定承台是刚性的，令承台质心的竖向位移为 V_0，向下为正；水平位移为 U_0，向右为正；转角为 θ，以逆时针为正，则取承台底面上一点的竖向位移 $V_{p,i}$、水平位移 $U_{p,i}$ 分别如下：

$$V_{p,i} = V_0 + \theta(x_i - x_0) \atop U_{p,i} = U_0 - \theta(z_i - z_0) \Bigg\} \qquad (11.30)$$

式中，x_0、z_0 为承台质心坐标；x_i、z_i 为第 i 根桩桩顶坐标。

根据桩顶刚度系数定义，则得第 i 根桩顶竖向力 P_i、水平力 H_i 及力矩 M_i 如下：

$$\left. \begin{array}{l} P_i = K_{p,V} V_{p,i} \\ H_i = K_{p,H} U_{p,i} + K_{p,\theta H}\theta \\ M_i = K_{p,\theta}\theta + K_{p,\theta H} U_{p,i} \end{array} \right\} \qquad (11.31)$$

在此，假定单桩变形刚度系数是已知的。下面，将进一步表述确定这些刚度系数的方法。这样，为确定桩顶所受的力，必须确定承台的质心的运动分量 V_0、U_0 和 θ，共三个参数。将 P_i、H_i、M_i 作用于承台底面相应点上，可建立承台的竖向力，水平力和力矩的平衡方程式，共三个。由这三个方程式可求出承台质心的三个运动分量。进而，利用式（11.30）式（11.31）可确定出桩顶所受的力。

11.10.2 单桩体系分析模型及变形刚度系数的确定

按上述方法确定出承台下每根桩桩顶所承受的力之后，不考虑相邻桩之间的相互影响，从中取出一根桩进行内力分析。这样，所要分析的体系如图 11.18a 所示。从图 11.18 可见，这个体系由两部分组成：

1. 桩体

桩体在桩顶荷载作用下，将受压、受弯和受剪。在受力上可将其视为轴向受压的梁。

2. 桩周土体

桩周土体通常是水平成层的非均质体。桩顶荷载通过桩体作用于桩周土体。因此，桩体和周围土体构成了一个相互作用体系。比较而言，这个相互作用体系是一个较简单的相互作用体系，但是，即使将桩周土体视为水平成层的非均质体，其求解也是相当的困难的，通常需要进行数值求解。

单桩数值分析方法，通常采用图 11.18b 所示的简化模型。在图 11.18b 所示的分析模型中，做了如下的简化：

（1）将桩体简化成轴向受压的梁单元集合体。

（2）采用弹床系数法，将周围土体以一系列可发生水平变形和竖向变形的弹簧代替。这些弹簧一端固定，另一端与梁单元结点相连接，当梁单元发生变形

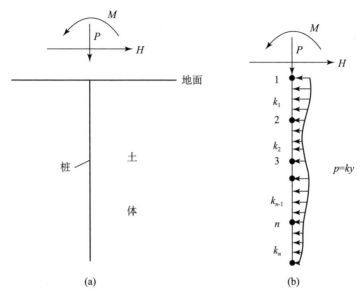

图 11.18　单桩体系及其简化分析模型

时，以弹簧对梁的作用力代替周围土体对桩的作用力，如图 11.18b 所示。由于作用于梁上的水平分布力 p 与梁的水平变形有关，而梁的变形尚未确定，因此水平分布力 p 是未知的。这就是求解问题的困难所在。

11.10.3　在桩顶轴向荷载作用下的内力分析

由于桩顶轴向力不与桩顶水平变形和转角相交联，因此单独分析桩顶竖向荷载引起的桩的内力更为方便。在这种情况下，桩被视为压杆单元的集合体。每个压杆单元的结点具有一个自由度，即轴向位移 V，并且在其上只作用轴向力。作用于压杆单元集合体结点上的轴向力包括如下两部分：

1. 压杆单元变形的轴向恢复力

令压杆单元的两个结点分别为 1、2，相应的结点轴向位移为 V_1、V_2，结点对杆单元的轴向作用力为轴向力分别为 $P_{1,1}$、$P_{2,1}$。根据有限元法，压杆单元结点轴向力与轴向位移关系如下：

$$\begin{Bmatrix} P_{1,1} \\ P_{2,1} \end{Bmatrix} = \begin{bmatrix} K_c & -K_c \\ -K_c & K_c \end{bmatrix} \begin{Bmatrix} V_1 \\ V_2 \end{Bmatrix} \tag{11.32}$$

式中，K_c 压杆单元的刚度矩阵系数，按下式确定：

$$K_c = E_p \frac{A_p}{l_p} \tag{11.33}$$

式中，E_p、A_p 和 l_p，分别为桩体材料的杨氏模量、桩的断面积和压杆单元的长度。根据式（11.32）可计算出压杆单元变形时作用于该单元节点上的轴向恢复力。

2. 土弹簧的轴向反力

令 $P_{1,2}$、$P_{2,2}$ 分别为土弹簧反力在杆单元两结点上作用的轴向力，按下式确定：

$$\begin{Bmatrix} P_{1,2} \\ P_{2,2} \end{Bmatrix} = \begin{bmatrix} K_s & 0 \\ 0 & K_s \end{bmatrix} \begin{Bmatrix} V_1 \\ V_2 \end{Bmatrix} \tag{11.34}$$

式中，K_s 为第 i 单元周围土的剪切弹簧变形刚度系数，按下式确定：

$$K_s = \frac{1}{2} C_\tau S_p \tag{11.35}$$

C_τ 为第 i 单元周围土的剪切弹簧变形系数，根据压杆单元周围土的类型选取；S_p 为压杆单元的侧面积。

将这两部分力迭加起来，作用于压杆单元节点上总的轴向力如下：

$$\begin{Bmatrix} P_1 \\ P_2 \end{Bmatrix} = \begin{bmatrix} K_{11} & -K_{12} \\ -K_{21} & K_{22} \end{bmatrix} \begin{Bmatrix} V_1 \\ V_2 \end{Bmatrix} \tag{11.36}$$

式中，

$$\left. \begin{aligned} \begin{Bmatrix} P_1 \\ P_2 \end{Bmatrix} &= \begin{Bmatrix} P_{1,1} \\ P_{2,1} \end{Bmatrix} + \begin{Bmatrix} P_{1,2} \\ P_{2,2} \end{Bmatrix} \\ K_{11} = K_{22} &= K_c + K_s \\ K_{12} = K_{21} &= K_c \end{aligned} \right\} \tag{11.37}$$

令

$$\left. \begin{aligned} \{P\}_e &= \{P_1 \quad P_2\}^T \\ [K]_e &= \begin{bmatrix} K_{11} & -K_{12} \\ -K_{21} & K_{22} \end{bmatrix} \\ \{P\}_e &= [K]_e \{V\}_e \end{aligned} \right\} \tag{11.38}$$

式中，$[K]_e$ 为考虑土反力作用的压杆单元刚度矩阵。

3. 体系的求解方程式及求解

这样，根据分析体系中每个节点的轴向力平衡，可建立如下求解方程式：

$$[K]\{V\} = \{R\} \tag{11.39}$$

式中，$[K]$ 为分析体系总刚度矩阵，可由单元刚度阵式（11.38）迭加而成。可以发现，分析体系总刚度矩阵是一个三对角矩阵，如式（11.42）左侧所示；$\{V\}$ 为分析体系结点轴向位移向量：

$$\{V\} = \{V_1 \quad V_2 \quad \cdots \quad V_i \quad \cdots \quad V_n\}^T \tag{11.40}$$

V_i 为第 i 个节点的轴向位移；$\{R\}$ 为外荷载向量：

$$\{R\} = \{P \quad 0 \quad \cdots \quad 0 \quad \cdots \quad 0\}^{\mathrm{T}} \tag{11.41}$$

在此应指出，在建立第 n 个结点的竖向力平衡方程式时，应考虑桩底土反应力影响。如以 $K_{b,s}$ 表示桩底土反力弹簧系数，则式（11.42）中的 K_{nn} 应包括 $K_{b,s}$。

求解式（11.39）可求得的轴向位移向量 $\{V\}$。然后，将相应单元的结点轴向位移代入式（11.32）可求出相应节点的轴向力。

4. 桩顶竖向变形刚度的确定

前面曾指出，当柱与承台刚接情况下，为确定承台下桩顶所受的轴向力必须知道桩项的轴向变形刚度系数 $K_{p,v}$。像下面看到的那样，由式（11.39）可确定出桩顶轴向变形刚度系数 $K_{p,v}$。为此，将方程式（11.39）写成如下形式：

$$\begin{bmatrix} K_{11} & K_{12} & & & & \\ K_{21} & K_{22} & K_{23} & & & \\ & K_{32} & K_{33} & K_{34} & & \\ & & K_{43} & K_{44} & K_{45} & \\ & & & \cdots & & \\ & & & & K_{n,n-1} & K_{nn} \end{bmatrix} \begin{Bmatrix} V_1 \\ V_2 \\ V_3 \\ V_4 \\ \vdots \\ V_n \end{Bmatrix} = \begin{Bmatrix} p \\ 0 \\ 0 \\ 0 \\ \vdots \\ 0 \end{Bmatrix} \tag{11.42}$$

令

$$\left. \begin{aligned} \bar{K}_{11} &= K_{11} \\ \bar{K}_{12} &= [K_{12} \quad 0 \quad 0 \quad \cdots \quad 0] \\ \bar{K}_{21} &= [K_{21} \quad 0 \quad 0 \quad \cdots \quad 0]^{\mathrm{T}} \end{aligned} \right\} \tag{11.43a}$$

$\bar{K}_{22}$ 等于总刚度矩阵中除 $\bar{K}_{11}$、$\bar{K}_{12}$、$\bar{K}_{21}$ 以外的部分。此外，令

$$\left. \begin{aligned} \bar{V}_1 &= V_1 \\ \bar{V}_2 &= \{V_2 \quad V_3 \quad V_4 \quad \cdots \quad V_n\}^{\mathrm{T}} \\ \bar{R}_1 &= P \end{aligned} \right\} \tag{11.43b}$$

则式（11.42）可写成如下形式：

$$\left. \begin{aligned} \bar{K}_{11}\bar{V}_1 + \bar{K}_{12}\bar{V}_2 &= \bar{R}_1 \\ \bar{K}_{21}\bar{V}_1 + \bar{K}_{22}\bar{V}_2 &= 0 \end{aligned} \right\} \tag{11.44}$$

由式（11.44）的第二式得

$$\bar{V}_2 = -\bar{K}_{22}^{-1}\bar{K}_{21}\bar{V}_1$$

将其代入式（11.44）第一式中，得

$$\bar{K}_{11}\bar{V}_1 - \bar{K}_{12}\bar{K}_{22}^{-1}\bar{K}_{21}\bar{V}_1 = \bar{R}_1$$

简化上式，并由于 $\bar{V}_1 = V_1$，$\bar{R}_1 = P$，$\bar{K}_{11} = K_{11}$，则得

$$[K_{11} - \bar{K}_{12}\bar{K}_{22}^{-1}\bar{K}_{21}] V_1 = P \tag{11.45}$$

根据桩顶轴向变形刚度定义，由式（11.45）得桩顶轴向变形刚度系数 $K_{p,v}$ 如下：

$$K_{p,v} = K_{11} - \bar{K}_{12}\bar{K}_{22}^{-1}\bar{K}_{21} \tag{11.46}$$

11.10.4 在桩顶切向力和力矩作用下的内力分析

前面曾指出，桩顶剪力与力矩与桩顶轴向变形不交联，但桩顶剪力与桩顶转角、桩顶弯矩与桩顶水平变形是交联的。因此，在下面分析中必须联合考虑桩顶剪力和力矩的作用。

当分析在桩顶剪力和力矩作用下单桩的内力时，将桩简化成梁单元集合体。每个梁单元结点有两个自由度，即切向位移 u 和转角 θ，相应的在每个结点上作用一个切向力 F_H 和弯矩 M。在桩顶作用的剪力和力矩由桩的弹性恢复力和土的反力来平衡。

1. 桩单元变形的弹性恢复力

一个梁单元变形的弹性恢复力可根据有限元法确定。设梁单元的两个结点的切向位移和转角分别为 u_1、u_2 和 θ_1、θ_2，将其排列成一个向量，以 $\{r\}_e$ 表示，则有：

$$\{r\}_e = \{u_1 \quad \theta_1 \quad u_2 \quad \theta_2\}^T \tag{11.47}$$

相应地，在梁单元两个结点上作用的切向力和弯矩分别为 $Q_{1,1}$、$Q_{2,1}$ 和 $M_{1,1}$、$M_{2,1}$，将其排列一个向量，以 $\{F\}_{e,1}$ 表示，则有

$$\{F\}_{e,1} = \{Q_{1,1} \quad M_{1,1} \quad Q_{2,1} \quad M_{2,1}\}^T \tag{11.48}$$

式（11.47）中结点位移的符号规定及式（11.48）中结点力的符号规定如图 11.19 所示。

由梁单元刚度分析得

$$\{F\}_{e,1} = [K]_{e,p}\{r\}_e \tag{11.49}$$

式中，$[K]_{e,p}$ 为梁单元刚度矩阵，其形式如下：

$$[K]_{e,p} = \begin{bmatrix} \dfrac{12E_pI}{l^3} & \dfrac{6E_pI}{l^2} & -\dfrac{12E_pI}{l^3} & \dfrac{6E_pI}{l^2} \\[2mm] \dfrac{6E_pI}{l^2} & \dfrac{4E_pI}{l} & -\dfrac{6E_pI}{l^2} & \dfrac{2E_pI}{l} \\[2mm] -\dfrac{12E_pI}{l^3} & -\dfrac{6E_pI}{l^2} & \dfrac{12E_pI}{l^3} & -\dfrac{6E_pI}{l^2} \\[2mm] \dfrac{6E_pI}{l^2} & \dfrac{2E_pI}{l} & -\dfrac{6E_pI}{l^2} & \dfrac{4E_pI}{l} \end{bmatrix} \tag{11.50}$$

E_p、I、l 分别为梁单元的杨氏模量、面积矩及长度。

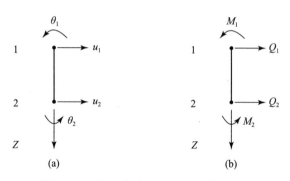

图 11.19　结点位移及结点力的符号规定

2. 土弹簧反力对梁单元的作用

土弹簧的反力作用于桩单元侧面，并在桩单元结点上产生相应的剪力和弯矩。下面，按文献［8］来表述这个问题。令 $Q_{1,2}$、$M_{1,2}$ 和 $Q_{2,2}$、$M_{2,2}$ 分别表示土反力在梁单元两个结点上的产生的剪力和弯矩，将其排列成一个向量，以 $\{F\}_{e,2}$ 表示，则

$$\{F\}_{e,2} = \{Q_{1,2} \quad M_{1,2} \quad Q_{2,2} \quad M_{2,2}\}^{T} \tag{11.51}$$

按文克尔假定，作用在梁单元侧面上一点单位长度的弹簧反力 q 与该点的变形 u 成正比，即

$$q = bku \tag{11.52}$$

式中，k 为弹簧侧向变形系数；b 为梁的宽度。因此，弹簧反力在梁单元结点上引起的剪力和弯矩也应与梁单元的变形有关。下面，来建立这个关系。

假定梁单元的变形式函数如下：

$$u = a + bz + cz^2 + dz^3 \tag{11.53}$$

上式可改写成如下形式：

$$u = \{1 \quad z \quad z^2 \quad z^3\}\{\alpha\} \tag{11.54}$$

式中，

$$\{\alpha\} = \{a \quad b \quad c \quad d\}^{T} \tag{11.55}$$

另外，$\theta = \dfrac{\mathrm{d}u}{\mathrm{d}z}$

将式（11.53）代入上式得

$$\theta = b + 2cz + 3dz^2 \tag{11.56}$$

上式可改成如下形式：

$$\theta = \{0 \quad 1 \quad 2z \quad 3z^2\}\{\alpha\} \tag{11.57}$$

将 $z=0$、$z=l$ 代入式（11.54）和式（11.56），可得

$$\{r\}_e = [T]\{\alpha\} \tag{11.58}$$

式中， $\{r\}_e = \{u_1 \quad \theta_1 \quad u_2 \quad \theta_2\}^T$ (15.59)

其中， u_1、θ_1、u_2、θ_2 分别梁单元两结点的位移和转角；

$$[T] = \begin{bmatrix} 1 & 0 & 0 & 0 \\ 0 & 1 & 0 & 0 \\ 1 & l & l^2 & l^3 \\ 0 & 1 & 2l & 3l^2 \end{bmatrix} \tag{11.60}$$

由式（11.58）可求得

$$\{\alpha\} = [T]^{-1}\{r\}_e$$

将其代入式（11.54）得

$$u = \{1 \quad z \quad z^2 \quad z^3\}[T]^{-1}\{r\}_e \tag{11.61}$$

将其代入式（11.52）得

$$q(z) = -bk\{1 \quad z \quad z^2 \quad z^3\}[T]^{-1}\{r\}_e \tag{11.62}$$

式（11.62）中的负号表示弹簧反力的方向与梁的变形方向相反，作用方向如图 11.20 所示。

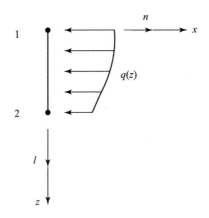

图 11.20 作用于梁单元侧面上的弹簧反力

下面来确定，在两端嵌固的梁上任意点 z 作用单位力时，梁对结点的作用力， $\overline{Q}_1$、$\overline{M}_1$、$\overline{Q}_2$、$\overline{M}_2$，如图 11.21 所示。根据结构力学位移解法得：

$$\left. \begin{aligned} \overline{Q}_1(z) &= f_1(z) \\ \overline{M}_1(z) &= f_2(z) \\ \overline{Q}_2(z) &= f_3(z) \\ \overline{M}_2(z) &= f_4(z) \end{aligned} \right\} \tag{11.63}$$

式中，

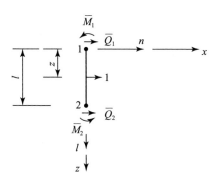

图 11.21　在 z 点作用单位力时结点对单元的作用力

$$f_1(z) = \frac{(l-z)^2}{l^2}\left(1 + \frac{2z}{l}\right)$$

$$f_2(z) = -\frac{z}{l^2}(l-z)^2$$

$$f_3(z) = \frac{z^2}{l^2}\left[1 + \frac{2(l-z)}{l}\right]$$

$$f_4(z) = \frac{z^2}{l^2}(l-z)$$

$$(11.64)$$

如令在弹簧反力 $q(z)$ 作用下结点对梁单元作用的剪力和力矩分别为 $Q_{1,2}$、$M_{1,2}$ 和 $Q_{2,2}$、$M_{2,2}$。下面，以 $Q_{1,2}$ 为例说明他们的确定方法。

令 Q_1 为梁上任意点作用单位力时结点 1 对单元作用的水平力，则 $Q_1 = -\overline{Q}_1$。由此，得

$$Q_{1,2} = \int_0^l -\overline{Q}_1(z)q(z)\,\mathrm{d}z \qquad (11.65)$$

注意式（11.63）第一式并将式（11.62）代入上式，得

$$Q_{1,2} = bk\left[\int_0^l f_1(z)\{B_1(z) \quad B_2(z) \quad B_3(z) \quad B_4(z)\}\,\mathrm{d}z\right]\{r\}_e \quad (11.66)$$

式中

$$B_j(z) = \{1 \quad z \quad z^2 \quad z^3\}\{T\}_j' \qquad (11.67)$$
$$j = 1,\ 2,\ 3,\ 4$$

式中，$\{T\}_j'$ 为矩阵 $[T]^{-1}$ 的第 j 列。这样，式（11.66）可写成如下形式：

$$Q_{1,2} = \left[bk\int_0^l f_1(z)B_1(z)\,\mathrm{d}z \quad bk\int_0^l f_1(z)B_2(z)\,\mathrm{d}z \right.$$
$$\left. bk\int_0^l f_1(z)B_3(z)\,\mathrm{d}z \quad bk\int_0^l f_1(z)B_4(z)\,\mathrm{d}z\right]\{r\}_e$$

令:

$$k_{s,1,j} = bk \int_0^l f_1(z) B_j(z) \, \mathrm{d}z \qquad j = 1, \ 2, \ 3, \ 4 \qquad (11.68)$$

则得

$$Q_{1,2} = \begin{bmatrix} k_{s,1,1} & k_{s,1,2} & k_{s,1,3} & k_{s,1,4} \end{bmatrix} \{r\}_e \qquad (11.69)$$

采用相同的方法, 可求出 $M_{1,2}$、$Q_{2,2}$、$M_{2,2}$ 的与式 (11.63) 相似的表达式。然后, 把它们写成一个矩阵形式, 则得:

$$\begin{Bmatrix} Q_{1,2} \\ M_{1,2} \\ Q_{2,2} \\ M_{2,2} \end{Bmatrix}_{e,s} = [K]_{e,s} \{r\}_e \qquad (11.70)$$

式中, $[K]_{e,s}$ 为土反力刚度矩阵, 其形式如下:

$$[K]_{e,s} = \begin{Bmatrix} k_{s,1,1} & k_{s,1,2} & k_{s,1,3} & k_{s,1,4} \\ k_{s,2,1} & k_{s,2,2} & k_{s,2,3} & k_{s,2,4} \\ k_{s,3,1} & k_{s,3,2} & k_{s,3,3} & k_{s,3,4} \\ k_{s,4,1} & k_{s,4,2} & k_{s,4,3} & k_{s,4,4} \end{Bmatrix} \qquad (11.71)$$

其中,

$$k_{s,i,j} = bk \int_0^l f_i(z) B_j(z) \, \mathrm{d}z \qquad (11.72)$$

由于作用于梁单元上的力是梁的变形恢复力和土弹簧反力共同承担的, 梁单元刚度矩阵 $[K]_e$ 如下:

$$[K]_e = [K]_{e,p} + [K]_{e,s} \qquad (11.73)$$

考虑土弹簧反力作用, 结点力对梁单元的作用力:

$$\begin{Bmatrix} Q_1 \\ M_1 \\ Q_2 \\ M_2 \end{Bmatrix} = \begin{Bmatrix} Q_{1,1} \\ M_{1,1} \\ Q_{2,1} \\ M_{2,1} \end{Bmatrix}_{e,p} + \begin{Bmatrix} Q_{1,2} \\ M_{1,2} \\ Q_{2,2} \\ M_{2,2} \end{Bmatrix}_{e,s} \qquad (11.74)$$

式中:

$$\begin{Bmatrix} Q_1 \\ M_1 \\ Q_2 \\ M_2 \end{Bmatrix}_e = [K]_e \{r\}_e \qquad (11.75)$$

3. 在桩顶切向力和力矩作用下单桩体系的求解方程式及求解

如果将单桩体系结点的变形按从上到下的次序排列成一个向量, 即

$$\{r\} = \{u_1 \quad \theta_1 \quad u_2 \quad \theta_2 \quad \cdots \quad u_n \quad \theta_n\}^{\mathrm{T}} \tag{11.76}$$

由各结点的切向力及力矩平衡可得到单桩体系在桩顶切向力 H 和力矩 M 作用下的求解方程式：

$$[K]\{r\} = \{R\} \tag{11.77}$$

式中，$[K]$ 为单桩体系的总刚度矩阵，可由单元刚度矩阵 $[K]_e$ 迭加而成；$\{R\}$ 为荷载向量，由于只有在桩顶作用水平力 H 和力矩 M，则

$$\{R\} = \{H \quad M \quad 0 \quad 0 \quad \cdots \quad 0 \quad 0\}^{\mathrm{T}} \tag{11.78}$$

求解式（11.77）可得单桩体系的节点位移向量 $\{r\}$。然后，将求的结点位移代入相应的单元刚度矩阵，则可得在桩顶荷载 H、M 作用下桩的内力。

4. 单桩桩顶变形刚度的确定

利用式（11.77）可确定出单桩桩顶切向位移刚度系数 $K_{\mathrm{P,H}}$、转动刚度系数 $K_{\mathrm{P,\theta}}$ 及切向位移与转动交联刚度系数 $K_{\mathrm{P,H\theta}}$。确定的方法与上述确定桩顶轴向变形刚度系数 $K_{\mathrm{P,V}}$ 相似，将式（11.77）写成如下分块形式

$$\begin{bmatrix} k_{11} & k_{12} & k_{13} & k_{14} & \cdot & \cdot & \cdot \\ k_{21} & k_{22} & k_{23} & k_{24} & & & \\ k_{31} & k_{32} & k_{33} & k_{34} & \cdot & \cdot & \cdot \\ k_{41} & k_{42} & k_{43} & k_{44} & \cdot & \cdot & \cdot \\ \cdot & & & & & & \\ \cdot & & & & & & \\ \cdot & & & & & & \end{bmatrix} \begin{Bmatrix} u_1 \\ \theta_1 \\ u_2 \\ \theta_2 \\ \cdot \\ \cdot \\ \cdot \end{Bmatrix} = \begin{Bmatrix} H \\ M \\ 0 \\ 0 \\ \cdot \\ \cdot \\ \cdot \end{Bmatrix} \tag{11.79}$$

令：

$$\bar{K}_{11} = \begin{bmatrix} k_{11} & k_{12} \\ k_{21} & k_{22} \end{bmatrix} \tag{11.80}$$

$$\bar{K}_{12} = \begin{bmatrix} k_{13} & k_{14} & \cdot & \cdot & \cdot \\ k_{23} & k_{24} & \cdot & \cdot & \cdot \end{bmatrix} \tag{11.81}$$

$$\bar{K}_{21} = \begin{bmatrix} k_{31} & k_{32} \\ k_{41} & k_{42} \\ \cdot & \cdot \\ \cdot & \cdot \\ \cdot & \cdot \end{bmatrix} \tag{11.82}$$

$$\bar{K}_{22} = \begin{bmatrix} k_{33} & k_{34} & \cdot & \cdot & \cdot \\ k_{43} & k_{44} & \cdot & \cdot & \cdot \\ \cdot & \cdot & \cdot & \cdot & \cdot \\ \cdot & \cdot & \cdot & \cdot & \cdot \\ \cdot & \cdot & \cdot & \cdot & \cdot \end{bmatrix} \tag{11.83}$$

$$\bar{r}_1 = \begin{Bmatrix} u_1 \\ \theta_1 \end{Bmatrix} \tag{11.84}$$

$$\bar{R}_1 = \begin{Bmatrix} H \\ M \end{Bmatrix} \tag{11.85}$$

$$\bar{r}_2 = \{ u_2 \quad \theta_2 \quad \cdot \quad \cdot \quad \cdot \}^{\mathrm{T}} \tag{11.86}$$

则式（11.77）可改写成如下形式：

$$\left. \begin{array}{l} \bar{K}_{11}\bar{r}_1 + \bar{K}_{12}\bar{r}_2 = \bar{R}_1 \\ \bar{K}_{21}\bar{r}_1 + \bar{K}_{22}\bar{r}_2 = 0 \end{array} \right\} \tag{11.87}$$

由式（11.87）第二式得

$$\bar{r}_2 = -\bar{K}_{22}^{-1}\bar{K}_{21}\bar{r}_1$$

将其代入式（11.87）第一式得：

$$[\bar{K}_{11} - \bar{K}_{12}\bar{K}_{22}^{-1}\bar{K}_{21}] \begin{Bmatrix} u_1 \\ \theta_1 \end{Bmatrix} = \begin{Bmatrix} H \\ M \end{Bmatrix}$$

上式中 $[\bar{K}_{11} - \bar{K}_{12}\bar{K}_{22}^{-1}\bar{K}_{21}]$ 为 2×2 矩阵。根据桩顶刚度系数定义，则得

$$\begin{bmatrix} K_{\mathrm{p,H}} & K_{\mathrm{p,H\theta}} \\ K_{\mathrm{p,\theta H}} & K_{\mathrm{p,\theta}} \end{bmatrix} = [\bar{K}_{11} - \bar{K}_{12}\bar{K}_{22}^{-1}\bar{K}_{21}] \tag{11.88}$$

由式（11.88）可发现

$$K_{\mathrm{p,H\theta}} = K_{\mathrm{p,\theta H}} \tag{11.89}$$

11.10.5　土的类型和埋深对弹簧系数的影响

土的弹簧系数 k 与土的其他力学参数一样，取决于土的类型、状态和所受的上覆压力。现在公认，上覆压力越大，土的弹簧系数越大。因此，即使同一层中土弹簧系数也不是常数。由于土的埋藏越深其上覆压力越大，则弹簧系数也就越大。为了简化，通常认为同一层土中弹簧系数与其埋深 z 成正比，即

$$k = Mz \tag{11.90}$$

式中，M 为与土的类型、状态有关参数，其单位为力/长度^4。式（11.90）即所谓的 M 值法。在此应指出，z 为从地面向下计算的深度，而不是从那层土顶面计算的深度。

上述的分析方法可同时考虑土层类型、状态和埋深对土弹簧系数的影响。在

计算作用于每个梁单元上的弹簧反力时，按式（11.90）确定相应的弹簧系数，其中 M 取桩单元所在的土层的 M_i 值，z 取梁单元中点的埋深 z_j，如图 11.22 所示。由于每个梁单元的长度较小，在每个梁单元范围内弹簧系数取常值。

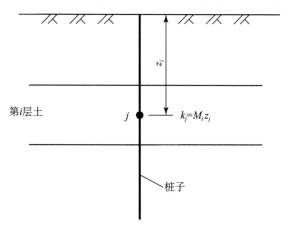

图 11.22　按 M 值法确定梁第 i 层第 j 点的弹簧系数

　　为了简化，如果假定桩周土是由同一种土组成的，这样就不能很好地考虑土层 M 变化对弹簧系数的影响，只能考虑埋深对弹簧系数的影响。实际上，土总是分层的，如果采用这种简化，桩周土的 M 值通常取各层土的某种平均值，例如按层厚的加权平均值。这样，确定出来的 k 值是随埋深线性变化的，其优点可以求得解析解。但是，实际上由于土层类型的影响，k 值随土层呈阶梯变化，只在层内是线性变化的。在许多情况下，土的类型对弹簧系数的影响比埋深的影响要大。桩基震害表明，桩的裂缝通常发生在软硬层界面附近。根据力学知识推断，这种震害现象与弹簧系数随土层突然变化不无关系。显然，不考虑弹簧系数随土层呈阶梯变化，则不能解释桩的裂缝通常发生在软硬层界面附近的震害现象。因此，这种简化虽然可求得解析解，但不能解释上述的震害现象。基于这种认识，本章没介绍在这种简化的解析求解方法。

参 考 文 献

［1］Seed H B, Idriss I M and Dezfulian H, Relationships between Soil Conditions and Building Damage in the Caracas Earthquke of July, 29, 1967, Report No. EERC 70-2, February, 1970.

［2］抗震规范编制组地基小组，工业与民用建筑地基基础的抗震经验，中国科学院工程力学研究所地震工程研究报告集，第三集，科学出版社，1977.

［3］翁鹿年、谢君斐，天津市软弱粘性土地基震陷的若干资料，唐山大地震震害，第一卷，地震出版社，1985.

［4］王忆、张克绪、谢君斐，地震引起的建筑物沉降的简化分析，土木工程学报，Vol.

25, 1992.

[5] 谢君斐、石兆吉、郁寿松、丰万玲，液化危害性分析，地震工程与工程振动，Vol8，No. 1. 1988.

[6] 陈国兴、李方明、丛卫民，多层建筑物地基震陷的简化计算方法及影响因素分析，防灾减灾学报，2004，(1).

[7] 张克绪、谢君斐、陈国兴，桩的震害及其破坏机制的宏观研究，世界地震工程，1991，No. 2.

[8] 陈天愚、张克绪、单兴波，弹性地基梁的修正刚度矩阵解法，哈尔滨建筑大学报，Vol. 33，No. 2，2000.

第十二章 土坝（堤）及挡土结构抗震中的土动力学问题

12.1 概述

12.1.1 土坝（堤）和挡土结构的特点

土坝是由当地材料建筑的一种重要的挡水结构。土坝根据其材料组成分为均质土坝和非均质土坝。均质土坝是由渗透性较低的单一土料，例如粉质粘土填筑的，多为中小型土坝，如图 12.1 所示。非均质土坝是由几种土料填筑而成的，大型土坝多为非均质土坝。非均质土坝是由坝棱体和防渗体系两部分组成的。坝棱体是保持坝体稳定性的主要部分，因此通常是由压缩性较低，抗剪强度较高的非粘性土，例如砂、砂砾石等建筑的。防渗体系分为坝体防渗体系和坝基防渗体系。坝体防渗体系又分为塑性防渗体和刚性防渗体，塑性防渗体通常是由渗透性低的粘性土或沥青混凝土建筑的，而刚性防渗体通常是由钢筋混凝土建筑的。根据防渗体在坝中的位置，非均质坝通常可分为如图 12.2 所示的三种坝型：

1. 心墙坝

防渗体位于坝体中央部位，如图 12.2a 所示，其上游坝棱体大部分处于饱和状态，其下游坝棱体大部分是非饱和的。

2. 斜墙坝

防渗体位于靠近上游坝面附近，如图 12.2b 所示，其上铺设砂或者砂砾石保护层，其大部分处于饱和状态，而斜墙下游的坝棱体大部分是非饱和的。

3. 斜心墙坝

防渗体位于坝体中央偏上游的部位，如图 12.2c 所示，其上游坝棱体的大部分处于饱和状态，而其下游坝棱体的大部分是非饱和的。

覆盖层坝基防渗体系，现在通常为混凝土防渗墙，如图 12.2 所示。

此外，关于土坝的结构还要指出如下两点：

（1）在土坝的下游坡脚设有排水棱体，排水棱体是块石筑成的。排水棱体的作用是降低坝体的浸润线。

（2）在粗料和细料之间设置滤层和反滤层做为过渡层，其作用是防止由渗流引起的管涌和流土。

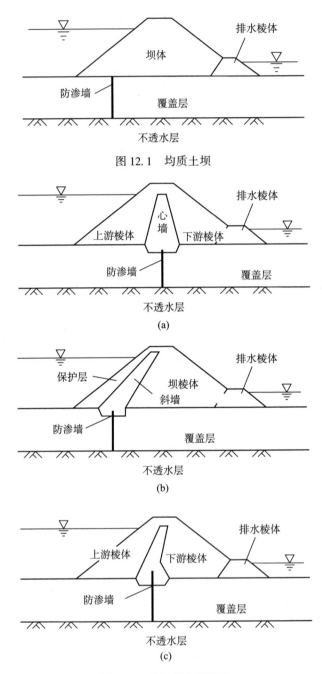

图 12.1　均质土坝

图 12.2　非均质土坝坝型

由于下述原因，土坝处于很不利的工作条件：

（1）土坝是由压缩性大、强度低的土为材料建筑的。

（2）大多数土坝建筑在新近沉积松散的河床覆盖层之上。

（3）土坝具有上下游两个边坡，特别是上游边坡临水，处于饱和状态。

（4）承受很大的上下游水位差的作用，及由此而引起的渗透力，特别是其水平分量的作用。

为了保证土坝在静力和地震作用下正常发挥其功效，必须满是以下四方面要求：

（1）坝体必须保特其稳定性，不能发生滑坡。

（2）必须保持渗流稳定性，在下游坝坡和坝基不能发生管涌和流土。

（3）坝的沉降，特别是不均匀沉降应小于允许值。

（4）坝体不能发生裂缝，特别是横向裂缝。

土堤通常指河流的防洪堤。由于土堤只在行洪期才发挥其功能，与土坝相比，其设计和施工标准通常比较低。应指出，在结构方面土堤有如下几方面与土坝不同：

（1）土堤通常像均质土坝那样由单一种土料填筑而成，一般在断面内没有专门的防渗体系。

（2）除长江等少数堤防外，土堤的地基通常没有设置专门的防渗体系。

（3）土堤的外坡脚通常没有设置排水棱体。

正因为如上三点，在行洪期土堤的浸润线高，在堤外坡脚和地面经常发生由渗流引起的管涌和流土，严重地威胁土堤的安全。

挡土墙是典型的挡土结构，挡土墙体系是由挡土墙及墙后的土体组成。挡土墙按墙体的刚度分为刚性挡土墙和柔性挡土墙，分别如图 12.3a 和 12.3b 所示。墙后土体对挡土墙作用推力 P。在推力作用下，挡土墙沿基底面可能发生滑动，也可能发生倾覆。刚性墙通常主要靠其自身重力保持抗滑和抗倾覆稳定性，而柔性挡土墙则主要靠其自身的重力及其底板以上的土体重力保持其抗滑和抗倾覆稳定性。在静力和地震作用下挡土墙应满足如下要求：

（1）在墙后土压力作用下墙体不应发生破坏。

（2）在墙后土压力作用下墙体不应发生滑动和倾覆。

别外，当墙后土体中地下水位较高时，应在墙体中设置排水孔，以降低墙后地下水位。

12.1.2 土坝（堤）的震害特点及影响因素

以往修建的土坝（堤）有许多位于地震区，其中有些坝（堤）经受过地震作用。Ambraseys 曾经在 1960 年代总结过世界上经受过地震作用的土坝震害，并

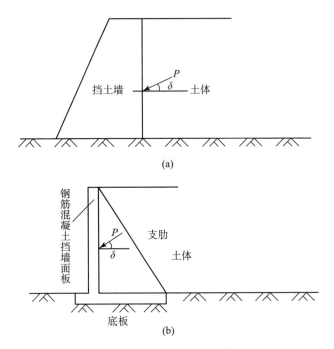

图 12.3 刚性档土墙和柔性挡土墙

认为经过正式设计和施工的土坝具有良好的抗震性能[1]。1970 年代 Seed 等总结了美国和日本的土坝震害，指出了坝料和坝基土质条件对土坝的抗震性能有重要影响[2]。文献［3~5］总结了 1980 年代以前我国土坝的震害及其坝料和坝基土质条件的影响。这些的资料虽然是 1980 年代以前的，但是具有足够的代表性，下面的表述就是基于这些资料做出的。但应指出，大多数经受过地震作用的土坝（堤）的高度都是 40~50m 以下较低的土坝，高度在百米以上的土坝很少。应该说，现在对于高度在百米以上的土坝震害经验还较少。

1. 土坝（堤）震害的主要形式及机制

1）坝体沉降

这是一种较普遍的震害形式，坝体沉降的主要原因是在地震作用下坝体材料或坝基覆盖土层发生体积压缩。坝体沉降降低了坝顶高程，较少了坝的超高。除此之外，沿坝轴方向坝体沉降通常是不均匀的，可能引起横向裂缝。

2）纵向裂缝

这是一种普遍的震害形式。纵向裂缝可分为如下两种情况：

（1）发生在坝顶邻近坝轴线部位的纵向裂缝。这种纵向裂缝上宽下窄，几乎垂直向下延伸，但深度不大，通常，这种纵向裂缝是由地震时土坝顶面之下一定范围内产生的水平拉应力引起的。

（2）发生在非均质土坝中的两种坝体材料界面上部的纵向裂缝。这种裂缝通常是由于在地震作用下两种坝体材料所发生的体积压缩不同引起的。因此，在这种纵向裂缝两侧的坝面通常有一定的高差。

3）横向裂缝

横向裂缝多发生在坝高或坝基覆盖层厚度发生显著变化的部位。如上所述，横向裂缝是由地震时裂缝两侧的坝体材料或坝基覆盖土层发生不均匀沉降引起的。横向裂缝是一种危害较大的震害。特别当横向裂缝贯穿防渗体系时，水流通过横向裂缝冲刷坝体，对土坝（堤）的安全构成严重的威胁。因此，对横向裂缝必须及时发现，及时处理。

4）坝端与山体接合部位开裂

这种震害主要表现为沿两者接合面发生裂缝，以及在附近部位发生的横向裂缝。但是，这种横向裂缝的发生机制要比上述的横向裂缝复杂。除了上述的横向裂缝原因之外，由于坝体与山体震动特性的不同，地震时两者运动的不协调也是接合部位开裂的原因之一。坝端开裂的危害类似横向裂缝，是一种必须认真对待的震害。

5）坝坡滑裂

这种裂缝主要发生在坝顶面靠近坝肩部位，在坝顶沿纵向延伸的较长。正因为如此，在许多情况下将其与上述纵向裂缝混淆起来。滑裂与一般纵向裂缝在形态上是不同的，主要表现如下：

（1）虽然这种裂缝在坝顶沿纵向延伸较长，但发展到一定长度之后，从两端在坝坡面上发展，并可能形成一条闭合的弧线。在宏观上，显现出一个滑动体的轮廓。

（2）在这种裂缝的两侧坝顶面有明显的高差。

更重要的是，滑裂与一般纵向裂缝的形成机制不同。滑裂是在地震作用过程中某些时段一部分坝体以块体的形式相对相邻坝体发生有限滑动而形成。因此，滑裂是一种与地震时土坝（堤）体稳定性有关的震害形式。从减轻滑裂对土坝（堤）的危害而言，引起滑裂的有限滑动变形必须予以控制。

6）以块体形式发生的滑坡

这种震害形式通常发生在以粉质粘土填筑的坝坡。滑坡表明，在地震作用下坝（堤）坡完全丧失了稳定性。滑坡以块体形式发生，说明滑落的土体的物理状态没有发生变化。因此，滑坡主要是由于地震引起的附加滑动力作用而产生的。从土坝（堤）抗震而言，这种震害形式是不允许发生的。

7）坝坡（堤）发生流滑

这种震害形式通常发生于饱和砂或砂砾石坝坡。流滑表明，在地震作用下坝坡完全丧失了稳定性。但是，与块体形式的滑坡有所不同，在地震作用下滑动土体的物理状态由固态转变成了液态，完全丧失了对剪切作用的抵抗。因此，流滑主要是由于地震作用使土丧失抗剪强度而产生。显然，流滑的形态和机制完全不同于块体形式的滑坡。下面将给出坝（堤）坡发生流滑的震害实例。当然，这种震害形式也是不允许发生的。

8）坝基失稳

这种震害形式主要表现为坝体下陷，并随之伴有坝坡瘫落、沿坝底面滑动、坝坡发生滑裂形成宽大的裂缝，以及在下游坝脚和地面发生喷砂冒水。坝基失稳主要是由坝基覆盖层中饱和细砂在地震作用下液化引起的。下面，将给出土坝（堤）发生坝基失稳的震害实例。显然，坝基失稳是不允许的。

9）通过坝体和坝基的渗流量加大

由于地震历时很短，渗流量加大通常是在地震终止之后观测到的。渗流量加大可能是由如下两个原因造成的：

（1）坝体发生了横向裂缝，如果是这个原因，渗流量随时间会进一步增大，并对坝体安全构成威胁。

（2）在地震作用下坝体或坝基中饱和砂土或砂砾石的孔隙水压力升高。如果是这个原因，在下游坝脚和地面通常伴有喷砂冒水，并且渗流量随时间会逐渐恢复正常，对坝体的安全没有明显的危害。

10）下游坡脚和地面发生喷砂冒水

这种震害是由坝体和坝基中的饱和砂土或砂砾石孔隙水压力升高引起的，是饱和砂土或砂砾石液化的标志之一。如前所述，这种震害往往伴随其他更严重震害而发生。

11）坝坡局部沉陷

当现体中存在涵管等设施时，则在涵管通过部位的上方坡面上可能出现局部沉陷或塌陷。造成这种局部沉陷有如下两种原因：

（1）在地震作用下涵管发生破裂，其周围土体坍塌引起上面的坝坡沉陷。

（2）在地震作用下涵管与周围土体接触面发生松动，水流通过接触面冲刷土体，引起空洞使上面的坝坡沉陷。

虽然这种坝坡的沉陷是局部的，但隐含有很大的危险，是不允许发生的。

12）护坡松动甚至破坏

这种震害主要是由地震惯性作用或地震时水库的动水力压力作用引起的。由于护坡不是主体结构，这种震害对土坝（堤）的安全没有明显影响。

13）防浪墙断裂或倾倒

这种震害主要是由地震惯性作用引起的。同样，由于防浪墙不是主体结构，这种震害对土坝的安全没有明显影响。

在上述的各种震害中，与土坝（堤）稳定性有关的震害包括滑裂、以块体形式发生的滑坡、流滑以及坝基丧失稳定性。显然，与土坝（堤）稳定性有关的震害可能导致严重的后果，因此将这几种震害称为严重震害，而将其他震害称为一般震害。另一方面，发生严重震害的现象较少，而发生一般震害的现象很多，特别是纵向裂缝，根据我国的土坝（堤）震害资料，纵向裂缝在一般震害中占 77.5%[6]。

2. 坝（堤）料及坝（堤）基土质条件对震害的影响

坝（堤）料及坝（堤）基土质条件对土坝（堤）震害的影响可从如下两方面说明：

1）不同地区的土坝震害率、严重震害率与土质条件、震级的关系

表 12.1 给出了 1970 年云南通海地震、1975 年辽宁海城地震和 1976 年内蒙古和林格尔地震中土坝的统计资料。应指出，表 12.1 中的严重震害与前面所说的严重震害有些不同，它的范围要宽些。从表 12.1 可看出内蒙古和林格尔的地震震级最低，而震害率和严重震害率最高；通海地震震级最高，而震害率和严重震害率最低；而海城地震的震级、震害率和严重震害率均处于两者之间。这样，出现了土坝的震害随地震震级增加而减轻的异常倾向。现场调查发现，和林格尔地震区的土坝是用砂壤土、轻粉质壤土填筑的，海城地震区的土坝多是用粉质粘土填筑的，而通海地区的土坝多是用残积的砾质红粘土填筑的[6]。按地震作用下土的动力性能的好坏排列，依次为通海地震区的土坝坝料、海城地震区的土坝坝料、和林格尔地震区的土坝坝料。这个排列次序与三次地震震区的土坝震害轻重的次序正好是一致的。

表 12.1　土坝坝料和坝基土质条件、震级对土坝震害的影响

地震			震害		
时间	地点	震级	调查坝数	震害率/%	严重震害率/%
1970.05	云南通海	7.7	73	56	23
1975.04	辽宁海城	7.3	54	65	44
1976.06	内蒙古和林格尔	6.2	52	85	60

2）土坝（堤）料及坝基土质条件对震害形式及程度的影响

土坝的震害资料表明，土坝坝料和坝基土质对土坝的震害形式，特别是严重震害形式有明显的影响，非饱和的砂性土、压密的粘性土坝坡的严重震害通常表现为滑裂或块体式滑坡。通海地震的九、十度的震区内有些土坝发生了这种破坏形式。饱和砂土、砂砾石、砂质粉土及轻粉质壤土坝坡的严重震害通常表现为流滑，表 12.2 给出了我国土坝坝坡发生流滑的实例。可以指出，迄今为止，地震

时我国发生流滑的坝坡都是由饱和砂土、砂砾石填筑的。此外，从表12.2可以发现这种坝坡流滑具有如下特点：

（1）可以发生在地震动水平很低，例如地震烈度为6度，且离震中很远，甚至达200km的区域。

（2）在发生流滑的过程中，坝料发生分离现象。

（3）有的流滑发生于地震动停止之后。

这些特点表明，坝料发生了液化，例如石门岭土坝。在这种情况下，地震作用对土坝稳定性的影响主要是由于饱和坝料孔隙水压力的升高和抗剪强度的相应降低或完全丧失，而地震惯性力作用是次要的。

表12.2 饱和砂、砂砾石坝坡发生流滑的实例

坝名	坝型	施工质量	地震	震级	震中距/km	烈度	震害
冶源	厚心墙坝	砂壳没压实	渤海	7	219	6	上游坝坡流滑
黄山	厚心墙坝	砂壳没压实	渤海	7	124	6	上游坝坡流滑
王屋	厚心墙坝	砂壳没压实	渤海	7	153	6	上游坝坡流滑
石门岭	心墙砂卵石坝壳	一般	海城	7.3	33	7	上游坝坡震后流滑
汤河	斜墙砂卵石坝壳	一般	海城	7.3		7	斜墙保护层流滑
白河	斜墙砂卵石坝壳	一般	唐山	7.8	150	6	斜墙保护层流滑

不利的坝（堤）基的土质条件也可以使坝（堤）基在地震作用下失稳，致使土坝发生坍落。根据我国的震害资料，不利的坝（堤）基土质条件主要是指坝（堤）基中含有松至中密的饱和砂层或轻粉质土层。表12.3给出了地震时地基失稳使土坝严重破坏的实例。从表12.3可见，地震时土坝（堤）失稳所引起的严重震害形式取决于饱和的砂层或轻粉质土层在坝（堤）基的埋藏位置和厚度。当埋藏较浅且以薄层形式存在时，例如西克尔坝、谢菲尔德坝，则严重震害表现为坝坡体沿薄层发生水平滑动，并发生坍落；当埋藏较深层厚较大时，例如陡河水库土坝，严重震害则表现为坝体沉陷和显著的有限滑动形成的宽大裂缝。

表12.3 坝基失稳引起严重震害的实例

坝名	坝型	地震	震级	震中距	烈度	坝基土层	震害
西克尔	粘土铺盖	巴楚	6.3		9	坝底下有一层有0.5~1.0m厚分砂层	坝体沿粉砂层滑动、坍落

续表

坝名	坝型	地震	震级	震中距	烈度	坝基土层	震害
谢菲尔德（美国）	混凝土铺盖	圣多巴巴拉		3.5	9	一细砂层位于坝底	沿坝底面坝体滑动
陡河	均质土坝	唐山	7.8	20.0	9	在厚 5~7m 细粘土层下有一较厚砂层	最大下沉 1.6m；上下游坝坡滑裂，裂缝最大宽度 2.2m

从上述可见，坝（堤）体和坝基中存在的饱和砂土、砂砾石和轻粉质粘土是使土坝在地震时受到严重震害的重要原因。但是，并不意味着他们不能用作坝料或不能存在于坝基之中。实际上，饱和松至中密砂土、砂砾石和轻粉质粘土引起严重震害的主要原因是在地震作用下这些土发生了液化。如果采用工程措施增加这些土的密度，则可避免发生液化，及其引起的严重震害。因此，根据上述震害经验，在土坝抗震设计中必须严格地控制这些土的密度。

3. 土坝抗震性能的宏观评估

根据美国、日本、南美和前苏联的土坝震害资料，Seed 对各种类型的土坝抗震性能做出了评估，具体意见如下[2]：

（1）水力冲填坝在不利的条件下容易产生破坏。然而，当它们以合理的坡度建在良好的地基上时，可以承受中等程度的地震动，例如在 6.5~7 级地震产生的 0.2g 水平峰值加速度作用下，不产生有害的震害。

（2）用粘性土填筑在基岩上的土坝可以承受非常强的地震动，例如 8.25 级地震产生的 0.75g~0.89g 水平峰值加速度，而没有明显的震害。

（3）实际上，任何很好填筑的土坝都能承受中等强度的地震动，例如 0.2g 或者更高的水平峰值加速度作用下，不产生明显的影响。在实际工程中应将注意力集中于坝体和坝基中含有大量饱和非粘性土的土坝，这种坝料和土层的强度在地震时可大部分损失掉。

显然，上述三点评估意见对于土坝的抗震设计和研究特别重要，是具有指导性的意见。

12.1.3 土坝（堤）的抗震设计

1. 土坝（堤）抗震设计的性态目标

从前述的震害可见，在地震作用下土坝（堤）是一种易受损害的建筑物。这是因为土坝是以变形大、强度低的土为材料填筑的。但是，根据上述 Seed 的评估意见，一般说，土坝具有相当好的地震稳定性。这可能是因为土具有很大的塑性,能承受很大的变形并消耗大量的地震能量。因此,如果以土坝在地震作用下不发生任何震害作为土坝抗震设计的性态目标是不合适的,例如要求土坝在地震作用下不出现纵向裂缝在技术上就很困难。与建筑物抗震设计相似,土坝的抗震设计也应允许其发生一定程度的震害,但是必须保证其地震稳定性。必须明确,任何抗震设计都是以一定的性态要求为目标的。按目前的技术水平,土坝抗震设计的性态要求可表述如下:在指定的地震水平作用下,避免土坝发生上述的严重震害,保证土坝及其坝基的地震稳定性,并控制土坝的沉降、变形以及裂缝的程度。

显然,如果能达到这样的抗震设计性态要求,则可使土坝在指定的地震作用下发挥正常的功能,而所发生的震害在地震后可以很快的修复。

2. 土坝(堤)抗震设计内容

土坝(堤)的抗震设计是以达到预先设定的性态要求为目标的。一座土坝的建设要经历勘察、设计和施工三个主要阶段,在这三个阶段,为达到这个目标要做一系列的工作,或者说,在这三个阶段所做的每项工作都要为达到这个目标提供保证。

概括而言,土坝的抗震设计可以分为如下相互关联的两部分工作:

1)抗震分析

抗震分析结果是评估土坝是否达到预先设定性态要求的定量依据。这样,抗震分析方法必须与所要分析现象发生的机制相应。例如,前述曾指出了土坝坝坡在地震作用下两种滑坡形式,即以块体形式发生的滑动和以流滑形式发生的滑坡,由于这两种滑坡的机制不同,则必须采用不同的分析方法。

2)抗震工程措施

抗震工程措施是保证抗震设计达到性态要求的重要手段。关于抗震工程措施应指出如下两点:

(1)抗震工程措施应在以抗震分析结果为定量依据的评估基础上,并结合实际工程经验而采取。

(2)在抗震设计中抗震工程措施绝不可缺少。一方面,因为某些震害现象,例如土坝的横向裂缝,目前还缺乏适宜的分析方法;另一方面,现有的分析方法还不能将影响土坝抗震性能的一些因素定量地加以考虑。但是,根据工程经验则知道采用什么样的工程措施可减少这些因素的不利影响。

下面,按土坝抗震设计的工作次序,对每步工作所应考虑的抗震问题表述如下:

1)坝址选择工作

在坝址选择工作中,包括如下两个与土坝抗震有关的问题:

(1)坝址基岩设计地震动参数的确定。对需进行地震反应分析的土坝,应包括确定设计地震加速度时程。

（2）坝基覆盖层的组成及密度状态。特别应注意坝基覆盖层中是否含有对地震作用敏感的土类，例如松至中密状态的饱和、砂土、砂砾石、轻粉质粘土等。

2）坝基覆盖层的加固

由于土坝适应变形能力较强，在静力作用下通常不需要进行坝基覆盖层加固。但是，当坝基覆盖层含有对地震作用敏感的土类，例如含有饱和的松至中密的砂土时，在地震作用下饱和砂土层可能发生液化。根据液化评估的结果确定是否应进行加固。由于坝基中饱和砂土层埋藏的可能较深，通常也较厚，所选择的加固方法应是可以深部加固的方法，例如振冲法、水泥搅拌法和水泥旋喷桩法等。

3）坝型及防渗排水体系的选择

从图12.1和图12.2可见，坝型通常决定了坝料在坝中的布置，及在坝体中防渗排水体系的类型及位置。有利于抗震的坝型和防渗排水体系应满足如下要求：

（1）坝坡的地震稳定性要高。

（2）地震作用引起的坝体附加沉降要小。

（3）防渗排水系统能适应地震引起的坝体附加沉降，在地震作用下仍能发挥正常的功能。

如果坝料的填筑密度得以保证，任何坝型和防渗排水体系均能满足上述三个要求。

因此，从抗震而言，没有哪个坝型或防渗排水体系不适于在地震区采用。但是，相对而言，斜墙坝和斜心墙坝，由于非饱和坝料在断面中所占的比例大，比心墙的地震稳定性更好；但是，由于斜墙可能要承受更大的地震附加沉降，与斜心墙和心墙相比斜墙坝防渗功能更容易受到损害。

以上的表述适用于碾压式土坝。但是，采用湿法填筑的土坝，例如水力冲填坝、水中倒土坝等，由于其填筑密度难以保证，并浸润线较高，断面中大部分坝料处于饱和状态，是容易遭受地震破坏的土坝坝型。因此，在地震区，特别是地震动水平高的地震区不宜采用水力冲填坝和水中倒土坝。

4）坝料的设计

坝料的设计包括如下三方面：

（1）坝料在坝体中的布置。

坝料在坝体中的布置主要是指非均质土坝的防渗体材料、坝棱体材料、排水棱体材料及它们之间过度层材料在坝断面中的布置。按上述，只要土坝坝型选定之后，坝料在坝体中的布置就基本确定了。

（2）坝料的级配。

防渗体材料及坝棱体材料的级配取决于土料场天然土料的级配，其选择性不大。坝料的级配主要是指过渡区，即滤层和反滤层材料的级配。通常，滤层和反滤层是由粗到细和由细到粗的几层组成的，并应符合下列要求：

①相邻两层材料的粒径比要在所要求的范围内。

②每层材料的不均匀系数要大于所要求的数值。

过渡层材料除了防止地震时下游坝脚发生管涌及流土外，当地震作用使土坝发生横向裂缝时，还具有自动弥合横向裂缝减轻渗透水流冲刷的作用。

（3）坝料的填筑密度。

无论在静力作用下还是地震作用下，土坝的填筑密度是一个重要的设计指标。这是因为提高坝料的填筑密度可显著地提高坝料的抗剪强度和减少其压缩性。因此，坝料的设计填筑密度必须符合要求。但是，问题通常并不在于坝料的设计填筑密度的确定，而在于施工时实际填筑密度往往不能得到严格地控制，达不到设计填筑密度的要求。因此，设计应要求进行现场碾压试验，确定适宜的碾压机械和可行的碾压工艺，并进行严格的监理，确保达到设计填筑密度要求。必须杜绝不进行压密而自由填筑情况发生。不宜采用不能控制填筑密度的填筑方法，例如水力冲填和水中倒土等填筑方法。

5）坝料及坝基土的物理力学性能试验

从抗震设计要求，坝料及坝基土应进行如下动力试验：

（1）大型土坝的抗震设计通常要进行土坝-坝基覆盖层体系的地震反应分析。在这种情况下，要求进行动力试验确定土的动力学模型参数。为确定土动力学模型参数的动力试验可用动三轴试验仪或共振柱试验仪进行。

（2）粘性土坝料及坝基中粘性土的动强度试验，以及饱和砂或砂砾石坝料及坝基中砂或砂砾石的液化试验。这些动力试验结果将用于土坝的地震稳定性分析及液化评估。动强度和液化试验通常用动三轴试验仪进行。此外，必须指出，坝料的动力试验可用重新制备的土试样进行，但坝基土的动力试验必须用原状土试样进行，用重新制备的土试样试验测得的结果没有代表性。

6）土坝的稳定性分析

在土坝设计中，土坝的地震稳定性可能是设计的控制情况。按前述，土坝的地震稳定性分析方法应与破坏形式和机制相一致。通常，将土坝地震稳定性分析归纳如下两种方法：

（1）拟静力分析法。

下面将对拟静力法做更为详细地表述。在此只指出，拟静力分析法只适用于分析在地震作用下坝坡以块体形式发生的滑坡。但是，在各国土坝抗震设计实践中，通常将拟静力分析方法做土坝地震稳定性分析的常规方法。实际上，像下面指出的那样, 将拟静力分析方法做为土坝地震稳定性分析的常规方法是有条件限制的。如果这些限制条件不能满足, 拟静力分析方法将给出虚假的结果。

(2) 动力分析方法。

下面也将对动力分析方法做更详细的表述。动力分析方法可以分析如下形式的坝坡破坏:

①由于坝坡有限滑动引起的永久水平变形。

②由于坝坡中饱和砂土液化引起的坝坡流滑。

③由于坝坡土体在体积不变条件下发生偏应变而引起的塑性鼓胀破坏。

在此应指出, 动力分析方法试图抛弃安全系数而用地震引起的附加变形来评估土坝的地震稳定性。

与拟静力分析方法相比, 动力分析方法在技术上是一个大的进步, 它可以提供地震时土坝性能的更多信息, 并做为土坝抗震设计的依据。但是, 动力分析方法要求进行大量的试验和分析工作, 而其中的分析工作只能采用数值分析方法来完成。

关于土坝抗震设计中拟静力分析方法和动力分析方法的应用, 国际大坝委员会下属的地震委员会曾做如下建议:"可能引起生命损失和大的灾害的高坝首先应按常规方法设计, 然后进行动力分析来研究土坝的拟静力设计中存在的不足。对在偏僻地区的低坝应按常规的拟静力方法, 根据所在地区的地震活动性选择一个常值的水平地震系数"[7]。《水工建筑物抗震规范》也规定高 150m 以下的土坝抗震计算按拟静力法进行, 高 150m 以上的土坝应进行动力分析。在此应特别指出, 《水工建筑物抗震设计规范》做出这样规定的前提, 即坝体中各种料物应达到如下压实标准, 使其在地震作用下不出现孔隙水压力显著增大或液化:

①粘性土和砾质土的压实度要求 1、2 级坝应不低于 95%~98%, 3、4、5 级坝应不低于 92%~95%。

②无粘性土的压实密度要求浸润线以上的相对密度不低于 0.7, 浸润线以下的相对密度不低于 0.75~0.85; 对砂砾料, 当其中大于 5mm 的粗料含量小于 50%时, 应保证细料的相对密度满足前述要求。

③粘粒含量小于 15%的轻壤土、轻粉质壤土、砂壤土、粉质砂壤土等, 填筑在浸润线以下时, 应保证其饱和含水量小于 0.9~1.0 倍液限。

这样, 如果坝基、坝体中的料物不符合上述规定时, 则不能只用拟静力方法分析坝坡稳定性, 因为在这种情况下, 像上面指出那样, 拟静力分析方法可能给出虚假的结果。例如, 密云水库白河主坝在设计时曾用拟静力分析法校该坝斜墙的砂砾石保护层在八度地震作用下地震稳定性, 其结果是稳定的。然而, 在唐山地震时白河坝只受到六度地震的作用, 水位以下的砂砾石保护层就发生了流滑。研究表明, 砂砾石保护层流滑是由于砂砾石的含砾量低且填筑密度不够发生液化引起的。

12.2 土坝（堤）地震稳定性拟静力分析方法

12.2.1 拟静力分析方法的要点

如前所述，拟静力分析方法是坝坡地震稳定性分析的常规方法。这个方法的基本要点如下：

（1）将数值和方向都随时间变化的地震惯性力以一个常值的静力代替作用于土体之上，该静力作用点位于土体的质心上，在数值上等于地震系数与土体的重量之积，其作用方向为使土体滑动力或力矩增加的方向。下面将该静力称为拟静力。

（2）拟静力作用使坝坡滑动力或力矩增加，是地震时滑坡的主要原因。

（3）地震时以块体滑动的形式发生滑坡。稳定性分析方法可以用通常的条分法进行。

任何一种坝坡地震稳定性分析的拟静力法通常都要涉及如下三个关键问题：

（1）地震系数的确定。

按上述要点，由于土体的重量是一定的，则代替地震惯性力作用的拟静力数值将取决于地震系数。因此，确定地震系数是拟静力分析方法的一个关键问题。

（2）土的抗剪强度的确定。

无论是坝坡的静力稳定性分析还是地震稳定性分析，土的抗剪强度是决定土体抗滑力或力矩的主要因素。与坝坡静力稳定性分析不同，拟静力分析方法所采用的土的抗剪强度应是在静力和附加地震动力共同作用下土的抗剪强度，通常将其称为土的动抗剪强度。显然，确定土的抗剪强度是拟静力分析方法的另一个关键问题。

（3）坝坡地震稳定性的拟静力分析法的结果必须与工程经验相符合。为此，在拟静力分析方法中通常引进一个综合影响系数。这样，确定综合影响系数也是拟静力法的一个关键问题。

下面，对这三个问题分别做进一步地表述。

12.2.2 地震系数的确定

按上述，代替地震水平惯性力作用的水平拟静力 $F_{h,s}$ 和地震竖向惯性力作用的竖向拟静力 $F_{v,s}$ 可按下式计算：

$$\left.\begin{aligned} F_{h,s} &= k_h W \\ F_{v,s} &= k_v W \end{aligned}\right\} \tag{12.1}$$

式中，k_h、k_v 分别为地震系数；W 为土体的重量。

1. 影响地震系数的因素

（1）国际大坝委员会下属的地震委员会的建议"根据所在地区的地震活动性选择一个常值的水平地震系数"。这表明，所在地区的地震活动性是确定地震系数的一个重要因素，但这并不意味着所选择的水平地震系数与所在地区的地面水平最大加速度系数相等，只是意味着所在地区的地面水平最大加速度越大，所选择的地震系数也应越大。

（2）土坝地基的土层条件，例如坝基覆盖层的组成及厚度等。

（3）土坝的动力放大作用。

（4）地震时坝坡失稳对下游地区的影响。

实际上，上述的第一个和第三个因素是目前选择地震系数时所要考虑的最基本因素。

2. 确定地震系数的途径

从目前的研究而言，确定地震系数有如下三种途径：

1）采用经验的数值

在美国这个经验数值为 $0.05 \sim 0.15$，依所在地区而不同。Seed 对美国所采用这个经验数值的根据做过探讨。最后的结论是"不断地应用这些经验数值使它具有了某些权威性，可能没有人会知道第一次为什么取这样的数值。"在日本，这个经验数值为 $0.12 \sim 0.25$，依据所在地区、地基类型和地震引起的灾害对下游地区的影响来选取。在苏联，这个经验数值根据所在地区的地震烈度选择，当烈度为 7 度时取 0.025、8 度时取 0.05，9 度时取 0.10。在我国《水工建筑物抗震设计规范》（SDT 10—78）颁布之前也采用上述苏联的经验数值。

关于经验数值还应指出如下三点：

（1）在美国和日本地震系数沿坝高是均匀分布的常值，不考虑土坝的动力放大效应。在苏联地震系数从坝底到坝顶按梯形或折线形增加，以考虑土坝的动力放大效应，而坝底的地震系数则按地震烈度确定。

（2）由经验确定的地震系数小于所在地区地面的水平最大地震系数。这一点可从苏联按地震烈度确定的坝底地震系数看出来。根据地震烈度与地面水平最大地震系数的统计关系，地震烈度为 7 度时地面水平最大地震系数大约为 0.10，8 度时大约为 0.20，9 度时大约为 0.40，均大于前述地震系数值。

（3）采用经验的地震系数在很多情况下可能导致安全的设计。虽然采用经验系数存在许多问题，但是当采用其他方法确定地震系数时，经验的地震系数值是其一个基本的参考值。

2）按刚体反应确定地震系数

这种确定地震系数的途径是假定土坝为刚体，由刚体地震反应确定出来的土

坝地震系数具有如下特点:

(1) 地震系数沿坝高是均匀分布的。

(2) 地震系数等于所在地区地面的水平最大设计地震系数。

(3) 坝断面各点的最大加速度出现在同一时刻。

按刚性反应确定地震系数的问题在于没有那一座坝对地震反应如同刚体那样。在此应指出,按刚体反应确定的地震系数不同于按经验法确定的沿坝高均匀分布地震系数。按前述,经验法确定的地震系数小于所在地区地面的最大水平地震系数。因此,按刚体反应确定的地震系数要大于按经验地震系数。

3) 按粘弹性反应确定地震系数

在以往的研究中,通常按粘弹性反应确定地震系数。土坝的粘弹性反应分析通常采用剪切楔法进行,如第六章所述。由剪切楔法可确定出任意高度 h 处各振型的最大地震系数 $k_{\max, i}(h)$,土坝任意高度处的最大地震系数 $k_{\max}(h)$ 可按振型选加法确定。通常,采用平方根法考虑前四个振型按下式计算:

$$k_{\max}(h) = \Big[\sum_{i=1}^{4} k_{\max, i}^2(h) \Big]^{\frac{1}{2}} \tag{12.2}$$

这样,由式 (12.2) 可确定出沿坝高地震系数的分布,得到地震系数随坝底面以上高度的增加规律。

关于按剪切楔粘弹性反应确定地震系数的方法应指出如下几点:

(1) 土坝的地震反应是在变形体的假定下进行的,可以考虑土坝动力放大效应对地震系数的影响。

(2) 由该方法得到地震系数随坝底面以上高度增加的规律与地震现场强震观测的结果相当符合。

(3) 剪切楔法只考虑水平剪切作用,将土坝地震反应简化成一维问题。实际上,只有仅考虑地震水平分量作用时坝体中心线附近的部分坝体才只受水平剪切作用。该法虽然能求出地震系数沿坝高的分布,但认为在同一高度水平面上各点的地震系数是相同的。

(4) 剪切楔法的结果取决于土的动剪切模量和阻尼比的取值。由于土坝的非均质性及土的动力非线性,坝断面各点土的动剪切模量及阻尼比是不同的。通常,在剪切楔法中只能取某种意义的平均动剪切模量和阻尼比。因此,剪切楔法不能很好地考虑土的非均质性和土的动力非线性。

(5) 剪切楔法按式 (12.2) 可求出地震系数沿坝底面以上坝高的分布。在此应指出,由式 (12.2) 确定出的不同高度的最大地震系数并不是在同一时刻出现的。但是,当按式 (12.1) 计算地震惯性力时通常忽视了这一点,而认为最大地震系数是在同一时刻出现的。这样做法将高估了土体所承受的最大地震惯性力值。

(6) 由于坝底地震系数应等于所在地区地面水平最大地震系数,加上地震系数沿坝高的放大效应，则按剪切楔粘弹性反应确定的地震系数计算的惯性力要大于按刚性反应确定的地震系数计算的惯性力。

（7）在上述三种确定地震系数的途径中，按剪切楔粘弹性反应确定的地震系数计算出的惯性力最大。但是，按剪切楔粘弹性反应确定的地震系数在理论上更合理，所得的地震系数随坝高的变化也与地震现场观测资料相符合。

在此应指出，将土坝作为变形体，除了按剪切楔粘弹反应确定地震系数外，如有必要也可以采用更为完善的方法，例如有限元法。如采用有限元法可以更好的考虑土坝不均质性和土的动力非线性的影响。

12.2.3　土的抗剪强度

如前所述，在地震稳定性分析中所采用的土的抗剪强度是在静力和地震力共同作用下土的抗剪强度，通常称为土的动剪切强度，以土发生破坏时作用于破坏面上的静剪应力与动剪应力之和 $\tau_{sd,f}$ 表示。土的动剪切强度可由动三轴试验测定，在试验中所施加的动荷载通常为等幅循环荷载。因此，破坏面上动剪应力应以作用于该面上的动剪应力幅值表示，这样，

$$\tau_{sd,f} = \tau_{s,f} + \overline{\tau}_{d,f} \tag{12.3}$$

式中，$\tau_{s,f}$、$\overline{\tau}_{d,f}$ 分期为作用破坏面上的静剪力和动剪应力幅值。在第三章中给出了由动三轴试验确定 $\tau_{s,f}$、$\overline{\tau}_{d,f}$ 的方法。动三轴试验结果表明，动剪切强度 $\tau_{sd,f}$ 与动荷载作用次数有关，随作用次数的增加而减小。当指定作用次数时，动剪切强度 $\tau_{sd,f}$ 与破坏面上的静剪应力比 α_s 和静正应力 σ_s 有关。这样，确定动剪切强度必须预先确定破坏面上的静剪应力比及正应力。如前所述，拟静力法分析可按条分法进行。对假定滑动面进行静力稳定性分析，可求的静力稳定性安全系数 F_s。根据静力稳定性安全系数定义，作用于滑动面上的第 i 个滑块的静剪应力 $\tau_{s,i}$ 可按下式计算：

$$\tau_{s,i} = (c + \sigma_{s,i}\tan\varphi)/F_s$$

式中，c、φ 为土的静力抗剪强度指标。因此，得第 i 个滑块的滑动面上的静剪应力比 $\alpha_{s,i}$：

$$\alpha_{s,i} = \left(\frac{c}{\sigma_{s,i}} + \tan\varphi\right)\bigg/F_s \tag{12.4a}$$

按条分法，$\sigma_{s,i}$ 可按下式计算

$$\sigma_{s,i} = W_i\cos\alpha_i/l_i \tag{12.4b}$$

W_i、$\alpha_{s,i}$ 及 l_i 分别为第 i 条的重量、底面与水平面的夹角及底面的长度。

由此，得整个滑动面上的平均静剪应力比

$$\alpha_s = \sum_{i=1}^{n} \alpha_{s,i}/N \tag{12.5}$$

式中，N 滑块的个数。

12.2.4 综合影响系数

首先指出，引进综合影响系数的目的是用来折减按式（12.1）计算得到的地震惯性力，以使拟静力分析方法的结果与工程实践经验相符合。因此，综合影响系数的数值小于 1.0，并在拟静力分析方法中将按式（12.1）计算的惯性力乘以综合影响系数。从上述可见，按不同途径确定的地震系数有很大不同，相应的惯性力也将有很大的不同。因此，综合影响系数的取值应取决于确定地震系数的途径。一般说，除地震系数是按经验途径确定的之外，都要引进一个数值小于 1.0 的综合影响系数来折减按式（12.1）计算得到的惯性力。

在拟静力分析中，引进综合影响系数的根据至少有如下三点：

（1）现行的拟静力分析方法在确定地震系数时通常要参照上述剪切楔粘弹分析结果。在粘弹分析中把土视为线性粘弹体，而实际上将土视为非线性的弹塑性体更为合理。从理论上可以判断，由线粘弹性反应分析求得的地震时土体所受的力要大于土体实际所受的力。

（2）在拟静力分析方法中，将地震期间最大的惯性力做为静力作用于土体之上。实际上，在地震期间土体所受的力在方向和数值上都是随时间变化的，最大值作用的时间只是那么一刹那，在其作用下土的变形不能充分发展。因此，在实际地震力作用下土的变形要小于在相应拟静力作用下土的变形。也就是说，拟静力分析结果夸大了实际地震力对土体的作用。

下面来估算一下这一点的影响。为了考虑这一点，在拟静力分析方法中，土的抗剪强度应采用由动三轴试验确定的动强度。式（12.3）中，$\overline{\tau}_{d,f}$ 相应于等价的等幅动剪应力幅值。按前述，它与最大的动剪应力 τ_{max} 关系如下：

$$\overline{\tau}_{d,f} = 0.65\ \tau_{max}$$

式中，τ_{max} 为最大的惯性力产生的最大剪应力。按上式，等价的等幅动力幅值应等于按式（12.1）计算的惯性力的 0.65 倍。这样，仅考虑这一点，综合影响系数则不应大于 0.65。

（3）由于土体是变形体，土体中各点的最大加速度不会在同一时刻出现。但是，在按公式（12.1）计算惯性力时，实际上认为土体中各点的最大加速度是同时出现的，其结果是高估了最大惯性力作用。

但是必须指出，关于综合影响系数并没有研究很清楚。目前，综合影响系数主要还是根据工程实践经验确定的。

12.2.5 《水工建筑物抗震设计规范》中的拟静力分析方法

如前所述，拟静力法是土坝地震稳定性常规分析方法。《水工建筑物抗震设计规范》规定了一个拟静力分析方法。下面对该方法的要点表述如下：

1. 地震系数的确定

该分析方法基于经验和剪切楔粘弹性反应分析结果给出了地震系数沿坝高的分布，如图 12.4 所示。在图 12.4 中，以坝底面地震系数为 1，给出了沿坝高地震系数的放大倍数。坝底面的地震系数由地震烈度或加速度区划图确定，如表 12.4 所示。

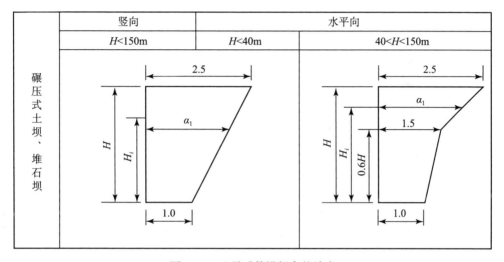

图 12.4　地震系数沿坝高的放大

表 12.4　坝底面水平地震系数 k_h

所在地区的烈度	水平地震系数 k_h
7	0.1（0.15）
8	0.2（0.25）
9	0.4

2. 综合影响系数

在该法中，综合影响系数值取 0.25。以这个数值折减表 12.4 中得地震系数，则得到与 1970 年代以前我国采用的坝底地震系数值相同。因此，该法中的综合影响系数主要是以经验为基础确定的。

3. 土体的惯性力及相应的滑动力矩

该法采用条分法进行地震稳定性分析。如图 12.5 所示，第 i 条质心所受到水平惯性力 $F_{h,i}$ 和竖向惯性力 $F_{v,i}$ 可分别按下式计算：

$$F_{h,i} = \xi\alpha_i k_h W_i \\ F_{v,i} = \xi\alpha_i k_v W_i \quad \biggr\} \tag{12.6}$$

式中，ξ 为综合影响系数；k_h、k_v 分别为坝底面的水平地震系数和竖向地震系数；α_i 为与第 i 条质心高度相应的地震系数放大倍数。

如果采用圆弧滑动进行分析，则需要计算由惯性力作用第 i 条块的附加滑动力矩。由水平惯性力和竖向惯性力作用在第 i 条块产生的附加滑动力矩可按下式计算：

$$M_{h,i} = \xi\alpha_i k_h W_i Z_{0,i} \\ M_{v,i} = \xi\alpha_i k_v W_i X_{0,i} \quad \biggr\} \tag{16.7}$$

式中，$X_{0,i}$、$Z_{0,i}$ 分别为第 i 条块的质心与圆弧中心的水平距离和竖向距离。$M_{h,i}$ 和 $M_{v,i}$ 分别为由水平惯性力和竖向惯性力作用第 i 条块所受的附加滑动力矩。

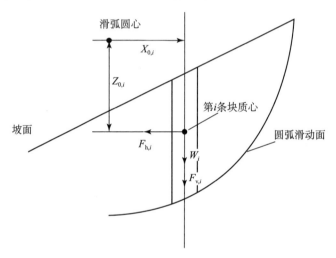

图 12.5　第 i 条块所受的惯性力及相应的附加滑动力矩

4. 土的抗剪强度

该法规定，原则上应由动三轴试验测定，特别是 1、2 级土坝。当不具备试验条件时，按如下建议选用静力抗剪强度指标：

（1）压实粘性土，采用三轴仪测定强度时，应根据固结不排水剪切试验的总应力强度 R 和有效应力强度 R' 按如下原则确定：

①$R<R'$，取（$R+R'$）/2。

②$R>R'$，取 R'。

如用直剪仪测定强度时，应选用固结快剪强度指标。

（2）紧密的砂、砂砾石，采用直剪固结快剪强度指标乘以 0.70~0.80。

上述关于确定压密粘性土抗剪强度指标的建议，是考虑在地震作用下压密粘性土的孔隙水压力，无论是正的还是负的不能像静力固结不排水剪切试验那样充分的发展；而关于确定紧密砂、砂砾石抗剪强度指标的建议，是考虑在地震荷载作用下紧密砂、砂砾石的正孔隙水压力要比静力直剪固结快剪试验发展得快和充分。

除此之外，该法还对坝底面竖向地震系数 k_v 和安全系数的取值做了规定。关于采用该法计算坝坡地震稳定性的公式，详见《水工建筑物抗震设计规范》。

关于拟静力法的计算还应指出一点，即考虑地震惯性力作用的最危险的滑动面一般不与静力作用的最危险滑动面相一致。因此，在拟静力分析中只对静力作用下最危险的滑动面分析其地震稳定性是不够的。

12.3　土坝的等价地震系数及其确定

12.3.1　土坝的等价地震系数概念

前面表述了土坝的地震系数及其随坝底面以上高度的变化，并指出了由于不同高度的最大地震系数不是在同一时刻出现的，按上述地震系数计算惯性力作为静力施加于土体时，将夸大了惯性力的作用。为了考虑不同高度的最大惯性力不是在同一时刻出现的影响，以及实际的地震惯性力是一个变幅动力的影响，Seed 和 Martin 引出了等价地震系数概念[8]。

土坝等价地震系数的概念可以表述如下：如图 12.6 所示，地震作用在土坝底面以上某一高度处的水平面上产生水平剪力 $Q(z, t)$，Seed 和 Martin 假定该水平剪力是由该水平面以上的土体受一个沿高度均匀分布的地震系数 $k_{eq}(z, t)$ 作用引起的。因此，在沿高度均匀分布的地震系数 $k_{eq}(z, t)$ 作用下，坝底面以上某一高度水平面上产生的水平剪力与实际地震作用在该水平面上产生的剪力相等，Seed 和 Martin 把这个沿高度均匀分布的地震系数定义成为等价地震系数。

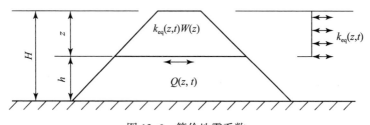

图 12.6　等价地震系数

按上述定义，由图 12.6 可得等价地震系数可由下式确定：

$$k_{eq}(z, t) = \frac{Q(z, t)}{W(z)} \tag{12.8}$$

显然，等价地震系数不仅随坝底面以上水平面的高度 h 或坝顶以下水平面的

深度 z 而变化，而且还随时间而变化。下面将由式（12.8）确定的最大值定义成为最大的等价地震系数，并以 $k_{eq,max}(z)$ 表示。另外，还可将变幅的地震系数时程转变成等幅的地震系数时程，其幅值以 $\bar{k}_{eq}(z)$ 表示，则

$$\bar{k}_{eq}(z) = 0.65 k_{eq,max}(z) \qquad (12.9)$$

12.3.2　采用剪切楔法确定土坝的等价地震系数

根据 6.10.2 节，等价地震地震系数最大值

$$k_{eq,max}(\xi) = \sqrt{\sum_{i=1}^{4} \left[\beta_i \phi_{2,i}(\xi)\right]^2} \frac{2}{\xi} \frac{\ddot{u}_{g,max}}{g} \qquad (12.10)$$

将其代入式（12.9），则可求得等幅的等价地震系数幅值 $\bar{k}_e(z)$。

按式（12.9），坝顶的等价地震系数将成为 $\dfrac{0}{0}$ 不定式。应用罗必塔法则，则可求得：

$$k_{e,max}(0) = \frac{\ddot{U}_{max}(0)}{g} = k_{max}(0) \qquad (12.11)$$

式（12.11）表明，坝顶的最大等价地震系数等于坝顶地震动的最大加速度系数。但应指出，除坝顶之外，各水平面以上土体的最大等价地震系数并不等于该水平面处的地震运动的最大加速度系数。

12.3.3　等价地震系数沿高度的分布及在拟静力分析方法中的应用

由式（12.10）可计算出在坝底面之上某个水平面以上的土体的最大等价地震系数 $k_{eq,max}(\xi)$。这样，则可得到 $k_{eq,max}(\xi)$ 沿高度的分布。为了表示最大等价地震系数随坝顶之下深度的变化，引进了相对最大等价地震系数概念，其定义如下：

$$\alpha_{k,eq}(\xi) = k_{eq,max}(\xi)/k_{eq,max}(0) \qquad (12.12)$$

式中，$\alpha_{k,eq}(\xi)$ 为坝顶下深度为 z 水平面以上土体的相对最大等价地震系数。由大量的剪切楔计算结果，得到的 $\alpha_{k,eq}(\xi) - \xi$ 的关系如图 12.7 的阴影所示[8]。后来，发展了有限元法进行土坝地震反应分析。按上述等价地震系数的定义，由有限元法的分析结果也可求出土坝的等价地震系数。图 12.7 中也给出了由有限元法求出的一个土坝的相对的最大地震系数随坝顶面以下深度的变化。从图 12.7 可见，它处于剪切楔法计算结果的范围之内。这个比较表明，剪切楔的结果是可用的。

从前述的推导过程可看出，在确定 $k_{eq,max}(\xi)$ 时考虑了水平面以上土体的最大地震运动加速度不在同一时刻出现的影响。

等价地震系数可用于拟静力分析。如图 12.8 所示，假定一个滑动面可确定滑出点在坝顶之下深度 z，则应确定出相应 ξ 值的最大等价地震系数 $k_{eq,max}(\xi)$，

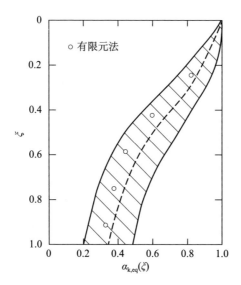

图 12.7　相对等价地震系数随坝顶面以下深度的变化

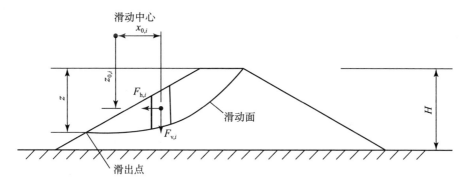

图 12.8　采用等价地震系数确定水平惯性力及相应的附加滑动力矩

并将其以坝底最大水平加速度 $k_{\max}(H)$ 表示。由图 12.7 得

$$k_{\max}(H) = \alpha_{k,eq}(1) k_{eq,\max}(0)$$

$$k_{eq,\max}(\xi) = \alpha_{k,eq}(\xi) k_{eq,\max}(0)$$

由此，得

$$k_{eq,\max}(\xi) = \frac{\alpha_{k,e}(\xi)}{\alpha_{k,e}(1)} k_{\max}(H) \tag{12.13}$$

按条分法，将滑动面分成几段，则作用于每个条块质心的最大水平惯性力可按下式计算：

$$F_{h,i} = k_{eq,\max}(\xi) W_i \tag{12.14}$$

相应地，由作用于每个条块质心上的水平惯性力产生最大的附加滑动力矩则为：

$$M_{\mathrm{h},i} = k_{\mathrm{eq,max}}(\xi) W_i z_{0,i}$$

相应地，等幅的等价水平惯性力幅值 $\overline{F}_{\mathrm{h},i}$ 应按下式计算：

$$\overline{F}_{\mathrm{h},i} = 0.65 k_{\mathrm{eq,max}}(\xi) W_i \tag{12.15}$$

等幅的等价水平惯性力产生的附加力矩的幅值则为：

$$\overline{M}_{\mathrm{h},i} = 0.65 k_{\mathrm{eq,max}}(\xi) W_i z_{0,i} \tag{12.16}$$

显然，如果将按式（12.15）和式（12.16）确定惯性力及相应的附加力矩作用于土条上时，则意味将变幅值的地震惯性力及相应力矩转变成了等幅往返动力作用于土条块上，这种做法与土动强度试验所施加的等幅往返动应力是相应的。在概念上，这样处理与前述的拟静力分析方法已经有很大的差别了。

12.3.4　土坝的非均质性及土的非线性的近似考虑

上述采用剪切楔法确定等价地震系数时，假定了土坝的动剪切模量 G 和阻尼比 λ 为常数。但是，由于在坝体中土的不均匀性及土的非线性，坝中各点土的动剪切模最和阻尼比是不同的。这样，在剪切楔法分析中必须采用某种意义上的平均动剪切模量和阻尼比。在确定平均动剪切模量和阻尼比时，可以采用等效线性化模型近似地考虑土的动力非线性。按前述等效线性化模型，土的动模量和阻尼比与其所受的动剪应变有关。假定这些关系已知，则可假定一个动应变幅值按坝体中土的类型求出与该剪应变相应的动剪切模量和阻尼比。然后，按面积加权求出平均的动剪切模量和阻尼比，并用于楔切法分析中。这样，由式6.290可求出坝顶面之下不同深度处的最大剪应变 $\gamma_{\mathrm{max}}(\xi)$，与其相应的等价的剪应变 $\gamma_{\mathrm{e}}(\xi)$ 可取最大剪应变的0.65倍。由此得到的等价剪应变 $\gamma_{\mathrm{e}}(\xi)$ 与上面假定的剪应变不会相等。再利用新求得的剪应变 $\gamma_{\mathrm{e}}(\xi)$ 重复上述计算步骤进行迭代计算，直到相邻的两次计算的误差达到允许值为止。经验表明，这样计算的迭代次数只需4~5次。

12.4　土坝（堤）地震性能的动力分析方法

土坝（堤）地震性能的动力分析方法是在1970年代开始发展起来并逐渐完善的分析方法。动力分析方法建立的基础如下：

（1）土工动力试验仪器的开发及应用。

（2）非线性土动力学模型的建立，包括其中模型参数的测定。

（3）计算机在土坝动力分析中的应用。

（4）数值分析方法的发展。

如前面指出那样，动力分析方法抛弃了以滑动稳定性安全系数来评估在地震作用下土坝的性能，它可以给出多方面的信息，为全面合理地评估在地震作用下土坝的性能提供依据。下面，对土坝的动力分析途径及工作内容作一完整的表述。

12.4.1　选用土的静力学模型并试验确定模型参数

选用土的静力学模型的目的是将其用于土坝（堤）的静力分析之中。在选用土的静力学模型时一个重要的原则是考虑土的静力非线性。可以考虑土的静力非线性的模型很多，在工程上邓肯-张模型得到广泛的应用。当采用常泊松比时，邓肯-张模型中包括五个参数。当然，也可以采用其他的非线性土静力学模型。这些模型中的参数必须由土的静力试验测定。这样，在选用土的静力学模型另一个重要原则是模型所包括的参数最好能由常规的静力试验确定。

下面，与土的静力学模型有关的部分问题，均以邓肯-张模型为例来说明。

12.4.2　土坝（堤）的静力分析

土坝（堤）的静力分析的目的是确定土坝（堤）中的静应力。实际上，土坝（堤）的静力分析不属于动力分析的范围，但是土坝（堤）中的静应力对土的动力性能有重要的影响，必须予以考虑。应指出，人们往往对动力分析途径中的静力分析的重要性认识不足，以至忽视了这一工作内容。

由于采用非线性力学模型，土坝（堤）的静力分析是一种非线性分析，根据情况可采用迭代法或增量法进行。

12.4.3　选用土的动力学模型并试验确定模型参数

选取的土动力学模型供土坝地震反应分析所用。由于在地震作用下土处于中到大变形阶段，表现出明显的非线性，所选取的土动力学模型应能考虑土的动力非线性。如前所述，在工程中等效线性化模型被广泛采用。这个模型在本质上是粘弹性模型，但其模量和阻尼比要与以剪应变幅值表示的受力水平相协调，可以近似地考虑土动力非线性性能。另外，所选取的动力学模型的参数可由常规的动力试验，例如动三轴试验或共振柱试验确定。

此外，也可选取其他的土动力学模型，例如滞回曲线类型的弹塑性模型，但是采用这种动力学模型进行动力反应分析其计算量很大。

12.4.4　进行土坝（堤）的地震反应分析

进行土坝（堤）的地震反应分析的目的是确定地震作用在土坝内各点引起的动应力，可以按第六章所述的方法进行分析。土坝的地震反应分析要采用上面选择的土动力学模型和由动力试验确定的模型参数，以适当考虑土的动力非线性性能。

此外，土坝地震反应分析需要选择一条适当的地震加速度时程曲线。由于土坝地震反应分析体系通常包括坝基覆盖土层，所选择的地震加速度时程曲线应从坝基基岩顶面输入。如果所考虑的土坝工程进行过地震危险性分析，则地震危险性分析会提供所需要的地震加速度时程曲线；如果没进行过地震危险性分析则应根据所在地区的地震地质条件和地震活动性人工合成一条地震加速度时程曲线，或从以往的强震记录中选择一条地震加速度时程曲线。

以平面问题为例，由地震反应分析可确定出土坝中各点的动水平剪力 $\tau_{xy,d}(t)$ 和动差应力 $[\sigma_{x,d}(t) - \sigma_{y,d}(t)]$。在评估土坝的动力性能时这两个动力分量具有决定的作用。

12.4.5　进行土的动强度和饱和砂土的液化试验

如前所述，在土的动强度试验中通常在静力作用的基础上给土试样施加一个附加的等幅动力以模拟地震作用。土动强度试验的目的是确定在等幅动力作用下，土试样破坏时在破坏面上作用的动剪应力幅值或动剪应力幅值与剪静应力之和，并将其定义为在地震荷载作用下土的动强度。土的动强度试验通常在动三轴仪上进行。研究表明，在指定作用次数下土的动强度是破坏面上的静剪应力比和静正应力的函数，可用以破坏面静剪应力比为参数的直线关系表示。这样，只要破坏面上的静剪应力比和静正应力已知，就可由这些直线确定出土的动强度。

与土的动强度试验相似，饱和砂土的液化试验的目的是确定在等幅动力作用下，饱和砂土试样液化时作用于破坏面上的动剪应力幅值或动剪应力幅值与剪静应力之和，并将其定义为在地震荷载作用下饱和砂土的抗液化强度。同样，饱和砂土的抗液化强度与破坏面上的正应力之间的关系可用以破坏面上的静剪应力比为参数的直线关系表示。只要破坏面上的静剪应力比和静正应力已知，就可由这些直线确定出饱和砂土的抗液化强度。

12.4.6　在地震作用下土坝中的破坏区或液化区的确定及其危害评估

1. 破坏或液化判别

1）基本资料

在地震作用下土坝中的破坏区和液化区的判别应基于如下的资料来确定：

（1）土坝的静力分析结果。

（2）土坝的地震反应分析结果。

（3）土的动强度试验或饱和砂土液化试验结果。

2）判别方法

（1）假定地震作用以水平剪切为主的确定方法。

在破坏区或液化区的判别中通常假定地震作用以水平剪切为主。在这种假定下，则只考虑水平地震的作用。令地震水平剪应力的等价剪应力的幅值为 $\tau_{xy,d,eq}$，按前述，作用在破坏面上的等价剪应力 $\tau_{d,eq}$ 可由下式确定：

$$\tau_{d,eq} = \frac{\tau_{xy,d,eq}}{\sigma_x + \sigma_y} \sqrt{(\sigma_x + \sigma_y) - 4\tau_{xy}^2} \qquad (12.17)$$

式中，σ_x、σ_y、τ_{xy}为由静力分析求出的静应力分量。

另外，作用在破坏面上的静正应力 σ_s 可按下式确定：

$$\sigma_s = \frac{\sqrt{(\sigma_x + \sigma_y)^2 - 4\tau_{xy}^2}}{2(\sigma_x + \sigma_y)} \left[\sqrt{(\sigma_x + \sigma_y)^2 - 4\tau_{xy}^2} - (\sigma_{xy,\max} - \sigma_{xy,\min}) \right]$$

(12.18)

式中，$\sigma_{xy,\max}$、$\sigma_{xy,\min}$分别为σ_x、σ_y中的大者和小者。作用在破坏面的静剪应力比 α_s 按下式确定：

$$\alpha_s = \left| \frac{2\tau_{xy}}{\sqrt{(\sigma_x + \sigma_y)^2 - 4\tau_{xy}^2}} \right|$$

(12.19)

这样，根据式（12.18）和式（12.19）分别算出破坏面上静剪应力比 α_s 和静正应力比 σ_s 之后，由土的动强度试验或饱和砂土液化试验结果可确定出引起破坏面或液化在破坏面所需要施加的动剪应力 $\tau_{d,f}$。将其与由式（12.17）算得的在破坏面上作用的等价地震应力 $\tau_{d,eq}$ 相比较，如果

$$\tau_{d,eq} \geqslant \tau_{d,f}$$

(12.20)

则该点在地震作用下发生破坏或液化；否则，不液化。

（2）同时考虑地震水平剪切 $\tau_{xy,d,eq}$ 和差应力 $(\sigma_x - \sigma_y)_{d,eq}$ 作用的判别方法。

与水平土层不同，由于地震波在坝面的反射作用，即使只在水平地震运动作用下坝体中也产生动差应力 $(\sigma_x - \sigma_y)_d$。如果考虑竖向地震运动作用，动差应力将更为明显。由土坝动反应分析可分别得到 $\tau_{xy,d}$ 和 $(\sigma_x - \sigma_y)_d$ 的时程曲线。从这两个时程曲线，可以确定出 $\tau_{xy,d}$ 的最大幅值 $\tau_{xy,d,\max}$ 和 $(\sigma_x - \sigma_y)_d$ 的最大幅值 $(\sigma_x - \sigma_y)_{d,\max}$，从而可以确定出 $(\sigma_x - \sigma_y)_{d,\max}$ 与 $\tau_{xy,d,\max}$ 的比值，$(\sigma_x - \sigma_y)_{d,\max}$ 及 $\tau_{xy,d,\max}$ 出现的时刻，并可发现：

①坝中一点 $(\sigma_x - \sigma_y)_{d,\max}$ 与 $\tau_{xy,d,\max}$ 比值与该点在坝中的位置有关。在坝中线附近的区域该比值小，而在坝脚附近的区域该比值较大。

②坝中一点 $(\sigma_x - \sigma_y)_{d,\max}$ 出现的时刻与 $\tau_{xy,d,\max}$ 出现的时刻不相同，并且两者出现的时间差也与该点在坝中的位置有关。

在第七章曾表述了同时考虑动剪应力和动差应力作用的液化判别方法，在此不再重复。

3）破坏或液化判别结果

按上述方法就可以确定在坝体和坝基中是否存在破坏区或液化区，以及所存在的破坏区或液化区在坝体或坝基中的部位、范围及程度。

（1）部位。

按破坏区或液化区所在的部位，可能存在如下两种情况：

①位于土坝的边界部位以开敞的形式存在；或位于边界附近以封闭的形式

存在。

②部位土坝的内部以封闭的形式存在。

（2）范围。

当部位确定后，破坏区或液化区的范围是指其大小。对于平面问题，可以在断面内破坏区或液化区所占的面积表示。

（3）程度。

这里的程度自然是指破坏或液化的程度。按前述，破坏区或液化区中一点的破坏或液化程度可以其破坏或液化势指数 IFL 表示，其定义如下：

$$IFL = 1 - \frac{\tau_{d,f}}{\tau_{d,eq}} \tag{12.21}$$

对于液化区，$\tau_{d,eq} \geq \tau_{d,f}$，从式（12.21）可见，$\frac{\tau_{d,f}}{\tau_{d,eq}}$越小，破坏或液化势指数越大，破坏或液化程度就越高。对于一个破坏或液化区而言，可以其平均的破坏或液化势指数表示其破坏或液化程度，如以$\overline{IFL}$表示其平均破坏或液化势指数，则$\overline{IFL}$定义如下：

$$\overline{IFL} = \frac{1}{A_{FL}} \sum_{i=1}^{n} IFL_i \Delta A_{FL,i} \tag{12.22}$$

式中，A_{FL}破坏区或液化区的面积；IFL_i 为区内第 i 点的破坏或液化势指数；$\Delta A_{FL,i}$为第 i 点所控制的面积。

可以想见，破坏或液化区的平均破坏或液化势指数越高，该区的破坏或程度越重。

2. 破坏或液化区危害评估

从工程应用而言，所关心的不仅是破坏或液化区的本身，更重要是破坏区液化区对工程可能造成的危害。评估破坏或液化区对工程可能造成的危害的依据如下：

（1）破坏或液化区的部位。

（2）破坏或液化区的范围。

（3）破坏或液化区的破坏或液化程度。

（4）地震现场土坝震害实例。

在此必须指出，地震现场土坝震害实例在评估破坏或液化区对工程可能造成的危害中的重要性。它为评估破坏或液化区对工程可能造成的危害提供参照或类比的实例。

应指出，破坏或液化区危害的评估是一个复杂的问题。目前，尚不能找到一个适当的量作为评估危害性的定量指标，只能做到综合地定性评估其危害。虽然如此，这样的评估对实际仍有重要的指导意义。

1）单个影响因素的等级划分

为了定量地评估破坏或液化区的危害性，首先应按每个影响因素进行等级划分，其具体划分如下：

（1）破坏或液化区部位。

按破坏或液化区的部位，可将其分为如下三个等级：

①很不利。

如果破坏或液化区位于边界，或边界附近与边界的最小距离小于8.0m，则认为是很不利的。

②不利。

如果破坏或液化区与边界的最小距离大于8.0m小于15m，则认为是不利的。

③较不利。

如果破坏或液化区域边界的最小距离大于15m，则认为是较不利的。

（2）破坏或液化区的范围

按破坏或液化区的范围，可将其分为如下三个等级：

①影响大

如果破坏或液化区形成大片或长的条带，则认为是影响大的。

②影响中等

如果破坏或液化区呈局部的若干个较大的块或较长的条段，则认为是影响中等的。

③影响小

如果破坏或液化区呈局部的若干个较小的区块或较短个条段，则认为是影响小的。

（3）破坏或液化程度。

按破坏或液化程度，可划分成如下等级：

①严重。

如果破坏或液化区的平均破坏或液化势大于0.80，则认为是严重的。

②中等。

如果破坏或液化区的平均破坏或液化势小于0.80大于0.20，则认为是中等的。

③较轻。

如果破坏或液化区的平均破坏势或液化势小于0.20，则认为是较轻的。

2）破坏或液化区危害性综合评估

如前所述，破坏或液化区危害性综合评估应根据其部位、范围、程度，以及地震现场土坝震害实例做出。破坏或液化区的危害性可分成如下三个等级：

（1）严重危害。

严重危害是指使土坝丧失稳定性，发生大面积塌陷或隆起，以及多条宽大裂缝，土坝的完整性受到严重的破坏。

当破坏或液化区满足如下组合情况时，可认为属于严重危害等级。

①部位很不利，范围连成大片或长条带，破坏或液化程度是严重的或中等的。

②部位不利，范围连成大片或长条带，破坏或液化程度是严重的。

（2）中等危害

中等危害是指土坝不会丧失稳定性，但要使土坝发生较大的变形，以及多条中等宽度的裂缝，土坝的整体性受到一定的破坏。

当破坏或液化区满足如下组合情况时，可认为属于中等危害等级。

①部位很不利，范围为局部的若干个较大的区块或较长的条段，破坏或液化程度是中等的。

②部位不利，范围为局部的若干个较大的块或较长的条段，破坏或液化程度是严重的。

（2）较轻危害

较轻危害是指使土坝发生允许的变形，以及一些小的裂缝，土坝的完整性受到较轻的破坏。

除了上述严重危害和中等危害组合情况之外的组合情况可认为属于较轻危害等级。在此应指出，上述的危害等级划分是可以调整的，但其等级划分基本原则应是具有一般意义的。

12.4.7　地震作用下孔隙水压力的分析

如果坝体或坝基中含有饱和砂土时，为了获得更多的信息，还应分析地震作用在饱和砂土中引起的孔隙水压力。如前所述，这里所确定的孔隙水压力是由地震剪切作用引起的，它是饱和砂土液化的主要原因。地震作用下孔隙水压力分析可按第八章所述的方法进行。完整的孔隙水压力分析应包括地震过程中和地震作用停止后相互关联的两个分析阶段。地震作用下孔隙水压力的分析结果可用于如下两方面：

1. 确定液化区的部位和范围

当用孔隙水压力分析结果确定液化区的部位和范围时，必须制定一个以孔隙水压力为定量指标的液化标准。如果将地震作用引起的孔隙水压力与静正应力之比定义为孔隙水压力比，按有效应力原理，当孔隙水压力比等于 1 时则发生液化。根据这个液化准则，可由地震作用孔隙水压力分析结果确定出坝体和坝基中饱和砂土的液化部位、范围和液化程度。然后，就可按前述方法评估坝体和坝基中液化区的危害。

2. 应用于土坝震后稳定性分析

土坝震害实例表明，有些含有饱和砂土的土坝，其稳定性丧失并不发生在地震作用过程中，而是发生在地震作用停止以后。地震作用停止之后，饱和砂土体中孔隙水压力重分布是土坝地震作用停止之后丧失稳定性的主要原因。这样，进行土坝震后稳定性分析是必要的。震后孔隙水压力分析结果将用于确定震后稳定性分析中饱和砂土的抗剪强度的确定。按有效应力原理，考虑地震引起的孔隙水压力的影响，震后饱和砂土的抗剪强度 τ 可按下式确定：

$$\tau = (\sigma - u)\tan\phi' \tag{12.23}$$

式中，σ、u 分别为可能破坏面的静正应力和震后孔隙水压力；ϕ' 为饱和砂土的有效抗剪强度的摩擦角。

12.4.8　地震引起的土坝永久变形分析

地震引起的土坝永久变形分析可以提供更多关于土坝地震性能的信息，地震引起的永久变形可作为一个表示土坝地震性能的一个定量指标。Newmark 就建议将有限滑动引起的水平位移做一个定量指标代替拟静力分析法中的安全系数。地震引起的土坝永久变形可按第九章所述的方法进行分析，不需赘述。在此，应强调指出如下两点：

（1）在进行地震引起的土坝永久变形分析时，首先必须根据土坝所包括的土的类型确定可能发生永久变形的机制和形式，然后再采用相应的方法进行分析。

（2）地震引起的土坝永久变形分析结果可以给出永久变形的分布。根据永久变形的分布，可以判断出土坝最危险的部位和范围。由此得到的最危险的部位和范围通常与前面确定出来的破坏或液化区的范围相一致。遗憾地，目前仍缺乏以永久变形判断土坝地震性能的标准。原则上，也可像评估破坏或液化区危害那样，根据部位、范围和变形的大小分划出危害等级。在这方面需要根据地震现场土坝的震害实例做进一步工作。如果需要的话，可以向有经验的专家进行咨询。

12.5　土坝应力的简化分析

从上述的土坝动力分析途径可见，若判别在地震作用下土坝中一点是否发生破坏或液化，确定出破坏或液化区的部位、范围及破坏或液化的程度，必须首先确定土坝中各点的静应力和地震作用产生的动应力。土坝的静应力可由静力分析求得，动应力可由地震反应分析求得。由于问题的复杂性，土坝的静力分析和地震反应分析通常要进行数值分析。对大型工程这样做是必须的，但是对于一般工程通常不具备这样做的条件或不值得这样做。在这种情况下，可采用简化的方法近似地确定土坝的静应力和地震作用引起的动应力。

12.5.1 土坝静应力的确定

1. 正应力的确定

土坝中水平面上任意一点的有效竖向正应力 σ_y 和水平向正应力 σ_x 可按下式确定：

$$\sigma_y = \sum_{i=1}^{n} \gamma_i \Delta y_i \tag{12.24}$$

$$\sigma_x = \xi \sigma_y \tag{12.25}$$

式中，γ_i 为水平面以上第 i 土段的重力密度，在浸润线之下取浮重力密度；Δy_i 为第 i 段的长度；ξ 为侧压力系数，可取静止土压力系数，按下式确定：

$$\xi = 1 - \sin\phi' \tag{12.26}$$

其中，ϕ' 为土的有效摩擦角。

2. 剪应力的确定

1) 重力引起的水平剪应力的确定

为确定土坝的剪应力，首先应指出在水平面上剪应力分布的如下特点：

(1) 在上、下游面处，静剪应力 $\tau_{xy} = 0$。

(2) 在水平面上游部分剪应力方向指向上游方向，而下游部分剪应力方向指向下游方向。因此，在水平面中部某一点静剪应力 $\tau_{xy} = 0$。

将土坝断面视为在重力作用下弹性三角楔，如图 12.9 所示，其左右两坡面的应力边界条件分别为：

$$\left. \begin{array}{l} \left| \dfrac{\tau_{xy}}{\sigma_y} \right| = \xi \cot\theta_1 \\[3mm] \left| \dfrac{\tau_{xy}}{\sigma_y} \right| = \xi \cot\theta_2 \end{array} \right\} \tag{12.27}$$

这样，可求出满足边界条件（12.27）的解答。进而，可确定出距顶点为 h 的水平面上的静剪应力比 α_h：

$$\alpha_h = \left| \frac{\xi [2x + y(\tan\theta_1 - \tan\theta_2)]}{(\tan\theta_1 - \tan\theta_2)x - 2y(\tan\theta_1 + \tan\theta_2)} \right| \tag{12.28}$$

由式（12.28）得水平面上剪应力为零的条件如下：

$$x/y = \frac{\tan\theta_1 - \tan\theta_2}{2} \tag{12.29}$$

式（12.29）表明，水平面中点即为剪应力零的点，即 $L_1 = L_2$。

如果从水平面静剪应力为零的点做一条竖直线，则将水平面以上的坝体分成左右两部分，如图 12.10 所示。作用于竖直线上的土侧向应力为 σ_x。由此，得

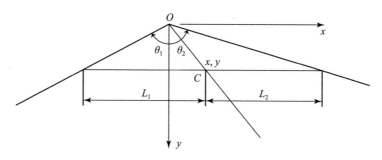

图 12.9　水平面上静剪应力等于零点的坐标

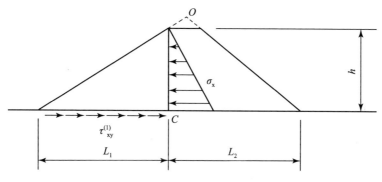

图 12.10　左半部分坝体所受的水平力

作用于上游部分坝体上的水平力 Q_1 如下：

$$Q_1 = \sum_{i=1}^{n} \sigma_{\mathrm{x},i} \Delta y_i \qquad (12.30)$$

由上游部分坝体所受的水平力平衡得：

$$Q_1 = \int_0^{L_1} \tau_{\mathrm{xy}}^{(1)}(x_1) \, \mathrm{d}x_1 \qquad (12.31)$$

式中 $\tau_{\mathrm{xy}}^{(1)}(x_1)$ 为水平面左半部分的静剪应力；L_1 为水平面左半部分长度。

水平面上左半部部分的剪应力可假定服从正弦曲线分布。由此可得：

$$\tau_{\mathrm{xy}}^{(1)}(x_1) = \tau_{\mathrm{xy,max}}^{(1)} \sin\left(\pi \frac{x_1}{L_1}\right) \qquad (12.32)$$

式中，$\tau_{\mathrm{xy,max}}^{(1)}$ 和 x_1 分别为水平面上左半部的最大剪应力和从分界点 C 至其上一点的水平距离。

将式（12.32）代入式（12.31），并完成积分得：

$$\tau_{\mathrm{xy,max}}^{(1)} = \frac{\pi}{2L_1} Q_1 \qquad (12.33)$$

同理，可确定出右半部分水平面上的静剪应力。

2）水压力差引起的水平剪应力的确定

实际上，在水压力差作用下土体中发生渗透，水压力对土的作用是通过作用于土骨架上的渗透力实现的。图 12.11a、b 分别给出了水平面位于下游水位之上和之下两种情况下的水压力。从图 12.11a 可看出，当水平面位于下游水位之上时，只有上游面作用有水压力，则水压力差 P_w 如下：

$$P_w = \frac{\gamma_w}{2} h_{w,1}^2 \tag{12.34}$$

当水平面位于下游水位之下时，从图 12.11b 可看出，上下游面均作用有水压力，则水压力差 P_w 如下：

$$P_w = \frac{\gamma_w}{2}(h_{w,1}^2 - h_{w,2}^2) \tag{12.35}$$

式中，$h_{w,1}$ 和 $h_{w,2}$ 分别上下游水面至水平面的高度。

如图 12.11 所示，水压力差 P_w 由作用于水平面上的剪应力 $\tau_{xy}^{(2)}$ 平衡。可令水平面上的剪应力 $\tau_{xy}^{(2)}$ 均匀分布，则

$$\tau_{xy}^{(2)} = P_w/(L_1 + L_2) \tag{12.36}$$

这样，水平面上的水平剪应力 τ_{xy} 如下：

$$\tau_{xy} = \tau_{xy}^{(1)} + \tau_{xy}^{(2)} \tag{12.37}$$

将 $\tau_{xy}^{(1)}$ 和 $\tau_{xy}^{(2)}$ 的表达式代入式（12.37）就可求得水平面上水平剪应力 τ_{xy}。

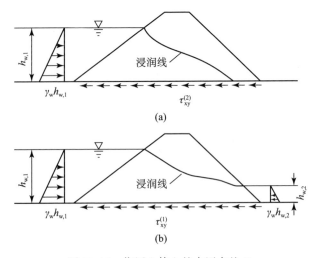

图 12.11　作用土体上的水压力差 P_w

12.5.2　地震作用引起的动应力的确定

对于一般工程，认为破坏或液化是由地震的水平剪切作用引起的。如前所

述，在这种情况下，只考虑水平动剪应力 $\tau_{xy,d}$ 的作用，忽略动差应力 $(\sigma_{x,d} - \sigma_{y,d})$ 的作用。因此，这里只表述确定水平动剪应力的简化方法。水平动剪应力可以按如下两种方法之一确定：

1. 根据等价地震系数 $k_{eq}(z)$ 确定等价动水平剪应力 $\tau_{xy,eq}$ 方法[9]

按该法确定坝顶下任意水平面上的等价水平剪应力 $\tau_{xy,eq}$ 步骤如下：

（1）根据加速度区划图确定坝底地震加速度系数 $k_{max}(H)$。

（2）由图 12.7 和式（12.13）确定坝顶下任意水平面的等价加速度系数 $k_{eq,max}(\xi)$。

（3）确定作用于任意水平面上的等价水平惯性力 $Q_{eq,max}(z)$：

$$Q_{eq,max}(\xi) = k_{eq,max}(\xi) \cdot W(z) \tag{12.38}$$

式中，$W(z)$ 为任意水平面以上土体的重量，在计算时浸润线之下土的重力密度取饱和重力密度。

（4）按 6.10.2 节所述方法确定水平面上水平动剪应力的分布。

2. 将土坝简化成一系列相互无关的土柱的简化分析方法

地震作用引起的土坝动应力通常作为二维问题由地震反应分析确定。假如将土坝简化成一系列相互无关的土柱，对每一个土柱进行一维地震反应分析，则可确定出每个土柱水平面上的动剪应力。这种方法要比土坝二维地震分析所需的费用和精力小得多。J. L. Vrymoed 和 E. R. Calzcsiu 研究这种简化处理的可能性[10]。他们利用 SHAKE 程序计算土柱的地震反应，采用 QUAD-4 程序计算土坝二维地震反应，取等价线性化模型对表 12.5 所示的几个土坝进行了比较分析。在比较分析中，在坝的上游坡、坝顶和下游坡分别取若干个土柱进行地震反应分析。

表 12.5 比较分析的坝例

坝名	最大坝高/英尺	输入加速度时程	输入加速度时程特性	
			峰值加速度/g	卓越周期/s
拉斐特坝	190	Seed-lariss	0.40	0.35
查伯特坝	140	Seed-lariss	0.40	0.35
斯通峡谷坝	240	假日旅馆	0.60	0.65
阿斯科特坝	110	多次塔夫特	0.30	0.35
布特山谷坝	75	塔夫特 S69E	0.18	0.45
克兰山谷坝	140	人造波	0.15	0.30
布克特峡谷坝	220	修正塔夫特	0.60	0.20

坝名	最大坝高/英尺	输入加速度时程	输入加速度时程特性	
			峰值加速度/g	卓越周期/s
下圣费尔南多坝	140	巴科伊马 S16E	0.60	0.40
上圣费尔南多坝	120	巴科伊马 S16E	0.60	0.40

　　为了节省篇幅，这里只给出查伯特坝、阿斯科特坝和布拉特峡谷坝的两种分析方法求得的最大剪应力的比较，他们分别如图 12.12 至图 12.14 所示。从图 12.12 至图 12.14 所示的结果得到如下结论：

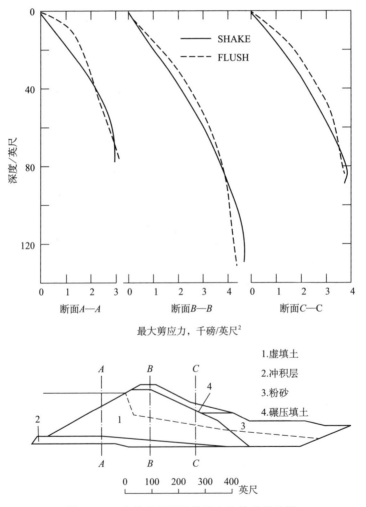

图 12.12　查伯特坝两种分析方法结果的比较

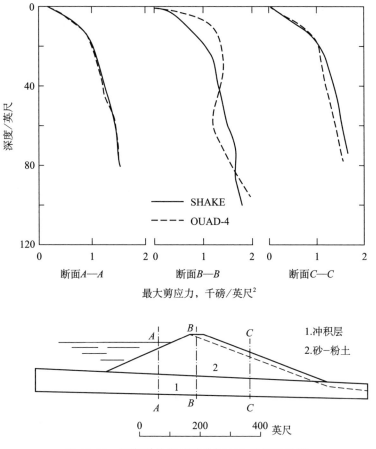

图 12.13　阿斯科特坝两种分析方法结果的比较

两种方法得到的水平最大剪应力在分布和数值上是相当一致的。因此，将土坝简化成一系列相互无关的土柱进行地震反应分析求解水平地震剪应力是可行的。

12.6　地震时土压力及重力式挡土墙地震稳定性

12.6.1　土压力确定和挡土墙设计要求

挡土墙是一种重要的构筑物。它保持墙后的土体稳定，保护墙前的建筑物或其他设施，例如道路、田地、河道岸坡等。墙后土压力是作用于挡土墙上的主要荷载。作用于墙后的土压力取决墙相对于墙后土体的位移方向及的数值，如图 12.15 所示。当墙保持静止是，作用于墙后的土压力称为静止土压力。当墙离开土体运动时，随着墙位移的增加作用于墙后的土压力从静止土压力逐渐减小。同

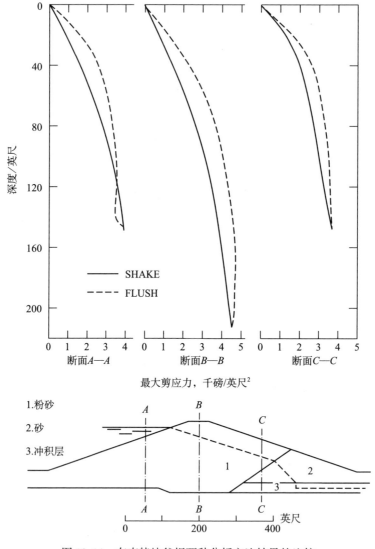

图 12. 14 布克特峡谷坝两种分析方法结果的比较

时，墙后的土体开始逐渐破坏，当在墙后土体中形成一个完整破坏面时，墙后的土压力达到最小值，并将其称为主动土压力。相似，当墙相向土体位移时，随着墙位移的增加作用于墙后的土压力从静止土压力逐渐增大。同时，墙后的土体也开始逐渐破坏，当在墙后土体中形成一个完整的破坏面时，墙后土压力达到最大值，并将其称为被动土压力。

　　按上述，下面讨论的主动土压力和被动土压力分别相应于墙后土体达到主动破坏状态和被动状态的土压力。图 12. 16a 和 b 分别给出了墙后主动破坏土体和

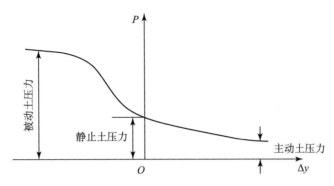

图 12.15　土压力 P 与墙体的位移 Δy 关系

被动破坏土体所受的力。墙后破坏土体 OAB 是靠作用于 OA 面上墙的反力和作用于 OB 面上的土体反力保持平衡的。由于 OB 面是破坏面，其后土体可以提供最大的剪切抵抗，即在保持墙后破坏土体平衡中发挥最大的作用。这样，以主动土压力为例，充分地发挥了墙后土体本身的抵抗作用，减小了墙反力在保持土体平衡中的作用。显然，按这个原则确定主动土压力和被动土压力，并应用于挡土墙设计是合理的。

挡土墙的设计应满足如下方面的要求：

（1）地基承载力要求。

（2）沿基底面水平滑动稳定性要求。

（3）墙体倾覆稳定性要求。

（4）墙体不能发生破坏。

因此，在挡土墙设计中必须确定：

（1）土压力的值。

（2）土压力作用方向。

（3）土压力合力作用点。

（4）土压力在墙面上的分布。

12.6.2　静土压力的确定

地震作用引起的动土压力附加于静土压力之上作用于挡土墙。因此，在表述动土压力之前对静土压力的一些问题做一简要表述是必要的。

1. 静土压力的数值

在工程中广泛采用库伦理论确定土压力。库伦土压力理论，假定墙后破坏土体的破坏面为平面，如图 12.16 所示。另外，墙土接触面也是一个破坏面。因此主动土压力和被动土压力的作用方向与墙面的法线成 δ 角，其中 δ 角为墙土接触面摩擦角。当破坏面 OB 与水平面夹角 θ 指定后，墙后破坏的土楔体 OAB 所受的

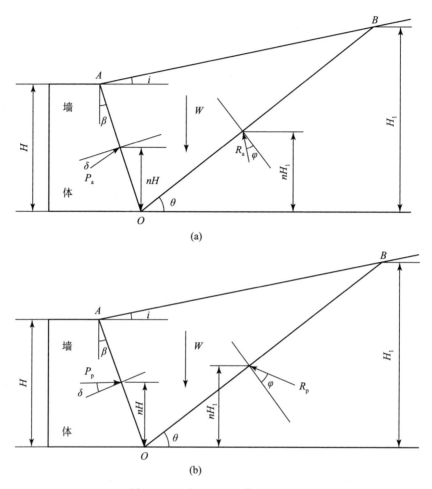

图 12.16　墙后破坏土体的力平衡

（a）主动破坏土体的力平衡；（b）被动破坏土体的力平衡

静力如下：

（1）土楔体的自重 W，作用方向为竖直方向，其数值取决于 θ 角。

（2）作用于墙土接触面上的墙反力，它与墙所受的土压力 P_a 或 P_p 相等，但是方向相反。其作用方向已知如前述，数值和作用点未知。

（3）破坏土楔体后面的土体作用于破坏面 OB 上的反力 R。主动破坏土体和被动破坏土体所受的反力 R_a 和 R_p 分别如图 12.16a 和 12.16b 所示，其方向分别在破坏面 OB 法线之下和之上成 φ 角，φ 为土摩擦角，数值和作用点未知。

下面，以主动土压力为例，表述主动土压力的确定。作用于土楔体 OAB 上的三个力 W、P_a 和 R_a 构成一个力三角形。由力三角形可确定主动压力 P_a。显然，所确定出主动土压力 P_a 是指定破坏面 OB 与水平面之间夹角 θ 的函数。与 P_a 最大值相应的 θ 角可由下式确定：

$$\frac{\partial P_a}{\partial \theta} = 0 \qquad (12.39)$$

库伦根据式（12.39），可确定出 P_a 取最大值相应的 θ 值，并得到著名的库伦土压力公式：

$$P_a = \frac{1}{2} k_a \gamma H^2 \qquad (12.40)$$

式中，k_a 为库伦主动土压力系数，按下式确定：

$$k_a = \frac{\cos^2(\varphi - \beta)}{\cos^2\beta\cos(\beta + \delta)\left[1 + \sqrt{\dfrac{\sin(\varphi + \delta)\sin(\varphi - i)}{\cos(\beta + \delta)\cos(i - \beta)}}\right]} \qquad (12.41)$$

相似，可以得到库伦被动土压力公式：

$$P_p = \frac{1}{2} k_p \gamma H^2 \qquad (12.42)$$

式中，k_p 为库伦被动土压力系数按下式确定：

$$k_p = \frac{\cos^2(\varphi + \beta)}{\cos^2\beta\cos(\beta - \delta)\left[1 - \sqrt{\dfrac{\sin(\varphi + \delta)\sin(\varphi + i)}{\cos(\beta - \delta)\cos(i - \beta)}}\right]} \qquad (12.43)$$

2. 静土压力的分布及合力作用点

按式（12.40）和式（12.42），可以求得主动土压力及被动土压力的分布，分别为

$$\left.\begin{array}{l} p_a = k_a \gamma h \\ p_p = k_p \gamma h \end{array}\right\} \qquad (12.44)$$

按式（12.44）主动土压力和被动土压力按线性分布。这样，由式（12.44）可得主动土压力的合力及被动土压力的合力作用点应在基底以上墙的 1/3 处。

但是，按上述方法土压力时仅考虑了破坏土楔体水平力及竖向力的平衡，没有考虑力矩平衡。像 Seed 等指出那样，静土压力的合力作用点在基底以上的高度要大于墙高的 1/3，并且其分布与线性分布也有所不同[11]。

实际上，土压力的合力作用点可以根据破坏土体力矩平衡条件更合理地确定。设 OA 面上的合力作用点在基底面以上 nH 处，OB 面上的合力作用点在基底面以 nH_1 处，如图 12.16 所示。如以 M_W 表示破坏楔体的重量对 O 点的力矩，M_P 表示 OA 面上的合力 P_a 或 P_p 对 O 点的力矩，M_R 表示 OB 面上合力 R_a 或 R_p 对 O 点的力矩，则由破坏楔体对 O 点的力矩平衡条件得：

$$M_W + M_P + M_R = 0 \tag{12.45}$$

由式（12.45）可求得 n 值。应指出，为确定式（12.45）中的 M_R 时，必须先确定满足 $\frac{\partial P}{\partial \theta} = 0$ 时的 θ 角值及作用于 OB 面上的土反力 R。为此，可假定一系列 θ，按力三角形计算相应的 P 值，寻找出 P 为最大值时的 θ 值，该值即为 θ_{cr}。令 $\theta = \theta_{cr}$，按式（12.45）就可以计算出 n 值。按上述方法确定的合力作用点，发现 n 值大于 1/3。由于 n 大于 1/3，土压力分布也不会是直线分布而应是某曲线分布形式。令

$$p = a\frac{z}{H} + b\left(\frac{z}{H}\right)^2 \tag{12.46}$$

近似表示主动土压力或被动土压力分布，则式（12.46）中参数 a、b 需要确定。这两个参数可以根据如下条件确定。

$$\left. \begin{array}{c} \int_0^H \left[a\left(\frac{z}{H}\right) + b\left(\frac{z}{H}\right)^2 \right] \mathrm{d}z = P\cos\beta \\ M_P + \overline{M}_P = 0 \end{array} \right\} \tag{12.47}$$

式中，P 表示主动土压力合力或被动土压力合力，按库伦公式计算；M_P 为分布力 $p_a(z/H)$ 或 $p_p(z/H)$ 对 O 点的力矩；$\overline{M}_P$ 为主动土压力合力 P_a 或被动土压力合力 P_p 对 O 点的力矩，可根据 P_a 或 P_p 及作用点计算。这样，由式（12.64）可确定出来 a、b。从上述可见，作用于破坏土楔体上的 W、P、R 构成一个非汇交力系。当确定 P 时，先考虑力的平衡由力三角形确定出来，而力矩平衡为确定力 P 作用点提供了条件。这样，按上述方法确定的力 P 及其作用点满足非汇交力系平衡的全面要求。

12.6.3 地震作用下的土压力

1. 作用破坏楔体上的地震惯性力及其力矩

在确定地震作用下的土压力时，将地震惯性力作为静力作用于破坏土体上。因此，在挡土墙基底面以上加速度沿墙高的分布是影响地震作用下土压力的一个重要因素。

在基底之上加速度沿墙的分布，通常有如下两种情况：

（1）均匀分布，地震加速度系数 $k = k_0$。在这种情况下，作用于破坏楔体上的地震惯性力

$$F_I = k_0 W \tag{12.48}$$

式中，W 为破坏土楔体重量。地震惯性力的合力作用点为破坏土楔体的重心。令其在基底以上高度为 z_{CW}，则 $\frac{z_{CW}}{H_C} = \frac{2}{3}$，其中 H_C 为 AB 中点 C 在基底面以上的高度，如图 12.17 所示。

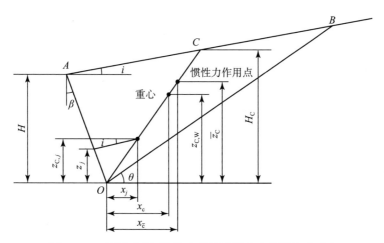

图 12.17　作用于破坏楔体上的地震惯性力及惯性力重心

（2）线性分布，地震加速度系数，在这种情况下

$$k = k_0 + \alpha\left(\frac{z}{H}\right) \tag{12.49}$$

作用于破坏楔体上的地震惯性力

$$F_{\mathrm{I}} = \sum_{j=1}^{n} k_j \Delta W_j$$

式中，j 为将破坏楔体从下到上分成 n 片后第 j 片的序号；k_j 为与 j 片重心相应的地震加速度系数，由 $\dfrac{z_j}{H} = \dfrac{z_{\mathrm{C},j}}{H_C}$，按式（12.49）确定；$z_{\mathrm{C},j}$ 为第 j 片重心点在基底以上的高度；ΔW_j 为第 j 片的重量。

加权平均地震加速度系数 k 可按式确定：

$$\bar{k} = \frac{\sum\limits_{j=1}^{n} k_j \Delta W_j}{W} \tag{12.50}$$

因此，作用于破坏楔体上的地震惯性力

$$F_{\mathrm{I}} = \bar{k}W \tag{12.51}$$

另外，在这种情况地震惯性力合力的作用点在基底面以上的高度 $\bar{z}_{\mathrm{C}}$ 可按下式确定：

$$\bar{z}_{\mathrm{C}} = \sum_{i=1}^{n} z_{\mathrm{C},j} k_j \Delta W \big/ \bar{k}W \tag{12.52}$$

由式（12.52）可以推断，当地震加速系数按线任务布时，地震惯性力合力的作用点要高于破坏土楔体的重心，如图 12.17 所示。

下面，来确定作用于破坏楔体重力和地震惯性力的合力。如图 12.18 所示，破坏楔体所受的重力与竖向地震惯性力的合力为：

$$W \pm \bar{k}_v W = (1 \pm \bar{k}_v) W$$

式中，$\bar{k}_v$ 为加权平均地震加速度系数，按式（12.50）确定。如令

$$\tan\alpha = \frac{\bar{k}_h}{1 \pm \bar{k}_v} \qquad (12.53)$$

W_I 为竖向力 $(1\pm\bar{k}_v)W$ 与水平力 $\bar{k}_h W$ 的合力，由图 12.18 得：

$$W_I = \frac{(1 \pm \bar{k}_v) W}{\cos\alpha} \qquad (12.54)$$

由图 12.18 可见，合力 W_I 与 W 成 α 角。应指出，竖向加速度可向上也可向下。

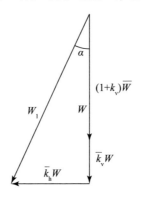

图 12.18　重力与地震惯性力的合力（当 $1+\bar{k}_v W$ 时）

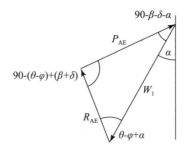

图 12.19　地震作用破坏楔体的力三角形

2. 考虑地震作用土压力数值

作用破坏楔体上的三个力，以主动土压力情况为例，W_I、P_{AE}、R_{AE} 构成一个力三角形，如图 12.19 所示。该力三角形与竖直线成 α 角。日本学者物部长穗发现，如果将这个力三角形逆时针转动 α 角，则转动后的力三角形与静力作用

下的力三角形相同。但是，

（1）土的重力密度为$\dfrac{1\pm \bar{k}_{v}}{\cos\alpha}\gamma$。

（2）与竖直线成β角的墙面逆时针转动α角。

（3）与水平面成i角的地面逆时针转动α角。

（4）与水平面成θ角的破坏面逆时针转α角。

因此，按图12.19确定地震作用下与竖直线成β角墙面上的土压力与确定静力作用下与竖向线成$\beta+\alpha$角墙面上的土压力在数值上相等。按前述，在静力下的与竖直线成$\beta+\alpha$角墙面上的土压力可按库伦公式计算，在计算地震作用下土压力时只要将公式中的γ以$\dfrac{1\pm \bar{k}_{v}}{\cos\alpha}\gamma$代替，$\beta$以$\beta+\alpha$代替，$i$以$i+\alpha$代替。这样，物部长穗给出了在地震作用下与竖向面成$\beta$角墙面上主动土压力$P_{\mathrm{AE}}$的计算公式如下：

$$P_{\mathrm{AE}} = \frac{1}{2}(1 \pm \bar{k}_{v}) k_{\mathrm{AE}} \gamma H^{2} \tag{12.55}$$

式中，k_{AE}为地震作用下主动压力系数，按下式确定：

$$k_{\mathrm{AE}} = \frac{\cos^{2}(\varphi - \beta - \alpha)}{\cos\alpha\cos^{2}(\beta + \alpha)\cos(\beta + \alpha + \delta)\left[1 + \sqrt{\dfrac{\sin(\varphi + \delta)\sin(\varphi - i - \alpha)}{\cos(\beta + \alpha + \delta)\cos(i - \beta)}}\right]} \tag{12.56}$$

相似地，地震作用下与竖向线成β角墙面上的被动土压力P_{PE}的计算公式如下：

$$P_{\mathrm{PE}} = \frac{1}{2}(1 \pm \bar{k}_{v}) k_{\mathrm{PE}} \gamma H^{2} \tag{12.57}$$

式中，k_{PE}为地震作用下被动土压力系数，按下式确定：

$$k_{\mathrm{PE}} = \frac{\cos^{2}(\varphi + \beta + \alpha)}{\cos\alpha\cos^{2}(\beta + \alpha)\cos(\beta + \alpha - \delta)\left[1 - \sqrt{\dfrac{\sin(\varphi + \delta)\sin(\varphi + i + \alpha)}{\cos(\beta + \alpha - \delta)\cos(i - \beta)}}\right]} \tag{12.58}$$

在此应指出，按上述方法计算出的地震作用下的主动土压力和被动土压力是重力和地震惯性力共同作用引起的。

以主动土压力为例，如令由重力W作用引起的土压力部分为$P_{\mathrm{A,s}}$，称其为静力部分，其与由W_{1}作用引起的土压力P_{AE}之比应等于W/W_{1}。由于

$$\frac{W}{W_{1}} = \frac{\cos\alpha}{1 \pm k_{v}}$$

$$P_{\mathrm{A,s}} = \frac{\cos\alpha}{1\pm k_{\mathrm{v}}} P_{\mathrm{A,E}} \qquad (12.59)$$

则得，而惯性力作用引起的土压力部分 $P_{\mathrm{a,d}}$ 应为 $P_{\mathrm{A,E}}-P_{\mathrm{A,s}}$。因此得：

$$P_{\mathrm{A,d}} = \left(1-\frac{\cos\alpha}{1\pm k_{\mathrm{v}}}\right) P_{\mathrm{A,E}} \qquad (12.60)$$

3. 地震作用下土压力合力作用点

按物部公式，地震作用下土压力的合力作用点应在墙底面以上 1/3 墙高处。然而，理论和试验研究表明，地震作用下土压力的合力作用点在墙底面以上的高度要大于 1/3 墙高。Seed 和 Whitman 建议，按如下方法确定地震时土压力合力作用点[11]：静土压力部分 $P_{\mathrm{A,s}}$ 的合力作用点在墙底面以上的高度取 1/3 墙高，动土压力部分 $P_{\mathrm{a,d}}$ 的合力作用点在墙底面以上的高度取 0.6 墙高。此外，在许多情况下，认为地震作用下土压力是均匀分布的，将地震作用下土压力 P_{AE} 的合力作用点在墙底面以上高度取 0.5 墙高。

实际上，地震作用下土压力合力作用点同样可以按破坏土楔体的力矩平衡条件更合理地确定。

1）地震作用下土压力 P_{AE} 的合力作用点

由作用于土楔体上的力对 O 点的力矩平衡得：

$$M_W + M_{P_{\mathrm{AE}}} + M_{R_{\mathrm{AE}}} + M_{\mathrm{IF}} = 0 \qquad (12.61)$$

式中，M_W 为土重量 W 对 O 点的力矩；$M_{P_{\mathrm{AE}}}$ 是 P_{AE} 对 O 点的力矩；$M_{R_{\mathrm{AE}}}$ 是 R_{AE} 对 O 点的力矩；M_{IF} 为地震惯性力对 O 点的力矩。设地震作用下 P_{AE} 的合力作用力在墙底面以上的高度为 nH，则由式（12.61）可确定出 n 值。

2）静土压力部分 $P_{\mathrm{A,s}}$ 的合力作用点

设静土压力部分 $P_{\mathrm{A,s}}$ 的合力作用点在墙底面以上的高度为 $n_{\mathrm{s}}H$，则 n_{s} 值可由下述力矩平衡条件可确定：

$$M_W + M_{P_{\mathrm{A,s}}} + M_{R_{\mathrm{A,s}}} = 0 \qquad (12.62)$$

式中，$M_{P_{\mathrm{A,s}}}$、$M_{R_{\mathrm{A,s}}}$ 分为静力压力部分 $P_{\mathrm{A,s}}$ 对 O 点的力矩和相应土压力 $R_{\mathrm{A,s}}$ 对 O 点的力矩。

3）动土压力部分 $P_{\mathrm{A,d}}$ 的合力作用点

在地震作用下的土压力 P_{AE} 对 O 点的力矩应等于静土压力部分 $P_{\mathrm{A,s}}$ 对 O 点的力矩与动土压力部分 $P_{\mathrm{A,d}}$ 对 O 点的力矩之和，由此条件得：

$$M_{P_{\mathrm{AE}}} = M_{P_{\mathrm{A,s}}} + M_{P_{\mathrm{A,d}}} \qquad (12.63)$$

设动土压力部分的合力作用点在端底面以上的高度为 $n_{\mathrm{d}}H$，则 n_{d} 值可由式（12.63）确定出来。

按上述方法可确定出在地震作用下土压力 P_{AE} 合力作用点在地面以上的高

度，以及其中静土压力部分 $P_{A,s}$ 和动土压力部分 $P_{a,d}$ 的作用点在底面上的高度，得到相应的 n、n_s 和 n_d 值。

4. 地震作用下土压力的分布

1）静土压力部分的分布

像前述那样，假定静土压力部分的分布服从式（12.46），即

$$p_{A,s} = a\left(\frac{z}{H}\right) + b\left(\frac{z}{H}\right)^2$$

即其中系数 a、b 按下式确定：

$$\left.\begin{array}{l} \int_{O}^{H}\left[a\left(\frac{z}{H}\right) + b\left(\frac{z}{H}\right)^2\right]dz = P_{A,s}\cos\beta \\ \overline{M}_{p_{A,s}} = M_{P_{A,s}} \end{array}\right\} \tag{12.64}$$

式中，$\overline{M}_{p_{A,s}}$ 为分布力 $p_{A,s}$ 对 O 点的力矩；$M_{P_{A,s}}$ 为土静压力合成 $P_{A,s}$ 对 O 点的力矩。

2）动土压力部分的分布

动土压力部分的分布可假定服从下式：

$$p_{A,d} = a\left(\frac{z}{H}\right) + b\left(\frac{z}{H}\right)^2 + c\left(\frac{z}{H}\right)^3 \tag{12.65}$$

式（12.82）中包含三个系数 a、b、c 可按下述三个条件确定：

$$\left.\begin{array}{l} \int_{O}^{H}\left[a\left(\frac{z}{H}\right) + b\left(\frac{z}{H}\right)^2 + c\left(\frac{z}{H}\right)^3\right]dz = P_{A,d}\cos\beta \\ \overline{M}_{p_{A,d}} = M_{P_{A,d}} \\ z = \bar{z}_C \qquad \frac{\partial p_{A,d}}{\partial z} = 0 \end{array}\right\} \tag{12.66}$$

式中，$\overline{M}_{p_{A,d}}$ 为分布力 $p_{A,d}$ 对 O 点的力矩；$M_{P_{A,d}}$ 为动土压力合力 $P_{A,d}$ 对 O 点的力矩。上式中的第三个条件是假定在惯性力重心 $\bar{z}_C$ 处动土压力部分取最大值。

3）地震作用下土压力 p_{AE} 的分布

地震作用下土压力 p_{AE} 的分布应等于静土压力部分的分布与动土压力部分的分布之和，即

$$p_{AE} = p_{A,s} + p_{A,d} \tag{12.67}$$

按上述方法确定在地震作用下土压力 p_{AE}、静土压力部分 $p_{A,s}$ 和动土压力部分 $p_{a,d}$ 的作用点和分布，可取得了较合理的结果。

12.7 以地震时墙体位移为准则的挡土墙抗震设计方法[12]

上一节，表述了挡土墙抗震设计应满足的条件，这些都是与强度或承载力有

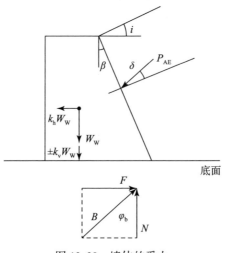

图 12.20　墙体的受力

关的条件。下面，表述一种以地震时墙体位移为准则的挡土墙抗震设计方法。

12.7.1　地震时墙体的受力及沿底面滑动的屈服加速度

地震时墙体的受力如图 12.20 所示，包括：

（1）墙体的重量 W_W。

（2）墙底面反力 B，其竖向分量和水平分量分别为 N、F。

（3）地震时墙背面的土压力，以主动土压力为例，等于 P_{AE}。

（4）地震时墙体运动的惯性力，其竖向分量和水平向分量分别为 $k_v W_W$ 和 $k_h W_W$，其中 W_W 为墙体重量。

这样，由墙体力的平衡得：

$$\left.\begin{array}{l} N = (1 \pm k_v) W_W + P_{AE} \sin(\beta + \delta) \\ F = P_{AE} \cos(\beta + \delta) + k_h W_W \end{array}\right\} \tag{12.68}$$

当墙体沿底面发生滑动时，应满足如下条件：

$$F = N \tan\varphi_b \tag{12.69}$$

式中，φ_b 为墙底面的摩擦角。将式（12.68）代入式（12.69）得：

$$P_{AE}\left[\cos(\beta + \delta) - \sin(\beta + \delta)\tan\varphi_b\right] = W_W\left[(1 \pm k_v)\tan\varphi_b - k_h\right] \tag{12.70}$$

由于 $\tan\alpha = \dfrac{k_h}{(1 \pm k_v)}$，上式可写成：

$$W_W(1 \pm k_v)(\tan\varphi_b - \tan\alpha) = P_{AE}\left[\cos(\beta + \delta) - \sin(\beta + \delta)\tan\varphi_b\right] \tag{12.71}$$

该式为给定的墙体沿底面发生滑动的基本方程式。采用试算的方法可求得满足式

（12.71）的水平加速度系数，并将其称为屈服加速度系数。如果以 $k_{h,y}$ 表示，则屈服加速度 a_y，如下：

$$a_y = k_{h,y}g \qquad (12.72)$$

从式（12.88）可见，墙体沿底面滑动的屈服加速度系数 $k_{h,y}$ 与下列因素有关：

（1）墙底面上墙土摩擦角 φ_b。

（2）墙体重量 W_W。

（3）墙背面与竖向线夹角 β。

（4）墙背面与土的摩擦角 δ。

（5）墙后土体表面与水平面夹角 i。

（6）土的摩擦角 φ。

另外，改写式（12.70）可得在给定的地震作用下防止滑动所要求的墙体重量为：

$$W_W = \frac{\cos(\beta + \delta)\sin(\beta + \delta)\tan\varphi_b}{(1 \pm k_v)(\tan\varphi_b - \tan\alpha)}P_{AE} \qquad (12.73)$$

从上式可发现，式（12.73）的分母为零，则防止滑动所要求的墙体重量则为无穷大。如果把这时的地震水平加速度系数定义为临界水平加速度系数，并以 k^* 表示，由此得

$$\left.\begin{array}{l} \tan\varphi_b = \tan\alpha \\ k_h^* = (1 \pm k_v)\tan\varphi_b \end{array}\right\} \qquad (12.74)$$

式（12.74）第二式中的 k_h^* 称为临界水平加速度系数。

按上述临界水平加速度系数的意义，可得到如下结论：当地震水平加速度系数大于临界水平加速度系数时，无论将墙体重量设计成多大，都不能防止地震时墙体沿基底发生滑动。可以证明，临界水平加速度系数 k_h^* 等于墙背后没有土体情况下地震时墙体沿底面发生滑动的屈服加速度系数。因此，临界水平加速度系数 k_h^* 与前面按式（12.71）确定的屈服加速度系数 $k_{h,y}$ 是不相同的，并且 $k_h^* > k_{h,y}$。另外，临界水平加速度系数只与墙底面上墙土摩擦角 φ_b 有关。

12.7.2 考虑地震时墙体沿底面滑动的必要性

如令

$$C_{IE} = \frac{\cos(\beta + \delta) - \sin(\beta + \delta)\tan\varphi_b}{(1 \pm k_v)(\tan\varphi_b - \tan\alpha)} \qquad (12.75)$$

则由式（12.73）得在地震作用下防止墙体沿底面滑动所要求的土体重量 W_W 为：

$$W_W = C_{IE}P_{AE} \qquad (12.76)$$

如令 $k_v = 0$，则 $\alpha = 0$，在静力下防止墙体沿底面滑动所要求的重量 $W_{W,s}$ 如下：

$$W_{W,s} = C_I P_A \qquad (12.77)$$

式中
$$C_I = \frac{\cos(\beta + \delta) - \sin(\beta + \delta)\tan\varphi_b}{\tan\varphi_b} \qquad (12.78)$$

其中静土压力 P_A，按库伦公式计算。令

$$F_W = \frac{W_W}{W_{W,s}} \qquad (12.79)$$

由式（12.79）可见，F_W 为考虑地震作用下土压力和自身惯性力作用下防止墙体沿底面滑动所要求的墙体重量与在静土压力和自身重力作用情况下防止墙体沿底面滑动所要求的墙体重量之比。将 W_W 和 $W_{W,s}$ 表达式代入式（12.79）得：

$$F_W = F_T F_I \qquad (12.80)$$

式中，

$$\left.\begin{array}{l} F_T = \dfrac{k_{AE}(1 \pm k_v)}{k_A} \\[4mm] F_I = \dfrac{C_{IE}}{C_I} \end{array}\right\} \qquad (12.81)$$

显然，F_I 是与墙体惯性力有关的系数，F_T 是与地震作用下土压力有关的系数。图 12.21 给出了 F_T、F_I 和 F_W 随地震水平加速度系数 k_h 的变化。比较图 12.21 所示的 F_I 与 F_T 关系线可以看出，F_I 与 F_T 具有相同的数量级。这表明，对挡土墙抗震设计而言，墙体自身惯性力与其所受地震土压力具有同等重要的影响，是一个不可忽略的因素。

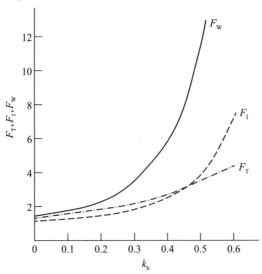

图 12.21　F_W、F_I 与 F_T 随地震水平加速度系数 k_h 的变化

另外，由图 12.21 可以确定出在地震情况下和静力情况下防止墙体沿底面滑动所要求的墙体重量之比。例如，当地震水平加速度 $k_h = 0.4$，$k_v = 0$ 时，由图 12.21 确定出相应的比值 $F_w = 5.7$。这样，如果不允许墙体沿底面滑动，则设计出来的挡土墙断面将太大。实际上，在地震时墙体离开其后的土体向外运动是一定要发生的。

12.7.3 地震时墙体沿底面滑动位移的计算

对于工程师而言，重要问题是确定在指定的地震作用下墙体沿底面会发生多大的滑动位移，和如何根据位移准则来设计挡土墙。下面，来表述如何确定在指定地震作用下墙体沿底面滑动的位移数值。

在指定地震作用下墙体沿底面的滑动位移数值可按前述 Newmark 方法计算。按前述 Newmark 方法，假定墙体作为刚体，当所受的地震加速度大于沿底面滑动的屈服加速度时就要发生滑动，墙体滑动的加速度等于所受的地震加速度与屈服加速度之差。这样，在指定地震作用下墙体沿底面滑动的位移取决地震加速度时程 $a(t)$ 和墙体沿底面滑动的屈服加速度 a_y。

Frankling 和 Chang 对 169 个校正后的水平加速度记录和 10 个校正后的竖向加速度记录，以及一系列人造加速时程进行了计算分析。以算得的位移为纵坐标，以屈服加速度系数 k_y 与地震动水平加速度记录最大加速度系数 A 之比为横坐标，两者在双对数坐标中的关系如图 12.22 所示。从图 12.22 可见，不同地震记录的计算结果具有基本相同的性质。对于小到中等位移数值范围，即图 12.22

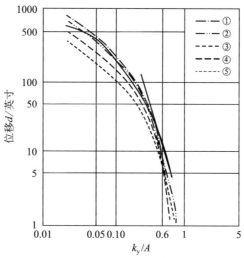

图 12.22　墙体沿底面滑动位移与 $\dfrac{k_y}{A}$ 关系

①所有 CIT 记录，$M \leqslant 8$；②Seed，Idriss，$M = 8.14$；③1971 年圣菲尔南多记录（土上），$M = 6.5$；
④Natural 记录，1971，$M \leqslant 7.7$；⑤基岩上的记录，$M \leqslant 6.5$

所示的曲线下部,可用下式近似地表示:

$$d = 0.087 \frac{v^2}{Ag} \left(\frac{k_y}{A} \right)^{-4} \tag{12.82}$$

式中,d 为在指定地震作用下墙体滑底面的滑动位移,单位为英寸;v 为指定地震动的最大速度,单位为英寸/秒。另外,计算结果表明,如果加速度时程只有几次尖峰,其对挡土墙的作用可能不是破坏性的;而加速度虽小些,但超过屈服加速度次数更多或超过的持续时程更长的地震动对挡土墙更具有破坏性。这样的地震动就是速度峰值高的地震动。

12.7.4 以墙体沿底面滑动位移为准则的挡土墙抗震设计步骤

以墙体沿底面滑动位移为准则的挡土墙抗震设计可以表述如下:令在地震作用下墙体沿底面滑动位移等于指定的位移,确定墙所应具有的滑动屈服加速度系数,及以与其相应的墙体断面。通常,墙体断面以墙体重量表示。下面,分如下两种情况来表述具体的设计步骤:

1. 假定墙土体系为刚体

在这个假定下,墙及其后的土体各点的地震加速度相同,并等于所在场地的地面运动加速度。在这种情况下,以墙体位移为准则的挡土墙抗震设计方法步骤如下:

(1)指定一个允许的墙体滑动位移。

(2)根据地震动参数区划图选取所在地区的地面运动最大加速度系数 A 及最大速度 v。

(3)将指定的墙体位移、选取的地面运动加速度系数 A 及最大速度 v 代入式(12.82)中,求出相应的墙体沿底面滑动的屈服加速度系数 $k_{h,y}$。

(4)按物部公式计算水平加速度系数等于屈服加速度系数 $k_{h,y}$ 时的土压力 P_{EA}。

(5)将屈服加速度系数 $k_{h,y}$、相应的土压力 P_{EA} 代入式(12.71)中,求得相应的墙体重量 W_w。

(6)对求得的墙体重量采用一个数值等于 1.2～1.3 的安全系数,将墙体的重量设计成(1.2～1.3)W_w。

2. 假定墙土体系为变形体

实际上,墙土体系不是刚体,由于动力放大作用体系中各点的地震加速度并不相等。Nadim 和 Whitman 采用平面应变有限元法研究了动力放大作用对墙体滑动位移的影响[13]。在他们的分析模型中,考虑了土的非线性性能,在墙土接触面设置 Goodman 单元模拟墙与土体之间的相对位移。首先,他们输入不同频率的正弦形式的地面运动加速度时程计算了墙体滑动位移,并以刚体假定下的结果

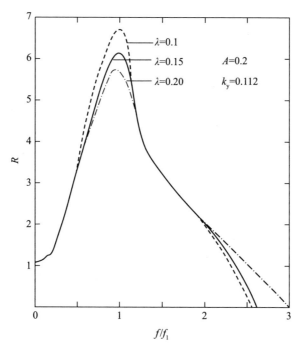

图 12.23 R-f/f_1 关系

进行比较。如果以 R 表示考虑与不考虑墙后土体动力放大作用时墙体滑动位移的比值,以 f 表示输入地面运动加速度的频率,f_1 表示墙后土体的固有主振频率,则得 R 与 $\dfrac{f}{f_1}$ 的关系如图 12.23 所示。从图 12.23 可见,土的阻尼的影响不大,但频率比 $\dfrac{f}{f_1}$ 对 R 有重要影响。当频率比 $\dfrac{f}{f_1}$ 等于 1 时,滑动位移比 R 最大,可达 5~6。这表明,墙后土体的放大作用对墙的滑动位移有不可忽略的影响。然后,他们又对塔夫特 (Taft)、尤里卡 (Eureka) 和波尤盖特桑德 (Puget Sound) 三个实际地震加速度时程做了计算,并与刚塑性假定下的结果进行了比较。他们引进了放大影响因数 F,其定义如下:如果将墙底输入的地震最大水平加速度和最大速度乘以 F,然后将其代入不考虑放大作用的式 (12.82) 或 Wong 给出的公式中,所求得的位移将与考虑墙后土体放大作用的有限元分析结果相同。

Wong 给出的计滑动位移公式如下:

$$d = \frac{37v^2}{Age^{-9.4(k_y/A)}} \tag{12.83}$$

另外,以地震水平加速度的卓越周期做为 f 值,确定出频率比 $\dfrac{f}{f_1}$,其中墙后土体的固有主振频率按下式确定：

$$f_1 = v_s/4H \tag{12.84}$$

式中，v_s 为土的剪切波速。表 12.6 给出了比较结果。从表 12.6 所示的结果可得到如下初步结论：

（1）如果 $\dfrac{f}{f_1} \leqslant 0.25$，墙后土体的放大影响可以忽略，取 $F = 1.0$。

（2）如果 $0.25 \leqslant \dfrac{f}{f_1} < 0.70$，取 $F = 1.25 \sim 1.30$。

（3）如果 $\dfrac{f}{f_1} > 0.70$，取 $F = 1.50$。

表 12.6　由实际地震加速度时程计算得到放大影响因素 F

地震	最大加速度系数	$\dfrac{f}{f_1}$	R	F （按 Richards Elms）	F （按 Wons）
塔夫特 （Taft）	0.2	0.53	7.98	1.38	1.34
		0.81	13.05	1.67	1.65
		0.53	2.84	1.24	1.30
	0.3	0.90	4.79	1.37	1.50
尤里卡 （Eureka）	0.2	0.5	2.62	1.21	1.19
	0.2	0.5	1.78	1.12	1.17
波尤盖特桑德 （Puget Sound）	0.2	0.86	6.58	1.46	1.46
	0.2	0.86	3.75	1.30	1.37

根据上述结果，考虑墙后土体放大作用按墙体沿底面滑动位移准则挡土墙的抗震设计步骤如下：

（1）指定一个允许的墙体滑动位移。

（2）根据地震动参数区划图选取所在地区的地面运动最大加速度系数 A、最大速度 v，并确定出卓越频率 f。

（3）按式（12.84）确定出墙后土体的主振频率，并确定频率比 $\dfrac{f}{f_1}$。

（4）根据频率比 $\dfrac{f}{f_1}$ 按上述规律确定出相应的放大因数 F。

（5）将由第二步确定出的 A 和 v 乘以放大影响因数 F，做为修正后的最大加速度系数和最大速度。

（6）将指定的允许墙体滑动位移及修正后的最大加速度系数和最大速度代

入式（12.82）中，求得相应的墙底面滑动屈服加速度系数 $k_{h,y}$。

（7）将求得的屈服加速度 $k_{h,y}$ 代入物部公式计算相应的地震土压力 P_{AE}。

（8）将屈服加速度系数 $k_{h,y}$ 和由上一步求得的地震土压力 P_{AE} 代入式（12.71）中，求得相应的墙体重量 W_W。

（9）对求得的墙体重量采用一个数值为 1.2~1.3 安全系数，将墙体的重量设计成 $(1.2~1.3)W_W$。

参 考 文 献

[1] Ambraseys N N, On Seismic Behavior of Earth Dams, Proc. Of the Second World Conference on Earthquke Engineering, 1960.

[2] Seed H B, Makdisi F I and De Alba, Performance of Earth Dams during Earthquake, Journal of the Geotechnical Engineering Division, ASCE, Vol. 104, No. GT7, July, 1978.

[3] 中国科学院工程力学研究所土坝组，土坝的震害和抗震设计问题，地震工程研究报告集，第四集，科学出版社，1981.

[4] Lin Gao and Tamura C, Damage to Dams during Earthquakes in China and in Japan, Report of Japan-China Cooperative Research on Engineering Lessons from Recent Chinese Earthquakes Including the 1976 Tangshan Earthquake, （part 1），1983.

[5] Zhang kexu and Tamura C, Influence of Dam Materials on the Behavior of Earth Dam during Earthquakes, Report of Japan-China Cooperative Research on Engineering Lessons from Recent Chinese Earthquakes Including the 1976 Tanshan Earthquake（Part 2），1984.

[6] 水工建筑物抗震设计规范 SDI 10—78 编制说明，电力工业出版社，1981.

[7] Makdisi F I and Seed H B, Simplified Procedure for Estimating Dam and Embankment Earthquake-Induced Deformations, Journal of the Geotechnical Engineering Division, ASCE, Vol. 104, GT7, July, 1978.

[8] Seed H B and Martin G R, The Seismic coeffcient in Earth Dam Desing, Journal of Soil Mechanics and Foundation Division, ASCE, Vol. 92, No. SM3, May, 1966.

[9] Makdisi F I and Seed H B, Simplified Procedure for Evaluating Embankment Response, Journal of the Geotechnical Engineering Division, ASCE, Vol. 105, No. GT12, December, 1979.

[10] Vrymoed J L and Calzascia E R, 土坝中动应力的简化确定，地震工程和土动力问题译文集，[美] I. M. 伊德里斯等，谢君斐等译，地震出版社，1985.

[11] Seed H B and Whitman R V, Desing of Earth Retainning Structure for Dynamic Loads, Lateral Stresses in the Ground and Desing of Earth Retainning Structures, ASCE, 1970.

[12] Richards R and Elms D G, Seismie Behavior of Gravity Retaining Walls Journal of the Geotechnical Engineering Division, ASCE, Vol. 105, No. GT4, Apr. 1979.

[13] Nadim F and Whitman R V, Seismically Induced Movement of Retainning Walls, Journal of Geotechnical Engineering Division, ASCE, Vol. 109, No. GT7, July, 1983.